新工科 · 普通高等教育电气工程、自动化系列教材

工程控制原理

(现代部分)

章 云 编著

机械工业出版社

本书较全面地介绍现代控制理论方法与应用，按照“实际问题与困境、描述与分析、控制器设计、理论拓展”构成结构体系，强化方法思路的新颖性，不追求理论的完备性；强化“现代”与“经典”的融合，提升解决复杂工程问题的能力。第1章简述经典控制理论的优势与精要，再以多个实例阐述多变量耦合带来的困境，导出实际应用中常见的多变量控制框架；第2章着重系统结构特征分析，从状态、输入、输出多视角析出系统能控性、能观性、稳定性的结构特征；第3章与第4章介绍四种控制系统设计方法：状态反馈与状态观测、多变量伺服控制、最优控制、模型预测控制，阐述现代控制方法的优势以及与经典控制方法的融合，克服其局限；第5章以多项式矩阵理论为桥梁，构筑线性系统的统一框架；第6章现代控制理论进阶，为解决更复杂的控制问题打下基础。本书每章均有配套的习题。

本书可作为普通高等学校自动化、电气工程等专业本科生、研究生的教材，也可作为从事自动控制的工程技术人员的参考书。

本书配有电子课件、教案大纲、习题解答等教学资源，欢迎选用本书作教材的教师登录 www.cmpedu.com 注册下载，或联系微信 13910750469 索取（注明教师姓名+学校）。

图书在版编目（CIP）数据

工程控制原理. 现代部分/章云编著. —北京：机械工业出版社，2024.5（2025.7 重印）

新工科·普通高等教育电气工程. 自动化系列教材

ISBN 978-7-111-75624-8

Ⅰ. ①工…　Ⅱ. ①章…　Ⅲ. ①工程控制论 – 高等学校 – 教材 Ⅳ. ①TB114.2

中国国家版本馆 CIP 数据核字（2024）第 076051 号

机械工业出版社（北京市百万庄大街22号　邮政编码100037）

策划编辑：吉　玲　　　责任编辑：吉　玲　赵晓峰

责任校对：王小童　陈　越　　　封面设计：张　静

责任印制：张　博

固安县铭成印刷有限公司印刷

2025年7月第1版第2次印刷

184mm×260mm・17.5印张・479千字

标准书号：ISBN 978-7-111-75624-8

定价：59.00 元

电话服务　　　网络服务

客服电话：010-88361066　　机　工　官　网：www.cmpbook.com

010-88379833　　机　工　官　博：weibo.com/cmp1952

010-68326294　　金　书　网：www.golden-book.com

机工教育服务网：www.cmpedu.com

前 言

从蒸汽机离心调速器的出现，初尝反馈控制的力量，萌发了自动控制技术，到20世纪中叶形成经典控制理论，标志着一个新的学科——控制科学与工程的诞生。随后，控制理论进入快速发展阶段，延续到20世纪末，相继出现状态空间与状态反馈、最优控制、多变量频域控制、自适应控制、鲁棒控制等一系列现代控制理论，呈现一派繁荣景象。进入21世纪，回归并深化人工智能技术，推动控制理论进入智能化时代。

随着控制理论的发展步伐，控制技术的应用当惊世界殊，卫星上天、探测器外星球行走、水下机器人深海作业、超精微半导体装备制造、车间无人化运行、大型冶炼与石化生产、超临界发电、特高压输电等，越来越多宏观、介观、微观世界在人类掌控之中。然而，纵览控制理论的发展与控制技术的应用，二者的差距也日益突显。国际自动控制联合会（IFAC）的工业委员会分别于2017年、2020年发布了控制技术应用现状的调查报告，令学界期待的自适应控制、鲁棒控制、智能控制等先进控制技术并未受到业界的追捧，反而经典的PID控制以及模型预测控制（MPC）广受业界青睐，这引起了学界与业界的反思。

现代控制理论是为解决日益增加的多变量控制需求而出现的，通道间的耦合影响是首要处理的问题，简单将其他通道的耦合影响视作扰动化为单变量控制难以实现高性能控制。状态空间描述与结构特征分析、基于极点配置的状态反馈以及最优控制，将多变量系统整体考虑，统筹各通道间的耦合影响，突破了经典单变量控制的局限，形成了早期的现代控制理论，推动了航空航天等重大应用领域的快速发展。这些现代控制技术严格依赖系统的数学模型，要求被控对象相对完美，模型残差要小，这对许多民用系统来说难以满足，需做大量实验修正数学模型，使得成本增加，导致“性价比”不高而丧失实用价值。因此，模型不确定性、非线性和随机性成了现代控制理论与应用的焦点问题。自适应控制、鲁棒控制、智能控制等近现代控制理论就是因此而发，可为何未能广泛应用？

IFAC工业委员会的调查报告分析了原因，概略起来大致两大方面：

1）成功的工业应用需要深入的领域知识，而研究人员过于重视理论的数学推导及其完备性，理论的前提条件可能与应用实际不相吻合；控制系统的规模越来越大，新技术试错成本巨大，阻碍了其应用。

2）业界缺乏具有先进控制技术能力的员工；控制专业的学生（本科生和研究生）没有充分接触到业界中的问题。

归纳起来，理论与实际有脱节，人才培养与业界需求有脱离。“现代控制理论”是自动化类专业的本科生与研究生的必修课程，新时代需要新变化。经典广为用之的，应予重视，明晰其中道理再焕新生；新出鲜有用之的，不可忽视，厘清缘由凝练思想予人以启迪。鉴于此，本书分为6章，重在凝练方法的思路，不追求理论的完备性，力图靠近实际应用。

第1章导论。简述经典控制理论的优势与精要，再以多个实例阐述多变量耦合带来的困境，导出实际应用中常见的多变量控制框架。

第 2 章状态空间描述与分析。重点在于系统结构特征分析，这有别于经典控制理论的分析，从状态、输入、输出多视角析出系统能控性、能观性和稳定性的结构特征。

第 3 章状态反馈与伺服控制。建立通用的“状态观测+状态反馈”控制结构，达到配置系统性能（闭环极点）的目的；在此基础上，构建基于 PID 分环结构的多变量伺服控制，充分发挥经典与现代控制理论的优势。

第 4 章最优控制与滚动优化。最优控制基于性能指标的优化，可同步求出控制器的结构与参数，是一条新颖的设计途径，具有严密的理论性。为弥补其对模型敏感的问题，基于滚动优化的 MPC 控制成为有效解决方案。

第 5 章线性系统理论。线性系统是控制理论研究的基本对象，建立线性系统统一框架具有重大理论意义。以多项式矩阵理论为桥梁，将传递函数描述、状态空间描述、多项式矩阵描述贯通起来，构筑基于线性系统的经典控制理论与现代控制理论的统一框架。

第 6 章现代控制理论进阶。现代控制理论丰富多彩，在“知识爆炸”年代，萃取精华、集成学习是必要的现实之需。本章选取几个典型理论分支进行概述：处理一般系统稳定性的李雅普诺夫稳定性理论、处理随机性的随机过程与滤波估计、处理不确定性的鲁棒控制原理以及事关控制成败的系统可控能力分析，凝练其思想，为解决更复杂的控制问题打下基础。

在本书成稿过程中，全国高校控制理论课程群虚拟教研室负责人、西安理工大学刘丁教授，上海交通大学杨明教授，广东工业大学徐雍教授不吝赐教，受益良多，向他们致以诚挚谢意。同时，广东工业大学赖冠宇老师、杨芩老师、肖涵臻老师以及博士生陈子韬、硕士生黄凯等给予了研读体会与修改建议，提供了仿真曲线图与插图，向他们表示衷心感谢。本书力图呼应新工科要求，限于水平与视野，错漏难免，敬请广大读者指正。

作者

目　录 Contents

第 1 章 导 论

20 世纪蒸汽机离心调速器的应用，尝试了反馈控制的力量，开启了自动控制技术工业化的应用，催生了工业革命。百余年工业革命的浪潮，自动控制技术交融其中，稳定性等理论问题相继突破，支撑着机械装备、交通运输、电气工程、冶炼石化等产业的快速发展，至 20 世纪中叶形成了经典控制理论，标志着控制学科成为一个独立的学科领域，产业的自动化程度也成了一个国家现代化的重要标志。

经典的控制理论主要针对单输入单输出系统（单变量系统）的控制。由于自动控制技术带来的显著成就，希望引入自动控制技术进行性能改造的系统越来越多，其规模也越来越大，因而需要同时控制的变量亦非唯一，呈现为多输入多输出系统（多变量系统）。多输入多输出系统相较于单输入单输出系统最大的不同是，多输入多输出系统是多通道，单输入单输出系统是单通道。若多通道之间无耦合或弱耦合，可将多输入多输出系统视作多个单输入单输出系统进行分析设计；若不然，则需发展新的控制理论与方法。在需求的牵引下，延续至 20 世纪末，形成了五彩缤纷的现代控制理论，控制学科进入了繁荣时代。

现代控制理论涉及面宽、内容繁多，与经典控制理论相生相伴、互为补充，共同建构起控制理论与应用的大厦。下面，先简要回顾经典控制理论的精要，再通过几个简明实例分析其局限，以此导引出现代控制理论关注的问题与可解途径。

1.1 反馈调节原理与分析框架

反馈调节原理是经典控制理论的核心，是自动控制技术的共性原理，带来了解决控制问题的一个新颖方式，下面简要呈现反馈调节技术的实现、优势与理论分析框架。

1.1.1 单变量系统构成与反馈调节的优势

1. 开环前馈控制

研究一个系统实质上是研究这个系统中的变量及其变化规律，因此，知晓待研究系统有哪些变量、变量的取值范围（值域）与量纲、可否测量、可否操作是最基本的工程素养。控制系统是为完成某种控制任务而存在，被控量是其重要的一个变量，如图 1-1a 中的 y，也称为（被控）输出量。被控量往往与控制任务相关，如“将电动机转速控制到期望值”，被控量就是电动机的转速。但是，在不少应用场合，如机械加工、冶炼石化等生产过程，需要控制的是产品质量，被控量就不明显了。这时就需要将控制任务分解，如控制每个加工工序的刀具转速、每个流程的温度或压力等，以此等价于产品质量的控制，这就需要十分熟悉被控对象的生产工艺等领域知识。

控制系统中另一个重要变量是控制量（操纵变量），如图 1-1a 中的 u，也称为（控制）输入量。控制量的选择不是唯一的，理论上讲，只要能引起被控量变化的变量均可成为控制量，即只要二者具有因果关系 $y=f(u)$，就可通过改变变量 u 达到对被控量 y 的控制目的。由于要在控制量上施加控制装置（控制器），因此在选择控制量时，除了考虑因果关系、线性范围等理论因素外，还必须考虑该变量是否可操作、易实现等工程因素。在许多应用场合，由于受到工程因素的限制，可选作控制量的变量就不多了。

在确定了被控量和控制量后，就形成了单变量系统的控制问题：已知被控量与控制量存在因果关系，即 $y=f(u)$，以及期望输出 y^*，设计 u 使得 $y=y^*$。

上述问题一个直观的解决途径是：

1）由于 y 与 u 存在因果关系，就设法建立其关系式 $f(u)$。

2）取其逆得到控制律，$u=f^{-1}(y)\big|_{y=y^*}=f^{-1}(y^*)$。

这个控制方案称为开环前馈控制，如图 1-1a 所示，其解决方法就是逆向（反向）设计、精确配准，为众多学科所采用。

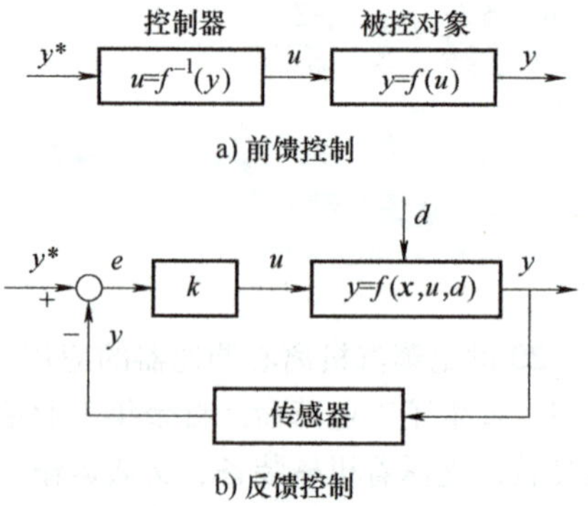

图 1-1　单变量系统的构成

然而，对于实际的控制系统，被控量与控制量的因果关系往往极其复杂，首先，除了被控量、控制量外，还存在一系列的中间变量和外部扰动输入量，如图 1-1b 中的 $\boldsymbol{x}$、d；其次，中间变量 $\boldsymbol{x}\in\mathbf{R}^n$ 也受制于 u 的变化，它们之间的关系 $\boldsymbol{x}=\boldsymbol{x}(u)$ 常常是动态的微分方程而非静态的代数方程，甚至不一定能写出具体的关系式，这使得 $y=f(\boldsymbol{x}(u),u,d)$ 的逆关系难以得到；再次，外部扰动输入量 d 往往是不可测量的，也难用关系式描述，增加了逆向设计的难度。为此，需要寻找新的解决途径。

2. 闭环反馈控制

在人参与的各种控制过程中，如早期对冶炼炉温的控制，操作者只需盯住炉温仪表的指示值，根据是否超出炉温期望值决定燃烧质进给量便可维持恒定的炉温，此过程并未在操作者头脑中进行逆运算，甚至都没有炉温与燃烧质进给量之间的关系式，但很好地完成了控制任务。人参与控制的原理若能用物理的方法实现，将极大地解决复杂的控制问题。

1）人眼盯住仪表值，就是实时测量被控量 y，可以通过传感器技术实现。

2）与期望值 y^* 比较形成偏差，即 $e=y^*-y$，这是一个极简单的减法运算。

3）根据偏差形成控制决策，往往就是按比例加大或减少控制量，即 $u=u(e)=ke$，这也是一个极简单的运算。

以上三步便形成了一个新的控制方案，如图 1-1b 所示，称之为反馈控制，其工作过程就是反馈调节原理，具有极大的普适性。

反馈控制不追求一开始就做到 $y=y^*$，允许有一个调节过程（瞬态过程），如图 1-2 所示，只要调节过程收敛 $y\to y^*$ 即可（稳态过程），这在实际工程中是允许的且是有意义的。因此，反馈控制的思想不是逆向设计、精确配准，而是逐步调节、收敛达标。

3. 反馈控制的优势

系统中的控制量为“因”，被控量为“果”；通过反馈又将被控量的“果”转化为控制量的“因”。所以，反馈控制系统是一个“因—果—因”“否定之否定”“螺旋式调节发展”的系统。与其他学科只考虑“因”与“果”的“前馈”思维方式相比，“反馈”思想有着本质上的差异，因而带来许多不可比拟的优势。

优势之一：可以用简单的控制器实现对复杂系统的控制。由于允许存在一个调节过程，实现控制任务只需要调节过程收敛即可。从理论上讲，要求达到 $y\to y^*(t\to\infty)$ 比要求达到 $y=y^*(t>0)$ 宽松了许多。后者要求所有时间均相等，只好进行精确配准，对于复杂系统其控制器也将复杂；前者不需要所有时间都相等，只需收敛，这样的话采用简单的控制器甚至比例控制器即可满足。实

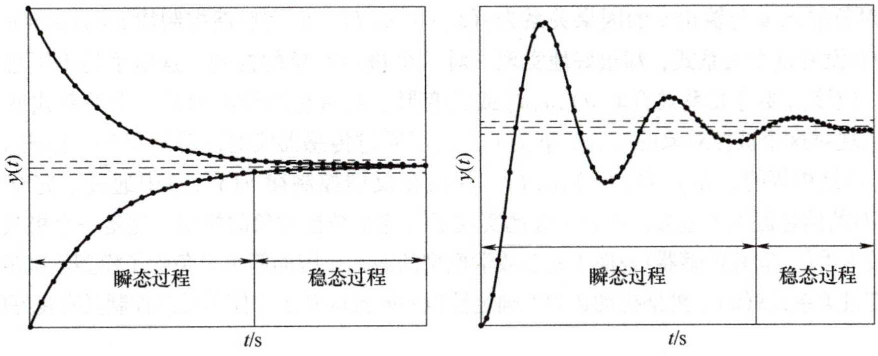

a) 无超调　　b) 有超调

图 1-2　反馈控制的系统响应

际上，仅仅采用比例控制器还不够，它只有一个可调参数 k，要同时满足多项性能时会捉襟见肘。在实际工程中需要对比例控制进行校正，更多是采用 PID 控制器，即 $u=u(e)=ke+\dfrac{1}{T}\int_{t_0}^{t} e\mathrm{d}t+\tau\dfrac{\mathrm{d}e}{\mathrm{d}t}$。

PID 控制器是迄今为止应用最广泛的一种控制器。国际自动控制联合会(IFAC)的工业委员会在 2017 年、2020 年分别发布了一项对控制技术应用现状的调查报告，其中一个令人惊异的结果是，PID 控制与其他十几种控制方法相比获得了最高的评价，如图 1-3 所示。PID 控制器是一个有强大生命力的经典控制器，其理论基础源于反馈调节控制“可以用简单的控制器实现对复杂系统的控制”这个优势。

TABLE 1 A list of the survey results in order of industry impact as perceived by the committee members.

Rank and Technology	High-Impact Ratings	Low- or No-Impact Ratings
PID control	100%	0%
Model predictive control	78%	9%
System identification	61%	9%
Process data analytics	61%	17%
Soft sensing	52%	22%
Fault detection and identification	50%	18%
Decentralized and/or coordinated control	48%	30%
Intelligent control	35%	30%
Discrete-event systems	23%	32%
Nonlinear control	22%	35%
Adaptive control	17%	43%
Robust control	13%	43%
Hybrid dynamical systems	13%	43%

a) 2017年

Table 2
The percentage of survey respondents indicating whether a control technology had demonstrated ("Current Impact") or was likely to demonstrate over the next five years ("Future Impact") high impact in practice.

	Current Impact	Future Impact
Control Technology	%High	%High
PID control	91%	78%
System Identification	65%	72%
Estimation and filtering	64%	63%
Model-predictive control	62%	85%
Process data analytics	51%	70%
Fault detection and identification	48%	78%
Decentralized and/or coordinated control	29%	54%
Robust control	26%	42%
Intelligent control	24%	59%
Discrete-event systems	24%	39%
Nonlinear control	21%	42%
Adaptive control	18%	44%
Repetitive control	12%	17%
Hybrid dynamical systems	11%	33%
Other advanced control technology	11%	25%
Game theory	5%	17%

b) 2020年

图 1-3　PID 控制器应用情况对比

优势之二：可以抑制模型残差、外部扰动等不确定性带来的影响。当系统进入稳态后(偏差 $e\to0$)，若被控对象的模型残差、外部扰动等不确定性一旦发生，会引起被控量 y 发生变化从而导致稳态被破坏。从图 1-1b 的反馈控制结构图可知，由于在被控输出端装有传感器实时检测被控量，所以在传感器之前的这些变化都会被检测到，经反馈产生新的偏差，在新偏差的激励下会自动产生新的控制量，经不断调节(只要调节收敛)又会迫使被控量 $y\to y^*$，系统再次进入稳态(偏差 $e\to0$)。

这个优势能够实现的关键是要有灵敏度、精确度、频响度、线性度俱佳的传感器，能够实时精确地测量被控量。反过来，在事前选取被控量时，必须考虑有无传感器可用于其上、传感器的运行环境(温度、湿度、电磁兼容等)能否满足、传感器的性能指标是否合适？在有些场合，由于传感器的问题需另选其他变量作为被控量。

被控对象输入 u 与输出 y 的因果关系为 $f(\boldsymbol{x}(u),u,d)$，但在反馈控制律 $u=u(e)=u(y^*-y)=u(y^*,y)$ 中并没有这个关系式，却很好地实现了对这个被控对象的控制，这似乎是不可思议的。直观地理解，应该需要将关系式 $f(\boldsymbol{x}(u),u,d)$ 或其变形、或由它诱导出的另一个关系式嵌入控制律中，方可实现对这个被控对象的控制。事实上，由于通过传感器实时准确地得到了输出 y，而 y 与 $f(\boldsymbol{x}(u),u,d)$ 是相等的，即 $y=f(\boldsymbol{x}(u),u,d)$，因而在反馈控制律 $u(y^*,y)$ 中通过 y 完全将关系式 $f(\boldsymbol{x}(u),u,d)$ 的信息嵌入了进去，从而很好地实现了对这个被控对象的控制。这是一个极具创意的思维，通过技术手段(安装传感器)替换了复杂数学模型的嵌入，因而简单且免除了模型不准的忧患；另外，中间变量关系式 $\boldsymbol{x}(u)$、外部扰动 d 的不确定性也一同被屏蔽了，使得反馈控制具有良好的鲁棒性。

1.1.2　经典控制理论的分析框架

反馈调节原理有着无可比拟的两大优势，但也存在致命的缺陷，即必须确保调节过程收敛，这是控制系统的稳定性，否则，1.1.1 节中所讲述的各种优势荡然无存。调节过程完成进入稳态后，希望偏差尽可能收敛到 0，这样才能高精度地完成控制任务，这是控制系统的稳态性。另外，尽管反馈调节系统允许存在一个调节过程，但希望这个调节过程尽量要短，这是控制系统的快速性；可以预见，调节越快，调节过程的波动会越大，这是控制系统的平稳性。稳定性与稳态性是控制系统的基本性能，必须予以保证；快速性与平稳性是控制系统的扩展性能，为控制性能锦上添花，反映控制的水平。要分析系统上述性能，就需要建立系统的数学模型(尽管在反馈控制律中无须使用这个数学模型)，以此为出发点，可建立起经典控制理论的分析框架[详细可参见《工程控制原理》(经典部分)]。

1. 数学模型

研究系统就是研究其中的变量及其关系。物理模型是通过实体来构建变量的关系。数学模型无实体，是通过数学关系式来呈现变量关系，这是有创意的。任何实体上的客观变量都应遵循客观规律(物理、化学、数学等定律和定理)，客观规律是可以用数学关系式($F_i(y,x_1,x_2,\cdots,x_m,u)=0$)描述的，这些关系式的组合就是数学模型，如图 1-4a 所示。

由于客观规律常常是在某种恒定条件(如恒加速度、恒压、恒温等)下得到的，而实际工程往往处在不断变化中，导致这些客观规律不能直接使用。微积分提供了一个重要的工具，可将时间域分成无数个微分段 Δt，在 Δt 上可假定各种恒定条件成立，列出需要的关系式，再令 $\Delta t\to 0$ 即可，如图 1-4b 所示。这样的话，各种恒定条件下的客观规律关系式都可以使用，只是这些关系式(在 $\Delta t\to 0$ 后)将以微分方程的形式呈现。若恒定条件与空间域有关(如需要磁场均匀)，同样可将空间域分成无数个微分段 $\{\Delta x,\Delta y,\Delta z\}$，在空间微分段上列写各种关系式，再令 $\{\Delta x\to 0,\Delta y\to 0,\Delta z\to 0\}$ 即可，只是这些关系式将以偏微分方程的形式呈现。可见，微积分思想奠定了处理变化系统的理论基础，无论多么复杂变化的系统，只要熟知其领域的知识(客观规律式)，就可以通过(偏)微分方程来建模，(偏)微分方程成了建立数学模型最基本的工具。

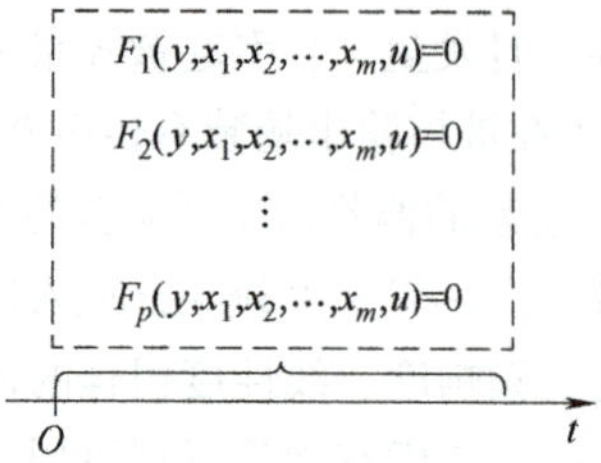

a) 静态模型

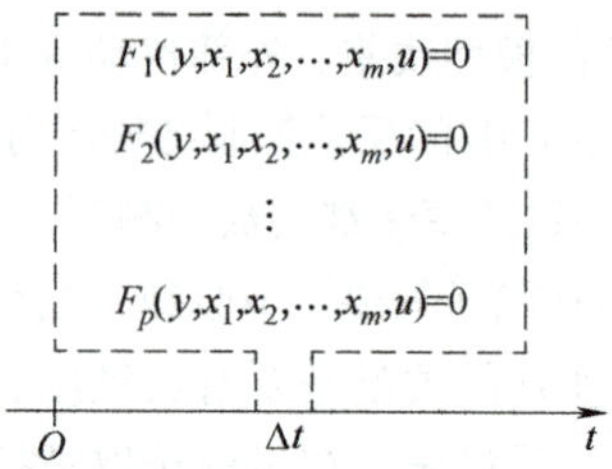

b) 动态模型

图 1-4　微分方程建模原理

由于微分方程的求解相较于代数方程还是困难，因此，通过拉普拉斯变换可将微分方程转化为代数方程，从而形成传递函数，即

$$G(s)=\frac{y(s)}{u(s)}=\frac{b_m s^m+\cdots+b_1 s+b_0}{s^n+a_{n-1}s^{n-1}+\cdots+a_1 s+a_0}=k_p\frac{(s-z_1)\cdots(s-z_m)}{(s-p_1)\cdots(s-p_n)}$$

可见，传递函数 $G(s)$ 中不再含有输出 $y(s)$ 与输入 $u(s)$，相当于将输出与输入“剥离”在外，$G(s)$ 就是系统本身，它的性能就是系统的性能。而极点 $\{p_i\}$ 和零点 $\{z_j\}$ 完全决定了 $G(s)$，也将完全决定系统的性能。这就为系统性能的分析提供了极大便利，所以传递函数是最常用的数学模型。

最基本的反馈控制系统结构如图 1-5 所示，被控对象为 $G(s)$，控制器为 $K(s)$，令

$$Q(s)=K(s)G(s)=k_{qp}\frac{\prod_{j=1}^{m}(s-z_j)}{\prod_{i=1}^{n}(s-p_i)}\quad (m\leqslant n) \tag{1-1}$$

称 $Q(s)$ 为开环传递函数，$\{p_i\}$、$\{z_j\}$ 分别是开环极点、开环零点。

闭环传递函数为

$$\Phi(s)=\frac{Q(s)}{1+Q(s)}=k_{\phi p}\frac{\prod_{j=1}^{m}(s-\bar{z}_j)}{\prod_{i=1}^{n}(s-\bar{p}_i)} \tag{1-2}$$

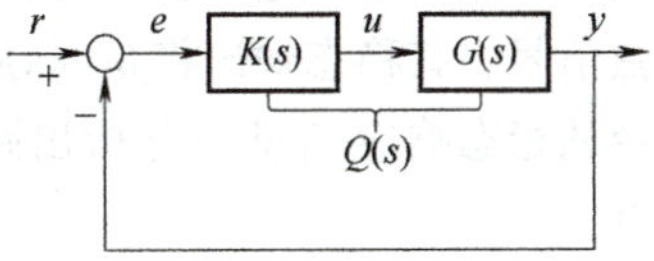

图 1-5 基本反馈控制系统结构

式中，$\{\bar{p}_i\}$、$\{\bar{z}_j\}$ 分别是闭环极点、闭环零点。

闭环系统的性能由闭环传递函数 $\Phi(s)$ 决定，或者说，由闭环极点与闭环零点决定。由于被控对象 $G(s)$、控制器 $K(s)$ 常为典型环节的串联，更易得到开环极点与开环零点，因此，常将两者合二为一，以开环传递函数 $Q(s)$ 作为广义的对象，以此研究闭环系统的性能。基于根轨迹的时域分析法、基于伯德图的频域分析法就是如此进行的。

2. 时域分析

若能获取系统输出响应的时间轨迹，系统的性能便一目了然。但是，求解系统响应轨迹相对困难，可否不求解它，便可得知系统性能？系统性能由闭环传递函数 $\Phi(s)$ 决定，只需对闭环极点与闭环零点进行分析即可，这就是经典的时域分析法。

系统基本性能——稳定性与稳态性。稳定性取决于所有闭环极点实部是否小于 0，然而，5 阶以上极点方程 $1+Q(s)=0$ 没有求解公式，为此，可构造它的劳斯阵列（赫尔维茨行列式）便可判定。稳态性与系统稳态响应（特解）有关，根据拉普拉斯变换的终值性，有

$$e_s=\lim_{t\to\infty}(r(t)-y(t))=\lim_{t\to\infty}e(t)=\lim_{s\to 0}se(s)=\lim_{s\to 0}s(1-\Phi(s))r(s) \tag{1-3}$$

可见，对于一般 n 阶系统无须求解响应便可快速分析出闭环系统的稳定性与稳态性。

系统扩展性能——快速性与平稳性。实际工程系统常为一阶系统、二阶系统，或通过主导极点等效为一阶系统、二阶系统，即可令闭环传递函数为

$$\Phi^*(s)=\begin{cases}\dfrac{k}{s-\bar{p}_1}=k_\phi^*\dfrac{1}{\bar{T}s+1}, & \omega^*=0\\[2ex] \dfrac{k}{(s-\bar{p}_1)(s-\bar{p}_2)}=k_\phi^*\dfrac{\omega_n^2}{s^2+2\xi\omega_n s+\omega_n^2}, & \omega^*\neq 0\\[2ex] \dfrac{k(s-z_1)}{(s-\bar{p}_1)(s-\bar{p}_2)}=k_\phi^*\dfrac{\omega_n^2(\tau s+1)}{s^2+2\xi\omega_n s+\omega_n^2}, & \omega^*\neq 0\end{cases} \tag{1-4}$$

式中，$\bar{p}_{1,2}=\sigma^*\pm j\omega^*$；$\bar{T}=-1/\sigma^*$。由此可得到典型的时域扩展性能指标——瞬态过程时间和超调量分别为

$$t_s=\frac{\alpha}{\bar{T}},\quad \begin{cases} t_s=\dfrac{\alpha}{\xi\omega_n} \\ \delta=\mathrm{e}^{-\frac{\xi\pi}{\sqrt{1-\xi^2}}} \end{cases},\quad \begin{cases} t_{s\tau}=\dfrac{\alpha}{\xi\omega_n} \\ \delta_\tau=c_\tau\mathrm{e}^{-\frac{\xi}{\sqrt{1-\xi^2}}(\pi-\beta_\tau)} \end{cases}$$

式中，$\alpha\approx4$；$c_\tau=\sqrt{1-2\xi\omega_n\tau+(\omega_n\tau)^2}$；$\cos\beta_\tau=(1-\xi\omega_n\tau)/c_\tau$。

可见，快速得到所有闭环极点是时域分析法的关键。由于开环极点、开环零点容易得知，再按照闭环极点方程 $1+Q(s)=0$ 便可绘制出所有闭环极点的轨迹，谓之根轨迹。因此，基于开环传递函数 $Q(s)$ 的根轨迹成为时域分析的基本工具，可得到所有的闭环极点，同步确定出主导极点，从而稳定性、快速性、平稳性也一目了然。

3. 频域分析

时域分析法利用时域指标评估系统性能，主要性能呈现在系统的瞬态响应中。然而瞬态响应稍纵即逝，难以进行实验观测。常规仪器更方便观测稳态周期信号。若在系统输入施加周期的正弦信号，其稳态输出将是同频正弦信号，十分便于通用示波器观测，如图 1-6 所示。问题是，能否从稳态响应信息中分析出瞬态的性能？进一步，能否从开环稳态信息中分析出闭环瞬态性能？

另外，观察图 1-6 中的虚线框，理想的闭环控制系统实际上就是希望实现 $y=r$，相当于一个比例为 1 的放大器。因此，“控制系统的设计”就等效为“放大器的设计”。因而，基于频域的放大器分析与设计方法便可引入进来。

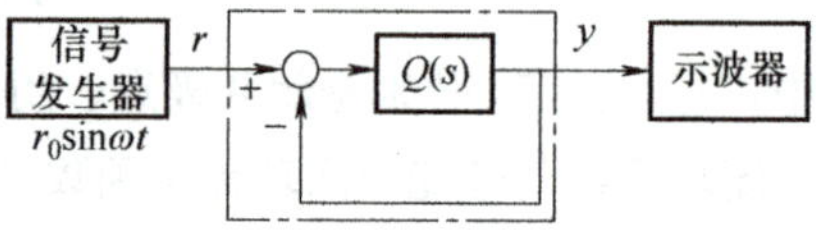

图 1-6　正弦响应

经理论推导知，闭环频率特性 $\Phi(j\omega)$ 与闭环传递函数 $\Phi(s)$ 直接关联，即 $\Phi(j\omega)=\Phi(s)|_{s=j\omega}$，而 $\Phi(s)$ 包含了闭环系统瞬态与稳态全部信息，这也预示着分析 $\Phi(j\omega)$ 将能得到闭环系统瞬态与稳态全部信息。另外，

$$\Phi(j\omega)=\Phi(s)|_{s=j\omega}=\left.\frac{Q(s)}{1+Q(s)}\right|_{s=j\omega}=\frac{Q(j\omega)}{1+Q(j\omega)}$$

开环频率特性与闭环频率特性有一一对应关系，因此，在实际应用中多采用开环频率特性 $Q(j\omega)$ 来分析闭环系统的性能，基于 $Q(j\omega)$ 的开环伯德图成为基本的分析工具。

频域分析法通过开环频域指标来表征闭环系统性能，如图 1-7 所示，开环增益 $A(\omega_c)=1$ 或 $L(\omega_c)=0\text{dB}$ 是一个关键临界点，对应的频率 ω_c 称为幅值穿越频率，是一个重要的开环频域指标。在 ω_c 的左侧，即 $\omega<\omega_c$，对应放大区间，即 $A(\omega)>1$ 或 $L(\omega)>0\text{dB}$；在 ω_c 的右侧，即 $\omega>\omega_c$，对应衰减区间，即 $A(\omega)<1$ 或 $L(\omega)<0\text{dB}$。放大区间容易引起系统不稳定，关键是这个区间上的相位 $\theta(\omega)$ 不能穿出 $-\pi$ 线，否则，负反馈将转为正反馈，幅值将发散，导致系统不稳定。因此，在幅值穿越频率处，开环相位离开 $-\pi$ 线的“距离”$\gamma=\theta(\omega_c)-(-\pi)=\pi+\theta(\omega_c)=PM$，是另一个重要的开环频域指标，称为相位裕度。

对于最小相位系统（开环零极点都是稳定的），在 $A(\omega)>1$ 的放大区间上，相位 $\theta(\omega)$ 最多只有一次穿出 $-\pi$ 线，若没有穿出，即 $\gamma>0$，闭环系统稳定。

对于非最小相位系统（存在不稳定的开环极点或零点），在 $A(\omega)>1$ 的放大区间上，相位 $\theta(\omega)$ 可能会有多次穿出 $-\pi$ 线，此时闭环系统的稳定性与 $\theta(\omega)$ 穿出 $-\pi$ 线的次数和方向有关，可依据奈奎斯特（伯德）稳定判据进行判断。

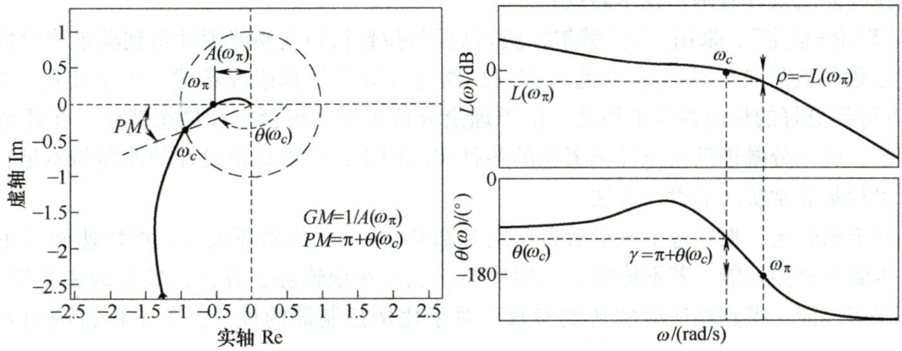

a) 奈奎斯特图　　b) 伯德图

图 1-7　开环频率特性与频域指标

相位裕度 γ 直接从系统稳定性而来，$\gamma>0$ 的数值也反映了系统的相对稳定性，即系统平稳性。系统快速性通过幅值穿越频率 ω_c 反映。如果 ω_c 越高，在频段$(0,\ \omega_c)$上，$|Q(\mathrm{j}\omega)|\gg 1$，开环系统处于放大状态，使得$|\Phi(\mathrm{j}\omega)|\to 1$，表明在此频段上的输入信号可以高保真地在输出端复现，系统输出可以跟踪上快速变化的周期输入信号(如方波信号)，如图 1-8 所示。若能高保真复现，就意味着瞬态过程时间 $t_s \ll \tau/2$，$\omega=2\pi/\tau$。这样，ω_c 越高，能高保真的信号频率 ω 越高，因而 t_s 越小。

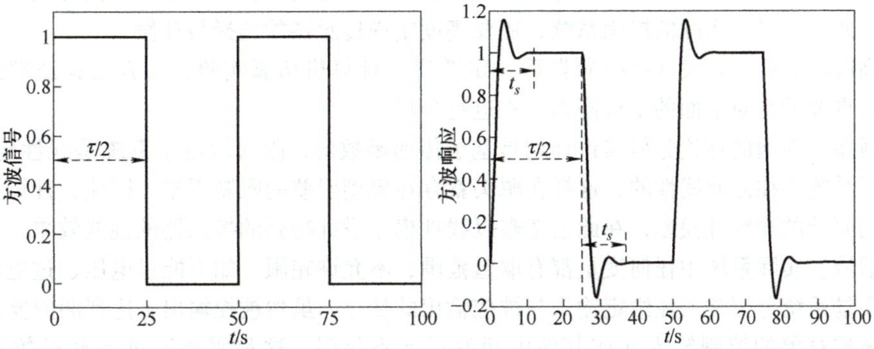

a) 输入方波信号　　b) 输出方波响应

图 1-8　方波信号与系统输出响应

综上所述，幅值穿越频率 ω_c 与相位裕度 γ 很好地刻画了闭环系统的性能，而且无须降阶等效便可求取，这是采用频域指标进行分析的一大优势，为广大工程师所喜爱。当然，若要将频域指标转化为时域指标，对于高阶系统没有直接可用的公式，需要进行降阶等效。

4. 控制器设计

反馈调节控制的优势在于“可以用简单的控制器实现对复杂系统的控制”，因此，控制器设计遵循由简单到复杂的路径，不失一般性，假定控制器为

$$K(s)=k\prod_{i=1}^{l}\frac{\tau_i s+1}{T_i s+1}\quad (l=0,1,2)$$

先考虑比例控制$(l=0)$，若不能达到期望性能，再做校正$(l\neq 0)$。若还不行，就需要思考期望性能的合理性。

比例控制器的设计有两条技术路线：

一是“理论+整定”，采用劳斯(赫尔维茨)判据与拉普拉斯变换终值性得到满足稳定性与稳态性的比例参数取值范围 $k_1<k<k_2$；在此范围内，通过计算机仿真或现场试验优化比例参数(参数整定)，以得到更好的快速性与平稳性。由于理论分析确保系统稳定和稳态精度，在此范围内进行参数整定，可充分融进理论设计未考虑的各种实际因素，弥补理论设计的遗漏与不足，这种方法看似简单却是非常实用的设计方法。

二是基于根轨迹，根轨迹呈现了所有比例参数 $0<k<\infty$ 下的闭环极点，可快速确定主导极点并判断可否满足期望性能。若不能满足期望性能，也可在根轨迹上寻找到较好的主导极点区域，反向提出期望性能，得到相适应的比例参数。对于比例控制器的设计，基于根轨迹的方法最为方便。

若比例控制器不能实现期望性能，需要进行校正。校正分为超前校正与滞后校正，超前校正是在幅值穿越频率处增加相位以提高相位裕度，滞后校正是衰减开环幅值降低幅值穿越频率间接提高相位裕度。校正设计通过叠加动态环节来完成，因此，采用基于伯德图的方法更方便。

由于 PID 控制器将比例控制及校正功能集于一身，既有超前校正又有滞后校正，因而，在实际工程系统中广为应用。事实上，更成功应用 PID 控制的被控对象常常是量大面广的最小相位系统，因为，最小相位系统的 PID 参数对被控对象模型不敏感，甚至可以在线整定。对于非最小相位系统，PID 参数对被控对象模型是敏感的，需要有较准确的模型进行分析与设计，直接在线整定难以奏效。

对于高性能的控制系统，还可选择扰动前馈补偿、给定前馈补偿、延迟预估补偿、双回路控制等方案。此外，对于实际的控制系统，还要高度重视传感器的选择与补偿。

需要高度注意的是，设计好控制器后一定要进行计算机仿真实验，一方面验证理论设计的结果，更为重要的是对下面的工程限制因素进行分析。

模型残差。前面的理论分析与设计均是基于传递函数的，隐含假定了系统是线性定常系统，但是，实际系统往往是非线性的，这样在源头就存在模型残差的限制因素。因此，计算机仿真模型一定要用原始的非线性模型，在此上考察以线性模型设计得到的控制器的性能效果。

变量值域。实际系统中任何变量都有取值范围，不允许超限，如不能过电压、过电流、过温等。而单变量系统分析常关注给定输入与被控输出的变化，虽然被控输出 y 达到期望要求，不一定能保证被控对象的控制输入 u 或其他中间变量 $\boldsymbol{x}$ 不超限，这都需要通过计算机仿真实验来核实。

1.2 多变量耦合的困扰与可解途径

经典控制理论以线性定常系统为主要研究对象，系统地给出了系统描述、分析与设计的方法，在单变量系统中得到了广泛应用。然而，随着应用的不断推进，越来越多的实际工程需要解决多变量控制的问题，经典控制理论逐渐显露出局限性。下面，通过运动控制和过程控制两大类系统中几个实例，分析多变量耦合带来的一些困扰以及可能的解决途径。

1.2.1 多变量运动控制系统及其困扰

1. 多电动机协调控制

在大量的工程实践中，需要多台电动机协调运动来完成生产任务，例如多辊连轧机、印刷设备、各种机床等。图 1-9 是一个双电动机协调控制系统示意图，若两台电动机速度不协调，电动机之间连接部分会过松或过紧，对轧机会影响轧制的均匀度，对印刷机则会影响印刷清晰度。因此，需要实施多电动机协调控制。

1）主令式同步。最简单的协调控制采取主令式同步方案，如图1-10所示，两台电动机共用同一个给定输入 n^*。主令式同步方案实质上还是单变量系统的设计。为了提升控制的质量，除了速度环，还可以增加张力(力矩)环，见图中虚线，形成双回路控制方案。

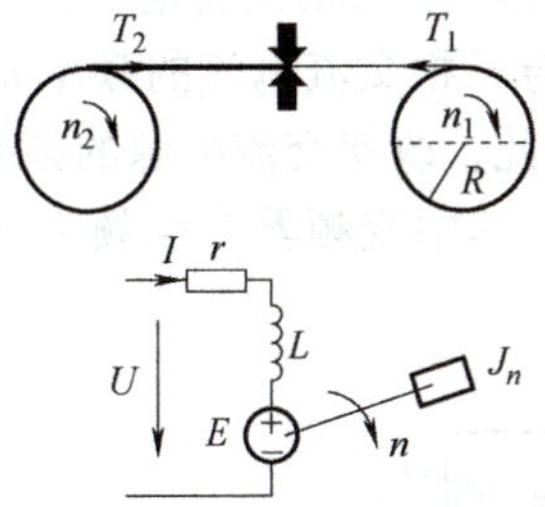

图1-9 双电动机协调控制系统

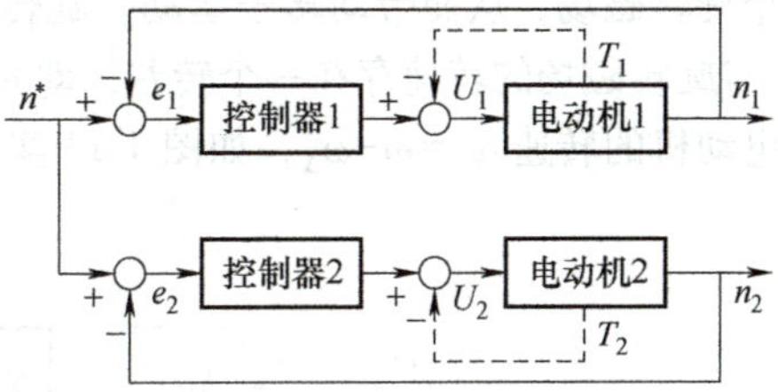

图1-10 双电动机主令式同步

主令式同步方案采用“各管自家事”的策略。当电动机1受到扰动使得转速 n_1 产生偏差，该偏差信息会反馈进入控制器1，从而可自动调节消除偏差。但是，在转速 n_1 的这个调节过程中，由于电动机2的控制器2没有接收到转速 n_1 的偏差信息，转速 n_2 维持不变，从而在调节过程中产生较大的同步误差。

2）主从式同步。为了克服主令式同步方案的不足，给出图1-11所示的主从式同步方案。将电动机1设为主(运动)轴，电动机2设为从(运动)轴。从轴的给定输入信号来自于主轴输出 n_1，一旦主轴因扰动而改变速度，从轴可以及时对其做出相应的调节，以此来减小同步误差。主从式同步方案实质上也是单变量系统的设计。

但是，当从轴受到扰动时导致转速 n_2 出现偏差，这个偏差信息没有进入控制器1，主轴不会对其有任何响应，从而产生同步误差。因此，主从式同步方案也存在一定局限性。

3）耦合式同步。为了克服上述两种同步方案的不足，得到超高品质的控制性能，需要同步考虑主轴转速对从轴的影响和从轴转速对主轴的影响，从而提出了图1-12所示的耦合式同步方案。将两个轴的转速之差引入到各自控制器中，无论主轴还是从轴的转速产生偏差，其偏差信息都会同步反馈进入到各自的控制器中，从而可以同步调节消除偏差。

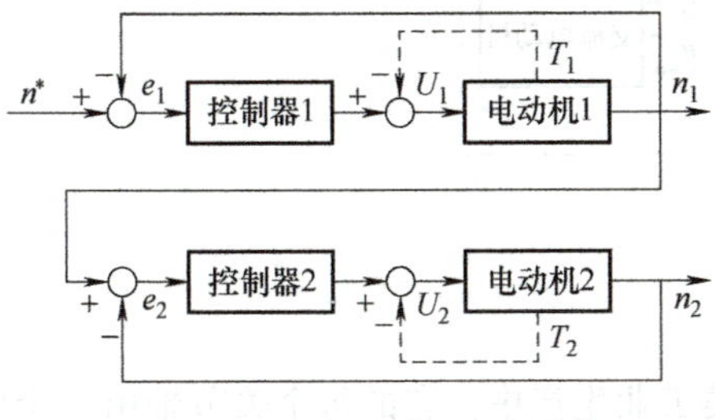

图1-11 双电动机主从式同步

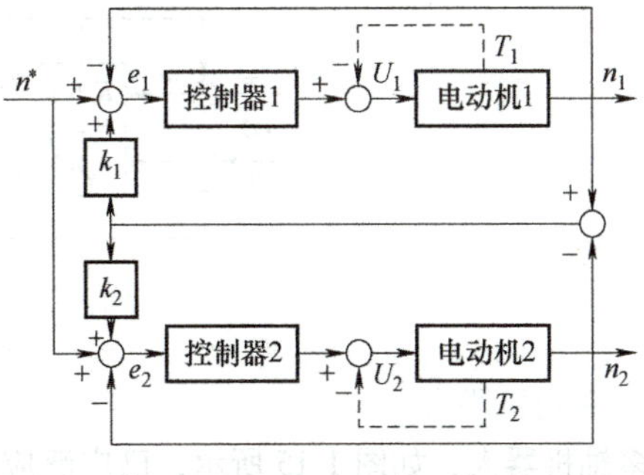

图1-12 双电动机耦合式同步

综上所述，当需要多台电动机协调完成任务时，若对控制性能要求不高，仍可以采用经典的单变量系统设计方法。但是，若对控制品质有高要求，就必须考虑多台电动机(多轴)耦合带来的影响，这时各轴控制器的设计需要统筹考虑，单变量系统设计方法难免顾此失彼了。

2. 交流伺服运动系统

直流电动机调速范围宽、输出转矩大、控制结构简单易实现，但由于存在机械换向电刷，易导致接触不良、可靠性不好，限制了直流电动机的应用。永磁无刷直流电动机取消了机械换向电刷，但电枢电感会引起相间换流延迟，产生转矩脉动，影响运动的平稳性。所以，在高性能的伺服运动系统中，还是离不开(三相)交流异步电动机。

交流异步电动机的工作原理是，在定子侧由三相交流电压产生三相交流电流，三相交流电流形成一个旋转磁场，从而带动转子运动。旋转磁场的转速与三相交流电流的频率 ω 一致，转子转速 ω_r 与旋转磁场的转速存在一个转差，即 $\omega_\Delta=\omega-\omega_r$。因此，改变交流电源的频率 ω，就可调节交流电动机的转速 $\omega_r=\omega-\omega_\Delta$，如图 1-13 实线部分所示，其中变频器产生频率可变的三相电源。

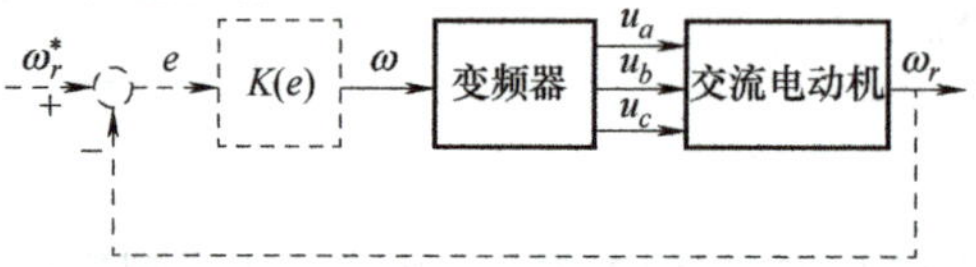

图 1-13　变频调速

变频调速广泛应用于交流传动系统中，但在负载波动时，单纯的变频调速(开环控制)难以保持转速恒定。为了提高调速性能，可以增加一个速度反馈控制，如图 1-13 虚线部分所示，这是单变量控制的方案。然而，由于转差 ω_Δ 与三相交流电压、电流以及外部负载等因素有着较强的耦合关系，仅仅从偏差 $e=\omega_r^*-\omega_r$ 信息构造控制律 $\omega=K(e)$，难以精准控制中间变量——转差 ω_Δ，从而转速 $\omega_r=\omega-\omega_\Delta$ 也难以维持恒定。

交流电动机从形式上看是一个 3 输入 1 输出的系统，如图 1-14 中实线部分。在实际运行时，三相交流电源是平衡对称的，即任何时间都有 $u_a+u_b+u_c=0$，只有两个量是独立的，常采用 2/3 变换，提取两个独立的量作为虚拟控制输入，如图 1-14 中点划线部分。此时系统是 2 输入 1 输出。若用同一个偏差 $e=\omega_r^*-\omega_r$ 信息直接构造 u_d、u_q 的控制律，即 $u_d=K_d(e)$、$u_q=K_q(e)$，形成图 1-14 中虚线部分的控制器，也未必能解决。因为交流电动机存在复杂的电磁耦合关系，如何设计这两个控制律，经典控制理论力不从心，即使各自采用经典的 PID 控制器也无济于事。要有所作为，必须先化解 u_d、u_q 与 ω_r 之间的电磁耦合关系。

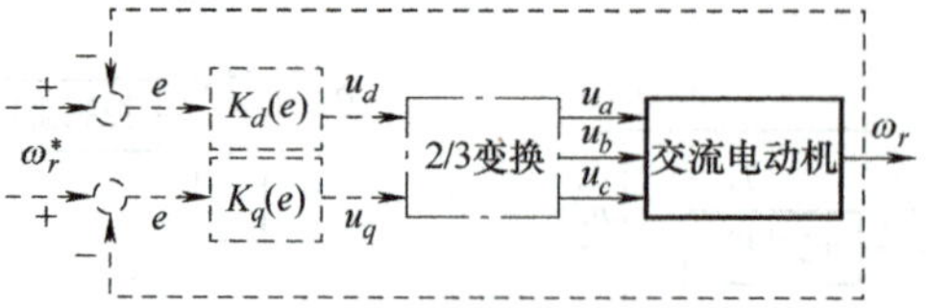

图 1-14　交流电动机的控制

3. 多轴机器人

多轴机器人，如图 1-15 所示，已广泛应用于各类工业生产中。它的每个关节轴由一个电动机驱动，形成一个多电动机协调控制系统。但与通常多电动机协调控制系统不一样的是，电动机位于关节上，其空间位置随着各关节的动作而变化。另外，多轴机器人是通过末端完成各种各样的任务，对各轴电动机的控制不是速度同步，而是每个轴的电动机各自完成不同的转角，以使末端达到期望要求。因此，多轴机器人的控制有其特有的困难。

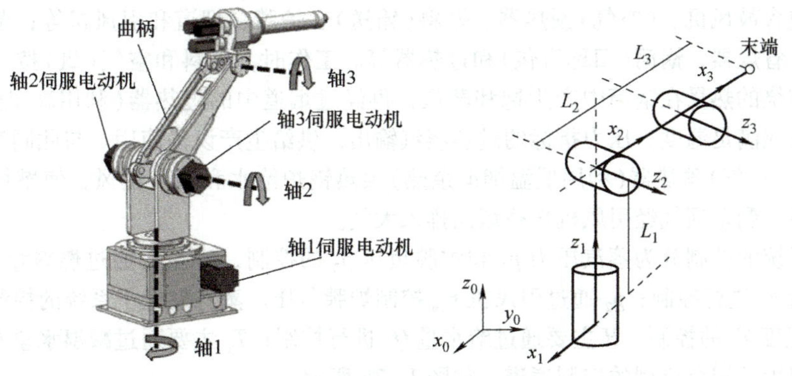

图 1-15 多轴机器人及其等效结构图

令各轴电动机的转角为 $q=\{\theta_i\}$，末端的空间坐标为 $p=\{x,y,z\}$，在机器人结构确定后，它们具有明确的几何变换关系，即 $p=f(q)$，称为正运动学关系；或者 $q=f^{-1}(p)$，称为逆运动学关系。根据某个生产任务可规划出期望末端轨迹 $p^*(t)$，经逆运动学计算可得各轴电动机的期望转角 $q^*(t)$，若只考虑各电动机间的静态耦合作用，有图 1-16 所示的基于单变量控制的多轴机器人控制系统。

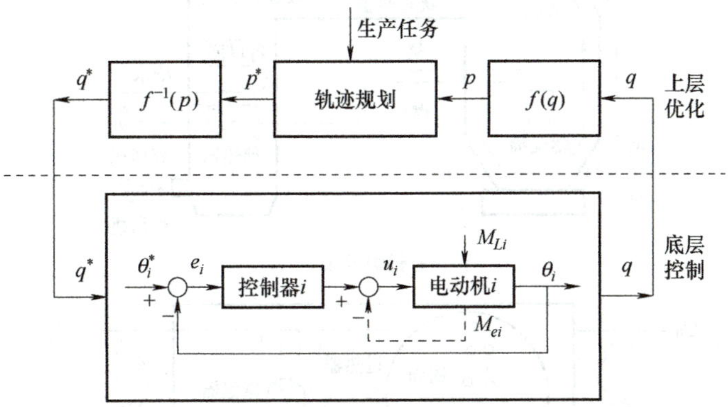

图 1-16 基于单变量控制的多轴机器人控制系统

图 1-16 所示系统分为两层，底层每轴独自完成对各自期望位置（转角）的控制，除了位置环，也可增加速度环（未画出）、转矩环（电流环），各环的控制器均可采用经典的 PID 控制器；上层是根据实际任务和当前状态规划出期望轨迹，进而产生出（底层）每轴最优的（角度）给定输入。这种分层控制结构是复杂多变量控制系统中常采用的。在分层结构下，底层控制结构常被简化成多个单变量的控制。图 1-16 所示的多轴机器人控制系统目前仍广泛应用于实际工程中。

然而，在多轴机器人用于高速高精的场合时，对底层的单变量控制系统的动态性能有着较高的要求，由于其他关节轴（含有电动机）的空间姿态在作业空间大范围变化，使得折算到本关节轴上的转动惯量、负载转矩 M_{Li} 会有几倍到上百倍的变化，若不在底层对这种耦合影响进行处理，则势必极大地降低系统动态性能。这样，需要发展多变量的机器人控制方法。

1.2.2 多变量过程控制系统及其困扰

1. 工业锅炉

锅炉是一个典型的过程控制系统，如图 1-17a 所示，由燃烧子系统和蒸汽发生子系统组成，燃烧子系统包含鼓风机、(空气)预热器、燃料(输送)、炉膛、烟道和引风机等；蒸汽发生子系统包含给水、省煤器、锅筒(旧称汽包)和过热器等。工作时，燃料和空气(氧)按一定比例进入炉膛燃烧，燃烧的热量在锅筒中产生饱和蒸汽，再经过烟道中的过热器(利用高温烟道余热)将饱和蒸汽加热成满足温度、压力指标的过热蒸汽输出，供给生产设备使用。与此同时，位于烟道中的省煤器和(空气)预热器(利用低温烟道余热)预热锅炉给水和锅炉送风，使燃烧热量得到充分利用。最后，剩余烟气经引风机送往烟囱排入大气。

燃烧子系统的控制分为蒸汽压力 p_1 和炉膛负压 p_2 的控制，p_1 主要通过燃料量 Q_3 和鼓风机送入的空气量 F_{in}进行控制；p_2 通过引风机 F_{out}控制炉膛负压。蒸汽发生子系统的控制分为锅筒水位 H 和蒸汽温度 T_1 的控制，H 主要通过给水量 Q_0 进行控制；T_1 主要通过减温水量 Q_2 进行控制。以此形成了锅炉的四个典型的控制通道，如图 1-17b 所示。

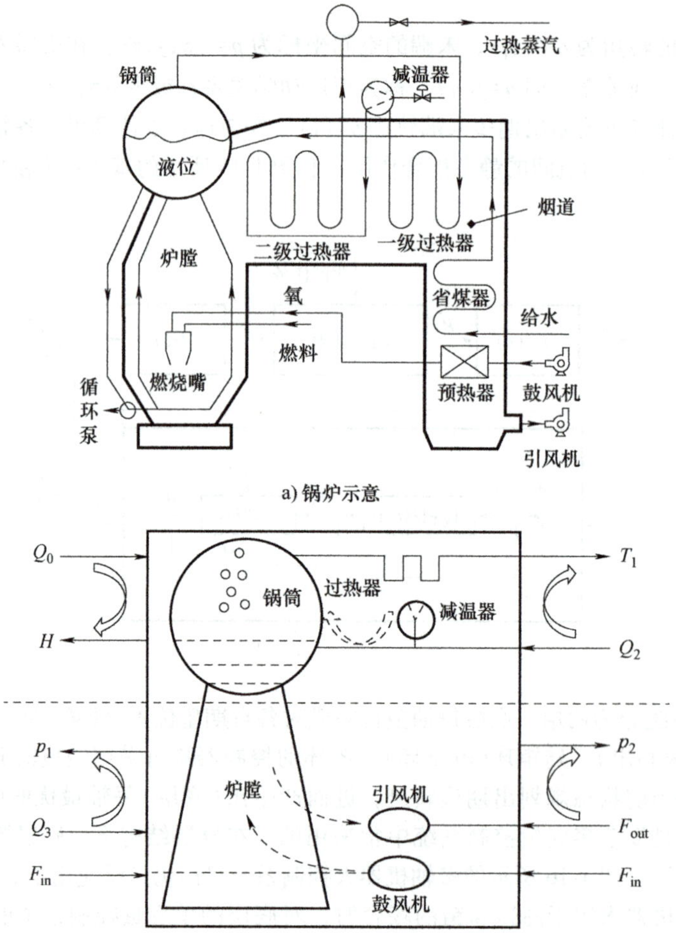

a) 锅炉示意

b) 控制通道

图 1-17　锅炉控制示意图

1）燃烧子系统的控制，如图 1-18 所示，可分成两个相对独立的通道，分别实现蒸汽压力 $p_1 \to p_1^*$ 和炉膛负压 $p_2 \to p_2^*$ 的控制。

蒸汽压力的变化源于蒸汽负荷的变化，蒸汽量多过耗汽量，蒸汽压力升高；反之，蒸汽压力降低。因此，蒸汽压力要通过控制炉膛的燃烧过程，以增减锅炉的蒸汽量来调节。为了高效安全稳定的燃烧，燃料量与空气量需要相互配合，一般采取燃料量与空气量成比例的控制方式，力争做到完全燃烧。为此，该通道常以蒸汽压力为主变量、燃料量为副变量组成双回路串级控制系统(PC1+FC1)，其中包含了以燃料量为主动量、空气量为从动量的比值控制环节(k_{in},FC2)。

为保证锅炉安全运行，必须保证炉膛一定的负压。当炉膛负压过小，甚至为正时，会造成炉膛内烟气外冒，影响设备和工作人员的安全；当炉膛负压过大时，会使大量冷空气进入炉膛，增加热量损失，降低炉膛的热效率。由于炉膛负压的动态特性基本上为比例环节，负压容易波动，鼓风量的变化是炉膛负压产生扰动的主要因素，因此，该通道常引入扰动量的前馈信号，组成带扰动前馈的反馈控制系统(FY2,PC2)。

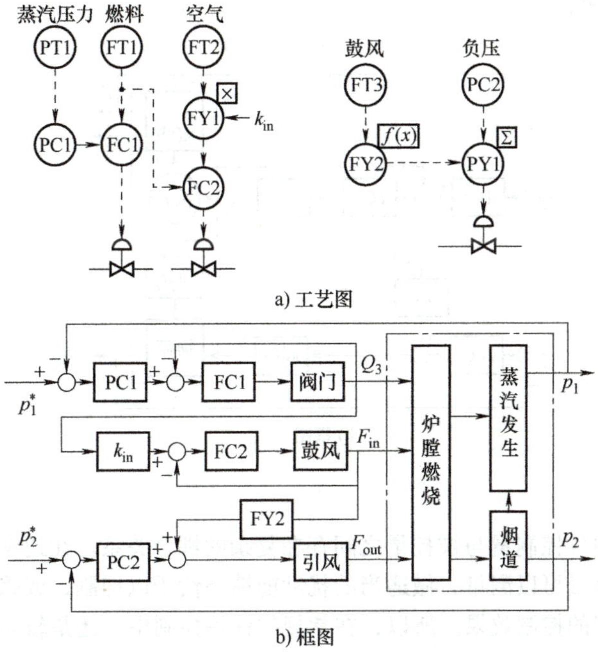

图 1-18　锅炉燃烧子系统控制

2) 蒸汽发生子系统的控制，如图 1-19 所示，也可分成两个相对独立的通道，分别实现锅筒水位 $H \to H^*$ 和蒸汽温度 $T_1 \to T_1^*$ 的控制。

锅筒水位反映了锅炉耗汽量 Q_1 与给水量 Q_0 之间的平衡关系，是锅炉运行中非常重要的监控参数。锅筒水位过高，会影响锅筒内汽水分离，高压蒸汽含水过多，一方面会使过热器结垢，影响过热器的效率；另一方面进入汽轮机后会损坏汽轮机叶片。锅筒水位过低，会影响水循环，水的汽化速度加快，锅筒内水量迅速减少，容易危及锅炉安全。

在正常工况下，给水量大于耗汽量，锅筒水位上升；反之，锅筒水位下降。但当负荷突增，即耗汽量突增时，锅筒压力会瞬时下降，引起锅筒中饱和水产生大量气泡，导致体积增加，造成上升的“虚假水位”现象，从而误导减少给水量，为此，需要根据耗汽量做一个扰动前馈补偿控制，形成一个带扰动前馈的反馈控制系统(p_F,LC)。

过热器一般放在炉膛上部出口附近，它既吸收炉膛火焰的辐射热，又以对流方式吸收流过它的高温烟气的热量。饱和蒸汽由锅筒引出后经过热器继续加热同时蒸发饱和蒸汽的水分。但是进入汽轮机前的汽温不能过高，为此采用喷水减温作为主要调节手段。由于锅炉给水品质较高，所以减温器通常采用给水作为冷却工质。当汽温过高时，就增加减温喷水量；反之，就减少减温喷水量。由于过热器的时滞和时间常数都比较大，一般以过热器出口温度 T_1 为主变量，减温器出口温度 T_2 为副变量，组成双回路串级控制系统(TC1+TC2)。

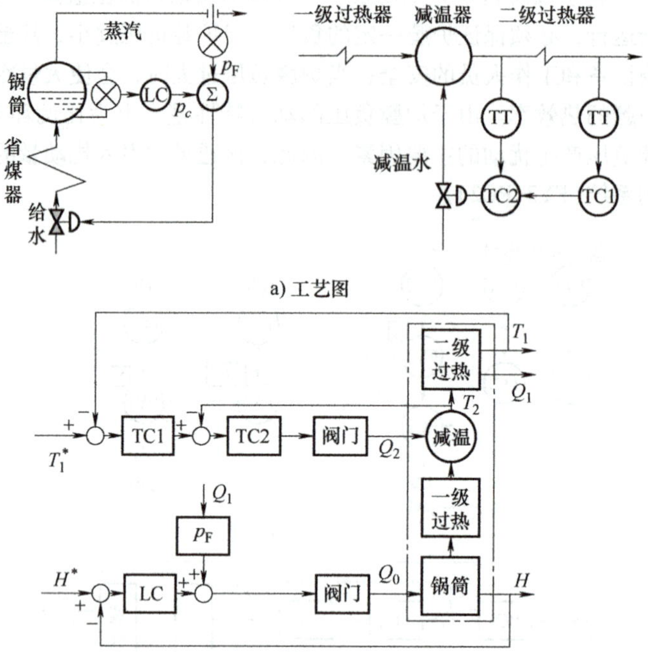

a) 工艺图

b) 框图

图 1-19　锅炉蒸汽发生子系统控制

可以看出，锅炉中各控制量与被控量之间存在复杂的耦合关系。在通常情况下，可将耦合的影响视同扰动，若耦合量可以测量，做适当的扰动前馈补偿予以抑制，或采取双回路串级控制方案，一般都能取得较好的控制效果。所以，在常规的锅炉控制中，还是较多采用单变量系统设计方法分别设计四个相对独立通道的控制器。

然而，工业锅炉是一个极大耗能的设备，不仅要实现符合指标要求的高温、高压蒸汽的输出，而且要降耗增效环保，这就对锅炉控制，特别是锅炉燃烧控制，提出了高要求。锅炉燃烧子系统是一个 3 输入 2 输出的被控系统，其燃烧过程十分复杂，简单的燃料量与空气量成比例的控制方式难以做到最佳，因此，需要进一步研究新的多变量控制方案。

2. 精馏塔

精馏过程是石化生产中应用极为广泛的生产过程，它将混合液中各组分根据挥发度的不同进行分离，以提取达到规定纯度要求的产品。这是一个非常复杂的过程，其关键设备是精馏塔。不失一般性，下面仅讨论从混合液中析出两种组分产品的情况，即位于精馏塔底部的提馏段产品和位于精馏塔顶部的精馏段产品。

对系统的控制目标一般多关注对变量的稳定性、稳态性、瞬态性等技术指标，在实际生产过程中，更为关心的是质量、产量和能耗三方面指标。为此，需要将后者转换到可用于控制的技术指标上。质量指标，即产品纯度，一般让塔顶或塔底产品之一达到规定的纯度，而另一个产品维持在规定的范围之内，若对塔顶和塔底的产品均要求达到规定的纯度，其控制难度大很多。由于产品纯度难以在线测量(大部分生产过程的质量指标都如此)，需要寻找间接的替代变量进行控制。根据精馏工艺分析，其产品纯度与温度直接相关，因此可以通过控制温度达到控制质量的目标。在达到一定质量指标要求的前提下，应尽可能提高产量，从而增加经济效益，产量与产品采出流量直接相关。能耗是所有规模化生产高度关注的指标，尽管在具体控制系统设计时一般并未作为技术指标。对于精馏塔控制，其能耗体现在温度、压力控制上，若温度、压力不在合理区间或波动很大，均将浪费能量从而增加生产成本、影响环保。综上，对精馏过程的质量、产量和能耗控制，实际上就落到了对温度、压力、流量等变量的控制上。

1）按提馏段产品质量实施控制，如图1-20a所示。在塔底部分，提馏段塔板温度 T_0 作为被控变量反映提馏段产品质量，以再沸器加热量 Q_0 作为操纵变量进行温度控制(TC1)；混合液进料量 F 为流量定值控制(FC1)；塔底采出量 B 按液位控制(LC1)。在塔顶部分，为维持塔压 p 恒定，通过控制冷凝器的冷却量 Q_1 来达到(PC1)；为使塔顶温度在合理区间，以保持精馏段产品的质量指标在规定的范围内，对回流量 L 采用流量定值(一般取值较大)控制(FC2)；塔顶采出量 D 按液位控制(LC2)。

2）按精馏段产品质量控制，如图1-20b所示。在塔顶部分，以精馏段塔板温度 T_1 作为被控变量反映精馏段产品质量，以回流量 L 作为操纵变量进行温度控制(TC1)；仍通过控制冷凝器的冷却量 Q_1 来达到塔压 p 的恒定(PC1)；塔顶采出量 D 按液位控制(LC2)。在塔底部分，不再实施提馏段塔板温度控制，而是对再沸器加热量 Q_0 采用流量定值(一般取值较大)控制(FC2)；混合液进料量 F 为流量定值控制(FC1)；塔底采出量 B 按液位控制(LC1)。

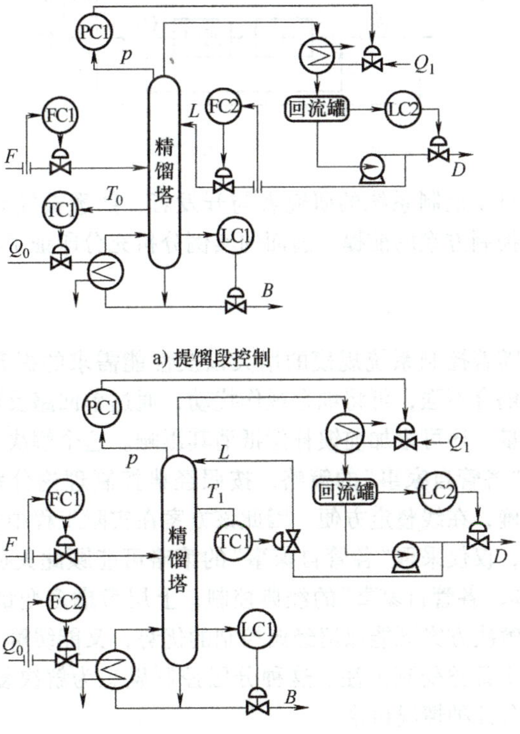

b) 精馏段控制

图1-20 精馏塔控制系统

可见，无论是按精馏段控制还是按提馏段控制，对每个变量均可采用单通道控制方案，可参见图1-21的下半部分。每个变量的设定值(T_1^*、Q_0^* 等)，可根据运行经验或大量的实验来设定。这种控制系统在常规精馏塔得到了较好的应用。

可是，由于不同厂家或不同批次提供的混合液原料组分经常变化，精馏塔中各变量在精馏过程中相互耦合影响(若同时控制提馏段和精馏段的温度，其耦合影响更不可忽视)，仅凭经验给出设定值难以进行精准控制，不能适应批次不同的过程变化，导致大量能量无谓消耗，影响产品质量，降低经济效益。为此，除了底层的单通道控制，需要建立精馏塔多变量过程模型，引入上层的多变量控制，如图 1-21 所示，才能给出更精准的底层设定值，以实现高质量、低能耗、高效益的控制。

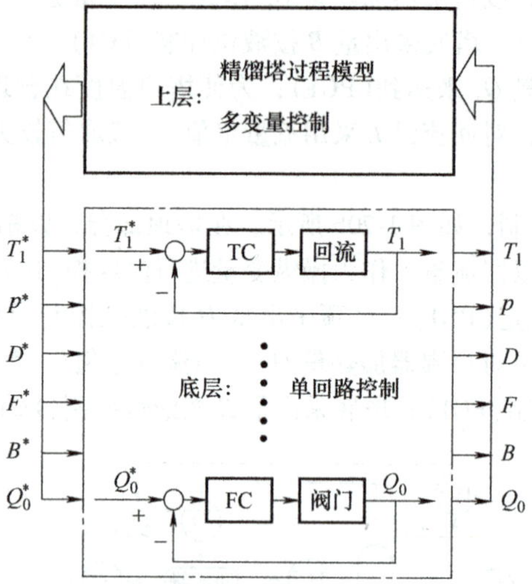

图 1-21　精馏塔分层控制

值得注意的是，作为自动控制系统的研究者与开发者，熟悉被控对象的工作原理与领域知识至关重要，是制定可行控制方案的前提，前面的实例分析充分印证了这一点。

1.2.3　多变量控制的可解途径

从前面的分析看出，随着控制系统规模的增大以及性能需求的提升，需要同时控制的变量会增多。如果变量之间的耦合不强，可将耦合视作扰动，通过单回路反馈控制、双回路串级控制予以抑制。若耦合量可测量，还可增加前馈补偿抵消其影响。这个解决方案是将多变量系统分解成多个单变量系统，采取“各管自家事”的策略，按照经典控制理论分别设计“自家”的控制器。由于各个控制通道任务明确，在线整定方便，因此该方案在实际工程中仍然广泛应用。

若变量之间耦合强烈，仅仅采取“各管自家事”的策略可能顾此失彼。这时，可将复杂的控制进行分层处理，底层采取“各管自家事”的经典控制，上层考虑多变量的(静态或动态)耦合协调优化底层的控制。这个解决方案既能保留经典控制的优势，又能缓解多变量耦合的困扰，在追求高性能控制系统的过程中日益受到关注。这种分层控制思想为解决复杂控制问题开辟了一条重要的可行途径。下面，分几种情况讨论。

1. 基于数据库的监控系统

有不少的大规模控制系统，其中变量的控制相对独立，但需要对其过程进行监控管理。一是监视，采集、显示实时变量数据，绘制变量轨迹，对重要变量进行预警，计算各种统计指标等；二是控制，根据运行情况或需求变化启停相关设备，特别是出现危机状况时根据预案进行应急停机处置，危机排除后按预案恢复运行。监控系统由实时数据库、数据传输、人机界面等部分组成，如图 1-22 所示。其中数据库记录不同采样周期下的实时数据，供人机界面进行显示、监控以及统计运算等，数据传送采取有线和无线方式进行。

这类监控系统应用领域十分宽泛，由于变量的控制均可分解成相对独立的单通道控制，实时数据库、数据传输、人机界面组态等相关技术可参考有关书籍，所以本书不再做进一步讨论。

2. 基于逻辑可编程控制(PLC)的分层系统

另有不少多变量的控制系统，如多功能机床，由多台电动机的协调运动完成加工任务，这些电动机一般都可以独自控制，但每台电动机的启停需要满足一定的时序或其他逻辑条件，也可能在不同工艺阶段电动机的位置、速度、加速度等设定值有变化。为此，可采取基于PLC的分层控制系统，如图1-23所示，由PLC作为上层控制器，完成对底层各电动机的时序逻辑以及设定值的修改等的协调控制。

这类基于PLC的分层控制系统，其底层均可分解成单通道控制，若存在一些弱的耦合作用，可采用经典控制技术在底层予以补偿抑制，而PLC编程等相关技术也可参考有关书籍，因此本书也不做进一步讨论。

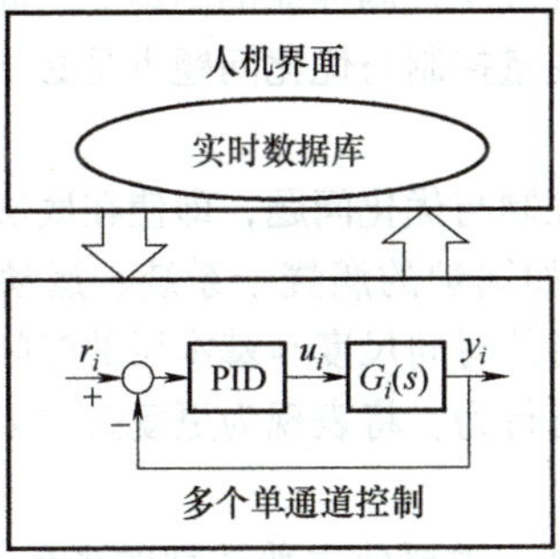

图1-22　基于数据库的监控系统

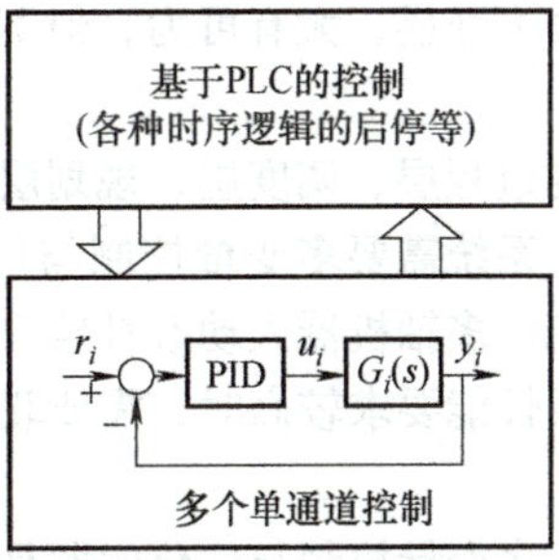

图1-23　基于PLC的分层控制系统

3. 基于多变量控制的分层系统

对于复杂的多变量系统，一般多变量的耦合影响不容忽略，需要考虑图1-24的基于多变量控制的分层系统，其中底层可细分为基本层和辅助层，上层可细分为过程层、调度层、规划层。

1）基本层完成对基础变量的控制，一般动态响应较快(时间尺度一般在毫秒、秒级)，仍采取多个单通道控制方案，每个基础变量都有对应的操纵变量，使得控制通道物理意义明确，便于在线整定。

2）过程层完成过程级或任务级的控制(可参见图1-16和图1-21的上层)，动态响应时间比基本层要慢一些(时间尺度一般在秒、分钟级)，是多变量控制关键的一层。该层需要建立多变量静态或动态模型，分析多变量间的耦合关系，设计抑制耦合影响的策略，以协调对基本层多变量的控制(如修改基本层的设定值)。

3）调度层完成生产计划调度控制。一个订单常需要分解多个批次，每个批次由于原料品质不同、价格波动等因素，需要对生产计划优化。这个优化过程会对过程层的多变量模型参数、控制指标进行适应性调整，使得过程层能

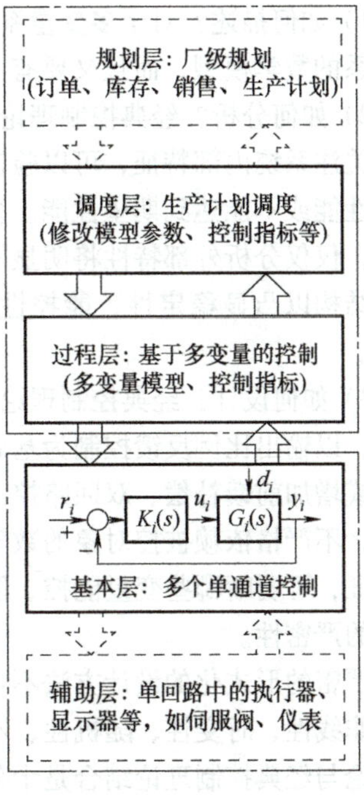

图1-24　基于多变量控制的分层系统

及时跟踪不同批次的变化，更精准地协调基本层的控制。调度层本身也是一个多变量系统，常表现为带约束的静态或动态优化。

4）在实际工程中，底层还可以分出一个辅助层，如在石化生产过程中，大部分的执行器都是各种电动(伺服)阀、液压(伺服)阀，加上显示仪表，每个都是一个完整的控制子系统。

5）在调度层之上还可增加一层，即规划层，该层包括对各种订单、库存、销售等的优化，以做出更佳的生产计划。

有了辅助层，可实现有人参与的手动控制；有了基本层，可实现无人参与的自动控制；有了过程层、调度层、规划层，可实现不同目标的优化控制。将上述各层有机结合、无缝连接，便可实现基于自动化、信息化、网络化、智能化的集成系统，快速适应市场需求多变性、生产环境不确定性，实现全局优化，真正做到高质量、低能耗、高效益的目标要求。

分层控制是解决复杂多变量控制问题的一条有效途径，总体思路是将控制规模与难度进行分解，让底层专注单变量的控制任务，达到整个控制系统的基本要求；在此基础上，多变量控制的规模与难度会缓解，再通过上层的协调控制与优化来弥补底层控制性能的不足。因此，经典控制理论仍然生命力旺盛，大有可为，但不能包打天下，多变量控制与优化问题也是必须要解决的关键问题。

位于上层的过程层、调度层、规划层明显面临多变量控制与优化问题，即使在底层的基本层中也会有不少子系统需要多变量控制与优化来提升性能，如锅炉的燃烧子系统、运动控制中的交流伺服子系统、多轴机器人动态补偿等。另外，当过程层的时间尺度与基本层的时间尺度相当时，或对这两层性能要求较高时，需要联立考虑两层的动态行为，将表现为更复杂的多变量控制与优化问题。

综上所述，多变量控制与优化问题是一个普遍性的问题，需要建立普适性的现代控制理论，并与经典控制理论有机融合，才能很好地解决复杂多变量的控制问题。因此，无论多变量系统的规模多大，处在哪一层，均需要关注如下问题：

1）如何描述？对于多变量系统，变量间耦合是困扰之处，需寻找新的能简明清晰地呈现耦合关系的数学模型，而且又要有大量简便成熟的数学工具能对其进行运算，便于后续的分析。

2）如何分析？经典控制理论关注系统外部特性的分析，通过瞬态与稳态的性能指标来体现，较少关注系统内部特征，可以验证系统能否达到期望性能，但不追问在什么情况下一定能达到期望性能或不能达到期望性能。多变量系统的困扰在于具有复杂的通道结构，若忽视内部结构特征，仅仅分析外部特性将明显不及。内因是决定性的，因此，需寻找新的分析工具，等效化简通道结构以凸显稳定性、能控性、能观性等内部结构特征，为控制器的设计提供坚实的理论依据。

3）如何设计？经典控制理论秉承“可以用简单的控制器实现对复杂系统的控制”的反馈调节优势，以输出比例反馈控制为基础，在性能指标不达标时，采取超前、滞后或PID等环节进行校正，或增加前馈补偿、双回路控制等手段。设计方法实际上是理论指导下的试探与(仿真)实验整定，不严格依赖被控对象的数学模型，但缺乏理论上的严密性。多变量系统的分析聚焦内部结构特征，可明晰哪些变量能控、能观、能稳，在此基础上，可建立起形式化的设计方法，具有理论上的严密性。

严密的形式化的设计方法不可避免依赖于被控对象的数学模型，而复杂工程系统总是存在各种非线性、时变性、随机性、不确定性，这一些是数学模型无法全部描述的。因而，将现代控制理论与经典控制理论结合是十分有意义的，是多变量控制系统能广泛应用的一个关键所在。

上述内容将是本书后续章节的主要内容。

本章小结

反馈调节原理是经典控制理论的核心。若被控量可实施测量反馈，就可构成自动控制系统。控制器的主要任务就是保证反馈调节收敛和收敛精度，即系统的稳定性与稳态性，并不需要系统输出与期望输出在所有时刻处处相等，所以控制器结构可以是简单的，从而PID控制器成了广为应用的经典控制器。

在实际应用中，PID参数常常无须事先设计而在线整定即可，给人留下经典控制方法不依赖被控对象模型的印象。事实上，成功应用PID控制的被控对象常常是量大面广的最小相位系统。对于非最小相位系统，控制器参数对被控对象模型是敏感的，需要建立较准确的模型进行分析与设计，直接在线整定难以奏效。

多变量系统存在通道间耦合，当其影响不容忽视时，经典控制理论往往力不从心，需要探索新途径。总体思路仍然是秉承经典控制的思想，以“简单”对付“复杂”，分解复杂系统控制的难度。这体现在：一方面，采取分层结构，底层实施“各管自家事”的经典控制策略，但在上层进行协调控制与优化，抑制通道间耦合影响；另一方面，将多变量系统视作整体，建立全新的描述、分析与设计的方法，形成现代控制理论，再结合分层结构，与经典控制方法融合，以解决复杂的多变量控制与优化问题。

习题

1.1　为什么说反馈控制“可以用简单的控制器实现对复杂系统的控制”？

1.2　频域分析是利用系统稳态信息分析系统瞬态性能，试说明其中的原理。

1.3　反馈控制可以抑制扰动的影响，试说明其中的原理。另外，扰动的作用点、类型等因素会有什么影响？请举例说明。

1.4　试列举一个多变量控制问题，分析存在的耦合影响。

第 2 章 状态空间描述与分析

多变量系统明显增加了系统描述的复杂性，给出简明清晰的描述方法至关重要，将直接影响后续的理论分析与设计；多变量系统通道多且相互交联，如何表达其结构并清晰判明结构特征，是单变量系统理论不太关心的，但多变量系统理论需要高度关注这一点；在系统结构特征清晰的情况下，控制器的设计将更具有针对性并会出现新的途径。

状态空间描述以最简单的一阶微分方程组描述系统，以稳定、能控、能观等内部特性为分析要点，开辟出状态反馈控制的新途径，形成了现代控制理论的重要分支——状态空间理论。

2.1 状态空间描述

与经典的控制理论一样，首先需要建立多变量系统的描述。多变量系统描述较之单变量系统描述不同的一点是，需要用向量和矩阵来描述。多变量系统同样分为线性系统和非线性系统，本章还是聚焦线性定常的多变量系统。

2.1.1 状态变量与系统描述

1. 控制量的选择

当根据被控对象领域知识以及控制任务确定了需要控制 p 个被控量 $y_i(i=1,2,\cdots,p)$ 后，接着要面临的问题是需要多少个控制量 $u_i(i=1,\ 2,\ \cdots,\ m)$？选取哪些变量作为控制量？对于第一个问题，直观的想法是选取与被控量同样数量的控制量，即 $m=p$，使得控制量与被控量成对配置，方便操控；当然，也可以 $m<p$ 或 $m>p$；控制量个数越多，可增加控制器设计的自由度，当然也会使结构复杂、成本提高；另外，控制量越多，相互之间的耦合干扰也越多。所以，多数情况 $m\leqslant p$。对于第二个问题，与单变量控制系统一样，控制量的选择方案不一定唯一，但必须确保控制量与被控量之间一定存在“因果”关系，这个关系的物理含义要简明清晰，同时还要考虑在工程上的可操纵性和可实现性。

2. 状态变量

多变量系统描述的重点在于对交叉耦合的描述。对于 m 个输入、p 个输出的多变量系统，如果按照单变量系统的描述方式，需要建立输入的各个分量 $u_i(i=1,2,\cdots,m)$ 与输出的各个分量 $y_i(i=1,2,\cdots,p)$ 之间共 $m\times p$ 个高阶微分方程，可见其描述将十分繁杂。为此，需要寻找新的描述方法。

通过对大量实际系统的分析可知，尽管系统中有众多的变量，但存在一组最少的独立变量 $x_i(i=1,2,\cdots,n)$，当这组变量的值(轨迹)确定后，其他变量均可由这组变量求出，或者说，其他变量均可由这组变量表示。这组变量称为系统的状态变量。如果能建立状态变量与控制量的关系，那么系统中任何变量(包括输出变量)的状况就能被确定下来。

3. 状态空间描述

对于 m 个输入、p 个输出的多变量系统，令输入向量、输出向量、状态向量分别为

$$u=\begin{bmatrix}u_1\\u_2\\\vdots\\u_m\end{bmatrix}\in\mathbf{R}^m,\quad y=\begin{bmatrix}y_1\\y_2\\\vdots\\y_p\end{bmatrix}\in\mathbf{R}^p,\quad x=\begin{bmatrix}x_1\\x_2\\\vdots\\x_n\end{bmatrix}\in\mathbf{R}^n$$

若它们之间满足如下方程

$$\begin{cases}\dot{x}=Ax+Bu\\y=Cx+Du\end{cases}\tag{2-1}$$

式中，

$$A=\begin{bmatrix}a_{11}&\cdots&a_{1n}\\\vdots&&\vdots\\a_{n1}&\cdots&a_{nn}\end{bmatrix}\in\mathbf{R}^{n\times n},\quad B=\begin{bmatrix}b_{11}&\cdots&b_{1m}\\\vdots&&\vdots\\b_{n1}&\cdots&b_{nm}\end{bmatrix}\in\mathbf{R}^{n\times m}$$

$$C=\begin{bmatrix}c_{11}&\cdots&c_{1n}\\\vdots&&\vdots\\c_{p1}&\cdots&c_{pn}\end{bmatrix}\in\mathbf{R}^{p\times n},\quad D=\begin{bmatrix}d_{11}&\cdots&d_{1m}\\\vdots&&\vdots\\d_{p1}&\cdots&d_{pm}\end{bmatrix}\in\mathbf{R}^{p\times m}$$

称式(2-1)为系统的状态空间描述，简记为系统$\{A,B,C,D\}$。

式(2-1)第 1 个方程为状态方程，由 n 个一阶微分方程构成，是状态空间描述的核心方程，它的维数 n 也称为系统的阶数；第 2 个方程为输出方程，输出变量 y 只是状态变量 x、输入变量 u 的线性组合。式中 A 为状态矩阵、B 为输入矩阵、C 为输出矩阵、D 为直通矩阵，它们中的元素不随时间变化谓之定常系统，反之为时变系统。易推证，式(2-1)的状态空间描述一定是线性系统。图 2-1 是状态空间描述的框图，其中$\int$是积分号。

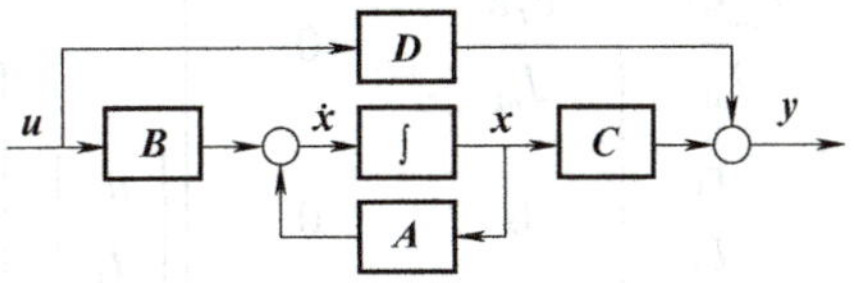

图 2-1　状态空间描述

2.1.2　状态空间描述实例

式(2-1)的状态空间描述具有普遍性，下面通过实例来说明。以双电动机协调控制系统为例，假定都采用直流电动机，机械传动结构一致，如图 1-9 所示。

1. 双电动机系统中变量关系

参见图 1-9 下半部分的等效电路，可以分别建立两台电动机的数学模型

$$\begin{cases}U_i=r_iI_i+L_i\dot{I}_i+E_i\\E_i=c_{ei}\Phi_in_i\\M_{ei}=c_\phi\Phi_iI_i\\J_{ni}\dot{n}_i=M_{ei}-M_{Li}\end{cases}\quad(i=1,\ 2)\tag{2-2}$$

式中，前两个方程是“电”的方程，U_i 是电枢电压，I_i 是电枢电流，E_i 是反电动势，r_i 是等效电阻，L_i 是等效电感，Φ_i 是磁通量；后两个方程是“机”的方程，n_i 是转速，M_{ei}是电磁转矩，M_{Li} 是负载转矩，J_{ni}是等效转动惯量。

式(2-2)没有反映两台电动机的耦合作用，事实上，它们的耦合是通过负载转矩 M_{Li} 交联的。负载转矩由张力 T 产生，张力 T 可认为与转速差成正比，即

$$\begin{cases} T=c_T(n_1-n_2) \\ M_{L1}=T\times R=c_TR(n_1-n_2)=-M_{L2} \end{cases} \tag{2-3}$$

式(2-2)与式(2-3)完整描述了双电动机系统，从中看出，若变量 n_i、I_i 确定后，则 E_i、M_{ei}、M_{Li} 等变量都可被线性表示出来。所以可选 n_1、I_1、n_2、I_2 作为状态变量。

2. 双电动机系统的状态空间描述

联立式(2-2)与式(2-3)，经整形后有

$$\begin{cases} \dot{n}_1=\dfrac{c_{\phi1}\Phi_1}{J_{n1}}I_1-\dfrac{c_TR}{J_{n1}}(n_1-n_2) \\ \dot{I}_1=-\dfrac{r_1}{L_1}I_1-\dfrac{c_{e1}\Phi_1}{L_1}n_1+\dfrac{1}{L_1}U_1 \\ \dot{n}_2=\dfrac{c_{\phi2}\Phi_2}{J_{n2}}I_2+\dfrac{c_TR}{J_{n2}}(n_1-n_2) \\ \dot{I}_2=-\dfrac{r_2}{L_2}I_2-\dfrac{c_{e2}\Phi_2}{L_2}n_2+\dfrac{1}{L_2}U_2 \end{cases} \tag{2-4}$$

记 $\boldsymbol{u}=[U_1,U_2]^{\mathrm{T}}$，$\boldsymbol{y}=[n_1,n_2]^{\mathrm{T}}$，取状态向量为 $\boldsymbol{x}=[n_1,I_1,n_2,I_2]^{\mathrm{T}}$，将式(2-4)写成矩阵形式，有

$$\begin{cases} \dot{\boldsymbol{x}}=\boldsymbol{A}\boldsymbol{x}+\boldsymbol{B}\boldsymbol{u} \\ \boldsymbol{y}=\boldsymbol{C}\boldsymbol{x} \end{cases} \tag{2-5a}$$

具体对应为

$$\begin{cases} \begin{bmatrix} \dot{n}_1 \\ \dot{I}_1 \\ \hdashline \dot{n}_2 \\ \dot{I}_2 \end{bmatrix}=\left[\begin{array}{cc:cc} -\dfrac{c_TR}{J_{n1}} & \dfrac{c_{\phi1}\Phi_1}{J_{n1}} & \dfrac{c_TR}{J_{n1}} & 0 \\ -\dfrac{c_{e1}\Phi_1}{L_1} & -\dfrac{r_1}{L_1} & 0 & 0 \\ \hdashline \dfrac{c_TR}{J_{n2}} & 0 & -\dfrac{c_TR}{J_{n2}} & \dfrac{c_{\phi2}\Phi_2}{J_{n2}} \\ 0 & 0 & -\dfrac{c_{e2}\Phi_2}{L_2} & -\dfrac{r_2}{L_2} \end{array}\right]\begin{bmatrix} n_1 \\ I_1 \\ \hdashline n_2 \\ I_2 \end{bmatrix}+\begin{bmatrix} 0 & 0 \\ \dfrac{1}{L_1} & 0 \\ \hdashline 0 & 0 \\ 0 & \dfrac{1}{L_2} \end{bmatrix}\begin{bmatrix} U_1 \\ \hdashline U_2 \end{bmatrix} \\ \begin{bmatrix} n_1 \\ n_2 \end{bmatrix}=\begin{bmatrix} 1 & 0 & 0 & 0 \\ 0 & 0 & 1 & 0 \end{bmatrix}\begin{bmatrix} n_1 \\ I_1 \\ n_2 \\ I_2 \end{bmatrix} \end{cases} \tag{2-5b}$$

式(2-5)就是图 1-9 双电动机系统的状态空间描述。可见，状态矩阵 $\boldsymbol{A}$ 很好地描述了状态变量间的耦合关系。从主对角块看，电枢电流 I_1 通过系数 $c_{\phi1}\Phi_1/J_{n1}$ 影响转速 n_1，而转速 n_1 又通过系数 $-c_{e1}\Phi_1/L_1$ 影响电枢电流 I_1，呈现出同一电动机中变量间的耦合关系；从非对角块看，转速 n_2 通过系数 c_TR/J_{n1} 影响转速 n_1，转速 n_1 通过系数 c_TR/J_{n2} 影响转速 n_2，呈现出不同电动机中变量间的耦合关系。通过合理安排状态变量的顺序，正好使得状态矩阵 $\boldsymbol{A}$ 的主对角块描述了两台电动机各自的特性；非对角块给出了两台电动机之间的耦合关系。

3. 双电动机系统的另一个状态空间描述

消除式(2-4)的中间变量 I_1、I_2，可推出每台电动机经典的输入输出数学模型：

$$\ddot{n}_i+\frac{r_i}{L_i}\dot{n}_i+\frac{c_{ei}\Phi_i c_{\phi i}\Phi_i}{L_iJ_{ni}}n_i=\frac{c_{\phi i}\Phi_i}{L_iJ_{ni}}U_i-\frac{1}{J_{ni}}\dot{M}_{Li}-\frac{r_i}{L_iJ_{ni}}M_{Li}\quad(i=1,\ 2) \tag{2-6}$$

再考虑耦合作用式(2-3)，有

$$\begin{cases}\ddot{n}_1+\left(\dfrac{r_1}{L_1}+\dfrac{c_TR}{J_1}\right)\dot{n}_1+\left(\dfrac{c_{\phi1}c_{m1}\Phi_1^2}{J_1L_1}+\dfrac{r_1c_TR}{J_1L_1}\right)n_1-\dfrac{c_TR}{J_1}\dot{n}_2-\dfrac{r_1c_TR}{J_1L_1}n_2=\dfrac{c_{m1}\Phi_1}{J_1L_1}U_1\\ \ddot{n}_2+\left(\dfrac{r_2}{L_2}+\dfrac{c_TR}{J_2}\right)\dot{n}_2+\left(\dfrac{c_{\phi2}c_{m2}\Phi_2^2}{J_2L_2}+\dfrac{r_2c_TR}{J_2L_2}\right)n_2+\dfrac{c_TR}{J_2}\dot{n}_1+\dfrac{r_2c_TR}{J_2L_2}n_1=\dfrac{c_{m2}\Phi_2}{J_2L_2}U_2\end{cases} \tag{2-7a}$$

或简记为

$$\begin{cases}\ddot{n}_1+a_1\dot{n}_1+a_0n_1+\sigma_1\dot{n}_2+\sigma_0n_2=b_0U_1\\ \ddot{n}_2+\bar{a}_1\dot{n}_2+\bar{a}_0n_2-\bar{\sigma}_1\dot{n}_1-\bar{\sigma}_0n_1=\bar{b}_0U_2\end{cases} \tag{2-7b}$$

式(2-7b)中系数$\{a_1,a_0,\sigma_1,\sigma_0,b_0\}$、$\{\bar{a}_1,\bar{a}_0,\bar{\sigma}_1,\bar{\sigma}_0,\bar{b}_0\}$与式(2-7a)分别对应。

与式(2-4)比较，式(2-7)除了有一阶导数还有二阶导数，另外，除了输入变量$\{U_1,U_2\}$和输出变量$\{n_1,n_2\}$没有其他中间变量。为了表示成一阶状态方程组的形式，其状态变量可取为$\{n_1,\dot{n}_1;n_2,\dot{n}_2\}$，即每台电动机的转速与(角)加速度为

$$\boldsymbol{x}=[x_1,\ x_2,\ x_3,\ x_4]^{\mathrm{T}}=[n_1,\ \dot{n}_1,\ n_2,\ \dot{n}_2]^{\mathrm{T}} \tag{2-8}$$

根据式(2-8)状态变量的选取，并考虑式(2-7b)，有

$$\begin{cases}\dot{x}_1=\dot{n}_1=x_2\\ \dot{x}_2=\ddot{n}_1=-a_1\dot{n}_1-a_0n_1-\sigma_1\dot{n}_2-\sigma_0n_2+b_0U_1=-a_1x_2-a_0x_1-\sigma_1x_4-\sigma_0x_3+b_0U_1\\ \dot{x}_3=\dot{n}_2=x_4\\ \dot{x}_4=\ddot{n}_2=-\bar{a}_1\dot{n}_2-\bar{a}_0n_2+\bar{\sigma}_1\dot{n}_1+\bar{\sigma}_0n_1+\bar{b}_0U_2=-\bar{a}_1x_4-\bar{a}_0x_3+\bar{\sigma}_1x_2+\bar{\sigma}_0x_1+\bar{b}_0U_2\end{cases}$$

写成矩阵形式，有

$$\begin{cases}\begin{bmatrix}\dot{x}_1\\ \dot{x}_2\\ \dot{x}_3\\ \dot{x}_4\end{bmatrix}=\left[\begin{array}{cc:cc}0 & 1 & 0 & 0\\ -a_0 & -a_1 & -\sigma_0 & -\sigma_1\\ \hdashline 0 & 0 & 0 & 1\\ +\bar{\sigma}_0 & +\bar{\sigma}_1 & -\bar{a}_0 & -\bar{a}_1\end{array}\right]\begin{bmatrix}x_1\\ x_2\\ x_3\\ x_4\end{bmatrix}+\left[\begin{array}{cc}0 & 0\\ b_0 & 0\\ \hdashline 0 & 0\\ 0 & \bar{b}_0\end{array}\right]\begin{bmatrix}U_1\\ U_2\end{bmatrix}\\ \begin{bmatrix}n_1\\ n_2\end{bmatrix}=\begin{bmatrix}1 & 0 & 0 & 0\\ 0 & 0 & 1 & 0\end{bmatrix}\begin{bmatrix}x_1\\ x_2\\ x_3\\ x_4\end{bmatrix}\end{cases} \tag{2-9}$$

比较式(2-9)与式(2-5)知，二者有同样的输入和输出，但有不同的状态变量。这说明系统的状态变量的选择不是唯一的，但描述了同一个系统，这一点在后面的状态空间变换部分还会深入讨论。

从前面的实例可看出，状态空间描述是多变量系统一个极佳描述方式，首先，描述落在四个常数矩阵$\{\boldsymbol{A},\boldsymbol{B},\boldsymbol{C},\boldsymbol{D}\}$上，非常简洁；其次，矩阵的非对角元清晰呈现了变量之间的耦合关系；最后，用于矩阵分析的数学工具十分丰富。这就为复杂系统的性能分析打下了很好的基础。

4. 状态空间描述的建立步骤

在《工程控制原理》(经典部分)数学模型一章中，对一般系统的建模进行了深入探讨。在此基础上，结合前述的实例，有如下建立一般系统状态空间描述的步骤：

1）寻找变量。首先根据被控对象领域知识以及控制任务，确定被控量 $y_i(i=1,2,\cdots,p)$ 和控制量 $u_i(i=1,2,\cdots,m)$，并寻找到其他的中间变量。

2）合理假设。结合控制任务要求，对被控对象进行合理的简化近似，既能保留系统的主要特征，又避免状态空间描述的阶数太高。

3）寻找关系。客观系统中的客观变量均应满足客观规律，客观规律就是可用数学关系描述的各种定律、定理等。从理论上讲，系统变量间的关系总是存在的，若对应的定律、定理的前提(恒定)条件不存在，也可通过对时间域或空间域微分来使用。因此，无论多复杂的系统总能用(偏)微分方程建立起各变量间的关系式。

4）转化成状态空间描述。经过前三步便得到了一般系统的数学模型，但若要将其等价整形为状态空间描述，必须要将前面得到的关系式转化为一阶微分方程组，换句话说，要使得关系式中具有高阶(微分)导数的变量能够降阶表示，做到这一点的关键是合理选择状态变量，这需要不断地积累工程经验。状态方程是由状态变量的一阶导数所构成，意味着在所有描述系统的关系式中具有导数的变量应该作为状态变量。一般可分两种情况：

第一，所有关系式中没有出现输入变量的导数。这时，可将关系式中具有导数的变量都选作状态变量。注意的是，若是高阶导数的变量，除了变量本身外，它的所有低阶导数也要作为状态变量，例如关系式(2-7a)和关系式(2-7b)中有 $\ddot{n}_1$，则 n_1、$\dot{n}_1$ 均要作为状态变量。一般情况，输出变量是具有导数的变量，因此，输出变量常选作状态变量。

按照上述选法，由于输入变量没有导数，而关系式中具有导数的变量都被选作状态变量，可以预见，存在常数矩阵 $\boldsymbol{A}$、$\boldsymbol{B}$，经过适当整形推导，便可得到系统的状态方程。另外，由于输出变量是状态变量的一部分，因此也存在常数矩阵 $\boldsymbol{C}$、$\boldsymbol{D}$，经过适当整形推导，得到系统的输出方程。

既可以在最原始的关系式中选择状态变量，也可以在经消元整形后的关系式中选择状态变量，这两组状态变量不一样，但它们的状态空间描述的输入-输出关系一定相同，且各自的状态向量会满足线性变换关系。例如，根据式(2-4)可写出双电动机系统两组状态向量之间的关系，即

$$\begin{bmatrix} n_1 \\ \dot{n}_1 \\ n_2 \\ \dot{n}_2 \end{bmatrix} = \boldsymbol{T}\begin{bmatrix} n_1 \\ I_1 \\ n_2 \\ I_2 \end{bmatrix} = \begin{bmatrix} 1 & 0 & 0 & 0 \\ -\dfrac{c_T R}{J_{n1}} & \dfrac{c_{\phi1}\Phi_1}{J_{n1}} & \dfrac{c_T R}{J_{n1}} & 0 \\ 0 & 0 & 1 & 0 \\ \dfrac{c_T R}{J_{n2}} & 0 & -\dfrac{c_T R}{J_{n2}} & \dfrac{c_{\phi2}\Phi_2}{J_{n2}} \end{bmatrix}\begin{bmatrix} n_1 \\ I_1 \\ n_2 \\ I_2 \end{bmatrix} \tag{2-10}$$

式中，常数矩阵 $\boldsymbol{T}$ 为状态变量的线性变换矩阵。

第二，关系式中存在输入变量的导数。由于状态方程和输出方程只有 $\boldsymbol{u}$ 没有 $\dot{\boldsymbol{u}}$，参见式(2-1)，这时状态变量的选取要小心。例如，若关系式(2-7b)中的输入变量具有一阶导数，即

$$\begin{cases} \ddot{n}_1+a_1\dot{n}_1+a_0 n_1+\sigma_1\dot{n}_2+\sigma_0 n_2=b_1\dot{U}_1+b_0 U_1 \\ \ddot{n}_2+\bar{a}_1\dot{n}_2+\bar{a}_0 n_2-\bar{\sigma}_1\dot{n}_1-\bar{\sigma}_0 n_1=\bar{b}_1\dot{U}_2+\bar{b}_0 U_2 \end{cases} \tag{2-11}$$

若仍按式(2-8)选取状态变量，则式(2-11)只能转化为

$$\begin{cases}\begin{bmatrix}\dot{x}_1\\\dot{x}_2\\\dot{x}_3\\\dot{x}_4\end{bmatrix}=\begin{bmatrix}0&1&0&0\\-a_0&-a_1&-\sigma_0&-\sigma_1\\0&0&0&1\\+\bar{\sigma}_0&+\bar{\sigma}_1&-\bar{a}_0&-\bar{a}_1\end{bmatrix}\begin{bmatrix}x_1\\x_2\\x_3\\x_4\end{bmatrix}+\begin{bmatrix}0&0\\b_0&0\\0&0\\0&\bar{b}_0\end{bmatrix}\begin{bmatrix}U_1\\U_2\end{bmatrix}+\begin{bmatrix}0&0\\b_1&0\\0&0\\0&\bar{b}_1\end{bmatrix}\begin{bmatrix}\dot{U}_1\\\dot{U}_2\end{bmatrix}\\\begin{bmatrix}n_1\\n_2\end{bmatrix}=\begin{bmatrix}1&0&0&0\\0&0&1&0\end{bmatrix}\begin{bmatrix}x_1\\x_2\\x_3\\x_4\end{bmatrix}\end{cases}\tag{2-12}$$

可见，在状态方程(2-12)中多出来了输入的导数，不符合状态空间描述。

在这种情况下，状态变量的选取要稍作变换。如取

$$\boldsymbol{x}=[x_1,x_2,x_3,x_4]^{\mathrm{T}}=[n_1,\dot{n}_1-b_1U_1,n_2,\dot{n}_2-\bar{b}_1U_2]^{\mathrm{T}}\tag{2-13}$$

则有

$$\begin{cases}\dot{x}_1=\dot{n}_1=x_2+b_1U_1\\\dot{x}_2=\ddot{n}_1-b_1\dot{U}_1=-a_1x_2-a_0x_1-\sigma_1x_4-\sigma_0x_3+\beta_0U_1+\bar{\beta}_0U_2\\\dot{x}_3=\dot{n}_2=x_4+\bar{b}_1U_2\\\dot{x}_4=\ddot{n}_2-\bar{b}_1\dot{U}_2=-\bar{a}_1x_4-\bar{a}_0x_3+\bar{\sigma}_1x_2+\bar{\sigma}_0x_1+\gamma_0U_1+\bar{\gamma}_0U_2\end{cases}\tag{2-14a}$$

式中，$\beta_0=b_0-a_1b_1$；$\bar{\beta}_0=-\sigma_1\bar{b}_1$；$\bar{\gamma}_0=\bar{b}_0-\bar{a}_1\bar{b}_1$；$\gamma_0=\bar{\sigma}_1b_1$。写成矩阵形式，有

$$\begin{cases}\begin{bmatrix}\dot{x}_1\\\dot{x}_2\\\dot{x}_3\\\dot{x}_4\end{bmatrix}=\left[\begin{array}{cc:cc}0&1&0&0\\-a_0&-a_1&-\sigma_0&-\sigma_1\\\hdashline 0&0&0&1\\+\bar{\sigma}_0&+\bar{\sigma}_1&-\bar{a}_0&-\bar{a}_1\end{array}\right]\begin{bmatrix}x_1\\x_2\\x_3\\x_4\end{bmatrix}+\left[\begin{array}{cc}b_1&0\\\beta_0&\bar{\beta}_0\\\hdashline 0&\bar{b}_1\\\gamma_0&\bar{\gamma}_0\end{array}\right]\begin{bmatrix}U_1\\U_2\end{bmatrix}\\\begin{bmatrix}n_1\\n_2\end{bmatrix}=\begin{bmatrix}1&0&0&0\\0&0&1&0\end{bmatrix}\begin{bmatrix}x_1\\x_2\\x_3\\x_4\end{bmatrix}\end{cases}\tag{2-14b}$$

可见，状态空间描述式(2-14b)中不再出现输入变量的导数。

当关系式中输入变量存在导数时，状态变量不再是单纯的物理量，如 $x_2=\dot{n}_1-b_1U_1$，而是“复合”变量或“虚拟”变量(没有明确的物理意义)。状态变量的虚拟性不影响对系统性能的分析，在后面状态空间的线性变换中还会进一步讨论。

2.1.3 传递函数矩阵与状态空间实现

传递函数是描述单变量系统的一个十分有效的数学模型。下面将它推广到多变量系统。为此，先引入向量形式的拉普拉斯变换。

1. 向量拉普拉斯变换

拉普拉斯变换是求解常微分方程以及分析线性系统一个有效工具，下面将它推广至向量形式。在不引起混淆的情况下，(以同样的小写字母)记 $x_i(s)$ 为状态分量 $x_i(t)(i=1,2,\cdots,n)$ 的拉普拉斯变换；$u_i(s)$ 为输入分量 $u_i(t)(i=1,2,\cdots,m)$ 的拉普拉斯变换；$y_i(s)$ 为输出分量 $y_i(t)(i=$

$1,2,\cdots,p$)的拉普拉斯变换。则状态向量 $\boldsymbol{x}(t)$、输入向量 $\boldsymbol{u}(t)$、输出向量 $\boldsymbol{y}(t)$ 的拉普拉斯变换分别定义为

$$\boldsymbol{x}(s)=\begin{bmatrix} x_1(s) \\ \vdots \\ x_i(s) \\ \vdots \\ x_n(s) \end{bmatrix}\in\mathbf{R}^n,\ \boldsymbol{u}(s)=\begin{bmatrix} u_1(s) \\ \vdots \\ u_i(s) \\ \vdots \\ u_m(s) \end{bmatrix}\in\mathbf{R}^m,\ \boldsymbol{y}(s)=\begin{bmatrix} y_1(s) \\ \vdots \\ y_i(s) \\ \vdots \\ y_p(s) \end{bmatrix}\in\mathbf{R}^p$$

也记为 $\boldsymbol{x}(s)=L[\boldsymbol{x}(t)]$，$\boldsymbol{u}(s)=L[\boldsymbol{u}(t)]$，$\boldsymbol{y}(s)=L[\boldsymbol{y}(t)]$。

若对向量 $\boldsymbol{x}(s)$、$\boldsymbol{u}(s)$、$\boldsymbol{y}(s)$ 中每个分量求拉普拉斯反变换，可得向量拉普拉斯反变换，即

$$\boldsymbol{x}(t)=L^{-1}[\boldsymbol{x}(s)]\in\mathbf{R}^n,\ \boldsymbol{u}(t)=L^{-1}[\boldsymbol{u}(s)]\in\mathbf{R}^m,\ \boldsymbol{y}(t)=L^{-1}[\boldsymbol{y}(s)]\in\mathbf{R}^p$$

前面给出了向量拉普拉斯变换与拉普拉斯反变换的定义。同理，可推广到矩阵的拉普拉斯变换与拉普拉斯反变换上。值得注意的是，向量或矩阵的加减乘与求逆运算要保持维数相容。按照上述定义，很容易推证向量(矩阵)拉普拉斯变换同样满足标量拉普拉斯变换的性质，即

(1) 线性性质

$$L[k_1\boldsymbol{x}_1(t)+k_2\boldsymbol{x}_2(t)]=k_1\boldsymbol{x}_1(s)+k_2\boldsymbol{x}_2(s)$$
$$L[\boldsymbol{A}\boldsymbol{x}(t)]=\boldsymbol{A}L[\boldsymbol{x}(t)]=\boldsymbol{A}\boldsymbol{x}(s)$$
$$L[\boldsymbol{x}^{\mathrm{T}}(t)\boldsymbol{B}]=L[\boldsymbol{x}^{\mathrm{T}}(t)]\boldsymbol{B}=\boldsymbol{x}^{\mathrm{T}}(s)\boldsymbol{B}$$

(2) 微分性质

不失一般性，令(时间域)初始值 $\boldsymbol{x}(0)=\boldsymbol{0}$，$\boldsymbol{x}^{(i)}(0)=0(i=1,2,\cdots,n-1)$，有

$$L[\dot{\boldsymbol{x}}(t)]=s\boldsymbol{x}(s)-\boldsymbol{x}(0)=s\boldsymbol{x}(s)$$
$$L[\boldsymbol{x}^{(n)}(t)]=s^n\boldsymbol{x}(s)-s^{n-1}\boldsymbol{x}(0)-\cdots-s\boldsymbol{x}^{(n-2)}(0)-\boldsymbol{x}^{(n-1)}(0)=s^n\boldsymbol{x}(s)$$

(3) 积分性质

$$L\left[\int_0^t\boldsymbol{x}(t)\mathrm{d}t\right]=\frac{1}{s}\boldsymbol{x}(s)$$

(4) 卷积性质

记 $\boldsymbol{y}(t)=L^{-1}[\boldsymbol{y}(s)]\in\mathbf{R}^{p\times1}$，$\boldsymbol{u}(t)=L^{-1}[\boldsymbol{u}(s)]\in\mathbf{R}^{m\times1}$，$\boldsymbol{g}(t)=L^{-1}[\boldsymbol{G}(s)]\in\mathbf{R}^{p\times m}$。若 $\boldsymbol{y}(s)=\boldsymbol{G}(s)\boldsymbol{u}(s)$，则

$$\boldsymbol{y}(t)=L^{-1}[\boldsymbol{G}(s)\boldsymbol{u}(s)]=\int_0^t\boldsymbol{g}(t-\tau)\boldsymbol{u}(\tau)\mathrm{d}\tau=\boldsymbol{g}(t)*\boldsymbol{u}(t)$$

式中，$*$ 为卷积运算符。

(5) 终值性质。

若 $\boldsymbol{y}(s)=L[\boldsymbol{y}(t)]$，$\lim\limits_{t\to\infty}\boldsymbol{y}(t)$ 存在，则

$$\boldsymbol{y}(\infty)=\lim_{t\to\infty}\boldsymbol{y}(t)=\lim_{s\to0}s\boldsymbol{y}(s)$$

2. 传递函数矩阵

对于多变量线性定常系统 $\{y_i,u_j\mid i=1,2,\cdots,p;j=1,2,\cdots,m\}$，如图 2-2a 所示，若只考虑第 i 个输出与第 j 个输入，即 $u_j\neq0$，其余输入都为 0，二者之间一定存在如下高阶微分方程(拉普拉斯变换的形式)

$$a_{ij}(s)y_i(s)=b_{ij}(s)u_j(s)\quad(i=1,2,\cdots,p;j=1,2,\cdots,m)$$

相应的传递函数为

$$G_{ij}(s)=\frac{y_i(s)}{u_j(s)}=\frac{b_{ij}(s)}{a_{ij}(s)},\ y_i(s)=G_{ij}(s)u_j(s)$$

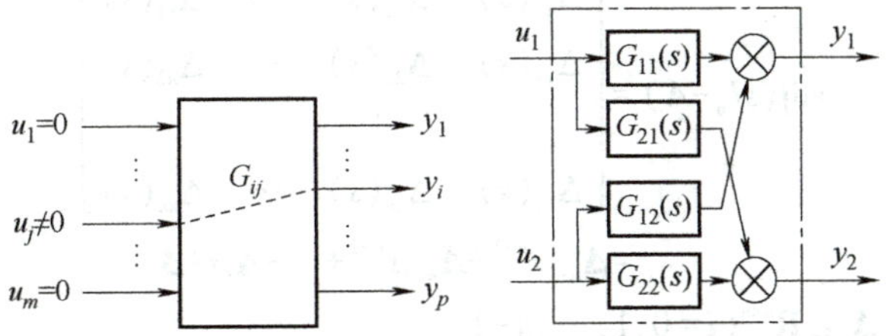

a) 一个通道的传递函数　　b) 两通道的耦合

图 2-2　传递函数矩阵

若所有的输入同时作用，根据线性系统的叠加原理有

$$y_i(s)=G_{i1}(s)u_1(s)+G_{i2}(s)u_2(s)+\cdots+G_{im}(s)u_m(s)\quad (i=1,2,\cdots,p)$$

写成矩阵形式有

$$\boldsymbol{y}(s)=\boldsymbol{G}(s)\boldsymbol{u}(s)$$

式中，矩阵

$$\boldsymbol{G}(s)=\begin{bmatrix} G_{11}(s) & G_{12}(s) & \cdots & G_{1m}(s) \\ G_{21}(s) & G_{22}(s) & \cdots & G_{2m}(s) \\ \vdots & \vdots & & \vdots \\ G_{p1}(s) & G_{p2}(s) & \cdots & G_{pm}(s) \end{bmatrix}\in \mathbf{R}^{p\times m} \tag{2-15}$$

称为系统的传递函数矩阵。注意传递函数矩阵 $\boldsymbol{G}(s)$ 不一定是方阵。

传递函数矩阵 $\boldsymbol{G}(s)$ 描述了系统输入与输出的关系，状态空间描述 $\{\boldsymbol{A},\boldsymbol{B},\boldsymbol{C},\boldsymbol{D}\}$ 也能描述系统输入与输出的关系，二者之间有何关系？

记状态向量 $\boldsymbol{x}(t)$ 的拉普拉斯变换为 $\boldsymbol{x}(s)$，输入向量 $\boldsymbol{u}(t)$ 的拉普拉斯变换为 $\boldsymbol{u}(s)$，输出向量 $\boldsymbol{y}(t)$ 的拉普拉斯变换为 $\boldsymbol{y}(s)$，对状态空间描述式(2-1)两边取拉普拉斯变换，有

$$\begin{cases} s\boldsymbol{x}(s)-\boldsymbol{x}(0)=\boldsymbol{A}\boldsymbol{x}(s)+\boldsymbol{B}\boldsymbol{u}(s) \\ \boldsymbol{y}(s)=\boldsymbol{C}\boldsymbol{x}(s)+\boldsymbol{D}\boldsymbol{u}(s) \end{cases}$$

进行移项合并有

$$\begin{cases} (s\boldsymbol{I}_n-\boldsymbol{A})\boldsymbol{x}(s)=\boldsymbol{x}(0)+\boldsymbol{B}\boldsymbol{u}(s) \\ \boldsymbol{y}(s)=\boldsymbol{C}\boldsymbol{x}(s)+\boldsymbol{D}\boldsymbol{u}(s) \end{cases}$$

若方阵 $(s\boldsymbol{I}_n-\boldsymbol{A})$ 的逆存在，令初始条件 $\boldsymbol{x}(0)=\boldsymbol{0}$，那么

$$\begin{cases} \boldsymbol{x}(s)=(s\boldsymbol{I}_n-\boldsymbol{A})^{-1}\boldsymbol{B}\boldsymbol{u}(s) \\ \boldsymbol{y}(s)=[\boldsymbol{C}(s\boldsymbol{I}_n-\boldsymbol{A})^{-1}\boldsymbol{B}+\boldsymbol{D}]\boldsymbol{u}(s) \end{cases} \tag{2-16}$$

根据传递函数矩阵的定义知，系统传递函数矩阵 $\boldsymbol{G}(s)$ 为

$$\boldsymbol{G}(s)=\boldsymbol{C}(s\boldsymbol{I}_n-\boldsymbol{A})^{-1}\boldsymbol{B}+\boldsymbol{D}\in \mathbf{R}^{p\times m} \tag{2-17}$$

从线性代数知

$$(s\boldsymbol{I}_n-\boldsymbol{A})^{-1}=\frac{\mathrm{adj}(s\boldsymbol{I}_n-\boldsymbol{A})}{\det(s\boldsymbol{I}_n-\boldsymbol{A})} \tag{2-18a}$$

式中，$\det(s\boldsymbol{I}_n-\boldsymbol{A})$ 是状态矩阵 $\boldsymbol{A}$ 的特征多项式，是一个 n 阶多项式，即

$$\det(s\boldsymbol{I}_n-\boldsymbol{A})=a(s)=s^n+a_{n-1}s^{n-1}+\cdots+a_1s+a_0 \tag{2-18b}$$

$\mathrm{adj}(s\boldsymbol{I}_n-\boldsymbol{A})\in \mathbf{R}^{n\times n}$ 是 $(s\boldsymbol{I}_n-\boldsymbol{A})$ 的伴随矩阵，它的每个元素 Δ_{ij} 是矩阵 $(s\boldsymbol{I}_n-\boldsymbol{A})$ 第 ij 元素的代数余子式，其阶数 $\deg(\Delta_{ij}(s))\leqslant n-1$，即

$$\operatorname{adj}(s\boldsymbol{I}_n-\boldsymbol{A})=\begin{bmatrix}\Delta_{11}(s) & \Delta_{21}(s) & \cdots & \Delta_{n1}(s)\\ \Delta_{12}(s) & \Delta_{22}(s) & \cdots & \Delta_{n2}(s)\\ \vdots & \vdots & & \vdots\\ \Delta_{1n}(s) & \Delta_{2n}(s) & \cdots & \Delta_{nn}(s)\end{bmatrix}$$

$$=\boldsymbol{\Delta}_{n-1}s^{n-1}+\boldsymbol{\Delta}_{n-2}s^{n-2}+\cdots+\boldsymbol{\Delta}_1 s+\boldsymbol{\Delta}_0 \tag{2-18c}$$

式中，$\boldsymbol{\Delta}_i$ 是常数矩阵，$\boldsymbol{\Delta}_i\in\mathbf{R}^{n\times n}(i=0,1,\cdots,n-1)$。

将式(2-18a)代入式(2-17)有

$$\boldsymbol{G}(s)=\frac{\boldsymbol{C}\operatorname{adj}(s\boldsymbol{I}_n-\boldsymbol{A})\boldsymbol{B}}{\det(s\boldsymbol{I}_n-\boldsymbol{A})}+\boldsymbol{D}=\frac{1}{a(s)}\boldsymbol{C}\begin{bmatrix}\Delta_{11}(s) & \Delta_{21}(s) & \cdots & \Delta_{n1}(s)\\ \Delta_{12}(s) & \Delta_{22}(s) & \cdots & \Delta_{n2}(s)\\ \vdots & \vdots & & \vdots\\ \Delta_{1n}(s) & \Delta_{2n}(s) & \cdots & \Delta_{nn}(s)\end{bmatrix}\boldsymbol{B}+\boldsymbol{D}$$

$$=\frac{1}{a(s)}\begin{bmatrix}\bar{b}_{11}(s) & \bar{b}_{12}(s) & \cdots & \bar{b}_{1m}(s)\\ \bar{b}_{21}(s) & \bar{b}_{22}(s) & \cdots & \bar{b}_{2m}(s)\\ \vdots & \vdots & & \vdots\\ \bar{b}_{p1}(s) & \bar{b}_{p2}(s) & \cdots & \bar{b}_{pm}(s)\end{bmatrix}+\begin{bmatrix}d_{11} & d_{12} & \cdots & d_{1m}\\ d_{21} & d_{22} & \cdots & d_{2m}\\ \vdots & \vdots & & \vdots\\ d_{p1} & d_{p2} & \cdots & d_{pm}\end{bmatrix}$$

式中，$\bar{b}_{ij}(s)=\sum_{k=1}^{n}\sum_{l=1}^{n}c_{ik}\Delta_{lk}(s)b_{lj}$，$\deg(\bar{b}_{ij}(s))\leqslant n-1$。与式(2-15)比较有

$$G_{ij}(s)=\frac{\bar{b}_{ij}(s)}{a(s)}+d_{ij}=\frac{\bar{b}_{ij}(s)+d_{ij}a(s)}{a(s)}=\frac{b_{ij}(s)}{a_{ij}(s)} \tag{2-19}$$

从前面推导看出：

1）若 $\boldsymbol{D}=\boldsymbol{0}$，$\boldsymbol{G}(s)=\boldsymbol{C}(s\boldsymbol{I}_n-\boldsymbol{A})^{-1}\boldsymbol{B}$，它的每个元素为 $\bar{b}_{ij}(s)/a(s)$，分子阶次低于分母阶次，一定是一个严格真有理分式。

2）若 $\boldsymbol{D}\neq\boldsymbol{0}$，$\boldsymbol{G}(s)=\boldsymbol{C}(s\boldsymbol{I}_n-\boldsymbol{A})^{-1}\boldsymbol{B}+\boldsymbol{D}$，它的每个元素为$[\bar{b}_{ij}(s)+d_{ij}a(s)]/a(s)$，分子阶次与分母阶次会相等($d_{ij}\neq0$)，是一个真有理分式。

3）从式(2-19)可以推知，若 $b_{ij}(s)/a_{ij}(s)$ 已既约(没有公因子)，则 $a(s)$ 一定是$\{a_{ij}(s)\}$的最小公倍式，记为 $a(s)=\operatorname{lcm}\{a_{ij}(s)\}$。$a(s)$ 是传递函数矩阵的公共分母，对应着状态矩阵 $\boldsymbol{A}$ 的特征多项式。

若已知系统的状态空间描述$\{\boldsymbol{A},\boldsymbol{B},\boldsymbol{C},\boldsymbol{D}\}$，式(2-17)给出了求系统传递函数矩阵 $\boldsymbol{G}(s)$ 的方法。反之，若已知系统传递函数矩阵 $\boldsymbol{G}(s)$，能否求出系统的状态空间描述$\{\boldsymbol{A},\boldsymbol{B},\boldsymbol{C},\boldsymbol{D}\}$？这个反问题称为传递函数矩阵的实现问题。可以预见，该实现问题有些困难，至少不是唯一解。

3. 传递函数的实现问题

对于单变量系统，不失一般性，考虑如下严格真的传递函数

$$G(s)=\frac{b(s)}{a(s)}=\frac{b_{n-1}s^{n-1}+\cdots+b_1 s+b_0}{s^n+a_{n-1}s^{n-1}+\cdots+a_1 s+a_0}$$

它对应系统$\{y,u\}$的一个高阶微分方程描述，即

$$y^{(n)}+a_{n-1}y^{(n-1)}+\cdots+a_1\dot{y}+a_0 y=b_{n-1}u^{(n-1)}+\cdots+b_1\dot{u}+b_0 u \tag{2-20}$$

可否转化为状态空间描述？

1）先不考虑输入变量的导数，构造如下系统

$$\bar{y}^{(n)}+a_{n-1}\bar{y}^{(n-1)}+\cdots+a_1\dot{\bar{y}}+a_0\bar{y}=u \tag{2-21}$$

仿照式(2-8)，取如下状态变量

$$\boldsymbol{x}=[x_1,x_2,\cdots,x_n]^{\mathrm{T}}=[\bar{y},\dot{\bar{y}},\cdots,\bar{y}^{(n-1)}]^{\mathrm{T}} \tag{2-22}$$

则可将式(2-21)扩写成如下矩阵形式

$$\begin{cases}\begin{bmatrix}\dot{x}_1\\ \dot{x}_2\\ \vdots\\ \dot{x}_{n-1}\\ \dot{x}_n\end{bmatrix}=\begin{bmatrix}0 & 1 & 0 & \cdots & 0\\ & 0 & 1 & \ddots & \vdots\\ & & \ddots & \ddots & 0\\ & & & 0 & 1\\ -a_0 & -a_1 & \cdots & -a_{n-2} & -a_{n-1}\end{bmatrix}\begin{bmatrix}x_1\\ x_2\\ \vdots\\ x_{n-1}\\ x_n\end{bmatrix}+\begin{bmatrix}0\\ 0\\ \vdots\\ 0\\ 1\end{bmatrix}u & (2\text{-}23\text{a})\\ \bar{y}=[1,0,\cdots,0,0]\boldsymbol{x} & (2\text{-}23\text{b})\end{cases}$$

可见，式(2-23)就是与高阶微分方程式(2-21)等价的状态空间描述。

2）再考虑输入变量导数，即式(2-20)的情况。可以证明，若 $\bar{y}$ 是式(2-21)的解，那么

$$y=b_{n-1}\bar{y}^{(n-1)}+\cdots+b_1\dot{\bar{y}}+b_0\bar{y} \tag{2-24}$$

一定是式(2-20)的解。下面给个简要推证，不失一般性，令初始条件均为 0，对式(2-20)、式(2-21)两边取拉普拉斯变换有

$$(s^n+a_{n-1}s^{n-1}+\cdots+a_1s+a_0)y(s)=(b_{n-1}s^{n-1}+\cdots+b_1s+b_0)u(s)$$

$$(s^n+a_{n-1}s^{n-1}+\cdots+a_1s+a_0)\bar{y}(s)=u(s)$$

两式相除有

$$y(s)=(b_{n-1}s^{n-1}+\cdots+b_1s+b_0)\bar{y}(s)$$

再对两边求拉普拉斯反变换即为式(2-24)。

若继续按式(2-22)选择状态变量，式(2-23a)仍然成立，再联立式(2-24)有

$$\begin{cases}\dot{\boldsymbol{x}}=\boldsymbol{A}_c\boldsymbol{x}+\boldsymbol{b}_c u\\ y=\boldsymbol{c}_c\boldsymbol{x}\end{cases} \tag{2-25}$$

式中，

$$\boldsymbol{A}_c=\begin{bmatrix}0 & 1 & 0 & \cdots & 0\\ 0 & 0 & 1 & \ddots & \vdots\\ \vdots & \ddots & \ddots & \ddots & 0\\ 0 & \cdots & 0 & 0 & 1\\ -a_0 & -a_1 & \cdots & -a_{n-2} & -a_{n-1}\end{bmatrix}\in\mathbf{R}^{n\times n},\quad \boldsymbol{b}_c=\begin{bmatrix}0\\ 0\\ \vdots\\ 0\\ 1\end{bmatrix}\in\mathbf{R}^{n\times 1}$$

$$\boldsymbol{c}_c=[b_0,b_1,\cdots,b_{n-2},b_{n-1}]\in\mathbf{R}^{1\times n}$$

式(2-25)给出了式(2-20)传递函数的一个状态空间描述，可用图 2-3 表示。

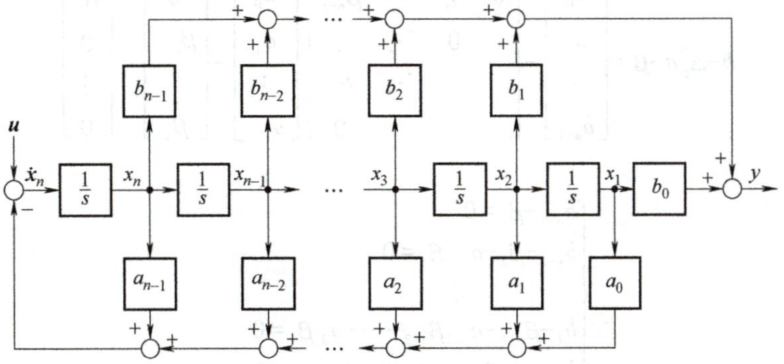

图 2-3　传递函数的状态空间实现

从式(2-25)看出，系数矩阵$\{\boldsymbol{A}_c,\boldsymbol{b}_c,\boldsymbol{c}_c\}$有着明显的特征。状态矩阵$\boldsymbol{A}_c$中最后一行来自传递函数的分母多项式$a(s)$；输出矩阵$\boldsymbol{c}_c$的元素来自传递函数的分子多项式$b(s)$；输入矩阵$\boldsymbol{b}_c$的前$n-1$个元素为0，最后一个元素为1，即输入$u$只对第$n$个状态分量$x_n$直接控制。

3）另一种传递函数实现形式。若按照式(2-13)的方式选取式(2-20)的状态变量，即

$$\boldsymbol{x}=\begin{bmatrix}x_1\\x_2\\x_3\\\vdots\\x_n\end{bmatrix}=\begin{bmatrix}y\\\dot{x}_1\\\dot{x}_2\\\vdots\\\dot{x}_{n-1}\end{bmatrix}-\begin{bmatrix}0\\\beta_1\\\beta_2\\\vdots\\\beta_{n-1}\end{bmatrix}u \tag{2-26}$$

式中，系数$\{\beta_i\}$待定，将式(2-26)展开有

$$\begin{cases}x_1=y\\x_2=\dot{x}_1-\beta_1u=\dot{y}-\beta_1u\\x_3=\dot{x}_2-\beta_2u=\ddot{y}-\beta_1\dot{u}-\beta_2u\\\quad\vdots\\x_n=\dot{x}_{n-1}-\beta_{n-1}u=y^{(n-1)}-\beta_1u^{(n-2)}-\beta_2u^{(n-3)}\cdots-\beta_{n-1}u\end{cases} \tag{2-27}$$

取

$$\hat{\boldsymbol{y}}=\begin{bmatrix}y\\\dot{y}\\\vdots\\y^{(n-1)}\end{bmatrix},\quad\hat{\boldsymbol{u}}=\begin{bmatrix}u\\\dot{u}\\\vdots\\u^{(n-1)}\end{bmatrix},\quad\boldsymbol{a}=\begin{bmatrix}a_0\\a_1\\\vdots\\a_{n-1}\end{bmatrix},\quad\boldsymbol{b}=\begin{bmatrix}b_0\\b_1\\\vdots\\b_{n-1}\end{bmatrix}$$

$$\hat{\boldsymbol{\beta}}=\begin{bmatrix}0\\\beta_{n-1}\\\vdots\\\beta_1\end{bmatrix},\quad\boldsymbol{\Delta}_{\boldsymbol{\beta}}=\begin{bmatrix}0&&&\\\beta_1&0&&\\\vdots&\ddots&\ddots&\\\beta_{n-1}&\cdots&\beta_1&0\end{bmatrix}$$

则由式(2-20)和式(2-27)中最后一个式子分别可得

$$\begin{aligned}&y^{(n)}=-\boldsymbol{a}^{\mathrm{T}}\hat{\boldsymbol{y}}+\boldsymbol{b}^{\mathrm{T}}\hat{\boldsymbol{u}},\quad\boldsymbol{x}=\hat{\boldsymbol{y}}-\boldsymbol{\Delta}_{\boldsymbol{\beta}}\hat{\boldsymbol{u}},\quad\hat{\boldsymbol{y}}=\boldsymbol{x}+\boldsymbol{\Delta}_{\boldsymbol{\beta}}\hat{\boldsymbol{u}}\\&\dot{x}_n=y^{(n)}-\hat{\boldsymbol{\beta}}^{\mathrm{T}}\hat{\boldsymbol{u}}=(-\boldsymbol{a}^{\mathrm{T}}\hat{\boldsymbol{y}}+\boldsymbol{b}^{\mathrm{T}}\hat{\boldsymbol{u}})-\hat{\boldsymbol{\beta}}^{\mathrm{T}}\hat{\boldsymbol{u}}=[-\boldsymbol{a}^{\mathrm{T}}(\boldsymbol{x}+\boldsymbol{\Delta}_{\boldsymbol{\beta}}\hat{\boldsymbol{u}})+\boldsymbol{b}^{\mathrm{T}}\hat{\boldsymbol{u}}]-\hat{\boldsymbol{\beta}}^{\mathrm{T}}\hat{\boldsymbol{u}}\\&\quad=-\boldsymbol{a}^{\mathrm{T}}\boldsymbol{x}+(\boldsymbol{b}^{\mathrm{T}}-\boldsymbol{a}^{\mathrm{T}}\boldsymbol{\Delta}_{\boldsymbol{\beta}}-\hat{\boldsymbol{\beta}}^{\mathrm{T}})\hat{\boldsymbol{u}}=-\boldsymbol{a}^{\mathrm{T}}\boldsymbol{x}+\hat{\boldsymbol{u}}^{\mathrm{T}}(\boldsymbol{b}-\boldsymbol{\Delta}_{\boldsymbol{\beta}}^{\mathrm{T}}\boldsymbol{a}-\hat{\boldsymbol{\beta}})\\&\quad=-\boldsymbol{a}^{\mathrm{T}}\boldsymbol{x}+\beta_nu\end{aligned} \tag{2-28}$$

式中，$\hat{\boldsymbol{y}}=\boldsymbol{x}+\boldsymbol{\Delta}_{\boldsymbol{\beta}}\hat{\boldsymbol{u}}$，可由式(2-27)后$n-1$个式子推出；另外，式(2-28)中的待定系数$\{\beta_i\}$应满足

$$\boldsymbol{b}-\boldsymbol{\Delta}_{\boldsymbol{\beta}}^{\mathrm{T}}\boldsymbol{a}-\hat{\boldsymbol{\beta}}=\begin{bmatrix}b_0\\b_1\\\vdots\\b_{n-1}\end{bmatrix}-\begin{bmatrix}0&\beta_1&\cdots&\beta_{n-1}\\&0&\ddots&\vdots\\&&\ddots&\beta_1\\&&&0\end{bmatrix}\begin{bmatrix}a_0\\a_1\\\vdots\\a_{n-1}\end{bmatrix}-\begin{bmatrix}0\\\beta_{n-1}\\\vdots\\\beta_1\end{bmatrix}=\begin{bmatrix}\beta_n\\0\\\vdots\\0\end{bmatrix}$$

或展开写成

$$\begin{cases}b_{n-1}-\beta_1=0\\b_{n-2}-\beta_2-a_{n-1}\beta_1=0\\\quad\vdots\\b_1-\beta_{n-1}-a_{n-1}\beta_{n-2}-\cdots-a_2\beta_1=0\\b_0-a_{n-1}\beta_{n-1}-a_{n-2}\beta_{n-2}-\cdots-a_1\beta_1=\beta_n\end{cases}$$

再进行重新组合写成矩阵形式有

$$\begin{bmatrix} 1 & & & \\ a_{n-1} & 1 & & \\ \vdots & \ddots & \ddots & \\ a_1 & \cdots & a_{n-1} & 1 \end{bmatrix}\begin{bmatrix} \beta_1 \\ \vdots \\ \beta_{n-1} \\ \beta_n \end{bmatrix}=\begin{bmatrix} b_{n-1} \\ \vdots \\ b_1 \\ b_0 \end{bmatrix} \tag{2-29}$$

式中，左边的矩阵称为下三角的托普里茨(Toepliz)矩阵，它一定是非奇异矩阵，所以式(2-29)一定有解，系数$\{\beta_i\}$一定存在。

由式(2-26)后 $n-1$ 个式子和式(2-28)可得到传递函数 $G(s)$ 的另一个状态空间描述，即

$$\begin{cases} \dot{\boldsymbol{x}}=\boldsymbol{A}_o\boldsymbol{x}+\boldsymbol{b}_o u \\ y=\boldsymbol{c}_o\boldsymbol{x} \end{cases} \tag{2-30}$$

式中

$$\boldsymbol{A}_o=\begin{bmatrix} 0 & 1 & 0 & \cdots & 0 \\ 0 & 0 & 1 & \ddots & \vdots \\ \vdots & \ddots & \ddots & \ddots & 0 \\ 0 & \cdots & 0 & 0 & 1 \\ -a_0 & -a_1 & \cdots & -a_{n-2} & -a_{n-1} \end{bmatrix}\in\mathbf{R}^{n\times n},\ \boldsymbol{b}_o=\begin{bmatrix} \beta_1 \\ \beta_2 \\ \vdots \\ \beta_{n-1} \\ \beta_n \end{bmatrix}\in\mathbf{R}^{n\times 1}$$

$$\boldsymbol{c}_o=[1,0,\cdots,0,0]\in\mathbf{R}^{1\times n}$$

4. 传递函数矩阵的实现问题

已知传递函数矩阵为

$$\boldsymbol{G}(s)=\{G_{ij}(s)\}=\begin{bmatrix} \dfrac{b_{11}(s)}{a_{11}(s)} & \dfrac{b_{12}(s)}{a_{12}(s)} & \cdots & \dfrac{b_{1m}(s)}{a_{1m}(s)} \\ \dfrac{b_{21}(s)}{a_{21}(s)} & \dfrac{b_{22}(s)}{a_{22}(s)} & \cdots & \dfrac{b_{2m}(s)}{a_{2m}(s)} \\ \vdots & & \vdots & \\ \dfrac{b_{p1}(s)}{a_{p1}(s)} & \dfrac{b_{p2}(s)}{a_{p2}(s)} & \cdots & \dfrac{b_{pm}(s)}{a_{pm}(s)} \end{bmatrix} \tag{2-31}$$

不失一般性，令每个分量 $G_{ij}(s)=b_{ij}(s)/a_{ij}(s)$ 都是真分式，求状态空间描述$\{\boldsymbol{A},\boldsymbol{B},\boldsymbol{C},\boldsymbol{D}\}$，满足 $\boldsymbol{G}(s)=\boldsymbol{C}(s\boldsymbol{I}_n-\boldsymbol{A})^{-1}\boldsymbol{B}+\boldsymbol{D}$，这是传递函数矩阵实现问题。

多变量的传递函数矩阵可以看成多个单变量传递函数的组合，一个自然想到的方法是，先按单变量的方法找到 $G_{ij}(s)$ 的实现$\{\boldsymbol{A}_{ij},\boldsymbol{b}_{ij},\boldsymbol{c}_{ij},d_{ij}\}$，再将所有实现联立起来得到 $\boldsymbol{G}(s)$ 的实现$\{\boldsymbol{A},\boldsymbol{B},\boldsymbol{C},\boldsymbol{D}\}$。下面，以 $p=m=2$ 的系统来说明，即

$$\begin{bmatrix} y_1 \\ y_2 \end{bmatrix}=\begin{bmatrix} G_{11}(s) & G_{12}(s) \\ G_{21}(s) & G_{22}(s) \end{bmatrix}\begin{bmatrix} u_1 \\ u_2 \end{bmatrix}$$

式中，$G_{ij}(s)\,(i=1,2;j=1,2)$ 的实现为

$$\begin{cases} \dot{\boldsymbol{x}}_{ij}=\boldsymbol{A}_{ij}\boldsymbol{x}_{ij}+\boldsymbol{b}_{ij}u_j \\ y_i=\boldsymbol{c}_{ij}\boldsymbol{x}_{ij}+d_{ij}u_j \end{cases} \tag{2-32}$$

式中，$\boldsymbol{x}_{ij}\in\mathbf{R}^{n_{ij}}$；$G_{ij}(s)=\boldsymbol{C}_{ij}(s\boldsymbol{I}-\boldsymbol{A}_{ij})^{-1}\boldsymbol{B}_{ij}+d_{ij}$；$\det(s\boldsymbol{I}-\boldsymbol{A}_{ij})=a_{ij}(s)$。

联立上述方程有

$$
\begin{cases}
\begin{bmatrix}\dot{\boldsymbol{x}}_{11}\\ \dot{\boldsymbol{x}}_{12}\\ \dot{\boldsymbol{x}}_{21}\\ \dot{\boldsymbol{x}}_{22}\end{bmatrix}=\begin{bmatrix}\boldsymbol{A}_{11} & & & \\ & \boldsymbol{A}_{12} & & \\ & & \boldsymbol{A}_{21} & \\ & & & \boldsymbol{A}_{22}\end{bmatrix}\begin{bmatrix}\boldsymbol{x}_{11}\\ \boldsymbol{x}_{12}\\ \boldsymbol{x}_{21}\\ \boldsymbol{x}_{22}\end{bmatrix}+\begin{bmatrix}\boldsymbol{b}_{11} & \\ & \boldsymbol{b}_{12}\\ \boldsymbol{b}_{21} & \\ & \boldsymbol{b}_{22}\end{bmatrix}\begin{bmatrix}u_1\\ u_2\end{bmatrix}\\
\begin{bmatrix}y_1\\ y_2\end{bmatrix}=\begin{bmatrix}\boldsymbol{c}_{11} & \boldsymbol{c}_{12} & & \\ & & \boldsymbol{c}_{21} & \boldsymbol{c}_{22}\end{bmatrix}\begin{bmatrix}\boldsymbol{x}_{11}\\ \boldsymbol{x}_{12}\\ \boldsymbol{x}_{21}\\ \boldsymbol{x}_{22}\end{bmatrix}+\begin{bmatrix}d_{11} & d_{12}\\ d_{21} & d_{22}\end{bmatrix}\begin{bmatrix}u_1\\ u_2\end{bmatrix}
\end{cases}
\tag{2-33}
$$

可推出

$$
\boldsymbol{C}(s\boldsymbol{I}_n-\boldsymbol{A})^{-1}\boldsymbol{B}+\boldsymbol{D}=\begin{bmatrix}\boldsymbol{c}_{11} & \boldsymbol{c}_{12} & & \\ & & \boldsymbol{c}_{21} & \boldsymbol{c}_{22}\end{bmatrix}\begin{bmatrix}s\boldsymbol{I}-\boldsymbol{A}_{11} & & & \\ & s\boldsymbol{I}-\boldsymbol{A}_{12} & & \\ & & s\boldsymbol{I}-\boldsymbol{A}_{21} & \\ & & & s\boldsymbol{I}-\boldsymbol{A}_{22}\end{bmatrix}^{-1}\begin{bmatrix}\boldsymbol{b}_{11} & \\ & \boldsymbol{b}_{12}\\ \boldsymbol{b}_{21} & \\ & \boldsymbol{b}_{22}\end{bmatrix}+\begin{bmatrix}d_{11} & d_{12}\\ d_{21} & d_{22}\end{bmatrix}
$$

$$
=\begin{bmatrix}\boldsymbol{c}_{11}(s\boldsymbol{I}-\boldsymbol{A}_{11})^{-1}\boldsymbol{b}_{11}+d_{11} & \boldsymbol{c}_{12}(s\boldsymbol{I}-\boldsymbol{A}_{12})^{-1}\boldsymbol{b}_{12}+d_{12}\\ \boldsymbol{c}_{21}(s\boldsymbol{I}-\boldsymbol{A}_{21})^{-1}\boldsymbol{b}_{21}+d_{21} & \boldsymbol{c}_{22}(s\boldsymbol{I}-\boldsymbol{A}_{22})^{-1}\boldsymbol{b}_{22}+d_{22}\end{bmatrix}=\begin{bmatrix}G_{11}(s) & G_{12}(s)\\ G_{21}(s) & G_{22}(s)\end{bmatrix}=\boldsymbol{G}(s)
$$

即式(2-33)是 $\boldsymbol{G}(s)$ 的一个实现。

例 2-1 给出下列传递函数矩阵的状态空间实现：

$$
\boldsymbol{G}(s)=\begin{bmatrix}\dfrac{1}{s+1} & \dfrac{1}{s+2}\\ 0 & \dfrac{1}{s+2}\end{bmatrix}
$$

1）分别写出每个分量 $G_{ij}(s)$ 的实现 $\{\boldsymbol{A}_{ij},\boldsymbol{b}_{ij},\boldsymbol{c}_{ij},d_{ij}\}$，即

$$
\begin{cases}\dot{x}_{11}=-x_{11}+u_1\\ y_1=x_{11}\end{cases},\quad \begin{cases}\dot{x}_{12}=-2x_{12}+u_2\\ y_1=x_{12}\end{cases},\quad \begin{cases}\dot{x}_{22}=-2x_{22}+u_2\\ y_2=x_{22}\end{cases}
$$

联立起来得

$$
\begin{cases}
\begin{bmatrix}\dot{x}_{11}\\ \dot{x}_{12}\\ \dot{x}_{22}\end{bmatrix}=\begin{bmatrix}-1 & & \\ & -2 & \\ & & -2\end{bmatrix}\begin{bmatrix}x_{11}\\ x_{12}\\ x_{22}\end{bmatrix}+\begin{bmatrix}1 & 0\\ 0 & 1\\ 0 & 1\end{bmatrix}\begin{bmatrix}u_1\\ u_2\end{bmatrix}\\
\begin{bmatrix}y_1\\ y_2\end{bmatrix}=\begin{bmatrix}1 & 1 & 0\\ 0 & 0 & 1\end{bmatrix}\begin{bmatrix}x_{11}\\ x_{12}\\ x_{22}\end{bmatrix}
\end{cases}
\tag{2-34}
$$

可验证

$$
\boldsymbol{G}(s)=\begin{bmatrix}1 & 1 & 0\\ 0 & 0 & 1\end{bmatrix}\left\{s\boldsymbol{I}_3-\begin{bmatrix}-1 & & \\ & -2 & \\ & & -2\end{bmatrix}\right\}^{-1}\begin{bmatrix}1 & 0\\ 0 & 1\\ 0 & 1\end{bmatrix}=\begin{bmatrix}\dfrac{1}{s+1} & \dfrac{1}{s+2}\\ 0 & \dfrac{1}{s+2}\end{bmatrix}
$$

故式(2-34)是 $\boldsymbol{G}(s)$ 的一个实现。

2）$G_{12}(s)$ 与 $G_{22}(s)$ 有相同的分母，它们可有相同的状态方程，对如下的状态空间描述：

$$\begin{cases}\begin{bmatrix}\dot{x}_1\\ \dot{x}_2\end{bmatrix}=\begin{bmatrix}-1 & \\ & -2\end{bmatrix}\begin{bmatrix}x_1\\ x_2\end{bmatrix}+\begin{bmatrix}1 & 0\\ 0 & 1\end{bmatrix}\begin{bmatrix}u_1\\ u_2\end{bmatrix}\\ \begin{bmatrix}y_1\\ y_2\end{bmatrix}=\begin{bmatrix}1 & 1\\ & 1\end{bmatrix}\begin{bmatrix}x_1\\ x_2\end{bmatrix}\end{cases}$$

可验证

$$\boldsymbol{G}(s)=\begin{bmatrix}1 & 1\\ & 1\end{bmatrix}\left\{s\boldsymbol{I}_2-\begin{bmatrix}-1 & \\ & -2\end{bmatrix}\right\}^{-1}\begin{bmatrix}1 & 0\\ 0 & 1\end{bmatrix}=\begin{bmatrix}\dfrac{1}{s+1} & \dfrac{1}{s+2}\\ 0 & \dfrac{1}{s+2}\end{bmatrix} \tag{2-35}$$

故式(2-35)也是 $\boldsymbol{G}(s)$ 的一个实现，且状态方程的阶数要小。

例 2-1 表明，尽管一个状态空间描述一定对应一个传递函数矩阵，但是一个传递函数矩阵会对应多个状态空间描述，且状态空间的阶数还可能不一样。采用式(2-32)进行传递函数矩阵的实现是一个直观简便的方法，但不能保证其状态空间实现的阶数是最小。阶数最小的实现称为最小实现。给出多变量系统传递函数矩阵的最小实现较为困难，后面能控能观分解以及第 5 章将给出一个通用方法。

5. 考虑扰动输入的状态空间描述

控制系统除了控制输入 $\boldsymbol{u}$ 外，一般都存在扰动输入 $\boldsymbol{d}$。在此情况下，还可以用状态方程组来描述吗？下面，仍以(一台)二阶直流调速系统为例来说明，在式(2-6)中(取 $i=1$，并忽略下标 i)负载转矩 M_L 为扰动输入，有如下形式的微分方程，为

$$\ddot{n}+a_1\dot{n}+a_0n=b_0U+b_{d1}\dot{M}_L+b_{d0}M_L$$

取状态变量 $\boldsymbol{x}=\begin{bmatrix}x_1\\ x_2\end{bmatrix}=\begin{bmatrix}n\\ \dot{n}-b_{d1}M_L\end{bmatrix}$，则有

$$\begin{cases}\dot{x}_1=\dot{n}=x_2+b_{d1}M_L\\ \dot{x}_2=\ddot{n}-b_{d1}\dot{M}_L=-a_1x_2-a_0x_1+b_0U+\beta_0M_L\end{cases}$$

式中，$\beta_0=b_{d0}-a_1b_{d1}$。

令 $\boldsymbol{u}=U$，$\boldsymbol{d}=M_L$，$\boldsymbol{y}=n$，写成规范形式有

$$\begin{cases}\dot{\boldsymbol{x}}=\boldsymbol{Ax}+\boldsymbol{Bu}+\boldsymbol{B}_d\boldsymbol{d}\\ \boldsymbol{y}=\boldsymbol{Cx}\end{cases} \tag{2-36}$$

式中，$\boldsymbol{A}=\begin{bmatrix}0 & 1\\ -a_0 & -a_1\end{bmatrix}$；$\boldsymbol{B}=\begin{bmatrix}0\\ b_0\end{bmatrix}$；$\boldsymbol{B}_d=\begin{bmatrix}b_{d1}\\ \beta_0\end{bmatrix}$；$\boldsymbol{C}=[1,0]$。其框图如图 2-4a 所示。

若对式(2-36)两边取拉普拉斯变换(初始条件为 0)有

$$s\boldsymbol{x}=\boldsymbol{Ax}+\boldsymbol{Bu}+\boldsymbol{B}_d\boldsymbol{d},\ (s\boldsymbol{I}_n-\boldsymbol{A})\boldsymbol{x}=\boldsymbol{Bu}+\boldsymbol{B}_d\boldsymbol{d}$$

$$\boldsymbol{y}=\boldsymbol{C}(s\boldsymbol{I}_n-\boldsymbol{A})^{-1}\boldsymbol{Bu}+\boldsymbol{C}(s\boldsymbol{I}_n-\boldsymbol{A})^{-1}\boldsymbol{B}_d\boldsymbol{d}$$

对应图 2-4b 中的传递函数为

$$\boldsymbol{G}(s)=\boldsymbol{C}(s\boldsymbol{I}_n-\boldsymbol{A})^{-1}\boldsymbol{B},\ \boldsymbol{G}_d(s)=\boldsymbol{C}(s\boldsymbol{I}_n-\boldsymbol{A})^{-1}\boldsymbol{B}_d$$

可见：

1) 在系统中带有扰动输入，同样可以用状态空间描述。控制输入 $\boldsymbol{u}$ 与扰动输入 $\boldsymbol{d}$ 共用同一个状态矩阵 $\boldsymbol{A}$，且控制输入矩阵 $\boldsymbol{B}$ 和扰动输入矩阵 $\boldsymbol{B}_d$ 都是常数矩阵。

2) 事实上，将控制输入 $\boldsymbol{u}$ 与扰动输入 $\boldsymbol{d}$ 都看作系统输入 $\bar{\boldsymbol{u}}$，则它与系统输出 $\boldsymbol{y}$ 之间的传递函

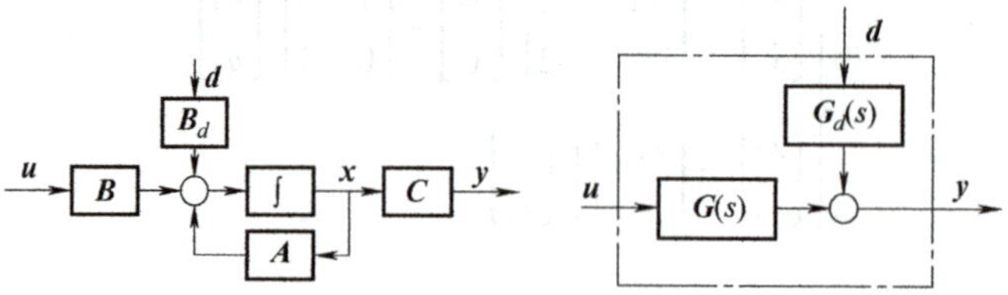

a) 带扰动的状态空间描述　　b) 带扰动的传递函数

图 2-4　带扰动的状态空间描述与传递函数

数关系总可以用如下的扩展传递函数矩阵描述，即

$$\boldsymbol{y}=\boldsymbol{G}(s)\boldsymbol{u}+\boldsymbol{G}_d(s)\boldsymbol{d}=[\boldsymbol{G}(s),\boldsymbol{G}_d(s)]\begin{bmatrix}\boldsymbol{u}\\\boldsymbol{d}\end{bmatrix}=\overline{\boldsymbol{G}}(s)\overline{\boldsymbol{u}}$$

式中，$\overline{\boldsymbol{G}}(s)=[\boldsymbol{G}(s),\boldsymbol{G}_d(s)]$；$\overline{\boldsymbol{u}}=\begin{bmatrix}\boldsymbol{u}\\\boldsymbol{d}\end{bmatrix}$。

不失一般性，设 $\overline{\boldsymbol{G}}(s)$ 的状态空间实现为 $\{\boldsymbol{A},\overline{\boldsymbol{B}},\boldsymbol{C},\overline{\boldsymbol{D}}\}$，即 $\begin{cases}\dot{\boldsymbol{x}}=\boldsymbol{A}\boldsymbol{x}+\overline{\boldsymbol{B}}\overline{\boldsymbol{u}}\\\boldsymbol{y}=\boldsymbol{C}\boldsymbol{x}+\overline{\boldsymbol{D}}\overline{\boldsymbol{u}}\end{cases}$，将 $\overline{\boldsymbol{B}}$、$\overline{\boldsymbol{D}}$ 分块为 $\overline{\boldsymbol{B}}=[\boldsymbol{B},\boldsymbol{B}_d]$，$\overline{\boldsymbol{D}}=[\boldsymbol{D},\boldsymbol{D}_d]$，则

$$\begin{cases}\dot{\boldsymbol{x}}=\boldsymbol{A}\boldsymbol{x}+[\boldsymbol{B},\boldsymbol{B}_d]\begin{bmatrix}\boldsymbol{u}\\\boldsymbol{d}\end{bmatrix}=\boldsymbol{A}\boldsymbol{x}+\boldsymbol{B}\boldsymbol{u}+\boldsymbol{B}_d\boldsymbol{d}\\\boldsymbol{y}=\boldsymbol{C}\boldsymbol{x}+[\boldsymbol{D},\boldsymbol{D}_d]\begin{bmatrix}\boldsymbol{u}\\\boldsymbol{d}\end{bmatrix}=\boldsymbol{C}\boldsymbol{x}+\boldsymbol{D}\boldsymbol{u}+\boldsymbol{D}_d\boldsymbol{d}\end{cases}$$

上述推导表明，无论系统有多少种输入，总是可以用状态空间描述，且各种输入共用同一个状态矩阵 $\boldsymbol{A}$。

2.2　状态响应与稳定性

建立了多变量系统的状态空间描述后，与单变量系统的时域分析法一样，可以通过求取它的响应来分析多变量系统的性能。

2.2.1　状态转移矩阵与响应

状态空间描述由状态方程和输出方程组成，但状态方程的响应决定了系统的输出响应。

1. 齐次状态方程的解

令系统式(2-1)中输入 $\boldsymbol{u}=\boldsymbol{0}$，得到如下齐次状态方程

$$\dot{\boldsymbol{x}}=\boldsymbol{A}\boldsymbol{x} \tag{2-37}$$

式(2-37)是向量微分方程，尽管都是一阶微分方程，其解还不能简单给出。下面以待定系数法来求解。令齐次解是如下的无穷级数

$$\boldsymbol{x}=\boldsymbol{\alpha}_0+\boldsymbol{\alpha}_1t+\boldsymbol{\alpha}_2t^2+\cdots=\sum_{k=0}^{\infty}\boldsymbol{\alpha}_kt^k \tag{2-38}$$

式中，$\{\boldsymbol{\alpha}_i\}$ 是待定的向量。对式(2-38)两边求导有

$$\dot{\boldsymbol{x}}=\boldsymbol{\alpha}_1+2\boldsymbol{\alpha}_2t+3\boldsymbol{\alpha}_3t^2+\cdots=\sum_{k=1}^{\infty}k\boldsymbol{\alpha}_kt^{k-1} \tag{2-39a}$$

将式(2-38)代入式(2-37)有

$$\dot{\boldsymbol{x}}=\boldsymbol{A}\boldsymbol{x}=\boldsymbol{A}\boldsymbol{\alpha}_0+\boldsymbol{A}\boldsymbol{\alpha}_1 t+\boldsymbol{A}\boldsymbol{\alpha}_2 t^2+\cdots=\sum_{k=1}^{\infty}\boldsymbol{A}\boldsymbol{\alpha}_{k-1}t^{k-1} \tag{2-39b}$$

比较式(2-39a)与式(2-39b)两边的系数有

$$\boldsymbol{\alpha}_1=\boldsymbol{A}\boldsymbol{\alpha}_0,\ \boldsymbol{\alpha}_2=\frac{1}{2}\boldsymbol{A}\boldsymbol{\alpha}_1=\frac{1}{2}\boldsymbol{A}^2\boldsymbol{\alpha}_0,\ \boldsymbol{\alpha}_3=\frac{1}{3}\boldsymbol{A}\boldsymbol{\alpha}_2=\frac{1}{3!}\boldsymbol{A}^3\boldsymbol{\alpha}_0,\ \cdots$$

或者

$$\boldsymbol{\alpha}_k=\frac{1}{k}\boldsymbol{A}\boldsymbol{\alpha}_{k-1}=\frac{1}{k!}\boldsymbol{A}^k\boldsymbol{\alpha}_0\quad(k=1,2,3,\cdots)$$

从式(2-38)有 $\boldsymbol{\alpha}_0=\boldsymbol{x}(0)=\boldsymbol{x}_0$，故齐次状态方程的解为

$$\boldsymbol{x}(t)=\left(\boldsymbol{I}_n+\boldsymbol{A}t+\frac{1}{2}\boldsymbol{A}^2t^2+\frac{1}{3!}\boldsymbol{A}^3t^3+\cdots\right)\boldsymbol{x}_0=\sum_{k=0}^{\infty}\left(\frac{1}{k!}\boldsymbol{A}^kt^k\right)\boldsymbol{x}_0=\boldsymbol{\Phi}(t)\boldsymbol{x}(0)$$

式中，

$$\boldsymbol{\Phi}(t)=\boldsymbol{I}_n+\boldsymbol{A}t+\frac{1}{2}\boldsymbol{A}^2t^2+\frac{1}{3!}\boldsymbol{A}^3t^3+\cdots=\sum_{k=0}^{\infty}\frac{1}{k!}\boldsymbol{A}^kt^k\in\mathbf{R}^{n\times n} \tag{2-40}$$

称为状态转移矩阵，其意义是经 $\boldsymbol{\Phi}(t)$ 将初始状态 $\boldsymbol{x}(0)$ 转移到了 $\boldsymbol{x}(t)$。从式(2-40)知，若已知状态矩阵 $\boldsymbol{A}$，便可求出状态转移矩阵 $\boldsymbol{\Phi}(t)$，从而得到输入 $\boldsymbol{u}=\boldsymbol{0}$ 时的状态响应 $\boldsymbol{x}(t)$。

2. 状态转移矩阵的性质与求解

由于式(2-40)是一个无穷级数，以此求解状态转移矩阵 $\boldsymbol{\Phi}(t)$ 不是一个好方法，需要找到更切实的方法。下面先讨论状态转移矩阵 $\boldsymbol{\Phi}(t)$ 的性质。

将式(2-40)与 e^x 的展开式

$$\mathrm{e}^x=1+x+\frac{1}{2}x^2+\frac{1}{3!}x^3+\cdots=\sum_{k=0}^{\infty}\frac{1}{k!}x^k$$

比较可见，二者相当类似，也记 $\boldsymbol{\Phi}(t)=\mathrm{e}^{\boldsymbol{A}t}$。从式(2-40)容易推出状态转移矩阵有如下性质。

1) $\boldsymbol{\Phi}(0)=\boldsymbol{I}_n$；$\mathrm{e}^{\boldsymbol{A}t}\big|_{t=0}=\boldsymbol{I}_n$。

2) $\dot{\boldsymbol{\Phi}}(t)=\boldsymbol{A}\boldsymbol{\Phi}(t)$；$\dfrac{\mathrm{d}}{\mathrm{d}t}(\mathrm{e}^{\boldsymbol{A}t})=\boldsymbol{A}\mathrm{e}^{\boldsymbol{A}t}$。

3) $\boldsymbol{\Phi}(t_1\pm t_2)=\boldsymbol{\Phi}(t_1)\boldsymbol{\Phi}(\pm t_2)=\boldsymbol{\Phi}(\pm t_2)\boldsymbol{\Phi}(t_1)$；$\mathrm{e}^{\boldsymbol{A}(t_1\pm t_2)}=\mathrm{e}^{\boldsymbol{A}t_1}\mathrm{e}^{\pm\boldsymbol{A}t_2}=\mathrm{e}^{\pm\boldsymbol{A}t_2}\mathrm{e}^{\boldsymbol{A}t_1}$。

4) $\boldsymbol{\Phi}^{-1}(t)=\boldsymbol{\Phi}(-t)$，$\boldsymbol{\Phi}^{-1}(-t)=\boldsymbol{\Phi}(t)$；$(\mathrm{e}^{\boldsymbol{A}t})^{-1}=\mathrm{e}^{-\boldsymbol{A}t}$，$(\mathrm{e}^{-\boldsymbol{A}t})^{-1}=\mathrm{e}^{\boldsymbol{A}t}$。

证明：对于性质1)，将 $t=0$ 代入式(2-40)即可。

对于性质2)，将式(2-40)两边对时间 t 求导，有

$$\dot{\boldsymbol{\Phi}}(t)=\boldsymbol{A}+\boldsymbol{A}^2t+\frac{1}{2}\boldsymbol{A}^3t^2+\cdots=\boldsymbol{A}\left(\boldsymbol{I}_n+\boldsymbol{A}t+\frac{1}{2}\boldsymbol{A}^2t^2+\cdots\right)=\boldsymbol{A}\boldsymbol{\Phi}(t)$$

对于性质3)，由于

$$\begin{aligned}\boldsymbol{\Phi}(t_1)\boldsymbol{\Phi}(t_2)&=\left(\boldsymbol{I}_n+\boldsymbol{A}t_1+\frac{1}{2}\boldsymbol{A}^2t_1^2+\frac{1}{3!}\boldsymbol{A}^3t_1^3+\cdots\right)\left(\boldsymbol{I}_n+\boldsymbol{A}t_2+\frac{1}{2}\boldsymbol{A}^2t_2^2+\frac{1}{3!}\boldsymbol{A}^3t_2^3+\cdots\right)\\&=\boldsymbol{I}_n+\boldsymbol{A}t_1+\frac{1}{2}\boldsymbol{A}^2t_1^2+\frac{1}{3!}\boldsymbol{A}^3t_1^3+\cdots+\boldsymbol{A}t_2+\boldsymbol{A}^2t_1t_2+\frac{1}{2}\boldsymbol{A}^3t_1^2t_2+\frac{1}{3!}\boldsymbol{A}^4t_1^3t_2+\cdots+\frac{1}{2}\boldsymbol{A}^2t_2^2+\frac{1}{2}\boldsymbol{A}^3t_1t_2^2+\\&\quad\frac{1}{2\times2}\boldsymbol{A}^4t_1^2t_2^2+\frac{1}{2\times3!}\boldsymbol{A}^5t_1^3t_2^2+\cdots+\frac{1}{3!}\boldsymbol{A}^3t_2^3+\frac{1}{3!}\boldsymbol{A}^4t_1t_2^3+\frac{1}{2\times3!}\boldsymbol{A}^5t_1^2t_2^3+\frac{1}{3!\times3!}\boldsymbol{A}^6t_1^3t_2^3+\cdots+\cdots\end{aligned}$$

$$=\boldsymbol{I}_n+\boldsymbol{A}(t_1+t_2)+\frac{1}{2}\boldsymbol{A}^2(t_1+t_2)^2+\frac{1}{3!}\boldsymbol{A}^3(t_1+t_2)^3+\cdots$$

$$=\boldsymbol{\Phi}(t_1+t_2)$$

同理，$\boldsymbol{\Phi}(t_1)\boldsymbol{\Phi}(-t_2)=\boldsymbol{\Phi}(t_1-t_2)$，故性质 3)成立。

根据性质 3)有，$\boldsymbol{\Phi}(t)\boldsymbol{\Phi}(-t)=\boldsymbol{\Phi}(t-t)=\boldsymbol{\Phi}(0)=\boldsymbol{I}_n$，所以 $\boldsymbol{\Phi}(t)$ 与 $\boldsymbol{\Phi}(-t)$ 互为逆矩阵，性质 4)得证。

仔细观察，上述性质与标量指数 e^{at} 完全类似。但根据上述性质还不能简便地求出状态转移矩阵 $\boldsymbol{\Phi}(t)$。

状态转移矩阵 $\boldsymbol{\Phi}(t)$ 完全依赖于状态矩阵 $\boldsymbol{A}$。若状态矩阵 $\boldsymbol{A}$ 是一个对角矩阵

$$\boldsymbol{A}=\boldsymbol{\Lambda}=\begin{bmatrix}\lambda_1 & & & \\ & \lambda_2 & & \\ & & \ddots & \\ & & & \lambda_n\end{bmatrix}=\mathrm{diag}\{\lambda_1,\lambda_2,\cdots,\lambda_n\} \tag{2-41}$$

代入式(2-40)有

$$e^{\boldsymbol{\Lambda}t}=\boldsymbol{I}_n+\boldsymbol{\Lambda}t+\frac{1}{2}\boldsymbol{\Lambda}^2t^2+\frac{1}{3!}\boldsymbol{\Lambda}^3t^3+\cdots$$

$$=\begin{bmatrix}1+\lambda_1t+\frac{1}{2}\lambda_1^2t^2+\frac{1}{3!}\lambda_1^3t^3+\cdots & & & \\ & 1+\lambda_2t+\frac{1}{2}\lambda_2^2t^2+\frac{1}{3!}\lambda_2^3t^3+\cdots & & \\ & & \ddots & \\ & & & 1+\lambda_nt+\frac{1}{2}\lambda_n^2t^2+\frac{1}{3!}\lambda_n^3t^3+\cdots\end{bmatrix}$$

$$=\begin{bmatrix}e^{\lambda_1t} & & & \\ & e^{\lambda_2t} & & \\ & & \ddots & \\ & & & e^{\lambda_nt}\end{bmatrix}$$

因此，将状态矩阵 $\boldsymbol{A}$ 转化到对角形式将是一条有效途径。

从线性代数知，对任意的 $n\times n$ 维方阵 $\boldsymbol{A}$，若存在 $\boldsymbol{\xi}\neq\boldsymbol{0}$ 使得式(2-42)成立

$$\boldsymbol{A\xi}=\lambda\boldsymbol{\xi} \tag{2-42}$$

称 $\lambda\in\mathbf{R}$ 为方阵 $\boldsymbol{A}$ 的特征值，$\boldsymbol{\xi}\in\mathbf{R}^n$ 为特征值 λ 对应的特征向量。

式(2-42)表明，“矩阵 $\boldsymbol{A}$ 与一个向量相乘”等于“一个数与该向量相乘”。可以预见，这个“数”(特征值)在矩阵分析中有着重要作用。将式(2-42)化为

$$(\lambda\boldsymbol{I}_n-\boldsymbol{A})\boldsymbol{\xi}=\boldsymbol{0} \tag{2-43}$$

若 λ 满足如下行列式方程

$$\det(\lambda\boldsymbol{I}_n-\boldsymbol{A})=|\lambda\boldsymbol{I}_n-\boldsymbol{A}|=\lambda^n+a_{n-1}\lambda^{n-1}+\cdots+a_1\lambda+a_0=0 \tag{2-44}$$

则矩阵$(\lambda\boldsymbol{I}_n-\boldsymbol{A})$降秩，一定存在 $\boldsymbol{\xi}\neq\boldsymbol{0}$ 满足式(2-43)。式(2-44)称为方阵 $\boldsymbol{A}$ 的特征方程，它一定有而且只有 n 个根(含复数根、重根)。值得注意的是，满足式(2-43)的特征向量不一定是 n 个，但线性无关的特征向量为 n 个。

从线性代数知，若 $n\times n$ 维状态矩阵 $\boldsymbol{A}$ 有 n 个不同的特征值，一定存在相似变换阵 $\boldsymbol{T}$ 将其变换为式(2-41)的对角形。若状态矩阵 $\boldsymbol{A}$ 有相同的特征值，也一定存在相似变换阵 $\boldsymbol{T}$ 将其变换为

若尔当对角形，即

$$\boldsymbol{A}=\boldsymbol{T}\boldsymbol{J}\boldsymbol{T}^{-1}=\boldsymbol{T}\begin{bmatrix}\boldsymbol{J}_1 & & & \\ & \boldsymbol{J}_2 & & \\ & & \ddots & \\ & & & \boldsymbol{J}_p\end{bmatrix}\boldsymbol{T}^{-1} \tag{2-45a}$$

其中若尔当块 $\boldsymbol{J}_i$ 为

$$\boldsymbol{J}_i=\begin{bmatrix}\lambda_i & 1 & & \\ & \lambda_i & \ddots & \\ & & \ddots & 1 \\ & & & \lambda_i\end{bmatrix}\in \mathbf{R}^{n_i\times n_i} \tag{2-45b}$$

式中，$\sum_{i=1}^{p} n_i=n$。$n_i=1$ 是单根；$n_i\neq 1$ 是重根。若所有的 $n_i=1$，若尔当对角形就退化为式(2-41)的对角形。

先考虑 $n_i=3$ 的若尔当块情况，取 $\boldsymbol{A}=\boldsymbol{J}_i=\begin{bmatrix}\lambda_i & 1 & 0 \\ & \lambda_i & 1 \\ & & \lambda_i\end{bmatrix}$，则

$$\boldsymbol{J}_i^k=\begin{bmatrix}\lambda_i & 1 & 0 \\ & \lambda_i & 1 \\ & & \lambda_i\end{bmatrix}^k=\begin{bmatrix}\lambda_i^k & k\lambda_i^{k-1} & \frac{k(k-1)}{2}\lambda_i^{k-2} \\ & \lambda_i^k & k\lambda_i^{k-1} \\ & & \lambda_i^k\end{bmatrix}$$

将其代入式(2-40)有

$$\boldsymbol{\Phi}(t)=\mathrm{e}^{\boldsymbol{J}_i t}=\boldsymbol{I}_{n_i}+\boldsymbol{J}_i t+\frac{1}{2}\boldsymbol{J}_i^2 t^2+\cdots+\frac{1}{k!}\boldsymbol{J}_i^k t^k+\cdots$$

$$=\begin{bmatrix}1 & & \\ & 1 & \\ & & 1\end{bmatrix}+\begin{bmatrix}\lambda_i & 1 & 0 \\ & \lambda_i & 1 \\ & & \lambda_i\end{bmatrix}t+\frac{1}{2}\begin{bmatrix}\lambda_i^2 & 2\lambda_i & 1 \\ & \lambda_i^2 & 2\lambda_i \\ & & \lambda_i^2\end{bmatrix}t^2+\cdots+\frac{1}{k!}\begin{bmatrix}\lambda_i^k & k\lambda_i^{k-1} & \frac{k(k-1)}{2}\lambda_i^{k-2} \\ & \lambda_i^k & k\lambda_i^{k-1} \\ & & \lambda_i^k\end{bmatrix}t^k+\cdots$$

$$=\begin{bmatrix}\left(1+\lambda_i t+\frac{1}{2}\lambda_i^2 t^2+\cdots\right) & t\left(1+\lambda_i t+\frac{1}{2}\lambda_i^2 t^2+\cdots\right) & \frac{t^2}{2}\left(1+\lambda_i t+\frac{1}{2}\lambda_i^2 t^2+\cdots\right) \\ & \left(1+\lambda_i t+\frac{1}{2}\lambda_i^2 t^2+\cdots\right) & t\left(1+\lambda_i t+\frac{1}{2}\lambda_i^2 t^2+\cdots\right) \\ & & \left(1+\lambda_i t+\frac{1}{2}\lambda_i^2 t^2+\cdots\right)\end{bmatrix}$$

$$=\begin{bmatrix}\mathrm{e}^{\lambda_i t} & t\mathrm{e}^{\lambda_i t} & \frac{t^2}{2}\mathrm{e}^{\lambda_i t} \\ & \mathrm{e}^{\lambda_i t} & t\mathrm{e}^{\lambda_i t} \\ & & \mathrm{e}^{\lambda_i t}\end{bmatrix}$$

同理，对更一般的若尔当块式(2-45b)有

$$\boldsymbol{\Phi}(t)=\mathrm{e}^{J_it}=\begin{bmatrix} \mathrm{e}^{\lambda_it} & t\mathrm{e}^{\lambda_it} & \cdots & \cdots & \dfrac{t^{n_i-1}}{(n_i-1)!}e^{\lambda_it} \\ & \mathrm{e}^{\lambda_it} & t\mathrm{e}^{\lambda_it} & \cdots & \dfrac{t^{n_i-2}}{(n_i-2)!}e^{\lambda_it} \\ & & \ddots & \ddots & \vdots \\ & & & \ddots & t\mathrm{e}^{\lambda_it} \\ & & & & \mathrm{e}^{\lambda_it} \end{bmatrix}$$

$$=\mathrm{up}\left\{\mathrm{e}^{\lambda_it},\ t\mathrm{e}^{\lambda_it},\ \frac{t^2}{2}\mathrm{e}^{\lambda_it},\ \cdots,\ \frac{t^{n_i-1}}{(n_i-1)!}\mathrm{e}^{\lambda_it}\right\} \tag{2-46}$$

式中，up{ }表示上三角阵，$\left\{\mathrm{e}^{\lambda_it},t\mathrm{e}^{\lambda_it},\frac{t^2}{2}\mathrm{e}^{\lambda_it},\cdots,\frac{t^{n_i-1}}{(n_i-1)!}\mathrm{e}^{\lambda_it}\right\}$为其第一行，其余行往下递推。若 $n_i=1$，则 $\mathrm{up}\{\mathrm{e}^{\lambda_it}\}=\mathrm{e}^{\lambda_it}$。

综上所述，可得到求解状态转移矩阵 $\boldsymbol{\Phi}(t)$ 的一般方法：

1）先求特征方程 $\det(\lambda \boldsymbol{I}_n-\boldsymbol{A})=|\lambda\boldsymbol{I}_n-\boldsymbol{A}|=0$，得到特征值$\{\lambda_i\}$。

2）再根据线性代数中矩阵变换的工具，求相似变换阵 $\boldsymbol{T}$，得到式(2-45a)。

3）将式(2-45a)代入式(2-40)有

$$\boldsymbol{\Phi}(t)=\mathrm{e}^{\boldsymbol{A}t}=\sum_{k=0}^{\infty}\frac{1}{k!}(\boldsymbol{TJT}^{-1})^k t^k=\sum_{k=0}^{\infty}\frac{1}{k!}\underbrace{(\boldsymbol{TJT}^{-1})(\boldsymbol{TJT}^{-1})\cdots(\boldsymbol{TJT}^{-1})}_{k}t^k$$

$$=\sum_{k=0}^{\infty}\frac{1}{k!}(\boldsymbol{TJ}^k\boldsymbol{T}^{-1})t^k=\boldsymbol{T}\left(\sum_{k=0}^{\infty}\frac{1}{k!}\boldsymbol{J}^k t^k\right)\boldsymbol{T}^{-1}=\boldsymbol{T}\mathrm{e}^{\boldsymbol{J}t}\boldsymbol{T}^{-1}$$

$$=\boldsymbol{T}\begin{bmatrix}\mathrm{e}^{J_1t} & & & \\ & \mathrm{e}^{J_2t} & & \\ & & \ddots & \\ & & & \mathrm{e}^{J_pt}\end{bmatrix}\boldsymbol{T}^{-1} \tag{2-47}$$

4）每一若尔当块的 $\mathrm{e}^{J_it}=\mathrm{up}\left\{\mathrm{e}^{\lambda_it},t\mathrm{e}^{\lambda_it},\frac{t^2}{2}\mathrm{e}^{\lambda_it},\cdots,\frac{t^{n_i-1}}{(n_i-1)!}\mathrm{e}^{\lambda_it}\right\}$。若 $n_i=1$，则 $\mathrm{e}^{J_it}=\mathrm{e}^{\lambda_it}$。

3. 非齐次状态方程的解

若输入 $\boldsymbol{u}\neq\boldsymbol{0}$，系统式(2-1)为非齐次状态方程，有

$$\dot{\boldsymbol{x}}(t)-\boldsymbol{Ax}(t)=\boldsymbol{Bu}(t)$$

用 $\mathrm{e}^{-\boldsymbol{A}t}$乘以两边有

$$\mathrm{e}^{-\boldsymbol{A}t}[\dot{\boldsymbol{x}}(t)-\boldsymbol{Ax}(t)]=\mathrm{e}^{-\boldsymbol{A}t}\boldsymbol{Bu}(t)$$

$$\frac{\mathrm{d}}{\mathrm{d}t}(\mathrm{e}^{-\boldsymbol{A}t}\boldsymbol{x}(t))=\mathrm{e}^{-\boldsymbol{A}t}[\dot{\boldsymbol{x}}(t)-\boldsymbol{Ax}(t)]=\mathrm{e}^{-\boldsymbol{A}t}\boldsymbol{Bu}(t)$$

对两边取积分有

$$\mathrm{e}^{-\boldsymbol{A}t}\boldsymbol{x}(t)\Big|_{t_0}^{t}=\int_{t_0}^{t}\mathrm{e}^{-\boldsymbol{A}\tau}\boldsymbol{Bu}(\tau)\mathrm{d}\tau$$

$$\mathrm{e}^{-\boldsymbol{A}t}\boldsymbol{x}(t)-\mathrm{e}^{-\boldsymbol{A}t_0}\boldsymbol{x}(t_0)=\int_{t_0}^{t}\mathrm{e}^{-\boldsymbol{A}\tau}\boldsymbol{Bu}(\tau)\mathrm{d}\tau$$

两边同时乘以 $\mathrm{e}^{\boldsymbol{A}t}$并移项后，有

$$\boldsymbol{x}(t)=\mathrm{e}^{\boldsymbol{A}(t-t_0)}\boldsymbol{x}(t_0)+\int_{t_0}^{t}\mathrm{e}^{\boldsymbol{A}(t-\tau)}\boldsymbol{Bu}(\tau)\mathrm{d}\tau \tag{2-48a}$$

式中，t_0 是初始时刻，一般情况取 $t_0=0$。

4. 系统输出响应

将状态响应式(2-48a)代入式(2-1)的输出方程，可得系统输出响应为

$$\boldsymbol{y}(t)=\boldsymbol{C}\mathrm{e}^{\boldsymbol{A}(t-t_0)}\boldsymbol{x}(t_0)+\int_{t_0}^{t}\boldsymbol{C}\mathrm{e}^{\boldsymbol{A}(t-\tau)}\boldsymbol{B}\boldsymbol{u}(\tau)\mathrm{d}\tau+\boldsymbol{D}\boldsymbol{u}(t) \tag{2-48b}$$

例 2-2 求下列系统在初始值 $\boldsymbol{x}(0)=\begin{bmatrix}1\\1\end{bmatrix}$，输入 $u(t)=I(t)$ 时的响应。

$$\begin{cases}\dot{\boldsymbol{x}}=\begin{bmatrix}0 & 1\\-2 & -3\end{bmatrix}\boldsymbol{x}+\begin{bmatrix}0\\1\end{bmatrix}u\\ y=[1,0]\boldsymbol{x}\end{cases}$$

(1) 求状态矩阵的特征值

$$\det\boldsymbol{A}=|\lambda\boldsymbol{I}-\boldsymbol{A}|=\begin{vmatrix}\lambda & -1\\2 & \lambda+3\end{vmatrix}=\lambda(\lambda+3)+2=(\lambda+1)(\lambda+2)=0$$

可得 $\lambda_1=-1$，$\lambda_2=-2$。

(2) 将状态矩阵化为对角形

$$\boldsymbol{A}=\begin{bmatrix}0 & 1\\-2 & -3\end{bmatrix}=\begin{bmatrix}2 & 1\\-2 & -2\end{bmatrix}\begin{bmatrix}-1 & 0\\0 & -2\end{bmatrix}\begin{bmatrix}1 & 0.5\\-1 & -1\end{bmatrix}=\boldsymbol{T\Lambda T}^{-1}$$

(3) 求状态转移矩阵

$$\boldsymbol{\Phi}(t)=\mathrm{e}^{\boldsymbol{A}t}=\boldsymbol{T}\mathrm{e}^{\boldsymbol{\Lambda}t}\boldsymbol{T}^{-1}$$

$$=\begin{bmatrix}2 & 1\\-2 & -2\end{bmatrix}\begin{bmatrix}\mathrm{e}^{-t} & 0\\0 & \mathrm{e}^{-2t}\end{bmatrix}\begin{bmatrix}1 & 0.5\\-1 & -1\end{bmatrix}=\begin{bmatrix}2\mathrm{e}^{-t}-\mathrm{e}^{-2t} & \mathrm{e}^{-t}-\mathrm{e}^{-2t}\\-2\mathrm{e}^{-t}-2\mathrm{e}^{-2t} & -\mathrm{e}^{-t}+2\mathrm{e}^{-2t}\end{bmatrix}$$

(4) 求系统响应

$$\boldsymbol{x}(t)=\mathrm{e}^{\boldsymbol{A}t}\boldsymbol{x}(0)+\int_0^t\mathrm{e}^{\boldsymbol{A}(t-\tau)}\boldsymbol{B}\boldsymbol{u}(\tau)\mathrm{d}\tau$$

$$=\begin{bmatrix}2\mathrm{e}^{-t}-\mathrm{e}^{-2t} & \mathrm{e}^{-t}-\mathrm{e}^{-2t}\\-2\mathrm{e}^{-t}-2\mathrm{e}^{-2t} & -\mathrm{e}^{-t}+2\mathrm{e}^{-2t}\end{bmatrix}\begin{bmatrix}1\\1\end{bmatrix}+\int_0^t\begin{bmatrix}2\mathrm{e}^{-(t-\tau)}-\mathrm{e}^{-2(t-\tau)} & \mathrm{e}^{-(t-\tau)}-\mathrm{e}^{-2(t-\tau)}\\-2\mathrm{e}^{-(t-\tau)}-2\mathrm{e}^{-2(t-\tau)} & -\mathrm{e}^{-(t-\tau)}+2\mathrm{e}^{-2(t-\tau)}\end{bmatrix}\begin{bmatrix}0\\1\end{bmatrix}\mathrm{d}\tau$$

$$=\begin{bmatrix}3\mathrm{e}^{-t}-2\mathrm{e}^{-2t}\\-3\mathrm{e}^{-t}\end{bmatrix}+\frac{1}{2}\begin{bmatrix}1-2\mathrm{e}^{-t}+\mathrm{e}^{-2t}\\2\mathrm{e}^{-t}-2\mathrm{e}^{-2t}\end{bmatrix}$$

$$y(t)=[1,\ 0]\boldsymbol{x}(t)=(3\mathrm{e}^{-t}-2\mathrm{e}^{-2t})+\frac{1}{2}(1-2\mathrm{e}^{-t}+\mathrm{e}^{-2t})$$

5. 状态转移矩阵的拉普拉斯变换

状态转移矩阵 $\mathrm{e}^{\boldsymbol{A}t}$ 是求系统响应的关键，它的拉普拉斯变换与反变换为

$$L[\mathrm{e}^{\boldsymbol{A}t}]=(s\boldsymbol{I}_n-\boldsymbol{A})^{-1},\quad L^{-1}[(s\boldsymbol{I}_n-\boldsymbol{A})^{-1}]=\mathrm{e}^{\boldsymbol{A}t} \tag{2-49}$$

下面给出一个证明，考虑式(2-46)，有

$$L[\mathrm{e}^{\boldsymbol{J}_it}]=L\left[\mathrm{up}\left\{\mathrm{e}^{\lambda_it},t\mathrm{e}^{\lambda_it},\frac{t^2}{2}\mathrm{e}^{\lambda_it},\cdots,\frac{t^{n_i-1}}{(n_i-1)!}\mathrm{e}^{\lambda_it}\right\}\right]$$

$$=\mathrm{up}\left\{L[\mathrm{e}^{\lambda_it}],L[t\mathrm{e}^{\lambda_it}],L\left[\frac{t^2}{2}\mathrm{e}^{\lambda_it}\right],\cdots,L\left[\frac{t^{n_i-1}}{(n_i-1)!}\mathrm{e}^{\lambda_it}\right]\right\}$$

$$=\mathrm{up}\left\{\frac{1}{s-\lambda_i},\frac{1}{(s-\lambda_i)^2},\frac{1}{(s-\lambda_i)^3},\cdots,\frac{1}{(s-\lambda_i)^{n_i}}\right\}$$

$$=\begin{bmatrix} s-\lambda_i & -1 & & & \\ & s-\lambda_i & -1 & & \\ & & \ddots & \ddots & \\ & & & s-\lambda_i & -1 \\ & & & & s-\lambda_i \end{bmatrix}^{-1}=(s\boldsymbol{I}_{n_i}-\boldsymbol{J}_i)^{-1}$$

再考虑式(2-47)，有

$$L[\mathrm{e}^{At}]=L\left[\boldsymbol{T}\begin{bmatrix} \mathrm{e}^{\boldsymbol{J}_1t} & & & \\ & \mathrm{e}^{\boldsymbol{J}_2t} & & \\ & & \ddots & \\ & & & \mathrm{e}^{\boldsymbol{J}_pt} \end{bmatrix}\boldsymbol{T}^{-1}\right]=\boldsymbol{T}\mathrm{diag}\{L[\mathrm{e}^{\boldsymbol{J}_1}],L[\mathrm{e}^{\boldsymbol{J}_2}],\cdots,L[\mathrm{e}^{\boldsymbol{J}_p}]\}\boldsymbol{T}^{-1}$$

$$=\boldsymbol{T}\mathrm{diag}\{(s\boldsymbol{I}_{n_1}-\boldsymbol{J}_1)^{-1},(s\boldsymbol{I}_{n_2}-\boldsymbol{J}_2)^{-1},\cdots,(s\boldsymbol{I}_{n_p}-\boldsymbol{J}_p)^{-1}\}\boldsymbol{T}^{-1}$$

$$=\boldsymbol{T}(s\boldsymbol{I}_n-\boldsymbol{J})^{-1}\boldsymbol{T}^{-1}=(s\boldsymbol{I}_n-\boldsymbol{TJT}^{-1})^{-1}=(s\boldsymbol{I}_n-\boldsymbol{A})^{-1}$$

可见，式(2-49)是成立的。

6. 用拉普拉斯变换求响应

若考虑系统的初始条件，式(2-16)转化为

$$\boldsymbol{x}(s)=(s\boldsymbol{I}_n-\boldsymbol{A})^{-1}\boldsymbol{x}(0)+(s\boldsymbol{I}_n-\boldsymbol{A})^{-1}\boldsymbol{Bu}(s) \tag{2-50}$$

根据拉普拉斯变换卷积性质和线性性质，对式(2-50)两边求拉普拉斯反变换有

$$\boldsymbol{x}(t)=\mathrm{e}^{At}\boldsymbol{x}(0)+\int_0^t \mathrm{e}^{A(t-\tau)}\boldsymbol{Bu}(\tau)\mathrm{d}\tau \tag{2-51}$$

若初始时刻 $t_0\neq 0$，初始值为 $\boldsymbol{x}(t_0)$，将 $t=t_0$ 代入式(2-51)有

$$\boldsymbol{x}(t_0)=\mathrm{e}^{At_0}\boldsymbol{x}(0)+\int_0^{t_0} \mathrm{e}^{A(t_0-\tau)}\boldsymbol{Bu}(\tau)\mathrm{d}\tau$$

可得 $\boldsymbol{x}(0)=\mathrm{e}^{-At_0}\left[\boldsymbol{x}(t_0)-\int_0^{t_0}\mathrm{e}^{A(t_0-\tau)}\boldsymbol{Bu}(\tau)\mathrm{d}\tau\right]$，再代入式(2-51)有

$$\boldsymbol{x}(t)=\mathrm{e}^{At}\mathrm{e}^{-At_0}\boldsymbol{x}(t_0)-\int_0^{t_0}\mathrm{e}^{A(t-\tau)}\boldsymbol{Bu}(\tau)\mathrm{d}\tau+\int_0^{t}\mathrm{e}^{A(t-\tau)}\boldsymbol{Bu}(\tau)\mathrm{d}\tau$$

所以，状态响应、输出响应分别为

$$\boldsymbol{x}(t)=\mathrm{e}^{A(t-t_0)}\boldsymbol{x}(t_0)+\int_{t_0}^{t}\mathrm{e}^{A(t-\tau)}\boldsymbol{Bu}(\tau)\mathrm{d}\tau \tag{2-52a}$$

$$\boldsymbol{y}(t)=\boldsymbol{C}\mathrm{e}^{A(t-t_0)}\boldsymbol{x}(t_0)+\int_{t_0}^{t}\boldsymbol{C}\mathrm{e}^{A(t-\tau)}\boldsymbol{Bu}(\tau)\mathrm{d}\tau+\boldsymbol{Du}(t) \tag{2-52b}$$

与式(2-48)的结果一样。

与单变量系统响应一样，将多变量系统响应式(2-52)分为瞬态与稳态两部分，即

$$\begin{cases}\boldsymbol{x}(t)=\boldsymbol{x}_0(t)+\boldsymbol{x}_s(t)\\ \boldsymbol{x}_0(t)=\mathrm{e}^{A(t-t_0)}\boldsymbol{x}(t_0)\\ \boldsymbol{x}_s(t)=\int_{t_0}^{t}\mathrm{e}^{A(t-\tau)}\boldsymbol{Bu}(\tau)\mathrm{d}\tau\end{cases} \tag{2-53a}$$

$$\begin{cases}\boldsymbol{y}(t)=\boldsymbol{y}_0(t)+\boldsymbol{y}_s(t)\\ \boldsymbol{y}_0(t)=\boldsymbol{C}\mathrm{e}^{A(t-t_0)}\boldsymbol{x}(t_0)\\ \boldsymbol{y}_s(t)=\int_{t_0}^{t}\boldsymbol{C}\mathrm{e}^{A(t-\tau)}\boldsymbol{Bu}(\tau)\mathrm{d}\tau+\boldsymbol{Du}(t)\end{cases} \tag{2-53b}$$

式中，$\boldsymbol{x}_0(t)$与输入$\boldsymbol{u}$无关，反映状态响应的瞬态情况，称为状态瞬态响应；$\boldsymbol{x}_s(t)$与输入$\boldsymbol{u}$有关，反映状态响应的稳态情况，称为状态稳态响应。同样，$\boldsymbol{y}_0(t)$称为输出瞬态响应，$\boldsymbol{y}_s(t)$称为输出稳态响应。

例 2-3 用拉普拉斯变换法再求解例 2-2。

(1) 求$(s\boldsymbol{I}-\boldsymbol{A})^{-1}$和状态转移矩阵$e^{\boldsymbol{A}t}$

$$(s\boldsymbol{I}-\boldsymbol{A})^{-1}=\begin{bmatrix}s & -1\\ 2 & s+3\end{bmatrix}^{-1}=\frac{\mathrm{adj}(s\boldsymbol{I}_n-\boldsymbol{A})}{\det(s\boldsymbol{I}_n-\boldsymbol{A})}=\frac{1}{(s+1)(s+2)}\begin{bmatrix}s+3 & 1\\ -2 & s\end{bmatrix}$$

$$=\begin{bmatrix}\dfrac{s+3}{(s+1)(s+2)} & \dfrac{1}{(s+1)(s+2)}\\ \dfrac{-2}{(s+1)(s+2)} & \dfrac{s}{(s+1)(s+2)}\end{bmatrix}=\begin{bmatrix}\dfrac{2}{s+1}+\dfrac{-1}{s+2} & \dfrac{1}{s+1}+\dfrac{-1}{s+2}\\ \dfrac{-2}{s+1}+\dfrac{-2}{s+2} & \dfrac{-1}{s+1}+\dfrac{2}{s+2}\end{bmatrix}$$

$$e^{\boldsymbol{A}t}=L^{-1}[(s\boldsymbol{I}_n-\boldsymbol{A})^{-1}]=\begin{bmatrix}2e^{-t}-e^{-2t} & e^{-t}-e^{-2t}\\ -2e^{-t}-2e^{-2t} & -e^{-t}+2e^{-2t}\end{bmatrix}$$

(2) 求系统响应

$$\boldsymbol{x}(t)=e^{\boldsymbol{A}t}\boldsymbol{x}(0)+\int_0^t e^{\boldsymbol{A}(t-\tau)}\boldsymbol{B}\boldsymbol{u}(\tau)\,d\tau$$

$$=\begin{bmatrix}2e^{-t}-e^{-2t} & e^{-t}-e^{-2t}\\ -2e^{-t}-2e^{-2t} & -e^{-t}+2e^{-2t}\end{bmatrix}\begin{pmatrix}1\\1\end{pmatrix}+\int_0^t\begin{bmatrix}2e^{-(t-\tau)}-e^{-2(t-\tau)} & e^{-(t-\tau)}-e^{-2(t-\tau)}\\ -2e^{-(t-\tau)}-2e^{-2(t-\tau)} & -e^{-(t-\tau)}+2e^{-2(t-\tau)}\end{bmatrix}\begin{bmatrix}0\\1\end{bmatrix}d\tau$$

$$=\begin{bmatrix}3e^{-t}-2e^{-2t}\\ -3e^{-t}\end{bmatrix}+\frac{1}{2}\begin{bmatrix}1-2e^{-t}+e^{-2t}\\ 2e^{-t}-2e^{-2t}\end{bmatrix}$$

$$y(t)=[1,0]\boldsymbol{x}(t)=(3e^{-t}-2e^{-2t})+\frac{1}{2}(1-2e^{-t}+e^{-2t})$$

7. 离散状态空间描述

目前控制系统基本上采用计算机控制予以实现，因此，常常需要得到离散的数学模型。对连续系统的状态响应进行等间隔采样，取采样周期为τ，$t=t_{k+1}=(k+1)\tau$，$t_0=t_k=k\tau$，代入式(2-52a)有

$$\boldsymbol{x}(t_{k+1})=e^{\boldsymbol{A}(t_{k+1}-t_k)}\boldsymbol{x}(t_k)+\int_{t_k}^{t_{k+1}}e^{\boldsymbol{A}(t_{k+1}-\hat{\tau})}\boldsymbol{B}\boldsymbol{u}(\hat{\tau})\,d\hat{\tau}$$

$$\approx e^{\boldsymbol{A}(t_{k+1}-t_k)}\boldsymbol{x}(t_k)+\left[\int_{t_k}^{t_{k+1}}e^{\boldsymbol{A}(t_{k+1}-\hat{\tau})}\boldsymbol{B}\,d\hat{\tau}\right]\boldsymbol{u}(t_k) \tag{2-54}$$

$$=e^{\boldsymbol{A}\tau}\boldsymbol{x}(t_k)+\left[\int_0^{\tau}e^{\boldsymbol{A}(\tau-h)}\boldsymbol{B}\,dh\right]\boldsymbol{u}(t_k)$$

为了保证式(2-54)的近似精度，需要合理选择采样周期τ，可参阅《工程控制原理》(经典部分)第 6 章的内容。再结合系统输出方程，便可得到如下系统离散状态空间描述：

$$\begin{cases}\boldsymbol{x}(k+1)=\boldsymbol{A}_{\tau}\boldsymbol{x}(k)+\boldsymbol{B}_{\tau}\boldsymbol{u}(k)\\ \boldsymbol{y}(k)=\boldsymbol{C}\boldsymbol{x}(k)+\boldsymbol{D}\boldsymbol{u}(k)\end{cases} \tag{2-55}$$

式中，$\boldsymbol{A}_{\tau}=\boldsymbol{\Phi}(\tau)=e^{\boldsymbol{A}\tau}$；$\boldsymbol{B}_{\tau}=\left[\int_0^{\tau}e^{\boldsymbol{A}(\tau-h)}\boldsymbol{B}\,dh\right]$。注意，$\boldsymbol{x}(k+1)=\boldsymbol{x}(t_{k+1})$，略写了采样周期$\tau$，其他类同。

2.2.2 响应模态与系统性能

系统性能分为瞬态性能与稳态性能，其中稳定性是最重要的瞬态性能。瞬态性能与系统瞬

态响应有关，稳态性能与系统稳态响应有关。

1. 系统响应模态

不失一般性，取 $t_0=0$，从式(2-53a)和式(2-45a)知，状态瞬态响应可展开为

$$x_0(t)=e^{At}x(0)=Te^{Jt}T^{-1}x(0)$$
$$=T\left[\mathrm{up}\left\{e^{\lambda_i t},te^{\lambda_i t},\frac{t^2}{2}e^{\lambda_i t},\cdots,\frac{t^{n_i-1}}{(n_i-1)!}e^{\lambda_i t}\right\}\right]T^{-1}x(0) \tag{2-56a}$$

同理，输出瞬态响应可展开为

$$y_0(t)=Ce^{At}x(0)=CT\left[\mathrm{up}\left\{e^{\lambda_i t},te^{\lambda_i t},\frac{t^2}{2}e^{\lambda_i t},\cdots,\frac{t^{n_i-1}}{(n_i-1)!}e^{\lambda_i t}\right\}\right]T^{-1}x(0) \tag{2-56b}$$

可见，无论状态瞬态响应还是输出瞬态响应，其每个分量都是以特征值 $\{\lambda_i\}$ 构造的指数模态 $\left\{e^{\lambda_i t},te^{\lambda_i t},\frac{t^2}{2}e^{\lambda_i t},\cdots,\frac{t^{n_i-1}}{(n_i-1)!}e^{\lambda_i t}\right\}$ 的某种线性组合。为此，称 $e^{\lambda_i t}(i=1,2,\cdots,l)$ 为系统响应基础模态；$\frac{t^k}{k!}e^{\lambda_i t}\left(k=1,2,\cdots,n_i-1;\sum_{i=1}^{l}n_i=n\right)$ 为系统响应衍生模态。对于基础模态，若 $\lambda_i=\sigma_i$ 是实根，为单调模态；若 $\lambda_i=\sigma_i\pm j\omega_i$ 是共轭复根，为振荡模态。

如果系统状态矩阵 A 的特征值各不相同，则系统响应只会出现基础模态 $\{e^{\lambda_i t}\}$；如果系统状态矩阵 A 有多重特征值，则会出现衍生模态。若状态矩阵 A 的每个元可以等概率随机产生，有多重特征值的概率为 0，因此，一般情况下可假定状态矩阵 A 的特征值各不相同。

2. 系统稳定性

稳定性是控制系统分析的重中之重的问题，它是指系统在自由状态(没有外部输入干预，$u=0$)下，从非平衡态自行返回到平衡态的能力。系统处于平衡态意味着状态变量不再随时间而变化，其时间导数为 0。一个系统可有多个平衡态，所有的平衡态稳定，则该系统就是稳定的。

在 $u=0$ 时，系统状态方程就退化为式(2-37)的齐次状态方程。系统的平衡态 x_e 满足

$$\dot{x}_e=Ax_e=0 \tag{2-57}$$

可见，$x_e=0$ 是系统的平衡态，也称零平衡态。若状态矩阵 A 是非奇异矩阵，系统只有唯一的零平衡态。若状态矩阵 A 是奇异矩阵，系统的平衡态 x_e 将不再唯一，但若以 $x-x_e$ 为新的状态变量，可将非零平衡态转为零平衡态。可以证明，对于线性系统，零平衡态的稳定性与非零平衡态的稳定性是一致的，所以对线性系统可以泛称为系统稳定性，无须指出平衡态。

若 $x(0)\neq 0$，而式(2-37)的解 $x(t)\to x_e=0$，就称系统 $\{A,B,C,D\}$ 在平衡态 $x_e=0$ 上是稳定的；否则，就是不稳定的。从式(2-53a)知，若 $u=0$，此时状态响应就是瞬态响应 $x(t)=e^{At}x(0)$，因此，$x(t)\to x_e=0$ 当且仅当 $\lim_{t\to\infty}e^{At}=0$，也就有如下稳定判据：

$$\text{系统}\{A,B,C,D\}\text{是稳定的当且仅当}\lim_{t\to\infty}e^{At}=0$$

进一步，若要 $\lim_{t\to\infty}e^{At}=0$，就一定要

$$\lim_{t\to\infty}e^{\lambda_i t}=0(i=1,2,\cdots,l) \tag{2-58a}$$

$$\lim_{t\to\infty}\frac{t^k}{k!}e^{\lambda_i t}=0\left(k=1,2,\cdots,n_i-1;\sum_{i=1}^{l}n_i=n\right) \tag{2-58b}$$

若要式(2-58)成立，其特征值的实部 $\mathrm{Re}(\lambda_i)<0$。所以稳定判据可简化为：

$$\text{系统}\{A,B,C,D\}\text{是稳定的}\Leftrightarrow \mathrm{Re}(\lambda_i)<0,\ \det(\lambda_i I_n-A)=0$$

式中，λ_i 是状态矩阵 A 的特征值。这样，根据特征值的实部 $\mathrm{Re}(\lambda_i)<0$、$\mathrm{Re}(\lambda_i)=0$、$\mathrm{Re}(\lambda_i)>0$，分别称 λ_i 为稳定特征值、临界稳定特征值或不稳定特征值。

单变量系统的稳定性与传递函数的极点密切关联。从式(2-18)知，状态矩阵 $\boldsymbol{A}$ 的特征多项式是传递函数矩阵各元素的公共分母，可将状态矩阵的特征值定义为传递函数矩阵的极点。这样，多变量系统的稳定性与单变量系统的稳定性完全吻合。因此，列写出状态矩阵的特征多项式 $\det(s\boldsymbol{I}_n-\boldsymbol{A})=a(s)=s^n+a_{n-1}s^{n-1}+\cdots+a_1s+a_0$，同样可以用劳斯(赫尔维茨)稳定判据分析多变量系统的稳定性。

3. 系统的快速性与平稳性

在获知系统稳定的前提下，可以进一步分析系统的快速性与平稳性。从式(2-56)看出，系统的瞬态响应完全由模态 $\{e^{\lambda_i t}\}$ 支配。特征根为实根，对应单调模态，表现为一阶惯性环节；特征根为共轭复根，对应振荡模态，表现为二阶欠阻尼环节。因此，每一个模态均可采取经典控制理论的方法估算其快速性与平稳性的性能指标，然后根据其线性组合关系式(2-56)估算出每一个状态分量或输出分量的性能指标。

目前，由于计算机仿真技术日益普及，能快速得到式(2-56)的响应曲线，从而可以方便得到各状态分量或输出分量的性能指标。

4. 系统的稳态性

在系统稳定时可进一步分析系统的稳态性，此时系统瞬态响应趋于零，系统响应将趋于稳态响应(稳态解)，即

$$\boldsymbol{x}(t)\to\boldsymbol{x}_s(t)=\int_0^t e^{\boldsymbol{A}(t-\tau)}\boldsymbol{Bu}(\tau)\mathrm{d}\tau,\ \boldsymbol{y}(t)\to\boldsymbol{y}_s(t)=\int_0^t \boldsymbol{C}e^{\boldsymbol{A}(t-\tau)}\boldsymbol{Bu}(\tau)\mathrm{d}\tau$$

可见，稳态性与输入 $\boldsymbol{u}(t)$ 有关，不同的输入有不同的稳态性能。

通过求解稳态响应来分析稳态性能相对困难，当然也可借助计算机仿真技术。实际上，不失一般性，若输入 $\boldsymbol{u}(t)$ 各分量均为常值信号，当系统处于稳态时，其状态向量 $\boldsymbol{x}_s$ 不再随时间变化，$\dot{\boldsymbol{x}}_s=\boldsymbol{0}$，此时，动态模型式(2-1)退化为静态模型，即

$$\begin{cases}\boldsymbol{0}=\boldsymbol{Ax}_s+\boldsymbol{Bu}\\ \boldsymbol{y}_s=\boldsymbol{Cx}_s+\boldsymbol{Du}\end{cases} \tag{2-59}$$

从而有

$$\begin{cases}\boldsymbol{x}_s=\boldsymbol{G}_x(0)\boldsymbol{u},\ \boldsymbol{G}_x(0)=-\boldsymbol{A}^{-1}\boldsymbol{B}\\ \boldsymbol{y}_s=\boldsymbol{G}(0)\boldsymbol{u},\ \boldsymbol{G}(0)=-\boldsymbol{CA}^{-1}\boldsymbol{B}+\boldsymbol{D}\end{cases} \tag{2-60}$$

这与在式(2-16)中令拉普拉斯算子 $s=0$ 得到的结果是一致的。与经典控制理论一样，静态模型反映了输入与输出(状态)的稳态情况。根据式(2-60)可方便得到状态向量、输出向量的稳态值 $\boldsymbol{x}_s$、$\boldsymbol{y}_s$，从而获知系统的稳态性能。

在经典控制理论的分析中，需要严格区分开环系统与闭环系统。闭环系统的性能才是整个控制系统的性能，时域分析是根据闭环传递函数或闭环微分方程进行的。对于多变量系统，同样需要明确目前的状态空间描述是被控对象的描述(相当于开环系统)还是附加了控制器后的整个控制系统的描述(相当于闭环系统)，对于前者的分析得到的是被控对象的性能，对于后者的分析得到的是整个控制系统的性能。当然，无论对谁，其分析方法都是一样的。

2.3 能控性与能观性

从经典的控制器设计知，并非任意好的期望性能都可以达到，会受制于被控对象的约束，常常需要在矛盾中寻求折中。这自然就提出，给定被控对象后，可否分析出系统能控制到什么程

度？由于单变量系统的数学模型仅关心系统的输入与输出之间的关系，隐藏了系统内部变量的表征(系统结构特征)，所以，经典控制理论也难以回答这个问题。

无论是单变量系统还是多变量系统，状态空间描述都以简洁的形式清晰地描述了各变量间的复杂耦合关系，使得系统的内部结构了然于目。这就为精细分析系统的结构特征提供了可能。下面，讨论系统另外两个重要特性，即能控性与能观性。

2.3.1 能控性与能控性判据

状态变量的运行轨迹决定着系统的性能。系统的能控性反映系统输入对状态控制的能力。

1. 能控性定义

在有限的时间区间$[t_0,t_f]$上，若存在容许控制$\boldsymbol{u}(t)$，将初始状态$\boldsymbol{x}(t_0)\neq\boldsymbol{0}$转移到末端状态$\boldsymbol{x}(t_f)=\boldsymbol{0}$，就称初始状态$\boldsymbol{x}(t_0)$是能控的；若系统任意的初始状态都是能控的，就称系统是完全能控的。

值得注意的是，能控性的定义与稳定性定义的差别。稳定性是在无外部输入$\boldsymbol{u}(t)=\boldsymbol{0}$下，初始状态$\boldsymbol{x}(t_0)\neq\boldsymbol{0}$自动返回到$\boldsymbol{x}(t_f)=\boldsymbol{0}$，但它需要$t_f\to\infty$，即无限时间自由返回原点(平衡态)；能控性是在有外部输入$\boldsymbol{u}(t)\neq\boldsymbol{0}$下，但必须在有限时间$[t_0,t_f]$上将$\boldsymbol{x}(t_0)\neq\boldsymbol{0}$转移到$\boldsymbol{x}(t_f)=\boldsymbol{0}$，即有限时间强迫返回原点。另外，容许控制是指其能量是有限值，即$\|\boldsymbol{u}(t)\|^2=\int_{t_0}^{t_f}\boldsymbol{u}^{\mathrm{T}}(\tau)\boldsymbol{u}(\tau)\,\mathrm{d}\tau<\infty$，但没有对它的函数形式做任何限制。

能控性反映着系统状态的可控程度。下面讨论系统$\{\boldsymbol{A},\boldsymbol{B},\boldsymbol{C},\boldsymbol{D}\}$满足什么样的条件时，其状态都可以控制？若状态完全能控，意味着能找到完美的控制器；否则，控制系统的性能将受到制约。

2. 能控格拉姆矩阵与能控性

将时刻$t=t_f$代入状态响应式(2-52a)有

$$\begin{aligned}\boldsymbol{x}(t_f)&=\mathrm{e}^{\boldsymbol{A}(t_f-t_0)}\boldsymbol{x}(t_0)+\int_{t_0}^{t_f}\mathrm{e}^{\boldsymbol{A}(t_f-\tau)}\boldsymbol{B}\boldsymbol{u}(\tau)\,\mathrm{d}\tau\\&=\mathrm{e}^{\boldsymbol{A}(t_f-t_0)}\left(\boldsymbol{x}(t_0)+\int_{t_0}^{t_f}\mathrm{e}^{\boldsymbol{A}(t_0-\tau)}\boldsymbol{B}\boldsymbol{u}(\tau)\,\mathrm{d}\tau\right)\end{aligned}\tag{2-61}$$

若存在控制$\boldsymbol{u}(t)\neq\boldsymbol{0}$使得$\boldsymbol{x}(t_f)=\boldsymbol{0}$，则需要$\int_{t_0}^{t_f}\mathrm{e}^{\boldsymbol{A}(t_0-\tau)}\boldsymbol{B}\boldsymbol{u}(\tau)\,\mathrm{d}\tau=-\boldsymbol{x}(t_0)$。

定义能控格拉姆矩阵

$$\boldsymbol{W}_c=\int_{t_0}^{t_f}\mathrm{e}^{\boldsymbol{A}(t_0-\tau)}\boldsymbol{B}\boldsymbol{B}^{\mathrm{T}}\mathrm{e}^{\boldsymbol{A}^{\mathrm{T}}(t_0-\tau)}\,\mathrm{d}\tau\in\mathbf{R}^{n\times n}\tag{2-62}$$

如果能控格拉姆矩阵$\boldsymbol{W}_c$非奇异，即$\mathrm{rank}(\boldsymbol{W}_c)=n$，取控制$\boldsymbol{u}(t)$为

$$\boldsymbol{u}(t)=-\boldsymbol{B}^{\mathrm{T}}\mathrm{e}^{\boldsymbol{A}^{\mathrm{T}}(t_0-\tau)}\boldsymbol{W}_c^{-1}\boldsymbol{x}(t_0)\tag{2-63}$$

易验证

$$\begin{aligned}\|\boldsymbol{u}(t)\|^2&=\int_{t_0}^{t_f}(-\boldsymbol{B}^{\mathrm{T}}\mathrm{e}^{\boldsymbol{A}^{\mathrm{T}}(t_0-\tau)}\boldsymbol{W}_c^{-1}\boldsymbol{x}(t_0))^{\mathrm{T}}(-\boldsymbol{B}^{\mathrm{T}}\mathrm{e}^{\boldsymbol{A}^{\mathrm{T}}(t_0-\tau)}\boldsymbol{W}_c^{-1}\boldsymbol{x}(t_0))\,\mathrm{d}\tau\\&=\boldsymbol{x}^{\mathrm{T}}(t_0)\boldsymbol{W}_c^{-\mathrm{T}}\left(\int_{t_0}^{t_f}\mathrm{e}^{\boldsymbol{A}(t_0-\tau)}\boldsymbol{B}\boldsymbol{B}^{\mathrm{T}}\mathrm{e}^{\boldsymbol{A}^{\mathrm{T}}(t_0-\tau)}\,\mathrm{d}\tau\right)\boldsymbol{W}_c^{-1}\boldsymbol{x}(t_0)\\&=\boldsymbol{x}^{\mathrm{T}}(t_0)\boldsymbol{W}_c^{-\mathrm{T}}\boldsymbol{W}_c\boldsymbol{W}_c^{-1}\boldsymbol{x}(t_0)=\boldsymbol{x}^{\mathrm{T}}(t_0)\boldsymbol{W}_c^{-\mathrm{T}}\boldsymbol{x}(t_0)<\infty\end{aligned}$$

将式(2-63)代入式(2-61)有

$$\begin{aligned}\boldsymbol{x}(t_f)&=\mathrm{e}^{\boldsymbol{A}(t_f-t_0)}\left[\boldsymbol{x}(t_0)+\int_{t_0}^{t_f}\mathrm{e}^{\boldsymbol{A}(t_0-\tau)}\boldsymbol{B}(-\boldsymbol{B}^{\mathrm{T}}\mathrm{e}^{\boldsymbol{A}^{\mathrm{T}}(t_0-\tau)}\boldsymbol{W}_c^{-1}\boldsymbol{x}(t_0))\mathrm{d}\tau\right]\\&=\mathrm{e}^{\boldsymbol{A}(t_f-t_0)}\left[\boldsymbol{x}(t_0)-\left(\int_{t_0}^{t_f}\mathrm{e}^{\boldsymbol{A}(t_0-\tau)}\boldsymbol{B}\boldsymbol{B}^{\mathrm{T}}\mathrm{e}^{\boldsymbol{A}^{\mathrm{T}}(t_0-\tau)}\mathrm{d}\tau\right)\boldsymbol{W}_c^{-1}\boldsymbol{x}(t_0)\right]\\&=\mathrm{e}^{\boldsymbol{A}(t_f-t_0)}[\boldsymbol{x}(t_0)-\boldsymbol{W}_c\boldsymbol{W}_c^{-1}\boldsymbol{x}(t_0)]=\boldsymbol{0}\end{aligned}$$

从上述推导看出，只要系统能控格拉姆矩阵 $\boldsymbol{W}_c$ 非奇异，一定能按照式(2-63)构造出容许控制，并在有限时间内将任意初始状态 $\boldsymbol{x}(t_0)\neq\boldsymbol{0}$ 转移到末端状态 $\boldsymbol{x}(t_f)=\boldsymbol{0}$。即

$$\mathrm{rank}(\boldsymbol{W}_c)=n\Rightarrow\text{系统}\{\boldsymbol{A},\boldsymbol{B},\boldsymbol{C},\boldsymbol{D}\}\text{完全能控}$$

下面再论证，系统 $\{\boldsymbol{A},\boldsymbol{B},\boldsymbol{C},\boldsymbol{D}\}$ 完全能控 $\Rightarrow\mathrm{rank}(\boldsymbol{W}_c)=n$。采用反证法，设系统 $\{\boldsymbol{A},\boldsymbol{B},\boldsymbol{C},\boldsymbol{D}\}$ 完全能控，但 $\mathrm{rank}(\boldsymbol{W}_c)<n$。那么，存在非零向量 $\boldsymbol{x}(t_0)\neq\boldsymbol{0}$ 满足 $\boldsymbol{W}_c\boldsymbol{x}(t_0)=\boldsymbol{0}$，那么

$$\begin{aligned}\boldsymbol{x}^{\mathrm{T}}(t_0)\boldsymbol{W}_c\boldsymbol{x}(t_0)&=\int_{t_0}^{t_f}\boldsymbol{x}^{\mathrm{T}}(t_0)\mathrm{e}^{\boldsymbol{A}(t_0-\tau)}\boldsymbol{B}\boldsymbol{B}^{\mathrm{T}}\mathrm{e}^{\boldsymbol{A}^{\mathrm{T}}(t_0-\tau)}\boldsymbol{x}(t_0)\mathrm{d}\tau\\&=\int_{t_0}^{t_f}\|\boldsymbol{B}^{\mathrm{T}}\mathrm{e}^{\boldsymbol{A}^{\mathrm{T}}(t_0-\tau)}\boldsymbol{x}(t_0)\|^2\mathrm{d}\tau=0\end{aligned}$$

一定有 $\boldsymbol{B}^{\mathrm{T}}\mathrm{e}^{\boldsymbol{A}^{\mathrm{T}}(t_0-\tau)}\boldsymbol{x}(t_0)=\boldsymbol{0}$。

另外，因为系统 $\{\boldsymbol{A},\boldsymbol{B},\boldsymbol{C},\boldsymbol{D}\}$ 完全能控，从式(2-61)有

$$\boldsymbol{x}(t_0)=-\int_{t_0}^{t_f}\mathrm{e}^{\boldsymbol{A}(t_0-\tau)}\boldsymbol{B}\boldsymbol{u}(\tau)\mathrm{d}\tau$$

$$\begin{aligned}\|\boldsymbol{x}(t_0)\|^2&=\boldsymbol{x}^{\mathrm{T}}(t_0)\boldsymbol{x}(t_0)=\left[-\int_{t_0}^{t_f}\mathrm{e}^{\boldsymbol{A}(t_0-\tau)}\boldsymbol{B}\boldsymbol{u}(\tau)\mathrm{d}\tau\right]^{\mathrm{T}}\boldsymbol{x}(t_0)\\&=-\int_{t_0}^{t_f}\boldsymbol{u}^{\mathrm{T}}(\tau)\boldsymbol{B}^{\mathrm{T}}\mathrm{e}^{\boldsymbol{A}^{\mathrm{T}}(t_0-\tau)}\boldsymbol{x}(t_0)\mathrm{d}\tau=\boldsymbol{0}\end{aligned}$$

与假设矛盾。

因而，可得到如下能控性判据：

$$\text{系统}\{\boldsymbol{A},\boldsymbol{B},\boldsymbol{C},\boldsymbol{D}\}\text{完全能控}\Leftrightarrow\mathrm{rank}(\boldsymbol{W}_c)=n\tag{2-64}$$

从上面推导可看出，能控格拉姆矩阵是一个重要的桥梁。值得注意的是，它是以积分形成的矩阵，一般情况下其被积函数是奇异的对称方阵，但是经过积分后它会成为满秩非奇异阵，也就是，经过积分相当于把无数个奇异矩阵相加，从而可让它变为非奇异矩阵。能控格拉姆矩阵的构造思想在多变量系统其他性能分析中也得到广泛应用。

3. 凯莱-哈密顿定理

能控格拉姆矩阵只与 $\{\boldsymbol{A},\boldsymbol{B}\}$ 有关，但它的求解相对困难，为了得到更简洁的能控判据，先给出凯莱-哈密顿定理，有关证明可参考有关线性代数的书籍。

定理（凯莱-哈密顿定理） 设 $n\times n$ 维矩阵 $\boldsymbol{A}$ 的特征方程为

$$f(\lambda)=\det(\lambda\boldsymbol{I}_n-\boldsymbol{A})=|\lambda\boldsymbol{I}_n-\boldsymbol{A}|=\lambda^n+a_{n-1}\lambda^{n-1}+\cdots+a_1\lambda+a_0=0$$

则矩阵 $\boldsymbol{A}$ 一定满足

$$f(\boldsymbol{A})=\boldsymbol{A}^n+a_{n-1}\boldsymbol{A}^{n-1}+\cdots+a_1\boldsymbol{A}+a_0\boldsymbol{I}_n=\boldsymbol{0}$$

凯莱-哈密顿定理表明，任何一个 $n\times n$ 维矩阵 $\boldsymbol{A}$，它的 n 次幂一定可由其前 $n-1$ 次幂线性表示，即

$$\boldsymbol{A}^n=-a_{n-1}\boldsymbol{A}^{n-1}-\cdots-a_1\boldsymbol{A}-a_0\boldsymbol{I}_n\tag{2-65}$$

这样的话，$\boldsymbol{A}$ 的 $n+1$ 次幂也同样可由其前 $n-1$ 次幂线性表示，即

$$A^{n+1}=(-a_{n-1}A^{n-1}-\cdots-a_1A-a_0I_n)A=-a_{n-1}A^n-a_{n-2}A^{n-1}-\cdots-a_1A^2-a_0A$$
$$=-a_{n-1}(-a_{n-1}A^{n-1}-\cdots-a_1A-a_0I_n)-a_{n-2}A^{n-1}-\cdots-a_1A^2-a_0A$$

合并同类项有

$$A^{n+1}=-\bar{a}_{1,n-1}A^{n-1}-\cdots-\bar{a}_{1,1}A-\bar{a}_{1,0}I_n$$

同样的道理，有

$$A^k=-\bar{a}_{k,n-1}A^{n-1}-\cdots-\bar{a}_{k,1}A-\bar{a}_{k,0}I_n \quad (k\geqslant n) \tag{2-66}$$

将式(2-66)代入式(2-40)，状态转移矩阵 e^{At} 就可以由无穷级数变为有限级数，即

$$e^{At}=\sum_{k=0}^{\infty}\frac{1}{k!}A^kt^k=\sum_{k=0}^{n-1}\alpha_k(t)A^k \tag{2-67}$$

式中，系数 $\alpha_k(t)$ 与特征方程的系数 $\{a_0,a_1,\cdots,a_{n-1}\}$ 有关。

4. 能控阵与能控判据

因为能控格拉姆矩阵 W_c 只与 $\{A,B\}$ 有关，所以定义能控阵

$$M_c=[B,AB,A^2B,\cdots,A^{n-1}B]\in\mathbf{R}^{n\times nm}$$

有如下简明的能控判据：

$$\text{系统}\{A,B,C,D\}\text{完全能控}\Leftrightarrow \mathrm{rank}(M_c)=n \tag{2-68}$$

证明：先证 $\mathrm{rank}(M_c)=n\Rightarrow$ 系统 $\{A,B,C,D\}$ 完全能控。

反证，设 $\mathrm{rank}(M_c)=n$ 但系统不完全能控，即系统能控格拉姆矩阵 W_c 奇异。那么，存在非零向量 β 使得

$$\beta^{\mathrm{T}}W_c\beta=\beta^{\mathrm{T}}\left[\int_{t_0}^{t_f}e^{A(t_0-\tau)}BB^{\mathrm{T}}e^{A^{\mathrm{T}}(t_0-\tau)}\mathrm{d}\tau\right]\beta=0$$

$$\int_{t_0}^{t_f}\beta^{\mathrm{T}}e^{A(t_0-\tau)}BB^{\mathrm{T}}e^{A^{\mathrm{T}}(t_0-\tau)}\beta\mathrm{d}\tau=0$$

$$\int_{t_0}^{t_f}[\beta^{\mathrm{T}}e^{A(t_0-\tau)}B][\beta^{\mathrm{T}}e^{A(t_0-\tau)}B]^{\mathrm{T}}\mathrm{d}\tau=0$$

故有

$$\beta^{\mathrm{T}}e^{A(t_0-\tau)}B=0,\quad \tau\in[t_0,t_f] \tag{2-69}$$

式(2-69)对 τ 求直到 $n-1$ 阶导数，并取 $\tau=t_0$ 有

$$\beta^{\mathrm{T}}B=0,\ \beta^{\mathrm{T}}AB=0,\ \beta^{\mathrm{T}}A^2B=0,\ \cdots,\ \beta^{\mathrm{T}}A^{n-1}B=0$$

或者

$$\beta^{\mathrm{T}}[B,AB,A^2B,\cdots,A^{n-1}B]=0$$

这与能控阵 M_c 满秩，即 $\mathrm{rank}(M_c)=n$ 矛盾。

再证系统 $\{A,B,C,D\}$ 完全能控 $\Rightarrow\mathrm{rank}(M_c)=n$。

反证，设系统完全能控但 $\mathrm{rank}(M_c)<n$，那么，存在非零向量 β 使得

$$\beta^{\mathrm{T}}[B,AB,A^2B,\cdots,A^{n-1}B]=0$$

或者

$$\beta^{\mathrm{T}}B=0,\ \beta^{\mathrm{T}}AB=0,\ \beta^{\mathrm{T}}A^2B=0,\ \cdots,\ \beta^{\mathrm{T}}A^{n-1}B=0 \tag{2-70}$$

另一方面，将式(2-67)代入能控格拉姆矩阵有

$$W_c=\int_{t_0}^{t_f}\left(\sum_{k=0}^{n-1}\alpha_k(t_0-\tau)A^k\right)BB^{\mathrm{T}}\left(\sum_{k=0}^{n-1}\alpha_k(t_0-\tau)A^k\right)^{\mathrm{T}}\mathrm{d}\tau$$

$$
\begin{aligned}
\boldsymbol{\beta}^{\mathrm{T}}\boldsymbol{W}_c\boldsymbol{\beta}&=\int_{t_0}^{t_f}\boldsymbol{\beta}^{\mathrm{T}}\left(\sum_{k=0}^{n-1}\alpha_k(t_0-\tau)\boldsymbol{A}^k\right)\boldsymbol{B}\boldsymbol{B}^{\mathrm{T}}\left(\sum_{k=0}^{n-1}\alpha_k(t_0-\tau)\boldsymbol{A}^k\right)^{\mathrm{T}}\boldsymbol{\beta}\mathrm{d}\tau\\
&=\int_{t_0}^{t_f}\left(\boldsymbol{\beta}^{\mathrm{T}}\sum_{k=0}^{n-1}\alpha_k(t_0-\tau)\boldsymbol{A}^k\boldsymbol{B}\right)\left(\boldsymbol{\beta}^{\mathrm{T}}\sum_{k=0}^{n-1}\alpha_k(t_0-\tau)\boldsymbol{A}^k\boldsymbol{B}\right)^{\mathrm{T}}\mathrm{d}\tau\\
&=\int_{t_0}^{t_f}\left(\sum_{k=0}^{n-1}\alpha_k(t_0-\tau)\boldsymbol{\beta}^{\mathrm{T}}\boldsymbol{A}^k\boldsymbol{B}\right)\left(\sum_{k=0}^{n-1}\alpha_k(t_0-\tau)\boldsymbol{\beta}^{\mathrm{T}}\boldsymbol{A}^k\boldsymbol{B}\right)^{\mathrm{T}}\mathrm{d}\tau=0
\end{aligned}
\tag{2-71}
$$

式(2-71)最后一步用到式(2-70)，由于$\boldsymbol{\beta}$为非零向量，式(2-71)表明系统能控格拉姆矩阵$\boldsymbol{W}_c$奇异，系统$\{\boldsymbol{A},\boldsymbol{B},\boldsymbol{C},\boldsymbol{D}\}$不完全能控，从而产生矛盾。

从上面讨论可看出：

1）能控阵$\boldsymbol{M}_c$给出了系统能控性分析的一个简单工具，只需判断能控阵$\boldsymbol{M}_c$是否满秩即可。

2）一般情况，多变量系统输入维数(通道数)为m，状态变量维数(通道数)为n。如果$m=n$且输入矩阵满秩$\mathrm{rank}(\boldsymbol{B})=m$，则一定有$\mathrm{rank}(\boldsymbol{M}_c)=n$，系统一定完全能控。这种情况相当于每个状态变量的通道上都可分配一个输入变量，系统能够完全能控应该是在情理之中。

3）实际上，大部分工程系统输入通道数少于状态变量通道数，即$m<n$。在这种情况下，能控性判据表明，只要状态矩阵和输入矩阵$\{\boldsymbol{A},\boldsymbol{B}\}$有相应的配合，即保证$\mathrm{rank}(\boldsymbol{M}_c)=n$，少量的输入变量也可以有效地控制较多的状态变量。

4）进一步，在实际工程中还希望分析每个或某几个输入通道的能控性。令输入矩阵$\boldsymbol{B}=[\boldsymbol{b}_1,\cdots,\boldsymbol{b}_i,\cdots,\boldsymbol{b}_m]$，对第$i$个输入通道$\boldsymbol{b}_i\in\mathbf{R}^{n\times1}$，构造

$$\boldsymbol{M}_{ci}=[\boldsymbol{b}_i,\boldsymbol{A}\boldsymbol{b}_i,\boldsymbol{A}^2\boldsymbol{b}_i,\cdots,\boldsymbol{A}^{n-1}\boldsymbol{b}_i]\in\mathbf{R}^{n\times n}$$

若$\mathrm{rank}(\boldsymbol{M}_{ci})=n$，一定有$\mathrm{rank}(\boldsymbol{M}_c)=n$，表明只用第$i$个输入分量$u_i$，就可保证系统所有状态变量是能控的；若没有一个$\mathrm{rank}(\boldsymbol{M}_{ci})=n$，表明需要两个及以上的输入分量才能保证整个系统是能控的。

同样，对某l个输入通道$\hat{\boldsymbol{B}}=[\boldsymbol{b}_i,\cdots,\boldsymbol{b}_j]\in\mathbf{R}^{n\times l}(l<m)$，构造

$$\boldsymbol{M}_{cl}=[\hat{\boldsymbol{B}},\boldsymbol{A}\hat{\boldsymbol{B}},\boldsymbol{A}^2\hat{\boldsymbol{B}},\cdots,\boldsymbol{A}^{n-1}\hat{\boldsymbol{B}}]\in\mathbf{R}^{n\times nl}$$

若$\mathrm{rank}(\boldsymbol{M}_{cl})=n$，一定有$\mathrm{rank}(\boldsymbol{M}_c)=n$，表明用这$l$个输入分量就可保证整个系统是能控的，说明原$m$个输入分量是有冗余的。对于实际系统，$l$的大小与组合可能有多种。因此，利用能控阵$\boldsymbol{M}_c$这个工具可以得到详尽的分析，为控制变量的选择、增删等提供理论指导。

5. 能达性

前面能控性的定义，是容许控制$\boldsymbol{u}(t)$在有限的时间区间$[t_0,t_f]$上，将非零初始状态$\boldsymbol{x}(t_0)=\boldsymbol{\zeta}\neq\boldsymbol{0}$转移到末端状态$\boldsymbol{x}(t_f)=\boldsymbol{0}$。也可以反过来定义，即容许控制$\boldsymbol{u}(t)$在有限的时间区间$[t_0,t_f]$上，将零初始状态$\boldsymbol{x}(t_0)=\boldsymbol{0}$转移到指定的末端状态$\boldsymbol{x}(t_f)=\boldsymbol{\zeta}\neq\boldsymbol{0}$，把这种情况称为系统的能达性。对于线性系统，能控性与能达性是等价的，即

$$\exists\boldsymbol{u}(t),\ \boldsymbol{x}(t_0)=\boldsymbol{\zeta}\rightarrow\boldsymbol{x}(t_f)=\boldsymbol{0}\Leftrightarrow\exists\bar{\boldsymbol{u}}(t),\ \boldsymbol{x}(t_0)=\boldsymbol{0}\rightarrow\boldsymbol{x}(t_f)=\boldsymbol{\zeta}$$

取

$$\overline{\boldsymbol{W}}_c=\int_{t_0}^{t_f}\mathrm{e}^{\boldsymbol{A}(t_f-\tau)}\boldsymbol{B}\boldsymbol{B}^{\mathrm{T}}\mathrm{e}^{\boldsymbol{A}^{\mathrm{T}}(t_f-\tau)}\mathrm{d}\tau\in\mathbf{R}^{n\times n}\tag{2-72a}$$

$$\bar{\boldsymbol{u}}(t)=\boldsymbol{B}^{\mathrm{T}}\mathrm{e}^{\boldsymbol{A}^{\mathrm{T}}(t_f-t)}\overline{\boldsymbol{W}}_c^{-1}\boldsymbol{\zeta}\tag{2-72b}$$

考虑$\boldsymbol{x}(t_0)=\boldsymbol{0}$，代入系统响应式(2-52a)有

$$
\begin{aligned}
\boldsymbol{x}(t_f)&=\int_{t_0}^{t_f}\mathrm{e}^{\boldsymbol{A}(t_f-\tau)}\boldsymbol{B}\boldsymbol{u}(\tau)\mathrm{d}\tau=\int_{t_0}^{t_f}\mathrm{e}^{\boldsymbol{A}(t_f-\tau)}\boldsymbol{B}(\boldsymbol{B}^{\mathrm{T}}\mathrm{e}^{\boldsymbol{A}^{\mathrm{T}}(t_f-\tau)}\overline{\boldsymbol{W}}_c^{-1}\boldsymbol{\zeta})\mathrm{d}\tau\\
&=\left(\int_{t_0}^{t_f}\mathrm{e}^{\boldsymbol{A}(t_f-\tau)}\boldsymbol{B}\boldsymbol{B}^{\mathrm{T}}\mathrm{e}^{\boldsymbol{A}^{\mathrm{T}}(t_f-\tau)}\mathrm{d}\tau\right)\overline{\boldsymbol{W}}_c^{-1}\boldsymbol{\zeta}=\overline{\boldsymbol{W}}_c\overline{\boldsymbol{W}}_c^{-1}\boldsymbol{\zeta}=\boldsymbol{\zeta}
\end{aligned}
\tag{2-73}
$$

可见，式(2-73)成立的关键是 $\text{rank}(\overline{\boldsymbol{W}}_c)=n$。由于矩阵 $\overline{\boldsymbol{W}}_c$ 与 $\boldsymbol{W}_c$ 的相似性，仿照式(2-68)的证明过程，同样有

$$\text{rank}(\overline{\boldsymbol{W}}_c)=n \Leftrightarrow \text{rank}(\boldsymbol{M}_c)=n \Leftrightarrow \text{rank}(\boldsymbol{W}_c)=n \tag{2-74}$$

例 2-4　对于式(2-25)给出的系统，其中 $\boldsymbol{A}=\boldsymbol{A}_c$，$\boldsymbol{B}=\boldsymbol{b}_c$，判断系统的能控性。

1）以 $n=3$ 为例，

$$\boldsymbol{B}=\begin{bmatrix}0\\0\\1\end{bmatrix}=\begin{bmatrix}\sigma_{-2}\\\sigma_{-1}\\\sigma_0\end{bmatrix},\ \boldsymbol{AB}=\begin{bmatrix}0&1&0\\0&0&1\\-a_0&-a_1&-a_2\end{bmatrix}\begin{bmatrix}0\\0\\1\end{bmatrix}=\begin{bmatrix}0\\1\\\sigma_1\end{bmatrix}=\begin{bmatrix}\sigma_{-1}\\\sigma_0\\\sigma_1\end{bmatrix},$$

$$\boldsymbol{A}^2\boldsymbol{B}=\begin{bmatrix}0&1&0\\0&0&1\\-a_0&-a_1&-a_2\end{bmatrix}\begin{bmatrix}0\\1\\\sigma_1\end{bmatrix}=\begin{bmatrix}1\\\sigma_1\\\sigma_2\end{bmatrix}=\begin{bmatrix}\sigma_0\\\sigma_1\\\sigma_2\end{bmatrix}$$

式中，$\sigma_{-i}=0$；$\sigma_0=1$；σ_i 与 $\{a_i\}$ 有关 $(i=1,2,\cdots)$。故有

$$\boldsymbol{M}_c=[\boldsymbol{B},\boldsymbol{AB},\boldsymbol{A}^2\boldsymbol{B}]=\begin{bmatrix}\sigma_{-2}&\sigma_{-1}&\sigma_0\\\sigma_{-1}&\sigma_0&\sigma_1\\\sigma_0&\sigma_1&\sigma_2\end{bmatrix}=\begin{bmatrix}0&0&1\\0&1&\sigma_1\\1&\sigma_1&\sigma_2\end{bmatrix}$$

2）一般情况，直接验算有

$$\boldsymbol{A}^k\boldsymbol{B}=\begin{bmatrix}\sigma_{k-n+1}\\\vdots\\\sigma_{k-1}\\\sigma_k\end{bmatrix}\quad(k=0,1,\cdots,n-1)$$

所以有

$$\boldsymbol{M}_c=[\boldsymbol{B},\boldsymbol{AB},\boldsymbol{A}^2\boldsymbol{B},\cdots,\boldsymbol{A}^{n-1}\boldsymbol{B}]=\begin{bmatrix}&&&1\\&&1&\sigma_1\\&\iddots&\iddots&\vdots\\1&\sigma_1&\cdots&\sigma_{n-1}\end{bmatrix}=\boldsymbol{T}(\sigma_i)$$

式中，$\boldsymbol{T}(\sigma_i)$ 称为斜下三角托普里茨(Toeplize)矩阵。

3）由于能控阵 $\boldsymbol{M}_c$ 是斜下三角阵，显见 $\det(\boldsymbol{M}_c)\neq0$，$\text{rank}(\boldsymbol{M}_c)=n$，所以系统完全能控。

例 2-4 说明如果状态矩阵和输入矩阵 $\{\boldsymbol{A},\boldsymbol{B}\}$ 有好的配合，即使一个输入变量也可以控制 n 维状态变量，进一步，也可以控制 p 维的输出变量(输出变量是状态变量的线性组合)。这也表明即使 $m<p$，m 维的输入变量也可以操控好 p 维的输出变量。当然，若能做到 $m=p$，在工程实际中更直观方便。

2.3.2　能观性与能观性判据

一般情况下，系统的输出变量 $\boldsymbol{y}(t)$ 总能通过传感器实时测量，但状态变量 $\boldsymbol{x}(t)$ 不一定有传感器对其进行实时测量。从式(2-52a)知，若系统初始状态 $\boldsymbol{x}(t_0)$ 和随后的输入量 $\boldsymbol{u}(t)(t\geqslant t_0)$ 确定后，其状态响应轨迹 $\boldsymbol{x}(t)$ 就完全被确定下来。因此，若能根据有限时间 $[t_0,t_f]$ 上实时测量的输出响应 $\boldsymbol{y}(t)$ 来估计出初始状态 $\boldsymbol{x}(t_0)$，就相当于实时掌握了状态响应轨迹 $\boldsymbol{x}(t)$，而无须在状态变量上加装传感器。这就是系统的能观性。

1. 能观性的定义

设系统 $\{\boldsymbol{A},\boldsymbol{B},\boldsymbol{C},\boldsymbol{D}\}$ 的初始状态为 $\boldsymbol{x}(t_0)$，输入量 $\boldsymbol{u}(t)(t\geqslant t_0)$ 已知，若能通过有限时间 $[t_0,t_f]$ 上

测得的输出量 $\boldsymbol{y}(t)$ 唯一地确定出初始状态 $\boldsymbol{x}(t_0)$，就称该初始状态能观；若对任意的初始状态 $\boldsymbol{x}(t_0)$ 能观，就称该系统完全能观。

从输出响应式(2-52b)知，若 $\boldsymbol{u}(t)=\boldsymbol{0}$，有

$$\boldsymbol{y}(t)=\boldsymbol{C}\mathrm{e}^{\boldsymbol{A}(t-t_0)}\boldsymbol{x}(t_0) \tag{2-75}$$

这是齐次系统的输出响应。$\boldsymbol{y}(t)$ 为已知量(可测量)，若能由式(2-75)求出 $\boldsymbol{x}(t_0)$，则该齐次系统完全能观。

若 $\boldsymbol{u}(t)\neq\boldsymbol{0}$，有

$$\boldsymbol{y}(t)=\boldsymbol{C}\mathrm{e}^{\boldsymbol{A}(t-t_0)}\boldsymbol{x}(t_0)+\int_{t_0}^{t}\boldsymbol{C}\mathrm{e}^{\boldsymbol{A}(t-\tau)}\boldsymbol{B}\boldsymbol{u}(\tau)\mathrm{d}\tau+\boldsymbol{D}\boldsymbol{u}(t)$$

这是非齐次系统的输出响应。取 $\bar{\boldsymbol{y}}(t)=\boldsymbol{y}(t)-\int_{t_0}^{t}\boldsymbol{C}\mathrm{e}^{\boldsymbol{A}(t-\tau)}\boldsymbol{B}\boldsymbol{u}(\tau)\mathrm{d}\tau-\boldsymbol{D}\boldsymbol{u}(t)$，由于输入量 $\boldsymbol{u}(t)(t\geqslant t_0)$ 已知，所以 $\bar{\boldsymbol{y}}(t)$ 也是已知量，这样有

$$\bar{\boldsymbol{y}}(t)=\boldsymbol{C}\mathrm{e}^{\boldsymbol{A}(t-t_0)}\boldsymbol{x}(t_0) \tag{2-76}$$

比较式(2-75)和式(2-76)可知，非齐次系统的能观性与齐次系统的能观性将会是一致的。

2. 能观格拉姆矩阵与能观性

不失一般性，以式(2-75)来讨论能观性。由于矩阵 $\boldsymbol{C}\mathrm{e}^{\boldsymbol{A}(t-t_0)}\in\mathbf{R}^{p\times n}$ 常常不是方阵($p<n$)，$\mathrm{rank}(\boldsymbol{C}\mathrm{e}^{\boldsymbol{A}(t-t_0)})\leqslant p$，不存在逆矩阵，所以不能简单地通过对式(2-75)求逆来求解 $\boldsymbol{x}(t_0)$。

对式(2-75)两边同时乘以 $[\boldsymbol{C}\mathrm{e}^{\boldsymbol{A}(t-t_0)}]^{\mathrm{T}}$ 有

$$[\boldsymbol{C}\mathrm{e}^{\boldsymbol{A}(t-t_0)}]^{\mathrm{T}}\boldsymbol{y}(t)=[\boldsymbol{C}\mathrm{e}^{\boldsymbol{A}(t-t_0)}]^{\mathrm{T}}\boldsymbol{C}\mathrm{e}^{\boldsymbol{A}(t-t_0)}\boldsymbol{x}(t_0) \tag{2-77}$$

尽管矩阵 $[\boldsymbol{C}\mathrm{e}^{\boldsymbol{A}(t-t_0)}]^{\mathrm{T}}\boldsymbol{C}\mathrm{e}^{\boldsymbol{A}(t-t_0)}\in\mathbf{R}^{n\times n}$ 变为方阵，但 $\mathrm{rank}([\boldsymbol{C}\mathrm{e}^{\boldsymbol{A}(t-t_0)}]^{\mathrm{T}}[\boldsymbol{C}\mathrm{e}^{\boldsymbol{A}(t-t_0)}])=\mathrm{rank}(\boldsymbol{C}\mathrm{e}^{\boldsymbol{A}(t-t_0)})\leqslant p$，逆矩阵也不一定存在。

借鉴能控格拉姆矩阵的构造思想，对式(2-77)在区间 $[t_0,t_f]$ 上积分有

$$\int_{t_0}^{t_f}\mathrm{e}^{\boldsymbol{A}^{\mathrm{T}}(\tau-t_0)}\boldsymbol{C}^{\mathrm{T}}\boldsymbol{y}(\tau)\mathrm{d}\tau=\int_{t_0}^{t_f}\mathrm{e}^{\boldsymbol{A}^{\mathrm{T}}(\tau-t_0)}\boldsymbol{C}^{\mathrm{T}}\boldsymbol{C}\mathrm{e}^{\boldsymbol{A}(\tau-t_0)}\boldsymbol{x}(t_0)\mathrm{d}\tau \tag{2-78}$$

定义如下能观格拉姆矩阵：

$$\boldsymbol{W}_o=\int_{t_0}^{t_f}\mathrm{e}^{\boldsymbol{A}^{\mathrm{T}}(\tau-t_0)}\boldsymbol{C}^{\mathrm{T}}\boldsymbol{C}\mathrm{e}^{\boldsymbol{A}(\tau-t_0)}\mathrm{d}\tau\in\mathbf{R}^{n\times n}$$

若能观格拉姆矩阵 $\boldsymbol{W}_o$ 非奇异，$\mathrm{rank}(\boldsymbol{W}_o)=n$，由式(2-78)可得

$$\int_{t_0}^{t_f}\mathrm{e}^{\boldsymbol{A}^{\mathrm{T}}(\tau-t_0)}\boldsymbol{C}^{\mathrm{T}}\boldsymbol{y}(\tau)\mathrm{d}\tau=\left(\int_{t_0}^{t_f}\mathrm{e}^{\boldsymbol{A}^{\mathrm{T}}(\tau-t_0)}\boldsymbol{C}^{\mathrm{T}}\boldsymbol{C}\mathrm{e}^{\boldsymbol{A}(\tau-t_0)}\mathrm{d}\tau\right)\boldsymbol{x}(t_0)=\boldsymbol{W}_o\boldsymbol{x}(t_0)$$

$$\boldsymbol{x}(t_0)=\boldsymbol{W}_o^{-1}\int_{t_0}^{t_f}\mathrm{e}^{\boldsymbol{A}^{\mathrm{T}}(\tau-t_0)}\boldsymbol{C}^{\mathrm{T}}\boldsymbol{y}(\tau)\mathrm{d}\tau$$

故有，$\mathrm{rank}(\boldsymbol{W}_o)=n\Rightarrow$系统$\{\boldsymbol{A},\boldsymbol{B},\boldsymbol{C},\boldsymbol{D}\}$完全能观。

反之也有，系统$\{\boldsymbol{A},\boldsymbol{B},\boldsymbol{C},\boldsymbol{D}\}$完全能观$\Rightarrow\mathrm{rank}(\boldsymbol{W}_o)=n$。同样采用反证法，设系统$\{\boldsymbol{A},\boldsymbol{B},\boldsymbol{C},\boldsymbol{D}\}$完全能观但 $\mathrm{rank}(\boldsymbol{W}_o)<n$。那么，存在非零向量 $\boldsymbol{x}(t_0)\neq\boldsymbol{0}$ 满足

$$\boldsymbol{W}_o\boldsymbol{x}(t_0)=\boldsymbol{0}$$

$$\boldsymbol{x}^{\mathrm{T}}(t_0)\boldsymbol{W}_o\boldsymbol{x}(t_0)=\int_{t_0}^{t_f}\boldsymbol{x}^{\mathrm{T}}(t_0)\mathrm{e}^{\boldsymbol{A}^{\mathrm{T}}(\tau-t_0)}\boldsymbol{C}^{\mathrm{T}}\boldsymbol{C}\mathrm{e}^{\boldsymbol{A}(\tau-t_0)}\boldsymbol{x}(t_0)\mathrm{d}\tau$$

$$=\int_{t_0}^{t_f}[\boldsymbol{C}\mathrm{e}^{\boldsymbol{A}(\tau-t_0)}\boldsymbol{x}(t_0)]^{\mathrm{T}}\boldsymbol{C}\mathrm{e}^{\boldsymbol{A}(\tau-t_0)}\boldsymbol{x}(t_0)\mathrm{d}\tau=0$$

考虑式(2-75)有

$$Ce^{A(t-t_0)}\boldsymbol{x}(t_0)=\mathbf{0}\Rightarrow \boldsymbol{y}(t)=\mathbf{0}$$

意味着状态 $\boldsymbol{x}(t_0)$ 无法观测，导致矛盾。

因此，有如下能观性判据：

$$\text{系统}\{\boldsymbol{A},\boldsymbol{B},\boldsymbol{C},\boldsymbol{D}\}\text{完全能观}\Leftrightarrow \operatorname{rank}(\boldsymbol{W}_o)=n \tag{2-79}$$

3. 能观阵与能观判据

能观格拉姆矩阵 $\boldsymbol{W}_o$ 只与 $\{\boldsymbol{A},\boldsymbol{C}\}$ 有关，它的求解相对困难。仿能控性分析的方法，定义如下的能观阵

$$\boldsymbol{M}_o=\begin{bmatrix}\boldsymbol{C}\\ \boldsymbol{CA}\\ \boldsymbol{CA}^2\\ \vdots\\ \boldsymbol{CA}^{n-1}\end{bmatrix}\in\mathbf{R}^{np\times n}$$

有简明的能观判据：

$$\text{系统}\{\boldsymbol{A},\boldsymbol{B},\boldsymbol{C},\boldsymbol{D}\}\text{完全能观}\Leftrightarrow \operatorname{rank}(\boldsymbol{M}_o)=n \tag{2-80}$$

式(2-80)证明的核心是“$\operatorname{rank}(\boldsymbol{W}_o)=n\Leftrightarrow\operatorname{rank}(\boldsymbol{M}_o)=n$”，这与能控判据证明路线类同，在此略。

从上面讨论可看出：

1）能观阵 $\boldsymbol{M}_o$ 给出了系统能观性分析的一个简单工具，只需判断能观阵 $\boldsymbol{M}_o$ 是否满秩即可。

2）一般情况，多变量系统输出维数(通道数)为 p，状态变量维数(通道数)为 n。如果 $p=n$ 且输出矩阵满秩 $\operatorname{rank}(\boldsymbol{C})=p$，则一定有 $\operatorname{rank}(\boldsymbol{M}_o)=n$，系统一定完全能观。从系统输出方程可知，此时 $\boldsymbol{x}(t)=\boldsymbol{C}^{-1}(\boldsymbol{y}(t)-\boldsymbol{Du}(t))$，完全可实时估计状态变量。

3）实际上，大部分工程系统输出通道数少于状态变量通道数，$p<n$。在这种情况下，能观性判据表明，只要状态矩阵和输出矩阵 $\{\boldsymbol{A},\boldsymbol{C}\}$ 有相应的配合，即保证 $\operatorname{rank}(\boldsymbol{M}_o)=n$，可通过少量的输出变量上的传感器有效地实时估计出较多的状态变量的响应轨迹。

4）进一步，与能控阵对某个或某组输入通道的能控性分析一样，也可对某个或某组输出通道的能观性进行分析，只要取某个输出分量 $\boldsymbol{c}_i\in\mathbf{R}^{1\times n}$ 或某组输出分量 $\hat{\boldsymbol{C}}=[\boldsymbol{c}_i^{\mathrm{T}},\cdots,\boldsymbol{c}_j^{\mathrm{T}}]^{\mathrm{T}}\in\mathbf{R}^{l\times n}$ 构造能观阵即可。这将对输出变量(传感器)的选择提供理论指导。

例 2-5 对于式(2-30)给出的系统，其中 $\boldsymbol{A}=\boldsymbol{A}_o$，$\boldsymbol{C}=\boldsymbol{c}_o$，判断系统的能观性。

1）以 $n=3$ 为例，

$$\boldsymbol{C}=[1,0,0],\boldsymbol{CA}=[1,0,0]\begin{bmatrix}0&1&0\\0&0&1\\-a_0&-a_1&-a_2\end{bmatrix}=[0,1,0]$$

$$\boldsymbol{CA}^2=[0,1,0]\begin{bmatrix}0&1&0\\0&0&1\\-a_0&-a_1&-a_2\end{bmatrix}=[0,0,1]$$

$$\boldsymbol{M}_o=\begin{bmatrix}\boldsymbol{C}\\ \boldsymbol{CA}\\ \boldsymbol{CA}^2\end{bmatrix}=\begin{bmatrix}1&0&0\\0&1&0\\0&0&1\end{bmatrix}=\boldsymbol{I}_3$$

2）一般情况，直接验算有

$$M_o=\begin{bmatrix}C\\CA\\\vdots\\CA^{n-1}\end{bmatrix}=I_n$$

所以系统完全能观。

例 2-5 说明如果状态矩阵和输出矩阵$\{A,C\}$有好的配合，即使只有一个输出变量(传感器)也可以实时估计 n 个状态变量的响应轨迹。

总之，能控(观)性是除稳定性之外反映系统内部特征的重要特性。能控(观)性的分析，通过能控(观)格拉姆矩阵 $W_c(W_o)$搭桥，得到等价的能控(观)阵 $M_c(M_o)$判据。利用这个简便的判据，可以分析系统整体的能控(观)性，也可进一步分析某个或某组输入变量(输出变量)对系统能控(观)性的贡献，成为一个十分简便高效的应用分析工具。

2.3.3 对偶系统与能控能观性

从系统能控阵和能观阵看出，若对能观阵求转置，将与能控阵有结构上的相似性，反之亦然。二者之间的这种对偶关系，会为许多理论分析提供便利。

1. 对偶系统的定义

若系统Σ：$\begin{cases}\dot{x}=Ax+Bu\\y=Cx+Du\end{cases}$与系统$\tilde{\Sigma}$：$\begin{cases}\dot{\tilde{x}}=\tilde{A}\tilde{x}+\tilde{B}\tilde{u}\\\tilde{y}=\tilde{C}\tilde{x}+\tilde{D}\tilde{u}\end{cases}$满足如下关系：

$$\begin{cases}\tilde{A}=A^{\mathrm{T}}\in\mathbf{R}^{n\times n},\ \tilde{B}=C^{\mathrm{T}}\in\mathbf{R}^{n\times p}\\\tilde{C}=B^{\mathrm{T}}\in\mathbf{R}^{m\times n},\ \tilde{D}=D^{\mathrm{T}}\in\mathbf{R}^{m\times p}\end{cases}\tag{2-81}$$

称它们为对偶系统。

值得注意的是，对偶系统的四个矩阵都进行了转置运算，但输入矩阵与输出矩阵还进行了调换，系统Σ的输入维数、输出维数分别与对偶系统$\tilde{\Sigma}$的输出维数、输入维数一致。另外，对偶系统的状态变量、输入变量与输出变量都是各自独立的。

2. 对偶系统的性质

从式(2-81)有

$$\det(sI_n-\tilde{A})=\det(sI_n-A^{\mathrm{T}})=\det(sI_n-A)^{\mathrm{T}}=\det(sI_n-A)$$

对偶系统$\tilde{\Sigma}$的能观阵

$$\tilde{M}_o=\begin{bmatrix}\tilde{C}\\\tilde{C}\tilde{A}\\\vdots\\\tilde{C}\tilde{A}^{n-1}\end{bmatrix}=\begin{bmatrix}B^{\mathrm{T}}\\B^{\mathrm{T}}A^{\mathrm{T}}\\\vdots\\B^{\mathrm{T}}(A^{\mathrm{T}})^{n-1}\end{bmatrix}=\begin{bmatrix}B^{\mathrm{T}}\\(AB)^{\mathrm{T}}\\\vdots\\(A^{n-1}B)^{\mathrm{T}}\end{bmatrix}$$
$$=[B,\ AB,\ \cdots,\ A^{n-1}B]^{\mathrm{T}}=M_c^{\mathrm{T}}$$

从而有

$$\operatorname{rank}(\tilde{M}_o)=\operatorname{rank}(M_c^{\mathrm{T}})=\operatorname{rank}(M_c)$$

同理，对偶系统$\tilde{\Sigma}$的能控阵

$$\tilde{M}_c=[\tilde{B},\tilde{A}\tilde{B},\cdots,\tilde{A}^{n-1}\tilde{B}]=[C^{\mathrm{T}},A^{\mathrm{T}}C^{\mathrm{T}},\cdots,(A^{\mathrm{T}})^{n-1}C^{\mathrm{T}}]$$

$$=[C^{\mathrm{T}},(CA)^{\mathrm{T}},\cdots,(CA^{n-1})^{\mathrm{T}}]=\begin{bmatrix}C\\CA\\\vdots\\CA^{n-1}\end{bmatrix}^{\mathrm{T}}=M_o^{\mathrm{T}}$$

从而有

$$\operatorname{rank}(\widetilde{M}_c)=\operatorname{rank}(M_o^{\mathrm{T}})=\operatorname{rank}(M_o)$$

综上所述，对偶系统如下性质：

1）系统Σ与对偶系统$\widetilde{\Sigma}$有同样的特征方程，即有同样的稳定性。

2）系统Σ完全能控$\Leftrightarrow$对偶系统$\widetilde{\Sigma}$完全能观。

3）系统Σ完全能观$\Leftrightarrow$对偶系统$\widetilde{\Sigma}$完全能控。

2.4　状态空间的线性变换

从前面的讨论看出，系统采用状态空间描述，第一，由于是一阶微分方程组，避免了高阶微分方程的运算；第二，变量间的耦合关系清晰明了，便于精准地分析各变量对系统性能的影响；第三，将经典控制理论基于超调量、瞬态过程时间等性能指标的时域分析扩展到基于状态响应的稳定性、能控性、能观性的时域分析，而后者直接反映了系统的内部特征，是一种更本质的性能分析。

由于系统的数学模型由$\{A,B,C,D\}$四个常数矩阵决定，为了更清晰显露出系统的内部特征，希望$\{A,B,C,D\}$呈现为特定的结构形式。从线性代数知，对矩阵施加各种线性变换，可以得到更简明的矩阵而保持其性质不变。下面，先引入状态空间的线性变换，讨论其一般性质；再给出三个典型的线性变换：对角形变换、能控形变换、能观形变换，这三个典型变换成为三个重要的分析工具。

2.4.1　状态变换与相似系统

对状态空间描述式(2-1)，取新的状态$\bar{x}$，与原状态x有如下关系

$$x=T\bar{x}\quad\text{或者}\quad\bar{x}=T^{-1}x \tag{2-82}$$

式中，T为$n\times n$维的非奇异矩阵，称为状态变换矩阵，式(2-82)称为状态(线性)变换。

将式(2-82)代入式(2-1)有

$$\begin{cases}\dot{\bar{x}}=T^{-1}AT\bar{x}+T^{-1}Bu=\bar{A}\bar{x}+\bar{B}u\\ y=CT\bar{x}+Du=\bar{C}\bar{x}+\bar{D}u\end{cases} \tag{2-83}$$

式中，$\bar{A}=T^{-1}AT$；$\bar{B}=T^{-1}B$；$\bar{C}=CT$；$\bar{D}=D$。

由于状态矩阵A与$\bar{A}$构成相似变换，所以称系统$\{\bar{A},\bar{B},\bar{C},\bar{D}\}$是系统$\{A,B,C,D\}$的相似系统。值得注意的是，状态变换矩阵$T$一定要是非奇异矩阵，否则，变换后的状态变量将不具备独立性。

1. 相似系统有相同的输出响应和传递函数矩阵

根据输出响应式(2-52b)，系统$\{\bar{A},\bar{B},\bar{C},\bar{D}\}$的输出响应为

$$y(t)=\bar{C}\mathrm{e}^{\bar{A}(t-t_0)}\bar{x}(t_0)+\int_{t_0}^{t}\bar{C}\mathrm{e}^{\bar{A}(t-\tau)}\bar{B}u(\tau)\mathrm{d}\tau+\bar{D}u(t)$$

$$
\begin{aligned}
&= CTe^{T^{-1}AT(t-t_0)}T^{-1}x(t_0)+\int_{t_0}^{t}CTe^{T^{-1}AT(t-\tau)}T^{-1}Bu(\tau)\mathrm{d}\tau+Du(t)\\
&= CTT^{-1}e^{A(t-t_0)}TT^{-1}x(t_0)+\int_{t_0}^{t}CTT^{-1}e^{A(t-\tau)}TT^{-1}Bu(\tau)\mathrm{d}\tau+Du(t)\\
&= Ce^{A(t-t_0)}x(t_0)+\int_{t_0}^{t}Ce^{A(t-\tau)}Bu(\tau)\mathrm{d}\tau+Du(t)
\end{aligned}
$$

式中，推导用到恒等式 $e^{T^{-1}ATt}=T^{-1}e^{At}T$。可见，与系统$\{A,B,C,D\}$的输出响应一致。

进一步可知，相似系统有相同的传递函数矩阵。从式(2-17)知，系统$\{\bar{A},\bar{B},\bar{C},\bar{D}\}$的传递函数矩阵为

$$
\begin{aligned}
\bar{G}(s)&=\bar{C}(sI_n-\bar{A})^{-1}\bar{B}+\bar{D}=CT(sI_n-T^{-1}AT)^{-1}T^{-1}B+D\\
&=CTT^{-1}(sI_n-A)^{-1}TT^{-1}B+D=C(sI_n-A)^{-1}B+D=G(s)
\end{aligned}
$$

与系统$\{A,B,C,D\}$的传递函数矩阵一致。

从前面推导的结果看出，状态变换不改变系统的输入与输出的关系，只是其中的状态变量发生了变化。在状态空间描述这一节，已说明系统的状态变量的选择不是唯一的，它们之间呈线性变换关系(如式(2-10))。由于状态变换矩阵 T 可以是任意的非奇异矩阵，理论上讲，构成一个系统的状态变量可以有无穷多种选择，且变换后的状态变量可能不再具有“实际”的物理含义，成为“虚拟”或“复合”的变量。但是，变换后的系统矩阵$\{\bar{A},\bar{B},\bar{C},\bar{D}\}$在结构上可能比原系统矩阵$\{A,B,C,D\}$更加简明，更容易分析系统的特征，可以更有针对性地设计控制器。因此，状态变换是状态空间理论一个重要的分析工具。

2. 相似系统有相同的稳定性

系统$\{\bar{A},\bar{B},\bar{C},\bar{D}\}$的特征多项式为

$$
\begin{aligned}
\det(\lambda I_n-\bar{A})&=|\lambda I_n-\bar{A}|=|\lambda I_n-T^{-1}AT|\\
&=|T^{-1}(\lambda I_n-A)T|=|T^{-1}||\lambda I_n-A||T|=|\lambda I_n-A|
\end{aligned}
$$

与系统$\{A,B,C,D\}$的特征多项式一致，有相同的特征值。因此，相似系统的稳定性一致。

另外，由于状态变量不一样，状态响应轨迹也将不一样，但由于特征值一致，从状态响应式(2-52)知，状态响应的模态是一致的，只是模态前的系数不一样。

3. 相似系统有相同的能控性和能观性

系统$\{\bar{A},\bar{B},\bar{C},\bar{D}\}$的能控阵为

$$
\begin{aligned}
\bar{M}_c&=[\bar{B},\bar{A}\bar{B},\cdots,\bar{A}^{n-1}\bar{B}]=[T^{-1}B,T^{-1}ATT^{-1}B,\cdots,T^{-1}A^{n-1}TT^{-1}B]\\
&=[T^{-1}B,T^{-1}AB,\cdots,T^{-1}A^{n-1}B]=T^{-1}[B,AB,\cdots,A^{n-1}B]=T^{-1}M_c
\end{aligned}
$$

由于矩阵 T 非奇异,所以 $\mathrm{rank}(\bar{M}_c)=\mathrm{rank}(M_c)$,相似系统有相同的能控性。

同理,可以证明系统$\{\bar{A},\bar{B},\bar{C},\bar{D}\}$的能观阵 $\bar{M}_o$ 与系统$\{A,B,C,D\}$的能观阵 M_o 的关系为 $\bar{M}_o=M_oT$，所以 $\mathrm{rank}(\bar{M}_o)=\mathrm{rank}(M_o)$，相似系统有相同的能观性。

4. 相似系统的对偶性

若对系统$\Sigma=\{A,B,C,D\}$进行状态变换 $x=T\bar{x}$，得到相似系统$\bar{\Sigma}=\{\bar{A},\bar{B},\bar{C},\bar{D}\}=\{T^{-1}AT,T^{-1}B,CT,D\}$；若对偶系统$\tilde{\Sigma}=\{\tilde{A},\tilde{B},\tilde{C},\tilde{D}\}=\{A^{\mathrm{T}},C^{\mathrm{T}},B^{\mathrm{T}},D^{\mathrm{T}}\}$进行状态变换 $\tilde{x}=\tilde{T}\hat{x}$，得到相似系统$\hat{\Sigma}=\{\hat{A},\hat{B},\hat{C},\hat{D}\}=\{\tilde{T}^{-1}\tilde{A}\tilde{T},\tilde{T}^{-1}\tilde{B},\tilde{C}\tilde{T},\tilde{D}\}$。那么，系统$\bar{\Sigma}$与系统$\hat{\Sigma}$是否还是对偶系统？或在什么条件下是对偶系统？

仔细观察上面的变换，若对偶系统的状态变换矩阵满足

$$T=\tilde{T}^{-\mathrm{T}}\quad 或者\quad \tilde{T}=T^{-\mathrm{T}} \tag{2-84}$$

有

$$\hat{\boldsymbol{A}}=\tilde{\boldsymbol{T}}^{-1}\tilde{\boldsymbol{A}}\tilde{\boldsymbol{T}}=\boldsymbol{T}^{\mathrm{T}}\tilde{\boldsymbol{A}}\boldsymbol{T}^{-\mathrm{T}}=\boldsymbol{T}^{\mathrm{T}}\boldsymbol{A}^{\mathrm{T}}\boldsymbol{T}^{-\mathrm{T}}=(\boldsymbol{T}^{-1}\boldsymbol{A}\boldsymbol{T})^{\mathrm{T}}=\bar{\boldsymbol{A}}^{\mathrm{T}}$$

$$\hat{\boldsymbol{B}}=\tilde{\boldsymbol{T}}^{-1}\tilde{\boldsymbol{B}}=\boldsymbol{T}^{\mathrm{T}}\tilde{\boldsymbol{B}}=\boldsymbol{T}^{\mathrm{T}}\boldsymbol{C}^{\mathrm{T}}=(\boldsymbol{C}\boldsymbol{T})^{\mathrm{T}}=\bar{\boldsymbol{C}}^{\mathrm{T}}$$

$$\hat{\boldsymbol{C}}=\tilde{\boldsymbol{C}}\tilde{\boldsymbol{T}}=\tilde{\boldsymbol{C}}\boldsymbol{T}^{-\mathrm{T}}=\boldsymbol{B}^{\mathrm{T}}\boldsymbol{T}^{-\mathrm{T}}=(\boldsymbol{T}^{-1}\boldsymbol{B})^{\mathrm{T}}=\bar{\boldsymbol{B}}^{\mathrm{T}}$$

$$\hat{\boldsymbol{D}}=\tilde{\boldsymbol{D}}=\boldsymbol{D}^{\mathrm{T}}=\bar{\boldsymbol{D}}^{\mathrm{T}}$$

可见，在式(2-84)的条件下，系统$\bar{\Sigma}$与系统$\hat{\Sigma}$是对偶系统。也就是说，在式(2-84)的条件下，对偶系统的相似性不变，或者相似系统的对偶性不变，这就是对偶相似原理，如图 2-5 所示。

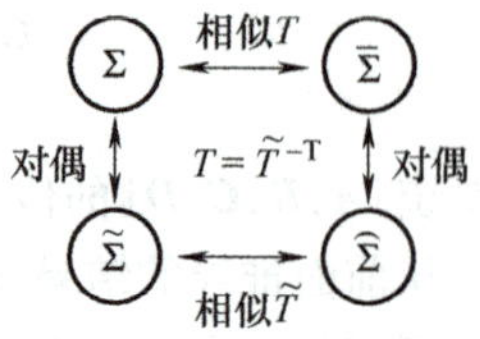

图 2-5　对偶相似原理

从前面讨论看出，状态变换形成的相似系统，没有改变系统输入与输出之间的传递关系，其稳定性、能控性、能观性、对偶性都保持不变，因此，状态变换成为一个化简系统进行性能分析的便利工具。理论上讲，状态变换可有无穷种情况，只要变换矩阵 $\boldsymbol{T}$ 是非奇异矩阵即可。然而，状态变换的目的是为了显露出多变量系统$\{\boldsymbol{A},\boldsymbol{B},\boldsymbol{C},\boldsymbol{D}\}$内部结构特征，为此，下面分别讨论三种典型的状态变换：以 $\boldsymbol{A}$ 的特征向量构造变换矩阵的对角形变换；以$\{\boldsymbol{A},\boldsymbol{B}\}$能控阵构造变换矩阵的能控形变换；以$\{\boldsymbol{A},\boldsymbol{C}\}$能观阵构造变换矩阵的能观形变换。

2.4.2　对角形变换与内部结构特征

多变量系统内部结构特征体现在稳定性、能控性与能观性上。为了分析这些特征，需将系统变换为更简明的形式，以显露出这些结构特征。

不失一般性，令状态矩阵 $\boldsymbol{A}$ 有 n 个不同的特征值$\{\lambda_i\}$(若 $\boldsymbol{A}$ 中元素等概率产生，出现相同特征值的概率为 0)，从线性代数知，一定存在 n 个线性无关的特征向量$\{\boldsymbol{t}_i\}$，即

$$\boldsymbol{A}\boldsymbol{t}_i=\lambda_i\boldsymbol{t}_i(i=1,2,\cdots,n)$$

写成矩阵形式有

$$\boldsymbol{A}\boldsymbol{T}=\boldsymbol{T}\boldsymbol{\Lambda} \tag{2-85}$$

式中，$\boldsymbol{\Lambda}=\mathrm{diag}\{\lambda_i\}$；$\boldsymbol{T}=\{\boldsymbol{t}_i\}$。从而可得 $\boldsymbol{T}^{-1}\boldsymbol{A}\boldsymbol{T}=\boldsymbol{\Lambda}$。

式(2-85)表明，若以矩阵 $\boldsymbol{A}$ 的 n 个线性无关的特征向量构造变换矩阵 $\boldsymbol{T}$，一定可将矩阵 $\boldsymbol{A}$ 变为相似对角矩阵 $\boldsymbol{\Lambda}$。以此思想，取 $\boldsymbol{x}=\boldsymbol{T}\bar{\boldsymbol{x}}$ 或者 $\bar{\boldsymbol{x}}=\boldsymbol{T}^{-1}\boldsymbol{x}$，写成分量形式有

$$x_i=\sum_{j=1}^{n}t_{ij}\bar{x}_j \text{ 或者 } \bar{x}_i=\sum_{j=1}^{n}\hat{t}_{ij}x_j \quad (i=1,2,\cdots,n) \tag{2-86}$$

式中，$\boldsymbol{T}=\{t_{ij}\}$；$\boldsymbol{T}^{-1}=\{\hat{t}_{ij}\}$。此时，可将系统$\{\boldsymbol{A},\boldsymbol{B},\boldsymbol{C},\boldsymbol{D}\}$变换成状态矩阵为对角矩阵 $\boldsymbol{\Lambda}$ 的相似系统$\{\boldsymbol{\Lambda},\bar{\boldsymbol{B}},\bar{\boldsymbol{C}},\bar{\boldsymbol{D}}\}$，即

$$\dot{\bar{\boldsymbol{x}}}=\begin{bmatrix}\lambda_1 & & & \\ & \lambda_2 & & \\ & & \ddots & \\ & & & \lambda_n\end{bmatrix}\bar{\boldsymbol{x}}+\begin{bmatrix}\bar{\boldsymbol{B}}_1\\ \bar{\boldsymbol{B}}_2\\ \vdots\\ \bar{\boldsymbol{B}}_n\end{bmatrix}\boldsymbol{u} \tag{2-87a}$$

$$\boldsymbol{y}=[\bar{\boldsymbol{C}}_1,\bar{\boldsymbol{C}}_2,\cdots,\bar{\boldsymbol{C}}_n]\bar{\boldsymbol{x}}+\boldsymbol{D}\boldsymbol{u} \tag{2-87b}$$

可见，相似系统$\{\boldsymbol{\Lambda},\bar{\boldsymbol{B}},\bar{\boldsymbol{C}},\bar{\boldsymbol{D}}\}$可等效为如下 n 个单(状态)变量系统，即

$$\begin{cases}\dot{\bar{x}}_i=\lambda_i\bar{x}_i+v_i, \quad v_i=\bar{\boldsymbol{B}}_i\boldsymbol{u} \\ \boldsymbol{y}_i=\bar{\boldsymbol{C}}_i\bar{x}_i\end{cases} \quad (i=1,2,\cdots,n) \tag{2-87c}$$

$$\boldsymbol{y}=\boldsymbol{y}_1+\boldsymbol{y}_2+\cdots+\boldsymbol{y}_n+\boldsymbol{D}\boldsymbol{u} \tag{2-87d}$$

注意式(2-87)中 $\bar{x}_i$ 是 1 维的状态分量；$\bar{\boldsymbol{B}}_i\in\mathbf{R}^{1\times m}$ 是 $\bar{\boldsymbol{B}}$ 的第 i 行向量，反映输入通道与状态分量 $\bar{x}_i$ 的耦合关系，若令 $v_i=\bar{\boldsymbol{B}}_i\boldsymbol{u}$ 作为新的输入，则状态方程在形式上完全解耦；$\bar{\boldsymbol{C}}_i\in\mathbf{R}^{p\times 1}$ 是 $\bar{\boldsymbol{C}}$ 的第 i 列向量，$\boldsymbol{y}_i\in\mathbf{R}^{p\times 1}$ 不是输出变量 $\boldsymbol{y}$ 的第 i 分量，但它只含有状态分量 $\bar{x}_i$，可理解为是 $\boldsymbol{y}$ 的第 i(向量)组分，$\bar{\boldsymbol{C}}_i$ 反映状态分量 $\bar{x}_i$ 与输出通道的耦合关系。经过式(2-86)的状态变换，使系统输入变量、状态变量、输出变量之间的耦合关系十分清晰地展示出来了。

1. 系统稳定性

在输入 $\boldsymbol{u}=\boldsymbol{0}$ 时，系统完全解耦为 $\dot{\bar{x}}_i=\lambda_i\bar{x}_i(i=1,2,\cdots,n)$；在 n 个状态变量通道上，正好每个通道只对应一个特征值，其响应模态为 $e^{\lambda_i t}(\bar{x}_i=c_ie^{\lambda_i t})$；每个通道的稳定性由该通道上的特征值实部 $\mathrm{Re}(\lambda_i)<0$ 决定。

对于变换前的系统，状态变量 $\boldsymbol{x}$ 之间是耦合的，每个状态分量 x_i 对应哪些特征值是不明显的，通过对角形变换 $\boldsymbol{T}=\{t_{ij}\}$ 就将隐藏着的关系显露了出来，即

$$x_i=\sum_{j=1}^{n}t_{ij}\bar{x}_j=\sum_{j=1}^{n}t_{ij}c_je^{\lambda_j t} \tag{2-88a}$$

若 $t_{ij}=0$，特征值 λ_j 或模态 $e^{\lambda_j t}$ 将不在(原)状态分量 x_i 的通道上出现；否则，将会在通道上出现。这样每个状态分量 x_i 的稳定性和模态组成就清晰了。经典控制理论的劳斯(赫尔维茨)判据笼统地给出整个系统是否稳定，状态空间的结构分析可以细分出每个状态分量是否稳定以及所包含的模态。

2. 系统能控性

系统能控性的定义关注的是系统状态的能控性。能否给出每个状态分量，甚至每个特征值的能控性？下面做一个分析。

若 $\bar{\boldsymbol{B}}_i=\boldsymbol{0}$，系统的能控阵将不满秩，有全零行出现，即

$$\bar{\boldsymbol{M}}_c=[\bar{\boldsymbol{B}},\boldsymbol{\Lambda}\bar{\boldsymbol{B}},\cdots,\boldsymbol{\Lambda}^{n-1}\bar{\boldsymbol{B}}]$$

$$=\begin{bmatrix}\bar{\boldsymbol{B}}_1 & \lambda_1\bar{\boldsymbol{B}}_1 & \cdots & \lambda_1^{n-1}\bar{\boldsymbol{B}}_1\\ \vdots & \vdots & & \vdots\\ \bar{\boldsymbol{B}}_i & \lambda_i\bar{\boldsymbol{B}}_i & \cdots & \lambda_i^{n-1}\bar{\boldsymbol{B}}_i\\ \vdots & \vdots & & \vdots\\ \bar{\boldsymbol{B}}_n & \lambda_n\bar{\boldsymbol{B}}_n & \cdots & \lambda_n^{n-1}\bar{\boldsymbol{B}}_n\end{bmatrix}=\begin{bmatrix}\bar{\boldsymbol{B}}_1 & \lambda_1\bar{\boldsymbol{B}}_1 & \cdots & \lambda_1^{n-1}\bar{\boldsymbol{B}}_1\\ \vdots & \vdots & & \vdots\\ \boldsymbol{0} & \boldsymbol{0} & \cdots & \boldsymbol{0}\\ \vdots & \vdots & & \vdots\\ \bar{\boldsymbol{B}}_n & \lambda_n\bar{\boldsymbol{B}}_n & \cdots & \lambda_n^{n-1}\bar{\boldsymbol{B}}_n\end{bmatrix} \tag{2-88b}$$

$\mathrm{rank}(\bar{\boldsymbol{M}}_c)<n$，表明系统不完全能控。若所有 $\bar{\boldsymbol{B}}_i\neq\boldsymbol{0}$，可以证明能控阵 $\bar{\boldsymbol{M}}_c$ 是满秩阵，即 $\mathrm{rank}(\bar{\boldsymbol{M}}_c)=n$，系统将是完全能控的。这一点的证明会在本章能控分解中给出。

再仔细观察，若 $\bar{\boldsymbol{B}}_i=\boldsymbol{0}$，从式(2-87c)知，$\dot{\bar{x}}_i=\lambda_i\bar{x}_i$，新的状态分量 $\bar{x}_i$ 将与所有输入 $\boldsymbol{u}$ 脱节，成为自由状态分量，意味着该状态分量不能控。此时，响应模态 $e^{\lambda_i t}$ 也不受输入 $\boldsymbol{u}$ 的控制，独自且始终存在系统(状态)响应中。这个结果表明系统不完全能控，其本质是“某个状态分量”与输入 $\boldsymbol{u}$ 脱节，导致“某个模态”不受控制。若这个模态 $e^{\lambda_i t}$ 是不稳定模态，意味着整个控制系统将无法稳定，这将是一个严重的事情。将式(2-87)中所有 $\bar{\boldsymbol{B}}_i=\boldsymbol{0}$ 对应的不能控状态分量 $\bar{x}_i$ 以及特征值 λ_i 找出来，若这些特征值 λ_i 都是稳定的，称系统是能稳的；否则，系统是不

能稳的。

上述结论在原系统$\{\boldsymbol{A},\boldsymbol{B},\boldsymbol{C},\boldsymbol{D}\}$是看不清楚的。粗略地看，原状态分量$\{x_j\}$都与输入$\boldsymbol{u}$有着千丝万缕的耦合关系，似乎都是能控的。但经过对角形变换，若存在$\overline{\boldsymbol{B}}_i=\boldsymbol{0}$，再依据式(2-86)对应到原系统上，就将原状态分量不能控的情况显露出来，实际上是原状态分量$\{x_j\}$的线性组合$\sum_{j=1}^{n}\hat{t}_{ij}x_j=\bar{x}_i$不能控。再进一步，本质上是这些原状态分量$\{x_j\}$的组合模态中的$e^{\lambda_i t}$不能控。因此，对角形变换成为一个精细分析系统能控性的好工具。

3. 系统的能观性

同样的道理，若$\overline{\boldsymbol{C}}_i=\boldsymbol{0}$，则$\boldsymbol{y}_i=\boldsymbol{0}$，$\boldsymbol{y}$中将无$\bar{x}_i$的响应成分(模态$e^{\lambda_i t}$)，意味着无法由$\boldsymbol{y}$观察到状态分量$\bar{x}_i$或者模态$e^{\lambda_i t}$，从而系统不完全能观。进一步可验证，若$\overline{\boldsymbol{C}}_i=\boldsymbol{0}$，系统的能观阵将不满秩，即

$$\overline{\boldsymbol{M}}_o=\begin{bmatrix}\overline{\boldsymbol{C}}\\ \overline{\boldsymbol{C}}\boldsymbol{\Lambda}\\ \vdots\\ \overline{\boldsymbol{C}}\boldsymbol{\Lambda}^{n-1}\end{bmatrix}=\begin{bmatrix}\overline{\boldsymbol{C}}_1 & \cdots & \overline{\boldsymbol{C}}_i & \cdots & \overline{\boldsymbol{C}}_n\\ \lambda_1\overline{\boldsymbol{C}}_1 & \cdots & \lambda_i\overline{\boldsymbol{C}}_i & \cdots & \lambda_n\overline{\boldsymbol{C}}_n\\ \vdots & & \vdots & & \vdots\\ \lambda_1^{n-1}\overline{\boldsymbol{C}}_1 & \cdots & \lambda_i^{n-1}\overline{\boldsymbol{C}}_i & \cdots & \lambda_n^{n-1}\overline{\boldsymbol{C}}_n\end{bmatrix}=\begin{bmatrix}\overline{\boldsymbol{C}}_1 & \cdots & \boldsymbol{0} & \cdots & \overline{\boldsymbol{C}}_n\\ \lambda_1\overline{\boldsymbol{C}}_1 & \cdots & \boldsymbol{0} & \cdots & \lambda_n\overline{\boldsymbol{C}}_n\\ \vdots & & \vdots & & \vdots\\ \lambda_1^{n-1}\overline{\boldsymbol{C}}_1 & \cdots & \boldsymbol{0} & \cdots & \lambda_n^{n-1}\overline{\boldsymbol{C}}_n\end{bmatrix}\quad(2\text{-}88\text{c})$$

此时，若对应到变换前的系统，同样从式(2-86)知，系统不完全能观不是某个状态分量x_i不能观，而是它们的线性组合$\sum_{j=1}^{n}\hat{t}_{ij}x_j=\bar{x}_i$不能观，或其组合模态中的$e^{\lambda_i t}$不能观，这一点在原系统也是看不清楚的。

若$\overline{\boldsymbol{C}}_i\neq\boldsymbol{0}$，状态分量$\bar{x}_i$(模态$e^{\lambda_i t}$)是能观的，这一点也会在本章能观分解中进一步讨论。

综上所述，以$\boldsymbol{A}$的特征向量构造的对角形变换是一个十分有效的分析工具，将系统的稳定性、能控性、能观性的结构特征显露无遗：

1）状态矩阵只留下n个对角元素，可精细地分析每一个状态分量的稳定性。

2）输入矩阵有无全零行反映系统能控性，揭示了系统不能控实际上是状态分量(或组合)与输入脱节，从而对应的模态(特征值)不能控。

3）输出矩阵有无全零列反映系统能观性，同样揭示了系统不能观是状态分量(或组合)与输出脱节，从而对应的模态(特征值)不能观(不出现在输出响应中)。

尽管稳定性、能控性、能观性都是以“状态”是否收敛、能否控制、可否估计来定义的，但经对角形变换，将无数可能的“状态”情况“压缩”到了n个“特征值”上，可精细地分解出哪些特征值是稳定的，哪些是能控的，哪些是能观的。从而系统的稳定性、能控性、能观性(结构特征)都被“浓缩”到了特征值上。

另外，状态矩阵已被解耦，多变量的耦合情况归入输入矩阵与输出矩阵，这将为多变量解耦控制提供有指导意义的信息。

若系统有相重的特征值，可化为对角若尔当形，也有上述类似的结论。因此，对角形变换成为理论分析的一个重要桥梁工具，许多理论推导经此便迎刃而解。

2.4.3 能控形变换与控制器标准形

前面以$\boldsymbol{A}$的特征向量构造变换矩阵，将系统变为简明的对角形系统。下面讨论以$\{\boldsymbol{A},\boldsymbol{B}\}$能控阵构造变换矩阵，得到另外一种结构特征明晰的相似系统。

1. 单变量系统的控制器标准形

不失一般性，先讨论完全能控的单变量系统$\{\boldsymbol{A},\boldsymbol{b},\boldsymbol{c},\boldsymbol{d}\}$，其能控阵为方阵且满秩，即

$$\boldsymbol{M}_c=[\boldsymbol{b},\boldsymbol{A}\boldsymbol{b},\cdots,\boldsymbol{A}^{n-1}\boldsymbol{b}]\in\mathbf{R}^{n\times n},\quad \operatorname{rank}(\boldsymbol{M}_c)=n$$

令能控阵的逆矩阵为

$$\boldsymbol{M}_c^{-1}=[\boldsymbol{q}_0,\boldsymbol{q}_1,\cdots,\boldsymbol{q}_{n-1}]^{\mathrm{T}}$$

$\boldsymbol{q}_{n-1}^{\mathrm{T}}$是$\boldsymbol{M}_c^{-1}$最后 1 行，以$\boldsymbol{q}_{n-1}^{\mathrm{T}}$为“种子”构造(逆)状态变换矩阵，即取

$$\boldsymbol{T}^{-1}=\boldsymbol{N}_c^{-1}=\begin{bmatrix}\boldsymbol{q}_{n-1}^{\mathrm{T}}\\ \boldsymbol{q}_{n-1}^{\mathrm{T}}\boldsymbol{A}\\ \vdots\\ \boldsymbol{q}_{n-1}^{\mathrm{T}}\boldsymbol{A}^{n-1}\end{bmatrix}\in\mathbf{R}^{n\times n} \tag{2-89}$$

可以验证式(2-89)是满秩方阵，变换后可得到另一个相似系统$\{\boldsymbol{A}_c,\boldsymbol{b}_c,\boldsymbol{c}_c,\boldsymbol{d}_c\}$。此时，有

$$\boldsymbol{N}_c^{-1}\boldsymbol{N}_c=\begin{bmatrix}\boldsymbol{q}_{n-1}^{\mathrm{T}}\boldsymbol{N}_c\\ \boldsymbol{q}_{n-1}^{\mathrm{T}}\boldsymbol{A}\boldsymbol{N}_c\\ \vdots\\ \boldsymbol{q}_{n-1}^{\mathrm{T}}\boldsymbol{A}^{n-1}\boldsymbol{N}_c\end{bmatrix}=\boldsymbol{I}_n=\begin{bmatrix}\boldsymbol{\delta}_1\\ \boldsymbol{\delta}_2\\ \vdots\\ \boldsymbol{\delta}_n\end{bmatrix} \tag{2-90a}$$

式中，$\boldsymbol{\delta}_j=[0,\cdots,0,1,0,\cdots,0]$是第$j$个元素为 1，其余元素为 0 的独 1 行向量。

$$\boldsymbol{A}_c=\boldsymbol{T}^{-1}\boldsymbol{A}\boldsymbol{T}=\boldsymbol{N}_c^{-1}\boldsymbol{A}\boldsymbol{N}_c=\begin{bmatrix}\boldsymbol{q}_{n-1}^{\mathrm{T}}\boldsymbol{A}\boldsymbol{N}_c\\ \boldsymbol{q}_{n-1}^{\mathrm{T}}\boldsymbol{A}^2\boldsymbol{N}_c\\ \vdots\\ \boldsymbol{q}_{n-1}^{\mathrm{T}}\boldsymbol{A}^n\boldsymbol{N}_c\end{bmatrix}=\begin{bmatrix}\boldsymbol{\delta}_2\\ \vdots\\ \boldsymbol{\delta}_n\\ \boldsymbol{\beta}\end{bmatrix} \tag{2-90b}$$

可见，只需要计算$\boldsymbol{A}_c$最后一行$\boldsymbol{q}_{n-1}^{\mathrm{T}}\boldsymbol{A}^n\boldsymbol{N}_c$便可，即

$$\begin{cases}\boldsymbol{q}_{n-1}^{\mathrm{T}}\boldsymbol{A}^{j-1}\boldsymbol{N}_c=\boldsymbol{\delta}_j\quad(j=1,2,\cdots,n)\\ \boldsymbol{q}_{n-1}^{\mathrm{T}}\boldsymbol{A}^n\boldsymbol{N}_c=\boldsymbol{\beta}\end{cases} \tag{2-91}$$

根据凯莱-哈密顿定理式(2-65)，并考虑式(2-90a)，可推出

$$\begin{aligned}\boldsymbol{\beta}&=\boldsymbol{q}_{n-1}^{\mathrm{T}}\boldsymbol{A}^n\boldsymbol{N}_c=\boldsymbol{q}_{n-1}^{\mathrm{T}}(-a_0\boldsymbol{I}_n-a_1\boldsymbol{A}-\cdots-a_{n-1}\boldsymbol{A}^{n-1})\boldsymbol{N}_c\\&=-a_0\boldsymbol{\delta}_1-a_1\boldsymbol{\delta}_2-\cdots-a_{n-1}\boldsymbol{\delta}_n=[-a_0,-a_1,\cdots,-a_{n-1}]\end{aligned}$$

即$\boldsymbol{A}_c$最后一行$\boldsymbol{\beta}$正好是$\boldsymbol{A}$的特征多项式的系数构成的行向量。

综上所述，取式(2-89)的(逆)状态变换，则有如下相似系统$\{\boldsymbol{A}_c,\boldsymbol{b}_c,\boldsymbol{c}_c,\boldsymbol{d}_c\}$，即

$$\begin{cases}\dot{\bar{\boldsymbol{x}}}=\boldsymbol{A}_c\bar{\boldsymbol{x}}+\boldsymbol{b}_cu\\ y=\boldsymbol{c}_c\bar{\boldsymbol{x}}+\boldsymbol{d}_cu\end{cases} \tag{2-92}$$

式中，

$$\boldsymbol{A}_c=\boldsymbol{T}^{-1}\boldsymbol{A}\boldsymbol{T}=\begin{bmatrix}0&1&&\\&0&\ddots&\\&&\ddots&1\\-a_0&-a_1&\cdots&-a_{n-1}\end{bmatrix},\quad \boldsymbol{b}_c=\boldsymbol{T}^{-1}\boldsymbol{b}=\begin{bmatrix}\boldsymbol{q}_{n-1}^{\mathrm{T}}\boldsymbol{b}\\ \boldsymbol{q}_{n-1}^{\mathrm{T}}\boldsymbol{A}\boldsymbol{b}\\ \vdots\\ \boldsymbol{q}_{n-1}^{\mathrm{T}}\boldsymbol{A}^{n-1}\boldsymbol{b}\end{bmatrix}=\begin{bmatrix}0\\ \vdots\\ 0\\ 1\end{bmatrix}$$

$$\boldsymbol{c}_c=\boldsymbol{c}\boldsymbol{T}=\boldsymbol{c}\boldsymbol{N}_c,\quad \boldsymbol{d}_c=\boldsymbol{d}$$

式中，$\boldsymbol{b}_c$的推导用到“$\boldsymbol{q}_{n-1}^{\mathrm{T}}$是$\boldsymbol{M}_c^{-1}$最后一行”，即$\boldsymbol{q}_{n-1}^{\mathrm{T}}\boldsymbol{M}_c=[0,\cdots,0,1]$。其能控阵为

$$M_c=[b_c,A_cb_c,\cdots,A_c^{n-1}b_c]=\begin{bmatrix} & & & 1\\ & & 1 & \sigma_1\\ & \iddots & \iddots & \vdots\\ 1 & \sigma_1 & \cdots & \sigma_{n-1}\end{bmatrix}=T(\sigma_i)$$

M_c 是一个斜下三角托普里茨矩阵（参见例 2-4），由于式(2-92)这种形式便于控制器的设计，所以称为控制器标准形。由单变量系统传递函数实现构成的状态空间描述式(2-25)就是这种控制器标准形。

观察式(2-92)的推导可见，状态矩阵 A_c 前 $n-1$ 行一定由独 1 行向量$\{\delta_2,\delta_3,\cdots,\delta_n\}$构成，输入矩阵 b_c 一定为独 1 列向量 δ_1^T，这些是式(2-90a)的结构规律。尽管输入矩阵 b_c 只是最后一个元素为“1”，其余都是“0”，表明只有最后一个状态分量得到输入直接控制，但通过 A_c 前 $n-1$ 行的“链式”结构特征，使得其他状态分量都是能控的。另外，状态矩阵 A_c 最后一行不是独 1 行向量，称之为非平凡行，但其元素正好是系统特征多项式的系数，从而十分便于分析系统的稳定性。

因此，只要单变量系统完全能控，一定能相似变换为控制器标准形，将原来$\{A,b,c,d\}$中 $n\times n+n+n+1$ 个非平凡元素，压缩到$\{A_c,b_c,c_c,d_c\}$中 $n+0+n+1$ 个非平凡元素（其他都是独 1 行向量中的“1”“0”平凡元素），使得单变量系统能控性与稳定性的结构特征更加凸显。

2. 多变量系统的控制器标准形

多变量系统$\{A,B,C,D\}$的能控形变换要复杂些，由于能控阵 $M_c\in\mathbf{R}^{n\times mn}$ 不再是方阵，不能直接用来构造状态变换矩阵，但状态变换处理的思路是类同的。不失一般性，以两个输入变量($m=2$)的系统为例来说明，取

$$\dot{x}=Ax+Bu=Ax+[b_1,b_2]u=Ax+b_1u_1+b_2u_2 \tag{2-93}$$

系统的能控阵为

$$\begin{aligned}M_c&=[B,AB,\cdots,A^{n-1}B]\\&=[b_1,b_2,Ab_1,Ab_2,\cdots,A^{n-1}b_1\quad A^{n-1}b_2]\in\mathbf{R}^{n\times mn}\end{aligned} \tag{2-94}$$

若系统完全能控，则 $\operatorname{rank}(M_c)=n$，表明 M_c 中一定有 n 个列向量线性无关，可以此形成方阵来构造状态变换矩阵。

在 M_c 中挑选 n 列线性无关向量，有多种挑选法。按照式(2-94) M_c 中列向量从左到右的顺序进行挑选是一种常用的挑法，简称“顺序”挑法。按“顺序”挑选完后，再把相同输入的按 A 的升幂顺序排列在一起，即

$$\hat{M}_{ck}=[b_k,Ab_k,\cdots,A^{n_k-1}b_k]\quad\left(k=1,2,\cdots,m;\ \sum_{k=1}^{m}n_k=n\right) \tag{2-95a}$$

式中，$\{n_1,n_2,\cdots,n_m\}$称为系统的能控性指数，不失一般性，假定 $n_1\geqslant n_2\geqslant\cdots\geqslant n_m$。当 $m=2$ 时，有

$$\hat{M}_{c1}=[b_1,Ab_1,\cdots,A^{n_1-1}b_1]\in\mathbf{R}^{n\times n_1},\quad \hat{M}_{c2}=[b_2,Ab_2,\cdots,A^{n_2-1}b_2]\in\mathbf{R}^{n\times n_2}$$

可得到如下方阵

$$\hat{M}_c=[\hat{M}_{c1}\quad \hat{M}_{c2}]=[b_1,Ab_1,\cdots,A^{n_1-1}b_1\ \vdots\ b_2,Ab_2,\cdots,A^{n_2-1}b_2] \tag{2-95b}$$

式中，$n_1+n_2=n$；$\operatorname{rank}(M_c)=n$。

与单变量系统控制器标准形的推导相仿，令

$$\hat{M}_c^{-1}=[q_{1,0},q_{1,1},\cdots,q_{1,n_1-1}\ \vdots\ q_{2,0},q_{2,1},\cdots,q_{2,n_2-1}]^T$$

以 $\hat{M}_c^{-1}$ 中各分块最后 1 行$\{q_{i,n_i-1}^T\}$为“种子”构造如下(逆)状态变换矩阵，即

$$
\boldsymbol{T}^{-1}=\hat{\boldsymbol{N}}_c^{-1}=\begin{bmatrix} \boldsymbol{q}_{1,n_1-1}^{\mathrm{T}} \\ \boldsymbol{q}_{1,n_1-1}^{\mathrm{T}}\boldsymbol{A} \\ \vdots \\ \boldsymbol{q}_{1,n_1-1}^{\mathrm{T}}\boldsymbol{A}^{n_1-1} \\ \hdashline \boldsymbol{q}_{2,n_2-1}^{\mathrm{T}} \\ \boldsymbol{q}_{2,n_2-1}^{\mathrm{T}}\boldsymbol{A} \\ \vdots \\ \boldsymbol{q}_{2,n_2-1}^{\mathrm{T}}\boldsymbol{A}^{n_2-1} \end{bmatrix} \in \mathbf{R}^{(n_1+n_2)\times n} \tag{2-96}
$$

与式(2-90)的推导类似，将 $\hat{\boldsymbol{N}}_c^{-1}\hat{\boldsymbol{N}}_c=\boldsymbol{I}_n$、$\boldsymbol{A}_c=\boldsymbol{T}^{-1}\boldsymbol{A}\boldsymbol{T}=\hat{\boldsymbol{N}}_c^{-1}\boldsymbol{A}\hat{\boldsymbol{N}}_c$ 按行展开有

$$
\boldsymbol{A}_c=\boldsymbol{T}^{-1}\boldsymbol{A}\boldsymbol{T}=\hat{\boldsymbol{N}}_c^{-1}\boldsymbol{A}\hat{\boldsymbol{N}}_c=\begin{bmatrix} \boldsymbol{q}_{1,n_1-1}^{\mathrm{T}}\boldsymbol{A}\hat{\boldsymbol{N}}_c \\ \boldsymbol{q}_{1,n_1-1}^{\mathrm{T}}\boldsymbol{A}^2\hat{\boldsymbol{N}}_c \\ \vdots \\ \boldsymbol{q}_{1,n_1-1}^{\mathrm{T}}\boldsymbol{A}^{n_1}\hat{\boldsymbol{N}}_c \\ \hdashline \boldsymbol{q}_{2,n_2-1}^{\mathrm{T}}\boldsymbol{A}\hat{\boldsymbol{N}}_c \\ \boldsymbol{q}_{2,n_2-1}^{\mathrm{T}}\boldsymbol{A}^2\hat{\boldsymbol{N}}_c \\ \vdots \\ \boldsymbol{q}_{2,n_2-1}^{\mathrm{T}}\boldsymbol{A}^{n_2}\hat{\boldsymbol{N}}_c \end{bmatrix}=\begin{bmatrix} \boldsymbol{\delta}_2 \\ \boldsymbol{\delta}_3 \\ \vdots \\ \boldsymbol{\beta}_1 \\ \hdashline \boldsymbol{\delta}_{n_1+2} \\ \boldsymbol{\delta}_{n_1+3} \\ \vdots \\ \boldsymbol{\beta}_2 \end{bmatrix}
$$

同样，只需要计算 $\boldsymbol{A}_c$ 每个分块的最后一行 $\boldsymbol{q}_{i,n_i-1}^{\mathrm{T}}\boldsymbol{A}^{n_i}\hat{\boldsymbol{N}}_c$ 便可，有

$$
\begin{cases} \boldsymbol{q}_{i,n_i-1}^{\mathrm{T}}\boldsymbol{A}^{j-1}\hat{\boldsymbol{N}}_c=\boldsymbol{\delta}_J & \left(J=\sum\limits_{k=1}^{i}n_{k-1}+j,\quad j=1,2,\cdots,n_i,n_0=0\right) \\ \boldsymbol{q}_{i,n_i-1}^{\mathrm{T}}\boldsymbol{A}^{n_i}\hat{\boldsymbol{N}}_c=\boldsymbol{\beta}_i \end{cases} \quad (i=1,2) \tag{2-97}
$$

综上所述，取式(2-96)的(逆)状态变换，则有如下相似系统 $\{\boldsymbol{A}_c,\boldsymbol{B}_c,\boldsymbol{C}_c,\boldsymbol{D}_c\}$，即

$$
\begin{cases} \dot{\bar{\boldsymbol{x}}}=\boldsymbol{A}_c\bar{\boldsymbol{x}}+\boldsymbol{B}_c\boldsymbol{u} \\ \boldsymbol{y}=\boldsymbol{C}_c\bar{\boldsymbol{x}}+\boldsymbol{D}_c\boldsymbol{u} \end{cases} \tag{2-98}
$$

式中，

$$
\boldsymbol{A}_c=\left[\begin{array}{cccc:cccc} 0 & 1 & & & & & & \\ & 0 & \ddots & & & & & \\ & & \ddots & 1 & & & & \\ \beta_{11} & \beta_{12} & \cdots & \beta_{1n_1} & \beta_{1(n_1+1)} & \beta_{1(n_1+2)} & \cdots & \beta_{1(n_1+n_2)} \\ \hdashline & & & & 0 & 1 & & \\ & & & & & 0 & \ddots & \\ & & & & & & \ddots & 1 \\ \beta_{21} & \beta_{22} & \cdots & \beta_{2n_1} & \beta_{2(n_1+1)} & \beta_{2(n_1+2)} & \cdots & \beta_{2(n_1+n_2)} \end{array}\right]=\begin{bmatrix} \boldsymbol{A}_{c,1} & \boldsymbol{\Theta}_{12} \\ \boldsymbol{\Theta}_{21} & \boldsymbol{A}_{c,2} \end{bmatrix}
$$

$$B_c = T^{-1}B = \hat{N}_c^{-1}B = \begin{bmatrix} q_{1,n_1-1}^{T} \\ q_{1,n_1-1}^{T}A \\ \vdots \\ q_{1,n_1-1}^{T}A^{n_1-1} \\ \hdashline q_{2,n_2-1}^{T} \\ q_{2,n_2-1}^{T}A \\ \vdots \\ q_{2,n_2-1}^{T}A^{n_2-1} \end{bmatrix} [b_1, b_2] = \begin{bmatrix} 0 & 0 \\ \vdots & \vdots \\ 0 & 0 \\ 1 & \gamma_{12} \\ \hdashline 0 & 0 \\ \vdots & \vdots \\ 0 & 0 \\ 0 & 1 \end{bmatrix} = \begin{bmatrix} b_{c,1} & b_{c,12} \\ 0 & b_{c,2} \end{bmatrix}$$

$$C_c = CT = CN_c = [C_{c,1}, C_{c,2}], \quad D_c = D$$

与式(2-92)中的 b_c 的推导一样，式中 B_c 的推导用到“q_{i,n_i-1}^{T}是 $\hat{M}_c^{-1}$ 中第 i 块最后一行”，即

$$\begin{cases} q_{i,n_i-1}^{T}A^{k-1}b_i = 0, & 1 \leqslant k \leqslant n_i - 1 \\ q_{i,n_i-1}^{T}A^{k-1}b_i = 1, & k = n_i \\ q_{i,n_i-1}^{T}A^{k-1}b_j = 0, & 1 \leqslant k \leqslant n_j \end{cases} \tag{2-99a}$$

并且考虑采用了“顺序”挑法且 $n_i > n_j$，有

$$\begin{cases} q_{i,n_i-1}^{T}A^{k-1}b_j = 0, & n_j + 1 \leqslant k \leqslant n_i - 1 \\ q_{i,n_i-1}^{T}A^{k-1}b_j = \gamma_{ij}, & k = n_i \end{cases} \tag{2-99b}$$

同样，若 $m>2$，式(2-98)可推广到如下一般情况：

$$A_c = \begin{bmatrix} \Lambda_{c,1} & \Theta_{12} & \cdots & \Theta_{1m} \\ \Theta_{21} & \Lambda_{c,2} & \cdots & \Theta_{2m} \\ \vdots & \vdots & \ddots & \vdots \\ \Theta_{m1} & \Theta_{m2} & \cdots & \Lambda_{c,m} \end{bmatrix}, \quad B_c = \begin{bmatrix} b_{c,1} & b_{c,12} & \cdots & b_{c,1m} \\ & b_{c,2} & \cdots & b_{c,2m} \\ & & \ddots & \vdots \\ & & & b_{c,m} \end{bmatrix}, \quad b_{c,i} = \begin{bmatrix} 0 \\ \vdots \\ 0 \\ 1 \end{bmatrix}, \quad b_{c,ij} = \begin{bmatrix} 0 \\ \vdots \\ 0 \\ \gamma_{ij} \end{bmatrix}$$

$$C_c = [C_{c,1}, C_{c,2}, \cdots, C_{c,m}], D_c = D$$

仔细观察，若将输入重新组合，取 $v_i = u_i + \sum_{j=i+1}^{m} \gamma_{ij}u_j$，多变量系统的控制器标准形实际上是按新的输入通道对多变量系统进行了分块，即分成了多个单变量的控制器标准形：

$$\begin{cases} \dot{\bar{x}}_i = \Lambda_{c,i}\bar{x}_i + \sum_{j \neq i} \Theta_{ij}\bar{x}_j + b_{c,i}v_i \\ y_i = C_{c,i}\bar{x}_i \end{cases} \quad (i = 1, 2, \cdots, m) \tag{2-100a}$$

$$y = y_1 + y_2 + \cdots + y_n + Du \tag{2-100b}$$

式中，按输入变量的维数将状态变量分成了 m 组，$\bar{x}_i \in \mathbf{R}^{n_i}$，第 i 个新输入分量 v_i 控制第 i 组状态变量，构成第 i 条输入通道。主对角分块矩阵 $\Lambda_{c,i} \in \mathbf{R}^{n_i \times n_i}$ 的非平凡行构成该通道的特征多项式，反映该通道的主要性能；其他通道的状态分量 $\bar{x}_j \in \mathbf{R}^{n_j}(j \neq i)$ 的耦合影响通过非对角分块矩阵 $\Theta_{ij} \in \mathbf{R}^{n_i \times n_j}$ 反映。这样就将系统的性能压缩到了 $\Lambda_{c,i}$、Θ_{ij} 的最后一行的非平凡行的元素上，其参数按式(2-97)求取，多变量系统的能控性、稳定性以及耦合的结构特征得到凸显。另外，在许多实际系统中，常常有 $\gamma_{ij} = 0$，输入矩阵 B_c 就是分块对角矩阵，无须对输入重新组合就可实现上述分解。

例 2-6 将如下系统

$$\begin{cases}\dot{\boldsymbol{x}}=\begin{bmatrix}3&1&0&1\\2&0&1&0\\1&0&0&0\\-21&0&0&5\end{bmatrix}\boldsymbol{x}+\begin{bmatrix}0&0\\0&0\\1&0\\0&1\end{bmatrix}\boldsymbol{u}\\ \boldsymbol{y}=\begin{bmatrix}0&0&1&0\\0&1&0&0\end{bmatrix}\boldsymbol{x}\end{cases}$$

变换为控制器标准形。

直接计算可得如下能控阵，即

$$\boldsymbol{M}_c=[\boldsymbol{b}_1,\boldsymbol{b}_2,\boldsymbol{A}\boldsymbol{b}_1,\boldsymbol{A}\boldsymbol{b}_2,\boldsymbol{A}^2\boldsymbol{b}_1,\boldsymbol{A}^2\boldsymbol{b}_2,\boldsymbol{A}^3\boldsymbol{b}_1,\boldsymbol{A}^3\boldsymbol{b}_2]=\begin{bmatrix}0&0&0&1&1&8&3&30\\0&0&1&0&0&2&2&17\\1&0&0&0&0&1&1&8\\0&1&0&5&0&4&-21&-148\end{bmatrix}$$

下面给出两种挑法。

1）按 $\boldsymbol{M}_c$ 中列向量的“顺序”挑，此时 $n_1=2$、$n_2=2$，有

$$\hat{\boldsymbol{M}}_c=[\boldsymbol{b}_1,\boldsymbol{A}\boldsymbol{b}_1,\boldsymbol{b}_2,\boldsymbol{A}\boldsymbol{b}_2]=\left[\begin{array}{cc:cc}0&0&0&1\\0&1&0&0\\1&0&0&0\\0&0&1&5\end{array}\right]$$

可验证 $\operatorname{rank}(\hat{\boldsymbol{M}}_c)=4$，且

$$\hat{\boldsymbol{M}}_c^{-1}=\left[\begin{array}{cccc}0&0&1&0\\0&1&0&0\\ \hdashline -5&0&0&1\\1&0&0&0\end{array}\right],\quad \boldsymbol{q}_{1,n_1-1}^{\mathrm{T}}=[0,1,0,0],\quad \boldsymbol{q}_{2,n_2-1}^{\mathrm{T}}=[1,0,0,0]$$

取状态变换矩阵

$$\boldsymbol{T}^{-1}=\hat{\boldsymbol{N}}_c^{-1}=\begin{bmatrix}\boldsymbol{q}_{1,n_1-1}^{\mathrm{T}}\\ \boldsymbol{q}_{1,n_1-1}^{\mathrm{T}}\boldsymbol{A}\\ \boldsymbol{q}_{2,n_2-1}^{\mathrm{T}}\\ \boldsymbol{q}_{2,n_2-1}^{\mathrm{T}}\boldsymbol{A}\end{bmatrix}=\begin{bmatrix}0&1&0&0\\2&0&1&0\\1&0&0&0\\3&1&0&1\end{bmatrix},\quad \boldsymbol{T}=\hat{\boldsymbol{N}}_c=\begin{bmatrix}0&0&1&0\\1&0&0&0\\0&1&-2&0\\-1&0&-3&1\end{bmatrix}$$

$$\boldsymbol{\beta}_1=(\boldsymbol{q}_{1,n_1-1}^{\mathrm{T}}\boldsymbol{A}^{n_1})\hat{\boldsymbol{N}}_c=[7,2,0,2]\begin{bmatrix}0&0&1&0\\1&0&0&0\\0&1&-2&0\\-1&0&-3&1\end{bmatrix}=[0,0,1,2]$$

$$\boldsymbol{\beta}_2=(\boldsymbol{q}_{2,n_2-1}^{\mathrm{T}}\boldsymbol{A}^{n_2})\hat{\boldsymbol{N}}_c=[-10,3,1,8]\begin{bmatrix}0&0&1&0\\1&0&0&0\\0&1&-2&0\\-1&0&-3&1\end{bmatrix}=[-5,1,-36,8]$$

则有如下控制器标准形 $\{\boldsymbol{A}_c,\boldsymbol{B}_c,\boldsymbol{C}_c\}$，即

$$A_c=T^{-1}AT=\hat{N}_c^{-1}A\hat{N}_c=\left[\begin{array}{cc:cc}0&1&&\\0&0&1&2\\ \hdashline &&0&1\\-5&1&-36&8\end{array}\right]$$

$$B_c=T^{-1}B=\hat{N}_c^{-1}B=\left[\begin{array}{c:c}0&\\1&\\ \hdashline &0\\&1\end{array}\right],\quad C_c=CT=C\hat{N}_c=\left[\begin{array}{cc:cc}0&1&-2&0\\1&0&0&0\end{array}\right]$$

2）先挑与 b_1 有关的，再挑与 b_2 有关的，此时 $n_1=4$，$n_2=0$，有

$$\hat{M}_c=[b_1,Ab_1,A^2b_1,A^3b_1]=\begin{bmatrix}0&0&1&3\\0&1&0&2\\1&0&0&1\\0&0&0&-21\end{bmatrix}$$

可验证 $\text{rank}(\hat{M}_c)=4$，且

$$\hat{M}_c^{-1}=\begin{bmatrix}0&0&1&1/21\\0&1&0&2/21\\1&0&0&3/21\\0&0&0&-1/21\end{bmatrix},\quad q_{1,n_1-1}^{\mathrm{T}}=[0,0,0,-1/21]$$

取状态变换矩阵

$$T^{-1}=\hat{N}_c^{-1}=\begin{bmatrix}q_{1,n_1-1}^{\mathrm{T}}\\q_{1,n_1-1}^{\mathrm{T}}A\\q_{1,n_1-1}^{\mathrm{T}}A^2\\q_{1,n_1-1}^{\mathrm{T}}A^3\end{bmatrix}=\begin{bmatrix}0&0&0&-1/21\\1&0&0&-5/21\\8&1&0&-4/21\\30&8&1&148/21\end{bmatrix},\quad T=\hat{N}_c=\begin{bmatrix}-5&1&0&0\\36&-8&1&0\\10&34&-8&1\\-21&0&0&0\end{bmatrix}$$

$$\beta_1=(q_{1,n_1-1}^{\mathrm{T}}A^4)\hat{N}_c=[-41,30,8,1370/21]\begin{bmatrix}-5&1&0&0\\36&-8&1&0\\10&34&-8&1\\-21&0&0&0\end{bmatrix}=[-5,-9,-34,8]$$

则有如下控制器标准形 $\{A_c,B_c,C_c\}$，即

$$A_c=T^{-1}AT=\hat{N}_c^{-1}A\hat{N}_c=\begin{bmatrix}0&1&&\\&0&1&\\&&0&1\\-5&-9&-34&8\end{bmatrix}$$

$$B_c=T^{-1}B=\hat{N}_c^{-1}B=\begin{bmatrix}0&-1/21\\0&-5/21\\0&-4/21\\1&148/21\end{bmatrix},\quad C_c=CT=C\hat{N}_c=\begin{bmatrix}10&34&-8&1\\36&-8&1&0\end{bmatrix}$$

从前面的推导和例 2-6 看出，得到控制器标准形的关键是，从能控阵 M_c 的 $m\times n$ 列向量中，挑选出 n 列线性无关的列向量组成用于状态变换的方阵 $\hat{M}_c$。可以从 M_c 中“顺序”挑选，这样 m 个输入都会被选到。也可以把第一个输入的线性无关列向量接续着选出来，若不够，再把第二个

输入的线性无关列向量接续着选出来，以此类推，这样可能只需前几个输入即可构成状态变换矩阵。从系统能控性来讲，未被选入的输入是冗余的。当然，还可以有其他选法，只是要注意选完后需将各输入对应的列向量按升幂重新分块排列，分块数决定了状态矩阵的分块维数，再参照式(2-97)求出非平凡行向量$\{\boldsymbol{\beta}_i\}$。

2.4.4 能观形变换与观测器标准形

若系统完全能观，也可进行能观形变换，通过$\{\boldsymbol{A},\boldsymbol{C}\}$能观阵构造变换矩阵，采用前面能控形变换类似的做法，可得到观测器标准形。由于对偶系统的能控性与能观性相互等价，下面采用图2-5的对偶相似原理来讨论能观形变换与相应的观测器标准形。

1. 单变量系统的观测器标准形

设单变量系统$\Sigma=\{\boldsymbol{A},\boldsymbol{b},\boldsymbol{c},\boldsymbol{d}\}$完全能观，能观阵为$\boldsymbol{M}_o$，那么它的对偶系统$\widetilde{\Sigma}=\{\boldsymbol{A}^{\mathrm{T}},\boldsymbol{c}^{\mathrm{T}},\boldsymbol{b}^{\mathrm{T}},\boldsymbol{d}^{\mathrm{T}}\}$一定完全能控，且有相同的特征方程(特征系数)，即

$$\det(\lambda\boldsymbol{I}_n-\boldsymbol{A})=\det(\lambda\boldsymbol{I}_n-\boldsymbol{A}^{\mathrm{T}})=\lambda^n+a_{n-1}\lambda^{n-1}+\cdots+a_1\lambda+a_0=0$$

1) 先给出与对偶系统$\widetilde{\Sigma}$相似的控制器标准形。对偶系统$\widetilde{\Sigma}$的能控阵为

$$\widetilde{\boldsymbol{M}}_c=[\boldsymbol{c}^{\mathrm{T}},\boldsymbol{A}^{\mathrm{T}}\boldsymbol{c}^{\mathrm{T}},\cdots,(\boldsymbol{A}^{\mathrm{T}})^{n-1}\boldsymbol{c}^{\mathrm{T}}]=\begin{bmatrix}\boldsymbol{c}\\ \boldsymbol{cA}\\ \vdots\\ \boldsymbol{cA}^{n-1}\end{bmatrix}^{\mathrm{T}}=\boldsymbol{M}_o^{\mathrm{T}}$$

令能控阵的逆矩阵为

$$\widetilde{\boldsymbol{M}}_c^{-1}=\boldsymbol{M}_o^{-\mathrm{T}}=[\boldsymbol{q}_0,\boldsymbol{q}_1,\cdots,\boldsymbol{q}_{n-1}]^{\mathrm{T}} \tag{2-101}$$

以$\boldsymbol{q}_{n-1}^{\mathrm{T}}$为“种子”构造(逆)状态变换矩阵，即取

$$\widetilde{\boldsymbol{T}}^{-1}=\widetilde{\boldsymbol{N}}_c^{-1}=\begin{bmatrix}\boldsymbol{q}_{n-1}^{\mathrm{T}}\\ \boldsymbol{q}_{n-1}^{\mathrm{T}}\boldsymbol{A}\\ \vdots\\ \boldsymbol{q}_{n-1}^{\mathrm{T}}\boldsymbol{A}^{n-1}\end{bmatrix}\in\mathbf{R}^{n\times n} \tag{2-102}$$

便可得到对偶系统$\widetilde{\Sigma}$的控制器标准形，即$\widehat{\Sigma}=\{\widehat{\boldsymbol{A}},\widehat{\boldsymbol{b}},\widehat{\boldsymbol{c}},\widehat{\boldsymbol{d}}\}=\{\boldsymbol{A}_c,\boldsymbol{b}_c,\boldsymbol{c}_c,\boldsymbol{d}_c\}$。

2) 再将系统$\widehat{\Sigma}=\{\widehat{\boldsymbol{A}},\widehat{\boldsymbol{b}},\widehat{\boldsymbol{c}},\widehat{\boldsymbol{d}}\}$反向对偶为系统$\overline{\Sigma}=\{\overline{\boldsymbol{A}},\overline{\boldsymbol{b}},\overline{\boldsymbol{c}},\overline{\boldsymbol{d}}\}=\{\boldsymbol{A}_o,\boldsymbol{b}_o,\boldsymbol{c}_o,\boldsymbol{d}_o\}$，即

$$\begin{cases}\dot{\overline{\boldsymbol{x}}}=\boldsymbol{A}_o\overline{\boldsymbol{x}}+\boldsymbol{b}_o u\\ y=\boldsymbol{c}_o\overline{\boldsymbol{x}}+\boldsymbol{d}_o u\end{cases} \tag{2-103}$$

式中，

$$\boldsymbol{A}_o=\boldsymbol{A}_c^{\mathrm{T}}=\begin{bmatrix}0 & & & -a_0\\ 1 & 0 & & -a_1\\ & \ddots & \ddots & \vdots\\ & & 1 & -a_{n-1}\end{bmatrix},\quad \boldsymbol{b}_o=\boldsymbol{c}_c^{\mathrm{T}}=(\boldsymbol{c}\widetilde{\boldsymbol{N}}_c)^{\mathrm{T}}$$

$$\boldsymbol{c}_o=\boldsymbol{b}_c^{\mathrm{T}}=[0,\cdots,0,1],\boldsymbol{d}_o=\boldsymbol{d}_c^{\mathrm{T}}$$

根据对偶相似原理，若取相似变换矩阵为

$$\boldsymbol{T}=\widetilde{\boldsymbol{T}}^{-\mathrm{T}}=\widetilde{\boldsymbol{N}}_c^{-\mathrm{T}}=[\boldsymbol{q}_{n-1},\boldsymbol{A}\boldsymbol{q}_{n-1},\cdots,\boldsymbol{A}^{n-1}\boldsymbol{q}_{n-1}] \tag{2-104}$$

原系统$\Sigma=\{\boldsymbol{A},\boldsymbol{b},\boldsymbol{c},\boldsymbol{d}\}$与系统$\overline{\Sigma}=\{\boldsymbol{A}_o,\boldsymbol{b}_o,\boldsymbol{c}_o,\boldsymbol{d}_o\}$一定相似。

式(2-103)的能观阵为

$$\boldsymbol{M}_o=\begin{bmatrix}\boldsymbol{c}_o\\ \boldsymbol{c}_o\boldsymbol{A}_o\\ \vdots\\ \boldsymbol{c}_o\boldsymbol{A}_o^{n-1}\end{bmatrix}=\begin{bmatrix} & & & 1\\ & & 1 & \sigma_1\\ & \iddots & \iddots & \vdots\\ 1 & \sigma_1 & \cdots & \sigma_{n-1}\end{bmatrix}=\boldsymbol{T}(\sigma_i)$$

它是一个斜下三角托普里茨矩阵。由于这种形式便于观测器的设计，称其为观测器标准形。

综上所述，若直接在 $\boldsymbol{M}_o^{-1}=[\boldsymbol{q}_0,\boldsymbol{q}_1,\cdots,\boldsymbol{q}_{n-1}]$ 中提取最后一列 $\boldsymbol{q}_{n-1}$，参见式(2-101)，再以式(2-104)构造变换矩阵，无须经过上述对偶变换，也可将原系统 $\Sigma=\{\boldsymbol{A},\boldsymbol{b},\boldsymbol{c},\boldsymbol{d}\}$ 相似变换为观测器标准形。

2. 多变量系统的观测器标准形

同样可以通过对偶系统，从多变量控制器标准形导出多变量观测器标准形；也可直接由能观阵构造相似变换矩阵得到多变量观测器标准形。需要注意的是，多变量系统能观阵不再是方阵，需要从中挑选出 n 个线性无关的行向量来构造状态变换矩阵。

不失一般性，以两个输出变量($p=2$)的系统为例来说明，取 $\boldsymbol{C}=\begin{bmatrix}\boldsymbol{c}_1\\ \boldsymbol{c}_2\end{bmatrix}$。若系统 $\Sigma=\{\boldsymbol{A},\boldsymbol{B},\boldsymbol{C},\boldsymbol{D}\}$ 完全能观，其能观阵为 $\boldsymbol{M}_o$，从中“顺序”挑选出 $n_1+n_2=n$ 个线性无关的行，构成如下方阵：

$$\hat{\boldsymbol{M}}_o=\begin{bmatrix}\boldsymbol{c}_1\\ \boldsymbol{c}_1\boldsymbol{A}\\ \vdots\\ \boldsymbol{c}_1\boldsymbol{A}^{n_1-1}\\ \hdashline \boldsymbol{c}_2\\ \boldsymbol{c}_2\boldsymbol{A}\\ \vdots\\ \boldsymbol{c}_2\boldsymbol{A}^{n_2-1}\end{bmatrix}\in\mathbf{R}^{(n_1+n_2)\times n}\tag{2-105}$$

求出 $\hat{\boldsymbol{M}}_o^{-1}$，即

$$\hat{\boldsymbol{M}}_o^{-1}=[\boldsymbol{q}_{1,0},\boldsymbol{q}_{1,1},\cdots,\boldsymbol{q}_{1,n_1-1}\ \vdots\ \boldsymbol{q}_{2,0},\boldsymbol{q}_{2,1},\cdots,\boldsymbol{q}_{2,n_2-1}]$$

以各分块最后 1 列 $\{\boldsymbol{q}_{i,n_i-1}\}$ 为“种子”，构造如下状态变换矩阵

$$\boldsymbol{T}=\hat{\boldsymbol{N}}_o^{-1}=[\boldsymbol{q}_{1,n_1-1},\boldsymbol{A}\boldsymbol{q}_{1,n_1-1},\cdots,\boldsymbol{A}^{n_1-1}\boldsymbol{q}_{1,n_1-1}\ \vdots\ \boldsymbol{q}_{2,n_2-1}^{\mathrm{T}},\boldsymbol{A}\boldsymbol{q}_{2,n_2-1}^{\mathrm{T}},\cdots,\boldsymbol{A}^{n_2-1}\boldsymbol{q}_{2,n_2-1}^{\mathrm{T}}]\tag{2-106}$$

便可直接得到如下的多变量观测器标准形：

$$\boldsymbol{A}_o=\boldsymbol{T}^{-1}\boldsymbol{A}\boldsymbol{T}=\left[\begin{array}{cccc:cccc}0 & & & \beta_{11} & & & & \beta_{21}\\ 1 & 0 & & \beta_{12} & & & & \beta_{22}\\ & \ddots & \ddots & \vdots & & & & \vdots\\ & & 1 & \beta_{1n_1} & & & & \beta_{2n_1}\\ \hdashline & & & \beta_{1(n_1+1)} & 0 & & & \beta_{2(n_1+1)}\\ & & & \beta_{1(n_1+2)} & 1 & 0 & & \beta_{2(n_1+2)}\\ & & & \vdots & & \ddots & \ddots & \vdots\\ & & & \beta_{1(n_1+n_2)} & & & 1 & \beta_{2(n_1+n_2)}\end{array}\right]=\begin{bmatrix}\boldsymbol{\Lambda}_{o,1} & \boldsymbol{\Theta}_{12}\\ \boldsymbol{\Theta}_{21} & \boldsymbol{\Lambda}_{o,2}\end{bmatrix}$$

$$C_o=CT=\left[\begin{array}{cccc:cccc}0&\cdots&0&1&0&\cdots&0&0\\ \hdashline 0&\cdots&0&\gamma_{21}&0&\cdots&0&1\end{array}\right]=\begin{bmatrix}c_{o,11}&\\c_{o,21}&c_{o,22}\end{bmatrix}$$

$$c_{o,21}=[0,\cdots,0,\gamma_{21}],\ B_o=T^{-1}B=\begin{bmatrix}B_{o,1}\\B_{o,2}\end{bmatrix},\ D_o=D$$

式中，非平凡列参数向量β_i^{T}可参照式(2-97)求取，即

$$\beta_i^{\mathrm{T}}=\hat{N}_oA^{n_i}q_{i,n_i-1} \tag{2-107}$$

仔细观察，与多变量控制器标准形类似，多变量观测器标准形按输出变量的维数将状态变量分成p组；每个输出通道与状态的关系以及状态间的耦合关系，与$\Lambda_{o,i}$、Θ_{ij}的非平凡列相关。

例 2-7　将例2-6的系统变换为观测器标准形。

直接计算可得如下原系统能观阵，即

$$M_o=\begin{bmatrix}c_1\\c_2\\c_1A\\c_2A\\c_1A^2\\c_2A^2\\c_1A^3\\c_2A^3\end{bmatrix}=\begin{bmatrix}0&0&1&0\\0&1&0&0\\1&0&0&0\\2&0&1&0\\3&1&0&1\\7&2&0&2\\-10&3&1&8\\-17&7&2&17\end{bmatrix}$$

下面给出两种挑法。

1）按M_o中行向量的“顺序”挑，注意$c_2A=c_1+2c_1A$，此时$n_1=3$、$n_2=1$，且

$$\hat{M}_o=\begin{bmatrix}c_1\\c_1A\\c_1A^2\\c_2\end{bmatrix}=\left[\begin{array}{cccc}0&0&1&0\\1&0&0&0\\3&1&0&1\\ \hdashline 0&1&0&0\end{array}\right]$$

可验证$\mathrm{rank}(\hat{M}_o)=4$，且

$$\hat{M}_o^{-1}=\left[\begin{array}{ccc:c}0&1&0&0\\0&0&0&1\\1&0&0&0\\0&-3&1&-1\end{array}\right],\ q_{1,n_1-1}=\begin{bmatrix}0\\0\\0\\1\end{bmatrix},\ q_{2,n_2-1}=\begin{bmatrix}0\\1\\0\\-1\end{bmatrix}$$

按式(2-106)取状态变换矩阵

$$T=\hat{N}_o^{-1}=[q_{1,n_1-1},Aq_{1,n_1-1},A^2q_{1,n_1-1},q_{2,n_2-1}]=\begin{bmatrix}0&1&8&0\\0&0&2&1\\0&0&1&0\\1&5&4&-1\end{bmatrix}$$

$$T^{-1}=\hat{N}_o=\begin{bmatrix}-5&1&34&1\\1&0&-8&0\\0&0&1&0\\0&1&-2&0\end{bmatrix}$$

按式(2-107)取非平凡元素向量，即

$$\boldsymbol{\beta}_1^{\mathrm{T}}=\hat{\boldsymbol{N}}_o\boldsymbol{A}^{n_1}\boldsymbol{q}_{1,n_1-1}=\begin{bmatrix}-5&1&34&1\\1&0&-8&0\\0&0&1&0\\0&1&-2&0\end{bmatrix}\begin{bmatrix}30\\17\\8\\-148\end{bmatrix}=\begin{bmatrix}-9\\-34\\8\\1\end{bmatrix}$$

$$\boldsymbol{\beta}_2^{\mathrm{T}}=\hat{\boldsymbol{N}}_o\boldsymbol{A}^{n_2}\boldsymbol{q}_{2,n_2-1}=\begin{bmatrix}-5&1&34&1\\1&0&-8&0\\0&0&1&0\\0&1&-2&0\end{bmatrix}\begin{bmatrix}0\\0\\0\\-5\end{bmatrix}=\begin{bmatrix}-5\\0\\0\\0\end{bmatrix}$$

则有如下观测器标准形$\{\boldsymbol{A}_o,\boldsymbol{B}_o,\boldsymbol{C}_o,\boldsymbol{D}_o\}$，即

$$\boldsymbol{A}_o=\boldsymbol{T}^{-1}\boldsymbol{A}\boldsymbol{T}=\hat{\boldsymbol{N}}_o\boldsymbol{A}\hat{\boldsymbol{N}}_o^{-1}=\left[\begin{array}{ccc|c}&&-9&-5\\1&&-34&0\\0&1&8&0\\\hline&&1&0\end{array}\right]$$

$$\boldsymbol{B}_o=\boldsymbol{T}^{-1}\boldsymbol{B}=\hat{\boldsymbol{N}}_o\boldsymbol{B}=\begin{bmatrix}34&1\\-8&0\\1&0\\-2&0\end{bmatrix},\quad \boldsymbol{C}_o=\boldsymbol{C}\boldsymbol{T}=\boldsymbol{C}\hat{\boldsymbol{N}}_o^{-1}=\left[\begin{array}{ccc|c}0&0&1&0\\\hline0&0&2&1\end{array}\right]$$

2）先挑与$\boldsymbol{c}_1$有关的，再挑与$\boldsymbol{c}_2$有关的，此时$n_1=4$、$n_2=0$，有

$$\hat{\boldsymbol{M}}_o=\begin{bmatrix}\boldsymbol{c}_1\\\boldsymbol{c}_1\boldsymbol{A}\\\boldsymbol{c}_1\boldsymbol{A}^2\\\boldsymbol{c}_1\boldsymbol{A}^3\end{bmatrix}=\begin{bmatrix}0&0&1&0\\1&0&0&0\\3&1&0&1\\-10&3&1&8\end{bmatrix}$$

可验证$\operatorname{rank}(\hat{\boldsymbol{M}}_o)=4$，且

$$\hat{\boldsymbol{M}}_o^{-1}=\begin{bmatrix}0&1&0&0\\0.2&-6.8&1.6&-0.2\\1&0&0&0\\-0.2&3.8&-0.6&0.2\end{bmatrix},\quad \boldsymbol{q}_{1,n_1-1}=\begin{bmatrix}0\\-0.2\\0\\0.2\end{bmatrix}$$

按式(2-106)取状态变换矩阵

$$\boldsymbol{T}=\hat{\boldsymbol{N}}_o^{-1}=[\boldsymbol{q}_{1,n_1-1},\boldsymbol{A}\boldsymbol{q}_{1,n_1-1},\boldsymbol{A}^2\boldsymbol{q}_{1,n_1-1},\boldsymbol{A}^3\boldsymbol{q}_{1,n_1-1}]=\begin{bmatrix}0&0&1&8\\-0.2&0&0&2\\0&0&0&1\\0.2&1&5&4\end{bmatrix}$$

$$\boldsymbol{T}^{-1}=\hat{\boldsymbol{N}}_o=\begin{bmatrix}0&-5&10&0\\-5&1&34&1\\1&0&-8&0\\0&0&1&0\end{bmatrix}$$

对应的非平凡元素向量为

$$\boldsymbol{\beta}_1^{\mathrm{T}}=\hat{\boldsymbol{N}}_o\boldsymbol{A}^{n_1}\boldsymbol{q}_{1,n_1-1}=\begin{bmatrix}0&-5&10&0\\-5&1&34&1\\1&0&-8&0\\0&0&1&0\end{bmatrix}\begin{bmatrix}30\\17\\8\\-148\end{bmatrix}=\begin{bmatrix}-5\\-9\\-34\\8\end{bmatrix}$$

则有如下观测器标准形$\{\boldsymbol{A}_o,\boldsymbol{B}_o,\boldsymbol{C}_o,\boldsymbol{D}_o\}$，即

$$\boldsymbol{A}_o=\boldsymbol{T}^{-1}\boldsymbol{A}\boldsymbol{T}=\hat{\boldsymbol{N}}_o\boldsymbol{A}\hat{\boldsymbol{N}}_o^{-1}=\begin{bmatrix}0&&&-5\\1&0&&-9\\&1&0&-34\\&&1&8\end{bmatrix}$$

$$\boldsymbol{B}_o=\boldsymbol{T}^{-1}\boldsymbol{B}=\hat{\boldsymbol{N}}_o\boldsymbol{B}=\begin{bmatrix}10&0\\34&1\\-8&0\\1&0\end{bmatrix},\quad\boldsymbol{C}_o=\boldsymbol{C}\boldsymbol{T}=\boldsymbol{C}\hat{\boldsymbol{N}}_o^{-1}=\begin{bmatrix}0&0&0&1\\-0.2&0&0&2\end{bmatrix}$$

2.4.5 系统能控与能观性分解

从前面的讨论看出，系统能控(观)阵$\boldsymbol{M}_c(\boldsymbol{M}_o)$不但包含了系统能控(观)的信息，且以它们构造状态变换矩阵还可以将原系统转换到规范的形式上，相当于按输入或按输出对系统的通道进行了重整，便于后续控制器和观测器的设计。当然，前提是系统完全能控(观)。

若系统不完全能控(观)，系统能控(观)阵$\boldsymbol{M}_c(\boldsymbol{M}_o)$将不满秩，能否对它们做些修正继续进行状态变换？此时，系统的结构特征会怎样？可否将不完全能控(观)系统分解为完全能控(观)子系统与完全不能控(观)子系统？对此，下面进行详细分析。

1. 系统能控分解

若系统$\{\boldsymbol{A},\boldsymbol{B},\boldsymbol{C},\boldsymbol{D}\}$不完全能控，$\mathrm{rank}(\boldsymbol{M}_c)=r<n$。那么，在$\boldsymbol{M}_c$中一定有$r$列线性无关的列向量，记为$\hat{\boldsymbol{M}}_c=[\boldsymbol{h}_1,\boldsymbol{h}_2,\cdots,\boldsymbol{h}_r]$，可以“顺序”挑选，也可采用其他方式挑选。可见，$\boldsymbol{M}_c$中任何一个列向量都可由$\hat{\boldsymbol{M}}_c$的线性组合表示；反之，$\hat{\boldsymbol{M}}_c$是$\boldsymbol{M}_c$的一部分，它的任何一个列向量也可由$\boldsymbol{M}_c$的线性组合表示。即存在组合系数向量$\{\hat{\theta}_i\}$、$\{\hat{\theta}_{Bi}\}$、$\{\theta_i\}$，使得

$$\boldsymbol{M}_c=\hat{\boldsymbol{M}}_c[\hat{\theta}_1,\hat{\theta}_2,\cdots,\hat{\theta}_{nm}]=\hat{\boldsymbol{M}}_c\hat{\boldsymbol{\Theta}},\hat{\boldsymbol{\Theta}}\in\mathbf{R}^{r\times nm}\tag{2-108a}$$

$$\boldsymbol{B}=\hat{\boldsymbol{M}}_c[\hat{\theta}_{B1},\hat{\theta}_{B2},\cdots,\hat{\theta}_{Bm}]=\hat{\boldsymbol{M}}_c\hat{\boldsymbol{\Theta}}_B,\boldsymbol{\Theta}_B\in\mathbf{R}^{r\times m}\tag{2-108b}$$

$$\hat{\boldsymbol{M}}_c=\boldsymbol{M}_c[\theta_1,\theta_2,\cdots,\theta_r]=\boldsymbol{M}_c\boldsymbol{\Theta},\boldsymbol{\Theta}\in\mathbf{R}^{nm\times r}\tag{2-108c}$$

注意，$\boldsymbol{B}$是$\boldsymbol{M}_c$中的列。

根据凯莱-哈密顿定理式(2-65)，有

$$\boldsymbol{A}^n\boldsymbol{B}=-a_0\boldsymbol{B}-a_1\boldsymbol{A}\boldsymbol{B}-\cdots-a_{n-1}\boldsymbol{A}^{n-1}\boldsymbol{B}=-\boldsymbol{M}_c\boldsymbol{a}$$

所以，$\boldsymbol{A}\boldsymbol{M}_c=[\boldsymbol{A}\boldsymbol{B},\boldsymbol{A}^2\boldsymbol{B},\cdots,\boldsymbol{A}^n\boldsymbol{B}]$中任何一个列向量都可以由$\boldsymbol{M}_c$的线性组合表示，即存在组合系数向量构成的矩阵$\boldsymbol{\Theta}_A\in\mathbf{R}^{nm\times nm}$，使得

$$\boldsymbol{A}\boldsymbol{M}_c=\boldsymbol{M}_c\boldsymbol{\Theta}_A\tag{2-109a}$$

再考虑式(2-108c)、式(2-109a)、式(2-108a)有

$$\boldsymbol{A}\hat{\boldsymbol{M}}_c=\boldsymbol{A}\boldsymbol{M}_c\boldsymbol{\Theta}=\boldsymbol{M}_c\boldsymbol{\Theta}_A\boldsymbol{\Theta}=\hat{\boldsymbol{M}}_c\hat{\boldsymbol{\Theta}}\boldsymbol{\Theta}_A\boldsymbol{\Theta}=\hat{\boldsymbol{M}}_c\hat{\boldsymbol{\Theta}}_c\tag{2-109b}$$

式中，$\hat{\boldsymbol{\Theta}}_c=\hat{\boldsymbol{\Theta}}\boldsymbol{\Theta}_A\boldsymbol{\Theta}$。

为了形成一个可用于状态变换的满秩方阵，还需寻找$n-r$个列向量，并且与$\hat{\boldsymbol{M}}_c$中的r个列向量线性无关。正交的列向量一定线性无关，令$\hat{\boldsymbol{M}}_{\bar{c}}=[\boldsymbol{\eta}_1,\boldsymbol{\eta}_2,\cdots,\boldsymbol{\eta}_{n-r}]$中$n-r$个列向量与$\hat{\boldsymbol{M}}_c=$

$[\boldsymbol{h}_1,\boldsymbol{h}_2,\cdots,\boldsymbol{h}_r]$满足正交性，即

$$\langle \boldsymbol{h}_i,\boldsymbol{\eta}_j\rangle=\boldsymbol{h}_i^{\mathrm{T}}\boldsymbol{\eta}_j=\boldsymbol{\eta}_j^{\mathrm{T}}\boldsymbol{h}_i=0\quad(i=1,2,\cdots,r;j=1,2,\cdots,n-r)\tag{2-110a}$$

或者写成

$$\hat{\boldsymbol{M}}_c^{\mathrm{T}}\hat{\boldsymbol{M}}_{\bar{c}}=\boldsymbol{0}\tag{2-110b}$$

从线性代数知，若已知 $\hat{\boldsymbol{M}}_c$，一定存在 $\hat{\boldsymbol{M}}_{\bar{c}}$满足式(2-110b)。

在此基础上，构造状态变换阵

$$\boldsymbol{T}=[\hat{\boldsymbol{M}}_c,\ \hat{\boldsymbol{M}}_{\bar{c}}]\tag{2-111}$$

令 $\boldsymbol{T}^{-1}=\begin{bmatrix}\hat{\boldsymbol{Q}}_c\\ \hat{\boldsymbol{Q}}_{\bar{c}}\end{bmatrix}$，有

$$\boldsymbol{T}^{-1}\boldsymbol{T}=\begin{bmatrix}\hat{\boldsymbol{Q}}_c\\ \hat{\boldsymbol{Q}}_{\bar{c}}\end{bmatrix}[\hat{\boldsymbol{M}}_c,\hat{\boldsymbol{M}}_{\bar{c}}]=\begin{bmatrix}\hat{\boldsymbol{Q}}_c\hat{\boldsymbol{M}}_c & \hat{\boldsymbol{Q}}_c\hat{\boldsymbol{M}}_{\bar{c}}\\ \hat{\boldsymbol{Q}}_{\bar{c}}\hat{\boldsymbol{M}}_c & \hat{\boldsymbol{Q}}_{\bar{c}}\hat{\boldsymbol{M}}_{\bar{c}}\end{bmatrix}=\begin{bmatrix}\boldsymbol{I}_r & \\ & \boldsymbol{I}_{n-r}\end{bmatrix}\tag{2-112}$$

由于非对角块 $\hat{\boldsymbol{Q}}_{\bar{c}}\hat{\boldsymbol{M}}_c=\boldsymbol{0}$，考虑式(2-109b)、式(2-108b)，一定有

$$\hat{\boldsymbol{Q}}_{\bar{c}}\boldsymbol{A}\hat{\boldsymbol{M}}_c=\hat{\boldsymbol{Q}}_{\bar{c}}\hat{\boldsymbol{M}}_c\hat{\boldsymbol{\Theta}}_c=\boldsymbol{0},\ \hat{\boldsymbol{Q}}_{\bar{c}}\boldsymbol{B}=\hat{\boldsymbol{Q}}_{\bar{c}}\hat{\boldsymbol{M}}_c\hat{\boldsymbol{\Theta}}_B=\boldsymbol{0}$$

综上所述，以式(2-111)的状态变换矩阵对系统$\{\boldsymbol{A},\boldsymbol{B},\boldsymbol{C},\boldsymbol{D}\}$进行相似变换，可得到如下相似系统$\{\bar{\boldsymbol{A}},\bar{\boldsymbol{B}},\bar{\boldsymbol{C}},\bar{\boldsymbol{D}}\}$，即

$$\bar{\boldsymbol{A}}=\boldsymbol{T}^{-1}\boldsymbol{A}\boldsymbol{T}=\begin{bmatrix}\hat{\boldsymbol{Q}}_c\\ \hat{\boldsymbol{Q}}_{\bar{c}}\end{bmatrix}\boldsymbol{A}[\hat{\boldsymbol{M}}_c,\hat{\boldsymbol{M}}_{\bar{c}}]=\begin{bmatrix}\hat{\boldsymbol{Q}}_c\boldsymbol{A}\hat{\boldsymbol{M}}_c & \hat{\boldsymbol{Q}}_c\boldsymbol{A}\hat{\boldsymbol{M}}_{\bar{c}}\\ \hat{\boldsymbol{Q}}_{\bar{c}}\boldsymbol{A}\hat{\boldsymbol{M}}_c & \hat{\boldsymbol{Q}}_{\bar{c}}\boldsymbol{A}\hat{\boldsymbol{M}}_{\bar{c}}\end{bmatrix}=\begin{bmatrix}\bar{\boldsymbol{A}}_{11} & \bar{\boldsymbol{A}}_{12}\\ & \bar{\boldsymbol{A}}_{22}\end{bmatrix}$$

$$\bar{\boldsymbol{B}}=\boldsymbol{T}^{-1}\boldsymbol{B}=\begin{bmatrix}\hat{\boldsymbol{Q}}_c\\ \hat{\boldsymbol{Q}}_{\bar{c}}\end{bmatrix}\boldsymbol{B}=\begin{bmatrix}\hat{\boldsymbol{Q}}_c\boldsymbol{B}\\ \hat{\boldsymbol{Q}}_{\bar{c}}\boldsymbol{B}\end{bmatrix}=\begin{bmatrix}\bar{\boldsymbol{B}}_1\\ \boldsymbol{0}\end{bmatrix}$$

$$\bar{\boldsymbol{C}}=\boldsymbol{C}\boldsymbol{T}=\boldsymbol{C}[\hat{\boldsymbol{M}}_c,\hat{\boldsymbol{M}}_{\bar{c}}]=[\bar{\boldsymbol{C}}_1,\bar{\boldsymbol{C}}_2],\ \bar{\boldsymbol{D}}=\boldsymbol{D}$$

写成状态空间描述有

$$\begin{cases}\dot{\bar{\boldsymbol{x}}}=\bar{\boldsymbol{A}}\bar{\boldsymbol{x}}+\bar{\boldsymbol{B}}\boldsymbol{u}=\begin{bmatrix}\bar{\boldsymbol{A}}_{11} & \bar{\boldsymbol{A}}_{12}\\ & \bar{\boldsymbol{A}}_{22}\end{bmatrix}\begin{bmatrix}\bar{\boldsymbol{x}}_1\\ \bar{\boldsymbol{x}}_2\end{bmatrix}+\begin{bmatrix}\bar{\boldsymbol{B}}_1\\ \boldsymbol{0}\end{bmatrix}\boldsymbol{u}\\ \boldsymbol{y}=\bar{\boldsymbol{C}}\bar{\boldsymbol{x}}+\bar{\boldsymbol{D}}\boldsymbol{u}=[\bar{\boldsymbol{C}}_1,\bar{\boldsymbol{C}}_2]\begin{bmatrix}\bar{\boldsymbol{x}}_1\\ \bar{\boldsymbol{x}}_2\end{bmatrix}+\boldsymbol{D}\boldsymbol{u}\end{cases}\tag{2-113}$$

可分解为如下两个子系统，即

$$\begin{cases}\Sigma_c:\begin{cases}\dot{\bar{\boldsymbol{x}}}_1=\bar{\boldsymbol{A}}_{11}\bar{\boldsymbol{x}}_1+\bar{\boldsymbol{A}}_{12}\bar{\boldsymbol{x}}_2+\bar{\boldsymbol{B}}_1\boldsymbol{u}\\ \boldsymbol{y}_1=\bar{\boldsymbol{C}}_1\bar{\boldsymbol{x}}_1\end{cases} & (2\text{-}114\text{a})\\ \Sigma_{\bar{c}}:\begin{cases}\dot{\bar{\boldsymbol{x}}}_2=\bar{\boldsymbol{A}}_{22}\bar{\boldsymbol{x}}_2\\ \boldsymbol{y}_2=\bar{\boldsymbol{C}}_2\bar{\boldsymbol{x}}_2\end{cases} & (2\text{-}114\text{b})\\ \boldsymbol{y}=\boldsymbol{y}_1+\boldsymbol{y}_2+\boldsymbol{D}\boldsymbol{u}\end{cases}$$

相似系统$\{\bar{\boldsymbol{A}},\bar{\boldsymbol{B}},\bar{\boldsymbol{C}},\bar{\boldsymbol{D}}\}$的能控阵 $\bar{\boldsymbol{M}}_c$ 为

$$\bar{\boldsymbol{M}}_c=[\bar{\boldsymbol{B}},\bar{\boldsymbol{A}}\bar{\boldsymbol{B}},\cdots,\bar{\boldsymbol{A}}^{n-1}\bar{\boldsymbol{B}}]=\begin{bmatrix}\bar{\boldsymbol{B}}_1 & \bar{\boldsymbol{A}}_{11}\bar{\boldsymbol{B}}_1 & \cdots & \bar{\boldsymbol{A}}_{11}^{n-1}\bar{\boldsymbol{B}}_1\\ \boldsymbol{0} & \boldsymbol{0} & \cdots & \boldsymbol{0}\end{bmatrix}=\begin{bmatrix}\bar{\boldsymbol{M}}_{c1}\\ \boldsymbol{0}\end{bmatrix}$$

相似系统具有相同的能控性，所以有 $\mathrm{rank}(\bar{\boldsymbol{M}}_{c1})=\mathrm{rank}(\bar{\boldsymbol{M}}_c)=\mathrm{rank}(\boldsymbol{M}_c)=r$。

从上面推导知，以式(2-111)进行状态变换，将系统分解为了两个子系统：

1）$\bar{\boldsymbol{x}}_1\in\mathbf{R}^r$，$\mathrm{rank}(\bar{\boldsymbol{M}}_{c1})=r$，所以式(2-114a)是一个完全能控子系统$\Sigma_c$。

2）式(2-114b)中没有输入 $\boldsymbol{u}$，$\bar{\boldsymbol{x}}_2 \in \mathbf{R}^{n-r}$将不受输入 $\boldsymbol{u}$ 的控制，所以式(2-114b)是一个完全不能控子系统$\sum_{\bar{c}}$。

3）显见，完全不能控子系统$\sum_{\bar{c}}$的状态轨迹处在自由状态，即 $\bar{\boldsymbol{x}}_2(t)=\bar{\boldsymbol{x}}_2(t_0)\mathrm{e}^{\bar{\boldsymbol{A}}_{22}(t-t_0)}$。再一次揭示了系统不能控的本质就是某些特征值($\bar{\boldsymbol{A}}_{22}$的特征值)对应的响应模态$\{\mathrm{e}^{\bar{\boldsymbol{A}}_{22}t}\}$不可改变。若这些特征值不稳定，则无论施加什么样的控制 $\boldsymbol{u}$，系统的状态响应始终都会包含这些不稳定的响应模态，意味着系统将无法稳定。

下面进一步研究状态矩阵 $\boldsymbol{A}$ 的所有特征值与能控性的关系。对式(2-1)的状态空间描述，两边取拉普拉斯变换，令状态的初始值为 $\boldsymbol{0}$，有

$$\begin{cases}(s\boldsymbol{I}_n-\boldsymbol{A})\boldsymbol{x}(s)=\boldsymbol{B}\boldsymbol{u}(s),\\ \boldsymbol{y}(s)=\boldsymbol{C}\boldsymbol{x}(s)+\boldsymbol{D}\boldsymbol{u}(s),\end{cases}\quad \begin{bmatrix}\boldsymbol{0}\\-\boldsymbol{y}(s)\end{bmatrix}=\begin{bmatrix}s\boldsymbol{I}_n-\boldsymbol{A} & \boldsymbol{B}\\ -\boldsymbol{C} & \boldsymbol{D}\end{bmatrix}\begin{bmatrix}\boldsymbol{x}(s)\\-\boldsymbol{u}(s)\end{bmatrix}$$

取

$$\boldsymbol{S}=\begin{bmatrix}s\boldsymbol{I}_n-\boldsymbol{A} & \boldsymbol{B}\\ -\boldsymbol{C} & \boldsymbol{D}\end{bmatrix} \tag{2-115}$$

称矩阵 $\boldsymbol{S}$ 为系统矩阵，其中$(s\boldsymbol{I}_n-\boldsymbol{A})$为系统特征矩阵。

显见，有且只有 n 个特征值 λ_i 会让系统特征矩阵$(s\boldsymbol{I}_n-\boldsymbol{A})$降秩，即

$$\operatorname{rank}(\lambda_i\boldsymbol{I}_n-\boldsymbol{A})<n\quad(i=1,2,\cdots,n)$$

或者

$$\operatorname{rank}(s\boldsymbol{I}_n-\boldsymbol{A})=n\quad(s\neq\lambda_i)$$

为此，可有另一种形式的能控性判据：

$$\begin{aligned}\operatorname{rank}(\boldsymbol{M}_c)=n &\Leftrightarrow \operatorname{rank}[s\boldsymbol{I}_n-\boldsymbol{A},\boldsymbol{B}]=n\quad(\forall s)\\ &\Leftrightarrow \operatorname{rank}[\lambda_i\boldsymbol{I}_n-\boldsymbol{A},\boldsymbol{B}]=n\quad(i=1,2,\cdots,n)\end{aligned} \tag{2-116}$$

证明：先证 $\operatorname{rank}(\boldsymbol{M}_c)=n\Rightarrow\operatorname{rank}[\lambda_i\boldsymbol{I}_n-\boldsymbol{A},\boldsymbol{B}]=n$。

反证，设 $\operatorname{rank}(\boldsymbol{M}_c)=n$ 但 $\operatorname{rank}[\lambda_i\boldsymbol{I}_n-\boldsymbol{A},\boldsymbol{B}]<n$。那么，存在行向量$\boldsymbol{\beta}^{\mathrm{T}}\in\mathbf{R}^{1\times n}$使得

$$\boldsymbol{\beta}^{\mathrm{T}}[\lambda_i\boldsymbol{I}_n-\boldsymbol{A},\boldsymbol{B}]=\boldsymbol{0};\ \boldsymbol{\beta}^{\mathrm{T}}(\lambda_i\boldsymbol{I}_n-\boldsymbol{A})=\boldsymbol{0},\ \boldsymbol{\beta}^{\mathrm{T}}\boldsymbol{B}=\boldsymbol{0}$$

进一步有

$$\boldsymbol{\beta}^{\mathrm{T}}\boldsymbol{A}=\lambda_i\boldsymbol{\beta}^{\mathrm{T}},\ \boldsymbol{\beta}^{\mathrm{T}}\boldsymbol{A}^2=\lambda_i\boldsymbol{\beta}^{\mathrm{T}}\boldsymbol{A}=\lambda_i^2\boldsymbol{\beta}^{\mathrm{T}},\ \cdots,\ \boldsymbol{\beta}^{\mathrm{T}}\boldsymbol{A}^{n-1}=\lambda_i^{n-1}\boldsymbol{\beta}^{\mathrm{T}}$$

$$\boldsymbol{\beta}^{\mathrm{T}}\boldsymbol{A}^j\boldsymbol{B}=\lambda_i^j\boldsymbol{\beta}^{\mathrm{T}}\boldsymbol{B}=\boldsymbol{0}\quad(j=0,1,2,\cdots,n-1)$$

$$\boldsymbol{\beta}^{\mathrm{T}}[\boldsymbol{B},\boldsymbol{A}\boldsymbol{B},\cdots,\boldsymbol{A}^{n-1}\boldsymbol{B}]=\boldsymbol{0}$$

故 $\operatorname{rank}(\boldsymbol{M}_c)<n$，与假设矛盾。

再证 $\operatorname{rank}[\lambda_i\boldsymbol{I}_n-\boldsymbol{A},\boldsymbol{B}]=n\Rightarrow\operatorname{rank}(\boldsymbol{M}_c)=n$。

反证，设 $\operatorname{rank}[\lambda_i\boldsymbol{I}_n-\boldsymbol{A},\boldsymbol{B}]=n$ 但 $\operatorname{rank}(\boldsymbol{M}_c)=r<n$。那么，可按式(2-111)取状态变换矩阵，得到式(2-113)的相似系统，进而有

$$[\lambda_i\boldsymbol{I}_n-\boldsymbol{A},\boldsymbol{B}]=[\lambda_i\boldsymbol{I}_n-\boldsymbol{T}\bar{\boldsymbol{A}}\boldsymbol{T}^{-1},\boldsymbol{T}\bar{\boldsymbol{B}}]=\boldsymbol{T}[\lambda_i\boldsymbol{I}_n-\bar{\boldsymbol{A}},\bar{\boldsymbol{B}}]\begin{bmatrix}\boldsymbol{T}^{-1} & \\ & \boldsymbol{I}_m\end{bmatrix}$$

$$=\boldsymbol{T}\begin{bmatrix}\lambda_i\boldsymbol{I}_r-\bar{\boldsymbol{A}}_{11} & -\bar{\boldsymbol{A}}_{12} & \bar{\boldsymbol{B}}_1\\ & \lambda_i\boldsymbol{I}_{n-r}-\bar{\boldsymbol{A}}_{22} & \boldsymbol{0}\end{bmatrix}\begin{bmatrix}\boldsymbol{T}^{-1} & \\ & \boldsymbol{I}_m\end{bmatrix}$$

令 λ_i 是 $\bar{\boldsymbol{A}}_{22}$的特征值，那么

$$\operatorname{rank}(\lambda_i\boldsymbol{I}_{n-r}-\bar{\boldsymbol{A}}_{22})<n-r\Rightarrow\operatorname{rank}\begin{bmatrix}\lambda_i\boldsymbol{I}_r-\bar{\boldsymbol{A}}_{11} & -\bar{\boldsymbol{A}}_{12} & \bar{\boldsymbol{B}}_1\\ & \lambda_i\boldsymbol{I}_{n-r}-\bar{\boldsymbol{A}}_{22} & \boldsymbol{0}\end{bmatrix}<n$$

$$\Rightarrow \text{rank}[\lambda_i \boldsymbol{I}_n-\boldsymbol{A},\boldsymbol{B}]<n$$

故与 $\text{rank}[\lambda_i \boldsymbol{I}_n-\boldsymbol{A},\boldsymbol{B}]=n$ 矛盾。证毕。

综上所述，有如下结论：

1）系统能控性归结到了特征值是否能控。让 $[\lambda_i \boldsymbol{I}_n-\boldsymbol{A},\boldsymbol{B}]$ 降秩的特征值 λ_i 为不能控特征值；否则，为能控特征值。

2）从式(2-114b)知，不能控子系统的特征值($\bar{\boldsymbol{A}}_{22}$ 的特征值)对应的模态 $e^{\lambda_i t}$，一旦激发将始终存在于状态响应中并且不可通过输入 $\boldsymbol{u}$ 改变。而能控子系统的特征值($\bar{\boldsymbol{A}}_{11}$ 的特征值)对应的模态 $e^{\lambda_i t}$ 可以通过输入 $\boldsymbol{u}$ 改变，即将 λ_i 修改为 $\bar{\lambda}_i$，修改后的模态 $e^{\bar{\lambda}_i t}$ 就会具有较好的快速性与平稳性。这将在后面的状态反馈与极点配置中详细说明。

3）能稳定性。令系统能控矩阵 $\text{rank}(\boldsymbol{M}_c)=r<n$，一定有 $n-r$ 个不能控的特征值。若所有不能控的特征值 λ_i 满足 $\text{Re}(\lambda_i)<0$，称系统是能稳定的，或是能镇定的。简言之，不能控特征值是稳定的，系统就是能稳定的，否则，无论采用何种控制器都无法使系统稳定。

4）若对系统 $\{\boldsymbol{A},\boldsymbol{B},\boldsymbol{C},\boldsymbol{D}\}$ 进行对角形相似变换，得到式(2-87)的相似系统 $\{\boldsymbol{\Lambda},\bar{\boldsymbol{B}},\bar{\boldsymbol{C}},\bar{\boldsymbol{D}}\}$，则

$$[s\boldsymbol{I}_n-\boldsymbol{\Lambda},\bar{\boldsymbol{B}}]=\begin{bmatrix} s-\lambda_1 & & & & & \bar{\boldsymbol{B}}_1 \\ & \ddots & & & & \vdots \\ & & s-\lambda_i & & & \bar{\boldsymbol{B}}_i \\ & & & \ddots & & \vdots \\ & & & & s-\lambda_n & \bar{\boldsymbol{B}}_n \end{bmatrix}$$

$$=\boldsymbol{T}^{-1}[s\boldsymbol{I}_n-\boldsymbol{A},\boldsymbol{B}]\begin{bmatrix} \boldsymbol{T} & \boldsymbol{O} \\ \boldsymbol{O} & \boldsymbol{I}_m \end{bmatrix}$$

可见，若 $\bar{\boldsymbol{B}}_i=\boldsymbol{0}$，取 $s=\lambda_i$，$[s\boldsymbol{I}_n-\boldsymbol{\Lambda},\bar{\boldsymbol{B}}]$ 将出现全零行，那么 $\text{rank}[\lambda_i\boldsymbol{I}_n-\boldsymbol{\Lambda},\bar{\boldsymbol{B}}]<n$，第 i 个特征值 λ_i 不能控，系统也就不完全能控。

若 $\bar{\boldsymbol{B}}_i\neq\boldsymbol{0}$，不失一般性，令 $\bar{b}_{ij}\neq 0$，取 $s=\lambda_i$，则 $[s\boldsymbol{I}_n-\boldsymbol{\Lambda},\bar{\boldsymbol{B}}]$ 中有如下一个 $n\times n$ 的子式满秩，即

$$\text{rank}[\lambda_i\boldsymbol{I}_n-\boldsymbol{\Lambda},\bar{\boldsymbol{B}}]=\text{rank}\begin{bmatrix} \lambda_i-\lambda_1 & & & & & * \\ & \ddots & & & & \vdots \\ & & s-\lambda_i & & & \bar{b}_{ij} \\ & & & \ddots & & \vdots \\ & & & & \lambda_i-\lambda_n & * \end{bmatrix}=n$$

表明第 i 个特征值 λ_i 能控；若任意 i 的 $\bar{\boldsymbol{B}}_i\neq\boldsymbol{0}$，则所有特征值都能控，系统也就完全能控。这就证实了式(2-88b)的分析结果。

2. 系统能观分解

若系统 $\{\boldsymbol{A},\boldsymbol{B},\boldsymbol{C},\boldsymbol{D}\}$ 不完全能观，$\text{rank}(\boldsymbol{M}_o)=r<n$，同样可参照前面的做法进行能观分解。在 $\boldsymbol{M}_o$ 中一定有 r 行线性无关的行向量，记为 $\hat{\boldsymbol{M}}_o\in\mathbf{R}^{r\times n}$，那么 $\boldsymbol{M}_o$ 中任何一个行向量都可由 $\hat{\boldsymbol{M}}_o$ 的线性组合表示；反之，$\hat{\boldsymbol{M}}_o$ 是 $\boldsymbol{M}_o$ 的一部分，它的任何一个行向量也可由 $\boldsymbol{M}_o$ 的线性组合表示。即存在组合系数矩阵 $\hat{\boldsymbol{\Theta}}\in\mathbf{R}^{r\times np}$、$\boldsymbol{\Theta}_C\in\mathbf{R}^{r\times p}$、$\boldsymbol{\Theta}\in\mathbf{R}^{np\times r}$，使得

$$\boldsymbol{M}_o^{\mathrm{T}}=\hat{\boldsymbol{M}}_o^{\mathrm{T}}\hat{\boldsymbol{\Theta}},\ \boldsymbol{C}^{\mathrm{T}}=\hat{\boldsymbol{M}}_o^{\mathrm{T}}\hat{\boldsymbol{\Theta}}_C,\ \hat{\boldsymbol{M}}_o^{\mathrm{T}}=\boldsymbol{M}_o^{\mathrm{T}}\boldsymbol{\Theta}$$

同样，$\boldsymbol{M}_o\boldsymbol{A}$ 中任何一个行向量都可以由 $\boldsymbol{M}_o$ 的线性组合表示，即存在组合系数矩阵 $\boldsymbol{\Theta}_A\in\mathbf{R}^{np\times np}$，使得

$$(M_oA)^{\mathrm T}=A^{\mathrm T}M_o^{\mathrm T}=M_o^{\mathrm T}\Theta_A$$

同样可推出

$$A^{\mathrm T}\hat{M}_o^{\mathrm T}=A^{\mathrm T}M_o^{\mathrm T}\Theta=M_o^{\mathrm T}\Theta_A\Theta=\hat{M}_o^{\mathrm T}\hat{\Theta}\Theta_A\Theta=\hat{M}_o^{\mathrm T}\hat{\Theta}_c \tag{2-117}$$

式中，$\hat{\Theta}_c=\hat{\Theta}\Theta_A\Theta$。

取与 $\hat{M}_o$ 正交的$(n-r)$个行向量构成 $\hat{M}_{\bar{o}}\in\mathbf{R}^{(n-r)\times n}$；再取如下(逆)状态变换

$$T^{-1}=\begin{bmatrix}\hat{M}_o\\\hat{M}_{\bar{o}}\end{bmatrix} \tag{2-118}$$

令 $T=[\hat{Q}_o,\hat{Q}_{\bar{o}}]$，则有

$$T^{-1}T=\begin{bmatrix}\hat{M}_o\\\hat{M}_{\bar{o}}\end{bmatrix}[\hat{Q}_o,\hat{Q}_{\bar{o}}]=\begin{bmatrix}\hat{M}_o\hat{Q}_o & \hat{M}_o\hat{Q}_{\bar{o}}\\\hat{M}_{\bar{o}}\hat{Q}_o & \hat{M}_{\bar{o}}\hat{Q}_{\bar{o}}\end{bmatrix}=\begin{bmatrix}I_r & \\ & I_{n-r}\end{bmatrix}$$

式中，$\hat{M}_o\hat{Q}_{\bar{o}}=\mathbf{0}$。进一步可推出

$$\hat{M}_oA\hat{Q}_{\bar{o}}=(A^{\mathrm T}\hat{M}_o^{\mathrm T})^{\mathrm T}\hat{Q}_{\bar{o}}=(M_o^{\mathrm T}\Theta_A)^{\mathrm T}\hat{Q}_{\bar{o}}=\Theta_A^{\mathrm T}\hat{M}_o\hat{Q}_{\bar{o}}=\mathbf{0}$$

$$C\hat{Q}_{\bar{o}}=(\hat{M}_o^{\mathrm T}\hat{\Theta}_C)^{\mathrm T}\hat{Q}_{\bar{o}}=\hat{\Theta}_C^{\mathrm T}\hat{M}_o\hat{Q}_{\bar{o}}=\mathbf{0}$$

综上所述，以式(2-118)的状态变换对系统$\{A,B,C,D\}$进行相似变换，可得到如下相似系统$\{\bar{A},\bar{B},\bar{C},\bar{D}\}$，即

$$\bar{A}=T^{-1}AT=\begin{bmatrix}\hat{M}_o\\\hat{M}_{\bar{o}}\end{bmatrix}A[\hat{Q}_o,\hat{Q}_{\bar{o}}]=\begin{bmatrix}\hat{M}_oA\hat{Q}_o & \hat{M}_oA\hat{Q}_{\bar{o}}\\\hat{M}_{\bar{o}}A\hat{Q}_o & \hat{M}_{\bar{o}}A\hat{Q}_{\bar{o}}\end{bmatrix}=\begin{bmatrix}\bar{A}_{11} & \\ \bar{A}_{21} & \bar{A}_{22}\end{bmatrix}$$

$$\bar{B}=T^{-1}B=\begin{bmatrix}\hat{M}_o\\\hat{M}_{\bar{o}}\end{bmatrix}B=\begin{bmatrix}\hat{M}_oB\\\hat{M}_{\bar{o}}B\end{bmatrix}=\begin{bmatrix}\bar{B}_1\\\bar{B}_2\end{bmatrix}$$

$$\bar{C}=CT=C[\hat{Q}_o,\hat{Q}_{\bar{o}}]=[C\hat{Q}_o,C\hat{Q}_{\bar{o}}]=[\bar{C}_1,\mathbf{0}],\quad \bar{D}=D$$

写成状态空间描述有

$$\begin{cases}\dot{\bar{x}}=\bar{A}\bar{x}+\bar{B}u=\begin{bmatrix}\bar{A}_{11} & \\ \bar{A}_{21} & \bar{A}_{22}\end{bmatrix}\begin{bmatrix}\bar{x}_1\\\bar{x}_2\end{bmatrix}+\begin{bmatrix}\bar{B}_1\\\bar{B}_2\end{bmatrix}u\\ y=\bar{C}\bar{x}+\bar{D}u=[\bar{C}_1,\mathbf{0}]\begin{bmatrix}\bar{x}_1\\\bar{x}_2\end{bmatrix}+Du\end{cases} \tag{2-119}$$

可分解为如下两个子系统，即

$$\begin{cases}\Sigma_o:\begin{cases}\dot{\bar{x}}_1=\bar{A}_{11}\bar{x}_1+\bar{B}_1u\\ y_1=\bar{C}_1\bar{x}_1\end{cases} & (2\text{-}120\text{a})\\ \Sigma_{\bar{o}}:\begin{cases}\dot{\bar{x}}_2=\bar{A}_{22}\bar{x}_2+\bar{A}_{21}\bar{x}_1+\bar{B}_2u\\ y_2=\mathbf{0}\times\bar{x}_2=\mathbf{0}\end{cases} & (2\text{-}120\text{b})\\ y=y_1+y_2+Du\end{cases}$$

相似系统$\{\bar{A},\bar{B},\bar{C},\bar{D}\}$的能观阵 $\bar{M}_o$ 为

$$\bar{M}_o=\begin{bmatrix}\bar{C}\\\bar{C}\bar{A}\\\vdots\\\bar{C}\bar{A}^{n-1}\end{bmatrix}=\begin{bmatrix}\bar{C}_1 & \mathbf{0}\\\bar{C}_1\bar{A}_{11} & \mathbf{0}\\\vdots & \vdots\\\bar{C}_1\bar{A}_{11}^{n-1} & \mathbf{0}\end{bmatrix}=[\bar{M}_{o1},\mathbf{0}]$$

相似系统有相同的能控性，所以有 $\operatorname{rank}(\bar{\boldsymbol{M}}_{o1})=\operatorname{rank}(\bar{\boldsymbol{M}}_o)=\operatorname{rank}(\boldsymbol{M}_o)=r$。

同样，从上面推导知，以式(2-118)进行状态变换，将系统分解为了两个子系统：

1）$\bar{\boldsymbol{x}}_1\in\mathbf{R}^r$，$\operatorname{rank}(\bar{\boldsymbol{M}}_{o1})=r$，所以式(2-120a)是一个完全能观子系统$\Sigma_o$。

2）式(2-120b)中输出 $\boldsymbol{y}_2=\boldsymbol{0}$，所以式(2-120b)是一个完全不能观子系统$\Sigma_{\bar{o}}$。

3）显见，系统输出响应 $\boldsymbol{y}(t)$ 只含 $\bar{\boldsymbol{x}}_1(t)$ 的响应不含 $\bar{\boldsymbol{x}}_2(t)$ 的响应，换句话说，只有完全能观子系统Σ_o的状态子阵 $\bar{\boldsymbol{A}}_{11}$ 的特征值对应的响应模态$\{\mathrm{e}^{\bar{\boldsymbol{A}}_{11}t}\}$出现在 $\boldsymbol{y}(t)$ 中；完全不能观子系统$\Sigma_{\bar{o}}$的状态子阵 $\bar{\boldsymbol{A}}_{22}$ 的特征值对应的响应模态$\{\mathrm{e}^{\bar{\boldsymbol{A}}_{22}t}\}$一定不会出现在 $\boldsymbol{y}(t)$ 中。

与式(2-116)的能控性判据类似，有如下另一种形式的能观性判据：

$$\operatorname{rank}(\boldsymbol{M}_o)=n\Leftrightarrow\operatorname{rank}\begin{bmatrix}s\boldsymbol{I}_n-\boldsymbol{A}\\ \boldsymbol{C}\end{bmatrix}=n(\forall s)\Leftrightarrow\operatorname{rank}\begin{bmatrix}s\boldsymbol{I}_n-\boldsymbol{A}\\ -\boldsymbol{C}\end{bmatrix}=n(\forall s)$$

$$\Leftrightarrow\operatorname{rank}\begin{bmatrix}\lambda_i\boldsymbol{I}_n-\boldsymbol{A}\\ \boldsymbol{C}\end{bmatrix}=n\quad(i=1,2,\cdots,n)\tag{2-121}$$

同样可推知：

1）让$\begin{bmatrix}\lambda_i\boldsymbol{I}_n-\boldsymbol{A}\\ \boldsymbol{C}\end{bmatrix}$降秩的特征值 λ_i 一定是不能观的特征值，反之是能观的特征值。

2）若系统能观阵 $\operatorname{rank}(\boldsymbol{M}_o)=r<n$，一定有 r 个特征值能观，可分解为式(2-120a)的完全能观子系统Σ_o；一定有 $n-r$ 个特征值不能观，可分解为式(2-120b)的完全不能观子系统$\Sigma_{\bar{o}}$。

3）能检测性。与能稳定性对偶，若所有不能观特征值 λ_i 满足 $\operatorname{Re}(\lambda_i)<0$，称系统是能检测的。这对状态观测器的设计是重要的前提条件，第 3 章会进一步讨论。

4）对于不能观的特征值 λ_i，其对应的模态 $\mathrm{e}^{\lambda_i t}$ 一定不会出现在系统输出响应 $\boldsymbol{y}(t)$ 中。这一点对抗干扰设计是有启发的，即将含扰动信号的传递函数矩阵对应的特征值变为不能观，扰动的影响将不在输出响应中出现。

5）若对系统$\{\boldsymbol{A},\boldsymbol{B},\boldsymbol{C},\boldsymbol{D}\}$进行对角形相似变换，得到式(2-87)的相似系统$\{\boldsymbol{\Lambda},\bar{\boldsymbol{B}},\bar{\boldsymbol{C}},\bar{\boldsymbol{D}}\}$，则

$$\begin{bmatrix}s\boldsymbol{I}_n-\boldsymbol{\Lambda}\\ \bar{\boldsymbol{C}}\end{bmatrix}=\begin{bmatrix}s-\lambda_1 & & & & \\ & \ddots & & & \\ & & s-\lambda_j & & \\ & & & \ddots & \\ & & & & s-\lambda_n\\ \bar{\boldsymbol{C}}_1 & \cdots & \bar{\boldsymbol{C}}_j & \cdots & \bar{\boldsymbol{C}}_n\end{bmatrix}=\begin{bmatrix}\boldsymbol{T}^{-1} & \\ & \boldsymbol{I}_p\end{bmatrix}\begin{bmatrix}s\boldsymbol{I}_n-\boldsymbol{A}\\ \boldsymbol{C}\end{bmatrix}\boldsymbol{T}$$

可见，若 $\bar{\boldsymbol{C}}_j=\boldsymbol{0}$，取 $s=\lambda_j$，$\begin{bmatrix}\lambda_j\boldsymbol{I}_n-\boldsymbol{\Lambda}\\ \bar{\boldsymbol{C}}\end{bmatrix}$将出现全零列，$\operatorname{rank}\begin{bmatrix}\lambda_j\boldsymbol{I}_n-\boldsymbol{\Lambda}\\ \bar{\boldsymbol{C}}\end{bmatrix}<n$，第 j 个特征值 λ_j 不能观，系统也就不能观；

若 $\bar{\boldsymbol{C}}_j\neq\boldsymbol{0}$，不失一般性，令 $\bar{c}_{ij}\neq 0$，取 $s=\lambda_j$，则$\begin{bmatrix}\lambda_j\boldsymbol{I}_n-\boldsymbol{\Lambda}\\ \bar{\boldsymbol{C}}\end{bmatrix}$中有如下一个 $n\times n$ 的子式满秩，即

$$\operatorname{rank}\begin{bmatrix}\lambda_j\boldsymbol{I}_n-\boldsymbol{\Lambda}\\ \bar{\boldsymbol{C}}\end{bmatrix}=\operatorname{rank}\begin{bmatrix}\lambda_j-\lambda_1 & & & & \\ & \ddots & & & \\ & & 0 & & \\ & & & \ddots & \\ & & & & \lambda_j-\lambda_n\\ * & \cdots & \bar{c}_{ij} & \cdots & *\end{bmatrix}=n$$

表明第j个特征值能观；若任意j的$\bar{C}_j \neq 0$，则所有特征值都能观，系统也就完全能观。这也证实了式(2-88c)的分析结果。

3. 能控(观)分解与传递函数矩阵

对于能控分解后的系统式(2-113)求传递函数矩阵有

$$
\begin{aligned}
G(s) &= \bar{C}(sI_n - \bar{A})^{-1}\bar{B} + D \\
&= [\bar{C}_1, \bar{C}_2]\begin{bmatrix} sI_r - \bar{A}_{11} & -\bar{A}_{12} \\ & sI_{n-r} - \bar{A}_{22} \end{bmatrix}^{-1}\begin{bmatrix} \bar{B}_1 \\ 0 \end{bmatrix} + D \\
&= [\bar{C}_1, \bar{C}_2]\begin{bmatrix} (sI_r - \bar{A}_{11})^{-1}\bar{B}_1 \\ 0 \end{bmatrix} + D \\
&= \bar{C}_1(sI_r - \bar{A}_{11})^{-1}\bar{B}_1 + D
\end{aligned} \tag{2-122}
$$

可见，系统$\{A,B,C,D\}$的传递函数矩阵只与其完全能控子系统$\{\bar{A}_{11}, \bar{B}_1, \bar{C}_1, D\}$有关。另外，从式(2-113)有

$$
a_c(s) = \det(sI_r - \bar{A}_{11}),\quad a_{\bar{c}}(s) = \det(sI_{n-r} - \bar{A}_{22})
$$

$$
a(s) = \det(sI_n - A) = \det(sI_n - \bar{A}) = \det(sI_r - \bar{A}_{11})\det(sI_{n-r} - \bar{A}_{22}) = a_c(s)a_{\bar{c}}(s)
$$

它的n个极点($a(s)=0$)，可分为r个完全能控子系统的极点($a_c(s)=0$)和$n-r$个完全不能控子系统的极点($a_{\bar{c}}(s)=0$)。但完全不能控子系统的极点在最后的传递函数矩阵消失了，意味着完全不能控子系统的极点在传递函数矩阵中发生了“零极点对消”。

同理，对于能观分解后的系统式(2-119)求传递函数矩阵有

$$
\begin{aligned}
G(s) &= \bar{C}(sI_n - \bar{A})^{-1}\bar{B} + D \\
&= [\bar{C}_1, 0]\begin{bmatrix} sI_r - \bar{A}_{11} & \\ -\bar{A}_{21} & sI_{n-r} - \bar{A}_{22} \end{bmatrix}^{-1}\begin{bmatrix} \bar{B}_1 \\ \bar{B}_2 \end{bmatrix} + D \\
&= [\bar{C}_1(sI_r - \bar{A}_{11})^{-1} \quad 0]\begin{bmatrix} \bar{B}_1 \\ \bar{B}_2 \end{bmatrix} + D \\
&= \bar{C}_1(sI_r - \bar{A}_{11})^{-1}\bar{B}_1 + D
\end{aligned} \tag{2-123}
$$

与式(2-122)形式一致。同样，系统$\{A,B,C,D\}$的传递函数矩阵只与其完全能观子系统$\{\bar{A}_{11}, \bar{B}_1, \bar{C}_1, D\}$有关。另外，从式(2-119)有

$$
a_o(s) = \det(sI_r - \bar{A}_{11}),\quad a_{\bar{o}}(s) = \det(sI_{n-r} - \bar{A}_{22})
$$

$$
a(s) = \det(sI_n - A) = \det(sI_n - \bar{A}) = \det(sI_r - \bar{A}_{11})\det(sI_{n-r} - \bar{A}_{22}) = a_o(s)a_{\bar{o}}(s)
$$

它的n个极点($a(s)=0$)，可分为r个完全能观子系统的极点($a_o(s)=0$)和$n-r$个完全不能观子系统的极点($a_{\bar{o}}(s)=0$)。但完全不能观子系统的极点在传递函数矩阵中发生了“零极点对消”，从而在最后的传递函数矩阵中，完全不能观子系统的极点已消失。

4. 系统能控能观联合分解

前面的讨论表明，对于系统$\Sigma = \{A,B,C,D\}$，根据能控阵M_c可将系统分解为完全能控子系统Σ_c和完全不能控子系统$\Sigma_{\bar{c}}$；也可以通过能观阵M_o将系统分解为完全能观子系统Σ_o和完全不能观子系统$\Sigma_{\bar{o}}$。用同样的思路，可以将系统再细分为四个子系统。有下面两条路径进行：

$$\Sigma\Rightarrow\begin{cases}\Sigma_c\Rightarrow\begin{cases}\Sigma_{co}\\\Sigma_{c\bar{o}}\end{cases}\\\Sigma_{\bar{c}}\Rightarrow\begin{cases}\Sigma_{\bar{c}o}\\\Sigma_{\bar{c}\bar{o}}\end{cases}\end{cases}\quad\text{或者}\quad\Sigma\Rightarrow\begin{cases}\Sigma_o\Rightarrow\begin{cases}\Sigma_{oc}\\\Sigma_{o\bar{c}}\end{cases}\\\Sigma_{\bar{o}}\Rightarrow\begin{cases}\Sigma_{\bar{o}c}\\\Sigma_{\bar{o}\bar{c}}\end{cases}\end{cases}$$

一是，先将系统Σ进行能控分解，得到完全能控子系统Σ_c和完全不能控子系统$\Sigma_{\bar{c}}$；再分别将子系统Σ_c和子系统$\Sigma_{\bar{c}}$进行能观分解，将得到能控能观子系统Σ_{co}、能控不能观子系统$\Sigma_{c\bar{o}}$与不能控能观子系统$\Sigma_{\bar{c}o}$、不能控不能观子系统$\Sigma_{\bar{c}\bar{o}}$。

二是，先将系统Σ进行能观分解，得到完全能观子系统Σ_o和完全不能观子系统$\Sigma_{\bar{o}}$；再分别将子系统Σ_o和子系统$\Sigma_{\bar{o}}$进行能控分解，将得到能观能控子系统Σ_{oc}、能观不能控子系统$\Sigma_{o\bar{c}}$与不能观能控子系统$\Sigma_{\bar{o}c}$、不能观不能控子系统$\Sigma_{\bar{o}\bar{c}}$。

无论哪条路径，一定存在状态变换矩阵$\boldsymbol{T}$将系统$\Sigma=\{\boldsymbol{A},\boldsymbol{B},\boldsymbol{C},\boldsymbol{D}\}$相似变换到系统$\bar{\Sigma}=\{\bar{\boldsymbol{A}},\bar{\boldsymbol{B}},\bar{\boldsymbol{C}},\bar{\boldsymbol{D}}\}$，即

$$\bar{\boldsymbol{A}}=\boldsymbol{T}^{-1}\boldsymbol{A}\boldsymbol{T}=\left[\begin{array}{cc:cc}\bar{\boldsymbol{A}}_{11} & & \bar{\boldsymbol{A}}_{13} & \\ \bar{\boldsymbol{A}}_{21} & \bar{\boldsymbol{A}}_{22} & \bar{\boldsymbol{A}}_{23} & \bar{\boldsymbol{A}}_{24}\\ \hdashline & & \bar{\boldsymbol{A}}_{33} & \\ & & \bar{\boldsymbol{A}}_{43} & \bar{\boldsymbol{A}}_{44}\end{array}\right],\quad \bar{\boldsymbol{B}}=\boldsymbol{T}^{-1}\boldsymbol{B}=\begin{bmatrix}\bar{\boldsymbol{B}}_1\\\bar{\boldsymbol{B}}_2\\\boldsymbol{0}\\\boldsymbol{0}\end{bmatrix}$$

$$\bar{\boldsymbol{C}}=\boldsymbol{C}\boldsymbol{T}=[\bar{\boldsymbol{C}}_1,\boldsymbol{0},\bar{\boldsymbol{C}}_3,\boldsymbol{0}],\quad \bar{\boldsymbol{D}}=\boldsymbol{D}$$

得到四个子系统：

$$\begin{cases}\Sigma_{co}:\begin{cases}\dot{\bar{\boldsymbol{x}}}_1=\bar{\boldsymbol{A}}_{11}\bar{\boldsymbol{x}}_1+\bar{\boldsymbol{A}}_{13}\bar{\boldsymbol{x}}_3+\bar{\boldsymbol{B}}_1\boldsymbol{u}\\\boldsymbol{y}_1=\bar{\boldsymbol{C}}_1\bar{\boldsymbol{x}}_1\end{cases} & (2\text{-}124\text{a})\\ \Sigma_{c\bar{o}}:\begin{cases}\dot{\bar{\boldsymbol{x}}}_2=\bar{\boldsymbol{A}}_{22}\bar{\boldsymbol{x}}_2+\bar{\boldsymbol{A}}_{21}\bar{\boldsymbol{x}}_1+\bar{\boldsymbol{A}}_{23}\bar{\boldsymbol{x}}_3+\bar{\boldsymbol{A}}_{24}\bar{\boldsymbol{x}}_4+\bar{\boldsymbol{B}}_2\boldsymbol{u}\\\boldsymbol{y}_2=\bar{\boldsymbol{C}}_2\bar{\boldsymbol{x}}_2=\boldsymbol{0}\end{cases} & (2\text{-}124\text{b})\\ \Sigma_{\bar{c}o}:\begin{cases}\dot{\bar{\boldsymbol{x}}}_3=\bar{\boldsymbol{A}}_{33}\bar{\boldsymbol{x}}_3\\\boldsymbol{y}_3=\bar{\boldsymbol{C}}_3\bar{\boldsymbol{x}}_3\end{cases} & (2\text{-}124\text{c})\\ \Sigma_{\bar{c}\bar{o}}:\begin{cases}\dot{\bar{\boldsymbol{x}}}_4=\bar{\boldsymbol{A}}_{44}\bar{\boldsymbol{x}}_4+\bar{\boldsymbol{A}}_{43}\bar{\boldsymbol{x}}_3\\\boldsymbol{y}_4=\bar{\boldsymbol{C}}_4\bar{\boldsymbol{x}}_4=\boldsymbol{0}\end{cases} & (2\text{-}124\text{d})\\ \boldsymbol{y}=\boldsymbol{y}_1+\boldsymbol{y}_2+\boldsymbol{y}_3+\boldsymbol{y}_4+\boldsymbol{D}\boldsymbol{u}\end{cases}$$

各子系统的维数分别为$\bar{\boldsymbol{x}}_1\in\mathbf{R}^{r_1}$、$\bar{\boldsymbol{x}}_2\in\mathbf{R}^{r_2}$、$\bar{\boldsymbol{x}}_3\in\mathbf{R}^{r_3}$、$\bar{\boldsymbol{x}}_4\in\mathbf{R}^{r_4}$，$\sum_{i=1}^{4}r_i=n$。

系统的传递函数矩阵为

$$\boldsymbol{G}(s)=\bar{\boldsymbol{C}}(s\boldsymbol{I}_n-\bar{\boldsymbol{A}})^{-1}\bar{\boldsymbol{B}}+\boldsymbol{D}$$

$$=[\bar{\boldsymbol{C}}_1,\boldsymbol{0},\bar{\boldsymbol{C}}_3,\boldsymbol{0}]\left[\begin{array}{cc:cc}s\boldsymbol{I}_{r_1}-\bar{\boldsymbol{A}}_{11} & & -\bar{\boldsymbol{A}}_{13} & \\ -\bar{\boldsymbol{A}}_{21} & s\boldsymbol{I}_{r_2}-\bar{\boldsymbol{A}}_{22} & -\bar{\boldsymbol{A}}_{23} & -\bar{\boldsymbol{A}}_{24}\\ \hdashline & & s\boldsymbol{I}_{r_3}-\bar{\boldsymbol{A}}_{33} & \\ & & -\bar{\boldsymbol{A}}_{43} & s\boldsymbol{I}_{r_4}-\bar{\boldsymbol{A}}_{44}\end{array}\right]^{-1}\begin{bmatrix}\bar{\boldsymbol{B}}_1\\\bar{\boldsymbol{B}}_2\\\boldsymbol{0}\\\boldsymbol{0}\end{bmatrix}+\bar{\boldsymbol{D}}$$

$$
=[\bar{C}_1,0,\bar{C}_3,0]\left[\begin{array}{cc:cc}(sI_{r_1}-\bar{A}_{11})^{-1} & & \tilde{A}_{13} & \\ \tilde{A}_{21} & (sI_{r_2}-\bar{A}_{22})^{-1} & \tilde{A}_{23} & \tilde{A}_{24} \\ \hdashline & & (sI_{r_3}-\bar{A}_{33})^{-1} & \\ & & \tilde{A}_{43} & (sI_{r_4}-\bar{A}_{44})^{-1}\end{array}\right]\begin{bmatrix}\bar{B}_1\\ \bar{B}_2\\ 0\\ 0\end{bmatrix}+\bar{D}
$$

$$
=[\bar{C}_1(sI_{r_1}-\bar{A}_{11})^{-1},0,\bar{C}_3(sI_{r_3}-\bar{A}_{33})^{-1},0]\begin{bmatrix}\bar{B}_1\\ \bar{B}_2\\ 0\\ 0\end{bmatrix}+\bar{D}
$$

$$
=\bar{C}_1(sI_{r_1}-\bar{A}_{11})^{-1}\bar{B}_1+\bar{D}
$$

可见，系统$\{A,B,C,D\}$的传递函数矩阵只与能控且能观子系统Σ_{co}有关；$\Sigma_{c\bar{o}}$、$\Sigma_{\bar{c}o}$、$\Sigma_{\bar{c}\bar{o}}$等三个子系统均不在最后的传递函数矩阵中出现了“零极点对消”。这也说明，能控且能观子系统Σ_{co}将是$G(s)$的最小实现。

例 2-8 对下列线性定常系统进行能控能观联合分解

$$
\dot{x}=\begin{bmatrix}1 & 2 & -1\\ 0 & 1 & 0\\ 1 & -4 & 3\end{bmatrix}x+\begin{bmatrix}0\\ 0\\ 1\end{bmatrix}u \tag{2-125a}
$$

$$
y=[1,-1,1]x \tag{2-125b}
$$

(1) 系统的能控性分解

计算能控阵

$$
M_c=[b,Ab,A^2b]=\begin{bmatrix}0 & -1 & -4\\ 0 & 0 & 0\\ 1 & 3 & 8\end{bmatrix},\quad \mathrm{rank}(M_c)=r=2<n=3
$$

故系统(2-125)不完全能控，即存在不可控的特征值。

按照式(2-111)构造状态变换矩阵，即

$$
T=[\hat{M}_c,\hat{M}_{\bar{c}}]=\begin{bmatrix}0 & -1 & 0\\ 0 & 0 & 1\\ 1 & 3 & 0\end{bmatrix},\quad T^{-1}=\begin{bmatrix}3 & 0 & 1\\ -1 & 0 & 0\\ 0 & 1 & 0\end{bmatrix}
$$

式中，$\hat{M}_c$为M_c中前r个线性无关的列向量(第一、二列)，选取$\hat{M}_{\bar{c}}$与$\hat{M}_c$正交，即满足

$$
\hat{M}_{\bar{c}}^{\mathrm{T}}\hat{M}_c=[0,1,0]\begin{bmatrix}0 & -1\\ 0 & 0\\ 1 & 3\end{bmatrix}=0
$$

可计算出

$$
\bar{A}=T^{-1}AT=\begin{bmatrix}\bar{A}_{11} & \bar{A}_{12}\\ & \bar{A}_{22}\end{bmatrix}=\left[\begin{array}{cc:c}0 & -4 & 2\\ 1 & 4 & -2\\ \hdashline & & 1\end{array}\right],\quad \bar{b}=T^{-1}b=\begin{bmatrix}\bar{b}_1\\ \hdashline 0\end{bmatrix}=\begin{bmatrix}1\\ 0\\ \hdashline 0\end{bmatrix}
$$

$$
\bar{c}=cT=[\bar{c}_1,\bar{c}_2]=[1,\ 2\ \vdots\ ,-1]
$$

则系统可以分解为

$$\begin{cases}\Sigma_c:\begin{cases}\dot{\bar{x}}_1=\begin{bmatrix}0&-4\\1&4\end{bmatrix}\bar{x}_1+\begin{bmatrix}2\\-2\end{bmatrix}\bar{x}_2+\begin{bmatrix}1\\0\end{bmatrix}u\\ y_1=[1,2]\bar{x}_1\end{cases} & (2\text{-}126\text{a})\\ \Sigma_{\bar{c}}:\begin{cases}\dot{\bar{x}}_2=\bar{x}_2\\ y_2=-\bar{x}_2\end{cases} & (2\text{-}126\text{b})\\ y=y_1+y_2\end{cases}$$

(2) 系统的能观性分解

计算能观阵

$$M_o=\begin{bmatrix}c\\cA\\cA^2\end{bmatrix}=\begin{bmatrix}1&-1&1\\2&-3&2\\4&-7&4\end{bmatrix},\ \text{rank}(M_o)=r=2<n=3$$

故系统(2-125)不完全能观，即存在不可观的特征值。

按照式(2-118)构造状态变换矩阵，即

$$T^{-1}=\begin{bmatrix}\hat{M}_o\\\hat{M}_{\bar{o}}\end{bmatrix}=\begin{bmatrix}1&-1&1\\2&-3&2\\-1&0&1\end{bmatrix},\ T=\begin{bmatrix}\hat{M}_o\\\hat{M}_{\bar{o}}\end{bmatrix}^{-1}=\begin{bmatrix}1.5&-0.5&-0.5\\2&-1&0\\1.5&-0.5&0.5\end{bmatrix}$$

式中，$\hat{M}_o$ 为 M_o 中前 r 个线性无关的行向量(第一、二行)，选取 $\hat{M}_{\bar{o}}$ 与 $\hat{M}_o$ 正交，即满足

$$\hat{M}_o\hat{M}_{\bar{o}}^{\mathrm{T}}=\begin{bmatrix}1&-1&1\\2&-3&2\end{bmatrix}\begin{bmatrix}-1\\0\\1\end{bmatrix}=\mathbf{0}$$

可计算出

$$\bar{A}=T^{-1}AT=\begin{bmatrix}\bar{A}_{11}&\\\bar{A}_{21}&\bar{A}_{22}\end{bmatrix}=\left[\begin{array}{cc:c}0&1&0\\-2&3&0\\\hdashline -6&4&2\end{array}\right],\ \bar{b}=T^{-1}b=\begin{bmatrix}\bar{b}_1\\\hdashline\bar{b}_2\end{bmatrix}=\begin{bmatrix}1\\2\\\hdashline 1\end{bmatrix}$$

$$\bar{c}=cT=[\bar{c}_1,\mathbf{0}]=[\,1,\ 0\ \vdots,\ 0\,]$$

因此，系统可分解为

$$\begin{cases}\Sigma_o:\begin{cases}\dot{\bar{x}}_1=\begin{bmatrix}0&1\\-2&3\end{bmatrix}\bar{x}_1+\begin{bmatrix}1\\2\end{bmatrix}u\\ y_1=[1,0]\bar{x}_1\end{cases} & (2\text{-}127\text{a})\\ \Sigma_{\bar{o}}:\begin{cases}\dot{\bar{x}}_2=2\bar{x}_2+[-6,4]\bar{x}_1+u\\ y_2=\bar{c}_2\bar{x}_2=0\end{cases} & (2\text{-}127\text{b})\\ y=y_1+y_2\end{cases}$$

(3) 系统的能观能控分解

注意到完全能观子系统 Σ_o 能控阵的秩为 $\text{rank}(\bar{M}_{c1})=\text{rank}\begin{bmatrix}1&2\\2&4\end{bmatrix}=r_1=1<n_1=2$，该子系统不是完全能控，还可以进一步做能控性分解。按照式(2-111)构造子系统 Σ_o 的状态变换矩阵，即

$$\hat{T}_1=[\hat{M}_{c1},\hat{M}_{\bar{c}1}]=\begin{bmatrix}1&-2\\2&1\end{bmatrix},\ \hat{T}_1^{-1}=\begin{bmatrix}0.2&0.4\\-0.4&0.2\end{bmatrix}$$

式中，$\hat{\boldsymbol{M}}_{\bar{c}}^{\mathrm{T}}\hat{\boldsymbol{M}}_c=[-2,1]\begin{bmatrix}1\\2\end{bmatrix}=0$。

另外，完全不能观子系统$\Sigma_{\bar{o}}$能控阵的秩为 $\mathrm{rank}(\overline{\boldsymbol{M}}_{c2})=\mathrm{rank}[1]=r_2=1=n_2=1$，该子系统是完全能控的，无须再分解。

因此，可取如下状态变换矩阵，对系统式(2-127)进行能观能控联合分解，即

$$\hat{\boldsymbol{T}}=\begin{bmatrix}\hat{\boldsymbol{T}}_1 & \\ & 1\end{bmatrix}=\begin{bmatrix}1 & -2 & \\ 2 & 1 & \\ & & 1\end{bmatrix},\quad \hat{\boldsymbol{T}}^{-1}=\begin{bmatrix}\hat{\boldsymbol{T}}_1^{-1} & \\ & 1\end{bmatrix}=\begin{bmatrix}0.2 & 0.4 & \\ -0.4 & 0.2 & \\ & & 1\end{bmatrix}$$

$$\hat{\boldsymbol{A}}=\hat{\boldsymbol{T}}^{-1}\overline{\boldsymbol{A}}\hat{\boldsymbol{T}}=\begin{bmatrix}0.2 & 0.4 & \\ -0.4 & 0.2 & \\ & & 1\end{bmatrix}\begin{bmatrix}0 & 1 & 0\\ -2 & 3 & 0\\ -6 & 4 & 2\end{bmatrix}\begin{bmatrix}1 & -2 & \\ 2 & 1 & \\ & & 1\end{bmatrix}=\begin{bmatrix}2 & 3 & 0\\ 0 & 1 & 0\\ 2 & 16 & 2\end{bmatrix}$$

$$\hat{\boldsymbol{b}}=\hat{\boldsymbol{T}}^{-1}\overline{\boldsymbol{b}}=\begin{bmatrix}0.2 & 0.4 & \\ -0.4 & 0.2 & \\ & & 1\end{bmatrix}\begin{bmatrix}1\\2\\1\end{bmatrix}=\begin{bmatrix}1\\0\\1\end{bmatrix}$$

$$\hat{\boldsymbol{c}}=\overline{\boldsymbol{c}}\hat{\boldsymbol{T}}=[1,0,0]\begin{bmatrix}1 & -2 & \\ 2 & 1 & \\ & & 1\end{bmatrix}=[1,-2,0]$$

从而有

$$\begin{cases}\Sigma_{co}:\begin{cases}\dot{\hat{x}}_1=2\hat{x}_1+3\hat{x}_2+u\\ y_1=\hat{x}_1\end{cases} & (2\text{-}128\text{a})\\ \Sigma_{\bar{c}o}:\begin{cases}\dot{\hat{x}}_2=\hat{x}_2\\ y_2=-2\hat{x}_2\end{cases} & (2\text{-}128\text{b})\\ \Sigma_{c\bar{o}}:\begin{cases}\dot{\hat{x}}_3=2\hat{x}_3+2\hat{x}_1+16\hat{x}_2+u\\ y_3=0\end{cases} & (2\text{-}128\text{c})\\ y=y_1+y_2+y_3\end{cases}$$

从式(2-128)可见，经过状态变换后状态分量与特征值的能控性与能观性一目了然，第一个分量 $\hat{x}_1$(特征值 $\lambda_1=2$)能观且能控；第二个分量 $\hat{x}_2$(特征值 $\lambda_2=1$)能观但不能控；第三个分量 $\hat{x}_3$(特征值 $\lambda_3=2$)不能观但能控。

另外，转换前后状态变量的关系为 $\boldsymbol{x}=\boldsymbol{T}\overline{\boldsymbol{x}}=\boldsymbol{T}\hat{\boldsymbol{T}}\hat{\boldsymbol{x}}$，$\hat{\boldsymbol{x}}=\hat{\boldsymbol{T}}^{-1}\overline{\boldsymbol{x}}=\hat{\boldsymbol{T}}^{-1}\boldsymbol{T}^{-1}\boldsymbol{x}$，即

$$\begin{bmatrix}\hat{x}_1\\ \hat{x}_2\\ \hat{x}_3\end{bmatrix}=\begin{bmatrix}0.2 & 0.4 & \\ -0.4 & 0.2 & \\ & & 1\end{bmatrix}\begin{bmatrix}1 & -1 & 1\\ 2 & -3 & 2\\ -1 & 0 & 1\end{bmatrix}\begin{bmatrix}x_1\\ x_2\\ x_3\end{bmatrix}=\begin{bmatrix}1 & -1.4 & 1\\ 0 & -0.2 & 0\\ -1 & 0 & 1\end{bmatrix}\begin{bmatrix}x_1\\ x_2\\ x_3\end{bmatrix}$$

所以，原系统中$(x_1-1.4x_2+x_3)$能观且能控；$(-0.2x_2)$或 x_2 能观但不能控；$(-x_1+x_3)$不能观但能控。

综上所述，依据能控阵、能观阵可将系统化为控制器标准形、观测器标准形，并可以更深入地进行能控能观分解，同时揭示出状态空间描述与传递函数矩阵描述的关系：

1) 传递函数矩阵只反映了系统既能控又能观的部分(Σ_{co})；系统不能控或不能观的部分($\Sigma_{c\bar{o}}$、$\Sigma_{\bar{c}o}$、$\Sigma_{\bar{c}\bar{o}}$)都被“对消”掉了。特别注意的是，被“对消”的到底是不能控的还是不能观的，

从传递函数矩阵是无法分清的。从这个意义上讲，传递函数矩阵 $\boldsymbol{G}(s)$ 没有反映系统的全部特性；而状态空间描述给出了系统的全部特性，并且 $\{\boldsymbol{A},\boldsymbol{B},\boldsymbol{C},\boldsymbol{D}\}$ 是四个常数矩阵，分析也十分简便。这是状态空间描述被广泛采用的一个重要原因。

2）反过来，若在传递函数矩阵的运算中出现“零极点对消”，将意味着会发生系统不能控或不能观的情况，对消的零极点对应着不能控的特征值或不能观的特征值，这就使得系统能控性、能观性与是否会出现“零极点对消”这个更直观的方式等价，更易理解掌握。这些结论在第 5 章还会严密论述。

3）系统的能控能观分解也给出了求解传递函数矩阵 $\boldsymbol{G}(s)$ 最小实现的方法。首先通过式(2-32)给出 $\boldsymbol{G}(s)$ 一个实现，但得到的实现式(2-33)不一定是最小实现；再对式(2-33)进行能控能观分解，其既能控又能观的子系统 Σ_{co}，参见式(2-124a)，一定对应 $\boldsymbol{G}(s)$ 的最小实现。

4）前面的讨论是以能控性变换、能观性变换对系统进行能控、能观分解。实际上，对角形变换同样对系统进行了能控、能观分解。在式(2-87)中，所有 $\bar{\boldsymbol{B}}_i=\boldsymbol{0}$ 对应的是不能控子系统；所有 $\bar{\boldsymbol{C}}_j=\boldsymbol{0}$ 对应的是不能观子系统；所有 $\bar{\boldsymbol{B}}_i=\boldsymbol{0}$ 且 $\bar{\boldsymbol{C}}_i=\boldsymbol{0}$ 对应的是不能控且不能观子系统；剩下的都是既能控又能观的子系统。

本章小结

状态空间理论开启了现代控制理论的新篇章，归纳本章内容可见：

1）多变量系统主要瓶颈在于变量之间的“耦合”。以最简单的方式描述清楚这个耦合关系是首要问题。状态空间描述以四个常数矩阵 $\{\boldsymbol{A},\boldsymbol{B},\boldsymbol{C},\boldsymbol{D}\}$ 清晰地描述了变量之间的耦合关系，成为最重要的一种数学模型，且线性代数给出了丰富且成熟简便的数学工具来处理这个数学模型。

2）经典控制理论研究一个输入通道和一个输出通道的系统，只关注系统“整体”性能的表现，以系统输出响应的性能指标来表征。现代控制理论研究多个（m 个）输入通道和多个（p 个）输出通道的系统，对于状态变量有 n 个通道，因此更希望关注每个通道上的性能特征，以状态响应的稳定性、能控性、能观性来表征。

3）稳定性、能控性与能观性是系统重要的内部结构特征，三个分析工具将系统结构特征显露无遗：以 $\boldsymbol{A}$ 的特征向量构造变换矩阵，可得到对角形；以 $\{\boldsymbol{A},\boldsymbol{B}\}$ 能控阵构造变换矩阵，可得到控制器标准形；以 $\{\boldsymbol{A},\boldsymbol{C}\}$ 能观阵构造变换矩阵，可得到观测器标准形。既可以宏观地分析整个系统的稳定性、能控性与能观性；也可以微观地分析每个状态分量或特征值的稳定性、能控性与能观性，以及每个输入分量对系统能控性、每个输出分量对系统能观性的作用。这就为选择控制量、被控量，以及后续要讨论的控制器设计提供了理论依据。

4）系统的稳定性、能控性与能观性统一到了式(2-115)的系统矩阵上，稳定性取决于 $(s\boldsymbol{I}_n-\boldsymbol{A})$ 的特征值；能控性与 $[s\boldsymbol{I}_n-\boldsymbol{A},\boldsymbol{B}]$ 是否降秩有关；能观性与 $\begin{bmatrix} s\boldsymbol{I}_n-\boldsymbol{A} \\ -\boldsymbol{C} \end{bmatrix}$ 是否降秩有关。

5）依据能控阵、能观阵还可以对系统进行能控能观分解，将系统分为能控能观子系统、能控不能观子系统、不能控能观子系统、不能控不能观子系统。只有能控能观子系统的零极点保留在传递函数矩阵中，其他子系统的零极点均发生“零极点对消”且不在传递函数矩阵中出现。位于不能控子系统的极点要确保是稳定的，否则系统无法镇定；位于不能观子系统的极点，其对应的模态不在输出中出现，这对抗扰动是有利的。

值得注意的是，在传递函数矩阵上发生“零极点对消”，意味着系统发生了不能控或不能观的情况，但是无法确认是不能控对消还是不能观对消，只有在状态空间描述下，才能给予明确的确认。另外，对角形变换可一次性得到所有结构特征信息，是理论研究的重要桥梁与分析工具。

习题

2.1　试建立如下系统的状态空间描述。

1）$\dddot{y}+\ddot{y}+\dot{y}+y=u$；　　　　2）$\dddot{y}+\ddot{y}+\dot{y}+y=\dot{u}+u$；

3）$\begin{cases}\ddot{y}_1+\dot{y}_2+y_1=u_1+u_2\\ \dot{y}_2+y_2+y_1=u_2\end{cases}$；　　　　4）$\boldsymbol{y}(s)=\begin{bmatrix}\dfrac{1}{s+1} & \dfrac{1}{s+3}\\ \dfrac{s+3}{s+4} & \dfrac{1}{s+2}\end{bmatrix}\boldsymbol{u}(s)$。

2.2　分别建立图 2-6 所示双摆的数学模型，线性化后给出状态空间描述。

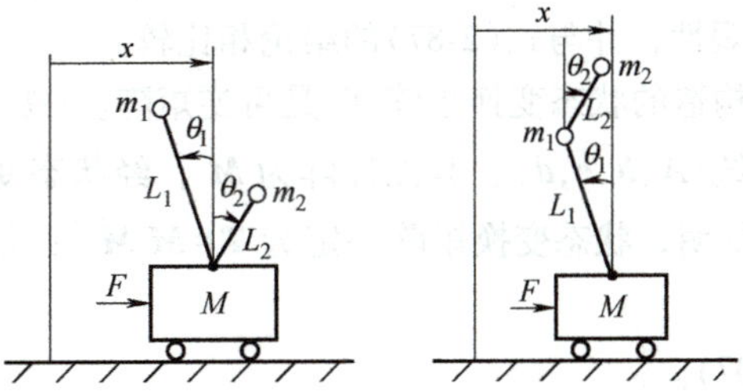

图 2-6　习题 2.2 图

2.3　试证明状态空间描述式(2-25)的传递函数为

$$G(s)=\boldsymbol{c}_c(s\boldsymbol{I}_n-\boldsymbol{A}_c)^{-1}\boldsymbol{b}_c=\frac{b(s)}{a(s)}=\frac{b_{n-1}s^{n-1}+\cdots+b_1s+b_0}{s^n+a_{n-1}s^{n-1}+\cdots+a_1s+a_0}$$

2.4　对于图 2-7 的系统，令 $x_1=i_L$，$x_2=u_c$，$R=1\Omega$，$L=1\text{H}$，$C=1\text{F}$，$x_1(0)=0$，$x_2(0)=0$，试求：

1）若要 $x_1(T)=1$，$x_2(T)=1$，求 $u(t)$，$t\in(0,T]$；

2）若上述状态保持不变，求 $u(t)$，$t\in(T,\infty)$。

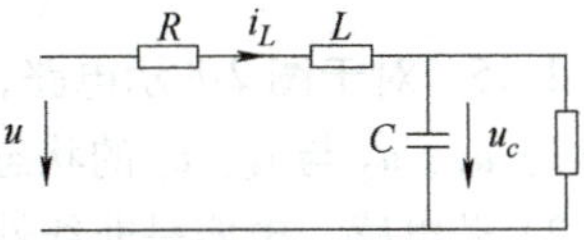

图 2-7　习题 2.4 图

2.5　若 $\{\boldsymbol{A},\boldsymbol{B},\boldsymbol{C}\}$ 是 $\boldsymbol{G}(s)=\{G_{ij}(s)\}$ 的一个实现，则 $\{\boldsymbol{A},\boldsymbol{b}_j,\boldsymbol{c}_i\}$ 是 $G_{ij}(s)$ 的一个实现，其中 $\boldsymbol{b}_j$ 是 $\boldsymbol{B}$ 的第 j 列，$\boldsymbol{c}_i$ 是 $\boldsymbol{C}$ 的第 i 行。试证之。

2.6　给出下列传递函数矩阵的一个最小实现。

$$\boldsymbol{G}(s)=\begin{bmatrix}\dfrac{s+4}{s^2+3s+2} & \dfrac{s+3}{s^2+3s+2}\\ \dfrac{2}{s+2} & \dfrac{1}{s+2}\end{bmatrix}$$

2.7　对如下系统：

$$\begin{bmatrix}\dot{x}_1(t)\\ \dot{x}_2(t)\end{bmatrix}=\begin{bmatrix}-1 & 0\\ 1 & 1\end{bmatrix}\begin{bmatrix}x_1(t)\\ x_2(t)\end{bmatrix}+\begin{bmatrix}-2\\ 1\end{bmatrix}u(t),\quad \begin{bmatrix}x_1(0)\\ x_2(0)\end{bmatrix}=\begin{bmatrix}x_{10}\\ x_{20}\end{bmatrix}$$

$$y(t)=[0,1]\begin{bmatrix}x_1(t)\\ x_2(t)\end{bmatrix}$$

1）求状态响应和输出响应？分析响应中的模态情况。

2）求系统传递函数，分析其极点情况，并与(1)比较。

2.8　试证明“$\mathrm{rank}(\boldsymbol{W}_o)=n \Leftrightarrow \mathrm{rank}(\boldsymbol{M}_o)=n$”。

2.9　式(2-87)的能控阵为

$$\overline{\boldsymbol{M}}_c=[\overline{\boldsymbol{B}},\boldsymbol{\Lambda}\overline{\boldsymbol{B}},\cdots,\boldsymbol{\Lambda}^{n-1}\overline{\boldsymbol{B}}]=\begin{bmatrix}\overline{\boldsymbol{B}}_1 & \lambda_1\overline{\boldsymbol{B}}_1 & \cdots & \lambda_1^{n-1}\overline{\boldsymbol{B}}_1\\ \vdots & \vdots & & \vdots\\ \overline{\boldsymbol{B}}_i & \lambda_i\overline{\boldsymbol{B}}_i & \cdots & \lambda_i^{n-1}\overline{\boldsymbol{B}}_i\\ \vdots & \vdots & & \vdots\\ \overline{\boldsymbol{B}}_n & \lambda_n\overline{\boldsymbol{B}}_n & \cdots & \lambda_n^{n-1}\overline{\boldsymbol{B}}_n\end{bmatrix}$$

试证明，若所有 $\overline{\boldsymbol{B}}_i\neq\boldsymbol{0}$，$\lambda_i\neq\lambda_j(i\neq j)$，则 $\mathrm{rank}(\overline{\boldsymbol{M}}_c)=n$。（提示：先取 $n=2$）

2.10　若系统$\{\boldsymbol{A},\boldsymbol{B},\boldsymbol{C},\boldsymbol{D}\}$有相重的特征值，给出状态变换矩阵将其化为对角若尔当形，讨论它的稳定性、能控性、能观性，并与式(2-87)的结论相比较。

2.11　试证明式(2-89)构造的状态变换矩阵 $\boldsymbol{N}_c$ 是可逆矩阵。（提示：计算 $\boldsymbol{N}_c^{-1}\boldsymbol{M}_c$）

2.12　对于完全能控系统$\{\boldsymbol{A},\boldsymbol{b},\boldsymbol{c},\boldsymbol{d}\}$，其能控阵为 $\boldsymbol{M}_c$，经状态变换 $\boldsymbol{T}$ 得到相似系统$\{\overline{\boldsymbol{A}},\overline{\boldsymbol{b}},\overline{\boldsymbol{c}},\overline{\boldsymbol{d}}\}$，其能控阵为 $\overline{\boldsymbol{M}}_c$。试证明，状态变换矩阵一定为 $\boldsymbol{T}=\boldsymbol{M}_c\overline{\boldsymbol{M}}_c^{-1}$；若取 $\overline{\boldsymbol{M}}_c=\boldsymbol{I}_n$，试求出相似系统$\{\overline{\boldsymbol{A}},\overline{\boldsymbol{b}},\overline{\boldsymbol{c}},\overline{\boldsymbol{d}}\}$。

2.13　试推导出式(2-107)。

2.14　对如下系统进行能控能观分解。

$$\begin{cases}\begin{bmatrix}\dot{x}_1\\ \dot{x}_2\\ \dot{x}_3\end{bmatrix}=\begin{bmatrix}-1 & & \\ & -2 & \\ & & -2\end{bmatrix}\begin{bmatrix}x_1\\ x_2\\ x_3\end{bmatrix}+\begin{bmatrix}1 & 0\\ 0 & 1\\ 0 & 1\end{bmatrix}\begin{bmatrix}u_1\\ u_2\end{bmatrix}\\ \begin{bmatrix}y_1\\ y_2\end{bmatrix}=\begin{bmatrix}1 & 1 & 0\\ 0 & 0 & 1\end{bmatrix}\begin{bmatrix}x_1\\ x_2\\ x_3\end{bmatrix}\end{cases}$$

2.15　对于图 2-8 示电路，试建立：

1）u_1、u_2 与 i_L、u_c 的状态空间描述；

2）若电感、电容是非线性的，$i_L=f(\Psi(t),t)$、$u_C=g(Q(t),t)$，$\Psi(t)$是电感上磁链，$Q(t)$是电容上电荷，重建状态空间描述并线性化。

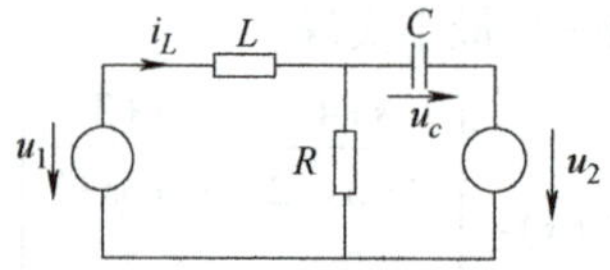

图 2-8　习题 2.15 图

2.16　设单位质量的物体沿水平方向和垂直方向运动的距离和速度分别为 s_1、v_1 和 s_2、v_2，并假定这个物体水平方向运动和垂直方向运动相互独立，研究如下内容：

1）只加一个控制力 $u_1(t)$，与水平方向成固定角 θ_1，列出数学模型，此系统完全能控否？

2）再施加一个控制力 $u_2(t)$，与水平方向成固定角 θ_2，重复 1）的问题。能给出物理解释否？

2.17 令$A=\begin{bmatrix}\lambda & 1 & 0\\ 0 & \lambda & 1\\ 0 & 0 & \lambda\end{bmatrix}$，$b=\begin{bmatrix}b_1\\ b_2\\ b_3\end{bmatrix}$，$c=[c_1 \quad c_2 \quad c_3]$，为使$\{A,b\}$能控、$\{A,c\}$能观，给出$\{b,c\}$应满足的充要条件？

2.18 将如下系统化为控制器标准形和观测器标准形。

$$\begin{cases}\dot{x}=\begin{bmatrix}0 & 1 & 0 & 0\\ 3 & 0 & 0 & 2\\ 0 & 0 & 0 & 1\\ 0 & -2 & 0 & 0\end{bmatrix}x+\begin{bmatrix}0 & 0\\ 1 & 0\\ 0 & 0\\ 0 & 1\end{bmatrix}u\\ y=\begin{bmatrix}1 & 0 & 0 & 0\\ 0 & 0 & 1 & 0\end{bmatrix}x\end{cases}$$

第 3 章 状态反馈与伺服控制

前面建立了多变量系统的状态空间描述，讨论了系统状态响应与输出响应的求解，给出了系统稳定性、能控性与能观性的判据与结构特征的分解分析方法。在此基础上，下面给出两种常用的多变量系统控制器设计方法。

控制器的设计不外乎就是得到控制律 $\boldsymbol{u}=\boldsymbol{u}(\boldsymbol{x})$，其中自变量就是反馈变量。经典控制理论中的反馈变量是输出变量，状态空间理论表明状态变量反映了系统全面信息，因而，以状态变量为反馈变量更佳。

实施状态反馈控制的目的是改善系统的性能。系统性能很大程度由闭环极点决定，配置闭环极点就相当于配置系统性能。这样，事先依据期望性能，确定好闭环极点；再依据被控对象的数学模型，便可反向求出控制律。

基于极点配置的设计方法具有严密的理论性以及形式化的步骤，这也不可避免地严格依赖被控对象的数学模型。实际工程系统总会存在各种非线性与不确定性，因而，在此方法的基础上，再融合经典控制方法，便能更好地在实际工程中应用。多变量伺服控制方法就是以此思路而建立。

3.1 状态反馈与状态观测

反馈调节原理表明，最好的控制方式是反馈控制。反馈控制，允许被控对象模型不准确，可以抑制外部扰动的影响，具有控制器结构简单等特点。单变量控制系统通常采用输出反馈。但是，状态空间描述表明，状态变量反映了系统全部信息，而输出变量只能反映系统部分信息。从这个意义上讲，状态反馈才是最好的反馈。由于状态变量不一定能测量，甚至可能是虚拟变量，导致状态反馈无法实现，所以需要构造状态观测器以实现状态反馈控制。

3.1.1 状态反馈与极点配置

实施反馈控制的目的是要改善系统性能。系统性能在很大程度上与闭环极点(特征值)有关，或者说由闭环极点对应的模态所决定。下面讨论状态反馈与闭环极点的关系。

1. 状态比例反馈

不失一般性，令 $\boldsymbol{D}=\boldsymbol{0}$，设被控对象为

$$\begin{cases}\dot{\boldsymbol{x}}=\boldsymbol{A}\boldsymbol{x}+\boldsymbol{B}\boldsymbol{u}\\ \boldsymbol{y}=\boldsymbol{C}\boldsymbol{x}\end{cases} \tag{3-1}$$

式中，$\boldsymbol{x}\in\mathbf{R}^{n}$；$\boldsymbol{y}\in\mathbf{R}^{p}$；$\boldsymbol{u}\in\mathbf{R}^{m}$；$\boldsymbol{A}\in\mathbf{R}^{n\times n}$；$\boldsymbol{B}\in\mathbf{R}^{n\times m}$；$\boldsymbol{C}\in\mathbf{R}^{p\times n}$。控制任务是希望系统输出轨迹跟踪期望输出轨迹，即 $\boldsymbol{y}\to\boldsymbol{y}_{\mathrm{e}}$。式(3-1)也被称为开环系统。

若能实现控制任务，则存在期望的状态轨迹 $\boldsymbol{x}_{\mathrm{e}}$ 与控制 $\boldsymbol{u}_{\mathrm{e}}$ 满足

$$\begin{cases}\dot{\boldsymbol{x}}_{\mathrm{e}}=\boldsymbol{A}\boldsymbol{x}_{\mathrm{e}}+\boldsymbol{B}\boldsymbol{u}_{\mathrm{e}}\\ \boldsymbol{y}_{\mathrm{e}}=\boldsymbol{C}\boldsymbol{x}_{\mathrm{e}}\end{cases} \tag{3-2}$$

取新的变量 $\hat{\boldsymbol{x}}=\boldsymbol{x}-\boldsymbol{x}_e$，$\hat{\boldsymbol{y}}=\boldsymbol{y}-\boldsymbol{y}_e$，$\hat{\boldsymbol{u}}=\boldsymbol{u}-\boldsymbol{u}_e$，将式(3-2)与式(3-1)相减有

$$\begin{cases}\dot{\hat{\boldsymbol{x}}}=\boldsymbol{A}\hat{\boldsymbol{x}}+\boldsymbol{B}\hat{\boldsymbol{u}}\\ \hat{\boldsymbol{y}}=\boldsymbol{C}\hat{\boldsymbol{x}}\end{cases} \tag{3-3}$$

控制任务变为 $\hat{\boldsymbol{y}}\to\boldsymbol{0}$。式(3-3)与式(3-1)是等价的，因此，未有特别说明，均假定式(3-1)已经过前面的处理，其控制任务是 $\boldsymbol{y}\to\boldsymbol{0}$。

若控制器 $\boldsymbol{u}$ 取为

$$\boldsymbol{u}=\boldsymbol{u}(\boldsymbol{x})=\boldsymbol{r}_u-\boldsymbol{K}\boldsymbol{x},\ \boldsymbol{r}_u\in\mathbf{R}^m \tag{3-4}$$

称其为状态比例反馈控制，其中 $\boldsymbol{K}\in\mathbf{R}^{m\times n}$ 为比例常数矩阵。由于控制任务是 $\boldsymbol{y}\to\boldsymbol{0}$，因此，常取给定输入 $\boldsymbol{r}_u=\boldsymbol{0}$。

将式(3-4)代入式(3-1)有

$$\begin{cases}\dot{\boldsymbol{x}}=\boldsymbol{A}\boldsymbol{x}+\boldsymbol{B}(\boldsymbol{r}_u-\boldsymbol{K}\boldsymbol{x})=(\boldsymbol{A}-\boldsymbol{B}\boldsymbol{K})\boldsymbol{x}+\boldsymbol{B}\boldsymbol{r}_u=\boldsymbol{A}_f\boldsymbol{x}+\boldsymbol{B}\boldsymbol{r}_u\\ \boldsymbol{y}=\boldsymbol{C}\boldsymbol{x}\end{cases} \tag{3-5}$$

式中，$\boldsymbol{A}_f=\boldsymbol{A}-\boldsymbol{B}\boldsymbol{K}$，为闭环特征矩阵。基于状态比例反馈的闭环系统如图 3-1 所示。

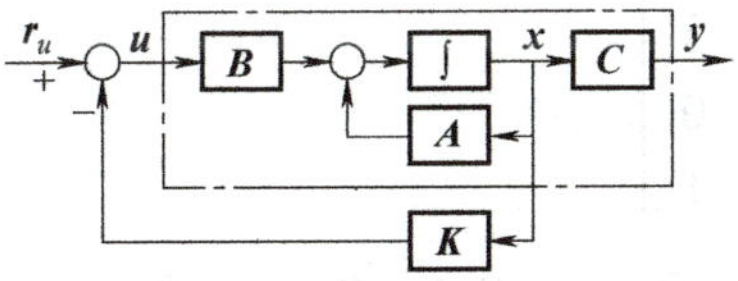

图 3-1　基于状态比例反馈的闭环系统

不难推知，闭环系统的传递函数矩阵 $\boldsymbol{\Phi}(s)$、状态响应 $\boldsymbol{x}(t)$ 与输出响应 $\boldsymbol{y}(t)$ 如下：

$$\begin{aligned}&\boldsymbol{y}(s)=\boldsymbol{C}(s\boldsymbol{I}_n-\boldsymbol{A}+\boldsymbol{B}\boldsymbol{K})^{-1}\boldsymbol{B}\boldsymbol{r}_u(s)=\boldsymbol{C}(s\boldsymbol{I}_n-\boldsymbol{A}_f)^{-1}\boldsymbol{B}\boldsymbol{r}_u(s)\\ &\boldsymbol{\Phi}(s)=\boldsymbol{C}(s\boldsymbol{I}_n-\boldsymbol{A}+\boldsymbol{B}\boldsymbol{K})^{-1}\boldsymbol{B}=\boldsymbol{C}(s\boldsymbol{I}_n-\boldsymbol{A}_f)^{-1}\boldsymbol{B}\\ &\begin{cases}\boldsymbol{x}(t)=\mathrm{e}^{\boldsymbol{A}_f(t-t_0)}\boldsymbol{x}(t_0)+\displaystyle\int_{t_0}^{t}\mathrm{e}^{\boldsymbol{A}_f(t-\tau)}\boldsymbol{B}\boldsymbol{r}_u(\tau)\mathrm{d}\tau\\ \boldsymbol{y}(t)=\boldsymbol{C}\mathrm{e}^{\boldsymbol{A}_f(t-t_0)}\boldsymbol{x}(t_0)+\displaystyle\int_{t_0}^{t}\boldsymbol{C}\mathrm{e}^{\boldsymbol{A}_f(t-\tau)}\boldsymbol{B}\boldsymbol{r}_u(\tau)\mathrm{d}\tau\end{cases}\end{aligned} \tag{3-6}$$

若 $\boldsymbol{r}_u=\boldsymbol{0}$，状态响应 $\boldsymbol{x}(t)$ 与输出响应 $\boldsymbol{y}(t)$ 完全由闭环特征矩阵 $\boldsymbol{A}_f$ 对应的模态所决定。

2. 极点配置

比较式(3-1)与式(3-5)，闭环系统 $\{\boldsymbol{A}_f,\boldsymbol{B},\boldsymbol{C}\}$ 与开环系统 $\{\boldsymbol{A},\boldsymbol{B},\boldsymbol{C}\}$ 的状态矩阵发生了变化。闭环系统的特征方程为 $\det(\lambda\boldsymbol{I}_n-\boldsymbol{A}_f)=\det(\lambda\boldsymbol{I}_n-\boldsymbol{A}+\boldsymbol{B}\boldsymbol{K})=0$，可得 n 个闭环系统的特征根(极点) $\lambda_i=\lambda_i(\boldsymbol{K})$ $(i=1,2,\cdots,n)$，它们是状态比例反馈 $\boldsymbol{K}$ 的函数。若 $\boldsymbol{K}=\boldsymbol{0}$，则 $\lambda_i=\lambda_i(\boldsymbol{0})$ 是开环系统的特征根；$\boldsymbol{K}\neq\boldsymbol{0}$，则 $\lambda_i=\lambda_i(\boldsymbol{K})$ 是闭环系统的特征根。随着 $\boldsymbol{K}$ 的变动，$\lambda_i(\boldsymbol{K})$ 描绘出了特征根(极点)变化轨迹。

闭环系统的极点决定了闭环系统的稳定性，也决定了闭环系统的瞬态性能。$\boldsymbol{K}\in\mathbf{R}^{m\times n}$ 有 $m\times n$ 个参数，分析它变化下的特征根轨迹不是一件容易的事。因此，在实际工程问题中常常转而研究对于给定的期望极点，能否找到相应的状态比例反馈 $\boldsymbol{K}$，这就是极点配置问题。

定理 3-1(极点配置定理)　若开环系统 $\{\boldsymbol{A},\boldsymbol{B},\boldsymbol{C}\}$ 完全能控，则一定存在状态比例反馈 $\boldsymbol{K}$，使得闭环系统 $\{\boldsymbol{A}_f,\boldsymbol{B},\boldsymbol{C}\}$ 的极点位于任意指定的期望极点上(复数极点要共轭)。

证明：(1) 化为控制器标准形

不失一般性，以两个输入变量的系统来说明。因为开环系统 $\{\boldsymbol{A},\boldsymbol{B},\boldsymbol{C}\}$ 能控，则一定存在(逆)

状态变换阵 $T^{-1}=\hat{N}_c^{-1}$，参见式(2-97)、式(2-98)，将其相似变换到控制器标准形$\{A_c,B_c,C_c\}$，记A_c中非平凡行为

$$\beta=\begin{bmatrix}\beta_{11} & \cdots & \beta_{1n_1} & \beta_{1(n_1+1)} & \cdots & \beta_{1(n_1+n_2)}\\ \beta_{21} & \cdots & \beta_{2n_1} & \beta_{2(n_1+1)} & \cdots & \beta_{2(n_1+n_2)}\end{bmatrix}$$

（2）基于控制器标准形的状态反馈取对应的状态反馈

$$K_c=\begin{bmatrix}k_{c11} & \cdots & k_{c1n_1} & k_{c1(n_1+1)} & \cdots & k_{c1(n_1+n_2)}\\ k_{c21} & \cdots & k_{c2n_1} & k_{c2(n_1+1)} & \cdots & k_{c2(n_1+n_2)}\end{bmatrix}$$

则

$$B_cK_c=\begin{bmatrix}0 & 0\\ \vdots & \vdots\\ 0 & 0\\ 1 & \gamma_{12}\\ 0 & 0\\ \vdots & \vdots\\ 0 & 0\\ 0 & 1\end{bmatrix}\begin{bmatrix}k_{c11} & \cdots & k_{c1n_1} & k_{c1(n_1+1)} & \cdots & k_{c1(n_1+n_2)}\\ k_{c21} & \cdots & k_{c2n_1} & k_{c2(n_1+1)} & \cdots & k_{c2(n_1+n_2)}\end{bmatrix}$$

$$=\left[\begin{array}{cccc:cccc}0 & 0 & \cdots & 0 & 0 & 0 & \cdots & 0\\ \vdots & \vdots & & \vdots & \vdots & \vdots & & \vdots\\ 0 & 0 & \cdots & 0 & 0 & 0 & \cdots & 0\\ \bar{k}_{c11} & \bar{k}_{c12} & \cdots & \bar{k}_{c1n_1} & \bar{k}_{c1(n_1+1)} & \bar{k}_{c1(n_1+2)} & \cdots & \bar{k}_{c1(n_1+n_2)}\\ \hdashline 0 & 0 & \cdots & 0 & 0 & 0 & \cdots & 0\\ \vdots & \vdots & & \vdots & \vdots & \vdots & & \vdots\\ 0 & 0 & \cdots & 0 & 0 & 0 & \cdots & 0\\ \bar{k}_{c21} & \bar{k}_{c22} & \cdots & \bar{k}_{c2n_1} & \bar{k}_{c2(n_1+1)} & \bar{k}_{c2(n_1+2)} & \cdots & \bar{k}_{c2(n_1+n_2)}\end{array}\right]$$

$$A_{fc}=A_c-B_cK_c=\left[\begin{array}{cccc:cccc}0 & 1 & & & & & & \\ & 0 & \ddots & & & & & \\ & & \ddots & 1 & & & & \\ \bar{\beta}_{11} & \bar{\beta}_{12} & \cdots & \bar{\beta}_{1n_1} & \bar{\beta}_{1(n_1+1)} & \bar{\beta}_{1(n_1+2)} & \cdots & \bar{\beta}_{1(n_1+n_2)}\\ \hdashline & & & & 0 & 1 & & \\ & & & & & 0 & \ddots & \\ & & & & & & \ddots & 1\\ \bar{\beta}_{21} & \bar{\beta}_{22} & \cdots & \bar{\beta}_{2n_1} & \bar{\beta}_{2(n_1+1)} & \bar{\beta}_{2(n_1+2)} & \cdots & \bar{\beta}_{2(n_1+n_2)}\end{array}\right] \tag{3-7}$$

式中，非平凡行满足

$$\bar{\beta}=\left[\begin{array}{ccc:ccc}\bar{\beta}_{11} & \cdots & \bar{\beta}_{1n_1} & \bar{\beta}_{1(n_1+1)} & \cdots & \bar{\beta}_{1(n_1+n_2)}\\ \hdashline \bar{\beta}_{21} & \cdots & \bar{\beta}_{2n_1} & \bar{\beta}_{2(n_1+1)} & \cdots & \bar{\beta}_{2(n_1+n_2)}\end{array}\right]=\beta-\Gamma K_c,\quad \Gamma=\begin{bmatrix}1 & \gamma_{12}\\ 0 & 1\end{bmatrix} \tag{3-8a}$$

可见，若设计好闭环状态矩阵A_{fc}中的$\bar{\beta}$，便可按式(3-8a)求出$K_c=\Gamma^{-1}(\beta-\bar{\beta})$。

(3) 期望闭环极点与极点配置

令 n 个期望闭环极点为 λ_i^*，将其分为 $m=2$ 组，即

$$\det(\lambda \boldsymbol{I}_n-\boldsymbol{A}_f^*)=\prod_{i=1}^{n_1}(\lambda-\lambda_i)\prod_{i=1}^{n_2}(\lambda-\lambda_{n_1+i})$$
$$=(\lambda^{n_1}+\beta_{1n_1}^*\lambda^{n_1-1}+\cdots+\beta_{11}^*)(\lambda^{n_2}+\beta_{2(n_1+n_2)}^*\lambda^{n_2-1}+\cdots+\beta_{2(n_1+1)}^*)$$

值得注意的是，复数共轭极点需要分在同一组。

若将闭环状态矩阵 $\boldsymbol{A}_{fc}$ 中的 $\bar{\boldsymbol{\beta}}$ 设计为

$$\bar{\boldsymbol{\beta}}=\begin{bmatrix}\beta_{11}^* & \cdots & \beta_{1n_1}^* & 0 & \cdots & 0\\ 0 & \cdots & 0 & \beta_{2(n_1+1)}^* & \cdots & \beta_{2(n_1+n_2)}^*\end{bmatrix} \tag{3-8b}$$

代入式(3-8a)便可得到状态反馈阵 $\boldsymbol{K}_c$，此时闭环系统状态矩阵 $\boldsymbol{A}_{fc}$ 将是对角分块阵，即

$$\boldsymbol{A}_{fc}=\boldsymbol{A}_c-\boldsymbol{B}_c\boldsymbol{K}_c=\begin{bmatrix}\boldsymbol{\Lambda}_{c,1} & \\ & \boldsymbol{\Lambda}_{c,2}\end{bmatrix}$$

则有

$$\det(\lambda \boldsymbol{I}_n-\boldsymbol{A}_{fc})=\det(\lambda \boldsymbol{I}_{n_1}-\boldsymbol{\Lambda}_{c,1})\det(\lambda \boldsymbol{I}_{n_2}-\boldsymbol{\Lambda}_{c,2})$$
$$=(\lambda^{n_1}+\beta_{1n_1}^*\lambda^{n_1-1}+\cdots+\beta_{11}^*)(\lambda^{n_2}+\beta_{2(n_1+n_2)}^*\lambda^{n_2-1}+\cdots+\beta_{2(n_1+1)}^*)$$
$$=\det(\lambda \boldsymbol{I}_n-\boldsymbol{A}_f^*)$$

即实现了期望极点配置。

(4) 由控制器标准形转换回原系统上

根据相似系统的性质，原系统 $\{\boldsymbol{A},\boldsymbol{B},\boldsymbol{C}\}$ 的状态反馈阵 $\boldsymbol{K}$ 与 $\boldsymbol{K}_c$ 有如下关系

$$\boldsymbol{x}=\boldsymbol{T}\boldsymbol{x}_c,\quad \boldsymbol{u}=\boldsymbol{r}_u-\boldsymbol{K}\boldsymbol{x}=\boldsymbol{r}_u-\boldsymbol{K}\boldsymbol{T}\boldsymbol{x}_c=\boldsymbol{r}_u-\boldsymbol{K}_c\boldsymbol{x}_c,\quad \boldsymbol{K}_c=\boldsymbol{K}\boldsymbol{T}$$

那么

$$\boldsymbol{K}=\boldsymbol{K}_c\boldsymbol{T}^{-1}=\boldsymbol{\Gamma}^{-1}(\boldsymbol{\beta}-\bar{\boldsymbol{\beta}})\hat{\boldsymbol{N}}_c^{-1} \tag{3-9}$$

由于相似系统有同样的特征多项式，所以如果系统 $\{\boldsymbol{A},\boldsymbol{B},\boldsymbol{C}\}$ 完全能控，只要设计合适的状态反馈阵 $\boldsymbol{K}$，就可以使得闭环系统 $\{\boldsymbol{A}_f,\boldsymbol{B},\boldsymbol{C}\}$ 的极点位于指定的期望极点上。

通观上述证明过程，一是控制器标准形起到关键桥梁作用，它的规范结构使得状态反馈阵 $\boldsymbol{K}_c$ 只改变状态矩阵中非平凡行的值，参见式(3-7)，这也是将这种规范形称为控制器标准形的缘由；二是式(3-8b)$\bar{\boldsymbol{\beta}}$ 的设计，既能做到期望极点配置，又使得闭环系统状态矩阵 $\boldsymbol{A}_{fc}$ 是分块对角矩阵，若输入矩阵 $\boldsymbol{B}_c$ 也是分块对角矩阵，则闭环系统 $\{\boldsymbol{A}_{fc},\boldsymbol{B}_c,\boldsymbol{C}_c\}$ 按输入通道分解成 m 个解耦子系统。

当然，$\bar{\boldsymbol{\beta}}$ 的设计也可以不按式(3-8b)进行设计，可以有多种设计，其结果同样可做到期望极点配置。这就说明，采取多输入的控制方案给予了较大的设计自由度，在满足期望极点配置后，还有自由参数可选择改善系统其他性能。值得注意的是，在设置期望极点时，应按输入通道进行分组安排，并将复数共轭极点对分在同一组。

3. 输出比例反馈

对于完全能控系统，若采用输出比例反馈，即取控制器 $\boldsymbol{u}$ 为

$$\boldsymbol{u}=\boldsymbol{r}_u-\boldsymbol{K}_p\boldsymbol{y}$$

式中，$\boldsymbol{K}_p\in\mathbf{R}^{m\times n}$。如图 3-2 所示，此时闭环系统为

$$\begin{cases}\dot{\boldsymbol{x}}=\boldsymbol{A}\boldsymbol{x}+\boldsymbol{B}(\boldsymbol{r}_u-\boldsymbol{K}_p\boldsymbol{y})=(\boldsymbol{A}-\boldsymbol{B}\boldsymbol{K}_p\boldsymbol{C})\boldsymbol{x}+\boldsymbol{B}\boldsymbol{r}_u=\boldsymbol{A}_p\boldsymbol{x}+\boldsymbol{B}\boldsymbol{r}_u\\ \boldsymbol{y}=\boldsymbol{C}\boldsymbol{x}\end{cases}$$

闭环系统的状态矩阵 $\boldsymbol{A}_p=\boldsymbol{A}-\boldsymbol{B}\boldsymbol{K}_p\boldsymbol{C}$。

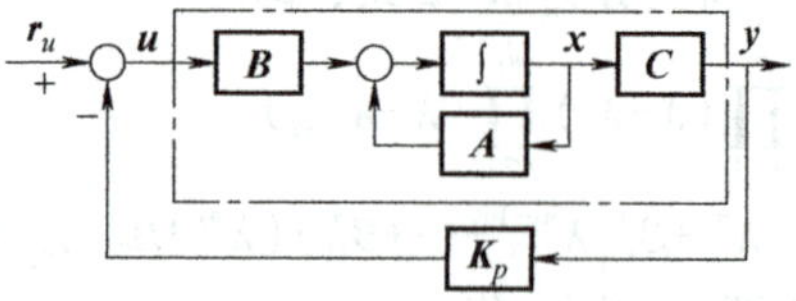

图 3-2 输出比例反馈

可见，通过输出比例反馈 $\boldsymbol{K}_p$ 可以改变开环系统状态矩阵 $\boldsymbol{A}$ 的特征值，但能否像状态比例反馈一样可以任意配置系统的特征值？

对比状态比例反馈闭环系统的状态矩阵 $\boldsymbol{A}_f=\boldsymbol{A}-\boldsymbol{B}\boldsymbol{K}$ 知，若式(3-10)有解

$$\boldsymbol{K}_p\boldsymbol{C}=\boldsymbol{K} \tag{3-10}$$

则输出比例反馈配置的极点与状态比例反馈配置的极点将是一样的。

另一方面，若 $\boldsymbol{K}$ 是任意的，那么满足式(3-10)的 $\boldsymbol{K}_p$ 不一定存在，即用状态比例反馈可以配置的极点，用输出比例反馈不一定能做到。进一步，不失一般性，令 $\mathrm{rank}(\boldsymbol{C})=p$，存在满秩方阵 $\boldsymbol{T}_p$ 使得 $\boldsymbol{C}\boldsymbol{T}_p=[\boldsymbol{C}_p,\boldsymbol{0}]$，从式(3-10)有

$$\boldsymbol{K}_p\boldsymbol{C}\boldsymbol{T}_p=\boldsymbol{K}_p[\boldsymbol{C}_p,\boldsymbol{0}]=\boldsymbol{K}\boldsymbol{T}_p=[\boldsymbol{K}_1,\boldsymbol{K}_2]$$

可见，若 $\boldsymbol{K}_2=\boldsymbol{0}$，可保证式(3-10)有解，即用状态比例反馈配置的极点可用输出比例反馈实现；否则，无法实现。

例 3-1 将例 2-6 系统的闭环极点配置到 $-4,-6,-2+\mathrm{j}\sqrt{2},-2-\mathrm{j}\sqrt{2}$。

1）从例 2-6 的“顺序”挑选，可得如下的控制器标准形，即

$$\boldsymbol{T}=\hat{\boldsymbol{N}}_c=\begin{bmatrix}0&0&1&0\\1&0&0&0\\0&1&-2&0\\-1&0&-3&1\end{bmatrix},\quad \boldsymbol{T}^{-1}=\hat{\boldsymbol{N}}_c^{-1}=\begin{bmatrix}0&1&0&0\\2&0&1&0\\1&0&0&0\\3&1&0&1\end{bmatrix}$$

$$\boldsymbol{A}_c=\boldsymbol{T}^{-1}\boldsymbol{A}\boldsymbol{T}=\hat{\boldsymbol{N}}_c^{-1}\boldsymbol{A}\hat{\boldsymbol{N}}_c=\left[\begin{array}{cc:cc}0&1&&\\0&0&1&2\\\hdashline &&0&1\\-5&1&-36&8\end{array}\right]$$

$$\boldsymbol{B}_c=\boldsymbol{T}^{-1}\boldsymbol{B}=\hat{\boldsymbol{N}}_c^{-1}\boldsymbol{B}=\left[\begin{array}{c:c}0&\\1&\\\hdashline &0\\&1\end{array}\right],\quad \boldsymbol{C}_c=\boldsymbol{C}\boldsymbol{T}=\boldsymbol{C}\hat{\boldsymbol{N}}_c=\left[\begin{array}{cc:cc}0&1&-2&0\\1&0&0&0\end{array}\right]$$

2）期望闭环极点与闭环特征多项式

$$\begin{aligned}\det(\lambda\boldsymbol{I}_n-\boldsymbol{A}^*)&=(\lambda+2-\mathrm{j}\sqrt{2})(\lambda+2+\mathrm{j}\sqrt{2})(\lambda+4)(\lambda+6)\\&=(\lambda^2+4\lambda+6)(\lambda^2+10\lambda+24)\end{aligned}$$

3）求状态反馈阵

$$\boldsymbol{\beta}=\begin{bmatrix}0&0&1&2\\-5&1&-36&8\end{bmatrix},\quad \bar{\boldsymbol{\beta}}=\begin{bmatrix}-6&-4&0&0\\0&0&-24&-10\end{bmatrix},\quad \boldsymbol{\Gamma}=\begin{bmatrix}1&0\\0&1\end{bmatrix}$$

$$\boldsymbol{K}_c=\boldsymbol{\Gamma}^{-1}(\boldsymbol{\beta}-\bar{\boldsymbol{\beta}})=\begin{bmatrix}6&4&1&2\\-5&1&-12&18\end{bmatrix}$$

$$K=K_cT^{-1}=K_c\hat{N}_c^{-1}=\begin{bmatrix}6 & 4 & 1 & 2\\-5 & 1 & -12 & 18\end{bmatrix}\begin{bmatrix}0 & 1 & 0 & 0\\2 & 0 & 1 & 0\\1 & 0 & 0 & 0\\3 & 1 & 0 & 1\end{bmatrix}=\begin{bmatrix}15 & 8 & 4 & 2\\44 & 13 & 1 & 18\end{bmatrix}$$

4）闭环系统状态矩阵

$$A_{fc}=A_c-B_cK_c=\left[\begin{array}{cc:cc}0 & 1 & & \\-6 & -4 & & \\ \hdashline & & 0 & 1\\ & & -24 & -10\end{array}\right]$$

$$A_f=A-BK=T(A_c-B_cK_c)T^{-1}=\begin{bmatrix}3 & 1 & 0 & 1\\2 & 0 & 1 & 0\\-14 & -8 & -4 & -2\\-65 & -13 & -1 & -13\end{bmatrix}$$

5）分析输出反馈可否实现。令输出反馈矩阵 $K_p=\begin{bmatrix}k_{p11} & k_{p12}\\k_{p21} & k_{p22}\end{bmatrix}$，根据式(3-10)有

$$\begin{aligned}K_pC&=\begin{bmatrix}k_{p11} & k_{p12}\\k_{p21} & k_{p22}\end{bmatrix}\begin{bmatrix}0 & 0 & 1 & 0\\0 & 1 & 0 & 0\end{bmatrix}=\begin{bmatrix}0 & k_{p12} & k_{p11} & 0\\0 & k_{p22} & k_{p21} & 0\end{bmatrix}\\&\neq K=\begin{bmatrix}15 & 8 & 4 & 2\\44 & 13 & 1 & 18\end{bmatrix}\end{aligned} \tag{3-11}$$

式(3-11)无法成立，因此，采用输出反馈不能将极点配置到题中的期望位置。

稳定性是一切控制系统的根本。通过控制器使得闭环系统稳定，俗称系统的镇定。能使闭环系统稳定的控制器，也泛称为镇定控制器。从上面讨论看出，状态反馈是一个极佳的镇定控制器，体现在：

1）如果系统完全能控，则一定可以用状态比例反馈，实现闭环极点的任意配置，间接表明了系统性能可任意配置。这也在某种意义下从理论上证明了，反馈调节原理试图以最简单的“比例控制”实现复杂系统具有高性能的要求是可以做到的，只是需要采取“状态”的比例反馈，这也再次说明了状态变量的重要性。

2）如果系统不是完全能控，可将系统进行能控性分解，参见式(2-113)，有

$$\begin{bmatrix}\dot{\bar{x}}_1\\\dot{\bar{x}}_2\end{bmatrix}=\begin{bmatrix}\bar{A}_{11} & \bar{A}_{12}\\ & \bar{A}_{22}\end{bmatrix}\begin{bmatrix}\bar{x}_1\\\bar{x}_2\end{bmatrix}+\begin{bmatrix}\bar{B}_1\\0\end{bmatrix}u$$

若施加如下的状态反馈控制

$$u=r_u-[K_1,K_2]\begin{bmatrix}\bar{x}_1\\\bar{x}_2\end{bmatrix}$$

则闭环状态方程为

$$\begin{aligned}\begin{bmatrix}\dot{\bar{x}}_1\\\dot{\bar{x}}_2\end{bmatrix}&=\left\{\begin{bmatrix}\bar{A}_{11} & \bar{A}_{12}\\ & \bar{A}_{22}\end{bmatrix}-\begin{bmatrix}\bar{B}_1\\0\end{bmatrix}[K_1,K_2]\right\}\begin{bmatrix}\bar{x}_1\\\bar{x}_2\end{bmatrix}+\begin{bmatrix}\bar{B}_1\\0\end{bmatrix}r_u\\&=\begin{bmatrix}\bar{A}_{11}-\bar{B}_1K_1 & \bar{A}_{12}-\bar{B}_1K_2\\ & \bar{A}_{22}\end{bmatrix}\begin{bmatrix}\bar{x}_1\\\bar{x}_2\end{bmatrix}+\begin{bmatrix}\bar{B}_1\\0\end{bmatrix}r_u\end{aligned}$$

可见，由于子系统$\{\bar{A}_{11},\bar{B}_1\}$完全能控，同样可证明$\bar{A}_{11}-\bar{B}_1K_1$的特征值可任意配置。这表明，尽管系统不完全能控，只要系统能稳定，即不能控子系统中$\bar{A}_{22}$的特征值是稳定的，同样可以任意配置能控子系统的特征值，从而保证闭环系统一定是可镇定的。

反过来可推知，若存在K，使得$A-BK$是稳定矩阵，则系统不能控的特征值一定是稳定的，换句话说，系统一定是能稳定的，即

$$A-BK\text{ 是稳定矩阵}\Rightarrow\{A,B\}\text{ 一定是能稳定的} \tag{3-12}$$

3）前一章能控性分析表明，系统是否能控归根到底是特征值是否能控。前面的讨论表明，对于能控的特征值，可以通过状态反馈任意修正它；对于不能控的特征值，无法对它修正，它必须是稳定的，否则系统无法镇定。

4）非最小相位系统由于自身有不稳定零极点，采用经典控制理论设计它的控制器常感困难。状态空间控制理论给出了一个有效且便利的设计方法，即只要它完全能控，就可以通过状态比例反馈将其不稳定的极点配置到期望之处。要注意的是，对于非最小相位系统，不能通过对消它的不稳定零极点来设计控制器，这将引起系统不能控，最后导致系统无法稳定。

5）对于耦合较强的多变量系统，经典控制理论有心无力，而前述的状态空间理论不但能细致分析各种结构特征，而且以最简洁的状态比例反馈控制实现了闭环极点的任意配置，并可按输入通道分解成解耦的子系统。

6）尽管输出比例反馈不能任意配置极点，但仍可在一定范围配置。若系统的期望性能可以落在这个范围，参见式(3-10)，则可用输出比例反馈来实现，这样就可以减少传感器数目，提高系统的性价比。

特别要说明的是，前述结论都是建立在线性定常的状态空间描述上。而实际系统都会存在因非线性线性化等带来的模型残差，以及各种变量都有取值范围(值域)不能超限等限制因素，即使理论上可以做到闭环极点任意配置，但实际上是受到制约的。所以，和经典控制理论分析与设计一样，在状态空间理论分析与设计之后，还要借助计算机仿真进一步研究各种工程限制因素带来的影响，以寻求更合适的期望性能和控制器参数。

3.1.2 状态观测器与分离定理

状态比例反馈既简单又能对完全能控的系统任意配置极点，从而使闭环系统很好地达到期望的性能。但是，在实际工程系统中，不一定存在传感器对状态变量进行实时测量，甚至有时是虚拟变量，这样就无法实现状态反馈。而输出变量往往是可测量的，这样就提出可否通过输出变量和输入变量实现对状态变量的实时估计的状态观测器问题。

1. 开环状态观测器

由于系统系数矩阵$\{A,B,C\}$已知，实现对状态的估计最直接的想法就是重构这个系统，如图3-3所示，称为开环状态观测器。

x是系统的状态，$\hat{x}$是重构的状态，它们分别满足

$$\dot{x}=Ax+Bu,\quad \dot{\hat{x}}=A\hat{x}+Bu$$

记状态重构误差为$\tilde{x}=x-\hat{x}$，则有$\dot{\tilde{x}}=A\tilde{x}$，$\tilde{x}(t)=\tilde{x}(0)e^{At}$。

若$\tilde{x}(0)=x(0)-\hat{x}(0)\neq 0$，当系统状态矩阵$A$稳定时，其重构误差会衰减到$0$；当系统状态矩阵$A$不稳定时，重构误差将不会收敛。可见，开环状态观测器在工程实际中的应用受到限制。

2. 闭环状态观测器

为了保证状态重构误差收敛且能调整收敛速度，有必要引入反馈机制。如图3-4所示，通过

输出变量的反馈，构成闭环状态观测器。值得注意的是，重构系统的状态变量和输出变量都是可测量的。

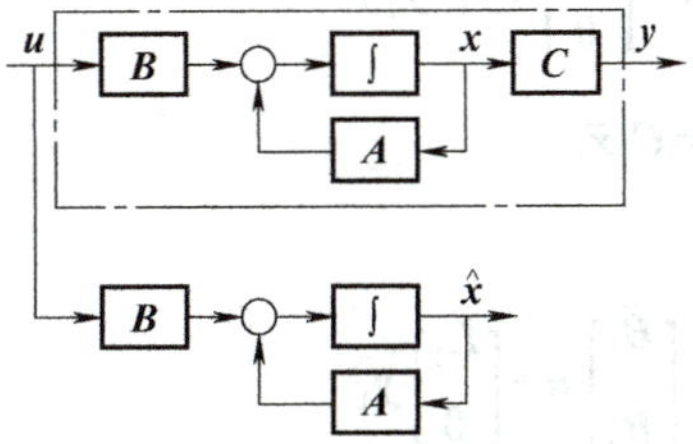

图 3-3　开环状态观测器

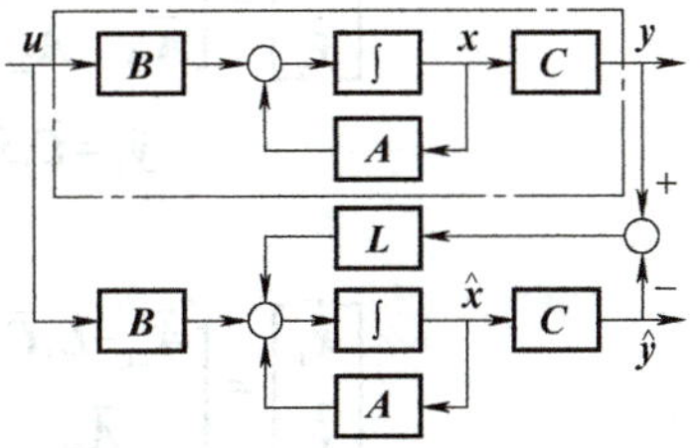

图 3-4　闭环状态观测器

不难写出，原系统与重构系统的状态空间描述分别为

$$\begin{cases}\dot{x}=Ax+Bu\\ y=Cx\end{cases} \tag{3-13a}$$

$$\begin{cases}\dot{\hat{x}}=A\hat{x}+Bu+L(y-\hat{y})\\ \hat{y}=C\hat{x}\end{cases} \tag{3-13b}$$

下面分析状态重构误差 $\tilde{x}=x-\hat{x}$。将上面两个状态方程相减有

$$\dot{\tilde{x}}=A\tilde{x}-L(y-\hat{y})=A\tilde{x}-LC(x-\hat{x})=(A-LC)\tilde{x}$$

它的解 $\tilde{x}(t)=\tilde{x}(0)\mathrm{e}^{(A-LC)t}$。

可见，通过设计反馈阵 L，可以改变状态矩阵 $A-LC$ 极点的位置，使得闭环状态观测器不但稳定且具有较快的收敛速度。

定理 3-2（渐近状态观测器） 若系统 $\{A,B,C\}$ 完全能观，则闭环状态观测器的状态矩阵 $A-LC$ 可任意配置极点。

证明：令系统 $\{\bar{A},\bar{B},\bar{C}\}=\{A^{\mathrm{T}},C^{\mathrm{T}},B^{\mathrm{T}}\}$ 是系统 $\{A,B,C\}$ 的对偶系统，有

$$\text{系统}\{A,B,C\}\text{完全能观}\Leftrightarrow\text{系统}\{\bar{A},\bar{B},\bar{C}\}\text{完全能控}$$

若系统 $\{\bar{A},\bar{B},\bar{C}\}$ 完全能控，根据极点配置定理，存在反馈阵 K_o 使得 $\bar{A}-\bar{B}K_o$ 的极点任意配置，即 $\bar{A}-\bar{B}K_o=A^{\mathrm{T}}-C^{\mathrm{T}}K_o=(A-K_o^{\mathrm{T}}C)^{\mathrm{T}}$。可见，只要取 $L=K_o^{\mathrm{T}}$，就可将 $A-LC$ 的极点配置到期望极点上。

从定理的推导可看出：

1）只要系统完全能观，一定可设计反馈阵 L，使得闭环状态观测器的状态矩阵 $A-LC$ 的极点处在期望位置上，从而保证状态重构误差 $\tilde{x}(t)$ 一定渐近收敛到 $\mathbf{0}$。

2）若系统 $\{A,B,C,D\}$ 中 $D\neq 0$，即

$$\begin{cases}\dot{x}=Ax+Bu\\ y=Cx+Du\end{cases}$$

取 $\bar{y}=y-Du$，则可转化为式(3-13a)、式(3-13b)的形式，即

$$\begin{cases}\dot{x}=Ax+Bu\\ \bar{y}=Cx\end{cases},\quad\begin{cases}\dot{\hat{x}}=A\hat{x}+Bu+L(\bar{y}-\hat{y})\\ \hat{y}=C\hat{x}\end{cases}$$

有同样的渐近状态观测器定理的结论。

3）如果系统不是完全能观，可将系统进行能观性分解，参见式(2-119)，有

$$\begin{bmatrix}\dot{\bar{x}}_1\\ \dot{\bar{x}}_2\end{bmatrix}=\begin{bmatrix}\bar{A}_{11} & \\ \bar{A}_{21} & \bar{A}_{22}\end{bmatrix}\begin{bmatrix}\bar{x}_1\\ \bar{x}_2\end{bmatrix}+\begin{bmatrix}\bar{B}_1\\ \bar{B}_2\end{bmatrix}u$$

再按照式(3-13b)的方法，可构造如下的状态观测器

$$\begin{bmatrix}\dot{\hat{\bar{x}}}_1\\ \dot{\hat{\bar{x}}}_2\end{bmatrix}=\begin{bmatrix}\bar{A}_{11} & \\ \bar{A}_{21} & \bar{A}_{22}\end{bmatrix}\begin{bmatrix}\hat{\bar{x}}_1\\ \hat{\bar{x}}_2\end{bmatrix}+\begin{bmatrix}\bar{B}_1\\ \bar{B}_2\end{bmatrix}u+\begin{bmatrix}L_1\\ 0\end{bmatrix}(y_1-\hat{y}_1)$$

$$\hat{y}_1=\bar{C}_1\hat{\bar{x}}_1,\ \ y_1=y-Du=\bar{C}_1\bar{x}_1$$

或者

$$\begin{bmatrix}\dot{\hat{\bar{x}}}_1\\ \dot{\hat{\bar{x}}}_2\end{bmatrix}=\begin{bmatrix}\bar{A}_{11}-L_1\bar{C}_1 & \\ \bar{A}_{21} & \bar{A}_{22}\end{bmatrix}\begin{bmatrix}\hat{\bar{x}}_1\\ \hat{\bar{x}}_2\end{bmatrix}+\begin{bmatrix}\bar{B}_1\\ \bar{B}_2\end{bmatrix}u+\begin{bmatrix}L_1\\ 0\end{bmatrix}y_1 \tag{3-14a}$$

取 $\tilde{x}_i=\bar{x}_i-\hat{\bar{x}}_i(i=1,2)$ 有

$$\begin{bmatrix}\dot{\tilde{x}}_1\\ \dot{\tilde{x}}_2\end{bmatrix}=\begin{bmatrix}\bar{A}_{11}-L_1\bar{C}_1 & \\ \bar{A}_{21} & \bar{A}_{22}\end{bmatrix}\begin{bmatrix}\tilde{x}_1\\ \tilde{x}_2\end{bmatrix} \tag{3-14b}$$

可见，由于子系统$\{\bar{A}_{11},\bar{C}_1\}$完全能观，同样可证明 $\bar{A}_{11}-L_1\bar{C}_1$ 的特征值可任意配置。如果系统是能检测的，即不能观子系统中 $\bar{A}_{22}$ 的特征值是稳定的，则观测器式(3-14)一定能够镇定，使得状态重构误差 $\tilde{x}(t)$ 一定渐近收敛到 $\mathbf{0}$。

反过来可推知，若存在 L，使得 $A-LC$ 是稳定矩阵，则系统不能观的特征值一定是稳定的，系统一定是能检测的，即

$$A-LC\text{ 是稳定矩阵}\Rightarrow\{A,C\}\text{ 一定是能检测的} \tag{3-15}$$

3. 分离定理

设计状态观测器的目的是为了在系统状态变量不可测的情况下实现状态反馈。图 3-5 给出了利用重构的状态 $\hat{x}$ 实现状态比例反馈的闭环系统。

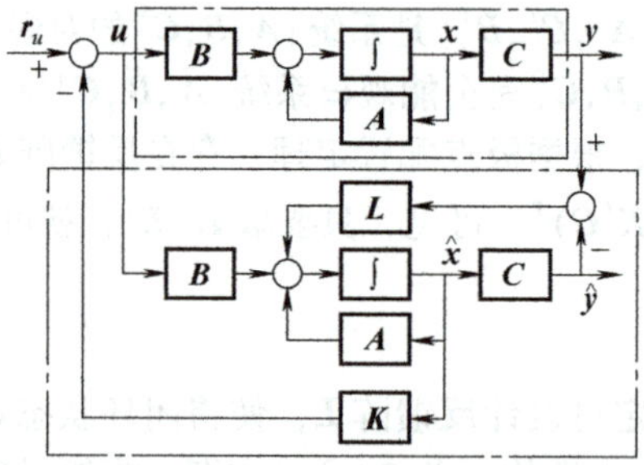

图 3-5　基于状态观测器的状态比例反馈

图 3-5 闭环系统的状态空间描述如下：

$$\begin{cases}\dot{x}=Ax+Bu & (3\text{-}16a)\\ u=r_u-K\hat{x} & (3\text{-}16b)\\ \dot{\hat{x}}=A\hat{x}+Bu+L(y-\hat{y})=(A-LC)\hat{x}+Ly+Bu & (3\text{-}16c)\\ y=Cx & (3\text{-}16d)\end{cases}$$

此时系统有 $2n$ 个状态 $\begin{bmatrix}x\\ \hat{x}\end{bmatrix}\in\mathbf{R}^{2n}$，输入变量仍是 $u\in\mathbf{R}^m$，输出变量仍是 $y\in\mathbf{R}^p$。

那么，以重构状态 $\hat{x}$ 构成的状态比例反馈 K 还能否任意配置闭环系统的极点？若可以，与前述系统状态比例反馈 K 的设计结果一致否？形成闭环系统后，状态观测器的反馈阵 L 还能否任意配置状态观测器的极点？若可以，与前述单独设计的状态观测器的反馈阵 L 的设计结果一

致否？这些就是分离定理要回答的。

将式(3-16b)代入式(3-16a)和式(3-16c)，有

$$\dot{x}=Ax+B(r_u-K\hat{x})=Ax-BK\hat{x}+Br_u$$

$$\dot{\hat{x}}=(A-LC)\hat{x}+LCx+B(r_u-K\hat{x})=(A-LC-BK)\hat{x}+LCx+Br_u$$

联立上述方程有如下闭环系统$\{A_f,B_f,C_f\}$，

$$\begin{cases}\begin{bmatrix}\dot{x}\\ \dot{\hat{x}}\end{bmatrix}=\begin{bmatrix}A & -BK\\ A-LC-BK & LC\end{bmatrix}\begin{bmatrix}x\\ \hat{x}\end{bmatrix}+\begin{bmatrix}B\\ B\end{bmatrix}r_u\\ y=[C,0]\begin{bmatrix}x\\ \hat{x}\end{bmatrix}\end{cases}$$

对上面系统做如下状态变换

$$\begin{bmatrix}x\\ \hat{x}\end{bmatrix}=T\begin{bmatrix}x\\ \tilde{x}\end{bmatrix}=\begin{bmatrix}I_n & \\ I_n & -I_n\end{bmatrix}\begin{bmatrix}x\\ \tilde{x}\end{bmatrix},\quad T=\begin{bmatrix}I_n & \\ I_n & -I_n\end{bmatrix}=T^{-1}$$

得到如下相似系统$\{\bar{A}_f,\bar{B}_f,\bar{C}_f\}$，

$$\begin{cases}\begin{bmatrix}\dot{x}\\ \dot{\tilde{x}}\end{bmatrix}=T^{-1}\begin{bmatrix}A & -BK\\ A-LC-BK & LC\end{bmatrix}T\begin{bmatrix}x\\ \tilde{x}\end{bmatrix}+T^{-1}\begin{bmatrix}B\\ B\end{bmatrix}r_u\\ \quad=\begin{bmatrix}A-BK & -BK\\ & A-LC\end{bmatrix}\begin{bmatrix}x\\ \tilde{x}\end{bmatrix}+\begin{bmatrix}B\\ 0\end{bmatrix}r_u & \text{(3-17a)}\\ y=[C,0]T\begin{bmatrix}x\\ \tilde{x}\end{bmatrix}=[C,0]\begin{bmatrix}x\\ \tilde{x}\end{bmatrix} & \text{(3-17b)}\end{cases}$$

由于相似系统有相同的特征多项式，且$\bar{A}_f$是上三角分块矩阵，所以一定有

$$\det(\lambda I_{2n}-A_f)=\det(\lambda I_{2n}-\bar{A}_f)=\det(\lambda I_n-A+BK)\det(\lambda I_n-A+LC)$$

可见，状态比例反馈阵K与状态观测器的反馈阵L可以分开设计。从而有如下定理：

定理 3-3(分离定理) 若系统$\{A,B,C\}$完全能控且完全能观，则带状态观测器的状态比例反馈闭环系统的极点由$A-BK$和$A-LC$两个状态矩阵的极点组成；且状态比例反馈阵K可任意配置$A-BK$的极点，状态观测器的反馈阵L可任意配置$A-LC$的极点。

进一步分析闭环系统(3-17)的传递函数矩阵有

$$\begin{aligned}\Phi(s)&=[C,0]\begin{bmatrix}sI_n-A+BK & BK\\ & sI_n-A+LC\end{bmatrix}^{-1}\begin{bmatrix}B\\ 0\end{bmatrix}\\ &=[C,0]\begin{bmatrix}(sI_n-A+BK)^{-1} & -(sI_n-A+BK)^{-1}BK(sI_n-A+LC)^{-1}\\ & (sI_n-A+LC)^{-1}\end{bmatrix}\begin{bmatrix}B\\ 0\end{bmatrix}\\ &=C(sI_n-A+BK)^{-1}B\end{aligned}\tag{3-18}$$

可见：

1) 式(3-18)与不带状态观测器的状态反馈闭环系统的传递函数矩阵完全一样，参见式(3-6)，说明观测器并不影响系统输出响应。

2) 带上观测器的闭环系统是$n+n$阶系统，而闭环传递函数矩阵是n阶，说明闭环系统发生了n个“零极点对消”，闭环系统将存在着不能控子系统或不能观子系统。仔细分析闭环状态方程组(3-17)，若s_i是观测器$(A-LC)$的特征值，则有

$$\text{rank}\begin{bmatrix}s_iI_n-A+BK & BK & B\\ & s_iI_n-A+LC & 0\end{bmatrix}<2n$$

所以，观测器$(A-LC)$的特征值都是不能控的（通俗讲，不能通过u进行改变）。注意，这与通过L任意配置$A-LC$的特征值是不矛盾的。

3）理论上，对应$(A-BK)$、$(A-LC)$的极点配置是各自独立的，但在实际应用上，应配置$(A-LC)$极点的衰减速度比$(A-BK)$的更快，即状态观测应该先收敛，再用观测到的状态实施反馈才会有好的效果。

4. 降阶观测器

基于状态观测器的状态比例反馈闭环系统的阶数为$n+n=2n$。系统阶数过高，导致系统变复杂，可靠性降低，调试困难。由于有p维输出可直接测量，可否构造低于n维的状态观测器？

不失一般性，设系统$\{A,B,C\}$完全能观，并且具有如下形式：

$$A=\begin{bmatrix}A_{11} & A_{12}\\ A_{21} & A_{22}\end{bmatrix},\ B=\begin{bmatrix}B_1\\ B_2\end{bmatrix},\ C=[0,C_2] \tag{3-19a}$$

式中，$\operatorname{rank}(C_2)=\operatorname{rank}(C)=p$。若原系统的$C$不满足式(3-19a)的结构，总可以通过状态变换矩阵T将其变换为上述形式。此时，系统可分解成两部分，即

$$\begin{cases}\dot{x}_1=A_{11}x_1+A_{12}x_2+B_1u\\ \dot{x}_2=A_{21}x_1+A_{22}x_2+B_2u\\ y=C_2x_2\end{cases} \tag{3-19b}$$

由于$C_2\in\mathbf{R}^{p\times p}$是一个可逆方阵，所以$x_2=C_2^{-1}y$，无须再构造观测器去观测，只需构造一个$n-p$阶的观测器去观测$x_1$即可。为此，构造如下子系统：

$$\Sigma_1:\ \begin{cases}\dot{x}_1=A_{11}x_1+v\\ z=A_{21}x_1\end{cases}$$

式中，

$$v=A_{12}x_2+B_1u=A_{12}C_2^{-1}y+B_1u$$

$$z=A_{21}x_1=\dot{x}_2-A_{22}x_2-B_2u=C_2^{-1}\dot{y}-A_{22}C_2^{-1}y-B_2u$$

可见，$\{v,z\}$可由$\{u,y\}$得到，可视作已知的量。

另外，由于$\operatorname{rank}(C_2)=\operatorname{rank}(C)=p$，一定有

$$\operatorname{rank}\begin{bmatrix}sI_{n-p}-A_{11} & -A_{12}\\ -A_{21} & sI_p-A_{22}\\ & C_2\end{bmatrix}=n\Leftrightarrow\operatorname{rank}\begin{bmatrix}sI_{n-p}-A_{11}\\ -A_{21}\end{bmatrix}=n-p$$

那么，系统$\{A,B,C\}$完全能观，子系统$\Sigma_1=\{A_{11},I_{n-p},A_{21}\}$也完全能观；反之亦然。

由于子系统$\Sigma_1=\{A_{11},I_{n-p},A_{21}\}$完全能观，同样可以构造一个观测器去观测$x_1$，有

$$\begin{cases}\dot{\hat{x}}_1=A_{11}\hat{x}_1+v+L_1(z-\hat{z})\\ \hat{z}=A_{21}\hat{x}_1\end{cases} \tag{3-20}$$

将v、z代入式(3-20)有

$$\dot{\hat{x}}_1=(A_{11}-L_1A_{21})\hat{x}_1+(B_1-L_1B_2)u+(A_{12}-L_1A_{22})C_2^{-1}y+L_1C_2^{-1}\dot{y} \tag{3-21}$$

式中，用到了输出的导数$\dot{y}$，这在工程中容易放大噪声信号，需要对它做进一步的处理。为此，参照式(2-13)的做法，重新定义降阶观测器的状态变量，取$\hat{\omega}=\hat{x}_1-L_1C_2^{-1}y$，或者$\hat{x}_1=\hat{\omega}+L_1C_2^{-1}y$，代入式(3-21)可推出等价的降阶观测器，即

$$\dot{\hat{\omega}}=(A_{11}-L_1A_{21})\hat{\omega}+\bar{B}_1u+\bar{L}_1y \tag{3-22}$$

式中，$\bar{B}_1=B_1-L_1B_2$；$\bar{L}_1=[(A_{12}-L_1A_{22})+(A_{11}-L_1A_{21})L_1]C_2^{-1}$。

至此，由于$\{A_{11},A_{21}\}$完全能观，可以设计L_1，将$A_{11}-L_1A_{21}$的极点配置到期望的观测器极点上；然后，计算$\bar{B}_1$、$\bar{L}_1$，便可根据式(3-22)实现降阶观测器。全部状态向量x的估计值$\hat{x}$为

$$\hat{x}=\begin{bmatrix}\hat{x}_1\\ \hat{x}_2\end{bmatrix}=\begin{bmatrix}\hat{\omega}+L_1C_2^{-1}y\\ C_2^{-1}y\end{bmatrix}=\begin{bmatrix}I_{n-p} & L_1C_2^{-1}\\ & C_2^{-1}\end{bmatrix}\begin{bmatrix}\hat{\omega}\\ y\end{bmatrix}$$

基于降阶观测器的状态比例反馈如图 3-6 所示。

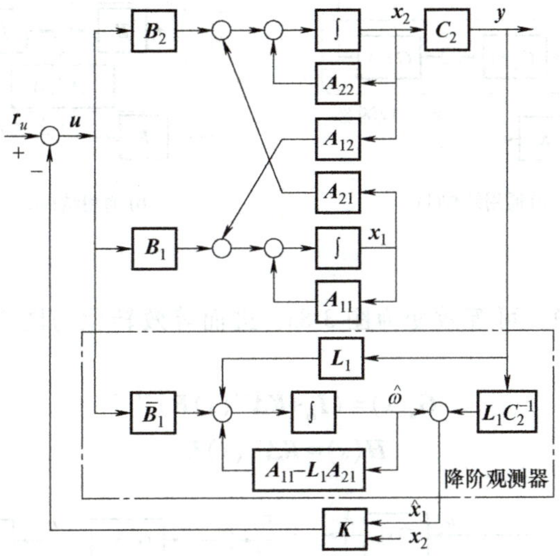

图 3-6　基于降阶观测器的状态比例反馈

综上所述，有：

1) 只要系统完全能观，总可以构造观测器或降阶观测器将所有的状态进行重构，且观测器极点可任意配置；若系统完全能控，则可利用重构的状态实施状态比例反馈控制，使得闭环系统极点任意配置。

2) 如果系统不是完全能观但是能检测，同样有上述结论，只是观测器的极点不能任意配置，由于不能观特征值是稳定的，因此不会影响观测器的收敛。

3) 进一步，如果系统不完全能观也不完全能控，但能检测和能稳定，同样可采取重构状态+状态比例反馈，使得观测器收敛，其中能观的特征值可以任意配置；使得闭环系统稳定，其中能控的特征值可以任意配置。

5. 通用控制器结构

对式(3-16)两边取拉普拉斯变换，令所有初始值为 0，有

$$\begin{cases}sx(s)=Ax(s)+Bu(s) & (3\text{-}23a)\\ u(s)=r_u(s)-K\hat{x}(s) & (3\text{-}23b)\\ s\hat{x}(s)=(A-LC)\hat{x}(s)+Ly(s)+Bu(s) & (3\text{-}23c)\\ y(s)=Cx(s) & (3\text{-}23d)\end{cases}$$

由式(3-23a)和式(3-23d)可得被控对象的传递函数矩阵描述，即

$$y(s)=G(s)u(s)=C(sI_n-A)^{-1}Bu(s) \quad (3\text{-}24a)$$

由式(3-23c)可得观测器的传递函数矩阵描述为

$$\hat{x}(s)=\hat{G}_y(s)y(s)+\hat{G}_u(s)u(s)$$

$$=(s\boldsymbol{I}_n-\boldsymbol{A}+\boldsymbol{LC})^{-1}\boldsymbol{Ly}(s)+(s\boldsymbol{I}_n-\boldsymbol{A}+\boldsymbol{LC})^{-1}\boldsymbol{Bu}(s) \tag{3-24b}$$

式中，

$$\hat{\boldsymbol{G}}_u(s)=\boldsymbol{\Delta}^{-1}(s)\boldsymbol{B},\ \hat{\boldsymbol{G}}_y(s)=\boldsymbol{\Delta}^{-1}(s)\boldsymbol{L},\ \boldsymbol{\Delta}(s)=s\boldsymbol{I}_n-\boldsymbol{A}+\boldsymbol{LC}$$

反馈控制为 $\boldsymbol{u}(s)=\boldsymbol{r}_u(s)-\boldsymbol{K}\hat{\boldsymbol{x}}(s)$。

根据上面的推导，可得到图 3-7 所示的基于状态观测器的状态比例反馈的通用控制器结构。

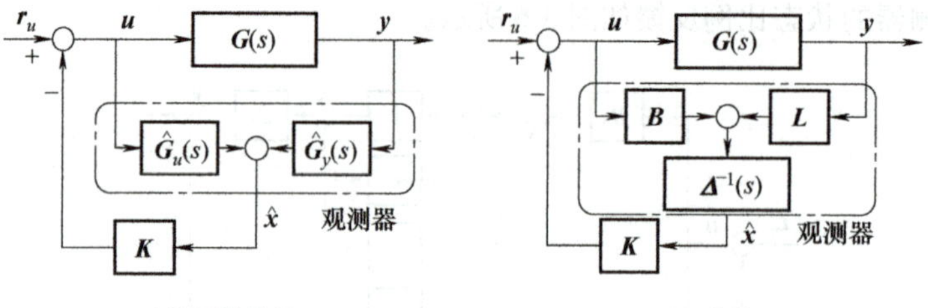

图 3-7 基于状态观测器的状态比例反馈的通用控制器结构

对图 3-7b 进一步化简，可等效变为图 3-8a，进而等效转化为图 3-8b 的常规控制器结构，其中

$$\boldsymbol{G}_o(s)=(\boldsymbol{I}_m+\boldsymbol{K\Delta}^{-1}(s)\boldsymbol{B})^{-1} \tag{3-25a}$$

$$\boldsymbol{H}(s)=\boldsymbol{K\Delta}^{-1}(s)\boldsymbol{L} \tag{3-25b}$$

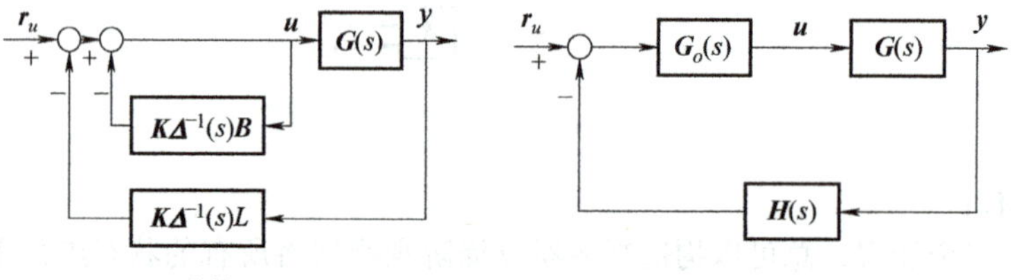

图 3-8 常规控制器结构

可见：

1）若 $\boldsymbol{G}_o(s)$ 与 $\boldsymbol{H}(s)$ 按式(3-25)进行设计，图 3-8b 的控制系统同样可以任意配置闭环系统的极点。这就表明，若仅仅采用输出比例反馈，改变系统的性能是有限的；若采用输出动态反馈($\boldsymbol{G}_o(s)\boldsymbol{H}(s)\neq\boldsymbol{K}$)，同样可以做到在很大范围内任意配置系统的性能。

2）再次应验了事物发展总是螺旋式往复的。经典控制理论推出输出反馈控制，系统性能配置存在局限；状态空间理论开启状态反馈控制，任意配置系统性能成为可能；经过推导，峰回路转，输出反馈控制与状态反馈控制是可以等同的。而在实际工程中，状态变量难以全部被测量(没有合适传感器、无法安装传感器、传感器成本过高等)，状态反馈控制常常难以实现；输出变量一般可测量，因而输出反馈控制更具有工程意义。

3）得到上述结论，不是否定状态空间理论，反而凸显出其精妙。以简明的状态空间描述呈现复杂的多变量耦合关系；以简洁的状态比例反馈控制任意配置系统性能；以此为桥梁，又可等效至输出反馈的形式上，以输出反馈来实现。因而，状态空间理论具有无比的理论分析优势，是现代控制理论的重要组成部分，许多新的控制理论方法都建立在其上。

4）$\boldsymbol{G}_o(s)$ 与 $\boldsymbol{H}(s)$ 也可以不按式(3-25)进行设计，这也为新的控制方法提供了空间，第 5 章

会进一步讨论。值得注意的是，$\boldsymbol{G}_o(s)$与$\boldsymbol{H}(s)$不为常数比例的话，一定会增加闭环系统的阶数，从而增加系统的复杂性；另外，有可能会发生“零极点对消”，这时一定要确保是稳定的零极点对消。

3.1.3 多变量系统的设计实例

1. 人造卫星轨道控制

例3-2 地球轨道上的人造卫星如图3-9所示，x-y是赤道平面，z是极轴。某时刻t，人造卫星的位置坐标为极坐标$\{r(t),\theta(t),\varphi(t)\}$；在径向、切向、倾角三个方向上，卫星发动机的推力为$\{u_r(t),u_\theta(t),u_\varphi(t)\}$。试讨论它的能控性与能观性，并给出一个状态反馈控制的方案。

(1) 建立状态空间描述

以地球为参照系，卫星的空间位移为

$$x=r\cos\varphi\cos\theta,\ y=r\cos\varphi\sin\theta,\ z=r\sin\varphi$$

其速度$v_x=\dot{x}$、$v_y=\dot{y}$、$v_z=\dot{z}$，则其动能为

$$E=\frac{1}{2}mv_x^2+\frac{1}{2}mv_y^2+\frac{1}{2}mv_z^2=\frac{m}{2}[\dot{r}^2+(r\dot{\varphi})^2+(r\dot{\theta}\cos\varphi)^2] \tag{3-26a}$$

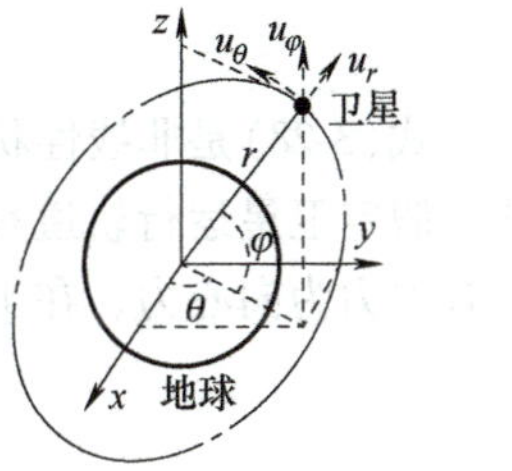

图3-9 人造卫星调轨控制

其势能为

$$P=-G\frac{Mm}{r^2}r=-c\frac{m}{r} \tag{3-26b}$$

式中，常数$c=GM=4\times10^{14}\text{N}\cdot\text{m}^2/\text{kg}$；$G$是万有引力常数；$M$是地球质量。

卫星的运动特性满足如下刚体运动学的拉格朗日方程：

$$\begin{cases}\dfrac{\mathrm{d}}{\mathrm{d}t}\left[\dfrac{\partial L}{\partial\dot{r}}\right]-\dfrac{\partial L}{\partial r}=u_r\\\dfrac{\mathrm{d}}{\mathrm{d}t}\left[\dfrac{\partial L}{\partial\dot{\theta}}\right]-\dfrac{\partial L}{\partial\theta}=u_\theta\\\dfrac{\mathrm{d}}{\mathrm{d}t}\left[\dfrac{\partial L}{\partial\dot{\varphi}}\right]-\dfrac{\partial L}{\partial\varphi}=u_\varphi\end{cases} \tag{3-27}$$

式中，$L=E-P$为拉格朗日函数。将式(3-26)代入式(3-27)有

$$\begin{cases}m\left(\ddot{r}-r\dot{\theta}^2\cos^2\varphi-r\dot{\varphi}^2+\dfrac{c}{r^2}\right)=u_r\\m(\ddot{\theta}r^2\cos^2\varphi+2r\dot{r}\dot{\theta}\cos^2\varphi-2r^2\dot{\theta}\dot{\varphi}\cos\varphi\sin\varphi)=(r\cos\varphi)u_\theta\\m(\ddot{\varphi}r^2+r^2\dot{\theta}^2\cos\varphi\sin\varphi-2r\dot{r}\dot{\varphi})=ru_\varphi\end{cases}$$

取状态变量、输入变量、输出变量分别为

$$\boldsymbol{x}=\begin{bmatrix}r\\\dot{r}\\\theta\\\dot{\theta}\\\varphi\\\dot{\varphi}\end{bmatrix},\ \boldsymbol{u}=\begin{bmatrix}u_r\\u_\theta\\u_\varphi\end{bmatrix},\ \boldsymbol{y}=\begin{bmatrix}r\\\theta\\\varphi\end{bmatrix}$$

可写出状态空间描述为

$$
\begin{cases}
\dot{\boldsymbol{x}}=\boldsymbol{f}(\boldsymbol{x},\ \boldsymbol{u})=\begin{bmatrix}\dot{r}\\ r\dot{\theta}^2\cos^2\varphi+r\dot{\varphi}^2-\dfrac{c}{r^2}+\dfrac{1}{m}u_r\\ \dot{\theta}\\ -2\dfrac{\dot{r}\dot{\theta}}{r}+2\dot{\theta}\dot{\varphi}\dfrac{\sin\varphi}{\cos\varphi}+\dfrac{1}{mr\cos\varphi}u_\theta\\ \dot{\varphi}\\ -\dot{\theta}^2\cos\varphi\sin\varphi-2\dfrac{\dot{r}\dot{\varphi}}{r}+\dfrac{1}{mr}u_\varphi\end{bmatrix}\\
\boldsymbol{y}=\boldsymbol{C}\boldsymbol{x}=\begin{bmatrix}1&0&0&0&0&0\\0&0&1&0&0&0\\0&0&0&0&1&0\end{bmatrix}\boldsymbol{x}
\end{cases}
\tag{3-28}
$$

式(3-28)是非线性状态方程组，为了方便分析与设计，需将其在平衡态下线性化。不失一般性，假定卫星运行轨道是一个圆轨道，进入轨道后，若不发生扰动，卫星可无须额外的控制，以万有引力为向心力，在半径为 r_0 的圆轨道以角速度 ω 自行运转，即

$$F=G\frac{Mm}{r_0^2}=m\omega^2r_0,\quad \omega^2r_0^3=GM=c$$

此时平衡态为

$$\boldsymbol{x}_e=[r_0,0,\omega t,\omega,0,0]^{\mathrm{T}},\quad \boldsymbol{u}_e=\boldsymbol{0}$$

并满足

$$\begin{cases}\dot{\boldsymbol{x}}_e=\boldsymbol{f}(\boldsymbol{x}_e,\boldsymbol{u}_e)\\ \boldsymbol{y}_e=\boldsymbol{C}\boldsymbol{x}_e\end{cases}$$

将非线性函数 $\boldsymbol{f}(\boldsymbol{x},\boldsymbol{u})$ 在平衡态 $\{\boldsymbol{x}_e,\boldsymbol{u}_e\}$ 下展开有

$$\boldsymbol{f}(\boldsymbol{x},\boldsymbol{u})=\boldsymbol{f}(\boldsymbol{x}_e,\boldsymbol{u}_e)+\left.\frac{\partial\boldsymbol{f}}{\partial\boldsymbol{x}^{\mathrm{T}}}\right|_{\substack{\boldsymbol{x}=\boldsymbol{x}_e\\ \boldsymbol{u}=\boldsymbol{u}_e}}(\boldsymbol{x}-\boldsymbol{x}_e)+\left.\frac{\partial\boldsymbol{f}}{\partial\boldsymbol{u}^{\mathrm{T}}}\right|_{\substack{\boldsymbol{x}=\boldsymbol{x}_e\\ \boldsymbol{u}=\boldsymbol{u}_e}}(\boldsymbol{u}-\boldsymbol{u}_e)+o(\|\boldsymbol{x}-\boldsymbol{x}_e\|,\|\boldsymbol{u}-\boldsymbol{u}_e\|)$$

取

$$\boldsymbol{A}=\left.\frac{\partial\boldsymbol{f}}{\partial\boldsymbol{x}^{\mathrm{T}}}\right|_{\substack{\boldsymbol{x}=\boldsymbol{x}_e\\ \boldsymbol{u}=\boldsymbol{u}_e}}=\left[\begin{array}{cccc:cc}0&1&0&0&0&0\\3\omega^2&0&0&2\omega r_0&0&0\\0&0&0&1&0&0\\0&-2\omega/r_0&0&0&0&0\\ \hdashline 0&0&0&0&0&1\\0&0&0&0&-\omega^2&0\end{array}\right]\tag{3-29a}$$

$$\boldsymbol{B}=\left.\frac{\partial\boldsymbol{f}}{\partial\boldsymbol{u}^{\mathrm{T}}}\right|_{\substack{\boldsymbol{x}=\boldsymbol{x}_e\\ \boldsymbol{u}=\boldsymbol{u}_e}}=\frac{1}{mr_0}\left[\begin{array}{cc:c}0&0&0\\r_0&0&0\\0&0&0\\0&1&0\\ \hdashline 0&0&0\\0&0&1\end{array}\right]\tag{3-29b}$$

取新的状态变量、控制变量和输出变量分别为 $\hat{\boldsymbol{x}}=\boldsymbol{x}-\boldsymbol{x}_e$、$\hat{\boldsymbol{u}}=\boldsymbol{u}-\boldsymbol{u}_e$、$\hat{\boldsymbol{y}}=\boldsymbol{y}-\boldsymbol{y}_e$。忽略展开式中的高阶无穷小项，有如下的线性化状态空间描述：

$$\begin{cases}\dot{\hat{x}}=\dot{x}-\dot{x}_e=f(x,u)-\dot{x}_e\approx A(x-x_e)+B(u-u_e)=A\hat{x}+B\hat{u}\\ \hat{y}=y-y_e=Cx-Cx_e=C\hat{x}\end{cases}$$

从式(3-29a)状态矩阵 A 可见，该系统可分解为在赤道平面(r,θ)的四阶系统与地平经度平面的二阶系统，即

$$\begin{cases}\begin{bmatrix}\dot{\hat{x}}_1\\ \dot{\hat{x}}_2\\ \dot{\hat{x}}_3\\ \dot{\hat{x}}_4\end{bmatrix}=\begin{bmatrix}0&1&0&0\\ 3\omega^2&0&0&2\omega r_0\\ 0&0&0&1\\ 0&-2\omega/r_0&0&0\end{bmatrix}\begin{bmatrix}\hat{x}_1\\ \hat{x}_2\\ \hat{x}_3\\ \hat{x}_4\end{bmatrix}+\dfrac{1}{mr_0}\begin{bmatrix}0&0\\ r_0&0\\ 0&0\\ 0&1\end{bmatrix}\begin{bmatrix}\hat{u}_r\\ \hat{u}_\theta\end{bmatrix}\\ \begin{bmatrix}\hat{y}_1\\ \hat{y}_2\end{bmatrix}=\begin{bmatrix}1&0&0&0\\ 0&0&1&0\end{bmatrix}\begin{bmatrix}\hat{x}_1\\ \hat{x}_2\\ \hat{x}_3\\ \hat{x}_4\end{bmatrix}\end{cases}\tag{3-30a}$$

$$\begin{cases}\begin{bmatrix}\dot{\hat{x}}_5\\ \dot{\hat{x}}_6\end{bmatrix}=\begin{bmatrix}0&1\\ -\omega^2&0\end{bmatrix}\begin{bmatrix}\hat{x}_5\\ \hat{x}_6\end{bmatrix}+\dfrac{1}{mr_0}\begin{bmatrix}0\\ 1\end{bmatrix}\hat{u}_\varphi\\ \hat{y}_3=[1,0]\begin{bmatrix}\hat{x}_5\\ \hat{x}_6\end{bmatrix}\end{cases}\tag{3-30b}$$

(2) 系统能控性分析

下面以简便高效的能控(观)判据分析系统能控(观)性。对于四阶系统式(3-30a)，其能控阵为

$$M_c=\frac{1}{mr_0}\begin{bmatrix}0&0&r_0&0&0&2\omega r_0&-\omega^2 r_0&0\\ r_0&0&0&2\omega r_0&-\omega^2 r_0&0&0&-2\omega^3 r_0\\ 0&0&0&1&-2\omega&0&0&-4\omega^2\\ 0&1&-2\omega&0&0&-4\omega^2&2\omega^3&0\end{bmatrix}$$

可见，$\mathrm{rank}(M_c)=4$，该四阶系统完全能控。

若切向推力 u_θ 失效，只有径向推力 u_r 存在，此时成为单输入系统，其能控阵为

$$M_{cr}=\frac{1}{mr_0}\begin{bmatrix}0&r_0&0&-\omega^2 r_0\\ r_0&0&-\omega^2 r_0&0\\ 0&0&-2\omega&0\\ 0&-2\omega&0&2\omega^3\end{bmatrix}$$

可见，$\mathrm{rank}(M_{cr})=3$，若只有径向推力 u_r，该四阶系统不能完全能控。

若径向推力 u_r 失效，只有切向推力 u_θ 存在，此时也为单输入系统，其能控阵为

$$M_{c\theta}=\frac{1}{mr_0}\begin{bmatrix}0&0&2\omega r_0&0\\ 0&2\omega r_0&0&-2\omega^3 r_0\\ 0&1&0&-4\omega^2\\ 1&0&-4\omega^2&0\end{bmatrix},\quad \det(M_{c\theta})=-\frac{12\omega^4}{m^4 r_0^2}\neq 0$$

可见，$\operatorname{rank}(\boldsymbol{M}_{c\theta})=4$，若只有切向推力 u_θ，该四阶系统是可以完全能控的。

二阶系统式(3-30b)的能控阵为$\frac{1}{mr_0}\begin{bmatrix}0 & 1\\ 1 & 0\end{bmatrix}$，一定是完全能控的。

(3) 系统能观性分析

对四阶系统式(3-30a)，其能观阵为

$$\boldsymbol{M}_o=\begin{bmatrix}1 & 0 & 0 & 0\\ 0 & 0 & 1 & 0\\ 0 & 1 & 0 & 0\\ 0 & 0 & 0 & 1\\ 3\omega^2 & 0 & 0 & 2r_0\omega\\ 0 & -2\omega/r_0 & 0 & 0\\ 0 & -\omega^2 & 0 & 0\\ -6\omega^3/r_0 & 0 & 0 & -4\omega^2\end{bmatrix}=\frac{1}{r_0}\begin{bmatrix}r_0 & 0 & 0 & 0\\ 0 & 0 & r_0 & 0\\ 0 & r_0 & 0 & 0\\ 0 & 0 & 0 & r_0\\ 3\omega^2 r_0 & 0 & 0 & 2r_0^2\omega\\ 0 & -2\omega & 0 & 0\\ 0 & -\omega^2 r_0 & 0 & 0\\ -6\omega^3 & 0 & 0 & -4\omega^2 r_0^2\end{bmatrix}$$

可见，$\operatorname{rank}(\boldsymbol{M}_o)=4$，该四阶系统完全能观。

若切向方向角传感器失效，只有径向位移传感器存在，成为单输出系统，其能观阵为

$$\boldsymbol{M}_{or}=\frac{1}{r_0}\begin{bmatrix}r_0 & 0 & 0 & 0\\ 0 & r_0 & 0 & 0\\ 3\omega^2 r_0 & 0 & 0 & 2r_0^2\omega\\ 0 & -\omega^2 r_0 & 0 & 0\end{bmatrix}$$

可见，$\operatorname{rank}(\boldsymbol{M}_{or})=3$，若只有径向位移传感器存在，该四阶系统不能完全能观。

若径向位移传感器失效，只有切向方向角传感器存在，也成为单输出系统，其能观阵为

$$\boldsymbol{M}_{o\theta}=\frac{1}{r_0}\begin{bmatrix}0 & 0 & r_0 & 0\\ 0 & 0 & 0 & r_0\\ 0 & -2\omega & 0 & 0\\ -6\omega^3 & 0 & 0 & -4\omega^2 r_0\end{bmatrix},\quad \det(\boldsymbol{M}_{o\theta})=-\frac{12\omega^4}{r_0^2}\neq 0$$

可见，$\operatorname{rank}(\boldsymbol{M}_{o\theta})=4$，若只有切向方向角传感器存在，该四阶系统是可以完全能观的。

二阶系统式(3-30b)的能观阵为$\begin{bmatrix}1 & 0\\ 0 & 1\end{bmatrix}$，一定是完全能观的。

(4) 状态反馈解耦控制

通过能控性分析，明晰了系统可控能力。对于系统(3-30a)，若只是希望闭环极点任意配置，只需采取切线方向的控制便可。若再增加径向方向的控制，一定会使卫星的操控性更好。一般情况下，采取多输入的状态反馈，在实现闭环极点任意配置后，还会有冗余，这就为改善系统的其他性能提供了可能。

取状态反馈

$$\begin{bmatrix}\hat{u}_r\\ \hat{u}_\theta\end{bmatrix}=\begin{bmatrix}k_{11} & k_{12} & k_{13} & k_{14}\\ k_{21} & k_{22} & k_{23} & k_{24}\end{bmatrix}\begin{bmatrix}\hat{x}_1\\ \hat{x}_2\\ \hat{x}_3\\ \hat{x}_4\end{bmatrix}+\begin{bmatrix}r_r\\ r_\theta\end{bmatrix} \tag{3-31}$$

代入式(3-30a)，有如下闭环系统

$$\begin{cases}\begin{bmatrix}\dot{\hat{x}}_1\\\dot{\hat{x}}_2\\\dot{\hat{x}}_3\\\dot{\hat{x}}_4\end{bmatrix}=\left[\begin{array}{cc:cc}0&1&0&0\\3\omega^2-\dfrac{k_{11}}{m}&-\dfrac{k_{12}}{m}&-\dfrac{k_{13}}{m}&2\omega r_0-\dfrac{k_{14}}{m}\\\hdashline 0&0&0&1\\-\dfrac{k_{21}}{mr_0}&\dfrac{-2\omega}{r_0}-\dfrac{k_{22}}{mr_0}&-\dfrac{k_{23}}{mr_0}&-\dfrac{k_{24}}{mr_0}\end{array}\right]\begin{bmatrix}\hat{x}_1\\\hat{x}_2\\\hat{x}_3\\\hat{x}_4\end{bmatrix}+\dfrac{1}{mr_0}\begin{bmatrix}0&0\\r_0&0\\0&0\\0&1\end{bmatrix}\begin{bmatrix}r_r\\r_\theta\end{bmatrix}\\\begin{bmatrix}\hat{y}_1\\\hat{y}_2\end{bmatrix}=\begin{bmatrix}1&0&0&0\\0&0&1&0\end{bmatrix}\begin{bmatrix}\hat{x}_1\\\hat{x}_2\\\hat{x}_3\\\hat{x}_4\end{bmatrix}\end{cases}\tag{3-32}$$

系统(3-30a)的切线方向与径向方向的控制是存在耦合的，若能通过状态反馈解耦，肯定可以提升对卫星的操控性。因此，取非对角块的元素满足

$$\begin{cases}k_{13}=0,\ k_{14}=2\omega r_0 m\\k_{21}=0,\ k_{22}=-2\omega m\end{cases}\tag{3-33a}$$

令闭环极点为$\{p_{r1},p_{r2}\}$、$\{p_{\theta1},p_{\theta2}\}$，参照控制器标准形，解耦后各块闭环极点方程为

$$s^2+\frac{k_{12}}{m}s+\frac{k_{11}}{m}-3\omega^2=(s-p_{r1})(s-p_{r2})\tag{3-33b}$$

$$s^2+\frac{k_{24}}{mr_0}s+\frac{k_{23}}{mr_0}=(s-p_{\theta1})(s-p_{\theta2})\tag{3-33c}$$

若取期望闭环极点为

$$\{p_{r1},p_{r2}\}=\{-0.0082,-0.0118\},\{p_{\theta1},p_{\theta2}\}=\{-0.0015,-0.0052\}$$

并取卫星质量、高度、环绕转速为

$$m=50\text{kg},\ r_0=9.3626\times10^6\text{m},\ \omega=\sqrt{c/r_0^3}=6.9813\times10^{-4}\text{rad/s}$$

比较式(3-33b)、式(3-33c)两边系数以及式(3-33a)，可得到状态反馈阵为

$$\begin{bmatrix}k_{11}&k_{12}&k_{13}&k_{14}\\k_{21}&k_{22}&k_{23}&k_{24}\end{bmatrix}=\begin{bmatrix}0.0049&1&0&6.54\times10^5\\0&-0.0698&3.65\times10^3&3.14\times10^6\end{bmatrix}\tag{3-33d}$$

同理，对于系统(3-25b)，取状态反馈为

$$\hat{u}_\varphi=-\bar{\boldsymbol{K}}\begin{pmatrix}\hat{x}_5\\\hat{x}_6\end{pmatrix}+r_\varphi=-[\bar{k}_{11}\quad\bar{k}_{12}]\begin{pmatrix}\hat{x}_5\\\hat{x}_6\end{pmatrix}+r_\varphi\tag{3-34}$$

代入式(3-30b)有如下闭环系统

$$\begin{cases}\begin{bmatrix}\dot{\hat{x}}_5\\\dot{\hat{x}}_6\end{bmatrix}=\begin{bmatrix}0&1\\-\omega^2-\dfrac{\bar{k}_{11}}{mr_0}&-\dfrac{\bar{k}_{12}}{mr_0}\end{bmatrix}\begin{bmatrix}\hat{x}_5\\\hat{x}_6\end{bmatrix}+\begin{bmatrix}0\\1\end{bmatrix}r_\varphi\\\hat{y}_3=[1,0]\begin{bmatrix}\hat{x}_5\\\hat{x}_6\end{bmatrix}\end{cases}\tag{3-35}$$

若取期望闭环极点为$\{p_{\varphi1},p_{\varphi2}\}$，同样参照控制器标准形，闭环极点方程为

$$s^2+\frac{\bar{k}_{12}}{mr_0}s+\omega^2+\frac{\bar{k}_{11}}{mr_0}=(s-p_{\varphi1})(s-p_{\varphi2})\tag{3-36a}$$

若取$\{p_{\varphi1},p_{\varphi2}\}=\{-0.0015,-0.0052\}$，比较式(3-36a)两边系数，可得到状态反馈阵为

$$[\bar{k}_{11},\bar{k}_{12}]=[3420,3.13\times10^6] \tag{3-36b}$$

综上可知，采用控制器标准形描述系统，十分便于控制器的设计。

（5）仿真研究

1）下面对径向、切向、倾角三个方向的控制进行仿真分析。分别以线性模型式(3-30a)、式(3-30b)和非线性模型式(3-28)建立仿真模型，状态反馈控制参数取为式(3-33d)、式(3-36b)；假定在$t=t_0$发生了状态偏离，即

$$\hat{\boldsymbol{x}}\big|_{t=t_0}=(\boldsymbol{x}-\boldsymbol{x}_e)\big|_{t=t_0}=\begin{bmatrix}r(t_0)\\ \dot{r}(t_0)\\ \theta(t_0)\\ \dot{\theta}(t_0)\\ \varphi(t_0)\\ \dot{\varphi}(t_0)\end{bmatrix}-\begin{bmatrix}r_0\\0\\ \omega t_0\\ \omega\\0\\0\end{bmatrix}=\begin{bmatrix}\Delta_r\\0\\ \Delta_\theta\\ \Delta_{\dot{\theta}}\\ \Delta_\varphi\\0\end{bmatrix}$$

取$\Delta_r=100m$、$\Delta_\theta=1°$、$\Delta_{\dot{\theta}}=0.1\omega$、$\Delta_\varphi=1°$，可得输出响应如图3-10a、图3-10c、图3-10e所示，对应的控制量如图3-10b、图3-10d、图3-10f所示。

可见，线性化模型和非线性模型下的输出响应是接近的，说明采用线性化的状态空间描述进行分析与设计是适用和有效的。

2）控制量受限分析。将上述的期望极点做如下改变：

$$\{p_{r1},p_{r2}\}=\{-0.0082,-0.0118\}\Rightarrow\{\hat{p}_{r1},\hat{p}_{r2}\}=\{-0.82,-1.18\}$$
$$\{p_{\theta1},p_{\theta2}\}=\{-0.0015,-0.0052\}\Rightarrow\{\hat{p}_{\theta1},\hat{p}_{\theta2}\}=\{-0.15,-0.52\}$$
$$\{p_{\varphi1},p_{\varphi2}\}=\{-0.0015,-0.0052\}\Rightarrow\{\hat{p}_{\varphi1},\hat{p}_{\varphi2}\}=\{-0.15,-0.52\}$$

改变前后期望的瞬态过程时间分别为

$$t_{rs}\approx\frac{4}{|\sigma_{r^*}|}=\frac{4}{0.0082}\mathrm{s}=487.8\mathrm{s},\ \hat{t}_{rs}\approx\frac{4}{|\hat{\sigma}_{r^*}|}=\frac{4}{0.82}\mathrm{s}=4.878\mathrm{s}$$
$$t_{\theta s}\approx\frac{4}{|\sigma_{\theta^*}|}=\frac{4}{0.0015}\mathrm{s}=2666.7\mathrm{s},\ \hat{t}_{\theta s}\approx\frac{4}{|\hat{\sigma}_{\theta^*}|}=\frac{4}{0.15}\mathrm{s}=26.667\mathrm{s}$$
$$t_{\varphi s}\approx\frac{4}{|\sigma_{\varphi^*}|}=\frac{4}{0.0015}\mathrm{s}=2666.7\mathrm{s},\ \hat{t}_{\varphi s}\approx\frac{4}{|\hat{\sigma}_{\varphi^*}|}=\frac{4}{0.15}\mathrm{s}=26.667\mathrm{s}$$

显见，改变后的期望极点对应更好的系统快速性。

新期望极点对应的比例参数为

$$\begin{bmatrix}k_{11}&k_{12}&k_{13}&k_{14}\\k_{21}&k_{22}&k_{23}&k_{24}\end{bmatrix}=\begin{bmatrix}48.4&100&0&6.54\times10^5\\0&-0.0698&3.65\times10^7&3.14\times10^8\end{bmatrix}$$
$$[\bar{k}_{11}\quad \bar{k}_{12}]=[3.65\times10^7,3.14\times10^8]$$

可得如图3-11a、图3-11c、图3-11e所示的输出响应与如图3-11b、图3-11d、图3-11f所示的控制量曲线。

对比图3-11与图3-10的时间轴，系统输出响应的快速性确实明显得到改善，但是控制量急剧增大，使得实际工程的实现难度大增。这表明，尽管状态反馈从理论上可以任意配置极点，但是，当期望极点处在极致的位置时，系统的控制量（或其他变量）可能超限，导致无法工程实现。这一点与基于经典控制理论的控制器设计一样，期望特性是需要合理给出的，否则在工程实现上存在困境。

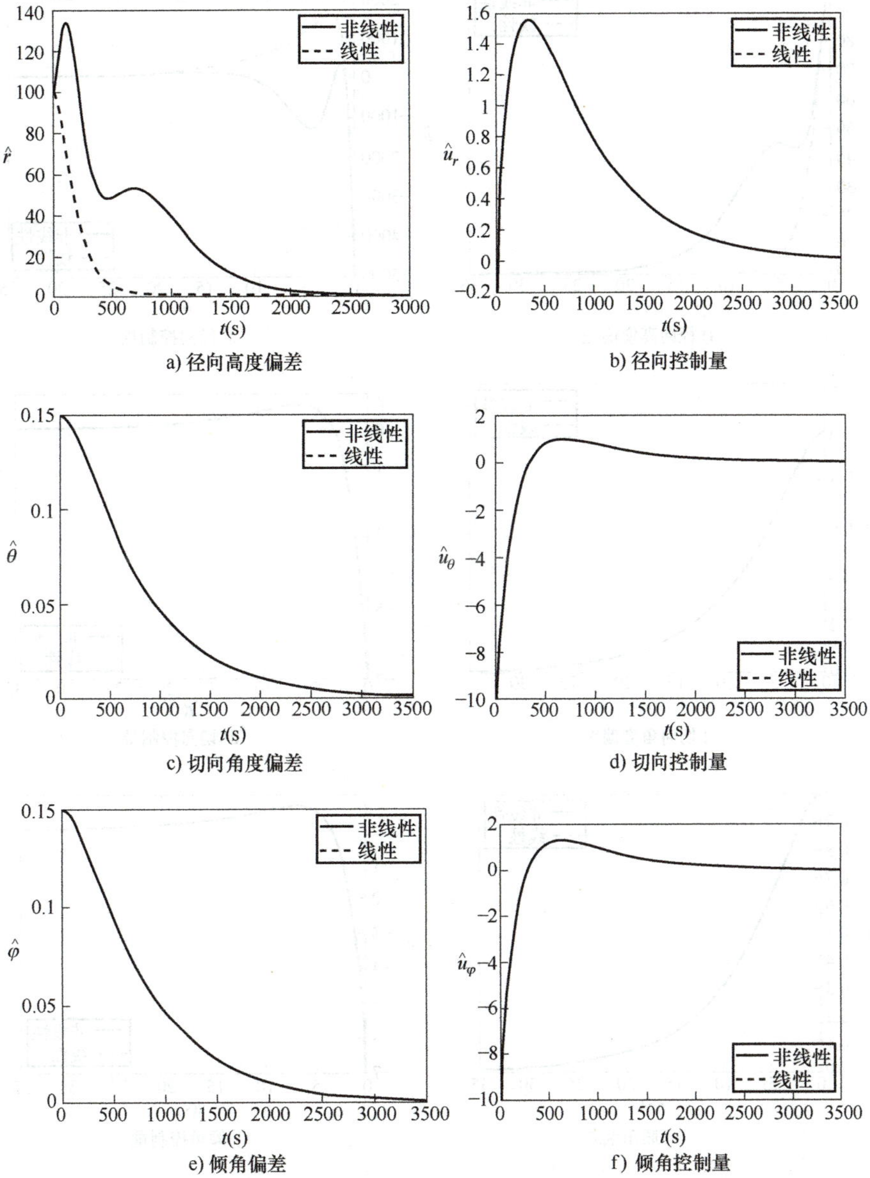

a) 径向高度偏差　b) 径向控制量

c) 切向角度偏差　d) 切向控制量

e) 倾角偏差　f) 倾角控制量

图 3-10　小偏差下的卫星调轨的状态响应

2. 倒立摆的控制

例 3-3　倒立摆是一个典型的非最小相位系统，如图 3-12 所示，其中摆角为 θ，小球质量为 m，摆杆长度为 L；小车的位移为 x，推力为 F，质量为 M。试分析系统的能控性与能观性，并给出一个状态反馈控制的方案。

倒立摆的控制任务是使得摆角处在 $\theta=0$ 的平衡态，控制量是小车的推力 F。这是一个单变量系统，在《工程控制原理》(经典部分)讨论了它的控制设计，由于倒立摆是自身不稳定的非最小相位系统，需要采用"比例+超前校正"控制方案。遗憾的是，虽然可做到 $\theta\to 0$，但小车速度不趋于 0，$\dot{x}\to v_s\neq 0$，维持匀速运动，这在工程中是不可行的。下面采用状态反馈控制解决这个问题。

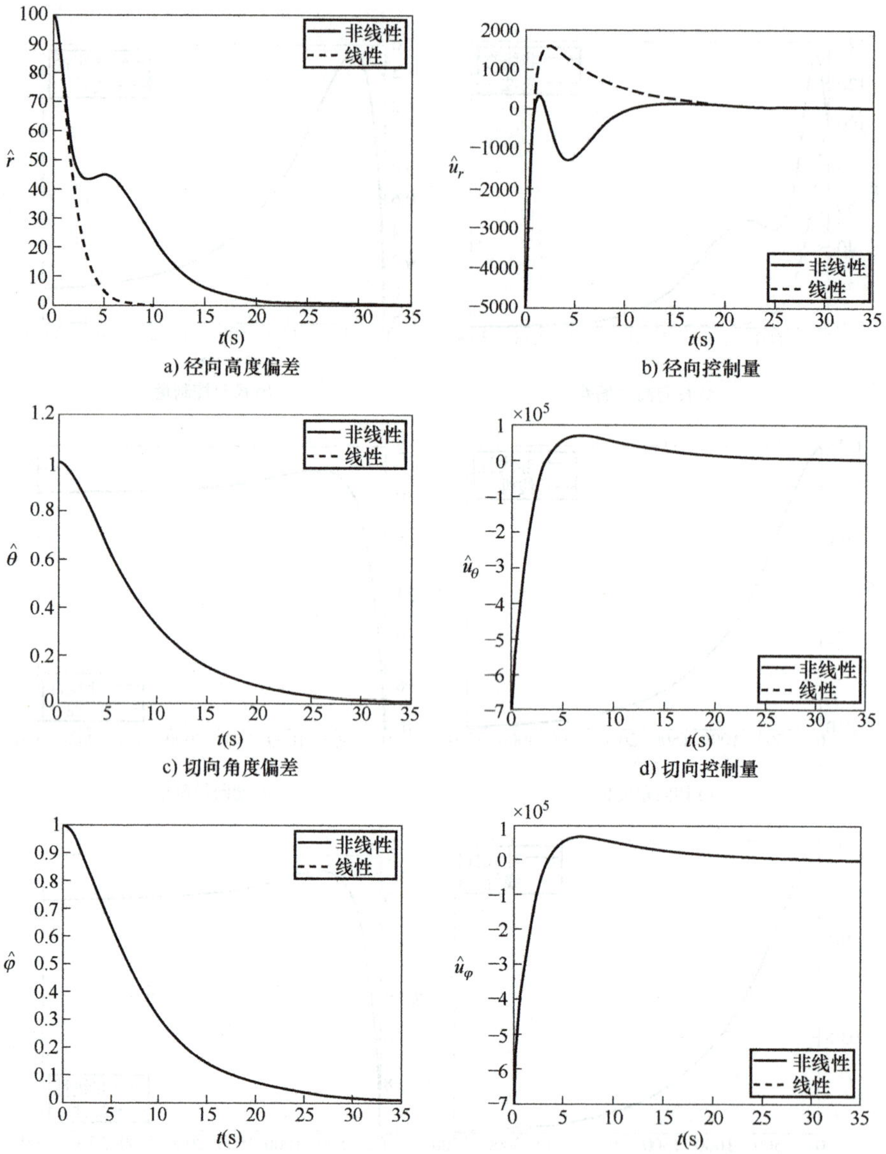

a) 径向高度偏差　b) 径向控制量　c) 切向角度偏差　d) 切向控制量　e) 倾角偏差　f) 倾角控制量

图 3-11　卫星调轨的状态响应与控制量限制

（1）建立状态空间描述

倒立摆的非线性模型如下：

$$\begin{cases} F = Ma + m\bar{a} = M\ddot{x} + m(x - L\sin\theta)'' \\ mgL\sin\theta + m\ddot{x}L\cos\theta = J\ddot{\theta},\ J = mL^2 \end{cases}$$

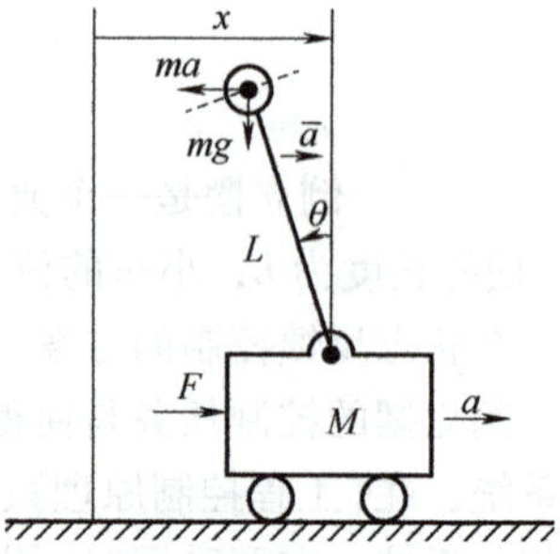

图 3-12　倒立摆

将第二个方程代入第一个方程有

$$\begin{cases} \left(\dfrac{L(M+m)}{\cos\theta} - mL\cos\theta\right)\ddot{\theta} + mL\sin\theta\dot{\theta}^2 - g(M+m)\dfrac{\sin\theta}{\cos\theta} = F \\ \ddot{x} = \dfrac{J}{mL\cos\theta}\ddot{\theta} - g\dfrac{\sin\theta}{\cos\theta} \end{cases} \tag{3-37a}$$

再在标定工况处 $\{F^*, \theta^*\} = \{0, 0\}$ 进行线性化有（$\sin\theta \approx \theta$，$\cos\theta \approx 1$，$\sin\theta\dot{\theta}^2 \approx 0$）

$$\begin{cases}\ddot{\theta}-\dfrac{(M+m)g}{ML}\theta=\dfrac{1}{ML}F\\ \ddot{x}=\dfrac{mg}{M}\theta+\dfrac{1}{M}F\end{cases} \tag{3-37b}$$

式中，第一个方程是经典控制方法采用的数学模型。下面建立状态空间描述来分析和设计。

取状态变量为 θ、$\dot{\theta}$、x、$\dot{x}$，式(3-37b)可化为如下状态空间描述：

$$\begin{cases}\begin{bmatrix}\dot{\theta}\\ \ddot{\theta}\\ \dot{x}\\ \ddot{x}\end{bmatrix}=\begin{bmatrix}0 & 1 & 0 & 0\\ \dfrac{(M+m)g}{ML} & 0 & 0 & 0\\ 0 & 0 & 0 & 1\\ \dfrac{mg}{M} & 0 & 0 & 0\end{bmatrix}\begin{bmatrix}\theta\\ \dot{\theta}\\ x\\ \dot{x}\end{bmatrix}+\begin{bmatrix}0\\ \dfrac{1}{ML}\\ 0\\ \dfrac{1}{M}\end{bmatrix}F & (3\text{-}38a)\\ \boldsymbol{y}=\begin{bmatrix}\theta\\ x\end{bmatrix}=\begin{bmatrix}1 & 0 & 0 & 0\\ 0 & 0 & 1 & 0\end{bmatrix}\begin{bmatrix}\theta\\ \dot{\theta}\\ x\\ \dot{x}\end{bmatrix} & (3\text{-}38b)\end{cases}$$

（2）分析系统能控性

$$\boldsymbol{M}_c=[\boldsymbol{b},\boldsymbol{A}\boldsymbol{b},\boldsymbol{A}^2\boldsymbol{b},\boldsymbol{A}^3\boldsymbol{b}]=\begin{bmatrix}0 & \dfrac{1}{ML} & 0 & \dfrac{(M+m)g}{(ML)^2}\\ \dfrac{1}{ML} & 0 & \dfrac{(M+m)g}{(ML)^2} & 0\\ 0 & \dfrac{1}{M} & 0 & 0\\ \dfrac{1}{M} & 0 & 0 & 0\end{bmatrix}$$

显见，$\text{rank}(\boldsymbol{M}_c)=4$，系统完全能控。

（3）分析系统能观性

若只有摆角 $\boldsymbol{\theta}$ 可测量(经典控制只有 $\boldsymbol{\theta}$ 一个输出量)，其对应的能观阵为

$$\boldsymbol{M}_{o\theta}=\begin{bmatrix}1 & 0 & 0 & 0\\ 0 & 1 & 0 & 0\\ \dfrac{(M+m)g}{ML} & 0 & 0 & 0\\ 0 & \dfrac{(M+m)g}{ML} & 0 & 0\end{bmatrix}$$

显见，$\text{rank}(\boldsymbol{M}_{o\theta})=2$，系统不完全能观，只有 2 个状态变量能观，即状态变量 θ 和 $\dot{\theta}$ 能观，而小车位移 x 和速度 $\dot{x}$ 不能观。

若只对小车位移 x 进行测量，其对应的能观阵为

$$\boldsymbol{M}_{ox}=\begin{bmatrix}0 & 0 & 1 & 0\\ 0 & 0 & 0 & 1\\ \dfrac{mg}{M} & 0 & 0 & 0\\ 0 & \dfrac{mg}{M} & 0 & 0\end{bmatrix}$$

其秩 $\text{rank}(\boldsymbol{M}_{ox})=4$，表明只要测量小车位移信号，无须测量摆角信号，也可保证系统完全能观。可见，在实际工程中采用状态空间描述并进行能观性分析，可帮助找到更好的测量输出。对于倒立摆系统，采用对小车位移 x 的测量比采用对摆角 θ 的测量反而更好。

（4）极点配置与状态反馈

若取 $M=1\text{kg}$，$m=0.1\text{kg}$，$L=1\text{m}$，则式(3-38a)为

$$\begin{bmatrix}\dot{\theta}\\ \ddot{\theta}\\ \dot{x}\\ \ddot{x}\end{bmatrix}=\begin{bmatrix}0&1&0&0\\11&0&0&0\\0&0&0&1\\1&0&0&0\end{bmatrix}\begin{bmatrix}\theta\\ \dot{\theta}\\ x\\ \dot{x}\end{bmatrix}+\begin{bmatrix}0\\1\\0\\1\end{bmatrix}F \tag{3-39a}$$

取状态反馈

$$F=-[k_1,k_2,k_3,k_4]\begin{bmatrix}\theta\\ \dot{\theta}\\ x\\ \dot{x}\end{bmatrix}+r_F \tag{3-39b}$$

则闭环系统为

$$\begin{bmatrix}\dot{\theta}\\ \ddot{\theta}\\ \dot{x}\\ \ddot{x}\end{bmatrix}=\begin{bmatrix}0&1&0&0\\11-k_1&-k_2&-k_3&-k_4\\0&0&0&1\\1-k_1&-k_2&-k_3&-k_4\end{bmatrix}\begin{bmatrix}\theta\\ \dot{\theta}\\ x\\ \dot{x}\end{bmatrix}+\begin{bmatrix}0\\1\\0\\1\end{bmatrix}r_F \tag{3-40}$$

可见，只要闭环状态矩阵$(\boldsymbol{A}-\boldsymbol{BK})$稳定，令给定输入 $r_F=0$，无论怎样的初始状态，所有状态变量的稳态值都将趋于0，倒立摆可以处在“静止”平衡状态。

由于系统完全能控，可采用状态反馈任意配置极点。闭环极点方程为

$$\det(s\boldsymbol{I}-\boldsymbol{A}+\boldsymbol{BK})=s^4-(k_4+k_2)s^3-(k_1+k_3+11)s^2+10k_4s+10k_3 \tag{3-41a}$$

若取期望极点方程为

$$\alpha^*(s)=(s^2+2\xi_*\omega_{n*}s+\omega_{n*}^2)(s+\bar{p}_3)(s+\bar{p}_4) \tag{3-41b}$$

$$\begin{cases}\xi_*=0.707, & \omega_{n*}=1.414\\ \bar{p}_{3,4}=-5.617\pm j8.375\end{cases} \tag{3-41c}$$

比较式(3-41a)与式(3-41b)的系数，解之有

$$\begin{cases}k_1=157.487, & k_2=35.817\\ k_3=-20.337, & k_4=-22.583\end{cases} \tag{3-41d}$$

倒立摆的状态反馈控制如图 3-13 所示。

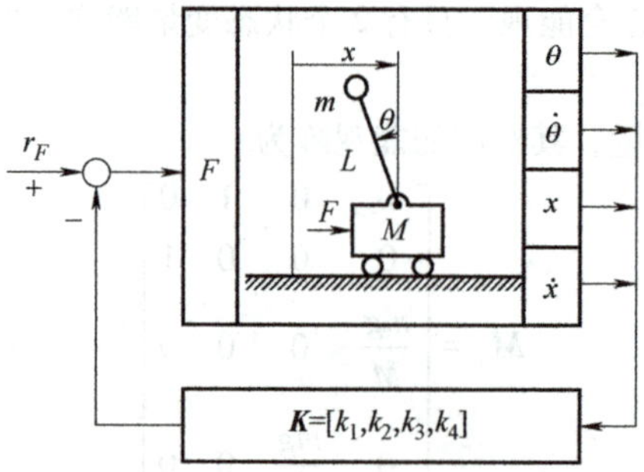

图 3-13　倒立摆的状态反馈控制

(5) 带观测器的极点配置

若只装有测量小车位移的传感器，要实现状态反馈控制，就需要构造观测器去估计其他的状态变量。将式(3-38)化为式(3-19)的形式，即

$$\begin{cases}\begin{bmatrix}\dot{\theta}\\ \ddot{\theta}\\ \ddot{x}\\ \dot{x}\end{bmatrix}=\left[\begin{array}{ccc:c}0 & 1 & 0 & 0\\ \dfrac{(M+m)g}{ML} & 0 & 0 & 0\\ \dfrac{mg}{M} & 0 & 0 & 0\\ \hdashline 0 & 0 & 1 & 0\end{array}\right]\begin{bmatrix}\theta\\ \dot{\theta}\\ \dot{x}\\ x\end{bmatrix}+\begin{bmatrix}0\\ \dfrac{1}{ML}\\ \dfrac{1}{M}\\ \hdashline 0\end{bmatrix}F & \text{(3-42a)}\\ y=x=[0,0,0,\vdots\ 1]\begin{bmatrix}\theta\\ \dot{\theta}\\ \dot{x}\\ x\end{bmatrix} & \text{(3-42b)}\end{cases}$$

即

$$A_{11}=\begin{bmatrix}0 & 1 & 0\\ \dfrac{(M+m)g}{ML} & 0 & 0\\ \dfrac{mg}{M} & 0 & 0\end{bmatrix},\ A_{12}=\begin{bmatrix}0\\0\\0\end{bmatrix},\ B_1=\begin{bmatrix}0\\ \dfrac{1}{ML}\\ \dfrac{1}{M}\end{bmatrix}$$

$$A_{21}=[0,0,1],\ A_{22}=0,\ B_2=0,\ C_2=1$$

由于系统完全能观，令 $L_1=[l_1,l_2,l_3]^{\mathrm{T}}$，可计算出

$$\det(sI-A_{11}+L_1A_{21})=s^3+l_3s^2+(l_1-11)s+(l_2-11l_3) \tag{3-43a}$$

令降阶观测器期望极点方程为

$$\begin{aligned}\alpha_o^*(s)&=(s^2+2\xi_o\omega_{no}s+\omega_{no}^2)(s+\bar{p}_{o3})\\&=s^3+(2\xi_o\omega_{no}+\bar{p}_{o3})s^2+(2\xi_o\omega_{no}\bar{p}_{o3}+\omega_{no}^2)s+\bar{p}_{o3}\omega_{no}^2\end{aligned} \tag{3-43b}$$

若取 $\{\xi_o,\omega_{no},\bar{p}_{o3}\}=\{0.7,3,17\}$，比较式(3-43a)与式(3-43b)的系数，便可得到降阶观测器反馈阵 L_1

$$L_1=[l_1,l_2,l_3]^{\mathrm{T}}=[91.4,386.2,21.2]^{\mathrm{T}} \tag{3-43c}$$

依据式(3-22)，可得如下降阶观测器

$$\dot{\hat{\omega}}=(A_{11}-L_1A_{21})\hat{\omega}+\bar{B}_1F+\bar{L}_1y$$

式中，

$$A_{11}-L_1A_{21}=\begin{bmatrix}0 & 1 & 0\\ 11 & 0 & 0\\ 1 & 0 & 0\end{bmatrix}-\begin{bmatrix}l_1\\ l_2\\ l_3\end{bmatrix}[0,0,1]=\begin{bmatrix}0 & 1 & -91.4\\ 11 & 0 & -386.2\\ 1 & 0 & -21.2\end{bmatrix}$$

$$\bar{B}_1=B_1-L_1B_2=\begin{bmatrix}0\\1\\1\end{bmatrix},\ \bar{L}_1=[(A_{12}-L_1A_{22})+(A_{11}-L_1A_{21})L_1]C_2^{-1}=\begin{bmatrix}1551.48\\ 7182.04\\ 358.04\end{bmatrix}$$

除了小车位移 $y=x$ 外，其他三个状态变量的估计值为

$$\begin{bmatrix} \hat{\theta} \\ \hat{\dot{\theta}} \\ \hat{\dot{x}} \end{bmatrix} = \hat{\boldsymbol{\omega}} + \boldsymbol{L}_1 \boldsymbol{C}_2^{-1} y = \begin{bmatrix} \hat{\omega}_1 \\ \hat{\omega}_2 \\ \hat{\omega}_3 \end{bmatrix} + \begin{bmatrix} l_1 \\ l_2 \\ l_3 \end{bmatrix} y \tag{3-44}$$

带降阶观测器的倒立摆状态反馈控制如图 3-14 所示。

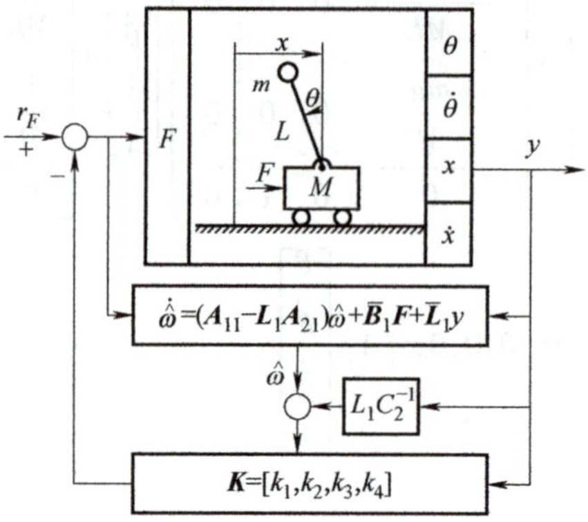

图 3-14　带降阶观测器的倒立摆状态反馈控制

(6) 仿真研究

1) 分别以线性模型式(3-37b)和非线性模型式(3-37a)建立仿真模型，状态反馈控制参数取为式(3-41d)，初始摆角取为 $\theta_0=8°$，可得非线性仿真模型与线性仿真模型的状态响应(摆角与小车速度，下同)分别如图 3-15a、3-15b 所示。可见，每个状态变量都收敛到 0，实现了倒立摆的“静止”平衡；非线性仿真模型与线性仿真模型的状态响应是基本接近的，说明对于非线性系统采用线性化模型设计控制器是可行的。图 3-20d 是对应的控制量的曲线。

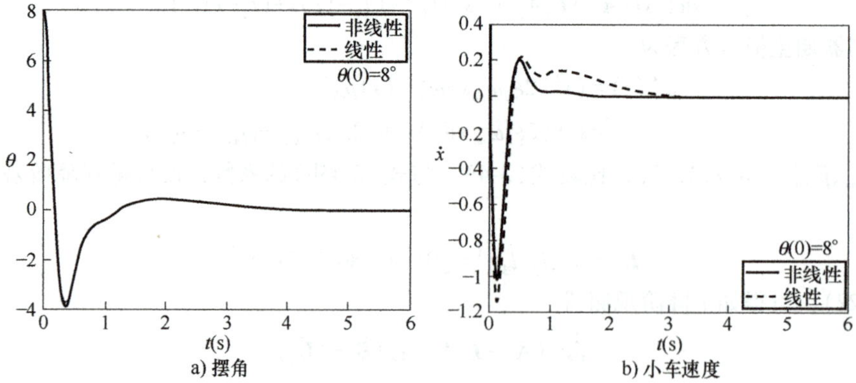

图 3-15　倒立摆的状态响应与控制量

2) 在式(3-41d)的比例参数下，当 $\theta_0=47°$时，非线性仿真模型的状态响应不再稳定，而线性仿真模型的状态响应仍然稳定，如图 3-16a、3-16b 所示，这也再次提醒利用线性化模型进行的设计是有适用范围的，在工程实践中要高度重视。

另外，最大的初始摆角与状态反馈的比例参数是关联的，可以通过整定比例参数来调整，若取 $\boldsymbol{K}=[k_1,k_2,k_3,k_4]=[37.615,6.337,-0.051,-0.52]$，当 $\theta_0=77°$时，非线性仿真模型的状态响应仍然稳定，如图 3-17a、3-17b 所示。

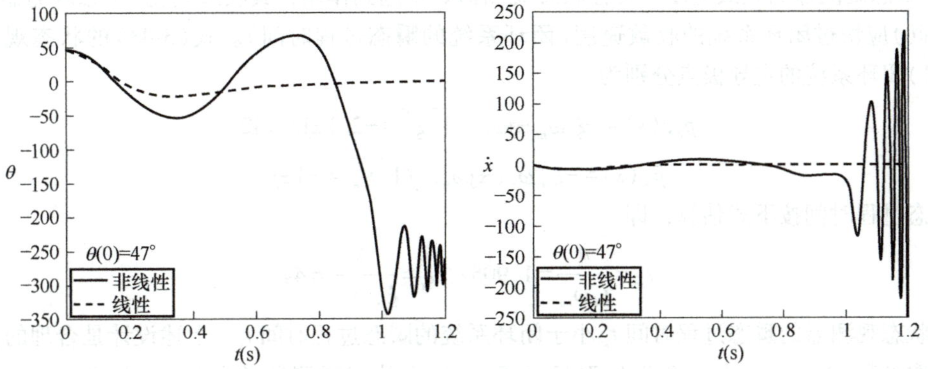

a) 摆角　　b) 小车速度

图 3-16　倒立摆非线性因素的影响

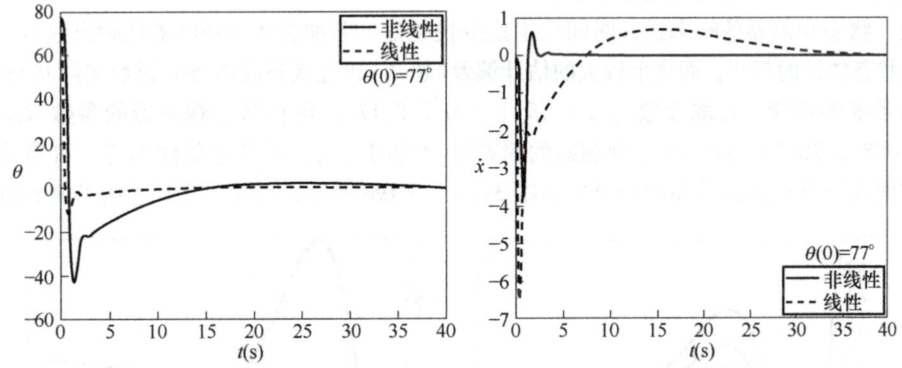

a) 摆角　　b) 小车速度

图 3-17　倒立摆的最大初始摆角与比例参数

3）若状态不能直接测量，按式(3-44)构造状态观测器，再按式(3-41d)的比例参数实施状态反馈，给定输入不变，可得非线性仿真模型与线性仿真模型的状态响应分别如图 3-18a、3-18b 所示。可见，状态响应的瞬态过程时间与图 3-15a、3-15b 的基本一致。

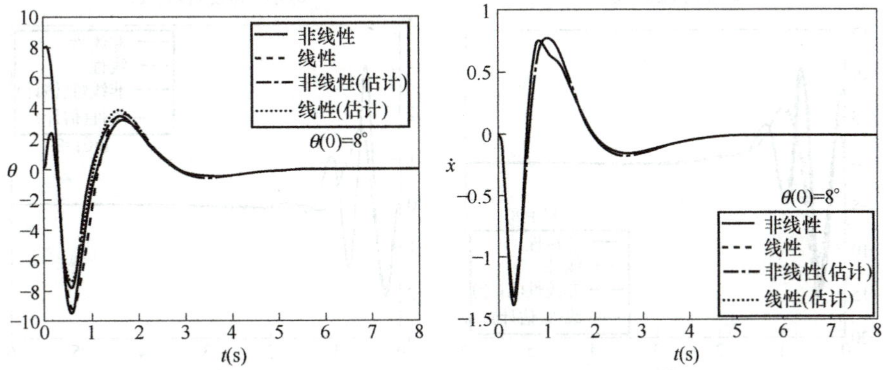

a) 摆角　　b) 小车速度

图 3-18　倒立摆经“状态观测器+状态反馈”的状态响应

4）状态观测器的收敛速度。要让状态观测器真正起到作用，其收敛速度（状态观测器的瞬态过程时间）应快过闭环系统的收敛速度（闭环系统的瞬态过程时间）。式（3-43）的状态观测器与式（3-41）闭环系统的主导极点分别为

$$p_{o*}(s)=-\xi_o\omega_{no}\pm j\omega_{no}\sqrt{1-\xi_o^2}=-2.1\pm j2.142$$

$$\bar{p}_*(s)=-\xi_*\omega_{n*}\pm j\omega_{n*}\sqrt{1-\xi_*^2}=-1\pm j$$

各自瞬态过程时间按下式估算，即

$$t_{so}=\frac{4}{\xi_o\omega_{no}}=1.905\text{s},\quad t_s=\frac{4}{\xi_*\omega_{n*}}=4\text{s}$$

可见，状态观测器的瞬态过程时间 t_{so} 小于闭环系统的瞬态过程时间 t_s，上述设计是合理的。

若取参数 $\{\xi_o,\omega_{no},\bar{p}_{o3}\}=\{0.7,0.7143,1.5\}$，可得状态观测器的参数 $\{l_1,l_2,l_3\}=\{13.0102,28.2653,2.5\}$，此时状态观测器的瞬态过程时间变慢。若其他条件不变，可得非线性仿真模型与线性仿真模型的状态响应分别如图 3-19a、3-19b 所示，与图 3-18a、3-18b 比较，尽管状态比例反馈没有变化，但闭环系统的快速性变慢了。

当然，状态观测器的瞬态过程时间也不是越快越好。若加快状态观测器的瞬态过程，会导致出现较大状态估计的超调，而这个较大的估计偏差（超调）通过状态反馈将会影响实际状态的响应，反而拖累系统的性能。若取参数 $\{\xi_o,\omega_{no},\bar{p}_{o3}\}=\{0.7,8,17\}$，可得状态观测器的参数 $\{l_1,l_2,l_3\}=\{265.4,1398.2,28.2\}$，此时状态观测器的瞬态过程时间变快。若其他条件不变，可得非线性仿真模型与线性仿真模型的状态响应分别如图 3-19c、3-19d 所示，可见，闭环系统的平稳性变差。

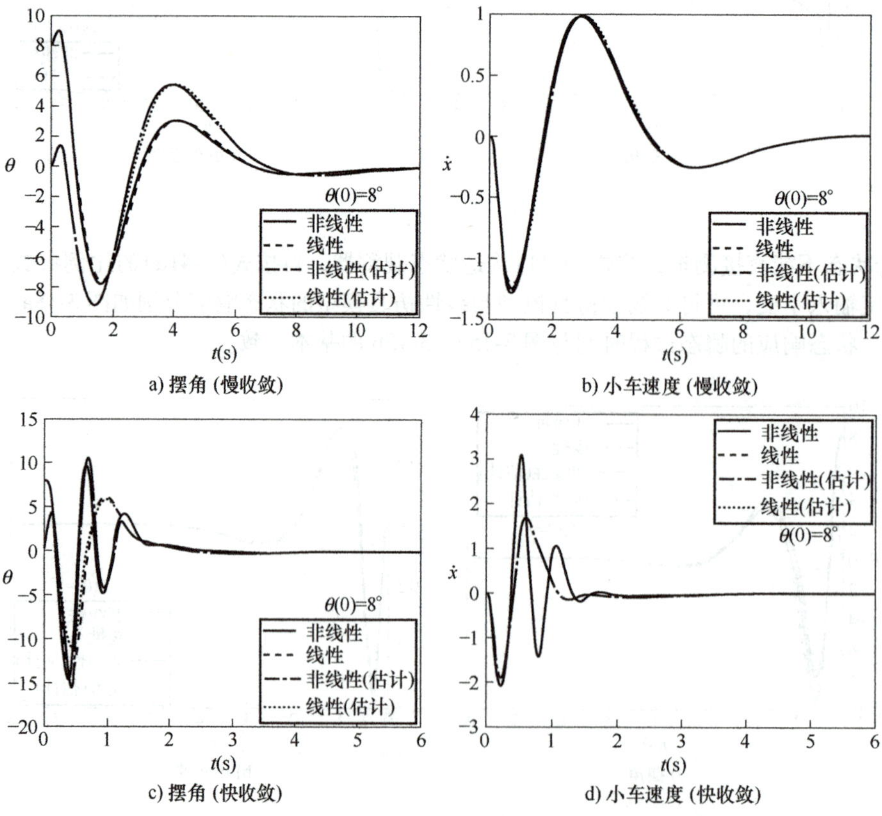

图 3-19　状态观测器收敛速度变化下的状态响应

5）控制量受限分析。若将式(3-41c)期望极点的参数修改为

$$\hat{\xi}_* = 0.707,\ \hat{\omega}_{n*} = 4.243,\ \hat{p}_{3,4} = -16.850 \pm j25.124$$

修改前后主导极点的瞬态过程时间分别为

$$t_s = \frac{4}{\xi_* \omega_{n*}} = \frac{4}{0.707 \times 1.414} = 4\text{s},\ \hat{t}_s = \frac{4}{\hat{\xi}_* \hat{\omega}_{n*}} = \frac{4}{0.707 \times 4.243} = 1.33\text{s}$$

可见，修改后的系统快速性将更好，其对应的比例参数为

$$k_1 = 2793.62,\ k_2 = 649.45,\ k_3 = -1647.27,\ k_4 = -609.75$$

可得到图 3-20 所示的系统状态响应与控制量曲线。

比较图 3-20c 与图 3-20d 看出，控制量急剧增大。与例 3-2 的结果一样，通过状态反馈实现更理想的闭环极点，实际上需要加大控制量来完成，而控制量取值会受到工程上的约束。因此，尽管理论上可以任意配置极点，在实际工程中有些极点区域实际上是不可达的。

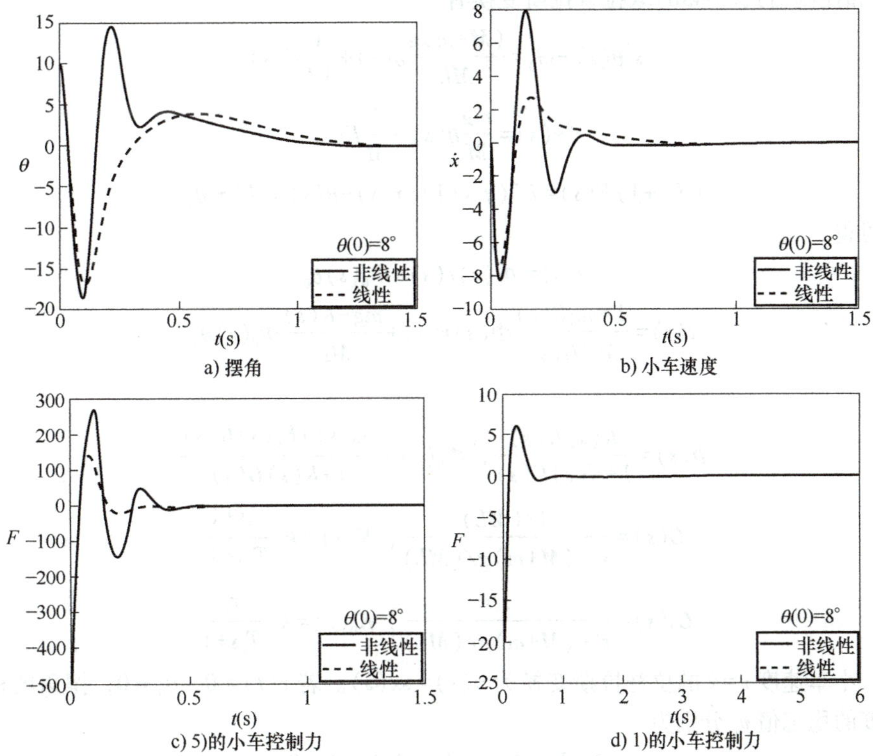

图 3-20　倒立摆的系统状态响应与控制量曲线

(7) 单变量经典控制与多变量状态反馈控制的比较

在《工程控制原理》(经典部分)的例 5-2-2 给出了一个经典的“比例+超前校正”控制方案，如图 3-21 所示，其控制器为

$$F(s) = K(s)[r(s) - \theta(s)] = k^* \frac{\tau_c s + 1}{T_c s + 1}[r(s) - \theta(s)] \tag{3-45a}$$

可做到 $\theta \to 0$，但小车不会静止，会一直匀速运动。那么，能否通过修改控制器的参数$\{k^*, \tau_c, T_c\}$使得小车速度 $\dot{x} \to 0$?

下面推导小车速度的稳态值 v_s。式(3-45a)对应的微分方程为

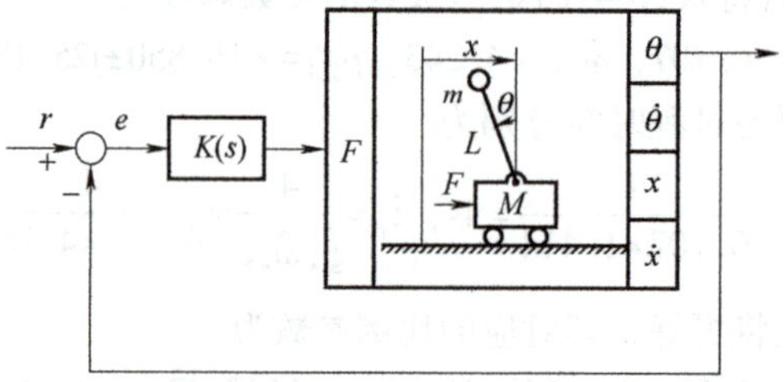

图 3-21 倒立摆的“比例+超前校正”控制

$$T_c\dot{F}+F=k^*(\tau_c\dot{e}+e) \tag{3-45b}$$

式中，$e=r-\theta$。

令倒立摆的初始条件为 $\theta(0)=\theta_0$、$\dot{\theta}(0)=0$、$x(0)=0$、$\dot{x}(0)=0$、$F(0)=0$，对被控对象式(3-37b)和控制器式(3-45b)取拉普拉斯变换有

$$\begin{aligned} s^2\theta(s)-s\theta_0&=\frac{(M+m)g}{ML}\theta(s)+\frac{1}{ML}F(s)\\ s^2x(s)&=\frac{mg}{M}\theta(s)+\frac{1}{M}F(s)\\ (T_cs+1)F(s)&=k^*(\tau_cs+1)[r(s)-\theta(s)]+k^*\tau_c\theta_0 \end{aligned} \tag{3-46}$$

联立求解可得

$$\theta(s)=\Phi(s)r(s)+\Phi_0(s)\theta_0$$

$$x(s)=\frac{1+mgG(s)}{Ms^2G(s)}\Phi(s)r(s)+\frac{mg-K(s)}{Ms^2}\Phi_0(s)\theta_0$$

式中，

$$\Phi(s)=\frac{K(s)G(s)}{1+K(s)G(s)},\quad \Phi_0(s)=\frac{G_0(s)+K_0(s)G(s)}{1+K(s)G(s)}$$

$$G(s)=\frac{1/(ML)}{s^2-(M+m)g/(ML)},\quad K(s)=k^*\frac{\tau_cs+1}{T_cs+1}$$

$$G_0(s)=\frac{s}{s^2-(M+m)g/(ML)},\quad K_0(s)=k^*\frac{\tau_c}{T_cs+1}$$

那么，小车速度 $v=\dot{x}$ 的拉普拉斯变换为 $v(s)=sx(s)$。若 $r(t)=0$、$\theta_0\neq0$，摆角的稳态值 θ_s 与小车速度的稳态值 v_s 分别为

$$\theta_s=\lim_{s\to0}s\theta(s)=\lim_{s\to0}s\Phi_0(s)\theta_0=0$$

$$v_s=\lim_{s\to0}sv(s)=\lim_{s\to0}s\frac{mg-K(s)}{Ms}\Phi_0(s)\theta_0=-\frac{k^*(mg-k^*)\tau_c\theta_0}{Mg+(mg-k^*)M}\neq0$$

可见，摆角的稳态值 θ_s 一定会趋于0，但是，除非 $k^*=mg$，否则无论怎样取控制器参数 $\{k^*,\tau_c,T_c\}$ 都不能让小车速度的稳态值 v_s 趋于0。

产生这个困境的原因是，单变量系统的分析与设计只确保了输出变量 θ 的性能达到期望要求，不能确保中间的状态变量 $\dot{\theta}$、x、$\dot{x}$ 的性能达到期望要求。这就提示如果需要对多个变量提出期望性能的要求，如本例同时要求摆角 $\theta\to0$、小车速度 $v=\dot{x}\to0$，最好要采用多变量系统控制方案。

下面比较状态反馈控制器与经典控制器的差异。对式(3-39b)的多变量状态反馈控制器取拉

普拉斯变换有

$$F(s)=-[k_1\theta(s)+k_2s\theta(s)+k_3x(s)+k_4sx(s)]+r_F(s) \tag{3-47}$$

将式(3-46)的 $x(s)$ 代入式(3-47)有

$$\left(1+\frac{k_3}{Ms^2}+\frac{k_4}{Ms}\right)F(s)=-\left(k_1+k_2s+k_3\frac{mg}{Ms^2}+k_4\frac{mg}{Ms}\right)\theta(s)+r_F(s)$$

或写成

$$F(s)=-K_x(s)\theta(s)+K_r(s)r_F(s)=K_x(s)[r(s)-\theta(s)] \tag{3-48}$$

式中，

$$\begin{cases}K_x(s)=\dfrac{k_2Ms^3+k_1Ms^2+k_4mgs+k_3mg}{Ms^2+k_4s+k_3}=k_p+\tau_Ds+\dfrac{bs+b_0}{Ms^2+k_4s+k_3}\\ k_p=k_1-\dfrac{k_2k_4}{M},\ \tau_D=k_2,\ b=k_4mg-k_pk_4-\tau_Dk_3,\ b_0=k_3mg-k_pk_3\end{cases}$$

$$\begin{cases}K_r(s)=\dfrac{Ms^2}{Ms^2+k_4s+k_3}\\ r(s)=\dfrac{K_r(s)}{K_x(s)}r_F(s)\end{cases}$$

从式(3-48)可见，状态反馈也可等效为单变量反馈控制器的结构(与式(3-45a)比较)，且 $K_x(s)$ 是一个广义的 PID 控制器，其等效框图如图 3-22 所示。值得注意的是，单变量控制的给定输入 $r(s)$ 与多变量的状态比例反馈的给定输入 $r_F(s)$ 是不一样的，但这不影响对系统稳定性等性能的分析与设计。

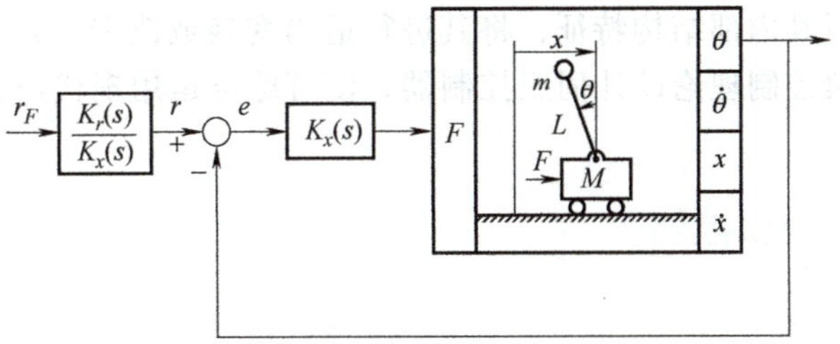

图 3-22　多变量状态反馈等效为单变量输出反馈

从上面的推导分析看出，多变量的状态比例反馈控制实际上可等效为单变量的输出动态反馈控制，这从另一个角度说明，若能设计好图 3-21 所示的单变量输出动态反馈控制器 $K(s)$，同样能达到多变量状态反馈的效果。但是遗憾的是，以经典控制理论中的设计思想很难直观给出图 3-22 所示的等效控制器 $K_x(s)$ 的结构，即使找到了类似的控制器结构，其控制器参数的确定也常常需要多次试探整定。而采用多变量控制的设计思想，构造状态比例反馈，由于其比例参数与闭环期望极点有着明确的对应关系，就能快速地确定控制器参数。所以，即使是单变量控制系统，若采用多变量的状态比例反馈控制思想进行分析与设计会带来另一番不一样的景象。

尽管上面只讨论了两个实例，但展现出状态空间理论的巨大优势：

1）给出了控制系统分析的一个新框架，就是用状态空间描述系统，用稳定判据、能控判据、能观判据，或者用基于对角形、能控(观)阵的状态变换进行稳定性、能控性、能观性的特征结构分析。

2）给出了一种新的控制方式，就是实施状态比例反馈，其控制结构极其简单，又可任意配置闭环极点，还可利用多余的参数自由度改善其他性能，如使状态变量分块解耦，提高操控性。总之，若用状态比例反馈不能很好地实现期望性能，采用其他的控制方案也将是困难的。

3）给出了一个通用控制结构，就是“状态观测器+状态比例反馈”。经典控制理论只利用被控对象输出构造控制器，“状态观测器+状态比例反馈”是利用被控对象输入、输出构造控制器，使用了全部可用的信息，因此，具有良好的控制性能，成为一个通用控制结构。

4）尽管经典的 PID 控制器得到了广泛的应用，实际上，更多的是用于量大面广的最小相位系统，对于非最小相位系统，PID 参数的设计与整定是困难的。因为其中间变量的性能容易受到制约限制，而经典控制理论只关注系统输出变量的性能，对改善中间变量的性能往往难以顾及。因此，对于非最小相位系统，状态空间理论的分析与设计框架是可取的。

3.2 多变量伺服控制

状态空间理论是在稳定、能控、能观等内部特征分析的基础上，采用状态反馈配置期望性能，为多变量系统的控制带来了新思想，开辟了新路径，在航空航天等重大应用领域取得了巨大成功。然而在实际工程系统中，难以做到所有状态变量可以直接测量，需要构造状态观测器实现状态反馈，而状态观测器严格依赖系统的数学模型，这就要求被控对象相对完美，模型残差要小，这在航空航天等重大应用领域可以设法满足，然而许多民用系统难以满足，需做大量实验修正数学模型，使得成本增加，导致“性价比”不高而丧失实用价值。

伺服控制源于运动控制，指的是可以精确地跟随给定输入的控制。经典的单变量输入——输出控制都可归为伺服控制这一类型。经典控制器的设计表明，其参数不严格依赖系统数学模型，对于最小相位系统，甚至无须模型而在线整定即可。这样的话，对于多变量的被控对象，通过状态空间理论分析其内部结构特征，将其进行适当变换或改造，转化为多个单变量伺服控制方式，再采用经典控制理论设计伺服控制器，便可综合运用现代与经典控制理论的各自优势。

3.2.1 基于解耦的伺服控制

1. 单变量系统的伺服控制

伺服控制源于运动控制系统，以直流电动机为例，励磁电压 U_f 产生励磁电流 i_f，形成磁链 Φ；电枢电压 U_a 产生电枢电流 i_a，形成电磁转矩 $M_e=c_\phi\Phi i_a$；在电磁转矩作用下，直流电动机产生角加速度，进而产生转速 n。则 $\{i_f,i_a\}$ 与 $\{\Phi,n\}$ 有如下关系：

$$\begin{cases}\Phi=c_f i_f\\ \dot{n}=\dfrac{1}{J_n}(M_e-M_L)=\dfrac{1}{J_n}c_\Phi\Phi i_a-\dfrac{1}{J_n}M_L\end{cases}\tag{3-49}$$

式中，J_n 是直流电动机的转动惯量；M_L 是负载转矩。对转速 n 积分形成角位移 θ。若测量 θ 并进行反馈控制，如图 3-23a 所示，形成了位置环伺服控制系统。其中点画线部分是直流电动机框图模型。

位置环伺服控制器 $K_\theta(s)$ 的输出是被控对象的输入，即电枢电压 U_a，其控制律是为了使得转角 $\theta\to\theta^*$，没有对转速 n 实施有针对性的控制，这样在 $\theta\to\theta^*$ 的过程中，转速 n 易受扰动影响，变化起伏大且运转不平稳。若测量转速 n 并进行反馈控制，如图 3-23b 所示，可形成带速度环的位置伺服控制系统。这时，位置环伺服控制器的输出是速度环的给定输入 $n^*=K_\theta(s)(\theta^*-\theta)$，可见，位置差较大则转速给定 n^* 大，位置差较小则转速给定 n^* 小，只要两个环都是稳定收敛的，便可使得转速控制按位置差的大小有序变化且 $\theta \to \theta^*$。

运动控制总是在带载下运行，若负载急剧变化即负载转矩 M_L 急剧变化，会引起角加速度 β 急剧变化，$M_e - M_L = J\beta$，从而导致转速波动大，拖累系统运行性能。若测量电磁转矩 M_e 并进行反馈控制，形成了带转矩环、速度环的位置伺服控制系统，可快速使得 $M_e \to M_L$，$\beta \to 0$，转速就可以很快跟上变化，抑制负载扰动的影响。在磁链 Φ 恒定的情况下，电磁转矩 M_e 与电枢电流 i_a 成正比，转矩环实际上是电流环(电流容易测量)，如图 3-23c 所示，此时 $i_a^* = K_n(s)(n^* - n)$，转速差较大则电流给定 i_a^* 大，以产生大转矩让转速尽快跟上，转速差较小则电流给定 i_a^* 小，这时只需产生小转矩即可，这样使得转矩控制按转速差的大小有序变化。另外，转矩与角加速度也成正比，所以转矩环也是加速度环。只要三个环都是稳定收敛的，就可做到 $i_a \to i_a^*$、$n \to n^*$、$\theta \to \theta^*$。

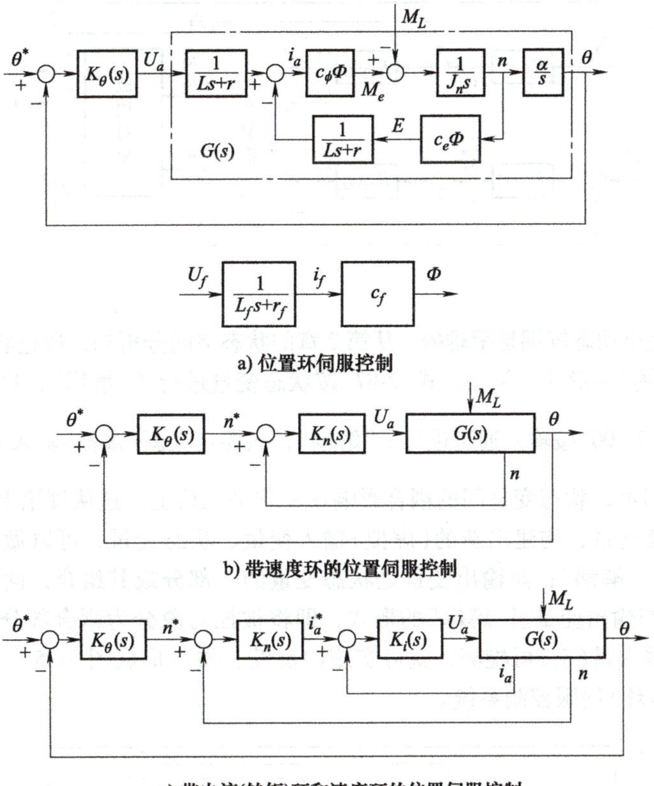

c) 带电流(转矩)环和速度环的位置伺服控制

图 3-23　运动伺服控制系统

图 3-23 是最常用的运动伺服控制系统结构，根据不同的应用，可以采用一个环(独自的位置环、速度环、转矩环)，也可以采用两个环(位置环+速度环、速度环+转矩环、位置环+转矩环)或三个环(位置环+速度环+转矩环)。每个环的控制器均可采用经典的 PID 控制器。要注意的是，每个环的响应速度(时间尺度)是不一样的，最里面的环响应最快，其他环的响应速度由里到外应逐个减慢。例如，转矩(电流)环响应最快，立刻产生角加速度；而速度环的转速是角加速度的积分，响应速度受惯性积分常数限制；而位置环的角位移又是转速的积分，还要再受一个惯性积分常数限制。采用多环结构时，要合理设置每个环的惯性时间常数或工作频宽(与各环 PID 参数有关)，以免产生谐振，导致系统不稳定。总之，内环改造被控对象，使外环性能得到提升。

上述伺服控制结构同样适用于过程控制等控制系统，其原理是类同的，关键是根据被控对象领域知识，找到各环的被控变量，并确保这些变量是可测量的。

2. 内部(虚拟)解耦与伺服控制

令被控对象有 p 路输出 $\boldsymbol{y}\in\mathbf{R}^p$，$m$ 路输入 $\boldsymbol{u}\in\mathbf{R}^m$，若被控对象完全能控，则 m 路输入可以很好地操控 p 路输出，但若要直接采用伺服控制方案，需要 $p=m$，正好可配对实施伺服控制。若 $p<m$，有富余的控制输入，而 $p>m$，则需要构造虚拟输入实施伺服控制。更为重要的是，输入与输出通道之间存在耦合，在耦合强烈时，直接对每个输出通道构建伺服控制，其效果是难以满意的。

若能构造 p 路新(虚拟)输入 $\boldsymbol{v}\in\mathbf{R}^p$，对被控对象进行解耦，使得 $\boldsymbol{v}$ 到 $\boldsymbol{y}$ 的传递函数矩阵 $\boldsymbol{G}_v(s)$ 是对角方阵，做到完全动态解耦，这样便可构建 p 路的伺服控制，如图 3-24 所示。

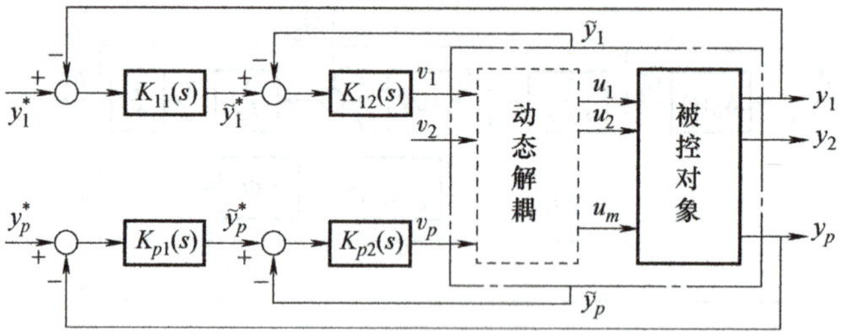

图 3-24　多变量动态解耦伺服控制系统

当然，要做到完全动态解耦是困难的。从第 2 章的状态空间分析知，通过状态变换，系统描述总能转换为某种“解耦”的形式。例如，式(2-87)按状态变量进行了“解耦”，只要定义新(虚拟)输入 $v_i=\bar{\boldsymbol{B}}_i\boldsymbol{u}$ 即可；式(2-100)按输入通道进行了“解耦”，只要定义新(虚拟)输入 $v_i=u_i+\sum_{j=i+1}^{m}\gamma_{ij}u_j$ 并对状态变量重新分组即可，状态变量间的耦合影响仅在非平凡行上。这从理论上揭示了，通过重新组合输入变量、状态变量，构建出新的(虚拟)输入变量、状态变量，可以做到输入变量对状态变量在某种形式上的“解耦”；而输出变量是状态变量的一部分或其组合，同样可以建立起某些新(虚拟)状态变量与输出变量呈“解耦”的形式，即将被控对象分为耦合部分与解耦部分；进一步，若解耦部分的输入量($\tilde{y}_i$)可检测，就可实施内反馈，便可形成图 3-25 所示的基于多变量内部(虚拟)解耦的(多环)伺服控制系统。

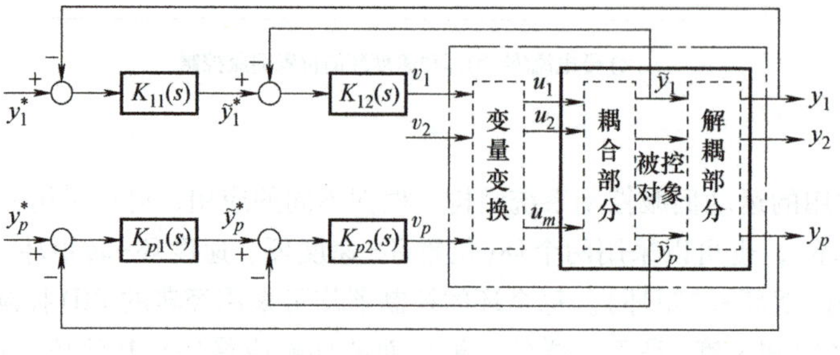

图 3-25　基于多变量内部(虚拟)解耦的(多环)伺服控制系统

尽管未能将被控对象完全解耦，但耦合部分包含在内环之中，其耦合影响将会得到很好的抑制，可极大提升外环的控制性能。需要说明的是，要能实现上述方案，需要对被控对象的工作机理有深入了解，才能找到合适的新的(虚拟)输入变量或状态变量；另外，需要充分发挥状态空间理论描述简洁、分析直观的优势。下面，以交流异步电动机为例来说明。

(1) 矢量旋转变换

令一般性的三相对称平衡量为

$$\begin{cases} x_a = A\cos\gamma \\ x_b = A\cos\left(\gamma - \dfrac{2\pi}{3}\right) \\ x_c = A\cos\left(\gamma + \dfrac{2\pi}{3}\right) \end{cases} \tag{3-50}$$

式中，取 $\gamma=\omega t+\gamma_0$，是余弦表示的三相交变量；取 $\gamma=\dfrac{\pi}{2}-\omega t-\gamma_0$，转为正弦表示的三相交变量。

由于一定有 $x_a+x_b+x_c=0$，所以三相对称平衡量只需两个独立变量表示即可。如图 3-26 所示，在三相对称坐标 $\{a,b,c\}$ 平面上，建立静止的直角坐标 $\{\alpha,\beta\}$，其中 α 轴与 a 轴共轴；若直角坐标 $\{\alpha,\beta\}$ 以角度 $\theta=\theta(t)$ 旋转，形成旋转直角坐标 $\{d,q\}$，其中 θ 是 d 轴与 α 轴的角度，d 轴称为直轴，q 轴称为交轴。

先考虑静止坐标变换。将 $\{a,b,c\}$ 三相变量分别投影到直角坐标 $\{\alpha,\beta\}$ 上，有

$$\begin{cases} x_\alpha = x_a - x_b\cos(\pi/3) - x_c\cos(\pi/3) \\ x_\beta = -x_b\sin(\pi/3) + x_c\sin(\pi/3) \end{cases}$$

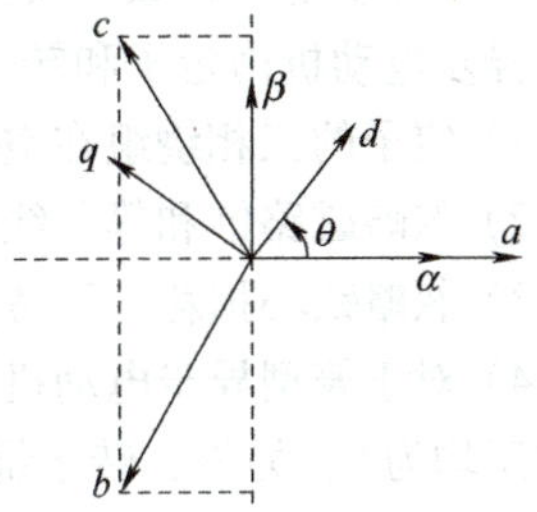

图 3-26　矢量静止与旋转变换

写成矩阵形式：

$$\begin{bmatrix} x_\alpha \\ x_\beta \end{bmatrix} = \boldsymbol{P}_{\alpha\beta}\begin{bmatrix} x_a \\ x_b \\ x_c \end{bmatrix},\quad \boldsymbol{P}_{\alpha\beta} = k_{\alpha\beta}\begin{bmatrix} 1 & -\dfrac{1}{2} & -\dfrac{1}{2} \\ 0 & -\dfrac{\sqrt{3}}{2} & \dfrac{\sqrt{3}}{2} \end{bmatrix}$$

式中，若取 $k_{\alpha\beta}=2/3$，可保证两相的电压、电流、磁链的幅值与三相的一致，称为等幅值变换；若取 $k_{\alpha\beta}=\sqrt{2/3}$，可保证两相的功率、转矩与三相的一致，称为等功率变换。取不同的 $K_{\alpha\beta}$ 没有本质差异，只是互差一个比例常数。将两相正交投影分量 $\{x_\alpha,x_\beta\}$ 的合成矢量称为三相变量 $\{x_a,x_b,x_c\}$ 的矢量，上述坐标系变换也称为矢量变换。

将直角坐标 $\{\alpha,\beta\}$ 以角度 $\theta=\theta(t)$ 旋转，有

$$\begin{bmatrix} x_d \\ x_q \end{bmatrix} = \boldsymbol{P}_\theta\begin{bmatrix} x_\alpha \\ x_\beta \end{bmatrix},\quad \boldsymbol{P}_\theta = \begin{bmatrix} \cos\theta & \sin\theta \\ -\sin\theta & \cos\theta \end{bmatrix}$$

值得注意的是，旋转变换不改变该矢量的幅值，且 $\boldsymbol{P}_\theta^{-1}=\boldsymbol{P}_\theta^{\mathrm{T}}$。

将上述两个变换组合起来，可将 $\{a,b,c\}$ 三相变量等效变换到旋转坐标 $\{d,q\}$ 上，称为矢量旋转变换，即

$$\boldsymbol{P}_{dq} = \boldsymbol{P}_\theta\boldsymbol{P}_{\alpha\beta} = k_{\alpha\beta}\begin{bmatrix} \cos\theta & \cos\left(\theta+\dfrac{2\pi}{3}\right) & \cos\left(\theta-\dfrac{2\pi}{3}\right) \\ -\sin\theta & -\sin\left(\theta+\dfrac{2\pi}{3}\right) & -\sin\left(\theta-\dfrac{2\pi}{3}\right) \end{bmatrix}$$

$$\begin{bmatrix} x_d \\ x_q \end{bmatrix} = \boldsymbol{P}_{dq}\begin{bmatrix} x_a \\ x_b \\ x_c \end{bmatrix} = \frac{3}{2}k_{\alpha\beta}\begin{bmatrix} A\cos(\gamma-\theta) \\ A\sin(\gamma-\theta) \end{bmatrix} \tag{3-51}$$

可见，若取 $k_{\alpha\beta}=2/3$，可保证两相幅值与三相的一致；若取 $\gamma=\omega t$，$\theta=\omega t-\theta_0$，则

$$\begin{bmatrix} x_d \\ x_q \end{bmatrix}=\frac{3}{2}k_{\alpha\beta}\begin{bmatrix} A\cos\theta_0 \\ A\sin\theta_0 \end{bmatrix}$$

即旋转坐标以三相交变量的角频率旋转时，旋转坐标$\{d,q\}$上变量转变为了直流变量(常量)。

与前面正变换一样，有下面的反变换。将旋转坐标$\{d,q\}$返回到直角坐标$\{\alpha,\beta\}$，以及将直角坐标$\{\alpha,\beta\}$返回到三相坐标$\{a,b,c\}$分别为

$$\begin{bmatrix} x_\alpha \\ x_\beta \end{bmatrix}=\boldsymbol{P}_\theta^{\mathrm{T}}\begin{bmatrix} x_d \\ x_q \end{bmatrix},\quad \begin{bmatrix} x_a \\ x_b \\ x_c \end{bmatrix}=\boldsymbol{P}_{\alpha\beta}^{\mathrm{T}}\begin{bmatrix} x_\alpha \\ x_\beta \end{bmatrix}$$

那么，直接将旋转坐标$\{d,q\}$返回到三相坐标$\{a,b,c\}$为

$$\begin{bmatrix} x_a \\ x_b \\ x_c \end{bmatrix}=\boldsymbol{P}_{abc}\begin{bmatrix} x_d \\ x_q \end{bmatrix}=\boldsymbol{P}_{dq}^{\mathrm{T}}\begin{bmatrix} x_d \\ x_q \end{bmatrix},\quad \boldsymbol{P}_{abc}=(\boldsymbol{P}_\theta\boldsymbol{P}_{\alpha\beta})^{\mathrm{T}}=\boldsymbol{P}_{dq}^{\mathrm{T}}$$

(2) 异步电动机数学模型

异步电动机由定子和转子组成，不失一般性，做如下合理假设：

1) 定子的三相绕组在空间分布是对称的，施加在其上的三相交流电源也是对称的。

2) 忽略磁路饱和等非线性因素。

3) 忽略铁心损耗，不考虑温度变化对绕组电阻的影响。

4) 对于笼型异步电动机，将转子等效为对称分布的三相封闭绕组回路，由于回路封闭，其端电压均为0，另外，转子绕组匝数折算到定子侧后与定子绕组匝数相等。

异步电动机工作原理是，在定子侧施加角频率为 ω 的三相对称电源产生旋转磁场，该旋转磁场的角速度与角频率 ω 一致，称为同步角速度，从而拖动转子以角速度 ω_r 旋转，$\omega_\Delta=\omega-\omega_r>0$ 为转差角频率。

为了方便刻画异步电动机内在规律，将定子侧三相对称绕组等效到$\{d,q\}$轴上的两相垂直绕组$\{sd,sq\}$；同样将转子侧的三相对称绕组等效到同一个$\{d,q\}$轴上的两相垂直绕组$\{rd,rq\}$，如图 3-27 所示，其中 s 表示定子侧、r 表示转子侧，下同。

让$\{d,q\}$轴以角速度 ω_k 旋转，从数学意义上讲，ω_k 可取任意值。从实际工程意义上讲，常取 $\omega_k=\omega$，此时$\{d,q\}$坐标系下的旋转磁场就是同步旋转磁场。另外，若取 $\omega_k=0$，此时旋转$\{d,q\}$坐标系就退化为静止$\{\alpha,\beta\}$坐标系。

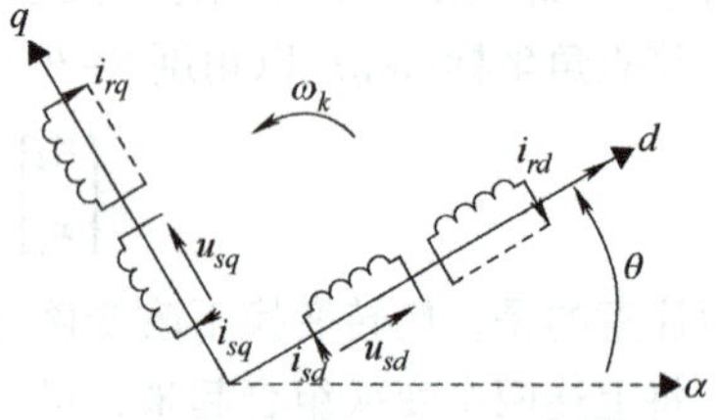

图 3-27　异步电动机等效旋转绕组

值得注意的是，按上述绕组等效后(相应电感等参数要折算)，定子侧绕组与转子侧绕组位于同一个$\{d,q\}$轴上，等效后的定子与转子将严格同步；在列写电路方程时，旋转电动势要以相对$\{d,q\}$轴的角速度进行，对于定子侧绕组，相对角速度为 ω_k；对于转子侧绕组，相对角速度为 $\omega_k-\omega_r$。令折算后的各绕组电阻、电感，以及与$\{d,q\}$轴的相对角速度等参数矩阵如下：

$$\boldsymbol{R}_s=\begin{bmatrix} R_s & \\ & R_s \end{bmatrix},\quad \boldsymbol{R}_r=\begin{bmatrix} R_r & \\ & R_r \end{bmatrix}$$

$$\boldsymbol{L}_s=\begin{bmatrix} L_s & \\ & L_s \end{bmatrix},\quad \boldsymbol{L}_r=\begin{bmatrix} L_r & \\ & L_r \end{bmatrix},\quad \boldsymbol{L}_m=\begin{bmatrix} L_m & \\ & L_m \end{bmatrix}$$

$$\boldsymbol{\Omega}_{sk}=\begin{bmatrix} & -\omega_k \\ \omega_k & \end{bmatrix},\ \boldsymbol{\Omega}_{rk}=\begin{bmatrix} & -(\omega_k-\omega_r) \\ \omega_k-\omega_r & \end{bmatrix}$$

式中，R_s 是定子侧电阻；R_r 是转子侧电阻；L_s 是定子侧自感；L_r 是转子侧自感；L_m 是定子侧与转子侧的互感。

取各绕组的端电压、电流、磁链分别为

$$\boldsymbol{U}_s=\begin{bmatrix} u_{sd} \\ u_{sq} \end{bmatrix},\ \boldsymbol{I}_s=\begin{bmatrix} i_{sd} \\ i_{sq} \end{bmatrix},\ \boldsymbol{I}_r=\begin{bmatrix} i_{rd} \\ i_{rq} \end{bmatrix},\ \boldsymbol{\Phi}_s=\begin{bmatrix} \Phi_{sd} \\ \Phi_{sq} \end{bmatrix},\ \boldsymbol{\Phi}_r=\begin{bmatrix} \Phi_{rd} \\ \Phi_{rq} \end{bmatrix}$$

在忽略磁路饱和等非线性因素下，磁链与电流呈线性比例关系，即

$$\begin{bmatrix} \boldsymbol{\Phi}_s \\ \boldsymbol{\Phi}_r \end{bmatrix}=\begin{bmatrix} \boldsymbol{L}_s & \boldsymbol{L}_m \\ \boldsymbol{L}_m & \boldsymbol{L}_r \end{bmatrix}\begin{bmatrix} \boldsymbol{I}_s \\ \boldsymbol{I}_r \end{bmatrix} \tag{3-52a}$$

将式(3-52a)展开，可推出

$$\boldsymbol{\Phi}_s=\frac{L_m}{L_r}\boldsymbol{\Phi}_r+\sigma L_s\boldsymbol{I}_s,\ \sigma=1-\frac{L_m^2}{L_rL_s} \tag{3-52b}$$

式(3-52b)反映了定子侧磁链与转子侧磁链的关系，σ 为漏感系数。

根据电学定律，可以得到如下异步电动机的“电”方程

$$\begin{cases} \boldsymbol{U}_s=\boldsymbol{R}_s\boldsymbol{I}_s+\boldsymbol{L}_s\dot{\boldsymbol{I}}_s+\boldsymbol{L}_m\dot{\boldsymbol{I}}_r+\boldsymbol{\Omega}_{sk}\boldsymbol{\Phi}_s \\ \boldsymbol{0}=\boldsymbol{R}_r\boldsymbol{I}_r+\boldsymbol{L}_r\dot{\boldsymbol{I}}_r+\boldsymbol{L}_m\dot{\boldsymbol{I}}_s+\boldsymbol{\Omega}_{rk}\boldsymbol{\Phi}_r \end{cases} \tag{3-53}$$

式中，$\boldsymbol{\Omega}_{sk}\boldsymbol{\Phi}_s$、$\boldsymbol{\Omega}_{rk}\boldsymbol{\Phi}_r$ 分别是定子侧与转子侧的旋转电动势(由磁链旋转产生，正比于相对速度)；$\{\boldsymbol{R}_s,\boldsymbol{R}_r\}$、$\{\boldsymbol{L}_s,\boldsymbol{L}_r,\boldsymbol{L}_m\}$ 均是对角矩阵；$\{\boldsymbol{\Omega}_{sk},\boldsymbol{\Omega}_{rk}\}$ 是斜对角矩阵，耦合影响就在此。

若选择定子侧电流 $\boldsymbol{I}_s$ 和转子侧磁链 $\boldsymbol{\Phi}_r$ 为状态变量，将式(3-52)代入式(3-53)，进行合并化简，有

$$\begin{cases} \dot{\boldsymbol{I}}_s=-\dfrac{1}{\sigma L_s}\left(\boldsymbol{R}_s+\dfrac{L_m^2}{L_r^2}\boldsymbol{R}_r+\sigma L_s\boldsymbol{\Omega}_{sk}\right)\boldsymbol{I}_s+\dfrac{L_m}{\sigma L_sL_r}\left(\boldsymbol{\Omega}_{rk}-\boldsymbol{\Omega}_{sk}+\dfrac{1}{L_r}\boldsymbol{R}_r\right)\boldsymbol{\Phi}_r+\dfrac{1}{\sigma L_s}\boldsymbol{U}_s \\ \dot{\boldsymbol{\Phi}}_r=\dfrac{L_m}{L_r}\boldsymbol{R}_r\boldsymbol{I}_s-\left(\dfrac{1}{L_r}\boldsymbol{R}_r+\boldsymbol{\Omega}_{rk}\right)\boldsymbol{\Phi}_r \end{cases} \tag{3-54a}$$

同理，若选择定子侧电流 $\boldsymbol{I}_s$ 和定子侧磁链 $\boldsymbol{\Phi}_s$ 为状态变量，或选择定子侧磁链 $\boldsymbol{\Phi}_s$ 和转子侧磁链 $\boldsymbol{\Phi}_r$ 为状态变量，分别有

$$\begin{cases} \dot{\boldsymbol{I}}_s=-\dfrac{1}{\sigma L_s}\left(\boldsymbol{R}_s+\dfrac{L_s}{L_r}\boldsymbol{R}_r+\sigma L_s\boldsymbol{\Omega}_{rk}\right)\boldsymbol{I}_s+\dfrac{1}{\sigma L_s}\left(\boldsymbol{\Omega}_{rk}-\boldsymbol{\Omega}_{sk}+\dfrac{1}{L_r}\boldsymbol{R}_r\right)\boldsymbol{\Phi}_s+\dfrac{1}{\sigma L_s}\boldsymbol{U}_s \\ \dot{\boldsymbol{\Phi}}_s=-\boldsymbol{R}_s\boldsymbol{I}_s-\boldsymbol{\Omega}_{sk}\boldsymbol{\Phi}_s+\boldsymbol{U}_s \end{cases} \tag{3-54b}$$

$$\begin{cases} \dot{\boldsymbol{\Phi}}_s=-\left(\dfrac{1}{\sigma L_s}\boldsymbol{R}_s+\boldsymbol{\Omega}_{sk}\right)\boldsymbol{\Phi}_s+\dfrac{L_m}{\sigma L_rL_s}\boldsymbol{R}_s\boldsymbol{\Phi}_r+\boldsymbol{U}_s \\ \dot{\boldsymbol{\Phi}}_r=\dfrac{L_m}{\sigma L_sL_r}\boldsymbol{R}_r\boldsymbol{\Phi}_s-\left(\dfrac{1}{\sigma L_r}\boldsymbol{R}_r+\boldsymbol{\Omega}_{sk}-\boldsymbol{\Omega}_{rk}\right)\boldsymbol{\Phi}_r \end{cases} \tag{3-54c}$$

式(3-54)是三种不同状态变量下的与“电”有关的状态方程。下面推导与“机”有关的状态方程。定子侧输入电功率为

$$P_t=u_a i_a+u_b i_b+u_c i_c=[u_a,u_b,u_c]\begin{bmatrix}i_a\\ i_b\\ i_c\end{bmatrix}=([u_{sd},u_{sq}]\boldsymbol{P}_{dq})\left(\boldsymbol{P}_{dq}^{\mathrm{T}}\begin{bmatrix}i_{sd}\\ i_{sq}\end{bmatrix}\right)$$
$$=[u_{sd},u_{sq}]\begin{bmatrix}i_{sd}\\ i_{sq}\end{bmatrix}=\boldsymbol{U}_s^{\mathrm{T}}\boldsymbol{I}_s=(\boldsymbol{R}_s\boldsymbol{I}_s+\boldsymbol{L}_s\dot{\boldsymbol{I}}_s+\boldsymbol{L}_m\dot{\boldsymbol{I}}_r+\boldsymbol{\Omega}_{sk}\boldsymbol{\Phi}_s)^{\mathrm{T}}\boldsymbol{I}_s$$
$$=\boldsymbol{R}_s\boldsymbol{I}_s^{\mathrm{T}}\boldsymbol{I}_s+(\boldsymbol{L}_s\dot{\boldsymbol{I}}_s+\boldsymbol{L}_m\dot{\boldsymbol{I}}_r)^{\mathrm{T}}\boldsymbol{I}_s+(\boldsymbol{\Omega}_{sk}\boldsymbol{\Phi}_s)^{\mathrm{T}}\boldsymbol{I}_s \tag{3-55}$$

式中，为保证等效功率一致，取 $k_{\alpha\beta}=\sqrt{2/3}$（不影响前面推导），有 $\boldsymbol{P}_{dq}\boldsymbol{P}_{dq}^{\mathrm{T}}=\begin{bmatrix}1 & \\ & 1\end{bmatrix}$。

式(3-55)将定子侧输入电功率 P_t 分为三部分，消耗在电阻上的功率、消耗在电感上的功率以及旋转磁场功率 P_θ。P_θ 将转化为转子侧的机械功率 P_e，有

$$P_\theta=(\boldsymbol{\Omega}_{sk}\boldsymbol{\Phi}_s)^{\mathrm{T}}\boldsymbol{I}_s=\omega_k\boldsymbol{\Phi}_s^{\mathrm{T}}\boldsymbol{E}\boldsymbol{I}_s \tag{3-56a}$$

$$=\omega_k\left(\frac{L_m}{L_r}\boldsymbol{\Phi}_r+\sigma L_s\boldsymbol{I}_s\right)^{\mathrm{T}}\boldsymbol{E}\boldsymbol{I}_s=\omega_k\frac{L_m}{L_r}\boldsymbol{\Phi}_r^{\mathrm{T}}\boldsymbol{E}\boldsymbol{I}_s \tag{3-56b}$$

式中，$\boldsymbol{E}=\begin{bmatrix} & 1\\ -1 & \end{bmatrix}$，并用到 $\boldsymbol{I}_s^{\mathrm{T}}\boldsymbol{E}\boldsymbol{I}_s=0$ 和式(3-52b)。

机械功率为转矩与转速之积，即 $P_e=M_e\omega_k/n_p$，M_e 是电磁转矩，n_p 是极对数，依据 $P_\theta=P_e$ 有

$$M_e=n_p\boldsymbol{\Phi}_s^{\mathrm{T}}\boldsymbol{E}\boldsymbol{I}_s=n_p\frac{L_m}{L_r}\boldsymbol{\Phi}_r^{\mathrm{T}}\boldsymbol{E}\boldsymbol{I}_s=c_\Phi\boldsymbol{\Phi}_r^{\mathrm{T}}\boldsymbol{E}\boldsymbol{I}_s,\quad c_\Phi=n_p\frac{L_m}{L_r} \tag{3-57}$$

根据运动学定律，可以得到如下异步电动机与“机”有关的方程，即

$$M_e-M_L=J\frac{\dot{\omega}_r}{n_p} \tag{3-58}$$

或者写成以 ω_r 为状态变量的形式：

$$\dot{\omega}_r=\frac{n_p}{J}(M_e-M_L)=\frac{n_p}{J}c_\Phi\boldsymbol{\Phi}_r^{\mathrm{T}}\boldsymbol{E}\boldsymbol{I}_s-\frac{n_p}{J}M_L \tag{3-59}$$

式中，J 是交流电动机轴上的转动惯量；M_L 是负载转矩。

式(3-54a)与式(3-59)构成了异步电动机一般性的状态空间描述。式(3-54a)中 $\boldsymbol{\Omega}_{sk}$、$\boldsymbol{\Omega}_{rk}$ 不是对角矩阵而是斜对角矩阵，电磁耦合由此产生；$\boldsymbol{\Omega}_{rk}$ 含有状态变量 ω_r，式(3-59)中状态变量 $\boldsymbol{\Phi}_r$ 与 $\boldsymbol{I}_s$ 是相乘关系，均又导致了非线性的出现。尽管清晰地描述了异步电动机的复杂关系，仅在此基础上线性化并实施极点配置的控制，不一定有好的效果，所以还需要对其进行进一步的分解描述与分析。

(3) 内部(虚拟)解耦

从状态空间描述式(3-54a)中的转子侧磁链方程知，由于存在斜对角矩阵 $\boldsymbol{\Omega}_{rk}$，使得转子侧磁链 $\boldsymbol{\Phi}_r$ 两个分量交叉导致耦合的产生，进而使得定子侧电压电流的耦合更复杂。若能将转子侧磁链解耦(内部解耦)，可很好地减缓耦合的影响。

在前面建立数学模型时，没有限定 d 轴的方位，可以利用这个自由度来实现内部解耦。令 d 轴始终与转子(合成)磁链矢量的方向一致，称为按转子磁链重定向，这样的话，转子的磁链矢量全部位于 d 轴上，意味着在 q 轴上的分量为0，即 $\Phi_{rq}=0$、$\dot{\Phi}_{rq}=0$。这时，式(3-54a)的转子侧磁链方程由二阶降为一阶，由于只剩下 d 轴磁链，其耦合影响被解除。取 $\{d,q\}$ 坐标的旋转速度为同步转速，即 $\omega_k=\omega$，另有 $\boldsymbol{\Phi}_r^{\mathrm{T}}\boldsymbol{E}\boldsymbol{I}_s=\Phi_{rd}i_{sq}$，从式(3-54a)的转子侧磁链方程以及式(3-59)、

式(3-57)可推出：

$$\begin{cases} \dot{\Phi}_{rd}+\dfrac{1}{T_r}\Phi_{rd}=\dfrac{L_m}{T_r}i_{sd}, \quad T_r=\dfrac{L_r}{R_r} \\ \dot{\omega}_r=\dfrac{n_p}{J}(M_e-M_L)=\dfrac{n_p}{J}c_{\Phi}\Phi_{rd}i_{sq}-\dfrac{n_p}{J}M_L \end{cases} \tag{3-60}$$

或者传递函数的形式

$$\begin{cases} \Phi_{rd}=G_{11}(s)i_{sd}, \quad G_{11}(s)=\dfrac{L_m}{T_r s+1} \\ \omega_r=G_{22}(s)i_{sq}+G_d(s)M_L, \quad G_{22}(s)=\dfrac{n_p c_{\Phi}}{J}\dfrac{\Phi_{rd}}{s}, G_d(s)=-\dfrac{n_p}{J} \end{cases} \tag{3-61}$$

其中，电磁转矩为

$$M_e=c_{\Phi}\Phi_{rd}i_{sq}, \quad c_{\Phi}=\frac{n_p L_m}{L_r} \tag{3-62}$$

将式(3-60)或式(3-61)与式(3-49)比较知，定子侧直轴电流 i_{sd}相当于直流电动机的励磁电流 i_f，i_{sd}产生磁链 Φ_{rd}与 i_f 产生 Φ 一致；定子侧交轴电流 i_{sq}相当于直流电动机的电枢电流 i_a，i_{sq}和 Φ_{rd}产生转矩 M_e 与 i_a 和 Φ 产生转矩 M_e 一致。这样，通过同步旋转坐标$\{d,q\}$并按转子磁链重定向，将交流电动机“解耦”成了直流电动机，以 i_{sd}控制磁链 Φ_{rd}，以 i_{sq}控制转矩 M_e，从而实现对转速 ω_r 的控制。综上，有

$$\begin{bmatrix} \Phi_{rd} \\ \omega_r \end{bmatrix}=\begin{bmatrix} G_{11}(s) & \\ & G_{22}(s) \end{bmatrix}\begin{bmatrix} i_{sd} \\ i_{sq} \end{bmatrix}+\begin{bmatrix} 0 \\ G_d(s) \end{bmatrix}M_L$$

实现了对异步电动机内部(虚拟)解耦，如图 3-28a 所示，其中未解耦部分

$$\begin{bmatrix} i_{sd} \\ i_{sq} \end{bmatrix}=\begin{bmatrix} \hat{G}_{11}(s) & \hat{G}_{12}(s) \\ \hat{G}_{21}(s) & \hat{G}_{22}(s) \end{bmatrix}\begin{bmatrix} u_{sd} \\ u_{sq} \end{bmatrix}$$

可根据式(3-54a)的定子侧电压电流方程以及 $\Phi_{rq}=0$、$\dot{\Phi}_{rq}=0$ 求出。

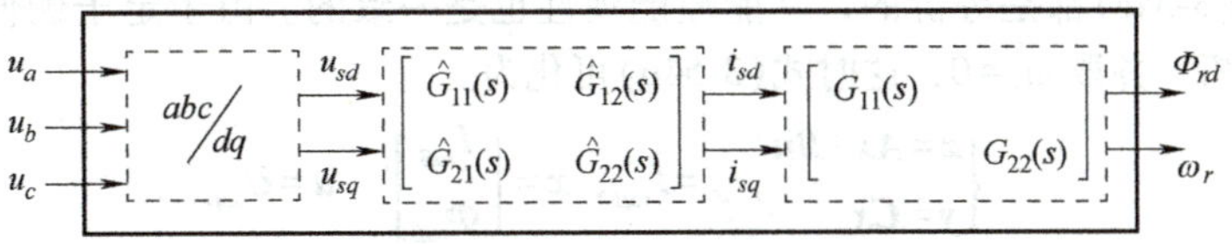

a) 交流电动机内部(虚拟)解耦

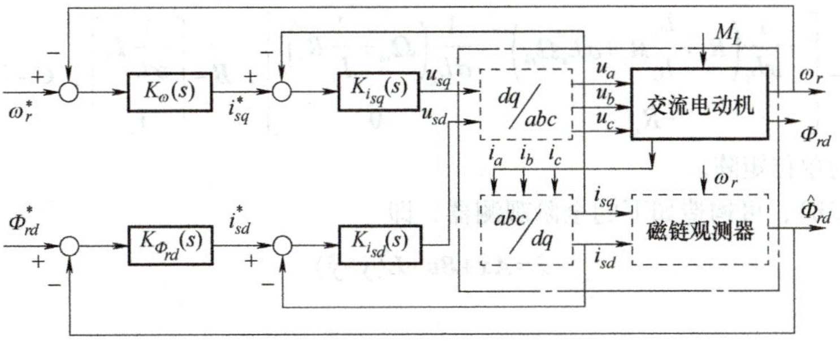

b) 伺服控制

图 3-28 交流伺服控制系统

(4) 磁链观测器

由于定子侧电流$\{i_a, i_b, i_c\}$可测量，经$\{d,q\}$变换便可计算出$\{i_{sd}, i_{sq}\}$，因此，可形成图 3-28b 所示的基于异步电动机内部（虚拟）解耦的伺服控制系统。遗憾的是，磁链Φ_{rd}不可测量，需要构造磁链观测器来估计Φ_{rd}进行反馈控制。

传统的磁链观测器有两种：

1）电流型的，以式(3-60)第 1 个式子来构造，即

$$\dot{\Phi}_{rd}+\frac{R_r}{L_r}\Phi_{rd}=\frac{L_m R_r}{L_r}i_{sd}$$

式中，电流i_{sd}是可得到的，求解上述方程便可得到Φ_{rd}。

2）电压型的，由于上述方程中含有转子侧电阻R_r，受电动机运行温度的影响较大（转子易发热引起电阻变化），导致估计误差大。若在静止坐标系$\{\alpha,\beta\}$下列写方程，即取$\omega_k=0$，从式(3-54b)第 2 个方程有（增加下标α，β，表示静止坐标系下的变量）

$$\dot{\boldsymbol{\Phi}}_{s\alpha\beta}=\boldsymbol{U}_{s\alpha\beta}-R_s\boldsymbol{I}_{s\alpha\beta} \tag{3-63a}$$

其中，磁链$\boldsymbol{\Phi}_{s\alpha\beta}$与电流$\boldsymbol{I}_{s\alpha\beta}$也同样有式(3-52)的关系，即

$$\begin{bmatrix}\boldsymbol{\Phi}_{s\alpha\beta}\\ \boldsymbol{\Phi}_{r\alpha\beta}\end{bmatrix}=\begin{bmatrix}L_s & L_m\\ L_m & L_r\end{bmatrix}\begin{bmatrix}\boldsymbol{I}_{s\alpha\beta}\\ \boldsymbol{I}_{r\alpha\beta}\end{bmatrix}$$

$$\boldsymbol{\Phi}_{s\alpha\beta}=\frac{L_m}{L_r}\boldsymbol{\Phi}_{r\alpha\beta}+\sigma L_s\boldsymbol{I}_{s\alpha\beta} \tag{3-63b}$$

可见，式(3-63a)只含有定子侧电阻，两边积分便可求出定子侧磁链$\boldsymbol{\Phi}_{s\alpha\beta}$。根据式(3-63b)求出转子侧磁链$\boldsymbol{\Phi}_{r\alpha\beta}$，再经过旋转变换$\boldsymbol{P}_\theta$可计算出$\Phi_{rd}$。

传统的磁链观测器得到了广泛研究与应用，但都有各自的局限性，电流型受转子侧电阻影响大；电压型是纯积分，容易累加发散。事实上，传统的磁链观测器都是开环形式的，对参数的扰动是敏感的。

状态空间理论表明，如果系统完全能观，可以构造反馈形式的状态观测器，观测器的极点可任意配置，确保状态观测是稳定收敛的，从而抑制了参数扰动的影响。对于异步电动机，式(3-54a)、式(3-54b)、式(3-54c)都是等价的，其能控能观性也是一致的。由于定子侧便于测量，下面以式(3-54b)来分析，并取$\omega_k=0$，这时式(3-54b)可化为

$$\begin{cases}\dot{\boldsymbol{x}}=\boldsymbol{A}\boldsymbol{x}+\boldsymbol{B}\boldsymbol{u}\\ \boldsymbol{y}=\boldsymbol{C}\boldsymbol{x}\end{cases},\ \boldsymbol{y}=\boldsymbol{I}_{s\alpha\beta},\ \boldsymbol{x}=\begin{bmatrix}\boldsymbol{I}_{s\alpha\beta}\\ \boldsymbol{\Phi}_{s\alpha\beta}\end{bmatrix},\ \boldsymbol{u}=\boldsymbol{U}_{s\alpha\beta}$$

式中，

$$\boldsymbol{A}=\begin{bmatrix}-\frac{1}{\sigma L_s}\left(R_s+\frac{L_s}{L_r}R_r+\sigma L_s\boldsymbol{\Omega}_{rk}\right) & \frac{1}{\sigma L_s}\left(\boldsymbol{\Omega}_{rk}+\frac{1}{L_r}R_r\right)\\ -R_s & \boldsymbol{0}\end{bmatrix},\ \boldsymbol{B}=\begin{bmatrix}\frac{1}{\sigma L_s}\boldsymbol{I}_2\\ \boldsymbol{I}_2\end{bmatrix},\ \boldsymbol{C}=\boldsymbol{I}_2$$

其中$\boldsymbol{I}_2$为 2×2 的单位矩阵。

参照式(3-13b)，可构造如下的全阶观测器，即

$$\dot{\hat{\boldsymbol{x}}}=\boldsymbol{A}\hat{\boldsymbol{x}}+\boldsymbol{B}\boldsymbol{u}+\boldsymbol{L}(\boldsymbol{y}-\hat{\boldsymbol{y}})$$

或写成

$$\begin{bmatrix}\dot{\hat{\boldsymbol{I}}}_{s\alpha\beta}\\ \dot{\hat{\boldsymbol{\Phi}}}_{s\alpha\beta}\end{bmatrix}=\begin{bmatrix}\boldsymbol{A}_{11} & \boldsymbol{A}_{12}\\ \boldsymbol{A}_{21} & \boldsymbol{0}\end{bmatrix}\begin{bmatrix}\hat{\boldsymbol{I}}_{s\alpha\beta}\\ \hat{\boldsymbol{\Phi}}_{s\alpha\beta}\end{bmatrix}+\begin{bmatrix}\boldsymbol{B}_1\\ \boldsymbol{B}_2\end{bmatrix}\boldsymbol{U}_{s\alpha\beta}+\boldsymbol{L}(\boldsymbol{I}_{s\alpha\beta}-\hat{\boldsymbol{I}}_{s\alpha\beta})$$

通过设计观测器增益矩阵 $\boldsymbol{L}$，使得闭环观测器稳定，得到 $\hat{\boldsymbol{\Phi}}_{s\alpha\beta}$，再经过旋转变换 $\boldsymbol{P}_\theta$ 可计算出 $\boldsymbol{\Phi}_{rd}$。

从上面的讨论可看出，当被控对象的耦合关系复杂时，经过状态空间描述，可较好地分析厘清内在工作机理，通过适当的等效转化做到内部(虚拟)解耦，而且对于不能检测的状态变量还可采用状态观测器实现闭环观测，这些都是状态空间理论的优势。在此基础上，再施加外部的伺服控制，其控制器常常为PID控制器，这些是经典控制理论的优势。前一步，发挥模型推导分析的威力，解决机电磁耦合等主干问题；后一步，弥补模型准确度欠缺等残留问题，精细调整系统性能。当然，要做好这一点，需要十分熟悉被控对象领域知识。

3. 稳态解耦与伺服控制

对一个系统进行完全动态解耦是困难的，在实际工程中，若能保证每个输出的稳态只受制于某一个给定输入，即使存在外部扰动也能保证，谓之稳态解耦，这样的操控性能对许多多变量控制系统是完全可接受的。下面讨论一种基于状态空间描述的通用解决方法。

令被控对象完全能控且完全能观，有如下的状态空间描述：

$$\begin{cases}\dot{\boldsymbol{x}}(t)=\boldsymbol{A}\boldsymbol{x}(t)+\boldsymbol{B}\boldsymbol{u}(t)+\boldsymbol{B}_d\boldsymbol{d}(t)\\ \boldsymbol{y}(t)=\boldsymbol{C}\boldsymbol{x}(t)\end{cases} \tag{3-64}$$

令外部给定输入 $\boldsymbol{r}(t)$、扰动输入 $\boldsymbol{d}(t)$ 分别由式(3-65a)和式(3-65b)产生，即

$$\begin{cases}\dot{\boldsymbol{\eta}}_r(t)=\boldsymbol{A}_r\boldsymbol{\eta}_r(t)\\ \boldsymbol{r}(t)=\boldsymbol{C}_r\boldsymbol{\eta}_r(t)\end{cases} \tag{3-65a}$$

$$\begin{cases}\dot{\boldsymbol{\eta}}_d(t)=\boldsymbol{A}_d\boldsymbol{\eta}_d(t)\\ \boldsymbol{d}(t)=\boldsymbol{C}_d\boldsymbol{\eta}_d(t)\end{cases} \tag{3-65b}$$

对式(3-65a)和式(3-65b)取拉普拉斯变换有

$$\begin{cases}\boldsymbol{r}(s)=\boldsymbol{C}_r(s\boldsymbol{I}-\boldsymbol{A}_r)^{-1}\boldsymbol{\eta}_{r0}\\ \boldsymbol{d}(s)=\boldsymbol{C}_d(s\boldsymbol{I}-\boldsymbol{A}_d)^{-1}\boldsymbol{\eta}_{d0}\end{cases} \tag{3-65c}$$

式中，$\boldsymbol{\eta}_{r0}=\boldsymbol{\eta}_r(t)\big|_{t=0}$，$\boldsymbol{\eta}_{d0}=\boldsymbol{\eta}_d(t)\big|_{t=0}$，$\boldsymbol{\eta}_{d0}$ 一般是未知或随机的。令 $\alpha_r(s)=|s\boldsymbol{I}-\boldsymbol{A}_r|$，$\alpha_d(s)=|s\boldsymbol{I}-\boldsymbol{A}_d|$，不失一般性，$\{\alpha_r(s),\alpha_d(s)\}$ 的特征值都是临界稳定或不稳定，因为稳定的特征值对应的模态会自然衰减到0，作为外部输入信号没有实质性意义。若 $\alpha_r(s)=s$，则产生阶跃信号 $r(t)=cI(t)$；若 $\alpha_r(s)=s^2$，则产生斜坡信号 $r(t)=ct$；若 $\alpha_r(s)=s^2+\omega^2$，则产生正弦信号 $r(t)=A\sin\omega t$。因此，式(3-65)给出了更一般形式的给定与扰动信号。

希望设计控制律 $\boldsymbol{u}(t)$，保证闭环系统稳定，在存在扰动输入的情况下，$\boldsymbol{d}(t)\neq\boldsymbol{0}$，满足

$$\lim_{t\to\infty}\boldsymbol{e}(t)=\lim_{t\to\infty}[\boldsymbol{r}(t)-\boldsymbol{y}(t)]=\boldsymbol{0} \tag{3-66}$$

式(3-66)意味着稳态输出 $\boldsymbol{y}_s(t)=\boldsymbol{r}(t)$，实现了多变量控制系统的稳态解耦。

实现上述控制任务需要两部分的控制器，如图3-29所示，一个是稳态伺服控制器($\boldsymbol{v}_1$)，另一个是镇定控制器($\boldsymbol{v}_2$)，下面分别讨论。

(1) 稳态伺服控制器的设计

稳态伺服控制器的输入为误差(伺服)信号 $\boldsymbol{e}(t)=\boldsymbol{r}(t)-\boldsymbol{y}(t)$，输出为 $\boldsymbol{v}_1$，有

$$\begin{cases}\dot{\boldsymbol{\eta}}(t)=\boldsymbol{A}_1\boldsymbol{\eta}(t)+\boldsymbol{B}_1\boldsymbol{e}(t)\\ \boldsymbol{v}_1(t)=\boldsymbol{K}_1\boldsymbol{\eta}(t)\end{cases} \tag{3-67a}$$

令 $\tilde{\alpha}(s)=\alpha_r(s)\alpha_d(s)=s^\sigma+\tilde{\alpha}_{\sigma-1}s^{\sigma-1}+\cdots+\tilde{\alpha}_0$，取

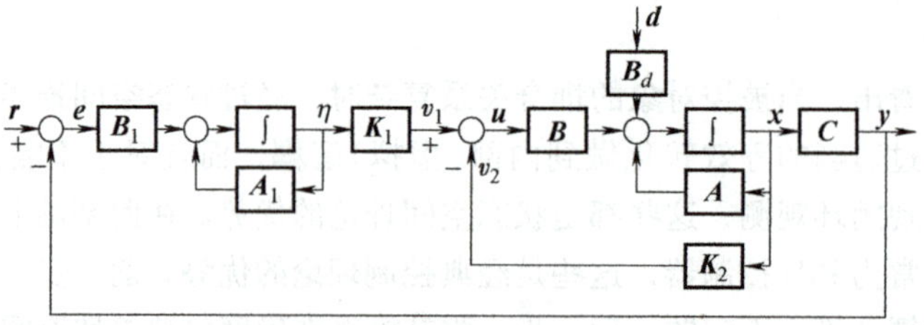

a) 状态空间描述的伺服控制

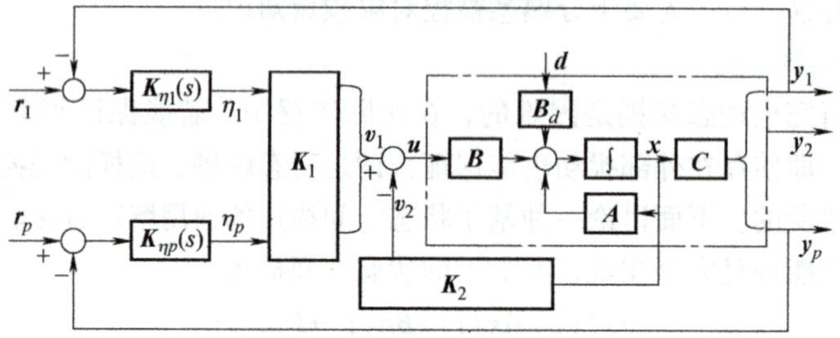

b) 传递函数描述的伺服控制

图 3-29　多变量稳态解耦伺服控制系统

$$\boldsymbol{A}_1=\begin{bmatrix}\tilde{\boldsymbol{\Lambda}} & & \\ & \ddots & \\ & & \tilde{\boldsymbol{\Lambda}}\end{bmatrix}\in\mathbf{R}^{p\sigma\times p\sigma},\quad \boldsymbol{B}_1=\begin{bmatrix}\tilde{\boldsymbol{b}} & & \\ & \ddots & \\ & & \tilde{\boldsymbol{b}}\end{bmatrix}\in\mathbf{R}^{p\sigma\times p}$$

$$\tilde{\boldsymbol{\Lambda}}=\begin{bmatrix}0 & 1 & & \\ & 0 & \ddots & \\ & & \ddots & 1\\ -\tilde{\alpha}_0 & -\tilde{\alpha}_1 & \cdots & -\tilde{\alpha}_{\sigma-1}\end{bmatrix}\in\mathbf{R}^{\sigma\times\sigma},\quad \tilde{\boldsymbol{b}}=\begin{bmatrix}0\\ \vdots\\ 0\\ 1\end{bmatrix}\in\mathbf{R}^{\sigma\times 1}$$

可验证$\{\boldsymbol{A}_1,\boldsymbol{B}_1\}$是能控的，且有如下的输入 $\boldsymbol{e}$ 到状态 $\boldsymbol{\eta}$ 的传递函数矩阵

$$\boldsymbol{K}_\eta(s)=(s\boldsymbol{I}-\boldsymbol{A}_1)^{-1}\boldsymbol{B}_1=\begin{bmatrix}K_{\eta1}(s) & & \\ & \ddots & \\ & & K_{\eta p}(s)\end{bmatrix}=\tilde{\alpha}^{-1}(s)\boldsymbol{I}_p \tag{3-67b}$$

式中，$K_{\eta i}(s)=(s\boldsymbol{I}-\tilde{\boldsymbol{\Lambda}})^{-1}\tilde{\boldsymbol{b}}=1/\tilde{\alpha}(s)$。可见，采用控制器标准形$\{\tilde{\boldsymbol{\Lambda}},\tilde{\boldsymbol{b}}\}$设计，其结论简明。

取$\boldsymbol{u}=\boldsymbol{v}_1-\boldsymbol{v}_2$，联立式(3-64)、式(3-67a)有

$$\begin{cases}\begin{bmatrix}\dot{\boldsymbol{x}}(t)\\ \dot{\boldsymbol{\eta}}(t)\end{bmatrix}=\begin{bmatrix}\boldsymbol{A} & \boldsymbol{B}\boldsymbol{K}_1\\ -\boldsymbol{B}_1\boldsymbol{C} & \boldsymbol{A}_1\end{bmatrix}\begin{bmatrix}\boldsymbol{x}(t)\\ \boldsymbol{\eta}(t)\end{bmatrix}-\begin{bmatrix}\boldsymbol{B}\\ \boldsymbol{0}\end{bmatrix}\boldsymbol{v}_2+\begin{bmatrix}\boldsymbol{0} & \boldsymbol{B}_d\\ \boldsymbol{B}_1 & \boldsymbol{0}\end{bmatrix}\begin{bmatrix}\boldsymbol{r}(t)\\ \boldsymbol{d}(t)\end{bmatrix}\\ \boldsymbol{y}(t)=[\boldsymbol{C},\boldsymbol{0}]\begin{bmatrix}\boldsymbol{x}(t)\\ \boldsymbol{\eta}(t)\end{bmatrix}\end{cases} \tag{3-68}$$

若系统式(3-68)稳定，可以证明一定能实现稳态解耦(见式(3-71)的讨论)。

(2) 镇定控制器的设计

若系统式(3-68)不稳定，则需设计 $\boldsymbol{v}_2$ 使其稳定。

对于完全能控的系统，可通过状态反馈任意配置极点，因而不稳定的系统可以得到镇定。稳态伺服控制器式(3-67)是完全能控的，若被控对象式(3-64)完全能控，且其零点与稳态伺服控制

器的极点不一致，可以证明系统(3-68)对应于 $\boldsymbol{v}_2$ 也一定是完全能控的，因而可设计 $\boldsymbol{v}_2$ 为状态反馈控制，使得闭环系统稳定。取

$$\boldsymbol{v}_2(t)=\boldsymbol{K}_2\boldsymbol{x}(t) \tag{3-69a}$$

$$\boldsymbol{u}(t)=\boldsymbol{v}_1(t)-\boldsymbol{v}_2(t)=-[\boldsymbol{K}_2,-\boldsymbol{K}_1]\begin{bmatrix}\boldsymbol{x}(t)\\ \boldsymbol{\eta}(t)\end{bmatrix} \tag{3-69b}$$

得到最终的闭环系统为

$$\begin{cases}\begin{bmatrix}\dot{\boldsymbol{x}}(t)\\ \dot{\boldsymbol{\eta}}(t)\end{bmatrix}=\begin{bmatrix}\boldsymbol{A}-\boldsymbol{B}\boldsymbol{K}_2 & \boldsymbol{B}\boldsymbol{K}_1\\ -\boldsymbol{B}_1\boldsymbol{C} & \boldsymbol{A}_1\end{bmatrix}\begin{bmatrix}\boldsymbol{x}(t)\\ \boldsymbol{\eta}(t)\end{bmatrix}+\begin{bmatrix}\boldsymbol{0} & \boldsymbol{B}_d\\ \boldsymbol{B}_1 & \boldsymbol{0}\end{bmatrix}\begin{bmatrix}\boldsymbol{r}(t)\\ \boldsymbol{d}(t)\end{bmatrix}\\ \boldsymbol{y}(t)=[\boldsymbol{C},\boldsymbol{0}]\begin{bmatrix}\boldsymbol{x}(t)\\ \boldsymbol{\eta}(t)\end{bmatrix}\end{cases} \tag{3-70}$$

这里要特别说明的是，由于系统完全能控，对 $\boldsymbol{v}_2$ 的设计，不仅仅使得全部闭环极点稳定，而且可以任意配置它们，使得最后的闭环系统具有良好的动态性能，这是状态空间理论的优势。总之，伺服控制器实现稳态解耦，镇定控制器改善动态性能。

下面简要推证只要 $\boldsymbol{r}(t)$、$\boldsymbol{d}(t)$ 由式(3-65)产生，在闭环稳定的情况下，一定有式(3-66)成立。对式(3-70)求拉普拉斯变换有

$$\begin{cases}(s\boldsymbol{I}_n-\boldsymbol{A}-\boldsymbol{B}\boldsymbol{K}_2)\boldsymbol{x}(s)=\boldsymbol{B}\boldsymbol{K}_1\boldsymbol{\eta}(s)+\boldsymbol{B}_d\boldsymbol{d}(s)\\ (s\boldsymbol{I}_{p\sigma}-\boldsymbol{A}_1)\boldsymbol{\eta}(s)=-\boldsymbol{B}_1\boldsymbol{C}\boldsymbol{x}(s)+\boldsymbol{B}_1\boldsymbol{r}(s)\\ \boldsymbol{y}(s)=\boldsymbol{C}\boldsymbol{x}(s)\end{cases}$$

整形后有

$$\begin{cases}\boldsymbol{e}(s)=\boldsymbol{r}(s)-\boldsymbol{y}(s)=\boldsymbol{r}(s)-(\overline{\boldsymbol{G}}(s)\boldsymbol{K}_1\boldsymbol{\eta}(s)+\overline{\boldsymbol{G}}_d(s)\boldsymbol{d}(s))\\ \boldsymbol{\eta}(s)=(s\boldsymbol{I}_{p\sigma}-\boldsymbol{A}_1)^{-1}\boldsymbol{B}_1(\boldsymbol{r}(s)-\boldsymbol{y}(s))=\boldsymbol{K}_\eta(s)\boldsymbol{e}(s)\end{cases}$$

式中，$\overline{\boldsymbol{G}}(s)=\boldsymbol{C}(s\boldsymbol{I}_n-\boldsymbol{A}-\boldsymbol{B}\boldsymbol{K}_2)^{-1}\boldsymbol{B}$，$\overline{\boldsymbol{G}}_d(s)=\boldsymbol{C}(s\boldsymbol{I}_n-\boldsymbol{A}-\boldsymbol{B}\boldsymbol{K}_2)^{-1}\boldsymbol{B}_d$，并考虑式(3-67b)以及

$$\boldsymbol{r}(s)=\boldsymbol{C}_r\frac{\mathrm{adj}(s\boldsymbol{I}-\boldsymbol{A}_r)}{\alpha_r(s)}\boldsymbol{\eta}_{r0}=\frac{\boldsymbol{N}_r(s)}{\alpha_r(s)},\quad \boldsymbol{d}(s)=\boldsymbol{C}_d\frac{\mathrm{adj}(s\boldsymbol{I}-\boldsymbol{A}_d)}{\alpha_d(s)}\boldsymbol{\eta}_{d0}=\frac{\boldsymbol{N}_d(s)}{\alpha_d(s)}$$

可推出

$$\begin{aligned}\boldsymbol{e}(s)&=[\boldsymbol{I}_p+\overline{\boldsymbol{G}}(s)\boldsymbol{K}_1\boldsymbol{K}_\eta(s)]^{-1}[\boldsymbol{r}(s)+\overline{\boldsymbol{G}}_d(s)\boldsymbol{d}(s)]\\ &=\tilde{\alpha}(s)[\tilde{\alpha}(s)\boldsymbol{I}_p+\overline{\boldsymbol{G}}(s)\boldsymbol{K}_1]^{-1}\left[\frac{\boldsymbol{N}_r(s)}{\alpha_r(s)}+\overline{\boldsymbol{G}}_d(s)\frac{\boldsymbol{N}_d(s)}{\alpha_d(s)}\right]\\ &=[\tilde{\alpha}(s)\boldsymbol{I}_p+\overline{\boldsymbol{G}}(s)\boldsymbol{K}_1]^{-1}[\alpha_d(s)\boldsymbol{N}_r(s)+\alpha_r(s)\overline{\boldsymbol{G}}_d(s)\boldsymbol{N}_d(s)]\end{aligned} \tag{3-71}$$

可见，由于闭环系统是稳定的，即$[\tilde{\alpha}(s)\boldsymbol{I}_p+\overline{\boldsymbol{G}}(s)\boldsymbol{K}_1]^{-1}$和 $\overline{\boldsymbol{G}}_d(s)$是稳定的，并且在伺服控制器 $\boldsymbol{K}_\eta(s)$每个通道上都嵌入了外部信号的全部模态 $\tilde{\alpha}(s)=\alpha_r(s)\alpha_d(s)$，无论外部信号不稳定或临界稳定的极点$\{\alpha_r(s),\alpha_d(s)\}$位于哪个通道，都被对消掉，使得 $\boldsymbol{e}(s)$不再含有这些极点且全部都是稳定极点，因而衰减收敛到零，即$\lim\limits_{t\to\infty}\boldsymbol{e}(t)=\boldsymbol{0}$。

值得注意的是，对消的是外部模态，不影响系统内部稳定。

综上所述，有如下定理：

定理 3-4 给定完全能控完全能观的被控对象式(3-64)，外部给定输入和扰动输入由式(3-65)产生，$\alpha_r(s)$和 $\alpha_d(s)$分别是它们的特征多项式，其特征值不是被控对象的零点，稳态伺服控制器为式(3-67)，镇定控制器为式(3-69)，则闭环系统稳定且式(3-66)成立。

在状态空间描述下证明定理 3-4 比较复杂，可参考与它等价的定理 5-7、定理 5-8 的分析推导。

前面的讨论给出了基于状态空间描述的通用稳态解耦伺服控制方案。进一步分析有：

1）若是单变量系统且外部输入信号是常值信号，如

$$\begin{cases}\dot{\eta}_{ri}(t)=0\eta_{ri}(t)\rightarrow\eta_{ri}(t)=\eta_{ri0}\\ r_i(t)=c_{ri}\eta_{ri0}=r_{i0}\end{cases}$$

相当于此时的 $\tilde{\alpha}(s)=s-0=s$，对应的稳态伺服控制器的 $K_{\eta i}(s)=1/s$。这与经典控制理论在前向通道引入积分器消除静差完全一致。因此，式(3-67)构造的伺服控制更为一般，除了常值信号外，其他不稳定外部模态信号带来的静差同样可消除，只要相应的模态因子含在 $\tilde{\alpha}(s)$ 中，并内嵌到 $K_{\eta i}(s)$ 即可。

2）$K_{\eta i}(s)$ 相当于积分控制的推广，再加上比例控制 $\boldsymbol{K}_1$、$\boldsymbol{K}_2$，图 3-29 的伺服控制实际上是经典 PID 控制的一个推广。

3）外环的伺服控制使闭环系统稳态解耦，让系统具有很好的操控性能。内环采用了状态反馈，尽管不能做到动态解耦，但可以配置极点，使得闭环系统稳定且有较好的动态性能。与图 3-24、图 3-25 的伺服控制系统一样，是现代与经典控制理论相融合的又一个典型方案。

4）若系统状态不能测量，也可构造状态观测器再实施状态反馈。尽管状态观测器对系统数学模型依赖性高，但其位于内环，其模型残差带来的影响会被外环的反馈控制予以抑制。另外，并未要求控制输入维数与被控输出维数相等，$m\neq p$，只要被控对象完全能控即可。

5）若以误差 $\boldsymbol{e}$ 作为系统的输出，并将外部信号式(3-65)也纳入到闭环系统中，即与式(3-70)联立起来有

$$\begin{cases}\begin{bmatrix}\dot{\boldsymbol{x}}(t)\\ \dot{\boldsymbol{\eta}}(t)\\ \dot{\boldsymbol{\eta}}_r(t)\\ \dot{\boldsymbol{\eta}}_d(t)\end{bmatrix}=\begin{bmatrix}\boldsymbol{A}-\boldsymbol{B}\boldsymbol{K}_2 & \boldsymbol{B}\boldsymbol{K}_1 & \boldsymbol{C}_r & \\ -\boldsymbol{B}_1\boldsymbol{C} & \boldsymbol{A}_1 & & \boldsymbol{C}_d\\ & & \boldsymbol{A}_r & \\ & & & \boldsymbol{A}_d\end{bmatrix}\begin{bmatrix}\boldsymbol{x}(t)\\ \boldsymbol{\eta}(t)\\ \boldsymbol{\eta}_r(t)\\ \boldsymbol{\eta}_d(t)\end{bmatrix}\\ \boldsymbol{e}(t)=\boldsymbol{r}(t)-\boldsymbol{y}(t)=\begin{bmatrix}-\boldsymbol{C} & \boldsymbol{0} & \boldsymbol{C}_r & \boldsymbol{0}\end{bmatrix}\begin{bmatrix}\boldsymbol{x}(t)\\ \boldsymbol{\eta}(t)\\ \boldsymbol{\eta}_r(t)\\ \boldsymbol{\eta}_d(t)\end{bmatrix}\end{cases}$$

若要 $\boldsymbol{A}_r$、$\boldsymbol{A}_d$ 的特征值对应的模态不在误差输出 $\boldsymbol{e}$ 中出现，根据第 2 章能观性分析知，它们的特征值应为不能观特征值。可以证明，只要伺服控制器 $\{A_1,B_1,K_1\}$ 按式(3-67)进行巧妙的设计，$\boldsymbol{A}_r$、$\boldsymbol{A}_d$ 的特征值就是不能观特征值，这一点从式(3-71)的推导中发生了对应 $\alpha_r(s)$、$\alpha_d(s)$ 的“零极点对消”也可以得到印证。所以，基于稳态解耦的伺服控制是利用不能观性进行抗扰的一个有意义的应用。

需要提醒的是，上面的讨论出现了式(3-64)描述的被控对象(开环系统)、式(3-68)描述的只有伺服控制器的闭环系统、式(3-70)描述的有伺服控制器和镇定控制器的闭环系统以及式(3-70)与外部信号式(3-65)联立的闭环系统，它们的稳定性、能控性、能观性密切关联，但不一定相同。

例 3-4 给定被控对象

$$\begin{cases}\dot{\boldsymbol{x}}(t)=\boldsymbol{A}\boldsymbol{x}(t)+\boldsymbol{B}\boldsymbol{u}(t)+\boldsymbol{B}_d\boldsymbol{d}(t)=\begin{bmatrix}0 & 1\\ -2 & -1\end{bmatrix}\boldsymbol{x}(t)+\begin{bmatrix}0\\ 1\end{bmatrix}\boldsymbol{u}(t)+\begin{bmatrix}1\\ 1\end{bmatrix}\boldsymbol{d}(t)\\ y(t)=\boldsymbol{C}\boldsymbol{x}(t)=[1,0]\boldsymbol{x}(t)\end{cases}$$

外部输入信号 $r(t)=I(t)$、$d(t)=\rho\sin\omega t$。设计控制器实现伺服输出跟踪。

1）确定外部输入的特征多项式。外部输入信号的拉普拉斯变换为 $r(s)=\frac{1}{s}$，$d(s)=\frac{\rho\omega}{s^2+\omega^2}$，化为状态空间描述分别为

$$\begin{cases}\dot{\eta}_r(t)=0,\\ r(t)=\eta_r(t),\end{cases}\quad \begin{cases}\dot{\boldsymbol{\eta}}_d(t)=\begin{bmatrix}0 & 1\\ -\omega^2 & 0\end{bmatrix}\boldsymbol{\eta}_d(t)\\ d(t)=[\rho\omega,0]\boldsymbol{\eta}_d(t)\end{cases}$$

则 $\alpha_r(s)=|s\boldsymbol{I}-\boldsymbol{A}_r|=s$，$\alpha_d(s)=|s\boldsymbol{I}-\boldsymbol{A}_d|=s^2+\omega^2$，有

$$\tilde{\alpha}(s)=\alpha_r(s)\alpha_d(s)=s(s^2+\omega^2)=s^3+\omega^2 s$$

2）设计稳态伺服器中的参数 $\{\boldsymbol{A}_1,\boldsymbol{B}_1\}$。取

$$\boldsymbol{A}_1=\begin{bmatrix}0 & 1 & 0\\ 0 & 0 & 1\\ 0 & -\omega^2 & 0\end{bmatrix},\quad \boldsymbol{B}_1=\begin{bmatrix}0\\0\\1\end{bmatrix}$$

3）设计镇定控制器中的比例参数。令

$$\boldsymbol{K}=[\boldsymbol{K}_2,-\boldsymbol{K}_1]=[k_{21}\quad k_{22}\quad -k_{11}\quad -k_{12}\quad -k_{13}]$$

根据式(3-70)得到

$$\begin{bmatrix}\boldsymbol{A}-\boldsymbol{B}\boldsymbol{K}_2 & \boldsymbol{B}\boldsymbol{K}_1\\ -\boldsymbol{B}_1\boldsymbol{C} & \boldsymbol{A}_1\end{bmatrix}=\begin{bmatrix}0 & 1 & 0 & 0 & 0\\ -2-k_{21} & -1-k_{22} & k_{11} & k_{12} & k_{13}\\ 0 & 0 & 0 & 1 & 0\\ 0 & 0 & 0 & 0 & 1\\ -1 & 0 & 0 & -\omega^2 & 0\end{bmatrix}$$

$$\begin{aligned}\alpha(s)&=\det\left\{\begin{bmatrix}s\boldsymbol{I}_n & \\ & s\boldsymbol{I}_{p\sigma}\end{bmatrix}-\begin{bmatrix}\boldsymbol{A}-\boldsymbol{B}\boldsymbol{K}_2 & \boldsymbol{B}\boldsymbol{K}_1\\ -\boldsymbol{B}_1\boldsymbol{C} & \boldsymbol{A}_1\end{bmatrix}\right\}\\ &=s^5+(1+k_{22})s^4+(k_{21}+\omega^2+2)s^3+(k_{13}+\omega^2+k_{22}\omega^2)s^2+(2\omega^2+k_{12}+k_{21}\omega^2)s+k_{11}\end{aligned}$$

若取

$$\begin{aligned}\alpha^*(s)&=(s^2+2s+2)(s+6)(s+8)(s+10)\\ &=s^5+26s^4+238s^3+904s^2+1336s+960\end{aligned}$$

比较上面两式的系数，可得到

$$\begin{aligned}\boldsymbol{K}&=[\boldsymbol{K}_2,-\boldsymbol{K}_1]=[k_{21},k_{22},-k_{11},-k_{12},-k_{13}]\\ &=[236-\omega^2,25,-960,-1336+238\omega^2-\omega^4,-904+26\omega^2]\end{aligned}$$

4）闭环传递函数矩阵

$$\begin{aligned}y(s)&=[\boldsymbol{C},\boldsymbol{0}]\left\{\begin{bmatrix}s\boldsymbol{I}_n & \\ & s\boldsymbol{I}_{p\sigma}\end{bmatrix}-\begin{bmatrix}\boldsymbol{A}-\boldsymbol{B}\boldsymbol{K}_2 & \boldsymbol{B}\boldsymbol{K}_1\\ -\boldsymbol{B}_1\boldsymbol{C} & \boldsymbol{A}_1\end{bmatrix}\right\}^{-1}\left\{\begin{bmatrix}\boldsymbol{0}\\ \boldsymbol{B}_1\end{bmatrix}r(s)+\begin{bmatrix}\boldsymbol{B}_d\\ \boldsymbol{0}\end{bmatrix}d(s)\right\}\\ &=\boldsymbol{\Phi}(s)r(s)+\boldsymbol{\Phi}_d(s)d(s)\end{aligned}$$

展开计算可得

$$\boldsymbol{\Phi}(s)=\frac{k_{13}s^2+k_{12}s+k_{11}}{\alpha(s)},\quad \boldsymbol{\Phi}_d(s)=\frac{\rho s(s^2+\omega^2)}{\alpha(s)}$$

可见，$\boldsymbol{\Phi}(0)=1$，$\boldsymbol{\Phi}_d(0)=0$，从而扰动输入对稳态输出没有影响，稳态输出与给定输入一致。

5）仿真验证。将控制器与被控对象联立，取 $\rho=0.1$，$\omega=\{1,10\}$，可得到图3-30所示的系统响应。可见，在稳态时，系统输出 $y(t)=x_1(t)$ 做到了无静差地跟踪上了给定输入（阶跃信号），完全抑制了扰动输入（正弦信号）的影响。而 $x_2(t)$ 仍存在正弦扰动的影响，这是因为输出向量未

包含 $x_2(t)$。若要针对所有状态变量，则在式(3-64)中取 $\boldsymbol{C}=\boldsymbol{I}_n$ 即可。

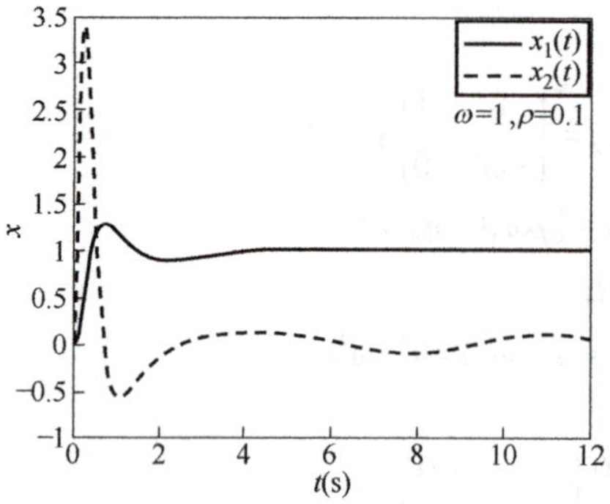

a) $\omega=1$

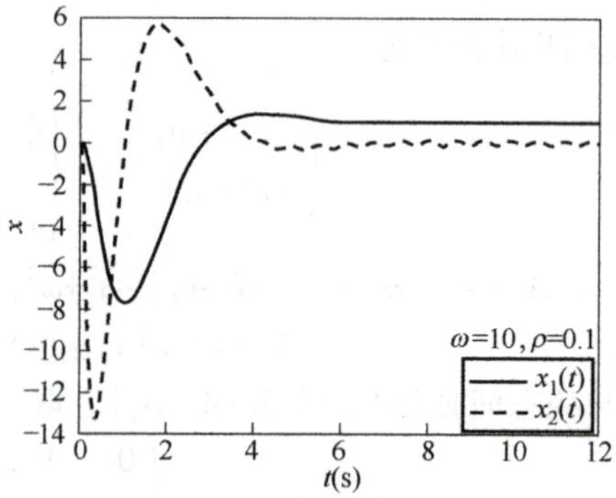

b) $\omega=10$

图 3-30　例 3-4 的系统状态响应

3.2.2　基于精确线性化的伺服控制

多变量系统除了多通道耦合影响外，不可避免会存在非线性因素的影响。非线性分析的理论工具相对缺乏，因而常常在标定(额定)工况下将非线性系统线性化，再进行分析与设计。这是一种近似线性化，在其上设计的控制器，需返回到原非线性系统上进行(计算机)仿真实验，以核查模型残差导致的影响有多大，不满足要求需重新设计。下面，介绍一种利用状态反馈实现精确线性化的方法。

1. 精确线性化

(1) 一阶直驱系统

对一个线性定常系统，选择合适的状态变量，可以建立它的状态空间描述$\{\boldsymbol{A},\boldsymbol{B},\boldsymbol{C},\boldsymbol{D}\}$。对于非线性系统，若系统中的变量只有一阶导数的话，可以归纳为如下形式

$$\boldsymbol{E}(\boldsymbol{x},t)\dot{\boldsymbol{x}}=\boldsymbol{f}(\boldsymbol{x},t)+\boldsymbol{u} \tag{3-72}$$

式中，$\boldsymbol{x}\in\mathbf{R}^p$；$\boldsymbol{u}\in\mathbf{R}^m$；$\boldsymbol{E}(\boldsymbol{x},t)\in\mathbf{R}^{m\times p}$、$\boldsymbol{f}(\boldsymbol{x},t)\in\mathbf{R}^m$ 分别是(时变)非线性矩阵、向量。可见，式(3-72)是一阶状态方程组的一种变形形式。

不失一般性，研究一类特殊系统，即 $p=m$，$\boldsymbol{E}(\boldsymbol{x},t)$为满秩方阵，由于控制输入 $\boldsymbol{u}$ 直接作用到系统上，所以称式(3-72)是一阶直驱系统。

若$\{\boldsymbol{x}^*,\boldsymbol{u}^*\}$是式(3-72)的标定工况，同样满足

$$\boldsymbol{E}(\boldsymbol{x}^*,t)\dot{\boldsymbol{x}}^*=\boldsymbol{f}(\boldsymbol{x}^*,t)+\boldsymbol{u}^* \tag{3-73}$$

将$\boldsymbol{E}(\boldsymbol{x},t)$和$\boldsymbol{f}(\boldsymbol{x},t)$在标定工况下进行泰勒展开，$\boldsymbol{E}(\boldsymbol{x},t)$取常数项，$\boldsymbol{f}(\boldsymbol{x},t)$取到一次项，即

$$\boldsymbol{E}(\boldsymbol{x},t)=\boldsymbol{E}(\boldsymbol{x}^*,t)+o(\boldsymbol{x})\approx\boldsymbol{E}_0$$

$$\boldsymbol{f}(\boldsymbol{x},t)=\boldsymbol{f}(\boldsymbol{x}^*,t)+\boldsymbol{H}(\boldsymbol{x}-\boldsymbol{x}^*)+o((\boldsymbol{x}-\boldsymbol{x}^*)^{\mathrm{T}}(\boldsymbol{x}-\boldsymbol{x}^*))\approx\boldsymbol{f}_0+\boldsymbol{H}(\boldsymbol{x}-\boldsymbol{x}^*)$$

式中，$\boldsymbol{E}_0=\boldsymbol{E}(\boldsymbol{x}^*,t)$；$\boldsymbol{f}_0=\boldsymbol{f}(\boldsymbol{x}^*,t)$；$\boldsymbol{H}=\left.\dfrac{\partial\boldsymbol{f}}{\partial\boldsymbol{x}^{\mathrm{T}}}\right|_{\boldsymbol{x}=\boldsymbol{x}^*}$。

将展开式代入式(3-72)，再与式(3-73)相减有

$$\boldsymbol{E}_0(\dot{\boldsymbol{x}}-\dot{\boldsymbol{x}}^*)=\boldsymbol{H}(\boldsymbol{x}-\boldsymbol{x}^*)+(\boldsymbol{u}-\boldsymbol{u}^*)$$

将得到式(3-72)在标定工况$\{\boldsymbol{x}^*,\boldsymbol{u}^*\}$下的线性化方程：

$$\Delta\dot{\boldsymbol{x}}=\boldsymbol{A}\Delta\boldsymbol{x}+\boldsymbol{B}\Delta\boldsymbol{u},\ \boldsymbol{A}=\boldsymbol{E}_0^{-1}\boldsymbol{H},\ \boldsymbol{B}=\boldsymbol{E}_0^{-1}$$

上述线性化是一种近似线性化，如果系统一直运行在标定工况$\{\boldsymbol{x}^*,\boldsymbol{u}^*\}$附近，这种线性化是

非常有意义的，也得到广泛应用。然而，有不少系统难以保证在一个固定工况附近运行，这时上述线性化的模型残差会带来致命的影响。

若取式(3-72)的控制输入为

$$\boldsymbol{u}=\boldsymbol{E}(\boldsymbol{x},t)(-\boldsymbol{K}_0\boldsymbol{x}+\boldsymbol{v})-\boldsymbol{f}(\boldsymbol{x},t) \tag{3-74}$$

式中，$\boldsymbol{E}(\boldsymbol{x},t)$和$\boldsymbol{f}(\boldsymbol{x},t)$来自被控对象模型式(3-72)；$\boldsymbol{K}_0$ 和 $\boldsymbol{v}$ 是待设计的参量。

联立式(3-72)、式(3-74)，得到如下的闭环系统：

$$\boldsymbol{E}(\boldsymbol{x},t)\dot{\boldsymbol{x}}=\boldsymbol{f}(\boldsymbol{x},t)+[\boldsymbol{E}(\boldsymbol{x},t)(-\boldsymbol{K}_0\boldsymbol{x}+\boldsymbol{v})-\boldsymbol{f}(\boldsymbol{x},t)]$$

$$\boldsymbol{E}(\boldsymbol{x},t)[\dot{\boldsymbol{x}}-(-\boldsymbol{K}_0\boldsymbol{x}+\boldsymbol{v})]=\boldsymbol{0}$$

$$\dot{\boldsymbol{x}}+\boldsymbol{K}_0\boldsymbol{x}=\boldsymbol{v} \tag{3-75}$$

式(3-75)表明闭环系统为一个精确的线性定常系统，若设计好 $\boldsymbol{K}_0$ 和 $\boldsymbol{v}$，便可使得闭环状态轨迹 $\boldsymbol{x}(t)$达到满意性能。

从式(3-74)看出，控制输入 $\boldsymbol{u}$ 是状态变量 $\boldsymbol{x}$ 的非线性函数，即为非线性状态反馈，巧妙地利用非线性抵消了非线性的影响，这就是状态反馈精确线性化。

(2) 二阶直驱系统

一阶直驱系统要求变量的导数只能为一阶，像一般电类系统，变量不外乎是(零阶的)电压 U、电流 I，以及(一阶的)电感电压$L\dot{I}$、电容电流$C\dot{U}$等；对于运动类系统，涉及角位移 θ、角速度 $\dot{\theta}$、角加速度 $\ddot{\theta}$ 等变量，需要二阶导数。为此，引入如下的二阶直驱系统：

$$\boldsymbol{E}(\boldsymbol{x},\dot{\boldsymbol{x}},t)\ddot{\boldsymbol{x}}=\boldsymbol{f}(\boldsymbol{x},\dot{\boldsymbol{x}},t)+\boldsymbol{u} \tag{3-76}$$

式中，$\boldsymbol{x}\in\mathbf{R}^p$；$\boldsymbol{u}\in\mathbf{R}^m$；$\boldsymbol{E}(\boldsymbol{x},\dot{\boldsymbol{x}},t)\in\mathbf{R}^{m\times p}$；$\boldsymbol{f}(\boldsymbol{x},\dot{\boldsymbol{x}},t)\in\mathbf{R}^m$；$p=m$、$\boldsymbol{E}(\boldsymbol{x},\dot{\boldsymbol{x}},t)$满秩。值得注意的是，对于二阶直驱系统，$\{\boldsymbol{x},\dot{\boldsymbol{x}}\}$都是系统的状态变量。

同理，取控制输入为

$$\boldsymbol{u}=\boldsymbol{E}(\boldsymbol{x},\dot{\boldsymbol{x}},t)(-\boldsymbol{K}_1\dot{\boldsymbol{x}}-\boldsymbol{K}_0\boldsymbol{x}+\boldsymbol{v})-\boldsymbol{f}(\boldsymbol{x},\dot{\boldsymbol{x}},t) \tag{3-77}$$

联立式(3-76)和式(3-77)，得到如下的闭环系统：

$$\boldsymbol{E}(\boldsymbol{x},t)\dot{\boldsymbol{x}}=\boldsymbol{f}(\boldsymbol{x},t)+[\boldsymbol{E}(\boldsymbol{x},t)(-\boldsymbol{K}_1\dot{\boldsymbol{x}}-\boldsymbol{K}_0\boldsymbol{x}+\boldsymbol{v})-\boldsymbol{f}(\boldsymbol{x},t)]$$

$$\boldsymbol{E}(\boldsymbol{x},\dot{\boldsymbol{x}},t)[\dot{\boldsymbol{x}}-(-\boldsymbol{K}_1\dot{\boldsymbol{x}}-\boldsymbol{K}_0\boldsymbol{x}+\boldsymbol{v})]=\boldsymbol{0}$$

$$\ddot{\boldsymbol{x}}+\boldsymbol{K}_1\dot{\boldsymbol{x}}+\boldsymbol{K}_0\boldsymbol{x}=\boldsymbol{v} \tag{3-78}$$

闭环系统为一个精确的线性定常系统。

(3) 任意阶直驱系统

一阶直驱系统、二阶直驱系统可推广到任意阶，即

$$\boldsymbol{E}(\boldsymbol{x},\dot{\boldsymbol{x}},\cdots,\boldsymbol{x}^{(l-1)},t)\boldsymbol{x}^{(l)}=\boldsymbol{f}(\boldsymbol{x},\dot{\boldsymbol{x}},\cdots,\boldsymbol{x}^{(l-1)},t)+\boldsymbol{u} \tag{3-79}$$

式中，$\boldsymbol{x}\in\mathbf{R}^p$；$\boldsymbol{u}\in\mathbf{R}^m$；$\boldsymbol{E}(\cdot)\in\mathbf{R}^{m\times p}$；$\boldsymbol{f}(\cdot)\in\mathbf{R}^m$；$p=m$、$\boldsymbol{E}(\cdot)$满秩。$\{\boldsymbol{x},\dot{\boldsymbol{x}},\cdots,\boldsymbol{x}^{(l-1)}\}$都是系统的状态变量。

同理，取控制输入为如下状态反馈：

$$\boldsymbol{u}=\boldsymbol{E}(\boldsymbol{x},\dot{\boldsymbol{x}},\cdots,\boldsymbol{x}^{(l-1)},t)(-\boldsymbol{K}_{l-1}\boldsymbol{x}^{(l-1)}-\cdots-\boldsymbol{K}_1\dot{\boldsymbol{x}}-\boldsymbol{K}_0\boldsymbol{x}+\boldsymbol{v})-\boldsymbol{f}(\boldsymbol{x},\dot{\boldsymbol{x}},\cdots,\boldsymbol{x}^{(l-1)},t) \tag{3-80}$$

联立式(3-78)和式(3-79)，得到如下的闭环系统：

$$\boldsymbol{x}^{(l)}+\boldsymbol{K}_{l-1}\boldsymbol{x}^{(l-1)}+\cdots+\boldsymbol{K}_1\dot{\boldsymbol{x}}+\boldsymbol{K}_0\boldsymbol{x}=\boldsymbol{v} \tag{3-81}$$

可见，闭环系统同样为一个精确的线性定常系统。

2. 多通道伺服控制

经过精确线性化后，转化为线性定常系统，有许多方法可以设计控制器中的参数$\{\boldsymbol{K}_i,\boldsymbol{v}\}$。下面以最常见的二阶直驱系统为例，采用伺服控制的方法来设计。

令$\{\ddot{\boldsymbol{x}}_d,\dot{\boldsymbol{x}}_d,\boldsymbol{x}_d\}$是系统的期望轨迹，取

$$\boldsymbol{v}=\ddot{\boldsymbol{x}}_d+\boldsymbol{K}_1\dot{\boldsymbol{x}}_d+\boldsymbol{K}_0\boldsymbol{x}_d$$

代入式(3-77)有如下控制器：

$$\begin{cases}\boldsymbol{u}=\boldsymbol{E}(\boldsymbol{x},\dot{\boldsymbol{x}},t)\bar{\boldsymbol{u}}-\boldsymbol{f}(\boldsymbol{x},\dot{\boldsymbol{x}},t)\\ \bar{\boldsymbol{u}}=\ddot{\boldsymbol{x}}_d+\boldsymbol{K}_1(\dot{\boldsymbol{x}}_d-\dot{\boldsymbol{x}})+\boldsymbol{K}_0(\boldsymbol{x}_d-\boldsymbol{x})\end{cases} \tag{3-82}$$

从式(3-78)知，此时的闭环系统为

$$\ddot{\boldsymbol{x}}+\boldsymbol{K}_1\dot{\boldsymbol{x}}+\boldsymbol{K}_0\boldsymbol{x}=\boldsymbol{v}=\ddot{\boldsymbol{x}}_d+\boldsymbol{K}_1\dot{\boldsymbol{x}}_d+\boldsymbol{K}_0\boldsymbol{x}_d$$

或写为

$$\ddot{\boldsymbol{e}}_d+\boldsymbol{K}_1\dot{\boldsymbol{e}}_d+\boldsymbol{K}_0\boldsymbol{e}_d=\boldsymbol{0},\boldsymbol{e}=\boldsymbol{x}_d-\boldsymbol{x}$$

若取$\{\boldsymbol{K}_1,\boldsymbol{K}_0\}$为对角矩阵，$\boldsymbol{K}_1=\mathrm{diag}\{K_{1i}\}$、$\boldsymbol{K}_0=\mathrm{diag}\{K_{0i}\}$，闭环系统化为$p$个完全解耦的单变量系统，可以很方便地根据时域性能指标确定参数$\{\boldsymbol{K}_1,\boldsymbol{K}_0\}$。

从式(3-82)可见，控制器可分为两部分：一部分由系统模型$\{\boldsymbol{E}(\boldsymbol{x},\dot{\boldsymbol{x}},t),\boldsymbol{f}(\boldsymbol{x},\dot{\boldsymbol{x}},t)\}$构成，实现精确线性化；另一部分由$\{\boldsymbol{K}_1,\boldsymbol{K}_0\}$构成，实现伺服控制，对应的伺服控制系统如图 3-31a 所示。

若$\boldsymbol{x}_d=\boldsymbol{c}$，则$\dot{\boldsymbol{x}}_d=\boldsymbol{0}$、$\ddot{\boldsymbol{x}}_d=\boldsymbol{0}$，图 3-31a 可等效为图 3-31b。若$\boldsymbol{x}$是(角)位移，$\dot{\boldsymbol{x}}$就是(角)速度，图 3-31b 的伺服控制与前面图 3-24、图 3-25、图 3-29 的伺服控制是完全对应的。

另外，精确线性化部分虽然依赖系统的数学模型$\{\boldsymbol{E}(\boldsymbol{x},\dot{\boldsymbol{x}},t),\boldsymbol{f}(\boldsymbol{x},\dot{\boldsymbol{x}},t)\}$，由于其位于伺服控制环的内部，因此其模型残差可以得到较好的抑制。这也是现代与经典控制理论相融合的又一个典型方案。

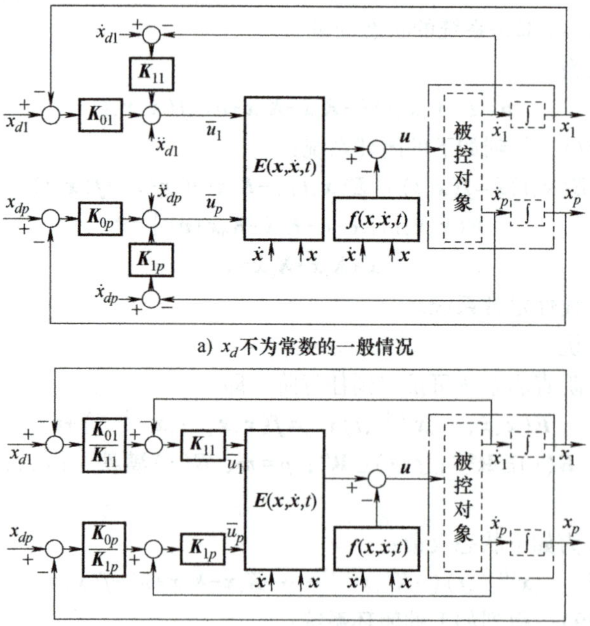

a) x_d不为常数的一般情况

b) x_d为常数的情况

图 3-31　基于精确线性化的伺服控制

3. 多轴机器人的伺服控制

下面以一个实例——多轴机器人来说明基于精确线性化伺服控制的应用。多轴机器人的每个关节轴都由一个动力部件来驱动，形成一个运动副，包括旋转副、移动副、球面副等。最常用的是旋转副，每个关节轴都由一个电动机产生旋转运动，可等效为一个旋转铰链(柱体)；关节轴与关节轴之间通过传动机构相连，可等效为一个连杆，如图 1-15 所示。

(1) 空间坐标变换

多轴机器人通过末端完成各种任务，末端在静止空间的位置坐标$\{x,y,z\}$是重要的变量。

1) 静止空间坐标系$\{x_0,y_0,z_0\}$。为了描述机器人的运动，首先建立静止空间坐标系$\{x_0,y_0,z_0\}$，也称为世界坐标系，其中 x_0-y_0 平面位于地面，z_0 轴垂直于地面，其坐标值就是离地的高度。在不引起混淆时，略写下标 0。

2) 关节坐标系$\{x_i,y_i,z_i\}$。由于各关节轴处在变动之中，直接建立机器人末端在静止坐标系的坐标是困难的。一般是在每个关节都建立一个坐标系$\{x_i,y_i,z_i\}$，常选择旋转轴线、连杆直线为其坐标轴线。并以(齐次)坐标$\boldsymbol{p}_i=[x_i,y_i,z_i,1]^{\mathrm{T}}$来描述某个质点在第 i 坐标系$\{x_i,y_i,z_i\}$中的坐标值。

若机器人末端位于第 i 关节连杆上，它在第 i 坐标系$\{x_i,y_i,z_i\}$中的坐标 $\boldsymbol{p}_i$ 是容易得到的。但是，要得到它在静止坐标系$\{x_0,y_0,z_0\}$下的坐标就不显然了。那么退一步，能否快速得到它在前一个相邻坐标系$\{x_{i-1},y_{i-1},z_{i-1}\}$下的坐标 $\boldsymbol{p}_{i-1}$？若可以，就能逐次递推到静止坐标系$\{x_0,y_0,z_0\}$下的坐标 $\boldsymbol{p}_0$。这就是在每个关节设置坐标系的好处，且只需考虑两个相邻关节的运动即可。

3) 坐标系的空间变换。考虑图 3-32 所示的两个相邻坐标系。无论当前坐标系$\{x_i,y_i,z_i\}$处在什么位姿，都可以看作前一坐标系$\{x_{i-1},y_{i-1},z_{i-1}\}$进行如下四次变换而得。

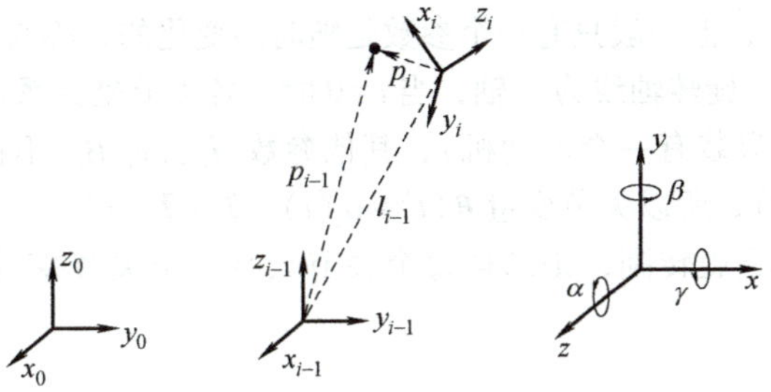

图 3-32　空间坐标变换

① 原点的平移变换 $\boldsymbol{T}_{io}$，参数为 $\boldsymbol{l}_{i-1}=[a_{i-1},b_{i-1},c_{i-1},1]^{\mathrm{T}}$，即当前坐标原点在前一坐标系下的(齐次)坐标值。

② 绕 x_i 轴的旋转变换 $\boldsymbol{T}_{ix}$，参数为旋转角度 γ_i。

③ 绕 y_i 轴的旋转变换 $\boldsymbol{T}_{iy}$，参数为旋转角度 β_i。

④ 绕 z_i 轴的旋转变换 $\boldsymbol{T}_{iz}$，参数为旋转角度 α_i。

具体为

$$\boldsymbol{T}_{io}=\begin{bmatrix}1 & & & a_{i-1}\\ & 1 & & b_{i-1}\\ & & 1 & c_{i-1}\\ & & & 1\end{bmatrix},\quad \boldsymbol{T}_{ix}=\begin{bmatrix}1 & & & \\ & \cos\gamma_i & -\sin\gamma_i & \\ & \sin\gamma_i & \cos\gamma_i & \\ & & & 1\end{bmatrix}$$

$$\boldsymbol{T}_{iy}=\begin{bmatrix}\cos\beta_i & & \sin\beta_i & \\ & 1 & & \\ -\sin\beta_i & & \cos\beta_i & \\ & & & 1\end{bmatrix},\quad \boldsymbol{T}_{iz}=\begin{bmatrix}\cos\alpha_i & -\sin\alpha_i & & \\ \sin\alpha_i & \cos\alpha_i & & \\ & & 1 & \\ & & & 1\end{bmatrix}$$

那么，质点在当前坐标系$\{x_i,y_i,z_i\}$的(齐次)坐标$\boldsymbol{p}_i$与在前一个相邻坐标系$\{x_{i-1},y_{i-1},z_{i-1}\}$下的(齐次)坐标$\boldsymbol{p}_{i-1}$一定满足

$$\boldsymbol{p}_{i-1}=\boldsymbol{T}_{iz}\boldsymbol{T}_{iy}\boldsymbol{T}_{ix}\boldsymbol{T}_{io}\boldsymbol{p}_i=\boldsymbol{T}_i\boldsymbol{p}_i,\quad \boldsymbol{T}_i=\boldsymbol{T}_{iz}\boldsymbol{T}_{iy}\boldsymbol{T}_{ix}\boldsymbol{T}_{io} \tag{3-83}$$

式中，$\boldsymbol{T}_i$就是第i坐标系与第$i-1$坐标系的变换矩阵，它是上述四个变换矩阵的连乘，注意其顺序与变换次序是有关的，先变换的在右。

按照同样的做法，可以得到所有两两相邻坐标系的变换矩阵$\{\boldsymbol{T}_1,\boldsymbol{T}_2,\cdots,\boldsymbol{T}_{i-1},\boldsymbol{T}_i\}$。这样，某质点在第$i$坐标系$\{x_i,y_i,z_i\}$中的(齐次)坐标$\boldsymbol{p}_i$，对应到静止坐标系$\{x_0,y_0,z_0\}$下的(齐次)坐标为

$$\boldsymbol{p}=\boldsymbol{p}_0=\boldsymbol{T}_1\boldsymbol{T}_2\cdots\boldsymbol{T}_{i-1}\boldsymbol{T}_i\boldsymbol{p}_i$$

式中，$\boldsymbol{T}_1$是第1个关节坐标系与静止坐标系的变换矩阵；依次类推，$\boldsymbol{T}_i$是第i个关节坐标系与第$i-1$个关节坐标系的变换矩阵。

4）坐标系轴线选择与关节变量。理论上讲，每一个关节坐标系的轴线位姿可任意选择，但为了便于后续计算，常依据机器人的传动结构特征来选择。一般按如下原则进行。

① 将关节的旋转轴线规定为z轴。

② x轴位于关节的连杆直线与旋转轴线(z轴)的平面，若连杆直线与旋转轴线垂直，就选择连杆直线为x轴；若不垂直，则选择该平面上某条与旋转轴线垂直的直线为x轴。

③ y轴按右手法则确定，即$\vec{y}=\vec{z}\times\vec{x}$。

按上述原则确定各关节坐标系后就可建立两两坐标系的变换矩阵$\boldsymbol{T}_i$，值得注意的是，$\boldsymbol{T}_i$中有四个参数$\{\boldsymbol{l}_{i-1},\gamma_i,\beta_i,\alpha_i\}$，但一般只有一个参数是随时间变化的，称为关节变量$\theta_i(t)$。

若第i关节是旋转副，旋转轴线为z_i轴，当$t=0$时，各关节坐标系位姿确定后，第i关节只有绕z_i轴的角度α_i变化(只装有一个电动机)，其他参数$\{\boldsymbol{l}_{i-1},\gamma_i,\beta_i\}$不再变化(已经由两相邻关节位置和连杆尺寸所固定)，所以关节变量$\theta_i(t)=\alpha_i(t)$，$\boldsymbol{T}_i=\boldsymbol{T}_i(\theta_i)$。

若机器人所有关节都是旋转副，则同样每个关节只有一个关节变量，且均为绕旋转轴线的角度。

（2）运动学方程

在多轴机器人上建立各关节轴的坐标系，记$t=0$时多轴机器人的末端在本关节轴坐标系的坐标为$\boldsymbol{p}_{mf}=[x_{mf},y_{mf},z_{mf},1]^{\mathrm{T}}$，若各关节轴做了$\{\theta_i(t),i=1,2,\cdots,m\}$旋转，则此时末端在静止空间的坐标$\boldsymbol{p}=\boldsymbol{p}_{0mf}=[x,y,z,1]^{\mathrm{T}}$为

$$\boldsymbol{p}=\boldsymbol{p}_{0mf}=\boldsymbol{T}_1(\theta_1)\boldsymbol{T}_2(\theta_2)\cdots\boldsymbol{T}_m(\theta_m)\boldsymbol{p}_{mf}=\prod_{i=1}^{m}\boldsymbol{T}_i(\theta_i)\boldsymbol{p}_{mf}=\boldsymbol{T}(\boldsymbol{q})\boldsymbol{p}_{mf}=\boldsymbol{f}(\boldsymbol{q}) \tag{3-84}$$

式中，$\boldsymbol{q}=\boldsymbol{q}_m=[\theta_1,\theta_2,\cdots,\theta_m]^{\mathrm{T}}$。

在式(3-84)中，取$m=1$，$\boldsymbol{p}_{01f}=\boldsymbol{T}_1(\theta_1)\boldsymbol{p}_{1f}$，将得到第1个关节轴(连杆)末端$\boldsymbol{p}_{1f}$在静止空间的坐标$\boldsymbol{p}_{01f}$；同理，可类推其他关节轴(连杆)末端在静止空间的坐标。

已知每个关节轴的旋转角度$\{\theta_i\}$，由式(3-84)便可计算出多轴机器人的末端位置$\{x,y,z\}$，即$\boldsymbol{p}=\boldsymbol{f}(\boldsymbol{q})$，称为运动学方程；已知当前末端位置$\{x,y,z\}$，反求各关节轴的旋转角度$\{\theta_i\}$，即$\boldsymbol{q}=\boldsymbol{f}^{-1}(\boldsymbol{p})$，称为逆运动学方程。

若当前任务是希望多轴机器人的末端到达位置$\{x^*(t),y^*(t),z^*(t)\}$，则经逆运动学方程可得到所需的各关节轴的旋转角度$\{\theta_i^*(t)\}$。若每个关节轴的电动机采用单变量伺服控制，以$\{\theta_i^*(t)\}$作为给定输入，便可完成这个任务，整个控制系统结构见图1-16所示。

图1-16的控制方案没有考虑各关节轴之间的动态耦合(运动学方程只描述了静态耦合关系)，在性能要求高的场合下，该方案受到限制。为此，需要建立多轴机器人(动态的)动力学

方程。

(3) 动力学方程

不失一般性，假设各关节轴连杆是刚体，其质量集中在末端。为了建立动力学方程，需要得到各关节轴末端的速度。将式(3-84)对时间求导数有

$$\dot{\boldsymbol{p}}=\dot{\boldsymbol{p}}_{0mf}=\left[\sum_{i=1}^{m}\frac{\partial \boldsymbol{T}}{\partial q_i}\dot{q}_i\right]\boldsymbol{p}_{mf}=\left[\frac{\partial \boldsymbol{T}}{\partial q_1}\boldsymbol{p}_{mf},\frac{\partial \boldsymbol{T}}{\partial q_2}\boldsymbol{p}_{mf},\cdots,\frac{\partial \boldsymbol{T}}{\partial q_m}\boldsymbol{p}_{mf}\right]\dot{\boldsymbol{q}} \tag{3-85a}$$

也可以先求出 $\boldsymbol{p}=\boldsymbol{f}(\boldsymbol{q})$，再对时间求导数，即

$$\dot{\boldsymbol{p}}=\frac{\partial \boldsymbol{f}}{\partial \boldsymbol{q}^{\mathrm{T}}}\dot{\boldsymbol{q}}=\boldsymbol{J}(\boldsymbol{q})\dot{\boldsymbol{q}} \tag{3-85b}$$

式中，$\boldsymbol{J}(\boldsymbol{q})=\dfrac{\partial \boldsymbol{f}}{\partial \boldsymbol{q}^{\mathrm{T}}}$称为雅可比矩阵。比较式(3-85a)与式(3-85b)有

$$\boldsymbol{J}(\boldsymbol{q})=\frac{\partial \boldsymbol{f}}{\partial \boldsymbol{q}^{\mathrm{T}}}=\left[\frac{\partial \boldsymbol{T}}{\partial q_1}\boldsymbol{p}_{mf},\frac{\partial \boldsymbol{T}}{\partial q_2}\boldsymbol{p}_{mf},\cdots,\frac{\partial \boldsymbol{T}}{\partial q_m}\boldsymbol{p}_{mf}\right] \tag{3-85c}$$

同理，在式(3-85)中，依次取 $m=i(i=1,2,\cdots,m-1)$ 可得到各关节轴末端的速度 $\dot{\boldsymbol{p}}_{0if}$。这样，各关节轴末端的动能之和为

$$E=\sum_{i=1}^{m}E_i=\sum_{i=1}^{m}\frac{1}{2}m_i v_i^2=\sum_{i=1}^{m}\frac{1}{2}m_i(\dot{x}_{0if}^2+\dot{y}_{oif}^2+\dot{z}_{oif}^2)=\sum_{i=1}^{m}\frac{1}{2}m_i\dot{\boldsymbol{p}}_{0if}^{\mathrm{T}}\dot{\boldsymbol{p}}_{0if} \tag{3-86a}$$

式中，$\boldsymbol{q}_i=[\theta_1,\theta_2,\cdots,\theta_i]^{\mathrm{T}}$。

由于各关节轴末端离地面的高度为 $h_i=z_{0if}$，则各关节轴末端的势能之和为

$$P=\sum_{i=1}^{m}P_i=\sum_{i=1}^{m}m_i g h_i=\sum_{i=1}^{m}m_i g z_{0if} \tag{3-86b}$$

由总动能、总势能构成拉格朗日函数 $L=E-P$，便可得到如下各关节轴的动力学方程：

$$\frac{\mathrm{d}}{\mathrm{d}t}\left[\frac{\partial L}{\partial \dot{q}_i}\right]-\frac{\partial L}{\partial q_i}=\tau_i \quad (i=1,2,\cdots,m) \tag{3-87}$$

式中，τ_i 是第 i 关节轴上合力矩(转矩)。

例 3-5 对于图 3-33 所示的等效两轴机器人，建立其动力学方程。

该机器人只在平面运动，建立静止坐标与两个关节轴坐标系如图 3-33 所示，其中 y 轴均垂直纸面。

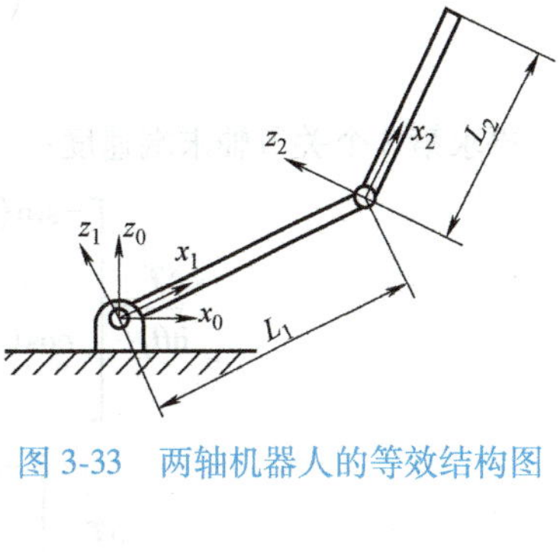

图 3-33 两轴机器人的等效结构图

(1) 坐标变换矩阵

坐标系 $\{x_1,y_1,z_1\}$ 与坐标系 $\{x_0,y_0,z_0\}$ 共原点，只需绕 y_1 轴做旋转(θ_1)即可；坐标系 $\{x_2,y_2,z_2\}$ 与坐标系 $\{x_1,y_1,z_1\}$ 需要平移原点($\{L_1,0,0\}$)，再绕 y_2 轴做旋转(θ_2)。依据式(3-83)有如下坐标变换矩阵：

$$\boldsymbol{T}_1=\begin{bmatrix}\cos\theta_1 & & -\sin\theta_1 & \\ & 1 & & \\ \sin\theta_1 & & \cos\theta_1 & \\ & & & 1\end{bmatrix},\quad \boldsymbol{T}_2=\begin{bmatrix}\cos\theta_2 & & -\sin\theta_2 & L_1\\ & 1 & & \\ \sin\theta_2 & & \cos\theta_2 & \\ & & & 1\end{bmatrix},\quad \boldsymbol{T}=\boldsymbol{T}_1\boldsymbol{T}_2$$

(2) 运动学方程

两个关节轴末端在本轴坐标系的(齐次)坐标分别为

$$\boldsymbol{p}_{1f}=[L_1,0,0,1]^{\mathrm{T}},\ \boldsymbol{p}_{2f}=[L_2,0,0,1]^{\mathrm{T}}$$

则它们在静止坐标系的坐标分别为

$$\boldsymbol{p}_{01f}=\boldsymbol{T}_1\boldsymbol{p}_{1f}=\begin{bmatrix}\cos\theta_1 & & -\sin\theta_1 & \\ & 1 & & \\ \sin\theta_1 & & \cos\theta_1 & \\ & & & 1\end{bmatrix}\begin{bmatrix}L_1\\0\\0\\1\end{bmatrix}=\begin{bmatrix}L_1\cos\theta_1\\0\\L_1\sin\theta_1\\1\end{bmatrix}=\begin{bmatrix}x_{01}\\y_{01}\\z_{01}\\1\end{bmatrix} \tag{3-88}$$

$$\boldsymbol{p}=\boldsymbol{p}_{02f}=\boldsymbol{T}_1\boldsymbol{T}_2\boldsymbol{p}_{2f}=\begin{bmatrix}\cos(\theta_1+\theta_2) & & -\sin(\theta_1+\theta_2) & L_1\cos\theta_1\\ & 1 & & 0\\ \sin(\theta_1+\theta_2) & & \cos(\theta_1+\theta_2) & L_1\sin\theta_1\\ & & & 1\end{bmatrix}\begin{bmatrix}L_2\\0\\0\\1\end{bmatrix}=\begin{bmatrix}x\\y\\z\\1\end{bmatrix}$$

$$=\begin{bmatrix}L_2\cos(\theta_1+\theta_2)+L_1\cos\theta_1\\0\\L_2\sin(\theta_1+\theta_2)+L_1\sin\theta_1\\1\end{bmatrix} \tag{3-89}$$

式(3-88)和式(3-89)就是两个关节轴的运动学方程。

(3) 动力学方程

先求第 1 个关节轴末端速度：

$$\frac{\partial \boldsymbol{T}_1}{\partial\theta_1}=\begin{bmatrix}-\sin\theta_1 & & -\cos\theta_1 & \\ & 0 & & \\ \cos\theta_1 & & -\sin\theta_1 & \\ & & & 0\end{bmatrix}$$

$$\dot{\boldsymbol{p}}_{01}=\left(\frac{\partial \boldsymbol{T}_1}{\partial\theta_1}\dot{\theta}_1\right)\boldsymbol{p}_{1f}=\begin{bmatrix}-L_1\sin\theta_1\dot{\theta}_1\\0\\L_1\cos\theta_1\dot{\theta}_1\\0\end{bmatrix}=\begin{bmatrix}\dot{x}_{01}\\\dot{y}_{01}\\\dot{z}_{01}\\0\end{bmatrix}$$

再求第 2 个关节轴末端速度：

$$\frac{\partial \boldsymbol{T}}{\partial\theta_1}=\begin{bmatrix}-\sin(\theta_1+\theta_2) & & -\cos(\theta_1+\theta_2) & -L_1\sin\theta_1\\ & 0 & & 0\\ \cos(\theta_1+\theta_2) & & -\sin(\theta_1+\theta_2) & L_1\cos\theta_1\\ & & & 0\end{bmatrix}$$

$$\frac{\partial \boldsymbol{T}}{\partial\theta_2}=\begin{bmatrix}-\sin(\theta_1+\theta_2) & & -\cos(\theta_1+\theta_2) & 0\\ & 0 & & 0\\ \cos(\theta_1+\theta_2) & & -\sin(\theta_1+\theta_2) & 0\\ & & & 0\end{bmatrix}$$

$$\dot{\boldsymbol{p}}=\left(\frac{\partial \boldsymbol{T}}{\partial\theta_2}\dot{\theta}_1+\frac{\partial \boldsymbol{T}}{\partial\theta_2}\dot{\theta}_2\right)\boldsymbol{p}_{2f}=\begin{bmatrix}-L_2\sin(\theta_1+\theta_2)(\dot{\theta}_1+\dot{\theta}_2)-L_1\sin\theta_1\dot{\theta}_1\\0\\L_2\cos(\theta_1+\theta_2)(\dot{\theta}_1+\dot{\theta}_2)+L_1\cos\theta_1\dot{\theta}_1\\0\end{bmatrix}=\begin{bmatrix}\dot{x}\\\dot{y}\\\dot{z}\\0\end{bmatrix}$$

总动能与总势能为

$$E=E_1+E_2=\frac{1}{2}m_1v_1^2+\frac{1}{2}m_2v_2^2=\frac{1}{2}m_1(\dot{x}_{01}^2+\dot{y}_{01}^2+\dot{z}_{01}^2)+\frac{1}{2}m_2(\dot{x}^2+\dot{y}^2+\dot{z}^2)$$

$$P=P_1+P_2=m_1gh_1+m_2gh_2=m_1gz_{01}+m_2gz$$

取 $L=E-P$，则动力学方程为

$$\begin{cases}\dfrac{\mathrm{d}}{\mathrm{d}t}\left[\dfrac{\partial L}{\partial\dot{\theta}_1}\right]-\dfrac{\partial L}{\partial\theta_1}=\tau_1\\[2ex]\dfrac{\mathrm{d}}{\mathrm{d}t}\left[\dfrac{\partial L}{\partial\dot{\theta}_2}\right]-\dfrac{\partial L}{\partial\theta_2}=\tau_2\end{cases}$$

将前面各表达式中有关分量代入上述方程，合并化简后有

$$\begin{bmatrix}\tau_1\\ \tau_2\end{bmatrix}=\begin{bmatrix}D_{11} & D_{12}\\ D_{21} & D_{22}\end{bmatrix}\begin{bmatrix}\ddot{\theta}_1\\ \ddot{\theta}_2\end{bmatrix}+\begin{bmatrix}h_{111} & h_{112}\\ h_{121} & D_{122}\end{bmatrix}\begin{bmatrix}\dot{\theta}_1^2\\ \dot{\theta}_1^2\end{bmatrix}+\begin{bmatrix}h_{211} & h_{212}\\ h_{221} & D_{222}\end{bmatrix}\begin{bmatrix}\dot{\theta}_1\dot{\theta}_2\\ \dot{\theta}_2\dot{\theta}_1\end{bmatrix}+\begin{bmatrix}G_1\\ G_2\end{bmatrix}\tag{3-90}$$

式中，

$$\begin{cases}D_{11}=(m_1+m_2)L_1^2+m_2L_2^2+2m_2L_1L_2\cos\theta_2\\ D_{12}=D_{21}=m_2(L_2^2+L_1L_2\cos\theta_2)\\ D_{22}=m_2L_2^2\end{cases}$$

$$\begin{bmatrix}h_{111} & h_{112}\\ h_{121} & D_{122}\end{bmatrix}=\begin{bmatrix}0 & -m_2L_1L_2\sin\theta_2\\ m_2L_1L_2\sin\theta_2 & 0\end{bmatrix}$$

$$\begin{bmatrix}h_{211} & h_{212}\\ h_{221} & D_{222}\end{bmatrix}=\begin{bmatrix}-m_2L_1L_2\sin\theta_2 & -m_2L_1L_2\sin\theta_2\\ 0 & 0\end{bmatrix}$$

$$\begin{bmatrix}G_1\\ G_2\end{bmatrix}=\begin{bmatrix}(m_1+m_2)gL_1\cos\theta_1+m_2gL_2\cos(\theta_1+\theta_2)\\ m_2gL_2\cos(\theta_1+\theta_2)\end{bmatrix}$$

从式(3-90)看出：

1）右边第 1 项与角加速度有关，矩阵 $\boldsymbol{D}(\boldsymbol{q})$ 反映各关节轴的转动惯量，即

$$\boldsymbol{D}(\boldsymbol{q})=\begin{bmatrix}D_{11} & D_{12}\\ D_{21} & D_{22}\end{bmatrix}$$

2）右边第 2 项与角速度的二次方有关，反映各关节轴的向心力；右边第 3 项与两关节轴的角速度乘积有关，反映轴间的哥氏力。这两项一般合写成 $\boldsymbol{h}(\boldsymbol{q},\dot{\boldsymbol{q}})$，即

$$\boldsymbol{h}(\boldsymbol{q},\dot{\boldsymbol{q}})=\begin{bmatrix}h_{111} & h_{112}\\ h_{121} & D_{122}\end{bmatrix}\begin{bmatrix}\dot{\theta}_1^2\\ \dot{\theta}_1^2\end{bmatrix}+\begin{bmatrix}h_{211} & h_{212}\\ h_{221} & D_{222}\end{bmatrix}\begin{bmatrix}\dot{\theta}_1\dot{\theta}_2\\ \dot{\theta}_2\dot{\theta}_1\end{bmatrix}$$

3）右边第 4 项与重力有关，即

$$\boldsymbol{G}(\boldsymbol{q})=\begin{bmatrix}G_1\\ G_2\end{bmatrix}$$

尽管式(3-90)是由两轴机器人推导出来的，实际上可推广到一般性的多轴机器人上，即一般性的多轴机器人的动力学方程可写为

$$\boldsymbol{\tau}=\boldsymbol{D}(\boldsymbol{q})\ddot{\boldsymbol{q}}+\boldsymbol{h}(\boldsymbol{q},\dot{\boldsymbol{q}})+\boldsymbol{G}(\boldsymbol{q})\tag{3-91}$$

可见，多轴机器人的动力学方程是一个复杂的非线性微分方程，且在实际应用中，各关节轴的(角)位移、(角)速度、(角)加速度变化范围大，折合到关节轴上的转动惯量、向心

力、哥氏力变化大。一方面，使得关节轴之间耦合影响强烈；另一方面，采用在标定工况下线性化的方法难以奏效。因此，为了提高动态性能，需采用图 3-31 所示的基于精确线性化的伺服控制。

将式(3-91)与式(3-76)比较知，多轴机器人是一个典型的二阶直驱系统，其中

$$\boldsymbol{E}(\boldsymbol{x},\dot{\boldsymbol{x}},t)=\boldsymbol{D}(\boldsymbol{q}),\boldsymbol{f}(\boldsymbol{x},\dot{\boldsymbol{x}},t)=-\boldsymbol{h}(\boldsymbol{q},\dot{\boldsymbol{q}})-\boldsymbol{G}(\boldsymbol{q}) \tag{3-92}$$

将式(3-92)嵌入式(3-77)，便可形成基于精确线性化的多轴机器人伺服控制，也称为计算力矩伺服控制。通过在控制器中嵌入$\boldsymbol{D}(\boldsymbol{q})$与$-\boldsymbol{h}(\boldsymbol{q},\dot{\boldsymbol{q}})-\boldsymbol{G}(\boldsymbol{q})$，使得多轴机器人耦合与非线性的影响被化解，这部分按照数学模型进行计算即可；若数学模型不准确，使得嵌入部分有模型残差，其残留的耦合与非线性的影响，可通过外环的伺服控制予以抑制。可见，采用精确线性化伺服控制是解决多变量非线性耦合影响的不错选择，其关键是得到被控对象的数学模型，并化为直驱形式。

目前，多变量伺服控制广泛应用于各种多变量系统，前面多以运动控制系统来说明，在过程控制系统等也同样如此，是一类由典型应用需求推动发展的控制方法。归纳起来有：

1）在多变量耦合以及非线性因素不强时，直接构造每个输出通道的伺服控制，将耦合以及非线性因素的影响视同扰动，完全依托经典控制理论的方法解决多变量的控制，这是一类直接型的多变量伺服控制。

2）在多变量耦合或者非线性因素较强时，需要采用复合型的多变量伺服控制。复合型的伺服控制分为两大部分：一部分是基于模型的稳态解耦、内部虚拟解耦、动态解耦或者精确线性化，该部分处在“内环”，属于“粗调”，依托状态空间理论擅长多变量耦合描述、分析与设计的优势，旨在解决多变量耦合以及非线性等主干问题；另一部分是对模型不敏感的伺服控制，该部分处在“外环”，属于“细调”，抑制“内环”的模型残差的影响，弥补状态空间理论对模型敏感的短板。

3）伺服控制的每一路输出都有独立的给定输入进行操控，具有清晰的物理含义，十分便于在线整定。另外，给定输入可以根据工程经验设定，也可由上一层的优化控制给出，参见图 1-24，以使得整体系统最佳运行。

总而言之，多变量伺服控制有机地将现代控制理论与经典控制理论进行融合，“内环”利用现代控制方法对被控对象进行改造，消除或抑制大部分的多变量耦合以及非线性的影响，使其趋近“外环”经典单变量控制的适用条件，“内环”与“外环”各自优势得到互补发挥。“外环”的控制器一般采用 PID 控制器，因而，多变量伺服控制就是经典 PID 控制的变种，成为复杂多变量系统控制的优先选择。

本章小结

基于状态空间描述系统，可方便分析系统的结构特征，为控制律设计奠定基础。归纳本章内容可见：

1）反馈控制有着无可比拟的优势，而状态变量反映了系统全部性能，因此，状态比例反馈成为最佳的控制形式。在系统完全能控时，状态比例反馈可以任意配置极点；在状态变量不可测时，若系统完全能观，则可构造(降阶)状态观测器再实施状态反馈。“状态观测器+状态比例反馈”成为一种通用的控制结构。

2）状态空间理论相较于经典控制理论呈现为更严谨的理论体系，构建了“状态空间描述+特征结构分析+状态比例反馈+状态观测器”分析与设计规范框架，减少了分析与设计的盲目试探

性。但要注意的是，这些理论对数学模型的准确性有较高的要求。而实际系统总是存在非线性等因素导致的模型残差，因此，在采用这些理论进行分析与设计之后，一定还要进行仿真研究，充分考虑模型残差、变量值域等工程限制因素的影响，以修正前面的理论结果，使其更符合实际工程系统的应用。

3）为了弥补状态空间理论对模型的依赖性，从经典PID控制延伸出来多变量伺服控制方案。以“内环”使多变量系统实现稳态解耦、内部虚拟解耦、动态解耦或者精确线性化，消除或抑制大部分的多变量耦合以及非线性的影响。尽管“内环”依赖于模型，但在相当程度上改造了被控对象，使其特性满足经典控制的要求。在此基础上，再实施“外环”的伺服控制，便弥补了“内环”模型残差的影响。“内环”依赖模型设计是粗调，“外环”对模型不敏感是细调，有机地将现代与经典控制理论各自优势进行了融合。

总之，为解决复杂多变量控制问题，一是依据时间尺度的不同，实施“分层控制”，逐层降低控制的难度；二是依据对模型的依赖程度，实施“分环控制”，化解本层的控制难度。

习题

3.1　接近悬停的直升机可用如下方程描述：

$$\dot{\boldsymbol{x}}=\begin{bmatrix}-0.02 & -1.4 & 9.8\\ -0.01 & -0.4 & 0\\ 0 & 1.0 & 0\end{bmatrix}\boldsymbol{x}+\begin{bmatrix}9.8\\ 6.3\\ 0\end{bmatrix}u$$

1）求开环极点；

2）若将极点配置到$\{-2,-1\pm j1\}$处，求状态反馈阵。

3.2　给定如下系统：

$$\begin{cases}\dot{\boldsymbol{x}}=\begin{bmatrix}0 & 1 & 3\\ 2 & 0 & 1\\ 0 & 4 & 2\end{bmatrix}\boldsymbol{x}+\begin{bmatrix}0 & 1\\ 1 & 0\\ 0 & 0\end{bmatrix}\boldsymbol{u}\\ y=[1,0,0]\boldsymbol{x}\end{cases}$$

1）采用状态反馈将极点配置到$\{-5,-2\pm j2\}$处；

2）若状态不可测，设计状态观测器。

3.3　给定如下系统：

$$\begin{cases}\dot{\boldsymbol{x}}=\boldsymbol{Ax}+\boldsymbol{Bu}+\boldsymbol{Ed}\\ \boldsymbol{y}=\boldsymbol{Cx}+\boldsymbol{Du}\end{cases}$$

试讨论在状态比例反馈下，系统对干扰$\boldsymbol{d}$完全解耦的条件，即干扰$\boldsymbol{d}$对输出没有任何影响。

3.4　给出习题2.2双摆的状态反馈控制方案。

3.5　若选择定子侧电流$\boldsymbol{I}_s$和定子侧磁链$\boldsymbol{\Phi}_s$为状态变量，或选择定子侧磁链$\boldsymbol{\Phi}_s$和转子侧磁链$\boldsymbol{\Phi}_r$为状态变量，试推导出式(3-54b)和式(3-54c)。

3.6　对如下系统，试求反馈控制律$\boldsymbol{u}=\boldsymbol{Kx}+\boldsymbol{Lv}$，使得闭环系统实现解耦。

$$\begin{cases}\dot{\boldsymbol{x}}=\begin{bmatrix}0 & 0 & 0\\ 0 & 0 & 1\\ -1 & -2 & -3\end{bmatrix}\boldsymbol{x}+\begin{bmatrix}1 & 0\\ 0 & 0\\ 0 & 1\end{bmatrix}\boldsymbol{u}\\ \boldsymbol{y}=\begin{bmatrix}1 & 1 & 0\\ 0 & 0 & 1\end{bmatrix}\boldsymbol{x}\end{cases}$$

3.7　给定被控对象

$$\begin{cases}\dot{\boldsymbol{x}}(t)=\begin{bmatrix}0 & 1\\0 & 0\end{bmatrix}\boldsymbol{x}(t)+\begin{bmatrix}0\\1\end{bmatrix}u(t)+\begin{bmatrix}1\\1\end{bmatrix}d(t)\\y(t)=[1,0]\boldsymbol{x}(t)\end{cases}$$

外部输入信号 $r(t)=t$，$d(t)=\rho\sin\omega t$。设计控制器实现伺服输出跟踪。

3.8　建立适当坐标系，列出图 1-15 三轴机器人的数学模型，并设计控制方案。

第 4 章 最优控制与滚动优化

状态空间理论建立起了“状态观测器+状态比例反馈”的通用控制结构，以极点配置实现对系统性能的配置。然而，在许多应用系统中，常常会提出希望某项性能达到最优，如图 1-24 所示的分层控制结构，位于过程层等上层的多变量控制常常有此要求，即使位于基本层的多变量控制，如锅炉燃烧子系统，也希望实现最佳燃烧控制。直观上看，极点配置难以对应最佳性能，因而需要开发最优控制理论。

若将期望性能化为性能指标 J，不同的控制律将有不同的性能指标值，即 $J=J[\boldsymbol{u}(\boldsymbol{x})]$，$J$ 是控制律 $\boldsymbol{u}(\boldsymbol{x})$ 的函数，再对 J 进行最优化，便可求出控制律 $\boldsymbol{u}(\boldsymbol{x})$，这就是最优控制。

最优控制理论是现代控制理论的重要组成部分，具有严密的理论性以及形式化的步骤，其最优控制律严格依赖被控对象的数学模型，这使得在复杂控制系统中的应用受到限制。为此，基于滚动优化的模型预测控制方法应运而生，较好地解决了最优控制对模型敏感的问题。

4.1 最优控制

无论经典控制理论还是状态空间理论，在进行控制器设计时，一般都是先假定控制器的(函数)结构，然后再设计其中的参数以满足期望的性能。这不免会想到两个问题：可否同时设计(求出)控制器的结构与参数？期望的性能可否做到最优？这便产生了最优控制的新方法。

4.1.1 性能指标泛函与最优控制问题

1. 性能指标泛函

假定被控对象是线性定常系统，即

$$\begin{cases}\dot{\boldsymbol{x}}=\boldsymbol{A}\boldsymbol{x}+\boldsymbol{B}\boldsymbol{u}\\ \boldsymbol{y}=\boldsymbol{C}\boldsymbol{x}+\boldsymbol{D}\boldsymbol{u}\end{cases} \tag{4-1}$$

简单地说，控制问题就是已知被控对象，求控制律 $\boldsymbol{u}$ 使状态变量或输出变量满足某种性能要求。

在求解控制律之前，需要事先规定系统的期望性能。经典控制理论是通过瞬态过程时间、超调量、幅值穿越频率、相位裕度等指标；状态比例反馈控制是规划期望闭环极点。无论怎样，都是在关注稳态值要有高精度、瞬态过程要快且稳、输入能量尽量少等。这样，就可以把上述期望性能的要求整合为如下的性能指标函数，即

$$J=\frac{1}{2}\boldsymbol{e}^{\mathrm{T}}(t_f)\boldsymbol{F}\boldsymbol{e}(t_f)+\frac{1}{2}\int_{t_0}^{t_f}[\boldsymbol{e}^{\mathrm{T}}(t)\boldsymbol{Q}\boldsymbol{e}(t)+\boldsymbol{u}^{\mathrm{T}}(t)\boldsymbol{R}\boldsymbol{u}(t)]\mathrm{d}t \tag{4-2}$$

式中，输出误差 $\boldsymbol{e}(t)=\boldsymbol{y}(t)-\boldsymbol{y}^*(t)$，$\boldsymbol{y}^*(t)$ 是期望输出；权系数矩阵 $\boldsymbol{F}\geqslant0$、$\boldsymbol{Q}\geqslant0$ 为对称半正定矩阵，$\boldsymbol{R}>0$ 为对称正定矩阵。(对于任意非零向量 $\boldsymbol{x}$，若 $\boldsymbol{x}^{\mathrm{T}}\boldsymbol{P}\boldsymbol{x}\geqslant0$，称 $\boldsymbol{P}$ 是半正定矩阵；若 $\boldsymbol{x}^{\mathrm{T}}\boldsymbol{P}\boldsymbol{x}>0$，称 $\boldsymbol{P}$ 是正定矩阵)。

不失一般性，设 $\boldsymbol{F}=\mathrm{diag}\{f_i\}$，$\boldsymbol{Q}=\mathrm{diag}\{q_i\}$，$\boldsymbol{R}=\mathrm{diag}\{r_i\}$ 为对角矩阵，$f_i\geqslant0$，$q_i\geqslant0$，$r_i>0$，式(4-2)化为

$$J=\frac{1}{2}\sum_{i=1}^{p}f_ie_i^2(t_f)+\frac{1}{2}\sum_{i=1}^{p}\int_{t_0}^{t_f}q_ie_i^2(t)\,\mathrm{d}t+\frac{1}{2}\sum_{i=1}^{m}\int_{t_0}^{t_f}r_iu_i^2(t)\,\mathrm{d}t$$

可见，若 J 取到最小，将有 $e_i^2(t_f)$ 靠近 0，意味着稳态精度高；$\int_{t_0}^{t_f}q_ie_i^2(t)\,\mathrm{d}t$ 也靠近 0，误差轨迹与时间轴的面积很小，意味着响应轨迹既快也稳；$\int_{t_0}^{t_f}r_iu_i^2(t)\,\mathrm{d}t$ 也靠近 0，意味着输入的能量节省。

尽管式(4-2)中有变量 $\boldsymbol{u}(t)$、$\boldsymbol{e}(t)$，但独立变量是 $\boldsymbol{u}(t)$。当 $\boldsymbol{u}(t)$ 确定后，$\boldsymbol{y}(t)$ 就由式(4-1)确定，从而 $\boldsymbol{e}(t)$ 也被确定，所以 J 是 $\boldsymbol{u}(t)$ 的函数，即 $J=J[\boldsymbol{u}(t)]$。式(4-2)中的 J 是函数值，函数 $\boldsymbol{u}(t)$ 是自变量，这样的函数 J 称为泛函。简单地说，泛函就是函数的函数。

通过式(4-2)的性能指标泛函，将系统的期望性能集成一起；然后，优化性能指标泛函 $J=J[\boldsymbol{u}(t)]$，便可求出最佳的控制律 $\boldsymbol{u}(t)$，即同步得到控制器的结构与参数。这就是最优控制方法，为控制器的设计开辟了一条新颖的路径。

2. 几种常见的最优控制问题

不同形式的性能指标泛函，对应着不同的最优控制问题。

（1）最优输出跟踪

对于式(4-2)的性能指标泛函，希望 $\boldsymbol{e}(t)=\boldsymbol{y}(t)-\boldsymbol{y}^*(t)\to\boldsymbol{0}$，给出的是最优输出跟踪问题，希望最终系统的输出 $\boldsymbol{y}(t)$ 跟踪上期望输出 $\boldsymbol{y}^*(t)$。

（2）最优调节器

将式(4-2)的性能指标泛函修改为

$$J=\frac{1}{2}\boldsymbol{x}^{\mathrm{T}}(t_f)\boldsymbol{F}\boldsymbol{x}(t_f)+\frac{1}{2}\int_{t_0}^{t_f}[\boldsymbol{x}^{\mathrm{T}}(t)\boldsymbol{Q}\boldsymbol{x}(t)+\boldsymbol{u}^{\mathrm{T}}(t)\boldsymbol{R}\boldsymbol{u}(t)]\,\mathrm{d}t \tag{4-3}$$

希望 $\boldsymbol{x}(t)\to\boldsymbol{x}(t_f)\to\boldsymbol{0}$，对应为最优状态调节器问题。

若性能指标泛函为

$$J=\frac{1}{2}\boldsymbol{y}^{\mathrm{T}}(t_f)\boldsymbol{F}\boldsymbol{y}(t_f)+\frac{1}{2}\int_{t_0}^{t_f}[\boldsymbol{y}^{\mathrm{T}}(t)\boldsymbol{Q}\boldsymbol{y}(t)+\boldsymbol{u}^{\mathrm{T}}(t)\boldsymbol{R}\boldsymbol{u}(t)]\,\mathrm{d}t \tag{4-4}$$

希望 $\boldsymbol{y}(t)\to\boldsymbol{y}(t_f)\to\boldsymbol{0}$，对应为最优输出调节器问题。

在很多情况下，系统状态空间描述中的状态变量或者输出变量实际上为实际变量与平衡态（标定工况）之差。若 $\boldsymbol{x}(t)\to\boldsymbol{0}$ 或者 $\boldsymbol{y}(t)\to\boldsymbol{0}$，意味着系统实际变量回归到平衡态。

式(4-2)、式(4-3)、式(4-4)的性能指标泛函都是线性二次型，它们对应的最优控制问题也称为线性二次型最优控制，它们之间有着密切关系且可以相互转化，其中最优状态调节器是最基本的最优控制问题。

（3）最少燃耗控制

若性能指标泛函为

$$J=\int_{t_0}^{t_f}\sum_{i=1}^{m}|u_i(t)|\,\mathrm{d}t \tag{4-5}$$

对应为最少燃耗控制问题，这是航天工程中常遇到的一个问题。由于航天器携带的燃料是有限的，期望航天器在轨道转移的过程中尽量少消耗燃料。

（4）最短时间控制

若性能指标泛函为

$$J=\int_{t_0}^{t_f}\mathrm{d}t=t_f-t_0 \tag{4-6}$$

对应为最短时间控制问题。期望在最短时间内将系统初始状态 $\boldsymbol{x}(t_0)$ 转移到末端状态 $\boldsymbol{x}(t_f)$，像导弹拦截问题。

3. 一般性的最优控制问题

给定最一般的非线性时变的被控对象，即

$$\begin{cases}\dot{\boldsymbol{x}}=\boldsymbol{f}(\boldsymbol{x},\boldsymbol{u},t)\\ \boldsymbol{y}=\boldsymbol{g}(\boldsymbol{x},\boldsymbol{u},t)\end{cases} \tag{4-7a}$$

系统初态与末端目标集为

$$\begin{cases}\boldsymbol{x}(t_0)=\boldsymbol{x}_0\\ \boldsymbol{\Psi}(\boldsymbol{x}(t_f),t_f)=\boldsymbol{0}\end{cases} \tag{4-7b}$$

性能指标泛函为

$$J=\varphi(\boldsymbol{x}(t_f),t_f)+\int_{t_0}^{t_f}L(\boldsymbol{x}(t),\boldsymbol{u}(t),t)\mathrm{d}t \tag{4-7c}$$

最优控制问题是，确定最优控制律 $\boldsymbol{u}^*(t)$ 和最优轨线 $\boldsymbol{x}^*(t)$，使得系统状态从 $\boldsymbol{x}(t_0)=\boldsymbol{x}_0$ 转移到目标集 $\boldsymbol{\Psi}(\boldsymbol{x}(t_f),t_f)=\boldsymbol{0}$ 所要求的末端状态上，并且使得性能指标泛函 J 极小。

可以看出：

1) 式(4-7a)的被控对象是最一般性的，式(4-1)是它的特例；式(4-7c)的性能指标泛函也是最一般性的，式(4-2)~式(4-6)都是它的特例。

2) 性能指标泛函 J 中的状态 $\boldsymbol{x}(t)$ 与控制 $\boldsymbol{u}(t)$ 受到被控对象方程式(4-7a)的约束。最优控制一定是一个带有(动态)约束的优化问题。

3) 由于状态 $\boldsymbol{x}(t)$ 受制于控制 $\boldsymbol{u}(t)$，即 $\boldsymbol{x}(t)=\boldsymbol{h}[\boldsymbol{u}(t)]$，因此，性能指标泛函 J 本质上只是控制律 $\boldsymbol{u}(t)$ 的函数，即 $J=J[\boldsymbol{u}(t)]$。优化 J 可得到最优控制律 $\boldsymbol{u}^*(t)$，再代入方程(4-7a)便可得到最优轨线 $\boldsymbol{x}^*(t)$。

4) 对末端的约束，一是在式(4-7b)中，这是一种“硬”约束；二是在式(4-7c)中，这是一种“软”约束。若在式(4-7b)中要求所有末端状态为指定值，即 $\boldsymbol{x}(t_f)=\boldsymbol{x}_f$，此时式(4-7c)中 $\varphi(\boldsymbol{x}(t_f),t_f)$ 将为常值，不再有“软”约束的意义；若在式(4-7b)中没有或只有部分末端状态被强制约束，式(4-7c)中 $\varphi(\boldsymbol{x}(t_f),t_f)$ 的“软”约束将是有意义的。

5) 最优控制问题中没有事先限定控制律 $\boldsymbol{u}(t)$ 的结构。所以，最优控制的设计是把控制器的结构与参数同步求解出来。

4.1.2 变分法与最优控制原理

最优控制的关键是求 $J=J[\boldsymbol{u}(t)]$ 的极值。由于自变量是函数，不能简单地运用微积分理论中由导数求极值的方法，需要将其推广。下面先讨论一般泛函的变分与极值问题。

1. 泛函变分

仿照函数微分的定义，给出泛函变分的定义。令泛函 $J=J[\boldsymbol{x}(t)]$，自变量 $\boldsymbol{x}(t)$ 为区间 $[t_0,t_f]$ 上的连续函数，若给 $\boldsymbol{x}(t)$ 一个变化量 $\delta\boldsymbol{x}=\delta\boldsymbol{x}(t)$，将泛函 J 的增量写为两部分，即

$$\Delta J=J[\boldsymbol{x}(t)+\delta\boldsymbol{x}]-J[\boldsymbol{x}(t)]=L[\boldsymbol{x}(t),\delta\boldsymbol{x}]+o(\boldsymbol{x}(t),\delta\boldsymbol{x}) \tag{4-8a}$$

若 $L[\boldsymbol{x}(t),\delta\boldsymbol{x}]$ 是 $\delta\boldsymbol{x}$ 的线性函数，且 $o(\boldsymbol{x}(t),\delta\boldsymbol{x})$ 是范数 $\|\delta\boldsymbol{x}\|$(向量的幅值，一般可取为 L_2 范数)的高阶无穷小，即

$$\lim_{\|\delta\boldsymbol{x}\|\to 0}\frac{o(\boldsymbol{x}(t),\delta\boldsymbol{x})}{\|\delta\boldsymbol{x}\|}=0 \tag{4-8b}$$

就称 $L[\boldsymbol{x}(t),\delta\boldsymbol{x}]$ 是泛函 J 的变分，记为 $\delta J=L[\boldsymbol{x}(t),\delta\boldsymbol{x}]$。式中 $L[\boldsymbol{x}(t),\delta\boldsymbol{x}]$ 是 $\delta\boldsymbol{x}$ 的线性函数，即

满足如下线性性质：

$$L[\boldsymbol{x}(t),k_1\delta_1\boldsymbol{x}+k_2\delta_2\boldsymbol{x}]=k_1L[\boldsymbol{x}(t),\delta_1\boldsymbol{x}]+k_2L[\boldsymbol{x}(t),\delta_2\boldsymbol{x}] \tag{4-8c}$$

根据这个定义，泛函存在变分的前提是其增量可以分解成线性主部加无穷小量，该线性主部就是变分 δJ。但按照式(4-8a)求泛函的变分是不方便的，可否利用普通函数的微分或导数来求解变分？有如下结论：

$$\delta J=\frac{\partial}{\partial\varepsilon}J[\boldsymbol{x}(t)+\varepsilon\delta\boldsymbol{x}]\Big|_{\varepsilon=0} \tag{4-9}$$

式中，ε 是一个参量，即先构造以 ε 为自变量的函数 $J[\boldsymbol{x}(t)+\varepsilon\delta\boldsymbol{x}]$，再对 ε 求导。

证明：因为 $\Delta J=J[\boldsymbol{x}(t)+\varepsilon\delta\boldsymbol{x}]-J[\boldsymbol{x}(t)]=L[\boldsymbol{x}(t),\varepsilon\delta\boldsymbol{x}]+o(\boldsymbol{x}(t),\varepsilon\delta\boldsymbol{x})$

$$=\varepsilon L[\boldsymbol{x}(t),\delta\boldsymbol{x}]+o(\boldsymbol{x}(t),\varepsilon\delta\boldsymbol{x})$$

所以

$$\frac{\partial}{\partial\varepsilon}J[\boldsymbol{x}(t)+\varepsilon\delta\boldsymbol{x}]\Big|_{\varepsilon=0}=\lim_{\varepsilon\to0}\frac{\Delta J}{\varepsilon}=L[\boldsymbol{x}(t),\delta\boldsymbol{x}]+\lim_{\varepsilon\to0}\frac{o(\boldsymbol{x}(t),\varepsilon\delta\boldsymbol{x})}{\varepsilon\|\delta\boldsymbol{x}\|}\|\delta\boldsymbol{x}\|$$

$$=L[\boldsymbol{x}(t),\delta\boldsymbol{x}]=\delta J$$

例 4-1 求泛函 $J=\int_{t_0}^{t_f}x^2(t)\mathrm{d}t$ 的变分。

1）按式(4-8)求解，有

$$\Delta J=\int_{t_0}^{t_f}(x(t)+\delta x)^2\mathrm{d}t-\int_{t_0}^{t_f}x^2(t)\mathrm{d}t=2\int_{t_0}^{t_f}x(t)\delta x\mathrm{d}t+\int_{t_0}^{t_f}(\delta x)^2\mathrm{d}t$$

容易验证 $L(x(t),\delta x)=2\int_{t_0}^{t_f}x(t)\delta x\mathrm{d}t$ 是 δx 的线性函数，即满足式(4-8c)的性质，且

$$\lim_{\|\delta x\|\to0}\frac{o(x(t),\delta x)}{\|\delta x\|}=\lim_{|\delta x|\to0}\int_{t_0}^{t_f}\frac{(\delta x)^2}{|\delta x|}\mathrm{d}t=0$$

所以

$$\delta J=L(x(t),\delta x)=2\int_{t_0}^{t_f}x(t)\delta x\mathrm{d}t$$

2）按式(4-9)求解，有

$$J[x(t)+\varepsilon\delta x]=\int_{t_0}^{t_f}(x(t)+\varepsilon\delta x)^2\mathrm{d}t$$

$$\delta J=\frac{\partial}{\partial\varepsilon}J[x(t)+\varepsilon\delta x]\Big|_{\varepsilon=0}=\int_{t_0}^{t_f}2(x(t)+\varepsilon\delta x)\delta x\mathrm{d}t\Big|_{\varepsilon=0}$$

$$=2\int_{t_0}^{t_f}x(t)\delta x\mathrm{d}t$$

可见，两种方法的结果一样。

与普通函数的微分性质类似，不难推证，泛函的变分有如下性质：

1）$\delta(J_1+J_2)=\delta J_1+\delta J_2$。

2）$\delta(J_1J_2)=J_2\delta J_1+J_1\delta J_2$。

3）$\delta\int_{t_0}^{t_f}L[\boldsymbol{x}(t)]\mathrm{d}t=\int_{t_0}^{t_f}\frac{\partial}{\partial\varepsilon}L[\boldsymbol{x}(t)+\varepsilon\delta\boldsymbol{x}]\mathrm{d}t\Big|_{\varepsilon=0}=\int_{t_0}^{t_f}\left(\frac{\partial L}{\partial\boldsymbol{x}}\right)^{\mathrm{T}}\delta\boldsymbol{x}\mathrm{d}t$。

4）$\delta\dot{\boldsymbol{x}}=\frac{\partial}{\partial\varepsilon}(\boldsymbol{x}+\varepsilon\delta\boldsymbol{x})'\Big|_{\varepsilon=0}=\frac{\partial}{\partial\varepsilon}[\dot{\boldsymbol{x}}+\varepsilon(\delta\boldsymbol{x})']\Big|_{\varepsilon=0}=(\delta\boldsymbol{x})'$。

2. 泛函极值

将函数 $\boldsymbol{x}(t)$、$\boldsymbol{x}_0(t)$ 分别看作函数空间的一个点，以某种范数 $\|\boldsymbol{x}(t)-\boldsymbol{x}_0(t)\|$ 表达两个函数间的距离，$U(\boldsymbol{x}_0(t),\rho)=\{\boldsymbol{x}(t)\,|\,\|\boldsymbol{x}(t)-\boldsymbol{x}_0(t)\|<\rho\}$ 是以 $\boldsymbol{x}_0(t)$ 为中心以 ρ 为半径的邻域，若泛函 $J=J[\boldsymbol{x}(t)]$ 满足

$$J[\boldsymbol{x}(t)]\geqslant J[\boldsymbol{x}_0(t)],\ \boldsymbol{x}(t)\in U(\boldsymbol{x}_0(t),\rho)$$

或者

$$J[\boldsymbol{x}(t)]\leqslant J[\boldsymbol{x}_0(t)],\ \boldsymbol{x}(t)\in U(\boldsymbol{x}_0(t),\rho)$$

就称泛函 $J[\boldsymbol{x}(t)]$ 在 $\boldsymbol{x}_0(t)$ 处达到极小值或极大值。

与函数极值类似，泛函极值也有如下结论：

定理 4-1（泛函极值） 若泛函 $J[\boldsymbol{x}(t)]$ 在邻域 $U(\boldsymbol{x}_0(t),\rho)$ 中存在变分，且在 $\boldsymbol{x}_0(t)$ 处达到极小值或极大值，则

$$\delta J\big|_{\boldsymbol{x}(t)=\boldsymbol{x}_0(t)}=0 \tag{4-10}$$

证明：构造辅助函数，$\varphi(\varepsilon)=J[\boldsymbol{x}_0(t)+\varepsilon\delta\boldsymbol{x}]$，根据定理的条件，函数 $\varphi(\varepsilon)$ 在 $\varepsilon=0$ 时取得极值，则有

$$\varphi'(0)=\frac{\partial}{\partial\varepsilon}J[\boldsymbol{x}_0(t)+\varepsilon\delta\boldsymbol{x}]\bigg|_{\varepsilon=0}=\delta J\big|_{\boldsymbol{x}(t)=\boldsymbol{x}_0(t)}=0$$

式(4-10)成立。注意定理 4-1 只是一个必要条件。

例 4-2 积分型泛函是最常见的性能指标泛函，若

$$J=\int_{t_0}^{t_f}L(\boldsymbol{x},\dot{\boldsymbol{x}},t)\,\mathrm{d}t$$

要求 $\boldsymbol{x}(t_0)=\boldsymbol{x}_0$，$\boldsymbol{x}(t_f)=\boldsymbol{x}_f$，推导使得 J 取极值时轨线 $\boldsymbol{x}(t)$ 应满足的条件。

先求泛函的变分。根据变分的性质 3)有

$$\delta J=\int_{t_0}^{t_f}\left[\left(\frac{\partial L}{\partial \boldsymbol{x}}\right)^{\mathrm{T}}\delta\boldsymbol{x}+\left(\frac{\partial L}{\partial \dot{\boldsymbol{x}}}\right)^{\mathrm{T}}\delta\dot{\boldsymbol{x}}\right]\mathrm{d}t \tag{4-11}$$

由于要求 $\boldsymbol{x}(t_0)=\boldsymbol{x}_0$，$\boldsymbol{x}(t_f)=\boldsymbol{x}_f$，因此任意的变分轨线 $\delta\boldsymbol{x}$ 应满足 $\delta\boldsymbol{x}(t_0)=\boldsymbol{0}$、$\delta\boldsymbol{x}(t_f)=\boldsymbol{0}$，再根据变分性质 4)以及分部积分有

$$\begin{aligned}\int_{t_0}^{t_f}\left(\frac{\partial L}{\partial \dot{\boldsymbol{x}}}\right)^{\mathrm{T}}\delta\dot{\boldsymbol{x}}\,\mathrm{d}t&=\int_{t_0}^{t_f}\left(\frac{\partial L}{\partial \dot{\boldsymbol{x}}}\right)^{\mathrm{T}}(\delta\boldsymbol{x})'\,\mathrm{d}t=\left(\frac{\partial L}{\partial \dot{\boldsymbol{x}}}\right)^{\mathrm{T}}(\delta\boldsymbol{x})\bigg|_{t_0}^{t_f}-\int_{t_0}^{t_f}\frac{\mathrm{d}}{\mathrm{d}t}\left(\frac{\partial L}{\partial \dot{\boldsymbol{x}}}\right)^{\mathrm{T}}\delta\boldsymbol{x}\,\mathrm{d}t\\&=-\int_{t_0}^{t_f}\frac{\mathrm{d}}{\mathrm{d}t}\left(\frac{\partial L}{\partial \dot{\boldsymbol{x}}}\right)^{\mathrm{T}}\delta\boldsymbol{x}\,\mathrm{d}t\end{aligned} \tag{4-12}$$

将式(4-12)代入式(4-11)，在极值处应该有

$$\delta J=\int_{t_0}^{t_f}\left[\left(\frac{\partial L}{\partial \boldsymbol{x}}\right)^{\mathrm{T}}-\frac{\mathrm{d}}{\mathrm{d}t}\left(\frac{\partial L}{\partial \dot{\boldsymbol{x}}}\right)^{\mathrm{T}}\right]\delta\boldsymbol{x}\,\mathrm{d}t=0 \tag{4-13}$$

由于变分 $\delta\boldsymbol{x}$ 的任意性（只在两个端点处有限制），若要上式成立，必须有

$$\left(\frac{\partial L}{\partial \boldsymbol{x}}\right)^{\mathrm{T}}-\frac{\mathrm{d}}{\mathrm{d}t}\left(\frac{\partial L}{\partial \dot{\boldsymbol{x}}}\right)^{\mathrm{T}}=\boldsymbol{0} \tag{4-14}$$

式(4-14)就是积分型泛函 J 取极值时轨线 $\boldsymbol{x}(t)$ 应满足的条件，称为欧拉方程。

综上所述，从数学意义上讲，泛函的微分与函数微分存在差异，但从推导形式上二者是相似的，因此，与函数微分相关的函数优化方法都可类比到泛函优化问题上。

3. 最优控制原理

对于式(4-7)的最优控制问题，实际上是一个带约束的泛函优化问题。参照求约束条件下函

数极值的拉格朗日乘子法，引入拉格朗日乘子向量 $\boldsymbol{\lambda}(t)\in\mathbf{R}^n$、$\boldsymbol{\mu}\in\mathbf{R}^r$，将式(4-7c)的性能指标泛函改造为

$$\begin{aligned}J_\lambda&=\varphi(\boldsymbol{x}(t_f),t_f)+\int_{t_0}^{t_f}L(\boldsymbol{x}(t),\boldsymbol{u}(t),t)\mathrm{d}t+\boldsymbol{\mu}^{\mathrm{T}}\boldsymbol{\Psi}(\boldsymbol{x}(t_f),t_f)+\int_{t_0}^{t_f}\boldsymbol{\lambda}^{\mathrm{T}}(t)[\boldsymbol{f}(\boldsymbol{x}(t),\boldsymbol{u}(t),t)-\dot{\boldsymbol{x}}(t)]\mathrm{d}t\\&=\varphi(\boldsymbol{x}(t_f),t_f)+\boldsymbol{\mu}^{\mathrm{T}}\boldsymbol{\Psi}(\boldsymbol{x}(t_f),t_f)+\int_{t_0}^{t_f}[H(\boldsymbol{x},\boldsymbol{u},\boldsymbol{\lambda},t)-\boldsymbol{\lambda}^{\mathrm{T}}\dot{\boldsymbol{x}}]\mathrm{d}t\end{aligned}\tag{4-15}$$

式中，

$$H(\boldsymbol{x},\boldsymbol{u},\boldsymbol{\lambda},t)=L(\boldsymbol{x}(t),\boldsymbol{u}(t),t)+\boldsymbol{\lambda}^{\mathrm{T}}(t)\boldsymbol{f}(\boldsymbol{x}(t),\boldsymbol{u}(t),t)\tag{4-16}$$

称为哈密顿函数。

可验证，式(4-15)无约束泛函 J_λ 的极值解，一定是式(4-7)的最优控制问题的解。对泛函 J_λ 中积分项 $\int_{t_0}^{t_f}\boldsymbol{\lambda}^{\mathrm{T}}\dot{\boldsymbol{x}}\mathrm{d}t$，再做分部积分的处理有

$$\begin{aligned}J_\lambda&=\varphi(\boldsymbol{x}(t_f),t_f)+\boldsymbol{\mu}^{\mathrm{T}}\boldsymbol{\Psi}(\boldsymbol{x}(t_f),t_f)+\int_{t_0}^{t_f}H(\boldsymbol{x},\boldsymbol{u},\boldsymbol{\lambda},t)\mathrm{d}t-\boldsymbol{\lambda}^{\mathrm{T}}\boldsymbol{x}\Big|_{t_0}^{t_f}+\int_{t_0}^{t_f}\dot{\boldsymbol{\lambda}}^{\mathrm{T}}\boldsymbol{x}\mathrm{d}t\\&=\varphi(\boldsymbol{x}(t_f),t_f)+\boldsymbol{\mu}^{\mathrm{T}}\boldsymbol{\Psi}(\boldsymbol{x}(t_f),t_f)-\boldsymbol{\lambda}^{\mathrm{T}}(t_f)\boldsymbol{x}(t_f)+\boldsymbol{\lambda}^{\mathrm{T}}(t_0)\boldsymbol{x}(t_0)+\int_{t_0}^{t_f}[H(\boldsymbol{x},\boldsymbol{u},\boldsymbol{\lambda},t)+\dot{\boldsymbol{\lambda}}^{\mathrm{T}}\boldsymbol{x}]\mathrm{d}t\end{aligned}$$

参照例 4-2 的做法，当控制和状态轨线发生变化 $\delta\boldsymbol{u}$、$\delta\boldsymbol{x}$（含末端变化 $\delta\boldsymbol{x}(t_f)$）时，泛函 J_λ 的变分为

$$\delta J_\lambda=(\delta\boldsymbol{x}(t_f))^{\mathrm{T}}\left[\frac{\partial\varphi}{\partial\boldsymbol{x}(t_f)}+\frac{\partial\boldsymbol{\Psi}^{\mathrm{T}}}{\partial\boldsymbol{x}(t_f)}\boldsymbol{\mu}-\boldsymbol{\lambda}(t_f)\right]+\int_{t_0}^{t_f}(\delta\boldsymbol{x})^{\mathrm{T}}\left[\frac{\partial H}{\partial\boldsymbol{x}}+\dot{\boldsymbol{\lambda}}\right]\mathrm{d}t+\int_{t_0}^{t_f}(\delta\boldsymbol{u})^{\mathrm{T}}\left[\frac{\partial H}{\partial\boldsymbol{u}}\right]\mathrm{d}t\tag{4-17}$$

式中，$\dfrac{\partial\varphi}{\partial\boldsymbol{x}(t_f)}\in\mathbf{R}^n$；$\dfrac{\partial\boldsymbol{\Psi}^{\mathrm{T}}}{\partial\boldsymbol{x}(t_f)}\in\mathbf{R}^{n\times r}$；$\dfrac{\partial H}{\partial\boldsymbol{x}}\in\mathbf{R}^n$；$\dfrac{\partial H}{\partial\boldsymbol{u}}\in\mathbf{R}^m$。

由于变分 $\delta\boldsymbol{x}(t_f)$、$\delta\boldsymbol{x}$、$\delta\boldsymbol{u}$ 的任意性，为使 $\delta J_\lambda=0$，式(4-17)右边对应的三个方括号部分应为 0，从而有如下结论：

定理 4-2（最优控制） 对于式(4-7)的最优控制问题，若下述偏导数均存在，其最优解的必要条件如下：

1）正则方程

$$\begin{cases}\dot{\boldsymbol{x}}=\dfrac{\partial H}{\partial\boldsymbol{\lambda}}=\boldsymbol{f}(\boldsymbol{x},\boldsymbol{u},t)\\\dot{\boldsymbol{\lambda}}=-\dfrac{\partial H}{\partial\boldsymbol{x}}\end{cases}\tag{4-18a}$$

2）边界与横截条件

$$\begin{cases}\boldsymbol{x}(t_0)=\boldsymbol{x}_0\\\boldsymbol{\Psi}(\boldsymbol{x}(t_f),t_f)=\boldsymbol{0}\\\boldsymbol{\lambda}(t_f)=\dfrac{\partial\varphi}{\partial\boldsymbol{x}(t_f)}+\dfrac{\partial\boldsymbol{\Psi}^{\mathrm{T}}}{\partial\boldsymbol{x}(t_f)}\boldsymbol{\mu}\end{cases}\tag{4-18b}$$

3）最优控制

$$\frac{\partial H}{\partial\boldsymbol{u}}=\boldsymbol{0}\tag{4-18c}$$

联立式(4-18a)和式(4-18c)，可求出最优的 $\boldsymbol{x}(t)$、$\boldsymbol{\lambda}(t)$、$\boldsymbol{u}(t)$ 的通式；再根据边界与横截条件式(4-18b)，便可确定最后的 $\boldsymbol{x}^*(t)$、$\boldsymbol{\lambda}^*(t)$、$\boldsymbol{u}^*(t)$（不混淆时将略写 * 号）。

前面的讨论假定了末端时间 t_f 固定，末端状态 $\boldsymbol{x}(t_f)$ 受到目标集 $\boldsymbol{\Psi}(\boldsymbol{x}(t_f),t_f)$ 的约束。目标集 $\boldsymbol{\Psi}(\boldsymbol{x}(t_f),t_f)$ 一般有如下三种情况：

1）$\boldsymbol{x}(t_f)=\boldsymbol{x}_f$ 固定。此时，$\boldsymbol{\Psi}(\boldsymbol{x}(t_f),t_f)=\boldsymbol{x}(t_f)-\boldsymbol{x}_f=\boldsymbol{0}$，$\varphi(\boldsymbol{x}(t_f),t_f)$ 将是常数，所以

$$\boldsymbol{\lambda}(t_f)=\frac{\partial\varphi}{\partial\boldsymbol{x}(t_f)}+\frac{\partial\boldsymbol{\Psi}^{\mathrm{T}}}{\partial\boldsymbol{x}(t_f)}\boldsymbol{\mu}=\boldsymbol{0}+\boldsymbol{I}_n\boldsymbol{\mu}=\boldsymbol{\mu}$$

2）$\boldsymbol{x}(t_f)$ 自由。此时，末端状态 $\boldsymbol{x}(t_f)$ 无约束，目标集 $\boldsymbol{\Psi}(\boldsymbol{x}(t_f),t_f)$ 不存在了，所以

$$\boldsymbol{\lambda}(t_f)=\frac{\partial\varphi}{\partial\boldsymbol{x}(t_f)}$$

3）$\boldsymbol{x}(t_f)$ 部分分量固定，不失一般性，设 $\boldsymbol{x}(t_f)=\begin{bmatrix}\boldsymbol{x}_1(t_f)\\ \boldsymbol{x}_2(t_f)\end{bmatrix}=\begin{bmatrix}\boldsymbol{x}_{1f}\\ *\end{bmatrix}$，$\boldsymbol{\Psi}(\boldsymbol{x}(t_f),\ t_f)=\boldsymbol{x}_1(t_f)-\boldsymbol{x}_{1f}=\boldsymbol{0}$，所以

$$\begin{aligned}\boldsymbol{\lambda}(t_f)&=\frac{\partial\varphi}{\partial\boldsymbol{x}(t_f)}+\frac{\partial\boldsymbol{\Psi}^{\mathrm{T}}}{\partial\boldsymbol{x}(t_f)}\boldsymbol{\mu}=\begin{bmatrix}\dfrac{\partial\varphi}{\partial\boldsymbol{x}_1(t_f)}\\ \dfrac{\partial\varphi}{\partial\boldsymbol{x}_2(t_f)}\end{bmatrix}+\begin{bmatrix}\dfrac{\partial\boldsymbol{\Psi}^{\mathrm{T}}}{\partial\boldsymbol{x}_1(t_f)}\\ \dfrac{\partial\boldsymbol{\Psi}^{\mathrm{T}}}{\partial\boldsymbol{x}_2(t_f)}\end{bmatrix}\boldsymbol{\mu}\\&=\begin{bmatrix}\boldsymbol{0}\\ \dfrac{\partial\varphi}{\partial\boldsymbol{x}_2(t_f)}\end{bmatrix}+\begin{bmatrix}\boldsymbol{I}_r\\ \boldsymbol{0}\end{bmatrix}\boldsymbol{\mu}=\begin{bmatrix}\boldsymbol{\mu}\\ \dfrac{\partial\varphi}{\partial\boldsymbol{x}_2(t_f)}\end{bmatrix}\end{aligned}$$

式中，$\boldsymbol{x}_1\in\mathbf{R}^r$；$\boldsymbol{x}_2\in\mathbf{R}^{n-r}$；$\boldsymbol{\mu}\in\mathbf{R}^r$。

在使用定理 4-2 时，还有两点需要注意：

1）如果末端时间 t_f 自由，定理 4-2 需要做出一些调整。这种情形下的最优控制解与 t_f 固定时的推导基本一致，只是在式(4-17)中要增加一项末端 t_f 变化 δt_f 引起的泛函变分，即

$$\begin{aligned}\delta J_\lambda=&(\delta\boldsymbol{x}(t_f))^{\mathrm{T}}\left(\frac{\partial\varphi}{\partial\boldsymbol{x}(t_f)}+\frac{\partial\boldsymbol{\Psi}^{\mathrm{T}}}{\partial\boldsymbol{x}(t_f)}\boldsymbol{\mu}-\boldsymbol{\lambda}(t_f)\right)+\int_{t_0}^{t_f}(\delta\boldsymbol{x})^{\mathrm{T}}\left(\frac{\partial H}{\partial\boldsymbol{x}}+\dot{\boldsymbol{\lambda}}\right)\mathrm{d}t+\int_{t_0}^{t_f}(\delta\boldsymbol{u})^{\mathrm{T}}\left(\frac{\partial H}{\partial\boldsymbol{u}}\right)\mathrm{d}t+\\&\delta t_f\left(\frac{\partial\varphi}{\partial t_f}+\boldsymbol{\mu}^{\mathrm{T}}\frac{\partial\boldsymbol{\Psi}}{\partial t_f}-H(\boldsymbol{x}(t_f),\boldsymbol{u}(t_f),\boldsymbol{\lambda}(t_f),t_f)\right)\end{aligned}$$

因此，对应变分 δt_f 的括号部分也为 0，会增加一个条件方程，即

$$H(\boldsymbol{x}(t_f),\boldsymbol{u}(t_f),\boldsymbol{\lambda}(t_f),t_f)=\frac{\partial\varphi}{\partial t_f}+\boldsymbol{\mu}^{\mathrm{T}}\frac{\partial\boldsymbol{\Psi}}{\partial t_f}$$

2）在有些应用场合对控制有硬性约束限制，如常常要求 $\boldsymbol{0}\leqslant\boldsymbol{u}(t)\leqslant\boldsymbol{\alpha}$，这样的容许控制集合 Ω 将是一个有界闭集。那么，在 Ω 中不一定存在满足 $\dfrac{\partial H}{\partial\boldsymbol{u}}=\boldsymbol{0}$ 的控制。为此，定理 4-2 中最优控制式(4-18c)需要调整为

$$H(\boldsymbol{x}^*,\boldsymbol{u}^*,\boldsymbol{\lambda}^*,t)=\min_{\boldsymbol{u}\in\Omega}\{H(\boldsymbol{x},\boldsymbol{u},\boldsymbol{\lambda},t)\}\tag{4-19}$$

这种情况下，最优控制 $\boldsymbol{u}^*$ 常常会落在容许控制集合 Ω 的边界上。

例 4-3 对如下系统

$$\dot{x}=ax+bu,\quad x(t_0)=x_0$$

寻找控制律使得下述性能指标最优：

$$J=\frac{1}{2}\eta x^2(t_f)+\frac{1}{2}\int_{t_0}^{t_f}(qx^2+ru^2)\,\mathrm{d}t$$

式中，$a=1$；$b=1$；$\eta=1$；$q=1$；$r=1$。

1）构造哈密顿函数

$$H(x,u,\lambda,t)=L(x,u,\lambda)+\lambda f(x,u,t)=\frac{1}{2}(qx^2+ru^2)+\lambda(ax+bu)$$

无约束的性能指标泛函为

$$J_\lambda=\frac{1}{2}\eta x^2(t_f)+\frac{1}{2}\int_{t_0}^{t_f}[H(x,u,\lambda,t)-\lambda\dot{x}]\mathrm{d}t,\quad \varphi(x(t_f),t_f)=\frac{1}{2}\eta x^2(t_f)$$

2）正则方程

$$\begin{cases}\dot{x}=\dfrac{\partial H}{\partial \lambda}=ax+bu\\ \dot{\lambda}=\dfrac{\partial H}{\partial x}=-qx-a\lambda\end{cases} \tag{4-20a}$$

3）边界与横截条件

$$\begin{cases}x(t_0)=x_0\\ \lambda(t_f)=\dfrac{\partial \varphi}{\partial x(t_f)}=\eta x(t_f)\end{cases} \tag{4-20b}$$

4）最优控制

$$\frac{\partial H}{\partial u}=ru+b\lambda=0 \tag{4-20c}$$

故有

$$u=-r^{-1}b\lambda \tag{4-21}$$

5）根据正则方程、边界与横截条件，确定式(4-21)中的拉格朗日乘子变量 λ。将其代入式(4-20a)有

$$\begin{bmatrix}\dot{x}\\ \dot{\lambda}\end{bmatrix}=\begin{bmatrix}a & -br^{-1}b\\ -q & -a\end{bmatrix}\begin{bmatrix}x\\ \lambda\end{bmatrix}=\boldsymbol{A}_\lambda\begin{bmatrix}x\\ \lambda\end{bmatrix}$$

若取 $a=1$，$b=1$，$\eta=1$，$q=1$，$r=1$，有

$$\mathrm{e}^{\boldsymbol{A}_\lambda t}=L^{-1}[(s\boldsymbol{I}_n-\boldsymbol{A}_\lambda)^{-1}]=L^{-1}\left\{\begin{bmatrix}s-1 & 1\\ 1 & s+1\end{bmatrix}^{-1}\right\}=L^{-1}\left\{\frac{1}{s^2-2}\begin{bmatrix}s+1 & -1\\ -1 & s-1\end{bmatrix}\right\}$$

$$=\begin{bmatrix}\dfrac{2-\sqrt{2}}{4}\mathrm{e}^{-\sqrt{2}t}+\dfrac{2+\sqrt{2}}{4}\mathrm{e}^{\sqrt{2}t} & \dfrac{\sqrt{2}}{4}\mathrm{e}^{-\sqrt{2}t}-\dfrac{\sqrt{2}}{4}\mathrm{e}^{\sqrt{2}t}\\ \dfrac{\sqrt{2}}{4}\mathrm{e}^{-\sqrt{2}t}-\dfrac{\sqrt{2}}{4}\mathrm{e}^{\sqrt{2}t} & \dfrac{2+\sqrt{2}}{4}\mathrm{e}^{-\sqrt{2}t}+\dfrac{2-\sqrt{2}}{4}\mathrm{e}^{\sqrt{2}t}\end{bmatrix}=\begin{bmatrix}\phi_{11}(t) & \phi_{12}(t)\\ \phi_{21}(t) & \phi_{22}(t)\end{bmatrix}$$

$$\begin{bmatrix}x(t)\\ \lambda(t)\end{bmatrix}=\mathrm{e}^{\boldsymbol{A}_\lambda t}\begin{bmatrix}x(t_0)\\ \lambda(t_0)\end{bmatrix}=\begin{bmatrix}\phi_{11}(t) & \phi_{12}(t)\\ \phi_{21}(t) & \phi_{22}(t)\end{bmatrix}\begin{bmatrix}x_0\\ \lambda_0\end{bmatrix} \tag{4-22}$$

根据横截条件式(4-20b)并展开上式有

$$x(t_f)=\phi_{11}(t_f)x_0+\phi_{12}(t_f)\lambda_0$$

$$\lambda(t_f)=\phi_{21}(t_f)x_0+\phi_{22}(t_f)\lambda_0=\eta x(t_f)$$

可得

$$\lambda_0=\frac{\phi_{11}(t_f)-\phi_{21}(t_f)}{\phi_{22}(t_f)-\phi_{12}(t_f)}x_0=\left(1+\sqrt{2}\frac{\mathrm{e}^{\sqrt{2}t_f}-\mathrm{e}^{-\sqrt{2}t_f}}{\mathrm{e}^{\sqrt{2}t_f}+\mathrm{e}^{-\sqrt{2}t_f}}\right)x_0$$

那么，代入式(4-22)、式(4-21)可得最优状态轨线与最优控制为

$$x(t)=\phi_{11}(t)x_0+\phi_{12}(t)\lambda_0$$

$$=\left(\frac{2-\sqrt{2}}{4}x_0+\frac{\sqrt{2}}{4}\lambda_0\right)e^{-\sqrt{2}t}+\left(\frac{2+\sqrt{2}}{4}x_0-\frac{\sqrt{2}}{4}\lambda_0\right)e^{\sqrt{2}t} \tag{4-23a}$$

$$u(t)=-r^{-1}b[\phi_{21}(t)x_0+\phi_{22}(t)\lambda_0]$$

$$=-r^{-1}b\left[\left(\frac{\sqrt{2}}{4}x_0+\frac{2+\sqrt{2}}{4}\lambda_0\right)e^{-\sqrt{2}t}+\left(-\frac{\sqrt{2}}{4}x_0+\frac{2-\sqrt{2}}{4}\lambda_0\right)e^{\sqrt{2}t}\right] \tag{4-23b}$$

6) 式(4-23b)给出的最优控制是时间的函数，这是一种开环的控制形式。若要以闭环形式给出最优控制律，需要做出调整。从式(4-21)知，控制律 $u(t)$ 与 $\lambda(t)$ 有关；从式(4-20a)知，$\lambda(t)$ 与状态 $x(t)$ 有关。令 $\lambda(t)=P(t)x(t)$，由式(4-22)可推出

$$P(t)=\frac{\phi_{21}(t)x_0+\phi_{22}(t)\lambda_0}{\phi_{11}(t)x_0+\phi_{12}(t)\lambda_0}=1+\sqrt{2}\frac{e^{\sqrt{2}(t_f-t)}-e^{-\sqrt{2}(t_f-t)}}{e^{\sqrt{2}(t_f-t)}+e^{-\sqrt{2}(t_f-t)}} \tag{4-24}$$

那么，从式(4-21)可得闭环形式的最优控制为

$$u=-r^{-1}b\lambda=-r^{-1}bP(t)x \tag{4-25}$$

式(4-25)的控制律就是一个状态反馈，只是比例系数 $K(t)=-r^{-1}bP(t)$ 是时变的。

例 4-4 图 4-1 是登月舱在月球软着陆示意图。$m(t)$ 为登月舱的质量，随着燃料的燃烧，其质量将减少；$h(t)$ 是高度，$v(t)$ 是降落速度，g 是月球重力加速度；控制量 $u(t)$ 是燃料燃烧产生的发动机推力，大致与燃料减少率成正比。登月舱软着陆的控制希望在容许控制 $0\leqslant u(t)\leqslant\alpha$ 下，末端速度 $v(t_f)=0$，且燃耗量最少。

(1) 列出系统的状态方程

$$\begin{cases}v(t)=-\dot{h}(t)\\ m(t)g-u(t)=m(t)\dot{v}(t)\\ u(t)=-k\dot{m}(t)\end{cases}$$

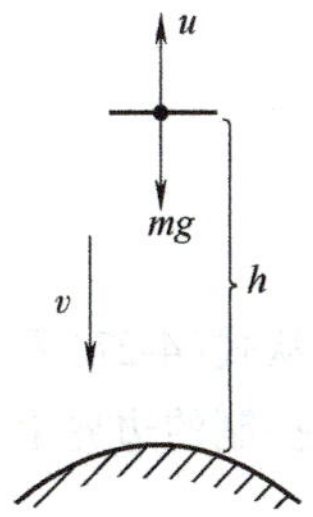

图 4-1 登月舱软着陆

取系统状态变量及初始值分别为

$$\boldsymbol{x}(t)=\begin{bmatrix}x_1(t)\\x_2(t)\\x_3(t)\end{bmatrix}=\begin{bmatrix}h(t)\\v(t)\\m(t)\end{bmatrix},\quad \boldsymbol{x}(t_0)=\begin{bmatrix}h_0\\v_0\\m_0\end{bmatrix}$$

写成规范形式有

$$\begin{cases}\dot{x}_1=\dot{h}(t)=-v(t)=f_1(\boldsymbol{x},\boldsymbol{u},t)\\ \dot{x}_2=\dot{v}(t)=g-u(t)/m(t)=f_2(\boldsymbol{x},\boldsymbol{u},t)\\ \dot{x}_3=\dot{m}(t)=-u(t)/k=f_3(\boldsymbol{x},\boldsymbol{u},t)\end{cases} \tag{4-26a}$$

要求目标集为

$$\boldsymbol{\Psi}(\boldsymbol{x}(t_f),t_f)=\begin{bmatrix}\Psi_1(\boldsymbol{x}(t_f),t_f)\\ \Psi_2(\boldsymbol{x}(t_f),t_f)\end{bmatrix}=\begin{bmatrix}x_1(t_f)\\x_2(t_f)\end{bmatrix}=\begin{bmatrix}h(t_f)\\v(t_f)\end{bmatrix}=\begin{bmatrix}0\\0\end{bmatrix} \tag{4-26b}$$

且做到最少燃耗，即下述性能指标最优：

$$J=\int_{t_0}^{t_f}|u(t)|\,dt \tag{4-26c}$$

(2) 求解最优控制

因为容许控制 $0\leqslant u(t)\leqslant\alpha$，$u(t)$ 一定为正，所以 $J=\int_{t_0}^{t_f}|u(t)|\,dt=\int_{t_0}^{t_f}u(t)\,dt$，令哈密顿函

数为

$$\begin{aligned}H(\boldsymbol{x},\boldsymbol{u},\boldsymbol{\lambda},t)&=L(\boldsymbol{x},\boldsymbol{u})+\boldsymbol{\lambda}^{\mathrm{T}}\boldsymbol{f}(\boldsymbol{x},\boldsymbol{u},t)\\&=L(\boldsymbol{x},\boldsymbol{u})+\lambda_1 f_1(\boldsymbol{x},\boldsymbol{u},t)+\lambda_2 f_2(\boldsymbol{x},\boldsymbol{u},t)+\lambda_3 f_3(\boldsymbol{x},\boldsymbol{u},t)\\&=u(t)-\lambda_1 v(t)+\lambda_2\left(g-\frac{u(t)}{m(t)}\right)-\lambda_3\frac{u(t)}{k}\\&=(-\lambda_1 v(t)+\lambda_2 g)+\left(1-\frac{\lambda_2}{m(t)}-\frac{\lambda_3}{k}\right)u(t)\end{aligned}\tag{4-27}$$

无约束的性能指标泛函为

$$J_\lambda=\mu_1\Psi_1(\boldsymbol{x}(t_f),t_f)+\mu_2\Psi_2(\boldsymbol{x}(t_f),t_f)+\int_{t_0}^{t_f}[H(\boldsymbol{x},\boldsymbol{u},\boldsymbol{\lambda},t)+\dot{\boldsymbol{\lambda}}^{\mathrm{T}}\boldsymbol{x}]\mathrm{d}t$$

正则方程为

$$\begin{cases}\dot{\lambda}_1=-\dfrac{\partial H}{\partial h}=0\\\dot{\lambda}_2=-\dfrac{\partial H}{\partial v}=\lambda_1\\\dot{\lambda}_3=-\dfrac{\partial H}{\partial m}=\dfrac{u(t)}{m^2(t)}\lambda_2\end{cases}\tag{4-28a}$$

横截条件为

$$\begin{bmatrix}\lambda_1(t_f)\\\lambda_2(t_f)\\\lambda_3(t_f)\end{bmatrix}=\begin{bmatrix}\dfrac{\partial\Psi_1}{\partial h(t_f)}&\dfrac{\partial\Psi_2}{\partial h(t_f)}\\\dfrac{\partial\Psi_1}{\partial v(t_f)}&\dfrac{\partial\Psi_2}{\partial v(t_f)}\\\dfrac{\partial\Psi_1}{\partial m(t_f)}&\dfrac{\partial\Psi_2}{\partial m(t_f)}\end{bmatrix}\begin{bmatrix}\mu_1\\\mu_2\end{bmatrix}=\begin{bmatrix}1&0\\0&1\\0&0\end{bmatrix}\begin{bmatrix}\mu_1\\\mu_2\end{bmatrix}=\begin{bmatrix}\mu_1\\\mu_2\\0\end{bmatrix}\tag{4-28b}$$

从式(4-27)看出，由于哈密顿函数 H 与控制 u 呈线性关系，使得 H 取最小值的控制一定在容许控制的边界上，需要按照式(4-19)来确定最优控制。从式(4-27)显然有

$$u(t)=\begin{cases}\alpha,&1-\dfrac{\lambda_2}{m(t)}-\dfrac{\lambda_3}{k}<0\\0,&1-\dfrac{\lambda_2}{m(t)}-\dfrac{\lambda_3}{k}>0\end{cases}\tag{4-29}$$

可见，采取开关控制方式，可使得登月舱实现软着陆且燃耗量最少。

值得注意的是，要实现式(4-29)的控制律，需要依据正则方程式(4-28a)、横截条件式(4-28b)得到 $\boldsymbol{\lambda}(t)$。由 $\dot{\boldsymbol{\lambda}}=-\dfrac{\partial H}{\partial \boldsymbol{x}}$ 可推知，$\boldsymbol{\lambda}(t)=\boldsymbol{\lambda}(\boldsymbol{x}(t))$ 是状态变量的函数。因此，式(4-29)的控制律是根据系统状态 $\{h(t),v(t),m(t)\}$ 的值进行的开关切换控制。简言之，式(4-29)是基于状态反馈的开关切换控制，是状态反馈控制的一种变形。

另外，从这个实例可看出，若是采取给定期望闭环极点，通过状态反馈来配置极点的控制方式，对于要实现最少燃耗软着陆任务是困难的。这说明最优控制原理扩展了状态空间理论的设计途径。

4.1.3 线性二次型最优控制

如果系统是线性的，性能指标泛函取为二次型，这类的最优控制问题称为线性二次型最优

控制(Linear Quadratic Optimal Control，LQ 控制)。线性二次型最优控制是最常见的最优控制，在工程中得到广泛应用。二次型性能指标泛函涉及状态调节、输出调节、输出跟踪等问题，但状态调节是一个基本问题，其他问题的处理路径与它类似。下面，先介绍有限时间的状态调节器，再介绍无限时间的状态调节器。

1. 有限时间的状态调节器

给定如下线性系统

$$\begin{cases}\dot{\boldsymbol{x}}=\boldsymbol{A}(t)\boldsymbol{x}+\boldsymbol{B}(t)\boldsymbol{u}\\ \boldsymbol{x}(t_0)=\boldsymbol{x}_0\end{cases}\tag{4-30}$$

并使下述性能指标最优：

$$J=\frac{1}{2}\boldsymbol{x}^{\mathrm{T}}(t_f)\boldsymbol{F}\boldsymbol{x}(t_f)+\frac{1}{2}\int_{t_0}^{t_f}[\boldsymbol{x}^{\mathrm{T}}(t)\boldsymbol{Q}(t)\boldsymbol{x}(t)+\boldsymbol{u}^{\mathrm{T}}(t)\boldsymbol{R}(t)\boldsymbol{u}(t)]\mathrm{d}t\tag{4-31}$$

式中，权系数矩阵 $\boldsymbol{F}\geqslant 0$、$\boldsymbol{Q}(t)\geqslant 0$ 为对称半正定矩阵；$\boldsymbol{R}(t)>0$ 为对称正定矩阵。

构造哈密顿函数

$$\begin{aligned}H(\boldsymbol{x},\boldsymbol{u},\boldsymbol{\lambda},t)&=L(\boldsymbol{x},\boldsymbol{u})+\boldsymbol{\lambda}^{\mathrm{T}}\boldsymbol{f}(\boldsymbol{x},\boldsymbol{u},t)\\&=\frac{1}{2}[\boldsymbol{x}^{\mathrm{T}}\boldsymbol{Q}(t)\boldsymbol{x}+\boldsymbol{u}^{\mathrm{T}}\boldsymbol{R}(t)\boldsymbol{u}]+\boldsymbol{\lambda}^{\mathrm{T}}[\boldsymbol{A}(t)\boldsymbol{x}+\boldsymbol{B}(t)\boldsymbol{u}]\end{aligned}$$

根据最优控制原理，正则方程为

$$\begin{cases}\dot{\boldsymbol{x}}=\dfrac{\partial H}{\partial \boldsymbol{\lambda}}=\boldsymbol{f}(\boldsymbol{x},\boldsymbol{u},t)=\boldsymbol{A}(t)\boldsymbol{x}+\boldsymbol{B}(t)\boldsymbol{u}\\ \dot{\boldsymbol{\lambda}}=-\dfrac{\partial H}{\partial \boldsymbol{x}}=-\boldsymbol{Q}(t)\boldsymbol{x}-\boldsymbol{A}^{\mathrm{T}}(t)\boldsymbol{\lambda}\end{cases}\tag{4-32a}$$

边界与横截条件为

$$\begin{cases}\boldsymbol{x}(t_0)=\boldsymbol{x}_0\\ \boldsymbol{\lambda}(t_f)=\dfrac{\partial \varphi}{\partial \boldsymbol{x}(t_f)}=\boldsymbol{F}\boldsymbol{x}(t_f)\end{cases}\tag{4-32b}$$

最优控制满足

$$\frac{\partial H}{\partial \boldsymbol{u}}=\boldsymbol{R}(t)\boldsymbol{u}+\boldsymbol{B}^{\mathrm{T}}(t)\boldsymbol{\lambda}=\boldsymbol{0}$$

可推得

$$\boldsymbol{u}=-\boldsymbol{R}^{-1}(t)\boldsymbol{B}^{\mathrm{T}}(t)\boldsymbol{\lambda}\tag{4-32c}$$

从正则方程知，$\boldsymbol{\lambda}$ 与 $\boldsymbol{x}$ 呈线性关系，令

$$\boldsymbol{\lambda}=\boldsymbol{P}(t)\boldsymbol{x},\quad t\in[t_0,t_f]\tag{4-33}$$

式中，矩阵 $\boldsymbol{P}(t)\in\mathbf{R}^{n\times n}$ 待定。最优控制为

$$\boldsymbol{u}=-\boldsymbol{R}^{-1}(t)\boldsymbol{B}^{\mathrm{T}}(t)\boldsymbol{P}(t)\boldsymbol{x}\tag{4-34}$$

可见，最优控制律为时变的状态反馈。

下面确定待定矩阵 $\boldsymbol{P}(t)$。对式(4-33)两边求导有

$$\dot{\boldsymbol{\lambda}}=\dot{\boldsymbol{P}}(t)\boldsymbol{x}+\boldsymbol{P}(t)\dot{\boldsymbol{x}}$$

将式(4-32a)第一个方程、式(4-32c)代入有

$$\begin{aligned}\dot{\boldsymbol{\lambda}}&=\dot{\boldsymbol{P}}(t)\boldsymbol{x}+\boldsymbol{P}(t)[\boldsymbol{A}(t)\boldsymbol{x}+\boldsymbol{B}(t)\boldsymbol{u}]\\&=[\dot{\boldsymbol{P}}(t)+\boldsymbol{P}(t)\boldsymbol{A}(t)-\boldsymbol{P}(t)\boldsymbol{B}(t)\boldsymbol{R}^{-1}(t)\boldsymbol{B}^{\mathrm{T}}(t)\boldsymbol{P}(t)]\boldsymbol{x}\end{aligned}\tag{4-35}$$

由式(4-32a)第二个方程有

$$\dot{\boldsymbol{\lambda}}=-\boldsymbol{Q}(t)\boldsymbol{x}-\boldsymbol{A}^{\mathrm{T}}(t)\boldsymbol{P}(t)\boldsymbol{x} \tag{4-36}$$

比较上面式(4-35)和式(4-36)有

$$\dot{\boldsymbol{P}}(t)+\boldsymbol{P}(t)\boldsymbol{A}(t)-\boldsymbol{P}(t)\boldsymbol{B}(t)\boldsymbol{R}^{-1}(t)\boldsymbol{B}^{\mathrm{T}}(t)\boldsymbol{P}(t)=-\boldsymbol{Q}(t)-\boldsymbol{A}^{\mathrm{T}}(t)\boldsymbol{P}(t)$$

考虑横截条件 $\boldsymbol{\lambda}(t_f)=\boldsymbol{F}\boldsymbol{x}(t_f)=\boldsymbol{P}(t_f)\boldsymbol{x}(t_f)$，所以有

$$\begin{cases}-\dot{\boldsymbol{P}}(t)=\boldsymbol{P}(t)\boldsymbol{A}(t)+\boldsymbol{A}^{\mathrm{T}}(t)\boldsymbol{P}(t)+\boldsymbol{Q}(t)-\boldsymbol{P}(t)\boldsymbol{B}(t)\boldsymbol{R}^{-1}(t)\boldsymbol{B}^{\mathrm{T}}(t)\boldsymbol{P}(t)\\ \boldsymbol{P}(t_f)=\boldsymbol{F}\end{cases} \tag{4-37}$$

式(4-37)称为里卡蒂(Riccati)方程。

可以证明，里卡蒂方程的解 $\boldsymbol{P}(t)$ 有如下性质：

1）解是对称的，即 $\boldsymbol{P}(t)=\boldsymbol{P}^{\mathrm{T}}(t)$，源于 $\boldsymbol{Q}(t)$、$\boldsymbol{R}(t)$、$\boldsymbol{F}$ 是对称矩阵。

2）解是唯一的。式(4-37)实际上是 $n(n+1)/2$ 个微分方程，根据微分方程解的存在性与唯一性知，$\boldsymbol{P}(t)$ 是唯一的。

3）解是正定的，即 $\boldsymbol{P}(t)>0$，$t\in[t_0,t_f]$。

综上所述，已知系统参数矩阵 $\{\boldsymbol{A}(t),\boldsymbol{B}(t)\}$ 以及性能指标的权矩阵 $\{\boldsymbol{Q}(t),\boldsymbol{R}(t),\boldsymbol{F}\}$，根据里卡蒂方程式(4-37)可求出解 $\boldsymbol{P}(t)$，便可得到式(4-34)的最优状态调节器，对应的最优轨线方程为

$$\dot{\boldsymbol{x}}=\boldsymbol{A}(t)\boldsymbol{x}+\boldsymbol{B}(t)\boldsymbol{u}=[\boldsymbol{A}(t)-\boldsymbol{B}(t)\boldsymbol{R}^{-1}(t)\boldsymbol{B}^{\mathrm{T}}(t)\boldsymbol{P}(t)]\boldsymbol{x} \tag{4-38}$$

下面，讨论最优的性能指标值 J^*。由于

$$\frac{\mathrm{d}}{\mathrm{d}t}[\boldsymbol{x}^{\mathrm{T}}\boldsymbol{P}(t)\boldsymbol{x}]=\dot{\boldsymbol{x}}^{\mathrm{T}}\boldsymbol{P}(t)\boldsymbol{x}+\boldsymbol{x}^{\mathrm{T}}\dot{\boldsymbol{P}}(t)\boldsymbol{x}+\boldsymbol{x}^{\mathrm{T}}\boldsymbol{P}(t)\dot{\boldsymbol{x}} \tag{4-39}$$

将最优轨线式(4-38)代入式(4-39)有

$$\frac{\mathrm{d}}{\mathrm{d}t}[\boldsymbol{x}^{\mathrm{T}}\boldsymbol{P}(t)\boldsymbol{x}]=\boldsymbol{x}^{\mathrm{T}}[\dot{\boldsymbol{P}}(t)+\boldsymbol{P}(t)\boldsymbol{A}(t)+\boldsymbol{A}^{\mathrm{T}}(t)\boldsymbol{P}(t)-2\boldsymbol{P}(t)\boldsymbol{B}(t)\boldsymbol{R}^{-1}(t)\boldsymbol{B}^{\mathrm{T}}(t)\boldsymbol{P}(t)]\boldsymbol{x} \tag{4-40}$$

将里卡蒂方程(4-37)代入式(4-40)有

$$\begin{aligned}\frac{\mathrm{d}}{\mathrm{d}t}[\boldsymbol{x}^{\mathrm{T}}\boldsymbol{P}(t)\boldsymbol{x}]&=\boldsymbol{x}^{\mathrm{T}}[-\boldsymbol{Q}(t)-\boldsymbol{P}(t)\boldsymbol{B}(t)\boldsymbol{R}^{-1}(t)\boldsymbol{B}^{\mathrm{T}}(t)\boldsymbol{P}(t)]\boldsymbol{x}\\&=-\boldsymbol{x}^{\mathrm{T}}\boldsymbol{Q}(t)\boldsymbol{x}-\boldsymbol{u}^{\mathrm{T}}\boldsymbol{R}(t)\boldsymbol{u}\end{aligned}$$

式中，用到式(4-34)。则式(4-31)最优性能指标泛函为

$$\begin{aligned}J^*&=\frac{1}{2}\boldsymbol{x}^{\mathrm{T}}(t_f)\boldsymbol{F}\boldsymbol{x}(t_f)-\frac{1}{2}\int_{t_0}^{t_f}\frac{\mathrm{d}}{\mathrm{d}t}[\boldsymbol{x}^{\mathrm{T}}\boldsymbol{P}(t)\boldsymbol{x}]\mathrm{d}t\\&=\frac{1}{2}\boldsymbol{x}^{\mathrm{T}}(t_f)\boldsymbol{F}\boldsymbol{x}(t_f)-\frac{1}{2}\boldsymbol{x}^{\mathrm{T}}\boldsymbol{P}(t)\boldsymbol{x}\Big|_{t_0}^{t_f}\\&=\frac{1}{2}\boldsymbol{x}^{\mathrm{T}}(t_f)\boldsymbol{F}\boldsymbol{x}(t_f)-\frac{1}{2}\boldsymbol{x}^{\mathrm{T}}(t_f)\boldsymbol{P}(t_f)\boldsymbol{x}(t_f)+\frac{1}{2}\boldsymbol{x}^{\mathrm{T}}(t_0)\boldsymbol{P}(t_0)\boldsymbol{x}(t_0)\\&=\frac{1}{2}\boldsymbol{x}^{\mathrm{T}}(t_0)\boldsymbol{P}(t_0)\boldsymbol{x}(t_0)>0\end{aligned} \tag{4-41}$$

式中，用到里卡蒂方程的边界条件式 $\boldsymbol{P}(t_f)=\boldsymbol{F}$。

前面的推导是假定系统是线性时变系统 $\{\boldsymbol{A}(t),\boldsymbol{B}(t),\boldsymbol{C}(t),\boldsymbol{D}(t)\}$，性能指标中的权系数矩阵 $\boldsymbol{Q}(t)\geqslant 0$、$\boldsymbol{R}(t)>0$ 也是时变的，若系统是线性定常系统 $\{\boldsymbol{A},\boldsymbol{B},\boldsymbol{C},\boldsymbol{D}\}$，性能指标中的权系数矩阵为常数矩阵 $\boldsymbol{Q}\geqslant 0$、$\boldsymbol{R}>0$，结果是同样的。此时，里卡蒂方程为

$$\begin{cases}-\dot{\boldsymbol{P}}(t)=\boldsymbol{P}(t)\boldsymbol{A}+\boldsymbol{A}^{\mathrm{T}}\boldsymbol{P}(t)+\boldsymbol{Q}-\boldsymbol{P}(t)\boldsymbol{B}\boldsymbol{R}^{-1}\boldsymbol{B}^{\mathrm{T}}\boldsymbol{P}(t)\\ \boldsymbol{P}(t_f)=\boldsymbol{F}\end{cases} \tag{4-42}$$

最优控制与最优轨线方程为

$$u=-R^{-1}B^{\mathrm{T}}P(t)x \tag{4-43a}$$

$$\dot{x}=Ax+Bu=[A-BR^{-1}B^{\mathrm{T}}P(t)]x \tag{4-43b}$$

值得注意的是，尽管$\{A,B\}$、$\{Q,R,F\}$都是常系数矩阵，但里卡蒂方程的解$P(t)$是时变的对称正定解，最优控制是时变的状态反馈，因此，闭环系统将是时变系统。

例 4-5 用里卡蒂方程再求解例 4-3。

(1) 里卡蒂方程

将$A(t)=a=1$，$B(t)=b=1$，$Q(t)=q=1$，$R(t)=r=1$，$F=\eta=1$，代入式(4-42)有

$$\begin{cases}-\dot{P}(t)=2P(t)+1-P^2(t)\\P(t_f)=1\end{cases}$$

(2) 求解里卡蒂方程

$$\frac{\mathrm{d}P(t)}{\mathrm{d}t}=P^2(t)-2P(t)-1=[P(t)-\alpha][P(t)-\beta],\ \alpha=1+\sqrt{2},\ \beta=1-\sqrt{2}$$

$$\frac{\mathrm{d}P(t)}{[P(t)-\alpha][P(t)-\beta]}=\mathrm{d}t,\ \frac{1}{\alpha-\beta}\left[\frac{1}{P(t)-\alpha}-\frac{1}{P(t)-\beta}\right]\mathrm{d}P(t)=\mathrm{d}t$$

两边取不定积分，并考虑边界条件$P(t_f)=1$，有

$$P(t)=1+\sqrt{2}\frac{\mathrm{e}^{\sqrt{2}(t_f-t)}-\mathrm{e}^{-\sqrt{2}(t_f-t)}}{\mathrm{e}^{\sqrt{2}(t_f-t)}+\mathrm{e}^{-\sqrt{2}(t_f-t)}} \tag{4-44}$$

与式(4-24)的结果一致；代入式(4-43a)便得到最优控制，与式(4-25)一致。

2. 无限时间的状态调节器

给定如下线性定常系统

$$\begin{cases}\dot{x}=Ax+Bu\\x(t_0)=x_0\end{cases} \tag{4-45a}$$

并使下述性能指标最优：

$$J=\frac{1}{2}\int_{t_0}^{\infty}[x^{\mathrm{T}}(t)Qx(t)+u^{\mathrm{T}}(t)Ru(t)]\mathrm{d}t \tag{4-45b}$$

式中，权系数矩阵Q为对称半正定矩阵，$Q\geqslant 0$；R为对称正定矩阵，$R>0$。

无限时间状态调节器问题，可以看作如下有限时间状态调节器问题的极限状况，即

$$J[u;t_f]=\frac{1}{2}\int_{t_0}^{t_f}[x^{\mathrm{T}}(t)Qx(t)+u^{\mathrm{T}}(t)Ru(t)]\mathrm{d}t,\ J=\lim_{t_f\to\infty}J[u;t_f]$$

在$t_f\to\infty$时，性能指标泛函J的极限存在，意味着

$$\lim_{t_f\to\infty}x(t_f)=0 \tag{4-46a}$$

$$\lim_{t_f\to\infty}u(t_f)=0 \tag{4-46b}$$

因此，有限时间状态调节器的性能指标泛函中末端“软”约束$\frac{1}{2}x^{\mathrm{T}}(t_f)Fx(t_f)$失去意义，可取$F=0$。

对于有限时间的$J[u;t_f]$，里卡蒂方程为

$$\begin{cases}-\dot{P}(t)=P(t)A+A^{\mathrm{T}}P(t)+Q-P(t)BR^{-1}B^{\mathrm{T}}P(t)\\P(t_f)=0\end{cases} \tag{4-47}$$

它的解为$P(t;t_0;t_f)$。那么，$\lim_{t_f\to\infty}P(t;t_0;t_f)$存在否？或者会在什么条件下存在？

定理 4-3（线性二次最优控制） 若线性定常系统$\{\boldsymbol{A},\boldsymbol{B},\boldsymbol{C},\boldsymbol{D}\}$完全能控，则式(4-47)的里卡蒂方程解的极限矩阵是对称半正定矩阵，即$\boldsymbol{P}=\lim\limits_{t_f\to\infty}\boldsymbol{P}(t;t_0;t_f)\geqslant 0$，并满足如下代数里卡蒂方程

$$\boldsymbol{PA}+\boldsymbol{A}^{\mathrm{T}}\boldsymbol{P}+\boldsymbol{Q}-\boldsymbol{PBR}^{-1}\boldsymbol{B}^{\mathrm{T}}\boldsymbol{P}=\boldsymbol{0} \tag{4-48}$$

式(4-45)的最优控制与最优轨线方程为

$$\boldsymbol{u}=-\boldsymbol{R}^{-1}\boldsymbol{B}^{\mathrm{T}}\boldsymbol{Px} \tag{4-49a}$$

$$\dot{\boldsymbol{x}}=\boldsymbol{Ax}+\boldsymbol{Bu}=[\boldsymbol{A}-\boldsymbol{BR}^{-1}\boldsymbol{B}^{\mathrm{T}}\boldsymbol{P}]\boldsymbol{x} \tag{4-49b}$$

定理 4-3 的详细证明可参考有关最优控制的书。要注意的是，要使得无限时间的里卡蒂方程解的极限$\lim\limits_{t_f\to\infty}\boldsymbol{P}(t;t_0;t_f)$存在，需要$\{\boldsymbol{A},\boldsymbol{B}\}$是完全能控的；另外，代数里卡蒂方程(4-48)的解不一定唯一，但其中(半)正定矩阵的解是唯一的，只有这个解才是所要的极限矩阵$\lim\limits_{t_f\to\infty}\boldsymbol{P}(t;t_0;t_f)$。若要$\boldsymbol{P}>0$，还需要满足一定的条件，下面给出一个结论。

定理 4-4 若$\{\boldsymbol{A},\boldsymbol{B}\}$完全能控，$\boldsymbol{Q}=\boldsymbol{Q}_0\boldsymbol{Q}_0^{\mathrm{T}}$，$\{\boldsymbol{A},\boldsymbol{Q}_0\}$完全能观，代数里卡蒂方程(4-48)存在唯一正定对称解$\boldsymbol{P}>0$。

证明：定理 4-3 表明$\boldsymbol{P}\geqslant 0$，下面证明$\boldsymbol{P}>0$。

反证。若是半正定$\boldsymbol{P}\geqslant 0$，则存在非零向量$\boldsymbol{\xi}$，使得$\boldsymbol{\xi}^{\mathrm{T}}\boldsymbol{P\xi}=0$。以$\boldsymbol{\xi}$为系统的初态，即$\boldsymbol{x}(t_0)=\boldsymbol{\xi}$，按照式(4-41)最优性能指标值同样的推导，在式(4-49)的最优控制和最优轨线下，无限时间状态调节器最优性能指标值为

$$J^*=\frac{1}{2}\int_{t_0}^{\infty}[\boldsymbol{x}^{\mathrm{T}}\boldsymbol{Qx}+\boldsymbol{u}^{\mathrm{T}}\boldsymbol{Ru}]\mathrm{d}t=\frac{1}{2}\boldsymbol{x}^{\mathrm{T}}(t_0)\boldsymbol{Px}(t_0)=\frac{1}{2}\boldsymbol{\xi}^{\mathrm{T}}\boldsymbol{P\xi}=0$$

因此，必须有

$$\int_{t_0}^{\infty}\boldsymbol{x}^{\mathrm{T}}\boldsymbol{Qx}\mathrm{d}t=0,\ \int_{t_0}^{\infty}\boldsymbol{u}^{\mathrm{T}}\boldsymbol{Ru}\mathrm{d}t=0$$

因为$\boldsymbol{R}>0$，所以$\boldsymbol{u}=\boldsymbol{0}$。于是

$$\dot{\boldsymbol{x}}=\boldsymbol{Ax}+\boldsymbol{Bu}=\boldsymbol{Ax}$$

$$\boldsymbol{x}(t)=\mathrm{e}^{\boldsymbol{A}(t-t_0)}\boldsymbol{x}(t_0)=\mathrm{e}^{\boldsymbol{A}(t-t_0)}\boldsymbol{\xi}$$

$$\int_{t_0}^{\infty}\boldsymbol{x}^{\mathrm{T}}\boldsymbol{Qx}\mathrm{d}t=\int_{t_0}^{\infty}\boldsymbol{\xi}^{\mathrm{T}}\mathrm{e}^{\boldsymbol{A}^{\mathrm{T}}(t-t_0)}\boldsymbol{Q}_0\boldsymbol{Q}_0^{\mathrm{T}}\mathrm{e}^{\boldsymbol{A}(t-t_0)}\boldsymbol{\xi}\mathrm{d}t=0$$

从而

$$\boldsymbol{Q}_0^{\mathrm{T}}\mathrm{e}^{\boldsymbol{A}(t-t_0)}\boldsymbol{\xi}=\boldsymbol{Q}_0^{\mathrm{T}}\left[\boldsymbol{I}_n+\boldsymbol{A}(t-t_0)+\frac{1}{2!}\boldsymbol{A}^2(t-t_0)^2+\cdots\right]\boldsymbol{\xi}=\boldsymbol{0}$$

$$\boldsymbol{Q}_0^{\mathrm{T}}\boldsymbol{\xi}=\boldsymbol{0},\ \boldsymbol{Q}_0^{\mathrm{T}}\boldsymbol{A\xi}=\boldsymbol{0},\ \cdots,\ \boldsymbol{Q}_0^{\mathrm{T}}\boldsymbol{A}^{n-1}\boldsymbol{\xi}=\boldsymbol{0}$$

$$\begin{bmatrix}\boldsymbol{Q}_0^{\mathrm{T}}\\ \boldsymbol{Q}_0^{\mathrm{T}}\boldsymbol{A}\\ \vdots\\ \boldsymbol{Q}_0^{\mathrm{T}}\boldsymbol{A}^{n-1}\end{bmatrix}\boldsymbol{\xi}=\boldsymbol{0}\quad\Rightarrow\quad\mathrm{rank}\begin{bmatrix}\boldsymbol{Q}_0^{\mathrm{T}}\\ \boldsymbol{Q}_0^{\mathrm{T}}\boldsymbol{A}\\ \vdots\\ \boldsymbol{Q}_0^{\mathrm{T}}\boldsymbol{A}^{n-1}\end{bmatrix}<n$$

与$\{\boldsymbol{A},\boldsymbol{Q}_0\}$完全能观矛盾。

例 4-6 将例 4-3 的性能指标改为无限时间的性能指标，即

$$J=\frac{1}{2}\int_{t_0}^{\infty}(qx^2+ru^2)\mathrm{d}t$$

再求最优控制。

1）显见，若$b\neq 0$，系统$\{a,b\}$是完全能控的。代数里卡蒂方程

$$Pa+aP+q-Pbr^{-1}bP=2P+1-P^2=0$$

$$P=\frac{2\pm\sqrt{4+4}}{2}=1\pm\sqrt{2}$$

取正定解 $P=1+\sqrt{2}$。

2）最优控制与最优轨线方程为

$$u(t)=-r^{-1}bPx=-(1+\sqrt{2})x$$

$$\dot{x}=(a-br^{-1}bP)x=(1-1-\sqrt{2})x=-\sqrt{2}x$$

$$x=x_0\mathrm{e}^{-\sqrt{2}t}$$

可见，$\lim\limits_{t_f\to\infty}x(t_f)=\lim\limits_{t_f\to\infty}x_0\mathrm{e}^{-\sqrt{2}t_f}=0$，$\lim\limits_{t_f\to\infty}u(t_f)=0$，实现了状态调节器的任务。

3）从式(4-44)有

$$\lim_{t_f\to\infty}P(t;t_0,t_f)=\lim_{t_f\to\infty}\left[1+\sqrt{2}\frac{\mathrm{e}^{\sqrt{2}(t_f-t)}-\mathrm{e}^{-\sqrt{2}(t_f-t)}}{\mathrm{e}^{\sqrt{2}(t_f-t)}+\mathrm{e}^{-\sqrt{2}(t_f-t)}}\right]=1+\sqrt{2}$$

与代数里卡蒂方程正定解一致。

从前面的讨论看出，无限时间状态调节器实际上就是一个状态比例反馈控制器，参见式(4-49a)，比例矩阵 $\boldsymbol{K}$ 通过代数里卡蒂方程的解来构造，即 $\boldsymbol{K}=\boldsymbol{R}^{-1}\boldsymbol{B}^{\mathrm{T}}\boldsymbol{P}$，这就给出了状态比例反馈控制的另一个设计方法。通过极点配置设计比例矩阵 $\boldsymbol{K}$，可以保证闭环稳定（只要期望极点是稳定的），通过最优调节器设计的比例矩阵 $\boldsymbol{K}$ 是否一定能保证闭环系统稳定？从式(4-46a)知，$\boldsymbol{x}(t_f)\to\boldsymbol{0}(t_f\to\infty)$，隐含着状态响应是收敛的，实际上，有如下结论（可参见定理 6-4 证明后的讨论）：

定理 4-5（最优调节器的稳定性） 若系统 $\{\boldsymbol{A},\boldsymbol{B}\}$ 完全能控，$\boldsymbol{Q}=\boldsymbol{Q}_0\boldsymbol{Q}_0^{\mathrm{T}}$，$\{\boldsymbol{A},\boldsymbol{Q}_0\}$ 完全能观，则最优闭环系统式(4-49)一定（渐进）稳定。

例 4-7 设被控对象为

$$\dot{\boldsymbol{x}}=\begin{bmatrix}0&1\\0&0\end{bmatrix}\boldsymbol{x}+\begin{bmatrix}0\\1\end{bmatrix}\boldsymbol{u},\ \boldsymbol{y}=\boldsymbol{x}$$

$$\boldsymbol{A}=\begin{bmatrix}0&1\\0&0\end{bmatrix},\ \boldsymbol{B}=\begin{bmatrix}0\\1\end{bmatrix},\ \boldsymbol{C}=\begin{bmatrix}1&0\\0&1\end{bmatrix}$$

性能指标为

$$J=\frac{1}{2}\int_{t_0}^{\infty}[\boldsymbol{x}^{\mathrm{T}}\boldsymbol{Q}\boldsymbol{x}+\boldsymbol{u}^{\mathrm{T}}\boldsymbol{R}\boldsymbol{u}]\mathrm{d}t$$

式中，$\boldsymbol{Q}=\begin{bmatrix}1&b\\b&a^2\end{bmatrix}$，$a>b\geqslant0$；$\boldsymbol{R}=1$。求最优控制并分析系统稳定性。

1）这是一个无限时间最优调节器问题。系统的能控阵为

$$\boldsymbol{M}_c=[\boldsymbol{B},\boldsymbol{AB}]=\begin{bmatrix}0&1\\1&0\end{bmatrix},\ \mathrm{rank}(\boldsymbol{M}_c)=2$$

系统完全能控。另外

$$\boldsymbol{Q}=\begin{bmatrix}1&b\\b&a^2\end{bmatrix}=\begin{bmatrix}1&b\\0&\sqrt{a^2-b^2}\end{bmatrix}^{\mathrm{T}}\begin{bmatrix}1&b\\0&\sqrt{a^2-b^2}\end{bmatrix}=\boldsymbol{Q}_0^{\mathrm{T}}\boldsymbol{Q}_0\geqslant0$$

$$\begin{bmatrix}\boldsymbol{Q}_0\\\boldsymbol{Q}_0\boldsymbol{A}\end{bmatrix}=\begin{bmatrix}1&b\\0&\sqrt{a^2-b^2}\\0&b\\0&0\end{bmatrix},\ \mathrm{rank}\begin{bmatrix}\boldsymbol{Q}_0\\\boldsymbol{Q}_0\boldsymbol{A}\end{bmatrix}=2$$

所以，$\{\boldsymbol{A},\boldsymbol{Q}_0\}$完全能观。根据定理 4-5，最优调节器一定存在且闭环系统稳定。

2）求代数里卡蒂方程的解。根据式(4-48)有

$$\begin{bmatrix} p_{11} & p_{12} \\ p_{12} & p_{22} \end{bmatrix}\begin{bmatrix} 0 & 1 \\ 0 & 0 \end{bmatrix}+\begin{bmatrix} 0 & 0 \\ 1 & 0 \end{bmatrix}\begin{bmatrix} p_{11} & p_{12} \\ p_{12} & p_{22} \end{bmatrix}+$$

$$\begin{bmatrix} 1 & b \\ b & a^2 \end{bmatrix}-\begin{bmatrix} p_{11} & p_{12} \\ p_{12} & p_{22} \end{bmatrix}\begin{bmatrix} 0 \\ 1 \end{bmatrix}\begin{bmatrix} 0 & 1 \end{bmatrix}\begin{bmatrix} p_{11} & p_{12} \\ p_{12} & p_{22} \end{bmatrix}=0$$

$$\begin{bmatrix} 0 & p_{11} \\ 0 & p_{12} \end{bmatrix}+\begin{bmatrix} 0 & 0 \\ p_{11} & p_{12} \end{bmatrix}+\begin{bmatrix} 1 & b \\ b & a^2 \end{bmatrix}-\begin{bmatrix} p_{12}^2 & p_{12}p_{22} \\ p_{22}p_{12} & p_{22}^2 \end{bmatrix}=0$$

$$\begin{bmatrix} 1-p_{12}^2 & p_{11}+b-p_{12}p_{22} \\ p_{11}+b-p_{12}p_{22} & 2p_{12}+a^2-p_{22}^2 \end{bmatrix}=0$$

解之有 $p_{12}=\pm 1$，$p_{22}=\pm\sqrt{2p_{12}+a^2}$，$p_{11}=p_{12}p_{22}-b$。由于 $\boldsymbol{P}=\boldsymbol{P}^{\mathrm{T}}>0$，可取

$$p_{12}=1,\ p_{22}=\sqrt{2+a^2},\ p_{11}=\sqrt{2+a^2}-b$$

$$\boldsymbol{P}=\begin{bmatrix} p_{11} & p_{12} \\ p_{12} & p_{22} \end{bmatrix}=\begin{bmatrix} \sqrt{2+a^2}-b & 1 \\ 1 & \sqrt{2+a^2} \end{bmatrix}>0$$

3）求最优控制。

$$\begin{aligned}\boldsymbol{u}&=-\boldsymbol{K}\boldsymbol{x}+\boldsymbol{r}=-\boldsymbol{R}^{-1}\boldsymbol{B}^{\mathrm{T}}\boldsymbol{P}\boldsymbol{x}+\boldsymbol{r}=-[0,1]\begin{bmatrix} \sqrt{2+a^2}-b & 1 \\ 1 & \sqrt{2+a^2} \end{bmatrix}\boldsymbol{x}+\boldsymbol{r}\\&=-[1,\sqrt{2+a^2}]\boldsymbol{x}+\boldsymbol{r}\end{aligned} \tag{4-50}$$

闭环状态方程为

$$\dot{\boldsymbol{x}}=(\boldsymbol{A}-\boldsymbol{B}\boldsymbol{K})\boldsymbol{x}+\boldsymbol{B}\boldsymbol{r}=\begin{bmatrix} 0 & 1 \\ -1 & -\sqrt{2+a^2} \end{bmatrix}\boldsymbol{x}+\begin{bmatrix} 0 \\ 1 \end{bmatrix}\boldsymbol{r}$$

闭环极点方程为

$$\det(s\boldsymbol{I}-\boldsymbol{A}+\boldsymbol{B}\boldsymbol{K})=\begin{vmatrix} s & -1 \\ 1 & s+\sqrt{2+a^2} \end{vmatrix}=s^2+s\sqrt{2+a^2}+1=0$$

闭环极点为

$$s_{1,2}=-\frac{\sqrt{2+a^2}}{2}\pm \mathrm{j}\frac{\sqrt{2-a^2}}{2}\quad (0<a<\sqrt{2}) \tag{4-51a}$$

$$s_{1,2}=-\frac{\sqrt{2+a^2}}{2}\pm\frac{\sqrt{a^2-2}}{2}\quad (a\geqslant\sqrt{2}) \tag{4-51b}$$

可见，最优调节器下的闭环系统是稳定的。

综合前面的讨论可知：

1）最优控制原理的设计理念是通过优化性能指标泛函 J 来设计控制器，状态空间理论的设计理念是通过状态反馈配置闭环极点来设计控制器，这是两种不同的设计思路，但最后的控制律都归结到了状态比例反馈控制律上。

2）由于 $\boldsymbol{x}(t_f)\to\boldsymbol{0}(t_f\to\infty)$，最优调节器可以确保系统的稳定性、稳态性，但系统的快速性、平稳性等扩展性能没有显性给出，而是浓缩在了性能指标 J 中，通过权系数矩阵 $\boldsymbol{Q}$ 和 $\boldsymbol{R}$ 来间接体现，并使 J 取极小来满足。从式(4-51)看出，$\boldsymbol{Q}$ 中参数 a 取不同的值，将带来不同的闭环极点

位置，因而，系统的扩展性能会随之发生改变。因此，建立权系数矩阵$\{\boldsymbol{Q},\boldsymbol{R}\}$与闭环极点的关系，可使得$\{\boldsymbol{Q},\boldsymbol{R}\}$的设置具有更明晰的物理意义。

3）给定$\{\boldsymbol{Q},\boldsymbol{R}\}$可以得到最优控制律和最优状态轨线，但不意味着实际系统就具有了极致性能，而仅仅是在给定$\{\boldsymbol{Q},\boldsymbol{R}\}$下的“最优”，换了$\{\boldsymbol{Q},\boldsymbol{R}\}$会有另外的“最优”。从这个意义上讲，更应该把最优控制方法看成设计控制器的工具而已，先将期望的性能转化为性能指标泛函，再对泛函优化会得到唯一解，而这个唯一解常常是工程中控制器参数取值范围内的较好的解，这样就减少了设计过程的盲目性。当然，如何设计性能指标泛函，如何将时域或频域的期望性能指标转化为性能指标泛函中的权系数矩阵，没有一般性的方法。这是在工程实际中运用最优控制理论需要重视和克服的，需要不断积累设计经验。

4）从数学意义上看，最优控制问题实际上就是性能指标泛函的优化问题，系统的数学模型只是它的约束条件。这样的话可以把最优控制方法进一步推广。第一方面，既可以用于线性定常系统，也可以用于时变系统、非线性系统；第二方面，还可以对状态变量、输入变量、输出变量施加取值范围的约束，如输入变量不能超限，这是不等式约束；第三方面，性能指标泛函可以是有限时间积分，也可以是无限时间积分，可以是线性二次型指标也可以是非线性泛函指标。由于上述特点以及丰富的数学优化工具，许多新的控制理论在控制器的设计上都转化为最优控制的形式，使得过去难以解决的复杂控制问题有了一条新路径。

4.2 模型预测控制

为了弥补最优控制方法对模型的严格依赖，模型预测控制(Model Predictive Control，MPC)给出了一条解决路径。模型预测控制由三大部分组成：一是预测模型，即系统被控输出与控制输入的模型，以此模型预测系统未来的状况；二是滚动优化，设置性能指标泛函，依据预测模型求解最优控制，但只实施前面有限步(一般为一步)，实施完后根据结果反馈校正，再滚动优化；三是反馈校正，由于存在模型失配、扰动变化等不确定因素，基于模型计算出的有限步(或一步)结果与实际运行结果会不一致，需根据此误差对模型预测进行校正，为后续滚动优化奠定更准确的基础。这样，不断地校正与滚动优化可以克服控制方法对模型准确度的依赖。

4.2.1 基于动态矩阵的模型预测控制

模型预测的主要功能是能得到系统未来的状况，对模型的结构形式没有特殊要求，可以是传递函数、状态方程之类的参数型模型，也可以是阶跃响应、脉冲响应之类的非参数型模型。模型预测控制源于过程控制，过程控制不少都是设定值的调节控制，因而阶跃响应是一个很直观反映系统运行状况的模型。动态矩阵控制(DMC)以阶跃响应作为预测模型，是最早的一种模型预测控制。

1. 单变量的动态矩阵控制

(1) 预测模型

不失一般性，假定被控对象是线性定常的，控制输入为u，被控输出为y，$y=G(s)u$，其阶跃响应模型如图 4-2 所示，以采样周期τ对阶跃响应进行等间隔采样，得到阶跃响应系数$a_i=a(i\tau)\,(i=1,2,\cdots,N)$，$t\geqslant N\tau$时系统进入稳态，$N$为建模时域。

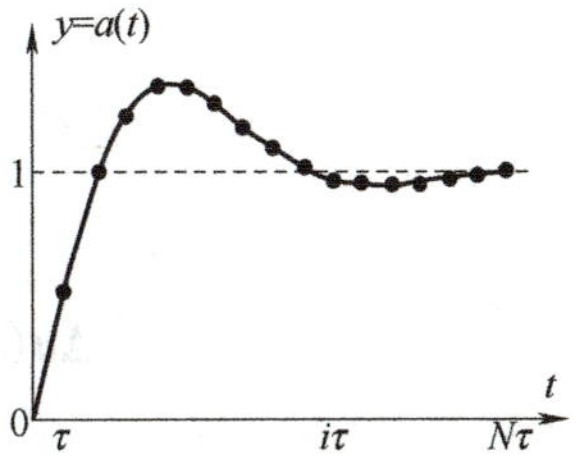

图 4-2 阶跃响应模型

下面讨论如何以阶跃响应系数向量$\boldsymbol{a}=[a_1,a_2,\cdots,a_N]^{\mathrm{T}}$来建模。在$t=k\tau$时刻考察系统，若输入没有增量变化，记未来$N$拍输出为

$$\hat{\boldsymbol{y}}_0(k;N)=\begin{bmatrix}\hat{y}_0(k+1)\\ \hat{y}_0(k+2)\\ \vdots\\ \hat{y}_0(k+N)\end{bmatrix} \tag{4-52}$$

式中，$\hat{y}_0(k+i)$均为$\hat{y}_0((k+i)\tau)$，略写了采样周期τ，下面类同；$\hat{\boldsymbol{y}}_0(k;N)$为无输入增量下的$N$拍输出初始预测向量。

若在$t=k\tau$时输入产生一个增量变化，即$\Delta u_k=\Delta u_1 I(t-k\tau)$，那么，未来$N$拍输出为

$$\begin{bmatrix}\hat{y}(k+1)\\ \hat{y}(k+2)\\ \vdots\\ \hat{y}(k+N)\end{bmatrix}=\begin{bmatrix}\hat{y}_0(k+1)\\ \hat{y}_0(k+2)\\ \vdots\\ \hat{y}_0(k+N)\end{bmatrix}+\begin{bmatrix}a_1\\ a_2\\ \vdots\\ a_N\end{bmatrix}\Delta u_k$$

若在$t=(k+1)\tau$时输入再产生一个增量变化，即$\Delta u_{k+1}=\Delta u_2 I(t-(k+1)\tau)$，那么未来$N$拍输出为

$$\begin{aligned}\begin{bmatrix}\hat{y}(k+1)\\ \hat{y}(k+2)\\ \vdots\\ \hat{y}(k+N)\end{bmatrix}&=\begin{bmatrix}\hat{y}_0(k+1)\\ \hat{y}_0(k+2)\\ \vdots\\ \hat{y}_0(k+N)\end{bmatrix}+\begin{bmatrix}a_1\\ a_2\\ \vdots\\ a_N\end{bmatrix}\Delta u_k+\begin{bmatrix}0\\ a_1\\ \vdots\\ a_{N-1}\end{bmatrix}\Delta u_{k+1}\\ &=\begin{bmatrix}\hat{y}_0(k+1)\\ \hat{y}_0(k+2)\\ \vdots\\ \hat{y}_0(k+N)\end{bmatrix}+\begin{bmatrix}a_1 & \\ a_2 & a_1\\ \vdots & \vdots\\ a_N & a_{N-1}\end{bmatrix}\begin{bmatrix}\Delta u_k\\ \Delta u_{k+1}\end{bmatrix}\end{aligned}$$

进一步，若输入产生连续$M\leqslant N$拍的增量变化，即

$$\Delta u=\Delta u_1 I(t-k\tau)+\Delta u_2 I(t-(k+1)\tau)+\cdots+\Delta u_M I(t-(k+M-1)\tau)$$

那么，未来N拍输出为

$$\begin{bmatrix}\hat{y}(k+1)\\ \hat{y}(k+2)\\ \vdots\\ \hat{y}(k+N)\end{bmatrix}=\begin{bmatrix}\hat{y}_0(k+1)\\ \hat{y}_0(k+2)\\ \vdots\\ \hat{y}_0(k+N)\end{bmatrix}+\begin{bmatrix}a_1 & & \\ a_2 & \ddots & \\ & \ddots & a_1\\ \vdots & & a_2\\ & & \vdots\\ a_N & \cdots & a_{N-M+1}\end{bmatrix}\begin{bmatrix}\Delta u_k\\ \vdots\\ \Delta u_{k+M-1}\end{bmatrix} \tag{4-53a}$$

一般在滚动优化时，只需预测未来P拍输出($P\leqslant N$)，令

$$\hat{\boldsymbol{y}}_0(k;P)=\begin{bmatrix}\hat{y}_0(k+1)\\ \hat{y}_0(k+2)\\ \vdots\\ \hat{y}_0(k+P)\end{bmatrix},\ \hat{\boldsymbol{y}}(k;P)=\begin{bmatrix}\hat{y}(k+1)\\ \hat{y}(k+2)\\ \vdots\\ \hat{y}(k+P)\end{bmatrix}$$

$$\Delta\boldsymbol{u}(k;M)=\begin{bmatrix}\Delta u_k\\ \Delta u_{k+1}\\ \vdots\\ \Delta u_{k+M-1}\end{bmatrix},\ \boldsymbol{A}(P)=\begin{bmatrix}a_1 & & \\ a_2 & \ddots & \\ & \ddots & a_1\\ \vdots & & a_2\\ & & \vdots\\ a_P & \cdots & a_{P-M+1}\end{bmatrix}$$

式中，P 和 M 为输出与输入的拍数，在不引起混淆时，将略写。由式(4-53a)可得

$$\hat{\boldsymbol{y}}(k)=\hat{\boldsymbol{y}}_0(k)+\boldsymbol{A}\Delta\boldsymbol{u}(k) \tag{4-53b}$$

式中，$\boldsymbol{A}=\boldsymbol{A}(P)\in\mathbf{R}^{P\times M}$ 称为动态矩阵，$M\leqslant P\leqslant N$。

式(4-53b)即为以阶跃响应构造的系统(预测)模型，其中，$\hat{\boldsymbol{y}}_0(k)$ 是无输入增量下的输出初始预测向量；$\hat{\boldsymbol{y}}(k)$ 是有输入增量下的输出预测向量；$\boldsymbol{A}\Delta\boldsymbol{u}(k)$ 是输入增量的响应向量。

(2) 滚动优化

令 $v(t)$ 是期望输出轨迹，若取 $v(t)=\gamma^* I(t-k\tau)$（γ^* 是输出的期望设定值），会在 $t=k\tau$ 瞬间产生较大输入冲量，为此，常假定 $v(t)$ 由一个惯性环节产生，即

$$\begin{cases}T_r\dot{v}(t)+v(t)=\gamma^*, \\ v(t)\big|_{t=k\tau}=0,\end{cases}\quad v(s)=\frac{1}{T_r s+1}\gamma^*(s) \tag{4-54}$$

式中，T_r 是期望惯性时间常数，是一个可调节的控制参数。$T_r=0$，就是通常的阶跃函数信号。对期望轨迹采样有如下期望输出向量：

$$\boldsymbol{v}(k;P)=\begin{bmatrix}v(k+1)\\ v(k+2)\\ \vdots\\ v(k+P)\end{bmatrix}$$

取如下二次型性能指标

$$J=\sum_{i=1}^{P}q_i[v(k+i)-\hat{y}(k+i)]^2+\sum_{j=1}^{M}r_j\Delta u_{k+j-1}^2 \tag{4-55a}$$

写成向量矩阵的形式为

$$J=(\boldsymbol{v}-\hat{\boldsymbol{y}})^{\mathrm{T}}\boldsymbol{Q}(\boldsymbol{v}-\hat{\boldsymbol{y}})+\Delta\boldsymbol{u}^{\mathrm{T}}\boldsymbol{R}\Delta\boldsymbol{u} \tag{4-55b}$$

式中，$\boldsymbol{Q}=\mathrm{diag}\{q_i\}>0$；$\boldsymbol{R}=\mathrm{diag}\{r_j\}>0$。这是一个典型的有限时域离散二次型优化。

将式(4-53b)代入式(4-55b)，再求 $\dfrac{\partial J}{\partial\Delta\boldsymbol{u}}=\boldsymbol{0}$，便可得最优的控制增量，即

$$\Delta\boldsymbol{u}=(\boldsymbol{A}^{\mathrm{T}}\boldsymbol{Q}\boldsymbol{A}+\boldsymbol{R})^{-1}\boldsymbol{A}^{\mathrm{T}}\boldsymbol{Q}(\boldsymbol{v}-\hat{\boldsymbol{y}}_0) \tag{4-56}$$

但在实施时，并不将全部 M 拍输入增量实施，一般只实施第一拍的增量，即

$$\Delta u_k=[1,0,\cdots,0]\Delta\boldsymbol{u}=\boldsymbol{c}^{\mathrm{T}}\Delta\boldsymbol{u}=\boldsymbol{d}^{\mathrm{T}}(\boldsymbol{v}-\hat{\boldsymbol{y}}_0) \tag{4-57}$$

式中，$\boldsymbol{d}^{\mathrm{T}}=\boldsymbol{c}^{\mathrm{T}}(\boldsymbol{A}^{\mathrm{T}}\boldsymbol{Q}\boldsymbol{A}+\boldsymbol{R})^{-1}\boldsymbol{A}^{\mathrm{T}}\boldsymbol{Q}$。若动态矩阵 $\boldsymbol{A}$ 不变，向量 $\boldsymbol{d}$ 可事先离线计算出来。那么，只要已知期望轨迹向量 $\boldsymbol{v}$、初始预测向量 $\hat{\boldsymbol{y}}_0$，便可快速得到 Δu_k，进而得到 $t=k\tau$ 时的最优控制输入量为

$$u(k)=u(k-1)+\Delta u_k,\quad u(z)=\frac{1}{1-z^{-1}}\Delta u_k(z)$$

在此控制下(后续节拍不再施加输入增量)，从式(4-53a)可得未来 N 拍输出预测为

$$\begin{bmatrix}\hat{y}(k+1)\\ \hat{y}(k+2)\\ \vdots\\ \hat{y}(k+N)\end{bmatrix}=\begin{bmatrix}\hat{y}_0(k+1)\\ \hat{y}_0(k+2)\\ \vdots\\ \hat{y}_0(k+N)\end{bmatrix}+\begin{bmatrix}a_1\\ a_2\\ \vdots\\ a_N\end{bmatrix}\Delta u_k \tag{4-58a}$$

或写为

$$\hat{\boldsymbol{y}}_1(k;N)=\hat{\boldsymbol{y}}_0(k;N)+\boldsymbol{a}\Delta u_k \tag{4-58b}$$

式(4-58)也是系统预测模型，只是输入增量只有一拍，$\hat{\boldsymbol{y}}_1$ 为只施加第一拍输入增量的输出预测向量，也是下一步滚动优化的初始向量。

(3) 反馈校正

在实施输入增量 Δu_k 后，将产生系统的实际输出 $y(k+1)$，若与式(4-58a)中依模型预测的 $\hat{y}(k+1)$ 不一致的话，意味着模型预测式(4-53b)中的模型失配($\boldsymbol{A}$ 有误差)或者初始预测向量 $\hat{\boldsymbol{y}}_0$ 不准，应该根据它们的差值 $\varepsilon(k+1)=y(k+1)-\hat{y}(k+1)$ 进行校正，以弥补模型残差与扰动的影响。校正有两条路径，一是在线修改动态矩阵 $\boldsymbol{A}$，这个相对困难；二是在线修改下一拍初始预测向量 $\hat{\boldsymbol{y}}_0$，这个相对容易，动态矩阵控制采用这条路径。

先对计算值 $\hat{\boldsymbol{y}}_1(k;N)$ 进行校正，有

$$\bar{\boldsymbol{y}}_0(k;N)=\hat{\boldsymbol{y}}_1(k;N)+\boldsymbol{h}\varepsilon(k+1) \tag{4-59a}$$

式中，$\boldsymbol{h}=[h_1,h_2,\cdots,h_N]^{\mathrm{T}}$ 为校正系数向量。

由于 $t=(k+1)\tau$ 时刻的未来 N 拍是 $\{k+2,\cdots,k+N,k+N+1\}$，则下一拍预测初始向量 $\hat{\boldsymbol{y}}_0(k+1;N)$ 可由式(4-59a)移位导出，即

$$\hat{\boldsymbol{y}}_0(k+1;N)=\boldsymbol{S}\bar{\boldsymbol{y}}_0(k;N),\boldsymbol{S}=\begin{bmatrix}0 & 1 & & \\ \vdots & \ddots & \ddots & \\ & & 0 & 1\\ 0 & 0 & \cdots & 1\end{bmatrix} \tag{4-59b}$$

式中，矩阵 $\boldsymbol{S}$ 是一个移位运算。另外，最后一拍 $(k+N+1)$ 被建模时域截断，用上一拍 $(k+N)$ 近似替代。

将 $k\leftarrow k+1$，式(4-59b)还原为式(4-52)，便可开始下一轮的优化，如图 4-3 所示。要说明的是，最开始的式(4-52)初始预测向量可取为 $\hat{\boldsymbol{y}}_0=[y(k),\cdots,y(k)]^{\mathrm{T}}$。

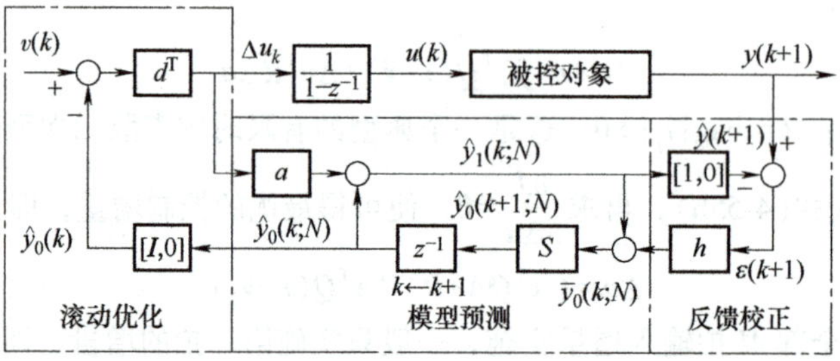

图 4-3　基于动态矩阵的模型预测控制

2. 多变量的动态矩阵控制

动态矩阵控制更有意义的是应用在多变量系统中，需要将前面的单变量动态矩阵控制予以推广。

(1) 预测模型

不失一般性，假定被控对象有 p 路输出、m 路输入，即

$$\begin{bmatrix}y_1\\ \vdots\\ y_p\end{bmatrix}=\begin{bmatrix}G_{11}(s) & \cdots & G_{1m}(s)\\ \vdots & & \vdots\\ G_{p1}(s) & \cdots & G_{pm}(s)\end{bmatrix}\begin{bmatrix}u_1\\ \vdots\\ u_m\end{bmatrix}$$

对第 i 路输出、第 j 路输入构成的单变量系统 $y_i=G_{ij}(s)u_j$，存在一个阶跃响应的建模向量 $\boldsymbol{a}_{ij}=[a_{ij1},a_{ij2},\cdots,a_{ijN}]^{\mathrm{T}}$，令

$$\hat{\boldsymbol{y}}_{0,i}(k;P)=\begin{bmatrix}\hat{y}_{0,i}(k+1)\\ \vdots\\ \hat{y}_{0,i}(k+P)\end{bmatrix},\ \hat{\boldsymbol{y}}_i(k;P)=\begin{bmatrix}\hat{y}_i(k+1)\\ \vdots\\ \hat{y}_i(k+P)\end{bmatrix}$$

$$\Delta \boldsymbol{u}_j(k)=\begin{bmatrix}\Delta u_{j,k}\\ \Delta u_{j,k+1}\\ \vdots\\ \Delta u_{j,k+M-1}\end{bmatrix},\quad \boldsymbol{A}_{ij}(P)=\begin{bmatrix}a_{ij1} & & \\ a_{ij2} & \ddots & \\ & \ddots & a_{ij1}\\ \vdots & & a_{ij2}\\ & & \vdots\\ a_{ijP} & \cdots & a_{ij(P-M+1)}\end{bmatrix}$$

与式(4-53b)、式(4-58b)一样，有如下的预测模型，即

$$\hat{\boldsymbol{y}}_i(k)=\hat{\boldsymbol{y}}_{0,i}(k)+\boldsymbol{A}_{ij}\Delta \boldsymbol{u}_j(k) \tag{4-60a}$$

$$\hat{\boldsymbol{y}}_{1,i}(k;N)=\hat{\boldsymbol{y}}_{0,i}(k;N)+\boldsymbol{a}_{ij}\Delta u_{k,j} \tag{4-60b}$$

若将所有 p 路输出、m 路输入组合起来，令

$$\hat{\boldsymbol{y}}_0(k)=\begin{bmatrix}\hat{\boldsymbol{y}}_{0,1}(k)\\ \vdots\\ \hat{\boldsymbol{y}}_{0,p}(k)\end{bmatrix},\quad \hat{\boldsymbol{y}}(k)=\begin{bmatrix}\hat{\boldsymbol{y}}_1(k)\\ \vdots\\ \hat{\boldsymbol{y}}_p(k)\end{bmatrix},\quad \Delta \boldsymbol{u}(k)=\begin{bmatrix}\Delta \boldsymbol{u}_1(k)\\ \vdots\\ \Delta \boldsymbol{u}_m(k)\end{bmatrix}$$

$$\boldsymbol{A}=\begin{bmatrix}\boldsymbol{A}_{11} & \cdots & \boldsymbol{A}_{1m}\\ \vdots & \cdots & \vdots\\ \boldsymbol{A}_{p1} & \cdots & \boldsymbol{A}_{pm}\end{bmatrix},\quad \boldsymbol{a}=\begin{bmatrix}\boldsymbol{a}_{11} & \cdots & \boldsymbol{a}_{1m}\\ \vdots & \cdots & \vdots\\ \boldsymbol{a}_{p1} & \cdots & \boldsymbol{a}_{pm}\end{bmatrix}$$

则按式(4-60)组合后，有如下的多变量的预测模型，即

$$\hat{\boldsymbol{y}}(k)=\hat{\boldsymbol{y}}_0(k)+\boldsymbol{A}\Delta \boldsymbol{u}(k) \tag{4-61a}$$

$$\hat{\boldsymbol{y}}_1(k;N)=\hat{\boldsymbol{y}}_0(k;N)+\boldsymbol{a}\Delta \boldsymbol{u}(k) \tag{4-61b}$$

(2) 滚动优化

取每一路输出的期望轨迹向量 $\boldsymbol{v}_i(k)$ 以及组合期望轨迹向量 $\boldsymbol{v}(k)$ 分别为

$$\boldsymbol{v}_i(k;P)=\begin{bmatrix}v_i(k+1)\\ v_i(k+2)\\ \vdots\\ v_i(k+P)\end{bmatrix},\quad \boldsymbol{v}(k)=\begin{bmatrix}\boldsymbol{v}_1(k;P)\\ \boldsymbol{v}_2(k;P)\\ \vdots\\ \boldsymbol{v}_p(k;P)\end{bmatrix}$$

取如下二次型性能指标

$$J=\sum_{i=1}^{p}(\boldsymbol{v}_i-\hat{\boldsymbol{y}}_i)^{\mathrm{T}}\boldsymbol{Q}_i(\boldsymbol{v}_i-\hat{\boldsymbol{y}}_i)+\sum_{j=1}^{m}\Delta \boldsymbol{u}_j^{\mathrm{T}}\boldsymbol{R}_j\Delta \boldsymbol{u}_j \tag{4-62a}$$

或写成

$$J=(\boldsymbol{v}-\hat{\boldsymbol{y}})^{\mathrm{T}}\boldsymbol{Q}(\boldsymbol{v}-\hat{\boldsymbol{y}})+\Delta \boldsymbol{u}^{\mathrm{T}}\boldsymbol{R}\Delta \boldsymbol{u} \tag{4-62b}$$

式中，$\boldsymbol{Q}=\mathrm{diag}\{\boldsymbol{Q}_i\}>0$；$\boldsymbol{R}=\mathrm{diag}\{\boldsymbol{R}_j\}>0$。

由于多变量的预测模型与性能指标在形式上与单变量的完全一致，故最优控制的形式也是一致的，即

$$\Delta \boldsymbol{u}=(\boldsymbol{A}^{\mathrm{T}}\boldsymbol{Q}\boldsymbol{A}+\boldsymbol{R})^{-1}\boldsymbol{A}^{\mathrm{T}}\boldsymbol{Q}(\boldsymbol{v}-\hat{\boldsymbol{y}}_0) \tag{4-63a}$$

若只实施第一拍，即

$$\Delta \boldsymbol{u}(k)=\boldsymbol{D}\Delta \boldsymbol{u}=\boldsymbol{D}(\boldsymbol{A}^{\mathrm{T}}\boldsymbol{Q}\boldsymbol{A}+\boldsymbol{R})^{-1}\boldsymbol{A}^{\mathrm{T}}\boldsymbol{Q}(\boldsymbol{v}-\hat{\boldsymbol{y}}_0) \tag{4-63b}$$

式中，$\boldsymbol{D}=\mathrm{diag}\{\boldsymbol{c}^{\mathrm{T}}\}$；$\boldsymbol{c}^{\mathrm{T}}=[1,0,\cdots,0]$。

(3) 反馈校正

第一拍实施后，模型预测值可由式(4-61b)进行计算，与实际输出的误差为

$$\boldsymbol{\varepsilon}(k+1)=\begin{bmatrix} e_1(k+1) \\ e_2(k+1) \\ \vdots \\ e_p(k+1) \end{bmatrix}=\begin{bmatrix} y_1(k+1) \\ y_2(k+1) \\ \vdots \\ y_p(k+1) \end{bmatrix}-\begin{bmatrix} \hat{y}_1(k+1) \\ \hat{y}_2(k+1) \\ \vdots \\ \hat{y}_p(k+1) \end{bmatrix}$$

根据上述误差有如下的校正：

$$\bar{\boldsymbol{y}}_0(k;N)=\hat{\boldsymbol{y}}_1(k;N)+\boldsymbol{H}\boldsymbol{\varepsilon}(k+1) \tag{4-64a}$$

可得到下一步滚动优化的初始预测向量：

$$\hat{\boldsymbol{y}}_0(k+1;N)=\boldsymbol{S}\bar{\boldsymbol{y}}_0(k;N) \tag{4-64b}$$

式中，

$$\boldsymbol{H}=\begin{bmatrix} \boldsymbol{h}_{11} & \cdots & \boldsymbol{h}_{1m} \\ \vdots & & \vdots \\ \boldsymbol{h}_{p1} & \cdots & \boldsymbol{h}_{pm} \end{bmatrix},\ \boldsymbol{h}_{ij}=\begin{bmatrix} h_{ij,1} \\ \vdots \\ h_{ij,N} \end{bmatrix},\ \boldsymbol{S}=\begin{bmatrix} \boldsymbol{S}_1 & & \\ & \ddots & \\ & & \boldsymbol{S}_p \end{bmatrix},\ \boldsymbol{S}_i=\begin{bmatrix} 0 & 1 & & \\ & \ddots & \ddots & \\ \vdots & & 0 & 1 \\ 0 & 0 & \cdots & 1 \end{bmatrix}$$

按照式(4-60)~式(4-64)，便可实现多变量的动态矩阵控制。

4.2.2 基于状态空间的模型预测控制

状态空间描述是多变量系统的一种通用描述，采用状态空间模型进行预测控制更具一般性。预测控制以迭代算法为基本形式，所以，常采用离散方式进行描述、分析与设计。下面，先讨论离散状态空间的模型预测控制，再就应用中的一些问题做些探讨。

1. 离散状态空间的模型预测控制

(1) 预测模型

不失一般性，令被控对象的离散模型为

$$\begin{cases} \boldsymbol{x}(k+1)=\boldsymbol{A}\boldsymbol{x}(k)+\boldsymbol{B}\boldsymbol{u}(k) \\ \boldsymbol{y}=\boldsymbol{C}\boldsymbol{x}(k) \end{cases} \tag{4-65}$$

式中，状态变量 $\boldsymbol{x}\in\mathbf{R}^n$；输出变量 $\boldsymbol{y}\in\mathbf{R}^p$；输入变量 $\boldsymbol{u}\in\mathbf{R}^m$。

对于预测控制，希望得到在 $t=k\tau$ 时刻及以后连续 M 拍输入下系统 P 拍的输出预测，$M\leqslant P$。若模型适配，由状态方程可推出未来 P 拍的状态预测为

$$\begin{cases} \hat{\boldsymbol{x}}(k+1)=\boldsymbol{A}\hat{\boldsymbol{x}}(k)+\boldsymbol{B}\boldsymbol{u}(k) \\ \hat{\boldsymbol{x}}(k+2)=\boldsymbol{A}\hat{\boldsymbol{x}}(k+1)+\boldsymbol{B}\boldsymbol{u}(k+1)=\boldsymbol{A}^2\hat{\boldsymbol{x}}(k)+\boldsymbol{A}\boldsymbol{B}\boldsymbol{u}(k)+\boldsymbol{B}\boldsymbol{u}(k+1) \\ \quad\vdots \\ \hat{\boldsymbol{x}}(k+M)=\boldsymbol{A}^M\hat{\boldsymbol{x}}(k)+\boldsymbol{A}^{M-1}\boldsymbol{B}\boldsymbol{u}(k)+\cdots+\boldsymbol{B}\boldsymbol{u}(k+M-1) \\ \hat{\boldsymbol{x}}(k+M+1)=\boldsymbol{A}^{M+1}\hat{\boldsymbol{x}}(k)+\boldsymbol{A}^M\boldsymbol{B}\boldsymbol{u}(k)+\cdots+(\boldsymbol{A}\boldsymbol{B}+\boldsymbol{B})\boldsymbol{u}(k+M-1) \\ \quad\vdots \\ \hat{\boldsymbol{x}}(k+P)=\boldsymbol{A}^P\hat{\boldsymbol{x}}(k)+\boldsymbol{A}^{P-1}\boldsymbol{B}\boldsymbol{u}(k)+\cdots+(\boldsymbol{A}^{P-M}\boldsymbol{B}+\cdots+\boldsymbol{B})\boldsymbol{u}(k+M-1) \end{cases} \tag{4-66}$$

若将连续 P 拍的状态变量、输出变量以及连续 M 拍的输入变量组合为

$$\hat{\boldsymbol{X}}(k)=\begin{bmatrix} \hat{\boldsymbol{x}}(k+1) \\ \vdots \\ \hat{\boldsymbol{x}}(k+P) \end{bmatrix},\ \hat{\boldsymbol{Y}}(k)=\begin{bmatrix} \hat{\boldsymbol{y}}(k+1) \\ \vdots \\ \hat{\boldsymbol{y}}(k+P) \end{bmatrix}=\begin{bmatrix} \boldsymbol{C}\hat{\boldsymbol{x}}(k+1) \\ \vdots \\ \boldsymbol{C}\hat{\boldsymbol{x}}(k+P) \end{bmatrix},\ \boldsymbol{U}(k)=\begin{bmatrix} \boldsymbol{u}(k) \\ \vdots \\ \boldsymbol{u}(k+M-1) \end{bmatrix}$$

式(4-66)可写成

$$\hat{\boldsymbol{X}}(k)=\boldsymbol{F}_x\hat{\boldsymbol{x}}(k)+\boldsymbol{G}_x\boldsymbol{U}(k) \tag{4-67a}$$

$$\hat{Y}(k)=F_y\hat{x}(k)+G_yU(k) \tag{4-67b}$$

式中，

$$F_x=\begin{bmatrix}A\\ \vdots\\ A^P\end{bmatrix},\quad F_y=\begin{bmatrix}CA\\ \vdots\\ CA^P\end{bmatrix}$$

$$G_x=\begin{bmatrix}B & & \\ \vdots & \ddots & \\ A^{M-1}B & \cdots & B\\ A^MB & \cdots & AB+B\\ \vdots & & \vdots\\ A^{P-1}B & \cdots & \sum_{i=0}^{P-M}A^iB\end{bmatrix},\quad G_y=\begin{bmatrix}CB & & \\ \vdots & \ddots & \\ CA^{M-1}B & \cdots & CB\\ CA^MB & \cdots & CAB+CB\\ \vdots & & \vdots\\ CA^{P-1}B & \cdots & \sum_{i=0}^{P-M}CA^iB\end{bmatrix}$$

式(4-67)就是系统的预测模型。已知 $t=k\tau$ 时刻的初始状态变量 $\hat{x}(k)$，可计算得到未来 P 拍的状态向量 $\hat{X}(k)$、输出向量 $\hat{Y}(k)$，其中 $G_xU(k)$、$G_yU(k)$ 是连续 M 拍输入的响应向量。与多变量动态矩阵预测模型式(4-61a)是类同的。

(2) 滚动优化

先要设置输出期望轨迹，与前面动态矩阵控制的一样，令

$$V_y(k)=\begin{bmatrix}v_y(k+1)\\ \vdots\\ v_y(k+P)\end{bmatrix},\quad v_y(k+i)\in\mathbf{R}^p$$

取性能指标为

$$J=(V_y-\hat{Y})^{\mathrm{T}}Q_y(V_y-\hat{Y})+U^{\mathrm{T}}R_yU$$

与动态矩阵控制一样，为离散二次型优化控制，可得最优的连续 M 拍的输入向量为

$$U(k)=(G_y^{\mathrm{T}}Q_yG_y+R_y)^{-1}G_y^{\mathrm{T}}Q_y[V_y(k)-F_y\hat{x}(k)] \tag{4-68a}$$

在实施控制时，只实施第一拍，即

$$u(k)=[I_m,0]U(k)=D[V_y(k)-F_y\hat{x}(k)] \tag{4-68b}$$

式中，$D=[I_m,0](G_y^{\mathrm{T}}Q_yG_y+R_y)^{-1}G_y^{\mathrm{T}}Q_y$；$I_m$ 是 $m\times m$ 的单位矩阵。同样，D 可以离线计算出来。

(3) 反馈校正

从式(4-67)的预测模型知，只要知道当前拍的 $\hat{x}(k)$，便可得到未来 P 拍的预测值，这是状态空间描述的优势，而动态矩阵预测模型式(4-61)，需要知道 P 拍的初始预测向量 $\hat{y}_0$。

若系统所有状态变量可测，可以用状态变量的实测值对下一拍初始预估值进行完全校正，即

$$\hat{x}(k+1)=\hat{x}(k+1)+H[x(k+1)-\hat{x}(k+1)]=x(k+1) \tag{4-69}$$

式中，H 为单位矩阵。也就是每一拍的出发都是从实际值出发，直接修正模型残差与扰动的影响。这也是状态空间描述的优势。

若有状态变量不可测，而系统完全能观，可构造状态观测器来估计状态变量实施校正，即构造如下状态观测器：

$$\widehat{x}(k+1)=A\widehat{x}(k)+Bu(k)+L[y(k)-C\widehat{x}(k)] \tag{4-70}$$

式中，$y(k)$是输出的实测值；$\varepsilon(k)=y(k)-C\widehat{x}(k)$是观测误差。将 $\hat{x}(k+1)=\widehat{x}(k+1)$ 代入式(4-67)，便可进行下一拍的滚动优化。

基于状态空间的模型预测控制，集成了状态空间理论与最优控制理论二者的优点，描述简

洁，分析直观。若模型适配，则稳定性分析与通常最优控制类似；若模型失配，其鲁棒稳定性的分析也有成熟的方法，可参见第6章中的鲁棒控制原理。所以，基于状态空间的模型预测控制得到了更广泛的关注。

2. 模型预测控制的进一步探讨

(1) 有不等式约束的模型预测控制

模型预测控制的核心是最优控制。最优控制的思想是将控制器的设计转化为对性能指标的优化，拓宽了控制器设计的路径，便于处理各种约束问题。对于性能指标优化而言，系统状态空间模型或其他预测模型就是一种变量约束，只是它为等式约束，可将其直接代入性能指标中，也可通过引入乘子变量化为无约束的性能指标优化，参见式(4-16)哈密顿函数的 $\boldsymbol{\lambda}(t)$。

另外，在实际工程系统中，变量的变化总是受到值域的限制，如对输出变量、输入变量有如下的硬约束要求：

$$\boldsymbol{y}_{\min} \leqslant \boldsymbol{y}(k) \leqslant \boldsymbol{y}_{\max},\ \boldsymbol{u}_{\min} \leqslant \boldsymbol{u}(k) \leqslant \boldsymbol{u}_{\max}$$

或写成如下规范形式：

$$\boldsymbol{E}_y\boldsymbol{y}(k) \leqslant \boldsymbol{l}_y,\ \boldsymbol{E}_y = \begin{bmatrix} \boldsymbol{I}_p \\ -\boldsymbol{I}_p \end{bmatrix},\ \boldsymbol{l}_y = \begin{bmatrix} \boldsymbol{y}_{\max} \\ -\boldsymbol{y}_{\mathrm{mix}} \end{bmatrix} \tag{4-71a}$$

$$\boldsymbol{E}_u\boldsymbol{u}(k) \leqslant \boldsymbol{l}_u,\ \boldsymbol{E}_u = \begin{bmatrix} \boldsymbol{I}_m \\ -\boldsymbol{I}_m \end{bmatrix},\ \boldsymbol{l}_u = \begin{bmatrix} \boldsymbol{u}_{\max} \\ -\boldsymbol{u}_{\mathrm{mix}} \end{bmatrix} \tag{4-71b}$$

式(4-71)的约束是不等式约束，它的处理有两条途径。一是，先忽略不等式约束，这样就是通常的无约束的模型预测控制问题，可得到解析解，再通过仿真验证是否超出不等式约束的范围，若有超出，则重新设计；二是，联立不等式约束进行优化，一般难以得到解析解，只能得到数值解。

对于基于状态空间的模型预测控制，若附加式(4-71)的约束，将形成如下的最优控制问题：

$$\begin{cases} \min J = (\boldsymbol{V}_y - \hat{\boldsymbol{Y}})^{\mathrm{T}}\boldsymbol{Q}_y(\boldsymbol{V}_y - \hat{\boldsymbol{Y}}) + \boldsymbol{U}^{\mathrm{T}}\boldsymbol{R}_y\boldsymbol{U} \\ \hat{\boldsymbol{Y}}(k) = \boldsymbol{F}_y\hat{\boldsymbol{x}}(k) + \boldsymbol{G}_y\boldsymbol{U}(k) \\ \boldsymbol{E}_y\boldsymbol{y}(k) \leqslant \boldsymbol{l}_y,\ \boldsymbol{E}_u\boldsymbol{u}(k) \leqslant \boldsymbol{l}_u \end{cases}$$

这是一个典型的二次规划(Quadratic Programming，QP)问题，有成熟的数学工具予以解决。

(2) 滚动优化与最优控制的比较

模型预测控制源于被控对象模型存在不确定性，而早期的现代控制方法严格依赖模型。模型预测控制中的残差信号 $\boldsymbol{\varepsilon}(k+1)$ 反映了模型失配的情况，以此信号进行反馈校正可以弥补模型不确定性的影响。然而，在模型预测控制中并未直接修正模型，却做到了对模型不确定性的抑制，其原因何在？下面，针对预测控制的滚动优化与通常的最优控制做一个比较分析。

令实际被控对象存在不确定性，即

$$\begin{cases} \boldsymbol{x}(k+1) = (\boldsymbol{A}+\Delta\boldsymbol{A})\boldsymbol{x}(k) + (\boldsymbol{B}+\Delta\boldsymbol{B})\boldsymbol{u}(k) \\ \boldsymbol{y} = (\boldsymbol{C}+\Delta\boldsymbol{C})\boldsymbol{x}(k) \end{cases} \tag{4-72}$$

不失一般性，取 $M=P$，性能指标仍取为

$$J = (\boldsymbol{V}_y - \hat{\boldsymbol{Y}})^{\mathrm{T}}\boldsymbol{Q}_y(\boldsymbol{V}_y - \hat{\boldsymbol{Y}}) + \boldsymbol{U}^{\mathrm{T}}\boldsymbol{R}_y\boldsymbol{U}$$

若 $\{\Delta\boldsymbol{A}, \Delta\boldsymbol{B}, \Delta\boldsymbol{C}\}$ 已知，则用 $\{\boldsymbol{A}+\Delta\boldsymbol{A}, \boldsymbol{B}+\Delta\boldsymbol{B}, \boldsymbol{C}+\Delta\boldsymbol{C}\}$ 代替式(4-66)中的 $\{\boldsymbol{A}, \boldsymbol{B}, \boldsymbol{C}\}$，可得到同样形式的预测模型式(4-67)，其系数矩阵记为 $\{\boldsymbol{G}_{\Delta y}, \boldsymbol{F}_{\Delta y}\}$，进而得到此种情况的最优控制

$$\boldsymbol{U}^*(k) = (\boldsymbol{G}_{\Delta y}^{\mathrm{T}}\boldsymbol{Q}_y\boldsymbol{G}_{\Delta y} + \boldsymbol{R}_y)^{-1}\boldsymbol{G}_{\Delta y}^{\mathrm{T}}\boldsymbol{Q}_y[\boldsymbol{V}_y(k) - \boldsymbol{F}_{\Delta y}\hat{\boldsymbol{x}}(k)] \tag{4-73}$$

将 M 拍控制全部实施，将得到通常的最优控制输出轨迹 $\boldsymbol{y}^*(k)$。

若$\{\Delta\boldsymbol{A},\Delta\boldsymbol{B},\Delta\boldsymbol{C}\}$未知，只能以模型$\{\boldsymbol{A},\boldsymbol{B},\boldsymbol{C}\}$进行预测，得到式(4-68)的$M$拍控制，即

$$\boldsymbol{U}(k)=(\boldsymbol{G}_y^{\mathrm{T}}\boldsymbol{Q}_y\boldsymbol{G}_y+\boldsymbol{R}_y)^{-1}\boldsymbol{G}_y^{\mathrm{T}}\boldsymbol{Q}_y[\boldsymbol{V}_y(k)-\boldsymbol{F}_y\hat{\boldsymbol{x}}(k)] \tag{4-74}$$

取出第一拍控制为

$$\boldsymbol{u}(k)=[\boldsymbol{I}_m,\boldsymbol{0}]\boldsymbol{U}(k)=\boldsymbol{D}[\boldsymbol{V}_y(k)-\boldsymbol{F}_y\boldsymbol{x}(k)] \tag{4-75}$$

1）只实施第一拍，按式(4-69)进行实时校正，便形成滚动优化，可得到滚动优化控制输出轨迹$\boldsymbol{y}(k)$。

2）将M拍控制全部实施，不进行滚动优化，其输出轨迹为$\tilde{\boldsymbol{y}}(k)$。

可见，$\boldsymbol{y}^*(k)$是$\{\Delta\boldsymbol{A},\Delta\boldsymbol{B},\Delta\boldsymbol{C}\}$已知情况下的最优控制；$\tilde{\boldsymbol{y}}(k)$是存在$\{\Delta\boldsymbol{A},\Delta\boldsymbol{B},\Delta\boldsymbol{C}\}$但未知情况下的最优控制；$\boldsymbol{y}(k)$是存在$\{\Delta\boldsymbol{A},\Delta\boldsymbol{B},\Delta\boldsymbol{C}\}$但未知情况下的滚动优化控制。下面通过一个实例来观察这三种情况下系统响应特性。

例 4-8 考虑如下被控对象

$$\begin{cases}\dot{\boldsymbol{x}}=(\boldsymbol{A}+\Delta\boldsymbol{A})\boldsymbol{x}+\boldsymbol{b}u\\ y=\boldsymbol{c}\boldsymbol{x}\end{cases}$$

式中，

$$\boldsymbol{A}=\begin{bmatrix}0&1\\-a_0&-a_1\end{bmatrix}=\begin{bmatrix}0&1\\-2&-3\end{bmatrix},\ \boldsymbol{b}=\begin{bmatrix}1\\1\end{bmatrix},\ \boldsymbol{c}=[1,0],\ \Delta\boldsymbol{A}=\varepsilon_a\begin{bmatrix}0&0\\-a_0&-a_1\end{bmatrix}$$

取性能指标权系数为$\boldsymbol{Q}_y=5$，$\boldsymbol{R}_y=1$，期望输出为$v_y(t)=I(t)$。分析最优控制与滚动优化控制下系统响应特性。

1）连续系统离散化。取$\tau=0.05$，由式(2-55)可得如下离散系统模型：

$$\begin{cases}\boldsymbol{x}((k+1)\tau)=\mathrm{e}^{(A+\Delta A)\tau}\boldsymbol{x}(k\tau)+\left[\int_0^{\tau}\mathrm{e}^{(A+\Delta A)(\tau-t)}\boldsymbol{B}\mathrm{d}t\right]u(k\tau)\\ y(k\tau)=\boldsymbol{c}\boldsymbol{x}(k\tau)\end{cases} \tag{4-76}$$

2）若$\Delta\boldsymbol{A}$已知，取$\varepsilon_a=5\%=0.05$，以式(4-76)为预测模型进行控制，取$P=100$，可得到对应式(4-73)的最优控制$u^*(t)$。将P拍控制全部实施，将得到最优控制输出轨迹$y^*(k)$，如图 4-4a 中的虚线。

3）若$\Delta\boldsymbol{A}$存在但未知，预测模型只能为

$$\begin{cases}\boldsymbol{x}((k+1)\tau)=\mathrm{e}^{A\tau}\boldsymbol{x}(k\tau)+\left[\int_0^{\tau}\mathrm{e}^{A(\tau-t)}\boldsymbol{B}\mathrm{d}t\right]u(k\tau)\\ y(k\tau)=\boldsymbol{c}\boldsymbol{x}(k\tau)\end{cases} \tag{4-77}$$

以式(4-77)为预测模型进行控制，取$P=100$，可得到对应式(4-74)的最优控制。

若只实施第一拍，其控制为$u(t)$，按式(4-69)进行实时校正，形成滚动优化，可得到滚动优化控制输出轨迹$y(k)$，如图 4-4a 中的实线。

若将P拍控制全部实施，其控制为$\tilde{u}(t)$，不进行滚动优化，则其输出轨迹为$\tilde{y}(k)$，如图 4-4a 中的星线。

4）结果分析。从仿真曲线可见，采取滚动优化策略，得到的输出轨迹$y(k)$与完全已知模型不确定性的最优控制输出轨迹$y^*(k)$相当一致，而未采取滚动优化策略的输出轨迹$\tilde{y}(k)$发散，与$y^*(k)$相差甚远。这说明模型预测控制确实对模型不确定性有很好的抑制效果。

从图 4-4b 控制输入曲线可进一步得知，当存在模型不确定性时，要求最优控制$\tilde{u}(t)$与已知模型不确定的最优控制$u^*(t)$一样是不可能的，但是，最初几步基本是一样的，见仿真曲线图中的放大图。因此，只实施最优（预测）控制的第一拍（或前几拍），再根据实时测量到的（状态）输出进行反馈校正，又回到“真实”的新起点，形成滚动优化，每次都是使用最初几

步准确度高的控制输入，从而使得输出轨迹 $y(k)$ 很好地逼近到完全已知模型不确定的最优控制轨迹 $y^*(k)$ 上。从这个过程看，并不需要在线修正预测模型，只需调整滚动优化的起点，便可抵消模型不确定性的影响，实现整体最优，这就使得模型预测控制易于工程应用，受到工程师们的喜爱。

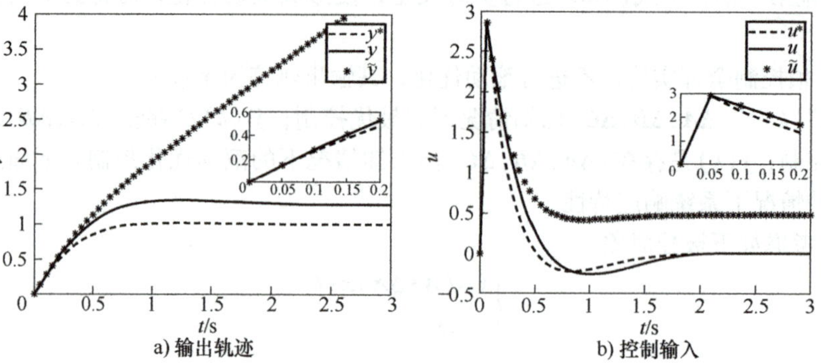

a) 输出轨迹　　b) 控制输入

图 4-4　滚动优化与最优控制的比较

这种按偏差对起点修正与经典反馈控制中按偏差调节如出一辙，所以，“滚动+优化”如同“外环+内环”，是经典与现代控制思想的有机融合，与“分环控制”殊途同归(形式上都是内部对应现代控制，外部对应经典控制)。某种意义上讲，称模型预测控制为滚动优化控制更为贴切。

值得注意的是，若状态变量都能测量，则可按式(4-69)进行准确的滚动优化起点的修正；若不能全部测量，则需要构造状态观测器预估当前状态进行修正，参见式(4-70)。后者的修正会受到模型不确定性的影响，应给予关注。

本章小结

最优控制理论与状态空间理论互为补充，成了现代控制理论的重要组成部分。归纳本章内容可见：

1）以性能指标泛函集成系统期望性能，将控制律的设计转为对性能指标的优化，形成了一条与过往不同的设计路径。过往一般是先确定控制器结构再设计其参数，最优控制是同步求取控制器结构与参数。另外，对于时变系统、非线性系统，以及存在各种变量约束条件，都能以最优控制的方式进行设计，成了一种通用的控制律设计方法。对于线性定常系统，常取二次型性能指标，得到的最优控制正好就是状态比例反馈。再一次表明，对于复杂系统的控制，状态比例反馈确实是一个最佳选择。

2）系统的性能体现在未来的轨迹上，被嵌入在性能指标泛函里，必须事先知道系统演变的模型，才能准确计算性能指标泛函。所以，最优控制是严格依赖于模型的。若模型不准确，最优控制律肯定也不准确。但是，最初几拍的控制误差不会大。因此，采取滚动优化，每次只使用最初几步准确度高的控制，实施完后根据实际状况修正优化起点，便可弥补模型不准确的不足。这就是模型预测控制的思想，以多次优化计算的代价换来了对模型不确定性的抑制。

总之，基于极点配置的设计、基于性能指标优化的设计，都成了现代控制系统设计的通用方法，再融合经典控制思想，通过“分环控制”或“滚动优化”，建立起了复杂多变量控制问题有效解决方案。

习题

4.1 试讨论式(4-2)、式(4-3)、式(4-4)三种优化控制问题的等价关系。

4.2 对如下系统和性能指标，试求最优控制、最优轨线和最优性能指标值。

$$\begin{cases}\dot{x}=-2x+u,\\ x(0)=x_0,\end{cases}\quad J=x^2(t_f)+\int_0^{t_f}u^2\mathrm{d}t$$

4.3 对如下系统和性能指标，试求最优控制、最优轨线和最优性能指标值。

$$\begin{cases}\dot{x}=-x+u,\\ x(0)=x_0,\end{cases}\quad J=\int_0^{\infty}(qx^2+ru^2)\mathrm{d}t,\ q\geqslant 0,\ r>0$$

并讨论$\{q,r\}$对闭环极点的影响。

4.4 对如下系统

$$\begin{cases}\dot{\boldsymbol{x}}=\boldsymbol{A}\boldsymbol{x}+\boldsymbol{B}\boldsymbol{u},\\ \boldsymbol{x}(0)=\boldsymbol{x}_0,\end{cases}\quad J=\frac{1}{2}\boldsymbol{x}^{\mathrm{T}}(t_f)\boldsymbol{x}(t_f)+\frac{1}{2}\int_0^{t_f}\boldsymbol{u}^{\mathrm{T}}(t)\boldsymbol{u}(t)\mathrm{d}t$$

若$\{\boldsymbol{A},\boldsymbol{B}\}$能控，则存在使得$J$取极小的唯一控制。试证明之。

4.5 对于图4-5所示系统，求反馈增益k使如下性能指标最小。

$$J=\frac{1}{2}\int_0^{\infty}(\boldsymbol{x}^{\mathrm{T}}\boldsymbol{Q}\boldsymbol{x}+\boldsymbol{u}^{\mathrm{T}}\boldsymbol{R}\boldsymbol{u})\mathrm{d}t,\ \boldsymbol{Q}\geqslant 0,\ \boldsymbol{R}>0$$

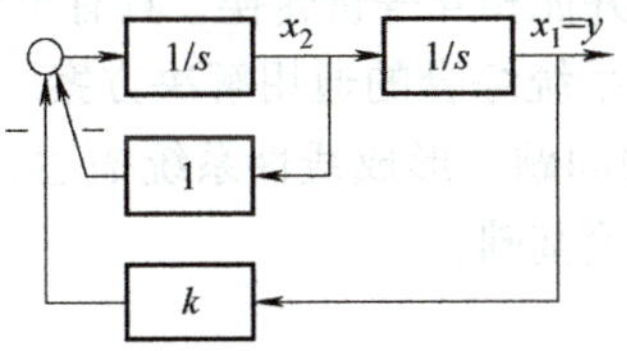

图4-5 习题4.5图

4.6 一物体在$\{x_1,x_2\}$平面上运动，它的速度是其位置的函数$v(x_1,x_2)$，运动方向与x_1轴的夹角θ是能控制的，求θ使得物体尽快从点(x_1,x_2)移动到原点。

4.7 对例4-8，若状态不可测，需根据$\{\boldsymbol{A},\boldsymbol{b},\boldsymbol{c}\}$构造状态观测器进行状态修正，试再分析最优控制与滚动优化控制下的系统响应特性。

第 5 章 线性系统理论

尽管实际系统普遍存在着非线性因素，但以线性(定常)系统来描述、分析与设计仍是主流路径。第一方面，处理线性系统的数学工具丰富普及，为后续分析提供便利；第二方面，要求理论分析面面俱到实则力不从心，也无必要；第三方面，线性系统常常反映了实际系统的主干，基于其上的结论具备工程意义，其他非线性等因素可通过计算机仿真进一步研究。因此，建立通用的线性系统理论是有意义的。

描述线性系统常用的数学模型有经典控制理论的传递函数 $G(s)$ 和现代控制理论的状态空间描述 $\{\boldsymbol{A},\boldsymbol{B},\boldsymbol{C},\boldsymbol{D}\}$，$G(s)$ 只关注输入与输出之间的特性，忽略了中间变量的特性；$\{\boldsymbol{A},\boldsymbol{B},\boldsymbol{C},\boldsymbol{D}\}$ 通过状态变量全面反映系统的特性，且诱导出状态反馈控制方式，拓展了控制器的设计途径。但不是任意的系统都能便捷地写出它的状态空间描述，特别是在变量关系式中含有输入变量的导数时，需要选择合适的状态变量(实际变量的组合，甚至是虚拟变量)才能得到状态空间描述中的常数矩阵，这将影响状态空间描述的应用。因此，建立更一般性的描述方法，将经典的传递函数、现代的状态空间描述归为一体并能相互等价转换，具有重要的理论意义。在此基础上，便可研究通用的控制器结构，给出线性系统综合的通用解决方案，并能回答“满足某种期望性能(如稳定性)的全部控制器集合”这样的问题，形成线性系统描述、分析与设计统一框架，为研究复杂系统新的控制方法奠定坚实的理论基础。

5.1 多项式矩阵描述与分析工具

无论怎样复杂的系统，若能知晓其领域知识(变量间的客观规律式)，总是可以用微分方程(组)建立起它的数学模型。然而，要得到它的状态空间描述，需要把高阶微分方程均化为一阶微分方程，这就需要选择合适的状态变量才行。当输入变量存在导数时，状态变量的选择不是显然的。若不强制化为一阶微分方程(组)，直接研究原始的高阶微分方程(组)，将免除状态变量的选择困难，而且更具一般性，这就是下面要讨论的多项式矩阵描述。

5.1.1 多项式矩阵描述

1. 部分状态方程描述

从式(2-11)化为状态空间描述的过程看出，由于在方程组中存在输入变量的导数，需要对状态变量进行处理，才可转化为常规的状态方程组。若不对状态变量做处理，记微分算子 $s^n=\dfrac{\mathrm{d}^n}{\mathrm{d}t^n}(n=1,2,\cdots)$，则式(2-11)与式(5-1a)等同。

$$\begin{cases}s^2n_1+a_1sn_1+a_0n_1+\sigma_1sn_2+\sigma_0n_2=b_1s+b_0U_1\\ s^2n_2+\bar{a}_1sn_2+\bar{a}_0n_2-\bar{\sigma}_1sn_1-\bar{\sigma}_0n_1=\bar{b}_1s+\bar{b}_0U_2\end{cases}\tag{5-1a}$$

或写成矩阵形式：

$$\begin{cases}\begin{bmatrix}s^2+a_1s+a_0 & \sigma_1s+\sigma_0\\ -\bar{\sigma}_1s-\bar{\sigma}_0 & s^2+\bar{a}_1s+\bar{a}_0\end{bmatrix}\begin{bmatrix}n_1\\ n_2\end{bmatrix}=\begin{bmatrix}b_1s+b_0 & 0\\ 0 & \bar{b}_1s+\bar{b}_0\end{bmatrix}\begin{bmatrix}U_1\\ U_2\end{bmatrix}\\ \begin{bmatrix}y_1\\ y_2\end{bmatrix}=\begin{bmatrix}1 & 0\\ 0 & 1\end{bmatrix}\begin{bmatrix}n_1\\ n_2\end{bmatrix}\end{cases} \tag{5-1b}$$

可见，在式(5-1b)中，只出现了部分状态变量$\{n_1,n_2\}$，状态方程矩阵、输入矩阵不再是常数矩阵，而是以微分算子 s 的多项式为元素的矩阵，称为多项式矩阵。

将式(5-1b)写成更一般的描述有

$$\begin{cases}\boldsymbol{P}(s)\boldsymbol{\xi}(t)=\boldsymbol{Q}(s)\boldsymbol{u}(t)\\ \boldsymbol{y}(t)=\boldsymbol{R}(s)\boldsymbol{\xi}(t)+\boldsymbol{W}(s)\boldsymbol{u}(t)\end{cases} \tag{5-2}$$

式中，$\boldsymbol{\xi}(t)\in\mathbf{R}^l$，$\boldsymbol{u}(t)\in\mathbf{R}^m$，$\boldsymbol{y}(t)\in\mathbf{R}^p$；变量$\boldsymbol{\xi}(t)$可视作系统状态变量的一部分，式(5-2)称为部分状态方程描述，简记为$\{\boldsymbol{P}(s),\boldsymbol{Q}(s),\boldsymbol{R}(s),\boldsymbol{W}(s)\}$；$\boldsymbol{P}(s)\in\mathbf{R}^{l\times l}$称为部分状态矩阵；$\boldsymbol{Q}(s)\in\mathbf{R}^{l\times m}$称为输入矩阵；$\boldsymbol{R}(s)\in\mathbf{R}^{p\times l}$称为输出矩阵；$\boldsymbol{W}(s)\in\mathbf{R}^{p\times m}$称为直通矩阵。

对式(5-2)取拉普拉斯变换，并假定初始条件均为 0，有

$$\begin{cases}\boldsymbol{P}(s)\boldsymbol{\xi}(s)=\boldsymbol{Q}(s)\boldsymbol{u}(s)\\ \boldsymbol{y}(s)=\boldsymbol{R}(s)\boldsymbol{\xi}(s)+\boldsymbol{W}(s)\boldsymbol{u}(s)\end{cases} \tag{5-3}$$

式中，$s=\sigma+j\omega$ 为拉普拉斯算子。若 $\boldsymbol{P}(s)$ 的逆存在，有

$$\boldsymbol{y}(s)=\boldsymbol{R}(s)\boldsymbol{P}^{-1}(s)\boldsymbol{Q}(s)\boldsymbol{u}(s)+\boldsymbol{W}(s)\boldsymbol{u}(s)$$

系统传递函数矩阵为

$$\boldsymbol{G}(s)=\boldsymbol{R}(s)\boldsymbol{P}^{-1}(s)\boldsymbol{Q}(s)+\boldsymbol{W}(s)$$

比较式(5-2)与式(5-3)可知，算子 s 即可理解为微分算子$\frac{\mathrm{d}}{\mathrm{d}t}$，也可理解为拉普拉斯算子 $s=\sigma+j\omega$。微分算子是时间域上的关系式，是微分方程；拉普拉斯是复平面域上的关系式，是代数方程。这为许多理论推导带来方便。在后面的讨论中，大部分情况的算子 s 是微分算子，在不引起混淆时，拉普拉斯算子也以 s 表示，不严格区分这两个算子。

2. 状态空间描述

将状态空间描述$\{\boldsymbol{A},\boldsymbol{B},\boldsymbol{C},\boldsymbol{D}\}$，即

$$\begin{cases}\dot{\boldsymbol{x}}(t)=\boldsymbol{A}\boldsymbol{x}(t)+\boldsymbol{B}\boldsymbol{u}(t)\\ \boldsymbol{y}(t)=\boldsymbol{C}\boldsymbol{x}(t)+\boldsymbol{D}\boldsymbol{u}(t)\end{cases}$$

写成微分算子的形式，即

$$\begin{cases}(s\boldsymbol{I}-\boldsymbol{A})\boldsymbol{x}(t)=\boldsymbol{B}\boldsymbol{u}(t)\\ \boldsymbol{y}(t)=\boldsymbol{C}\boldsymbol{x}(t)+\boldsymbol{D}\boldsymbol{u}(t)\end{cases}$$

与式(5-2)对比有

$$\boldsymbol{P}(s)=s\boldsymbol{I}-\boldsymbol{A},\ \boldsymbol{Q}(s)=\boldsymbol{B},\ \boldsymbol{R}(s)=\boldsymbol{C},\ \boldsymbol{W}(s)=\boldsymbol{D},\ \boldsymbol{\xi}(t)=\boldsymbol{x}(t)$$

此时，只有 $\boldsymbol{P}(s)$是 s 的一次多项式矩阵，其他矩阵仍是常数矩阵，变量$\boldsymbol{\xi}(t)$就是全部状态变量。可见，状态空间描述是部分状态方程描述的一个特例。

3. 左分式描述

若在式(5-2)中，令

$$\boldsymbol{P}(s)=\boldsymbol{D}_{\mathrm{L}}(s),\ \boldsymbol{Q}(s)=\boldsymbol{N}_{\mathrm{L}}(s),\ \boldsymbol{R}(s)=\boldsymbol{I}_p,\ \boldsymbol{W}(s)=\boldsymbol{0},\ \boldsymbol{\xi}(t)=\boldsymbol{y}(t)$$

则有

$$\begin{cases}\boldsymbol{D}_{\mathrm{L}}(s)\boldsymbol{\xi}(t)=\boldsymbol{N}_{\mathrm{L}}(s)\boldsymbol{u}(t)\\ \boldsymbol{y}(t)=\boldsymbol{\xi}(t)\end{cases} \tag{5-4a}$$

式中，$\boldsymbol{D}_{\mathrm{L}}(s)\in\mathbf{R}^{p\times p}$，$\boldsymbol{N}_{\mathrm{L}}(s)\in\mathbf{R}^{p\times m}$，它们都是算子 s 的多项式矩阵。

若 $\boldsymbol{D}_{\mathrm{L}}(s)$ 的逆存在，式(5-4a)可写成

$$\boldsymbol{y}=\boldsymbol{D}_{\mathrm{L}}^{-1}(s)\boldsymbol{N}_{\mathrm{L}}(s)\boldsymbol{u} \tag{5-4b}$$

$$\boldsymbol{G}(s)=\boldsymbol{D}_{\mathrm{L}}^{-1}(s)\boldsymbol{N}_{\mathrm{L}}(s) \tag{5-4c}$$

相当于把系统传递函数阵 $\boldsymbol{G}(s)$ 分解成了一个分母多项式矩阵 $\boldsymbol{D}_{\mathrm{L}}(s)$ 与分子多项式矩阵 $\boldsymbol{N}_{\mathrm{L}}(s)$，$\boldsymbol{D}_{\mathrm{L}}^{-1}(s)\boldsymbol{N}_{\mathrm{L}}(s)$ 称为左分式，将式(5-4a)的描述方式称为左分式描述。可见，左分式描述也是部分状态方程描述的特例，式(5-1b)就是一个左分式描述。

4. 右分式描述

若在式(5-2)中，令

$$\boldsymbol{P}(s)=\boldsymbol{D}_{\mathrm{R}}(s),\ \boldsymbol{Q}(s)=\boldsymbol{I}_m,\ \boldsymbol{R}(s)=\boldsymbol{N}_{\mathrm{R}}(s),\ \boldsymbol{W}(s)=\boldsymbol{0}$$

则有

$$\begin{cases}\boldsymbol{D}_{\mathrm{R}}(s)\boldsymbol{\xi}(t)=\boldsymbol{u}(t)\\ \boldsymbol{y}(t)=\boldsymbol{N}_{\mathrm{R}}(s)\boldsymbol{\xi}(t)\end{cases} \tag{5-5a}$$

$$\boldsymbol{y}=\boldsymbol{N}_{\mathrm{R}}(s)\boldsymbol{D}_{\mathrm{R}}^{-1}(s)\boldsymbol{u} \tag{5-5b}$$

$$\boldsymbol{G}(s)=\boldsymbol{N}_{\mathrm{R}}(s)\boldsymbol{D}_{\mathrm{R}}^{-1}(s) \tag{5-5c}$$

式中，$\boldsymbol{D}_{\mathrm{R}}(s)\in\mathbf{R}^{m\times m}$、$\boldsymbol{N}_{\mathrm{R}}(s)\in\mathbf{R}^{p\times m}$都是算子 s 的多项式矩阵。相当于把系统传递函数矩阵 $\boldsymbol{G}(s)$ 分解成了另一种分式 $\boldsymbol{N}_{\mathrm{R}}(s)\boldsymbol{D}_{\mathrm{R}}^{-1}(s)$，称为右分式；将式(5-5a)的描述方式称为右分式描述，也是部分状态方程描述的特例。

左分式、右分式描述将多变量系统分解为“分子”与“分母”，十分方便与单变量系统进行类比，因而得到广泛应用。

5. 状态空间描述与左右分式描述

对于系统$\{\boldsymbol{A},\boldsymbol{B},\boldsymbol{C},\boldsymbol{D}\}$，它的传递函数矩阵为

$$\boldsymbol{G}(s)=\boldsymbol{C}(s\boldsymbol{I}_n-\boldsymbol{A})^{-1}\boldsymbol{B}+\boldsymbol{D}=\frac{\boldsymbol{C}\mathrm{adj}(s\boldsymbol{I}_n-\boldsymbol{A})\boldsymbol{B}}{\det(s\boldsymbol{I}_n-\boldsymbol{A})}+\boldsymbol{D}=\frac{\boldsymbol{N}(s)}{a(s)} \tag{5-6}$$

$$\begin{cases}a(s)=\det(s\boldsymbol{I}_n-\boldsymbol{A})\in\mathbf{R}\\ \boldsymbol{N}(s)=\boldsymbol{C}\mathrm{adj}(s\boldsymbol{I}_n-\boldsymbol{A})\boldsymbol{B}+a(s)\boldsymbol{D}\in\mathbf{R}^{p\times m}\end{cases} \tag{5-7}$$

取 $\boldsymbol{\Delta}_{\mathrm{L}}(s)=a(s)\boldsymbol{I}_p\in\mathbf{R}^{p\times p}$，$\boldsymbol{N}_{\mathrm{L}}(s)=\boldsymbol{N}(s)$，式(5-6)可对应如下左分式描述，即

$$\boldsymbol{\Delta}_{\mathrm{L}}(s)\boldsymbol{y}=\boldsymbol{N}_{\mathrm{L}}(s)\boldsymbol{u},\quad \boldsymbol{G}(s)=\boldsymbol{\Delta}_{\mathrm{L}}^{-1}(s)\boldsymbol{N}_{\mathrm{L}}(s)$$

取 $\boldsymbol{\Delta}_{\mathrm{R}}(s)=a(s)\boldsymbol{I}_m\in\mathbf{R}^{m\times m}$，$\boldsymbol{N}_{\mathrm{R}}(s)=\boldsymbol{N}(s)$，式(5-6)可对应如下右分式描述，即

$$\begin{cases}\boldsymbol{\Delta}_{\mathrm{R}}(s)\boldsymbol{\xi}=\boldsymbol{u},\\ \boldsymbol{y}=\boldsymbol{N}_{\mathrm{R}}(s)\boldsymbol{\xi},\end{cases}\quad \boldsymbol{G}(s)=\boldsymbol{N}_{\mathrm{R}}(s)\boldsymbol{\Delta}_{\mathrm{R}}^{-1}(s)$$

综上所述，通过微分算子 s 的多项式矩阵将状态空间描述、左右分式描述、部分状态方程描述统一了起来，这些描述也统称为多项式矩阵描述。多项式矩阵描述对(部分)状态变量 $\boldsymbol{\xi}$ 的选择没有特别要求，使得数学模型的建立更为便捷和直观。但是，多项式矩阵没有常数矩阵计算分析方便，需要构建多项式矩阵的分析工具，以及状态空间描述、左右分式描述、部分状态方程描述相互等价转换的工具。这些内容将在后面分别讨论。

5.1.2 等价变换与史密斯规范形

由于多项式矩阵描述不需要描述矩阵为常数，使得系统的描述直接，但分析系统不如常数矩阵的状态空间描述便利。因此，需要建立多项式矩阵等效简化的方法，这就需要将常数矩阵中的初等变换引入到多项式矩阵中。

1. 多项式矩阵的初等变换

常数矩阵的初等变换是分析其结构特征的重要工具。为了分析多项式矩阵的结构特征，下面将常数矩阵的初等变换扩展到多项式矩阵上。

(1) 行(列)对换

将多项式矩阵 $\boldsymbol{M}(s)$ 的第 i 行(列)与第 j 行(列)对换，变换后的矩阵相当于对矩阵 $\boldsymbol{M}(s)$ 左(右)乘如下初等变换矩阵，即

$$\boldsymbol{E}_1(s)=\begin{bmatrix}\boldsymbol{I} & & & & \\ & 0 & \cdots & 1 & \\ & \vdots & \boldsymbol{I} & \vdots & \\ & 1 & \cdots & 0 & \\ & & & & \boldsymbol{I}\end{bmatrix}\begin{matrix} \\ \cdots i \\ \\ \cdots j \\ \\ \end{matrix} \tag{5-8a}$$

式中，$\det(\boldsymbol{E}_1(s))=-1$。注意，初等变换矩阵是方阵，下同。

(2) 行(列)乘以常数

将多项式矩阵 $\boldsymbol{M}(s)$ 的第 i 行(列)乘以一个非 0 常数 k，变换后的矩阵相当于对矩阵 $\boldsymbol{M}(s)$ 左(右)乘如下初等变换矩阵，即

$$\boldsymbol{E}_2(s)=\begin{bmatrix}\boldsymbol{I} & & & & \\ & \boldsymbol{I} & & & \\ & & k & & \\ & & & \boldsymbol{I} & \\ & & & & \boldsymbol{I}\end{bmatrix}\begin{matrix} \\ \\ \cdots i \\ \\ \\ \end{matrix} \tag{5-8b}$$

式中，$\det(\boldsymbol{E}_2(s))=k\neq 0$。

(3) 将某行(列)乘以多项式加到另一行(列)

将多项式矩阵 $\boldsymbol{M}(s)$ 的第 i 行(第 j 列)乘以一个多项式 $\alpha(s)$ 再加到第 j 行(第 i 列)，变换后的矩阵相当于对矩阵 $\boldsymbol{M}(s)$ 左(右)乘如下初等变换矩阵，即

$$\boldsymbol{E}_3(s)=\begin{bmatrix}\boldsymbol{I} & & & & \\ & 1 & & & \\ & \vdots & \boldsymbol{I} & & \\ & \alpha(s) & \cdots & 1 & \\ & & & & \boldsymbol{I}\end{bmatrix}\begin{matrix} \\ \cdots i \\ \\ \cdots j \\ \\ \end{matrix} \tag{5-8c}$$

式中，$\det(\boldsymbol{E}_3(s))=1$。

值得注意的是，如果多项式矩阵 $\boldsymbol{M}(s)\in\mathbf{R}^{k\times l}$ 不是方阵，则施加行、列初等变换矩阵的维数是不一样的。若施加行初等变换，相当于是左乘初等变换矩阵，即

$$\boldsymbol{E}_i(s)\boldsymbol{M}(s)=\bar{\boldsymbol{M}}(s)\in\mathbf{R}^{k\times l},\ \boldsymbol{E}_i(s)\in\mathbf{R}^{k\times k}(i=1,2,3)$$

若施加列初等变换，相当于是右乘初等变换矩阵，即

$$\boldsymbol{M}(s)\boldsymbol{E}_j(s)=\bar{\boldsymbol{M}}(s)\in\mathbf{R}^{k\times l},\ \boldsymbol{E}_j(s)\in\mathbf{R}^{l\times l}(j=1,2,3)$$

初等变换矩阵一定是方阵且有如下特点：

1）初等变换矩阵的逆矩阵还是同类型的初等变换矩阵，即

$$E_1^{-1}(s)=\begin{bmatrix} I & & & & \\ & 0 & \cdots & 1 & \\ & \vdots & I & \vdots & \\ & 1 & \cdots & 0 & \\ & & & & I \end{bmatrix} \begin{matrix} \\ \cdots i \\ \\ \cdots j \\ \\ \end{matrix} \tag{5-9a}$$

$$E_2^{-1}(s)=\begin{bmatrix} I & & & & \\ & I & & & \\ & & 1/k & & \\ & & & I & \\ & & & & I \end{bmatrix} \begin{matrix} \\ \\ \cdots i \\ \\ \\ \end{matrix} \tag{5-9b}$$

$$E_3^{-1}(s)=\begin{bmatrix} I & & & & \\ & 1 & & & \\ & \vdots & I & & \\ & -\alpha(s) & \cdots & 1 & \\ & & & & I \end{bmatrix} \begin{matrix} \\ \cdots i \\ \\ \cdots j \\ \\ \end{matrix} \tag{5-9c}$$

2）初等变换矩阵 $E_1(s)$、$E_2(s)$ 是常数矩阵，$E_3(s)$ 是多项式矩阵，但其行列式都是非零常数。

上述初等变换矩阵的特点形成了多项式矩阵中一类特殊的矩阵，称之为单模阵，即若方阵 $E(s)$ 是多项式矩阵，其逆矩阵仍然是多项式矩阵，就称 $E(s)$ 为单模阵。可见，初等变换矩阵及其有限连乘后的矩阵均是单模阵。

由 $E^{-1}(s)E(s)=I$，$E^{-1}(s)=\mathrm{adj}E(s)/\det(E(s))$，可推出单模阵有下述性质：

$$E(s)\text{为单模阵}\Leftrightarrow \det(E(s))=c\neq 0 \tag{5-10a}$$

$$\text{若 } U(s)V(s)=I\Rightarrow U(s)\text{、}V(s)\text{均是单模阵} \tag{5-10b}$$

式中，$\mathrm{adj}E(s)$ 是 $E(s)$ 的代数余子式构成的伴随矩阵，是一个多项式矩阵。

矩阵的秩是矩阵分析一个重要概念。与常数矩阵的秩一样，下面给出多项式矩阵秩的定义，并讨论初等变换对它的影响。

若多项式矩阵 $M(s)\in \mathbf{R}^{k\times l}$ 的 r 阶子式不恒为 0 而 $r+1$ 阶子式恒为 0，称 r 是 $M(s)$ 的秩，记为 $\mathrm{rank}(M(s))=r$。显见，$r\leqslant\min\{k,l\}$。

令 $\bar{M}(s)$ 是多项式矩阵 $M(s)$ 经式(5-8)三种之一的行(列)初等变换后的矩阵，易知，$M(s)$ 与 $\bar{M}(s)$ 只有两行(列)或一行(列)有变化。因此，没有变化的行(列)组成的子式是不变的；含有变换行(列)的子式是有规律的。下面，以行初等变换来说明这个规律。

1）对于式(5-8a)的初等变换，$\bar{M}(s)$ 中含第 i 行的子式矩阵 $\bar{M}_{\{i\}}$ 与 $M(s)$ 含第 j 的行的子式矩阵 $M_{\{j\}}$ 有相同的行元素，只是行的顺序不一样，因此，其子式(相同位置处对应的子式，下同)满足

$$|\bar{M}_{\{i\}}|=\pm|M_{\{j\}}| \tag{5-11a}$$

2）对于式(5-8b)的初等变换，显见，$\bar{M}(s)$ 中含第 i 行的子式 $|\bar{M}_{\{i\}}|$ 与 $M(s)$ 含第 i 的行的子式 $|M_{\{i\}}|$ 只相差常数 k，即

$$|\bar{M}_{\{i\}}|=k|M_{\{i\}}| \tag{5-11b}$$

3）对于式(5-8c)的初等变换，会有两种情况。若 $\bar{M}(s)$ 的子式矩阵 $\bar{M}_{\{i,j\}}$ 中同时含有第 i 行、

第 j 行，即

$$|\bar{\boldsymbol{M}}_{(i,j)}| = \begin{vmatrix} m_{ij_1} & \cdots & m_{ij_r} \\ \vdots & & \vdots \\ m_{jj_1}+\alpha m_{ij_1} & \cdots & m_{jj_r}+\alpha m_{ij_r} \end{vmatrix} = \begin{vmatrix} m_{ij_1} & \cdots & m_{ij_r} \\ \vdots & & \vdots \\ m_{jj_1} & \cdots & m_{jj_r} \end{vmatrix} + \alpha \begin{vmatrix} m_{ij_1} & \cdots & m_{ij_r} \\ \vdots & & \vdots \\ m_{ij_1} & \cdots & m_{ij_r} \end{vmatrix}$$

$$= \begin{vmatrix} m_{ij_1} & \cdots & m_{ij_r} \\ \vdots & & \vdots \\ m_{jj_1} & \cdots & m_{jj_r} \end{vmatrix} + \alpha \times 0 = |\boldsymbol{M}_{\{i,j\}}| \tag{5-11c}$$

式中，两行相同元素的行列式为 0。这种情况下，变换前后的子式是相等的。

若 $\bar{\boldsymbol{M}}(s)$ 的子式矩阵 $\bar{\boldsymbol{M}}_{\{i,j\}}$ 中含有第 j 行但不含有第 i 行，即

$$|\bar{\boldsymbol{M}}_{\{j\}}| = \begin{vmatrix} m_{i_1j_1} & \cdots & m_{i_1j_r} \\ \vdots & & \vdots \\ m_{jj_1}+\alpha m_{ij_1} & \cdots & m_{jj_r}+\alpha m_{ij_r} \end{vmatrix} = \begin{vmatrix} m_{i_1j_1} & \cdots & m_{i_1j_r} \\ \vdots & & \vdots \\ m_{jj_1} & \cdots & m_{jj_r} \end{vmatrix} + \alpha \begin{vmatrix} m_{i_1j_1} & \cdots & m_{i_1j_r} \\ \vdots & & \vdots \\ m_{ij_1} & \cdots & m_{ij_r} \end{vmatrix}$$

$$= |\boldsymbol{M}_{\{j\}}| \pm \alpha |\boldsymbol{M}_{\{i\}}| \tag{5-11d}$$

式中，$|\boldsymbol{M}_{\{j\}}|$ 是 $\boldsymbol{M}(s)$ 含有第 j 行但不含有第 i 行的某个子式，$|\boldsymbol{M}_{\{i\}}|$ 是 $\boldsymbol{M}(s)$ 含有第 i 行但不含有第 j 行的某个子式，由于第 i 行的顺序有变化，因此其子式有可能相差一个负号。

归纳式(5-11)的讨论知，含有变换行(列)的子式，要么相等，要么相差一个负号，要么相差 k 倍，要么是两个同级子式的“线性组合”。因此，有如下结论：

1) 若 $\boldsymbol{M}(s)$ 所有的 k 阶子式恒为 0，$\bar{\boldsymbol{M}}(s)$ 所有的 k 阶子式也一定恒为 0；若 $\boldsymbol{M}(s)$ 有一个 k 阶子式不恒为 0，$\bar{\boldsymbol{M}}(s)$ 也一定有一个 k 阶子式不恒为 0；反之亦然。这就表明，多项式矩阵的初等变换不改变矩阵的秩。

2) 若 $\Delta_k(s)$、$\bar{\Delta}_k(s)$ 分别是 $\boldsymbol{M}(s)$、$\bar{\boldsymbol{M}}(s)$ 所有的 k 阶子式的最大公因子，由于相差一个负号、相差 k 倍以及满足式(5-11d)的“线性组合”均不改变这些子式的公因子，即多项式矩阵的初等变换不改变矩阵各阶子式的最大公因子，$\Delta_k(s)=\bar{\Delta}_k(s)$。

2. 初等变换的三个基本应用

1) 对任意列向量 $\boldsymbol{m}(s)\in\mathbf{R}^{k\times1}$，通过行初等变换可得到如下结果：

$$\boldsymbol{U}(s)\boldsymbol{m}(s)=\boldsymbol{U}(s)\begin{bmatrix} m_1(s) \\ m_2(s) \\ \vdots \\ m_k(s) \end{bmatrix} = \begin{bmatrix} d_1(s) \\ 0 \\ \vdots \\ 0 \end{bmatrix} \tag{5-12}$$

式中，$d_1(s)$ 为 $\{m_i(s)\}$ 的公因子，即 $d_1(s)=\gcd\{m_i(s)\}$；$\boldsymbol{U}(s)$ 为一系列行初等变换矩阵组成的单模阵(下同)。

下面对式(5-12)做一个简要推证。不失一般性，设 $\{m_i(s)\}$ 各元素按阶次成升序排列(若不是，总可以通过行对换做到)，即 $m_1(s)$ 的阶次最低，$\deg(m_1(s))\leqslant\deg(m_i(s))\ (i\geqslant2)$，那么，一定存在多项式 $\alpha_i(s)$、$\hat{m}_i(s)$ 使得

$$m_i(s)=\alpha_i(s)m_1(s)+\hat{m}_i(s) \tag{5-13a}$$

式中，$\deg(\hat{m}_i(s))\leqslant\deg(m_1(s))-1$。

按照式(5-13a)对列向量 $\boldsymbol{m}(s)$ 第 i 行施加行初等变换，即用第 1 行乘以多项式 $-\alpha_i(s)$ 加到第 i 行，将有

$$\begin{bmatrix} m_1(s) \\ m_2(s) \\ \vdots \\ m_k(s) \end{bmatrix} \Rightarrow \begin{bmatrix} m_1(s) \\ \hat{m}_2(s) \\ \vdots \\ \hat{m}_k(s) \end{bmatrix} \tag{5-13b}$$

可见，变换后的 $\hat{m}_i(s)$ 阶次要比 $m_1(s)$ 的阶次至少降低 1 阶；再对变换后的列向量进行行对换，形成新的阶次升序排列，得到下面的结果，即

$$\underbrace{\begin{bmatrix} m_1(s) \\ m_2(s) \\ \vdots \\ m_k(s) \end{bmatrix} \Rightarrow \begin{bmatrix} m_1(s) \\ \hat{m}_1(s) \\ \vdots \\ \hat{m}_k(s) \end{bmatrix} \Rightarrow \begin{bmatrix} \tilde{m}_1(s) \\ \tilde{m}_2(s) \\ \vdots \\ \tilde{m}_k(s) \end{bmatrix}}_{\text{循环}} \tag{5-13c}$$

式中，$\deg(\tilde{m}_i(s)) \geqslant \deg(\tilde{m}_1(s)) \leqslant \deg(m_1(s))-1(i \geqslant 2)$。

以式(5-13a)~式(5-13c)的行初等变换不断循环，会存在两种情况：一是，式(5-13a)中的所有 $\hat{m}_i(s)=0$，这时式(5-13b)的结果就是式(5-12)的形式；二是，总是存在某些 $\hat{m}_i(s) \neq 0$，这时每次循环都使得第一个元素的阶次减少，一直减到阶次为 0，即第一个元素为常数 $c \neq 0$，即

$$\underbrace{\begin{bmatrix} m_1(s) \\ m_2(s) \\ \vdots \\ m_k(s) \end{bmatrix} \Rightarrow \begin{bmatrix} m_1(s) \\ \hat{m}_2(s) \\ \vdots \\ \hat{m}_k(s) \end{bmatrix} \Rightarrow \begin{bmatrix} \tilde{m}_1(s) \\ \tilde{m}_2(s) \\ \vdots \\ \tilde{m}_k(s) \end{bmatrix}}_{\text{循环}} \Rightarrow \begin{bmatrix} c \\ \bar{m}_2(s) \\ \vdots \\ \bar{m}_k(s) \end{bmatrix} \Rightarrow \begin{bmatrix} 1 \\ 0 \\ \vdots \\ 0 \end{bmatrix} \tag{5-13d}$$

这样，只要第 1 行乘以 $1/c$，再用第 1 行乘以多项式 $\alpha_i(s)=-\bar{m}_i(s)$ 加到第 i 行$(i \geqslant 2)$便有式(5-12)的形式。

由于初等变换不改变最大公因子，不难看出，第一种情况对应 $\deg(d_1(s)) \geqslant 1$，即公因子是 s 的多项式；第二种情况对应 $\deg(d_1(s))=0$，即公因子是非零常数。

2）对任意的行向量 $\boldsymbol{m}(s) \in \mathbf{R}^{1 \times l}$，可通过列初等变换得到如下结果：

$$\boldsymbol{m}(s)\boldsymbol{V}(s)=[m_1(s), m_2(s), \cdots, m_l(s)]\boldsymbol{V}(s)=[d_1(s), 0, \cdots, 0] \tag{5-14}$$

式中，$d_1(s)=\gcd\{m_i(s)\}$；$\boldsymbol{V}(s)$ 为一系列列初等变换矩阵组成的单模阵(下同)。

式(5-14)的证明与式(5-12)完全类似。

3）对矩阵 $\boldsymbol{M}(s) \in \mathbf{R}^{k \times l}$ 的第一列、第一行同时施加行、列初等变换得到如下结果

$$\boldsymbol{U}(s)\boldsymbol{M}(s)\boldsymbol{V}(s)=\boldsymbol{U}(s)\begin{bmatrix} m_{11} & m_{12} & \cdots & m_{1l} \\ m_{21} & m_{22} & \cdots & m_{2l} \\ \vdots & \vdots & & \vdots \\ m_{k1} & m_{k2} & \cdots & m_{kl} \end{bmatrix}\boldsymbol{V}(s)=\begin{bmatrix} d_{11} & 0 & \cdots & 0 \\ 0 & \bar{m}_{22} & \cdots & \bar{m}_{2l} \\ \vdots & \vdots & & \vdots \\ 0 & \bar{m}_{k2} & \cdots & \bar{m}_{kl} \end{bmatrix} \tag{5-15}$$

式中，$d_{11}(s)=\gcd\{m_{i1}(s), m_{1j}(s)\}$。

与式(5-12)的证明类似，每次都将矩阵第一列、第一行阶次最低的元素调换到 m_{11} 处，再同时施加类似前面的行(列)初等变换，使得第一列、第一行的元素阶次均降低，直至出现式(5-15)的形式(至少当阶次降到 0 时，一定会出现)。

3. 埃尔米特规范形与史密斯规范形

状态空间的对角形变换是一个十分有效地用于理论分析的桥梁工具，可以很好地凸显出系统的结构特征。与此类同，通过多项式矩阵的初等变换，也可等效地将多项式矩阵化简为对角形

等各种规范形式，为多项式矩阵理论分析提供桥梁工具。下面，先给出三角形式的埃尔米特规范形，再给出对角形的史密斯规范形。

(1) 列埃尔米特规范形

不失一般性，令多项式矩阵 $\boldsymbol{M}(s)\in\mathbf{R}^{k\times l}$ 的秩为 r。对 $\boldsymbol{M}(s)$ 的第1列施加式(5-12)的行初等变换，得到矩阵 $\boldsymbol{M}_1(s)$；再对它右下角的矩阵块，同样施加式(5-12)的行初等变换(注意，第1行不再变换)，得到矩阵 $\boldsymbol{M}_2(s)$；连续对右下角的矩阵块进行 r 次这样的行初等变换，将得到矩阵 $\boldsymbol{M}_r(s)$。

$$\boldsymbol{M}=\begin{bmatrix} m_{11} & m_{12} & m_{13} & \cdots & m_{1l} \\ m_{21} & m_{22} & m_{23} & \cdots & m_{2l} \\ \vdots & \vdots & \vdots & & \vdots \\ m_{r1} & m_{r2} & m_{r3} & \cdots & m_{rl} \\ \vdots & \vdots & \vdots & & \vdots \\ m_{k1} & m_{k2} & m_{k3} & \cdots & m_{kl} \end{bmatrix}\Rightarrow\boldsymbol{M}_1=\left[\begin{array}{c:cccc} R_{11} & \bar{m}_{12} & \bar{m}_{13} & \cdots & \bar{m}_{1l} \\ \hdashline 0 & \bar{m}_{22} & \bar{m}_{23} & \cdots & \bar{m}_{2l} \\ \vdots & \vdots & \vdots & & \vdots \\ 0 & m_{r2} & m_{r3} & \cdots & m_{rl} \\ \vdots & \vdots & \vdots & & \vdots \\ 0 & \bar{m}_{k2} & \bar{m}_{k3} & \cdots & \bar{m}_{kl} \end{array}\right]$$

$$\Rightarrow\boldsymbol{M}_2=\left[\begin{array}{cc:ccc} R_{11} & \bar{m}_{12} & \bar{m}_{13} & \cdots & \bar{m}_{1l} \\ 0 & R_{22} & \hat{m}_{23} & \cdots & \hat{m}_{2l} \\ \hdashline 0 & 0 & \hat{m}_{33} & & \hat{m}_{3l} \\ 0 & 0 & \hat{m}_{r3} & \cdots & \hat{m}_{rl} \\ \vdots & \vdots & \vdots & & \vdots \\ 0 & 0 & \hat{m}_{k3} & \cdots & \hat{m}_{kl} \end{array}\right]\Rightarrow\boldsymbol{M}_r=\left[\begin{array}{cccc:cc} R_{11} & * & * & * & * & * \\ & R_{22} & * & * & * & * \\ & & \ddots & * & * & * \\ & & & R_{rr} & * & * \\ \hdashline 0 & 0 & 0 & 0 & 0 & 0 \\ 0 & 0 & 0 & 0 & 0 & 0 \end{array}\right]$$

上述结果可表述为，存在一系列行初等变换矩阵组成的单模阵 $\boldsymbol{U}(s)$，使得

$$\boldsymbol{U}(s)\boldsymbol{M}(s)=\begin{bmatrix}\boldsymbol{R}(s)\\ \boldsymbol{0}\end{bmatrix}=\begin{bmatrix}\boldsymbol{R}_1(s) & \boldsymbol{R}_2(s)\\ \boldsymbol{0} & \boldsymbol{0}\end{bmatrix} \tag{5-16a}$$

式中，方阵 $\boldsymbol{R}_1(s)\in\mathbf{R}^{r\times r}$ 是上三角矩阵，$\operatorname{rank}(\boldsymbol{R}_1(s))=r$，$\boldsymbol{R}_2(s)\in\mathbf{R}^{r\times(l-r)}$；后 $l-r$ 行一定是全0行，否则，将存在一个 $(r+1)\times(r+1)$ 的子式不为0，与 $\boldsymbol{M}(s)$ 的秩为 r 矛盾。这种形式称为列埃尔米特规范形。

(2) 行埃尔米特规范形

同理，对 $\boldsymbol{M}(s)$ 的第1行施加式(5-14)的列初等变换，得到矩阵 $\boldsymbol{M}_1(s)$；再对它右下角的矩阵块，同样施加式(5-14)的列初等变换(注意，第1列不再变换)，得到矩阵 $\boldsymbol{M}_2(s)$；连续对右下角的矩阵块进行 r 次这样的列初等变换，将得到矩阵 $\boldsymbol{M}_r(s)$。

$$\boldsymbol{M}=\begin{bmatrix} m_{11} & m_{12} & m_{13} & \cdots & m_{1l} \\ m_{21} & m_{22} & m_{23} & \cdots & m_{2l} \\ \vdots & \vdots & \vdots & & \vdots \\ m_{r1} & m_{r2} & m_{r3} & \cdots & m_{rl} \\ \vdots & \vdots & \vdots & & \vdots \\ m_{k1} & m_{k2} & m_{k3} & \cdots & m_{kl} \end{bmatrix}\Rightarrow\boldsymbol{M}_1=\left[\begin{array}{c:cccc} L_{11} & 0 & 0 & \cdots & 0 \\ \hdashline \bar{m}_{21} & \bar{m}_{22} & \bar{m}_{23} & \cdots & \bar{m}_{2l} \\ \vdots & \vdots & \vdots & & \vdots \\ \bar{m}_{r1} & m_{r2} & m_{r3} & \cdots & m_{rl} \\ \vdots & \vdots & \vdots & & \vdots \\ \bar{m}_{k1} & \bar{m}_{k2} & \bar{m}_{k3} & \cdots & \bar{m}_{kl} \end{array}\right]$$

$$\Rightarrow\boldsymbol{M}_2=\left[\begin{array}{cc:ccc} L_{11} & 0 & 0 & \cdots & 0 \\ \bar{m}_{21} & L_{22} & 0 & \cdots & 0 \\ \hdashline \bar{m}_{31} & \hat{m}_{32} & \hat{m}_{33} & \cdots & \hat{m}_{3l} \\ \bar{m}_{r1} & \hat{m}_{r2} & \hat{m}_{r3} & \cdots & \hat{m}_{rl} \\ \vdots & \vdots & \vdots & & \vdots \\ \bar{m}_{k1} & \hat{m}_{k2} & \hat{m}_{k3} & \cdots & \hat{m}_{kl} \end{array}\right]\Rightarrow\boldsymbol{M}_r=\left[\begin{array}{cccc:cc} L_{11} & & & & 0 & 0 \\ * & L_{22} & & & 0 & 0 \\ * & * & \ddots & & 0 & 0 \\ * & * & * & L_{rr} & 0 & 0 \\ \hdashline * & * & * & * & 0 & 0 \\ * & * & * & * & 0 & 0 \end{array}\right]$$

上述结果同样可表述为，存在一系列列初等变换矩阵组成的单模阵 $\boldsymbol{V}(s)$，使得

$$\boldsymbol{M}(s)\boldsymbol{V}(s)=[\boldsymbol{L}(s),\boldsymbol{0}]=\begin{bmatrix}\boldsymbol{L}_1(s) & \boldsymbol{0}\\ \boldsymbol{L}_2(s) & \boldsymbol{0}\end{bmatrix} \tag{5-16b}$$

式中，方阵 $\boldsymbol{L}_1(s)\in\mathbf{R}^{r\times r}$ 是下三角矩阵，$\operatorname{rank}(\boldsymbol{L}_1(s))=r$，$\boldsymbol{L}_2(s)\in\mathbf{R}^{(k-r)\times r}$；后 $k-r$ 列一定是全 0 列，否则，将存在一个$(r+1)\times(r+1)$的子式不为0，与 $\boldsymbol{M}(s)$ 的秩为 r 矛盾。这种形式称为行埃尔米特规范形。

（3）史密斯规范形

若对 $\boldsymbol{M}(s)\in\mathbf{R}^{k\times l}$ 既做行初等变换又做列初等变换，可把 $\boldsymbol{M}(s)$ 变换为一个对角形 $\boldsymbol{M}_s(s)$，称为史密斯规范形，即

$$\boldsymbol{M}_s(s)=\boldsymbol{U}(s)\boldsymbol{M}(s)\boldsymbol{V}(s)=\begin{bmatrix}\lambda_1(s) & & & \\ & \ddots & & \\ & & \lambda_r(s) & \\ & & & \boldsymbol{0}\end{bmatrix} \tag{5-17}$$

式中，$\boldsymbol{U}(s)$ 和 $\boldsymbol{V}(s)$ 为单模阵；多项式 $\lambda_i(s)\ (i=1,2,\cdots r)$ 为首一多项式，即

$$\lambda_i(s)=s^{n_i}+a_{n_i-1,i}s^{n_i-1}+\cdots+a_{0,i}=\prod(s-p_{ji})^{k_j}\left(\sum k_j=n_i\right)$$

且 $\lambda_i(s)$ 可以整除 $\lambda_{i+1}(s)$，记为 $\lambda_i(s)\mid\lambda_{i+1}(s)$；非常数的 $\lambda_i(s)\ (n^i>0)$ 称为矩阵 $\boldsymbol{M}(s)$ 的（非平凡）不变因子，$\lambda_i(s)$ 中的因子 $(s-p_{ji})^{k_j}$ 称为矩阵 $\boldsymbol{M}(s)$ 的初等因子。

下面，给出式(5-17)一个简要推证。先对矩阵 $\boldsymbol{M}(s)$ 第一行、第一列同时施加行、列初等变换，得到式(5-15)的结果；在此基础上，划掉第一行与第一列，再对剩余矩阵 的第一行、第一列施加类似式(5-15)的初等变换；经过多次循环，可得到如下的对角形矩阵 $\boldsymbol{M}_1$。值得注意的是，此时对角元素不一定满足整除关系。

将矩阵 $\boldsymbol{M}_1$ 的第二列到第 r 列加到第一列，得到矩阵 $\boldsymbol{M}_2$，即

$$\boldsymbol{M}_1=\begin{bmatrix}d_1 & & & & 0 & 0\\ & d_2 & & & 0 & 0\\ & & \ddots & & 0 & 0\\ & & & d_r & 0 & 0\\ 0 & 0 & 0 & 0 & 0 & 0\\ 0 & 0 & 0 & 0 & 0 & 0\end{bmatrix}\Rightarrow\boldsymbol{M}_2=\begin{bmatrix}d_1 & & & & 0 & 0\\ d_2 & d_2 & & & 0 & 0\\ \vdots & & \ddots & & 0 & 0\\ d_r & & & d_r & 0 & 0\\ 0 & 0 & 0 & 0 & 0 & 0\\ 0 & 0 & 0 & 0 & 0 & 0\end{bmatrix} \tag{5-18a}$$

记对角元素的最大公因子为 $\lambda_1(s)=\gcd\{d_i(s)\}$，再对矩阵 $\boldsymbol{M}_2$ 第一列施加(5-12)的行初等变换，得到矩阵 $\boldsymbol{M}_3$，即

$$\boldsymbol{M}_2=\lambda_1(s)\begin{bmatrix}\bar{d}_1 & & & & 0 & 0\\ \bar{d}_2 & \bar{d}_2 & & & 0 & 0\\ \vdots & & \ddots & & 0 & 0\\ \bar{d}_r & & & \bar{d}_r & 0 & 0\\ 0 & 0 & 0 & 0 & 0 & 0\\ 0 & 0 & 0 & 0 & 0 & 0\end{bmatrix}\Rightarrow\boldsymbol{M}_3=\lambda_1(s)\begin{bmatrix}1 & \bar{m}_{12} & \cdots & \bar{m}_{1r} & 0 & 0\\ 0 & \bar{m}_{22} & \cdots & \bar{m}_{2r} & 0 & 0\\ \vdots & \vdots & & \vdots & 0 & 0\\ 0 & \bar{m}_{r2} & \cdots & \bar{m}_{rr} & 0 & 0\\ 0 & 0 & 0 & 0 & 0 & 0\\ 0 & 0 & 0 & 0 & 0 & 0\end{bmatrix}$$

再对矩阵 $\boldsymbol{M}_3$ 的第一行进行列初等变换，将得到矩阵 $\boldsymbol{M}_4$，即

$$\boldsymbol{M}_4=\lambda_1(s)\begin{bmatrix}1 & 0 & \cdots & 0 & 0 & 0\\ 0 & \bar{m}_{22} & \cdots & \bar{m}_{2r} & 0 & 0\\ \vdots & \vdots & & \vdots & 0 & 0\\ 0 & \bar{m}_{r2} & \cdots & \bar{m}_{rr} & 0 & 0\\ 0 & 0 & 0 & 0 & 0 & 0\\ 0 & 0 & 0 & 0 & 0 & 0\end{bmatrix}=\begin{bmatrix}\lambda_1(s) & 0 & \cdots & 0 & 0 & 0\\ 0 & \hat{m}_{22} & \cdots & \hat{m}_{2r} & 0 & 0\\ \vdots & \vdots & & \vdots & 0 & 0\\ 0 & \hat{m}_{r2} & \cdots & \hat{m}_{rr} & 0 & 0\\ 0 & 0 & 0 & 0 & 0 & 0\\ 0 & 0 & 0 & 0 & 0 & 0\end{bmatrix}$$

显见，$\hat{m}_{ij}(s)=\lambda_1(s)\bar{m}_{ij}(s)$，矩阵 $\boldsymbol{M}_4$ 中所有 $\hat{m}_{ij}(s)$ 都能被 $\lambda_1(s)$ 整除。

对 $\boldsymbol{M}_4$ 中的子矩阵

$$\hat{\boldsymbol{M}}=\begin{bmatrix}\hat{m}_{22} & \cdots & \hat{m}_{2r}\\ \vdots & & \vdots\\ \hat{m}_{r2} & \cdots & \hat{m}_{rr}\end{bmatrix}=\lambda_1(s)\begin{bmatrix}\bar{m}_{22} & \cdots & \bar{m}_{2r}\\ \vdots & & \vdots\\ \bar{m}_{r2} & \cdots & \bar{m}_{rr}\end{bmatrix}$$

再进行上述步骤，即先得到对角形矩阵 $\hat{\boldsymbol{M}}_1$

$$\hat{\boldsymbol{M}}_1=\lambda_1(s)\begin{bmatrix}\bar{d}_2 & & \\ & \ddots & \\ & & \bar{d}_r\end{bmatrix}=\begin{bmatrix}\hat{d}_2 & & \\ & \ddots & \\ & & \hat{d}_r\end{bmatrix},\quad \hat{d}_i(s)=\lambda_1(s)\bar{d}_i(s)$$

再令 $\lambda_2(s)=\gcd\{\hat{d}_i(s)\}=\lambda_1(s)\gcd\{\bar{d}_i(s)\}$，同样再按式(5-18a)的方法对对角形的矩阵 $\hat{\boldsymbol{M}}_1$ 进行变换，将得到

$$\hat{\boldsymbol{M}}_2=\lambda_2(s)\begin{bmatrix}1 & 0 & \cdots & 0\\ 0 & \tilde{m}_{33} & \cdots & \tilde{m}_{3r}\\ \vdots & \vdots & & \vdots\\ 0 & \tilde{m}_{r3} & \cdots & \tilde{m}_{rr}\end{bmatrix}=\begin{bmatrix}\lambda_2(s) & 0 & \cdots & 0\\ 0 & \widehat{m}_{33} & \cdots & \widehat{m}_{3r}\\ \vdots & \vdots & & \vdots\\ 0 & \widehat{m}_{r3} & \cdots & \widehat{m}_{rr}\end{bmatrix}$$

式中，$\widehat{m}_{ij}(s)=\lambda_2(s)\tilde{m}_{ij}(s)$。

将上述矩阵的变换带回到矩阵 $\boldsymbol{M}_4(s)$，原矩阵 $\boldsymbol{M}(s)$ 被变换为

$$\boldsymbol{M}_5=\begin{bmatrix}\lambda_1(s) & 0 & 0 & \cdots & 0 & 0 & 0\\ 0 & \lambda_2(s) & 0 & \cdots & 0 & 0 & 0\\ 0 & 0 & \widehat{m}_{33} & \cdots & \widehat{m}_{3r} & 0 & 0\\ \vdots & \vdots & \vdots & & \vdots & \vdots & \vdots\\ 0 & 0 & \widehat{m}_{r3} & \cdots & \widehat{m}_{rr} & 0 & 0\\ 0 & 0 & 0 & \cdots & 0 & 0 & 0\\ 0 & 0 & 0 & \cdots & 0 & 0 & 0\end{bmatrix}\tag{5-18b}$$

式中，$\lambda_1(s)\mid\lambda_2(s)$。再以此循环对剩余矩阵进行行、列初等变换，便可得到确保对角元素满足整除关系的对角形，即式(5-17)的史密斯规范形。

史密斯规范形是多项式矩阵一个重要的规范形，对角元素由多项式矩阵的不变因子 $\lambda_i(s)$ 组成，不变因子将反映多项式矩阵的结构特征。从前面的讨论知，初等变换不改变多项式矩阵各阶子式的最大公因子。因此，式(5-17)中 $\boldsymbol{M}(s)$ 的各阶子式的最大公因子 $\{\Delta_k(s)\}$ 与 $\boldsymbol{M}_s(s)$ 的各阶子式的最大公因子是相等的，故有

$$\Delta_0(s)=1,\ \Delta_1(s)=\lambda_1(s),\ \Delta_2(s)=\lambda_1(s)\lambda_2(s),\ \cdots,\ \Delta_r(s)=\prod_{i=1}^{r}\lambda_i(s)$$

或

$$\lambda_i(s)=\frac{\Delta_i(s)}{\Delta_{i-1}(s)}\quad(i=1,2\cdots,r) \tag{5-19}$$

式(5-19)给出了求解史密斯规范形另一个算法，即先求解多项式矩阵 $\boldsymbol{M}(s)$ 各阶子式，得到它们的最大公因子 $\{\Delta_k(s)\}$，然后由式(5-19)给出不变因子，便构造出 $\boldsymbol{M}_s(s)$。

例 5-1 求如下多项式矩阵的史密斯规范形。

1) $\boldsymbol{M}(s)=\begin{bmatrix} s^2 & s^2-1 & s^2+2s+1 \\ s+1 & s+1 & (s^2-1)(s+1) \\ s+1 & s+1 & s(s+1)^2 \end{bmatrix}$；2) $\boldsymbol{M}(s)=\begin{bmatrix} s & s+2 & s^2 \\ s+1 & s-1 & s(s+1) \end{bmatrix}$。

下面用初等变换的方法求取 1) 的史密斯规范形，用不变因子的方法求取 2) 的史密斯规范形。

先对 $\boldsymbol{M}(s)$ 进行 4 次行初等变换

$$\begin{bmatrix} 0 & 1 & 0 \\ 0 & 0 & 1 \\ 1 & 0 & 0 \end{bmatrix}\begin{bmatrix} 1 & 0 & 0 \\ 1 & 1 & 0 \\ 0 & 0 & 1 \end{bmatrix}\begin{bmatrix} 1 & 0 & 0 \\ -s & 1 & 0 \\ -1 & 0 & 1 \end{bmatrix}\begin{bmatrix} 0 & 1 & 0 \\ 1 & 0 & 0 \\ 0 & 0 & 1 \end{bmatrix}\boldsymbol{M}(s)=\begin{bmatrix} 1 & 0 & (-s^2+2s)(s+1)^2 \\ 0 & 0 & (s+1)^2 \\ s+1 & s+1 & (s-1)(s+1)^2 \end{bmatrix}=\boldsymbol{M}_1(s)$$

再进行 1 次行初等变换和 1 次列初等变换

$$\begin{bmatrix} 1 & 0 & 0 \\ 0 & 1 & 0 \\ -(s+1) & 0 & 1 \end{bmatrix}\boldsymbol{M}_1(s)\begin{bmatrix} 1 & 0 & s(s-2)(s+1)^2 \\ 0 & 1 & 0 \\ 0 & 0 & 1 \end{bmatrix}=\begin{bmatrix} 1 & 0 & 0 \\ 0 & 0 & (s+1)^2 \\ 0 & s+1 & a(s)(s+1)^2 \end{bmatrix}=\boldsymbol{M}_2(s)$$

式中，$a(s)=s^3-s^2-s-1$。再进行 1 次行初等变换和 1 次列初等变换，便得到史密斯规范形，即

$$\begin{bmatrix} 1 & 0 & 0 \\ 0 & 0 & 1 \\ 0 & 1 & 0 \end{bmatrix}\boldsymbol{M}_2(s)\begin{bmatrix} 1 & 0 & 0 \\ 0 & 1 & -(s+1)a(s) \\ 0 & 0 & 1 \end{bmatrix}=\begin{bmatrix} 1 & 0 & 0 \\ 0 & s+1 & 0 \\ 0 & 0 & (s+1)^2 \end{bmatrix}=\boldsymbol{M}_s(s)$$

从上面可得行、列初等变换组成的单模阵 $\boldsymbol{U}(s)$ 和 $\boldsymbol{V}(s)$，即

$$\boldsymbol{U}(s)=\begin{bmatrix} 1 & 0 & 0 \\ 0 & 0 & 1 \\ 0 & 1 & 0 \end{bmatrix}\begin{bmatrix} 1 & 0 & 0 \\ 0 & 1 & 0 \\ -(s+1) & 0 & 1 \end{bmatrix}\begin{bmatrix} 0 & 1 & 0 \\ 0 & 0 & 1 \\ 1 & 0 & 0 \end{bmatrix}\begin{bmatrix} 1 & 0 & 0 \\ 1 & 1 & 0 \\ 0 & 0 & 1 \end{bmatrix}\begin{bmatrix} 1 & 0 & 0 \\ -s & 1 & 0 \\ -1 & 0 & 1 \end{bmatrix}\begin{bmatrix} 0 & 1 & 0 \\ 1 & 0 & 0 \\ 0 & 0 & 1 \end{bmatrix}$$

$$=\begin{bmatrix} 1 & 1-s & 0 \\ -(s+1) & s^2 & 0 \\ 0 & -1 & 1 \end{bmatrix}$$

$$\boldsymbol{V}(s)=\begin{bmatrix} 1 & 0 & s(s-2)(s+1)^2 \\ 0 & 1 & 0 \\ 0 & 0 & 1 \end{bmatrix}\begin{bmatrix} 1 & 0 & 0 \\ 0 & 1 & -(s+1)a(s) \\ 0 & 0 & 1 \end{bmatrix}$$

$$=\begin{bmatrix} 1 & 0 & s(s-2)(s+1)^2 \\ 0 & 1 & -(s+1)(s^3-s^2-s-1) \\ 0 & 0 & 1 \end{bmatrix}$$

综合起来有，$\boldsymbol{M}_s(s)=\boldsymbol{U}(s)\boldsymbol{M}(s)\boldsymbol{V}(s)$。

2) 求各阶子式的最大公因子 $\{\Delta_k(s)\}$。

显见，1 阶子式(矩阵中各元素)没有相同的(非平凡)公因子，其最大公因子 $\Delta_1=1$。2 阶子式为

$$\begin{vmatrix} s & s+2 \\ s+1 & s-1 \end{vmatrix} = -4(s+0.5), \quad \begin{vmatrix} s+2 & s^2 \\ s-1 & s(s+1) \end{vmatrix} = 4s(s+0.5), \quad \begin{vmatrix} s & s^2 \\ s+1 & s(s+1) \end{vmatrix} = 0$$

其最大公因子 $\Delta_2 = s+0.5$。

得到不变因子为 $\lambda_1(s)=\Delta_1(s)=1$，$\lambda_2(s)=\Delta_2(s)/\Delta_1(s)=s+0.5$。史密斯规范形为

$$M_s(s)=\begin{bmatrix} 1 & 0 & 0 \\ 0 & s+0.5 & 0 \end{bmatrix}$$

实际上，存在单模阵 $U(s)$、$V(s)$满足

$$U(s)M(s)V(s)=\begin{bmatrix} -0.5 & 0 \\ 0.5 & 0.5 \end{bmatrix}\begin{bmatrix} s & s+2 & s^2 \\ s+1 & s-1 & s(s+1) \end{bmatrix}\begin{bmatrix} 1 & 0.5s+1 & -s \\ -1 & -0.5s & 0 \\ 0 & 0 & 1 \end{bmatrix}$$

$$=\begin{bmatrix} 1 & 0 & 0 \\ 0 & s+0.5 & 0 \end{bmatrix}$$

4. 状态空间描述与史密斯规范形

状态空间描述是一类典型的系统描述，一方面，状态矩阵 A 的特征值反映了系统的特征结构；另一方面，sI_n-A 是一类最简单的多项式矩阵(每个元素的阶次不超过 1)。下面，讨论 sI_n-A 的史密斯规范形以及它的不变因子(初等因子)与特征值的关系。

不失一般性，先讨论一个 3 阶若尔当块 $J_3 \in \mathbf{R}^{3\times3}$，容易验证有

$$sI_3-J_3=sI_3-\begin{bmatrix} \lambda & 1 & 0 \\ 0 & \lambda & 1 \\ 0 & 0 & \lambda \end{bmatrix}=\begin{bmatrix} s-\lambda & -1 & 0 \\ 0 & s-\lambda & -1 \\ 0 & 0 & s-\lambda \end{bmatrix}$$

$$=\begin{bmatrix} 1 & & \\ -(s-\lambda) & 1 & \\ 0 & -(s-\lambda) & 1 \end{bmatrix}\begin{bmatrix} 1 & & \\ & 1 & \\ & & (s-\lambda)^3 \end{bmatrix}\begin{bmatrix} s-\lambda & -1 & 0 \\ (s-\lambda)^2 & 0 & -1 \\ 1 & 0 & 0 \end{bmatrix}$$

推广到一般的若尔当块 $J_{n_i} \in \mathbf{R}^{n_i\times n_i}$，令

$$\hat{U}_i(s)=\begin{bmatrix} 1 & & & \\ -(s-\lambda_i) & 1 & & \\ & \ddots & \ddots & \\ & & -(s-\lambda_i) & 1 \end{bmatrix}^{-1}, \quad \det(\hat{U}_i(s))=1$$

$$\hat{V}_i(s)=\begin{bmatrix} s-\lambda_i & -1 & & \\ (s-\lambda_i)^2 & & & \\ \vdots & 0 & \ddots & \\ (s-\lambda_i)^{n_i-1} & \vdots & \ddots & -1 \\ 1 & 0 & \cdots & 0 \end{bmatrix}^{-1}, \quad \det(\hat{V}_i(s))=(-1)^{n_i-1}$$

$$\Lambda_{si}(s)=\begin{bmatrix} 1 & & & \\ & \ddots & & \\ & & 1 & \\ & & & (s-\lambda_i)^{n_i} \end{bmatrix}, \quad \det(V_i(s))=(s-\lambda_i)^{n_i}$$

一定有

$$\hat{U}_i(s)(sI_{n_i}-J_{n_i})\hat{V}_i(s)=\Lambda_{si}(s) \tag{5-20}$$

可见，每个若尔当块只有一个初等因子$(s-\lambda_i)^{n_i}$。

不失一般性，假定状态矩阵 $\boldsymbol{A}$ 特征值为 $\{\lambda_i, i=1,2,\cdots,k\}$ 且互不相等，对应特征值的重数为 $\{n_i, i=1,2,\cdots,k\}$，$\sum_{i=1}^{k} n_i = n$。那么，通过相似变换可化为如下若尔当形，即

$$\boldsymbol{T}^{-1}\boldsymbol{A}\boldsymbol{T}=\boldsymbol{J}=\begin{bmatrix}\boldsymbol{J}_{n_1} & & \\ & \ddots & \\ & & \boldsymbol{J}_{n_k}\end{bmatrix}=\mathrm{diag}\{\boldsymbol{J}_{n_i}\} \tag{5-21}$$

取 $\hat{\boldsymbol{U}}(s)=\mathrm{diag}\{\hat{\boldsymbol{U}}_i(s)\}$，$\hat{\boldsymbol{V}}(s)=\mathrm{diag}\{\hat{\boldsymbol{V}}_i(s)\}$，可推出

$$\boldsymbol{T}^{-1}(s\boldsymbol{I}_n-\boldsymbol{A})\boldsymbol{T}=s\boldsymbol{I}_n-\boldsymbol{J}=\mathrm{diag}\{s\boldsymbol{I}_{n_i}-\boldsymbol{J}_{n_i}\}$$

$$\begin{aligned}\hat{\boldsymbol{U}}(s)\boldsymbol{T}^{-1}(s\boldsymbol{I}_n-\boldsymbol{A})\boldsymbol{T}\hat{\boldsymbol{V}}(s)&=\hat{\boldsymbol{U}}(s)(s\boldsymbol{I}_n-\boldsymbol{J})\hat{\boldsymbol{V}}(s)\\&=\mathrm{diag}\{\hat{\boldsymbol{U}}_i(s)\}\mathrm{diag}\{s\boldsymbol{I}_{n_i}-\boldsymbol{J}_{n_i}\}\mathrm{diag}\{\hat{\boldsymbol{V}}_i(s)\}=\mathrm{diag}\{\boldsymbol{\Lambda}_{si}(s)\}\end{aligned} \tag{5-22}$$

由于特征值为 $\{\lambda_i\}$ 互不相等，若尔当块的初等因子 $\{(s-\lambda_i)^{n_i}\}$ 之间没有公因子，所以，对式(5-22)的对角形再施加行、列初等变换便可得到史密斯规范形

$$\boldsymbol{\Lambda}_s=\boldsymbol{U}(s)(s\boldsymbol{I}_n-\boldsymbol{A})\boldsymbol{V}(s)=\begin{bmatrix}1 & & & \\ & \ddots & & \\ & & 1 & \\ & & & \lambda_n(s)\end{bmatrix} \tag{5-23}$$

式中，$\lambda_n(s)=\prod_{i=1}^{k}(s-\lambda_i)^{n_i}$。

从前面的推导可看出：

1）多项式矩阵 $s\boldsymbol{I}_n-\boldsymbol{A}$ 与其若尔当形式的多项式矩阵 $s\boldsymbol{I}_n-\boldsymbol{J}$ 有相同的史密斯规范形。进一步，相似系统之间都有相同的史密斯规范形。

2）多项式矩阵 $s\boldsymbol{I}_n-\boldsymbol{A}$ 只有一个(非平凡)不变因子，并满足

$$\lambda_n(s)=\prod_{i=1}^{k}(s-\lambda_i)^{n_i}=c\det(s\boldsymbol{I}_n-\boldsymbol{A})$$

即(非平凡)不变因子与特征多项式只相差一个常倍数 c。

3）构成不变因子的初等因子与状态矩阵 $\boldsymbol{A}$ 的特征值一一对应。表明(非平凡)不变因子(初等因子)与系统的结构特征一定有密切关系。

4）如果状态矩阵 $\boldsymbol{A}$ 都是单重特征值，即所有 $n_i=1$，上述结论同样成立。实际工程系统基本上是这种情况，所以，得到特征值便可快速构建它的史密斯规范形。

5. 单模阵的史密斯规范形

单模阵 $\boldsymbol{E}(s)$ 是一类特殊的多项式矩阵，对它施加行、列初等变换同样可得到史密斯规范形。由于单模阵的行列式(对应最大的不变因子)为非 0 常数，所以它的史密斯规范形的行列式也是非 0 常数，意味着史密斯规范形一定是单位矩阵，即

$$\boldsymbol{U}(s)\boldsymbol{E}(s)\boldsymbol{V}(s)=\boldsymbol{I}$$

式中，$\boldsymbol{U}(s)$、$\boldsymbol{V}(s)$ 是行、列初等变换矩阵的连乘矩阵。进而有

$$\boldsymbol{E}(s)=\boldsymbol{U}^{-1}(s)\boldsymbol{V}^{-1}(s)$$

由于初等变换矩阵的逆矩阵还是初等变换矩阵，所以任何一个单模阵 $\boldsymbol{E}(s)$ 总是可以分解成有限个初等变换矩阵的连乘；反之，任何有限个初等变换矩阵的连乘矩阵一定是单模阵。从这个意义上讲，单模阵的作用就是初等变换的作用。

由于初等变换可以保留多项式矩阵许多特性不变，所以也称初等变换为等价变换。

6. 等价矩阵与准等价矩阵

对常数矩阵 $\boldsymbol{A}$ 实施相似变换，$\tilde{\boldsymbol{A}}=\boldsymbol{T}^{-1}\boldsymbol{A}\boldsymbol{T}$，是研究常数矩阵性质的基本手段。同理，对多项式矩阵 $\boldsymbol{M}(s)$ 实施等价变换，是研究多项式矩阵性质的基本手段，有下面两种情况：

1）对于两个维数一致的多项式矩阵 $\boldsymbol{M}(s)$、$\tilde{\boldsymbol{M}}(s)\in\mathbf{R}^{k\times l}$，若存在单模阵 $\boldsymbol{U}(s)\in\mathbf{R}^{k\times k}$、$\boldsymbol{V}(s)\in\mathbf{R}^{l\times l}$，使得

$$\tilde{\boldsymbol{M}}(s)=\boldsymbol{U}(s)\boldsymbol{M}(s)\boldsymbol{V}(s) \tag{5-24a}$$

称矩阵 $\boldsymbol{M}(s)$ 与 $\tilde{\boldsymbol{M}}(s)$ 等价，记为 $\boldsymbol{M}(s)\sim\tilde{\boldsymbol{M}}(s)$；单模阵 $\boldsymbol{U}(s)$、$\boldsymbol{V}(s)$ 也称为等价变换矩阵。

2）对于两个维数不一致的多项式矩阵 $\boldsymbol{M}(s)\in\mathbf{R}^{k\times l}$、$\tilde{\boldsymbol{M}}(s)\in\mathbf{R}^{\tilde{k}\times\tilde{l}}$，维数满足 $\tilde{l}-l=\tilde{k}-k=\delta$，若存在单模阵 $\boldsymbol{U}(s)\in\mathbf{R}^{(k+\delta)\times(k+\delta)}$、$\boldsymbol{V}(s)\in\mathbf{R}^{(l+\delta)\times(l+\delta)}$，使得

$$\tilde{\boldsymbol{M}}(s)=\boldsymbol{U}(s)\begin{bmatrix}\boldsymbol{I}_\delta & \\ & \boldsymbol{M}(s)\end{bmatrix}\boldsymbol{V}(s) \tag{5-24b}$$

称矩阵 $\boldsymbol{M}(s)$ 与 $\tilde{\boldsymbol{M}}(s)$ 准等价，也记作 $\boldsymbol{M}(s)\sim\tilde{\boldsymbol{M}}(s)$；单模阵 $\boldsymbol{U}(s)$、$\boldsymbol{V}(s)$ 也称为准等价变换矩阵。

值得注意的是，相似变换要求两边变换矩阵互逆，$\boldsymbol{T}$ 与 $\boldsymbol{T}^{-1}$；等价变换不要求 $\boldsymbol{U}(s)$ 与 $\boldsymbol{V}(s)$ 互逆，但维数要相容。另外，等价变换与准等价变换是类同的，准等价矩阵只进行了平凡的扩维，不影响其性质的实质变化。因为状态空间描述、左右分式描述、部分状态方程描述都可描述同一个系统，但它们的维数不一样，这就需要准等价变换将它们联系起来。

由式(5-17)可推知，(准)等价矩阵有相同的史密斯规范形，因而也一定有下面的性质：

$$\boldsymbol{M}(s)\sim\tilde{\boldsymbol{M}}(s)\Leftrightarrow \text{它们有相同不变因子(初等因子)}$$

$$\boldsymbol{M}(s)\sim\tilde{\boldsymbol{M}}(s),\ \tilde{\boldsymbol{M}}(s)\sim\hat{\boldsymbol{M}}(s)\Rightarrow\boldsymbol{M}(s)\sim\hat{\boldsymbol{M}}(s)$$

若矩阵 $\boldsymbol{M}(s)$ 是满秩方阵，则(准)等价矩阵的行列式成比例关系，即

$$\det(\tilde{\boldsymbol{M}}(s))=\det(\boldsymbol{U}(s))\det(\boldsymbol{M}(s))\det(\boldsymbol{V}(s))=c\det(\boldsymbol{M}(s))$$

它们的阶次相同，即

$$\deg[\det(\tilde{\boldsymbol{M}}(s))]=\deg[\det(\boldsymbol{M}(s))]$$

进一步，从式(5-23)的推导知，相似变换与等价变换有如下关系：

$$\begin{aligned}\boldsymbol{A}\text{ 与 }\tilde{\boldsymbol{A}}\text{ 是相似矩阵}&\Leftrightarrow\boldsymbol{A}\text{ 与 }\tilde{\boldsymbol{A}}\text{ 有相同的维数和特征值结构}\\&\Leftrightarrow s\boldsymbol{I}_n-\boldsymbol{A}\text{ 与 }s\boldsymbol{I}_n-\tilde{\boldsymbol{A}}\text{ 有相同的初等因子}\\&\Leftrightarrow s\boldsymbol{I}_n-\boldsymbol{A}\text{ 与 }s\boldsymbol{I}_n-\tilde{\boldsymbol{A}}\text{ 有相同的不变因子}\\&\Leftrightarrow s\boldsymbol{I}_n-\boldsymbol{A}\text{ 与 }s\boldsymbol{I}_n-\tilde{\boldsymbol{A}}\text{ 有相同的史密斯规范形}\\&\Leftrightarrow s\boldsymbol{I}_n-\boldsymbol{A}\text{ 与 }s\boldsymbol{I}_n-\tilde{\boldsymbol{A}}\text{ 是等价矩阵。}\end{aligned} \tag{5-25}$$

可见，多项式矩阵 $\boldsymbol{M}(s)$ 的等价变换与常数矩阵 $\boldsymbol{A}$ 的相似变换是相通的。若取 $\tilde{\boldsymbol{M}}(s)=s\boldsymbol{I}_n-\boldsymbol{A}$，通过准等价 $\boldsymbol{M}(s)\sim\tilde{\boldsymbol{M}}(s)$，就可建立起多项式矩阵 $\boldsymbol{M}(s)$ 与状态矩阵 $\boldsymbol{A}$ 的关系来。

综上所述，尽管多项式矩阵不是常数矩阵，同样可以对其实施初等变换，得到埃尔米特规范形、史密斯规范形等各种规范形。另外，通过(准)等价变换将一般形式的多项式矩阵 $\boldsymbol{M}(s)$ 与特殊形式的多项式矩阵 $\tilde{\boldsymbol{M}}(s)=s\boldsymbol{I}_n-\boldsymbol{A}$ 建立起了桥梁关系，这将为进一步分析多项式矩阵描述的系统内部结构特征提供了工具。

5.1.3 多项式矩阵因式分解

多项式的因式分解是分析多项式性质的基本工具。下面，将多项式的因式分解引入到多项

式矩阵的分析中。

1. 最大因子

对于多项式矩阵 $\boldsymbol{M}(s)\in\mathbf{R}^{k\times l}$，若它的秩 $r=\mathrm{rank}(\boldsymbol{M}(s))=k$，称矩阵 $\boldsymbol{M}(s)$ 行满秩；若它的秩 $r=\mathrm{rank}(\boldsymbol{M}(s))=l$，称矩阵 $\boldsymbol{M}(s)$ 列满秩。

对于行满秩的矩阵 $\boldsymbol{M}(s)$，若存在 $\boldsymbol{M}(s)=\boldsymbol{L}(s)\overline{\boldsymbol{M}}(s)$，$\boldsymbol{L}(s)\in\mathbf{R}^{k\times k}$ 称为矩阵 $\boldsymbol{M}(s)$ 的一个左因子；若 $\boldsymbol{M}(s)$ 的其他左因子，也是 $\boldsymbol{L}(s)$ 的左因子，就称 $\boldsymbol{L}(s)$ 是矩阵 $\boldsymbol{M}(s)$ 最大左因子。

对于列满秩的矩阵 $\boldsymbol{M}(s)$，若存在 $\boldsymbol{M}(s)=\overline{\boldsymbol{M}}(s)\boldsymbol{R}(s)$，$\boldsymbol{R}(s)\in\mathbf{R}^{l\times l}$ 称为矩阵 $\boldsymbol{M}(s)$ 的一个右因子；若 $\boldsymbol{M}(s)$ 的其他右因子，也是 $\boldsymbol{R}(s)$ 的右因子，就称 $\boldsymbol{R}(s)$ 是矩阵 $\boldsymbol{M}(s)$ 最大右因子。

如何计算最大因子？以最大左因子为例，从式(5-16b)知，对于行满秩的矩阵 $\boldsymbol{M}(s)\in\mathbf{R}^{k\times l}$，存在一系列列初等变换的单模阵 $\boldsymbol{V}(s)$ 使得

$$\boldsymbol{M}(s)\boldsymbol{V}(s)=[\boldsymbol{L}(s),\boldsymbol{0}] \tag{5-26}$$

式中，$\boldsymbol{L}(s)$ 是满秩方阵，它是矩阵 $\boldsymbol{M}(s)$ 的最大左因子，$\boldsymbol{L}(s)\in\mathbf{R}^{k\times k}$。

下面先证明它是一个左因子。令单模阵 $\boldsymbol{V}(s)$ 的逆阵为

$$\boldsymbol{V}^{-1}(s)=\overline{\boldsymbol{V}}(s)=\begin{bmatrix}\overline{\boldsymbol{V}}_1(s)\\ \overline{\boldsymbol{V}}_2(s)\end{bmatrix}$$

式中，$\overline{\boldsymbol{V}}_1(s)\in\mathbf{R}^{k\times l}$、$\overline{\boldsymbol{V}}_2(s)\in\mathbf{R}^{(l-k)\times l}$ 是多项式矩阵。由式(5-26)可得

$$\boldsymbol{M}(s)=[\boldsymbol{L}(s),\boldsymbol{0}]\boldsymbol{V}^{-1}(s)=[\boldsymbol{L}(s),\boldsymbol{0}]\begin{bmatrix}\overline{\boldsymbol{V}}_1(s)\\ \overline{\boldsymbol{V}}_2(s)\end{bmatrix}=\boldsymbol{L}(s)\overline{\boldsymbol{V}}_1(s)$$

可见，$\boldsymbol{L}(s)\in\mathbf{R}^{k\times k}$ 是一个左因子。

下面再证它是最大左因子。令 $\overline{\boldsymbol{L}}(s)\in\mathbf{R}^{k\times k}$ 是任意一个左因子，即 $\boldsymbol{M}(s)=\overline{\boldsymbol{L}}(s)\overline{\boldsymbol{M}}(s)$，将其代入式(5-26)有

$$\overline{\boldsymbol{L}}(s)\overline{\boldsymbol{M}}(s)\boldsymbol{V}(s)=[\boldsymbol{L}(s),\boldsymbol{0}],\ \overline{\boldsymbol{L}}(s)\overline{\boldsymbol{M}}(s)[\boldsymbol{V}_1(s),\boldsymbol{V}_2(s)]=[\boldsymbol{L}(s),\boldsymbol{0}]$$

式中，$\boldsymbol{V}(s)=[\boldsymbol{V}_1(s),\boldsymbol{V}_2(s)]$，$\boldsymbol{V}_1(s)\in\mathbf{R}^{l\times k}$，$\boldsymbol{V}_2(s)\in\mathbf{R}^{l\times(l-k)}$。故有

$$\boldsymbol{L}(s)=\overline{\boldsymbol{L}}(s)\overline{\boldsymbol{M}}(s)\boldsymbol{V}_1(s)=\overline{\boldsymbol{L}}(s)\boldsymbol{W}(s)$$

可见，$\overline{\boldsymbol{L}}(s)$ 是 $\boldsymbol{L}(s)$ 是左因子，$\boldsymbol{L}(s)$ 一定是最大左因子。

同理，对于列满秩的矩阵 $\boldsymbol{M}(s)\in\mathbf{R}^{k\times l}$，存在一系列行初等变换的单模阵 $\boldsymbol{U}(s)$ 使得

$$\boldsymbol{U}(s)\boldsymbol{M}(s)=\begin{bmatrix}\boldsymbol{R}(s)\\ \boldsymbol{0}\end{bmatrix} \tag{5-27}$$

式中，$\boldsymbol{R}(s)$ 是满秩方阵，它是矩阵 $\boldsymbol{M}(s)$ 的最大右因子，$\boldsymbol{R}(s)\in\mathbf{R}^{l\times l}$。

值得注意的是，最大左(右)因子不是唯一的，但它们只相差一个单模阵 $\boldsymbol{U}(s)$、$\boldsymbol{V}(s)$，即 $\boldsymbol{L}(s)$ 是最大左因子，$\boldsymbol{U}(s)\boldsymbol{L}(s)\boldsymbol{V}(s)$ 也是最大左因子；$\boldsymbol{R}(s)$ 是最大右因子，$\boldsymbol{U}(s)\boldsymbol{R}(s)\boldsymbol{V}(s)$ 也是最大右因子。

2. 最大公因子与互质矩阵

对于矩阵对 $\{\boldsymbol{D}_{\mathrm{L}}(s)\in\mathbf{R}^{p\times p},\ \boldsymbol{N}_{\mathrm{L}}(s)\in\mathbf{R}^{p\times m}\}$，如果

$$\boldsymbol{D}_{\mathrm{L}}(s)=\boldsymbol{L}(s)\overline{\boldsymbol{D}}_{\mathrm{L}}(s),\ \boldsymbol{N}_{\mathrm{L}}(s)=\boldsymbol{L}(s)\overline{\boldsymbol{N}}_{\mathrm{L}}(s)$$

$$[\boldsymbol{D}_{\mathrm{L}}(s),\boldsymbol{N}_{\mathrm{L}}(s)]=\boldsymbol{L}(s)[\overline{\boldsymbol{D}}_{\mathrm{L}}(s),\overline{\boldsymbol{N}}_{\mathrm{L}}(s)] \tag{5-28}$$

称 $\boldsymbol{L}(s)$ 是矩阵对 $\{\boldsymbol{D}_{\mathrm{L}}(s),\boldsymbol{N}_{\mathrm{L}}(s)\}$ 的左公因子。

可看出，矩阵对 $\{\boldsymbol{D}_{\mathrm{L}}(s),\boldsymbol{N}_{\mathrm{L}}(s)\}$ 的左公因子实际上就是矩阵 $[\boldsymbol{D}_{\mathrm{L}}(s),\boldsymbol{N}_{\mathrm{L}}(s)]$ 的左因子。那么，矩阵对 $\{\boldsymbol{D}_{\mathrm{L}}(s),\boldsymbol{N}_{\mathrm{L}}(s)\}$ 的最大左公因子就是矩阵 $[\boldsymbol{D}_{\mathrm{L}}(s),\boldsymbol{N}_{\mathrm{L}}(s)]$ 的最大左因子。若矩阵对

$\{\boldsymbol{D}_{\mathrm{L}}(s),\boldsymbol{N}_{\mathrm{L}}(s)\}$行满秩，$\mathrm{rank}[\boldsymbol{D}_{\mathrm{L}}(s),\boldsymbol{N}_{\mathrm{L}}(s)]=p$，$\boldsymbol{L}(s)$是它的最大左因子，参见式(5-26)，一定存在单模阵$\boldsymbol{V}(s)$满足

$$[\boldsymbol{D}_{\mathrm{L}}(s),\boldsymbol{N}_{\mathrm{L}}(s)]\boldsymbol{V}(s)=[\boldsymbol{L}(s),\boldsymbol{0}] \tag{5-29}$$

如果最大左公因子$\boldsymbol{L}(s)$是单模阵，称矩阵对$\{\boldsymbol{D}_{\mathrm{L}}(s),\boldsymbol{N}_{\mathrm{L}}(s)\}$为左互质矩阵。

从式(5-29)可推出左互质矩阵有如下性质：

1) $\{\boldsymbol{D}_{\mathrm{L}}(s),\boldsymbol{N}_{\mathrm{L}}(s)\}$为左互质矩阵$\Leftrightarrow\boldsymbol{L}(s)$是单模阵$\Leftrightarrow\mathrm{rank}(\boldsymbol{L}(s))=p(\forall s)$

$$\Leftrightarrow\mathrm{rank}[\boldsymbol{D}_{\mathrm{L}}(s),\boldsymbol{N}_{\mathrm{L}}(s)]=p(\forall s)$$

即$\{\boldsymbol{D}_{\mathrm{L}}(s),\boldsymbol{N}_{\mathrm{L}}(s)\}$对任意$s$都是行满秩，称为严格行满秩。严格行满秩的矩阵对一定为左互质矩阵，反之亦然。

值得注意的是，若$\{\boldsymbol{D}_{\mathrm{L}}(s),\boldsymbol{N}_{\mathrm{L}}(s)\}$行满秩，只要其中一个$p$阶子式(或所有$p$阶子式的公因子)是多项式不恒为0即可，但该多项式会在某些s值上为0。若$\{\boldsymbol{D}_{\mathrm{L}}(s),\boldsymbol{N}_{\mathrm{L}}(s)\}$是严格行满秩，意味着它所有的$p$阶子式的公因子不是多项式而是非0常数。

2) $\{\boldsymbol{D}_{\mathrm{L}}(s),\boldsymbol{N}_{\mathrm{L}}(s)\}$为左互质矩阵，当且仅当存在多项式矩阵$\boldsymbol{X}_{\mathrm{R}}(s)$、$\boldsymbol{Y}_{\mathrm{R}}(s)$，使得

$$\boldsymbol{D}_{\mathrm{L}}(s)\boldsymbol{X}_{\mathrm{R}}(s)+\boldsymbol{N}_{\mathrm{L}}(s)\boldsymbol{Y}_{\mathrm{R}}(s)=\boldsymbol{I}_p \tag{5-30}$$

若$\{\boldsymbol{D}_{\mathrm{L}}(s),\boldsymbol{N}_{\mathrm{L}}(s)\}$为左互质矩阵，式(5-29)中$\boldsymbol{L}(s)$是单模阵，取多项式矩阵$\boldsymbol{X}_{\mathrm{R}}(s)=\boldsymbol{V}_{11}(s)\boldsymbol{L}^{-1}(s)$、$\boldsymbol{Y}_{\mathrm{R}}(s)=\boldsymbol{V}_{21}(s)\boldsymbol{L}^{-1}(s)$，由式(5-29)可得

$$[\boldsymbol{D}_{\mathrm{L}}(s),\boldsymbol{N}_{\mathrm{L}}(s)]\begin{bmatrix}\boldsymbol{V}_{11}(s) & \boldsymbol{V}_{12}(s)\\ \boldsymbol{V}_{21}(s) & \boldsymbol{V}_{22}(s)\end{bmatrix}=[\boldsymbol{L}(s),\boldsymbol{0}]$$

$$\boldsymbol{D}_{\mathrm{L}}(s)\boldsymbol{V}_{11}(s)+\boldsymbol{N}_{\mathrm{L}}(s)\boldsymbol{V}_{21}(s)=\boldsymbol{L}(s)$$

两边同时右乘多项式矩阵$\boldsymbol{L}^{-1}(s)$，便有式(5-30)。

反之，若式(5-30)成立，令最大左公因子为$\boldsymbol{L}(s)$，将式(5-28)代入有

$$\boldsymbol{D}_{\mathrm{L}}(s)\boldsymbol{X}_{\mathrm{R}}(s)+\boldsymbol{N}_{\mathrm{L}}(s)\boldsymbol{Y}_{\mathrm{R}}(s)=\boldsymbol{L}(s)[\bar{\boldsymbol{D}}_{\mathrm{L}}(s)\boldsymbol{X}_{\mathrm{R}}(s)+\bar{\boldsymbol{N}}_{\mathrm{L}}(s)\boldsymbol{Y}_{\mathrm{R}}(s)]=\boldsymbol{I}_p$$

参见式(5-10b)，$\boldsymbol{L}(s)$一定是单模阵，所以$\{\boldsymbol{D}_{\mathrm{L}}(s),\boldsymbol{N}_{\mathrm{L}}(s)\}$为左互质矩阵。

同理，对于矩阵对$\{\boldsymbol{D}_{\mathrm{R}}(s)\in\mathbf{R}^{m\times m},\ \boldsymbol{N}_{\mathrm{R}}(s)\in\mathbf{R}^{p\times m}\}$，如果

$$\boldsymbol{D}_{\mathrm{R}}(s)=\bar{\boldsymbol{D}}_{\mathrm{R}}(s)\boldsymbol{R}(s),\ \boldsymbol{N}_{\mathrm{R}}(s)=\bar{\boldsymbol{N}}_{\mathrm{R}}(s)\boldsymbol{R}(s)$$

$$\begin{bmatrix}\boldsymbol{D}_{\mathrm{R}}(s)\\ \boldsymbol{N}_{\mathrm{R}}(s)\end{bmatrix}=\begin{bmatrix}\bar{\boldsymbol{D}}_{\mathrm{R}}(s)\\ \bar{\boldsymbol{N}}_{\mathrm{R}}(s)\end{bmatrix}\boldsymbol{R}(s) \tag{5-31}$$

称$\boldsymbol{R}(s)$是矩阵对$\{\boldsymbol{D}_{\mathrm{R}}(s),\boldsymbol{N}_{\mathrm{R}}(s)\}$的右公因子。同样，$\begin{bmatrix}\boldsymbol{D}_{\mathrm{R}}(s)\\ \boldsymbol{N}_{\mathrm{R}}(s)\end{bmatrix}$的最大右因子就是矩阵对$\{\boldsymbol{D}_{\mathrm{R}}(s),\boldsymbol{N}_{\mathrm{R}}(s)\}$的最大右公因子。

若矩阵对$\{\boldsymbol{D}_{\mathrm{R}}(s),\boldsymbol{N}_{\mathrm{R}}(s)\}$列满秩，$\mathrm{rank}\begin{bmatrix}\boldsymbol{D}_{\mathrm{R}}(s)\\ \boldsymbol{N}_{\mathrm{R}}(s)\end{bmatrix}=m$，$\boldsymbol{R}(s)$是它的最大右因子，参见式(5-27)，一定存在单模阵$\boldsymbol{U}(s)$满足

$$\boldsymbol{U}(s)\begin{bmatrix}\boldsymbol{D}_{\mathrm{R}}(s)\\ \boldsymbol{N}_{\mathrm{R}}(s)\end{bmatrix}=\begin{bmatrix}\boldsymbol{R}(s)\\ \boldsymbol{0}\end{bmatrix} \tag{5-32}$$

如果最大右公因子$\boldsymbol{R}(s)$是单模阵，称矩阵对$\{\boldsymbol{D}_{\mathrm{R}}(s),\boldsymbol{N}_{\mathrm{R}}(s)\}$为右互质矩阵。

从式(5-32)同样可推出右互质矩阵有如下性质：

1) $\{\boldsymbol{D}_{\mathrm{R}}(s),\boldsymbol{N}_{\mathrm{R}}(s)\}$为右互质矩阵$\Leftrightarrow\boldsymbol{R}(s)$是单模阵$\Leftrightarrow\mathrm{rank}(\boldsymbol{R}(s))=m(\forall s)$

$$\Leftrightarrow\mathrm{rank}\begin{bmatrix}\boldsymbol{D}_{\mathrm{R}}(s)\\ \boldsymbol{N}_{\mathrm{R}}(s)\end{bmatrix}=m(\forall s)$$

即$\{\boldsymbol{D}_{\mathrm{R}}(s),\boldsymbol{N}_{\mathrm{R}}(s)\}$对任意 s 都是列满秩，称为严格列满秩，它一定为右互质矩阵，反之亦然。

2）$\{\boldsymbol{D}_{\mathrm{R}}(s),\boldsymbol{N}_{\mathrm{R}}(s)\}$为右互质矩阵，当且仅当存在多项式矩阵 $\boldsymbol{X}_{\mathrm{L}}(s)$、$\boldsymbol{Y}_{\mathrm{L}}(s)$，使得

$$\boldsymbol{X}_{\mathrm{L}}(s)\boldsymbol{D}_{\mathrm{R}}(s)+\boldsymbol{Y}_{\mathrm{L}}(s)\boldsymbol{N}_{\mathrm{R}}(s)=\boldsymbol{I}_m \tag{5-33}$$

在有些文献中，也用式(5-30)、式(5-33)作为左互质矩阵、右互质矩阵的定义。

3. 矩阵分式与约分

从前面的推导知，传递函数矩阵可分解为两个多项式矩阵“之比”来表示，即

$$\boldsymbol{G}(s)=\boldsymbol{D}_{\mathrm{L}}^{-1}(s)\boldsymbol{N}_{\mathrm{L}}(s)=\boldsymbol{N}_{\mathrm{R}}(s)\boldsymbol{D}_{\mathrm{R}}^{-1}(s)$$

式中，$\boldsymbol{D}_{\mathrm{L}}(s)\in\mathbf{R}^{p\times p}$；$\boldsymbol{N}_{\mathrm{L}}(s)\in\mathbf{R}^{p\times m}$；$\boldsymbol{D}_{\mathrm{R}}(s)\in\mathbf{R}^{m\times m}$；$\boldsymbol{N}_{\mathrm{R}}(s)\in\mathbf{R}^{p\times m}$。

若 $\boldsymbol{L}(s)\in\mathbf{R}^{p\times p}$ 是$\{\boldsymbol{D}_{\mathrm{L}}(s),\boldsymbol{N}_{\mathrm{L}}(s)\}$的左公因子，则有

$$\boldsymbol{D}_{\mathrm{L}}(s)=\boldsymbol{L}(s)\bar{\boldsymbol{D}}_{\mathrm{L}}(s),\quad \boldsymbol{N}_{\mathrm{L}}(s)=\boldsymbol{L}(s)\bar{\boldsymbol{N}}_{\mathrm{L}}(s)$$

$$\boldsymbol{G}(s)=\boldsymbol{D}_{\mathrm{L}}^{-1}(s)\boldsymbol{N}_{\mathrm{L}}(s)=\bar{\boldsymbol{D}}_{\mathrm{L}}^{-1}(s)\bar{\boldsymbol{N}}_{\mathrm{L}}(s)$$

这个过程称为约分，将左公因子 $\boldsymbol{L}(s)$ 约去了。若 $\boldsymbol{L}(s)$ 是$\{\boldsymbol{D}_{\mathrm{L}}(s),\boldsymbol{N}_{\mathrm{L}}(s)\}$的最大左公因子，则约分后的矩阵对$\{\bar{\boldsymbol{D}}_{\mathrm{L}}(s),\bar{\boldsymbol{N}}_{\mathrm{L}}(s)\}$的最大左公因子一定是单模阵，即一定是左互质矩阵。

同理，若 $\boldsymbol{R}(s)\in\mathbf{R}^{m\times m}$ 是$\{\boldsymbol{D}_{\mathrm{R}}(s),\boldsymbol{N}_{\mathrm{R}}(s)\}$的右公因子，则有

$$\boldsymbol{D}_{\mathrm{R}}(s)=\bar{\boldsymbol{D}}_{\mathrm{R}}(s)\boldsymbol{R}(s),\quad \boldsymbol{N}_{\mathrm{R}}(s)=\bar{\boldsymbol{N}}_{\mathrm{R}}(s)\boldsymbol{R}(s)$$

$$\boldsymbol{G}(s)=\boldsymbol{N}_{\mathrm{R}}(s)\boldsymbol{D}_{\mathrm{R}}^{-1}(s)=\bar{\boldsymbol{N}}_{\mathrm{R}}(s)\bar{\boldsymbol{D}}_{\mathrm{R}}^{-1}(s)$$

将右公因子 $\boldsymbol{R}(s)$ 约去了。若 $\boldsymbol{R}(s)$ 是$\{\boldsymbol{D}_{\mathrm{R}}(s),\boldsymbol{N}_{\mathrm{R}}(s)\}$的最大右公因子，则约分后的矩阵对$\{\bar{\boldsymbol{D}}_{\mathrm{R}}(s),\bar{\boldsymbol{N}}_{\mathrm{R}}(s)\}$一定是右互质矩阵。

4. 比照特恒等式

令左互质矩阵对$\{\boldsymbol{D}_{\mathrm{L}}(s),\boldsymbol{N}_{\mathrm{L}}(s)\}$、右互质矩阵对$\{\boldsymbol{D}_{\mathrm{R}}(s),\boldsymbol{N}_{\mathrm{R}}(s)\}$是传递函数矩阵 $\boldsymbol{G}(s)$ 约去最大公因子后的左分式、右分式，那么，根据式(5-30)、式(5-33)知，存在多项式矩阵 $\hat{\boldsymbol{X}}_{\mathrm{R}}(s)$、$\hat{\boldsymbol{Y}}_{\mathrm{R}}(s)$、$\hat{\boldsymbol{X}}_{\mathrm{L}}(s)$、$\hat{\boldsymbol{Y}}_{\mathrm{L}}(s)$，使得

$$\boldsymbol{G}(s)=\boldsymbol{D}_{\mathrm{L}}^{-1}(s)\boldsymbol{N}_{\mathrm{L}}(s)=\boldsymbol{N}_{\mathrm{R}}(s)\boldsymbol{D}_{\mathrm{R}}^{-1}(s)$$

$$\boldsymbol{D}_{\mathrm{L}}(s)\hat{\boldsymbol{X}}_{\mathrm{R}}(s)+\boldsymbol{N}_{\mathrm{L}}(s)\hat{\boldsymbol{Y}}_{\mathrm{R}}(s)=\boldsymbol{I}_p$$

$$\hat{\boldsymbol{X}}_{\mathrm{L}}(s)\boldsymbol{D}_{\mathrm{R}}(s)+\hat{\boldsymbol{Y}}_{\mathrm{L}}(s)\boldsymbol{N}_{\mathrm{R}}(s)=\boldsymbol{I}_m$$

写成分块矩阵形式

$$\begin{bmatrix}-\hat{\boldsymbol{Y}}_{\mathrm{L}}(s) & \hat{\boldsymbol{X}}_{\mathrm{L}}(s)\\ \boldsymbol{D}_{\mathrm{L}}(s) & \boldsymbol{N}_{\mathrm{L}}(s)\end{bmatrix}\begin{bmatrix}-\boldsymbol{N}_{\mathrm{R}}(s) & \hat{\boldsymbol{X}}_{\mathrm{R}}(s)\\ \boldsymbol{D}_{\mathrm{R}}(s) & \hat{\boldsymbol{Y}}_{\mathrm{R}}(s)\end{bmatrix}=\begin{bmatrix}\boldsymbol{I}_m & \boldsymbol{\Delta}(s)\\ & \boldsymbol{I}_p\end{bmatrix}$$

两边进行行初等变换

$$\begin{bmatrix}\boldsymbol{I}_m & -\boldsymbol{\Delta}(s)\\ & \boldsymbol{I}_p\end{bmatrix}\begin{bmatrix}-\hat{\boldsymbol{Y}}_{\mathrm{L}}(s) & \hat{\boldsymbol{X}}_{\mathrm{L}}(s)\\ \boldsymbol{D}_{\mathrm{L}}(s) & \boldsymbol{N}_{\mathrm{L}}(s)\end{bmatrix}\begin{bmatrix}-\boldsymbol{N}_{\mathrm{R}}(s) & \hat{\boldsymbol{X}}_{\mathrm{R}}(s)\\ \boldsymbol{D}_{\mathrm{R}}(s) & \hat{\boldsymbol{Y}}_{\mathrm{R}}(s)\end{bmatrix}=\begin{bmatrix}\boldsymbol{I}_m & -\boldsymbol{\Delta}(s)\\ & \boldsymbol{I}_p\end{bmatrix}\begin{bmatrix}\boldsymbol{I}_m & \boldsymbol{\Delta}(s)\\ & \boldsymbol{I}_p\end{bmatrix}$$

整理后可得

$$\begin{bmatrix}-\boldsymbol{Y}_{\mathrm{L}}(s) & \boldsymbol{X}_{\mathrm{L}}(s)\\ \boldsymbol{D}_{\mathrm{L}}(s) & \boldsymbol{N}_{\mathrm{L}}(s)\end{bmatrix}\begin{bmatrix}-\boldsymbol{N}_{\mathrm{R}}(s) & \boldsymbol{X}_{\mathrm{R}}(s)\\ \boldsymbol{D}_{\mathrm{R}}(s) & \boldsymbol{Y}_{\mathrm{R}}(s)\end{bmatrix}=\begin{bmatrix}\boldsymbol{I}_m & \\ & \boldsymbol{I}_p\end{bmatrix} \tag{5-34}$$

式中，$\boldsymbol{Y}_{\mathrm{L}}(s)=\hat{\boldsymbol{Y}}_{\mathrm{L}}(s)+\boldsymbol{\Delta}(s)\boldsymbol{D}_{\mathrm{L}}(s)$；$\boldsymbol{X}_{\mathrm{L}}(s)=\hat{\boldsymbol{X}}_{\mathrm{L}}(s)-\boldsymbol{\Delta}(s)\boldsymbol{N}_{\mathrm{L}}(s)$；$\boldsymbol{X}_{\mathrm{R}}(s)=\hat{\boldsymbol{X}}_{\mathrm{R}}(s)$；$\boldsymbol{Y}_{\mathrm{R}}(s)=\hat{\boldsymbol{Y}}_{\mathrm{R}}(s)$。式(5-34)称为比照特(Bezout)恒等式，整理上述推导有如下定理：

定理 5-1 互质左右矩阵分式 $\boldsymbol{D}_{\mathrm{L}}^{-1}(s)\boldsymbol{N}_{\mathrm{L}}(s)$、$\boldsymbol{N}_{\mathrm{R}}(s)\boldsymbol{D}_{\mathrm{R}}^{-1}(s)$ 相等的充要条件是存在多项式矩阵 $\boldsymbol{X}_{\mathrm{L}}(s)$、$\boldsymbol{Y}_{\mathrm{L}}(s)$、$\boldsymbol{X}_{\mathrm{R}}(s)$、$\boldsymbol{Y}_{\mathrm{R}}(s)$，使得比照特恒等式(5-34)成立。

由于式(5-34)的右边是单位矩阵，所以其左边两个矩阵为互逆的单模阵，也就是说，对于左互

质矩阵$\{D_L(s),N_L(s)\}$，只要添加适当的行就可变为单模阵；对于右互质矩阵$\{D_R(s),N_R(s)\}$，只要添加适当的列就可变为单模阵。另外，$\{X_L(s),Y_L(s)\}$左互质，$\{X_R(s),Y_R(s)\}$右互质。

由于式(5-34)左边两个矩阵互为逆矩阵，所以也可写为

$$\begin{bmatrix} -N_R(s) & X_R(s) \\ D_R(s) & Y_R(s) \end{bmatrix}\begin{bmatrix} -Y_L(s) & X_L(s) \\ D_L(s) & N_L(s) \end{bmatrix}=\begin{bmatrix} I_p & \\ & I_m \end{bmatrix} \tag{5-35}$$

式(5-35)也称为逆向比照特恒等式。

5\. 多项式矩阵的除法

多项式的阶次直观明确，多项式矩阵的阶次要复杂。对于矩阵$M(s)\in \mathbf{R}^{k\times l}$，将第$i$行各元素的最高阶次称为第$i$行的行次，记为$\partial_{Li}(M(s))=\max\limits_{j}\{\deg(m_{ij}(s))\}$。将第$j$列各元素的最高阶次称为第$j$列的列次，记为$\partial_{Rj}(M(s))=\max\limits_{i}\{\deg(m_{ij}(s))\}$。

按行(列)次将矩阵$M(s)$分解为高阶与低阶两个部分，即

$$M(s)=\Lambda_L(s)M_{Lh}+M_{L0}(s),\quad M(s)=M_{Rh}\Lambda_R(s)+M_{R0}(s)$$

式中，$\Lambda_L(s)=\mathrm{diag}\{s^{\partial_{L1}},s^{\partial_{L2}},\cdots s^{\partial_{Lk}}\}$；$M_{Lh}$是各行最高次的系数矩阵；$M_{L0}(s)$是低阶部分；$\Lambda_R(s)=\mathrm{diag}\{s^{\partial_{R1}},s^{\partial_{R2}},\cdots s^{\partial_{Rl}}\}$；$M_{Rh}$是各列最高次的系数矩阵；$M_{R0}(s)$是低阶部分。

若M_{Lh}是行满秩的，称矩阵$M(s)$是行既约的；若M_{Rh}是列满秩的，称矩阵$M(s)$是列既约的。

若矩阵$M(s)\in\mathbf{R}^{k\times k}$是方阵，一般情况下有

$$\deg(\det M(s))\leqslant\sum_{i=1}^{k}\partial_{Li}(M(s)),\quad \deg(\det M(s))\leqslant\sum_{j=1}^{k}\partial_{Rj}(M(s)) \tag{5-36}$$

若方阵$M(s)$是行(列)既约，式(5-36)将分别取到等号。

例 5-2　分析下述矩阵的既约性。

1) $M(s)=\begin{bmatrix} s^3+s & s^2+1 \\ 2 & s \end{bmatrix}$

2) $M(s)=[D_L(s),N_L(s)]=\left[\begin{array}{cc:c} -s^2 & s^4+s^2+s+1 & s \\ 0 & s & 1 \end{array}\right]$

矩阵的既约性与最高次系数矩阵是否满秩有关。

1) $\partial_{L1}=3$，$\partial_{L2}=1$；$\partial_{R1}=3$，$\partial_{R2}=2$。

$$M(s)=\begin{bmatrix} s^3 & \\ & s \end{bmatrix}\begin{bmatrix} 1 & \\ & 1 \end{bmatrix}+\begin{bmatrix} s & s^2+1 \\ 2 & 0 \end{bmatrix}$$

$$M_{Lh}=\begin{bmatrix} 1 & \\ & 1 \end{bmatrix},\quad \mathrm{rank}(M_{Lh})=2$$

$$M(s)=\begin{bmatrix} 1 & 1 \\ 0 & 0 \end{bmatrix}\begin{bmatrix} s^3 & \\ & s^2 \end{bmatrix}+\begin{bmatrix} s & 1 \\ 2 & s \end{bmatrix}$$

$$M_{Rh}=\begin{bmatrix} 1 & 1 \\ 0 & 0 \end{bmatrix},\quad \mathrm{rank}(M_{Rh})=1$$

$$\det(M(s))=s(s^3+s)-2(s^2+1)=s^4-s^2-2$$

$$\deg(\det(M(s)))=\partial_{L1}+\partial_{L2}=4。\deg(\det(M(s)))<\partial_{R1}+\partial_{R2}=5$$

可见，矩阵$M(s)$是行既约，但不是列既约。对其实施列初等变换有

$$\overline{M}(s)=M(s)V(s)=\begin{bmatrix} s^3+s & s^2+1 \\ 2 & s \end{bmatrix}\begin{bmatrix} 1 & \\ -s & 1 \end{bmatrix}=\begin{bmatrix} 0 & s^2+1 \\ -s^2+2 & s \end{bmatrix}$$

$$=\begin{bmatrix}0 & 1\\ -1 & 0\end{bmatrix}\begin{bmatrix}s^2 & \\ & s^2\end{bmatrix}+\begin{bmatrix}0 & 1\\ 2 & s\end{bmatrix}$$

可见，经列初等变换后的矩阵$\bar{\boldsymbol{M}}(s)$是列既约的。

2）对于$\boldsymbol{D}_{\mathrm{L}}(s)$，$\partial_{\mathrm{L}1}=4$，$\partial_{\mathrm{L}2}=1$；对于$\boldsymbol{N}_{\mathrm{L}}(s)$，$\partial_{\mathrm{L}1}=1$，$\partial_{\mathrm{L}2}=0$。$\boldsymbol{N}_{\mathrm{L}}(s)$各行次小于$\boldsymbol{D}_{\mathrm{L}}(s)$对应的行次，但分式

$$\boldsymbol{D}_{\mathrm{L}}^{-1}(s)\boldsymbol{N}_{\mathrm{L}}(s)=\begin{bmatrix}-s^2 & s^4+s^2+s+1\\ 0 & s\end{bmatrix}^{-1}\begin{bmatrix}s\\ 1\end{bmatrix}=\begin{bmatrix}(s^4+s+1)/s^3\\ 1/s\end{bmatrix}$$

却不是真有理分式矩阵。进一步分析

$$\boldsymbol{D}_{\mathrm{L}}(s)=\begin{bmatrix}-s^2 & s^4+s^2+s+1\\ 0 & s\end{bmatrix}=\begin{bmatrix}s^4 & \\ & s\end{bmatrix}\begin{bmatrix}0 & 1\\ 0 & 1\end{bmatrix}+\begin{bmatrix}-s^2 & s^2+s+1\\ 0 & 0\end{bmatrix}$$

可见，$\boldsymbol{D}_{\mathrm{L}}(s)$不是行既约，它的行次出现了“虚高”，误导了判断。

对$\boldsymbol{D}_{\mathrm{L}}(s)$实施行初等变换有

$$\bar{\boldsymbol{D}}_{\mathrm{L}}(s)=\boldsymbol{U}(s)\boldsymbol{D}_{\mathrm{L}}(s)=\begin{bmatrix}1 & -s^3-s-1\\ & 1\end{bmatrix}\begin{bmatrix}-s^2 & s^4+s^2+s+1\\ 0 & s\end{bmatrix}=\begin{bmatrix}-s^2 & 1\\ 0 & s\end{bmatrix}$$

显见，$\bar{\boldsymbol{D}}_{\mathrm{L}}(s)$是行既约的。取

$$\bar{\boldsymbol{N}}_{\mathrm{L}}(s)=\boldsymbol{U}(s)\boldsymbol{N}_{\mathrm{L}}(s)=\begin{bmatrix}1 & -s^3-s-1\\ & 1\end{bmatrix}\begin{bmatrix}s\\ 1\end{bmatrix}=\begin{bmatrix}-s^3-1\\ 1\end{bmatrix}$$

那么

$$\boldsymbol{D}_{\mathrm{L}}^{-1}(s)\boldsymbol{N}_{\mathrm{L}}(s)=\bar{\boldsymbol{D}}_{\mathrm{L}}^{-1}(s)\bar{\boldsymbol{N}}_{\mathrm{L}}(s)=\begin{bmatrix}-s^2 & 1\\ 0 & s\end{bmatrix}^{-1}\begin{bmatrix}-s^3-1\\ 1\end{bmatrix}=\begin{bmatrix}(s^4+s+1)/s^3\\ 1/s\end{bmatrix}$$

此时可看出，$\bar{\boldsymbol{D}}_{\mathrm{L}}(s)$是行既约矩阵，它的行次不再“虚高”。对于$\bar{\boldsymbol{D}}_{\mathrm{L}}(s)$，$\partial_{\mathrm{L}1}=2$，$\partial_{\mathrm{L}2}=1$；对于$\bar{\boldsymbol{N}}_{\mathrm{L}}(s)$，$\partial_{\mathrm{L}1}=3$，$\partial_{\mathrm{L}2}=0$；$\bar{\boldsymbol{N}}_{\mathrm{L}}(s)$第1行阶次大于$\bar{\boldsymbol{D}}_{\mathrm{L}}(s)$第1行阶次，导致其分式将不会是真有理分式。

从上面例子得知，若多项式矩阵不是行(列)既约，其行(列)的阶次会“虚高”，这种情形下讨论矩阵的最高阶次没意义；若多项式矩阵不满足行(列)既约的条件，可通过行(列)初等变换将其化为行(列)既约，这个变换对矩阵分式的结果没影响。因此，不失一般性，常常假定矩阵已满足行(列)既约的条件，并有如下结果：

定理 5-2 若$\boldsymbol{D}_{\mathrm{L}}(s)\in\mathbf{R}^{p\times p}$是行既约矩阵，则矩阵分式$\boldsymbol{D}_{\mathrm{L}}^{-1}(s)\boldsymbol{N}_{\mathrm{L}}(s)$是严格真(真)当且仅当$\partial_{\mathrm{L}i}(\boldsymbol{D}_{\mathrm{L}}(s))>\partial_{\mathrm{L}i}(\boldsymbol{N}_{\mathrm{L}}(s))$($\partial_{\mathrm{L}i}(\boldsymbol{D}_{\mathrm{L}}(s))\geqslant\partial_{\mathrm{L}i}(\boldsymbol{N}_{\mathrm{L}}(s))$)($i=1,2,\cdots,p$)。若$\boldsymbol{D}_{\mathrm{R}}(s)\in\mathbf{R}^{m\times m}$是列既约矩阵，则矩阵分式$\boldsymbol{N}_{\mathrm{R}}(s)\boldsymbol{D}_{\mathrm{R}}^{-1}(s)$是严格真(真)当且仅当$\partial_{\mathrm{R}j}(\boldsymbol{D}_{\mathrm{R}}(s))>\partial_{\mathrm{R}j}(\boldsymbol{N}_{\mathrm{R}}(s))$($\partial_{\mathrm{R}j}(\boldsymbol{D}_{\mathrm{R}}(s))\geqslant\partial_{\mathrm{R}j}(\boldsymbol{N}_{\mathrm{R}}(s))$)($j=1,2,\cdots,m$)

如果矩阵分式$\boldsymbol{G}(s)=\boldsymbol{D}_{\mathrm{L}}^{-1}(s)\boldsymbol{N}_{\mathrm{L}}(s)$中“分子”的行次大于等于“分母”的行次，即$\partial_{\mathrm{L}i}(\boldsymbol{N}_{\mathrm{L}}(s))\geqslant\partial_{\mathrm{L}i}(\boldsymbol{D}_{\mathrm{L}}(s))$，则可以通过(左)除法得到一个严格真矩阵分式，即

$$\boldsymbol{N}_{\mathrm{L}}(s)=\boldsymbol{D}_{\mathrm{L}}(s)\boldsymbol{Q}(s)+\bar{\boldsymbol{N}}_{\mathrm{L}}(s)$$

$$\boldsymbol{G}(s)=\boldsymbol{D}_{\mathrm{L}}^{-1}(s)\boldsymbol{N}_{\mathrm{L}}(s)=\boldsymbol{Q}(s)+\boldsymbol{D}_{\mathrm{L}}^{-1}(s)\bar{\boldsymbol{N}}_{\mathrm{L}}(s) \tag{5-36a}$$

式中，$\boldsymbol{D}_{\mathrm{L}}^{-1}(s)\bar{\boldsymbol{N}}_{\mathrm{L}}(s)$是严格真矩阵分式；$\boldsymbol{Q}(s)$是多项式矩阵。或通俗地讲，“余数”$\bar{\boldsymbol{N}}_{\mathrm{L}}(s)$的行次要比“除数”$\boldsymbol{D}_{\mathrm{L}}(s)$的行次低。

同理，若$\partial_{\mathrm{R}j}(\boldsymbol{N}_{\mathrm{R}}(s))\geqslant\partial_{\mathrm{R}j}(\boldsymbol{D}_{\mathrm{R}}(s))$，通过(右)除法得到

$$\boldsymbol{N}_{\mathrm{R}}(s)=\boldsymbol{Q}(s)\boldsymbol{D}_{\mathrm{R}}(s)+\bar{\boldsymbol{N}}_{\mathrm{R}}(s)$$

$$G(s)=N_R(s)D_R^{-1}(s)=Q(s)+\bar{N}_R(s)D_R^{-1}(s) \tag{5-36b}$$

式中，$\bar{N}_R(s)D_R^{-1}(s)$是严格真矩阵分式；$Q(s)$是多项式矩阵。同样可通俗地讲，“余数”$\bar{N}_R(s)$的列次要比“除数”$D_R(s)$的列次低。

例 5-3 令$D_L(s)=\begin{bmatrix} s+1 & s^2 \\ & s+2 \end{bmatrix}$，$N_L(s)=\begin{bmatrix} s^2 & (s+1)^2 & s+3 \\ 0 & s+1 & 0 \end{bmatrix}$，分析矩阵既约性并化$D_L^{-1}(s)N_L(s)$为严格真分式矩阵的形式。

1）分析矩阵既约性

$$D_L(s)=\begin{bmatrix} s^2 & \\ & s \end{bmatrix}\begin{bmatrix} 0 & 1 \\ 0 & 1 \end{bmatrix}+\begin{bmatrix} s+1 & 0 \\ & 2 \end{bmatrix}$$

$$N_L(s)=\begin{bmatrix} s^2 & \\ & s \end{bmatrix}\begin{bmatrix} 1 & 1 & 0 \\ 0 & 1 & 0 \end{bmatrix}+\begin{bmatrix} 0 & 2s+1 & s+3 \\ 0 & 1 & 0 \end{bmatrix}$$

可见，$N_L(s)$是行既约，$D_L(s)$不是行既约，行次虚高。另外，$\partial_{Li}(N(s))\geqslant\partial_{Li}(D(s))$，$D_L^{-1}(s)N_L(s)$不是严格真分式矩阵。

2）化为严格真分式矩阵的形式

$$D_L^{-1}(s)N_L(s)=\begin{bmatrix} s+1 & s^2 \\ & s+2 \end{bmatrix}^{-1}\begin{bmatrix} s^2 & (s+1)^2 & s+3 \\ 0 & s+1 & 0 \end{bmatrix}=\begin{bmatrix} \dfrac{s^2}{s+1} & \dfrac{3s+2}{s+2} & \dfrac{s+3}{s+1} \\ 0 & \dfrac{s+1}{s+2} & 0 \end{bmatrix}$$

$$=\begin{bmatrix} s-1 & 3 & 1 \\ 0 & 1 & 0 \end{bmatrix}+\begin{bmatrix} \dfrac{1}{s+1} & \dfrac{-4}{s+2} & \dfrac{2}{s+1} \\ 0 & \dfrac{-1}{s+2} & 0 \end{bmatrix}$$

$$=\begin{bmatrix} s-1 & 3 & 1 \\ 0 & 1 & 0 \end{bmatrix}+\begin{bmatrix} s+1 & s^2 \\ & s+2 \end{bmatrix}^{-1}\begin{bmatrix} 1 & -(s+2) & 2 \\ 0 & -1 & 0 \end{bmatrix}$$

与式(5-36a)比较有

$$Q(s)=\begin{bmatrix} s-1 & 3 & 1 \\ 0 & 1 & 0 \end{bmatrix},\quad \bar{N}_L(s)=\begin{bmatrix} 1 & -(s+2) & 2 \\ 0 & -1 & 0 \end{bmatrix}$$

则

$$D_L^{-1}(s)\bar{N}_L(s)=\begin{bmatrix} s+1 & s^2 \\ & s+2 \end{bmatrix}^{-1}\begin{bmatrix} 1 & -(s+2) & 2 \\ 0 & -1 & 0 \end{bmatrix}$$

是严格真分式矩阵。

综上所述，多项式矩阵描述$\{P(s),Q(s),R(s),W(s)\}$给予了实际工程系统一个直观便捷的方法，将系统性能聚焦到了四个多项式矩阵上，因此，建立多项式矩阵的分析工具至为重要。通过将常数矩阵的等价变换以及多项式的因式分解、公因子、互质、除法推广到多项式矩阵上，形成了以多项式矩阵初等变换为核心的分析工具，具体体现在：

1）利用行(列)埃尔米特规范形，可求解多项式矩阵的(最大)左(右)因子，进一步可判断多项式矩阵对是否互质。多项式矩阵的互质性、比照特恒等式是系统特性分析的重要手段。

2）利用史密斯规范形，可得到多项式矩阵的初等因子、不变因子，将凸显系统的结构特征。

3）通过(准)等价变换，将结构特征相同的多项式矩阵联系到一起。

4）通过多项式矩阵的除法，可降低多项式矩阵的阶次。

5.2 等价系统与传递函数矩阵实现

前面给出了多项式矩阵描述，以及初等变换、(准)等价变换、因式分解、除法等分析工具。在此基础上，下面对系统稳定性、能控性与能观性等特性进行分析；再给出传递函数矩阵实现的一般方法。

5.2.1 系统矩阵与性能分析

1. 系统矩阵

与式(2-115)的定义类似，对多项式矩阵描述式(5-2)，定义如下矩阵为系统矩阵：

$$\boldsymbol{S}(s)=\begin{bmatrix}\boldsymbol{P}(s) & \boldsymbol{Q}(s)\\ -\boldsymbol{R}(s) & \boldsymbol{W}(s)\end{bmatrix}\in\mathbf{R}^{(l+p)\times(l+m)} \tag{5-37}$$

可见，系统的性能将由系统矩阵 $\boldsymbol{S}(s)$ 所决定。注意，一个系统会有不同的多项式矩阵描述，其输入变量 $\boldsymbol{u}(t)$、输出变量 $\boldsymbol{y}(t)$ 的维数不变，但是部分状态变量 $\boldsymbol{\xi}(t)$ 的维数会随描述的不同而不同。

令 $\Sigma=\{\boldsymbol{P}(s),\boldsymbol{Q}(s),\boldsymbol{R}(s),\boldsymbol{W}(s)\}$ 与 $\bar{\Sigma}=\{\bar{\boldsymbol{P}}(s),\bar{\boldsymbol{Q}}(s),\bar{\boldsymbol{R}}(s),\bar{\boldsymbol{W}}(s)\}$ 是系统两个多项式矩阵描述，$\boldsymbol{P}(s)\in\mathbf{R}^{l\times l}$，$\bar{\boldsymbol{P}}(s)\in\mathbf{R}^{\bar{l}\times\bar{l}}$。若它们满足下式，就称它们是等价系统：

$$\left[\begin{array}{cc:c}\boldsymbol{I}_{n-\bar{l}} & & \\ & \bar{\boldsymbol{P}}(s) & \bar{\boldsymbol{Q}}(s)\\ \hdashline & -\bar{\boldsymbol{R}}(s) & \bar{\boldsymbol{W}}(s)\end{array}\right]=\begin{bmatrix}\boldsymbol{U}(s) & \\ \boldsymbol{X}(s) & \boldsymbol{I}_p\end{bmatrix}\left[\begin{array}{cc:c}\boldsymbol{I}_{n-l} & & \\ & \boldsymbol{P}(s) & \boldsymbol{Q}(s)\\ \hdashline & -\boldsymbol{R}(s) & \boldsymbol{W}(s)\end{array}\right]\begin{bmatrix}\boldsymbol{V}(s) & \boldsymbol{Y}(s)\\ & \boldsymbol{I}_m\end{bmatrix} \tag{5-38}$$

式中，$n\geqslant\max\{l,\bar{l}\}$；$\boldsymbol{U}(s)$、$\boldsymbol{V}(s)\in\mathbf{R}^{n\times n}$ 是单模阵；$\boldsymbol{X}(s)\in\mathbf{R}^{p\times n}$、$\boldsymbol{Y}(s)\in\mathbf{R}^{n\times m}$ 是多项式矩阵。所以，$\begin{bmatrix}\boldsymbol{U}(s) & \\ \boldsymbol{X}(s) & \boldsymbol{I}_p\end{bmatrix}$、$\begin{bmatrix}\boldsymbol{V}(s) & \boldsymbol{Y}(s)\\ & \boldsymbol{I}_m\end{bmatrix}$ 也是单模阵。

由于两个部分状态变量的维数不等，式(5-38)进行了扩维，一般情况下，取 $n=\max\{l,\bar{l}\}$。将式(5-38)展开，分别对应

状态矩阵：
$$\begin{bmatrix}\boldsymbol{I}_{n-\bar{l}} & \\ & \bar{\boldsymbol{P}}(s)\end{bmatrix}=\boldsymbol{U}(s)\begin{bmatrix}\boldsymbol{I}_{n-l} & \\ & \boldsymbol{P}(s)\end{bmatrix}\boldsymbol{V}(s)$$

输入矩阵：
$$\begin{bmatrix}\boldsymbol{I}_{n-\bar{l}} & & \\ & \bar{\boldsymbol{P}}(s) & \bar{\boldsymbol{Q}}(s)\end{bmatrix}=\boldsymbol{U}(s)\begin{bmatrix}\boldsymbol{I}_{n-l} & & \\ & \boldsymbol{P}(s) & \boldsymbol{Q}(s)\end{bmatrix}\begin{bmatrix}\boldsymbol{V}(s) & \boldsymbol{Y}(s)\\ & \boldsymbol{I}_m\end{bmatrix}$$

输出矩阵：
$$\begin{bmatrix}\boldsymbol{I}_{n-\bar{l}} & \\ & \bar{\boldsymbol{P}}(s)\\ & -\bar{\boldsymbol{R}}(s)\end{bmatrix}=\begin{bmatrix}\boldsymbol{U}(s) & \\ \boldsymbol{X}(s) & \boldsymbol{I}_p\end{bmatrix}\begin{bmatrix}\boldsymbol{I}_{n-l} & \\ & \boldsymbol{P}(s)\\ & -\boldsymbol{R}(s)\end{bmatrix}\boldsymbol{V}(s)$$

显见，若系统 Σ 与系统 $\bar{\Sigma}$ 等价，记为 $\Sigma\sim\bar{\Sigma}$，则一定可推出下面的矩阵是(准)等价的。

$$\Sigma\sim\bar{\Sigma}\Rightarrow\boldsymbol{S}(s)=\begin{bmatrix}\boldsymbol{P}(s) & \boldsymbol{Q}(s)\\ -\boldsymbol{R}(s) & \boldsymbol{W}(s)\end{bmatrix}\sim\bar{\boldsymbol{S}}(s)=\begin{bmatrix}\bar{\boldsymbol{P}}(s) & \bar{\boldsymbol{Q}}(s)\\ -\bar{\boldsymbol{R}}(s) & \bar{\boldsymbol{W}}(s)\end{bmatrix} \tag{5-39a}$$

$$\Sigma\sim\bar{\Sigma}\Rightarrow[\boldsymbol{P}(s),\boldsymbol{Q}(s)]\sim[\bar{\boldsymbol{P}}(s),\bar{\boldsymbol{Q}}(s)] \tag{5-39b}$$

$$\Sigma\sim\bar{\Sigma}\Rightarrow\begin{bmatrix}\boldsymbol{P}(s)\\ -\boldsymbol{R}(s)\end{bmatrix}\sim\begin{bmatrix}\bar{\boldsymbol{P}}(s)\\ -\bar{\boldsymbol{R}}(s)\end{bmatrix} \tag{5-39c}$$

$$\Sigma \sim \bar{\Sigma} \Rightarrow \boldsymbol{P}(s) \sim \bar{\boldsymbol{P}}(s) \tag{5-39d}$$

2. 构造等价系统

若已知系统$\Sigma=\{\boldsymbol{P}(s),\boldsymbol{Q}(s),\boldsymbol{R}(s),\boldsymbol{W}(s)\}$，以及$\boldsymbol{P}(s)\sim\bar{\boldsymbol{P}}(s)$，如何构造系统$\bar{\Sigma}=\{\bar{\boldsymbol{P}}(s),\bar{\boldsymbol{Q}}(s),\bar{\boldsymbol{R}}(s),\bar{\boldsymbol{W}}(s)\}$与系统$\Sigma$等价？

1）由于$\boldsymbol{P}(s)\sim\bar{\boldsymbol{P}}(s)$，根据（准）等价矩阵的定义，式(5-40)一定存在。

$$\boldsymbol{U}(s)\begin{bmatrix}\boldsymbol{I}_{n-l} & \\ & \boldsymbol{P}(s)\end{bmatrix}\boldsymbol{V}(s)=\begin{bmatrix}\boldsymbol{I}_{n-\bar{l}} & \\ & \bar{\boldsymbol{P}}(s)\end{bmatrix} \tag{5-40}$$

式中，单模阵$\boldsymbol{U}(s)$、$\boldsymbol{V}(s)\in\mathbf{R}^{n\times n}$。

2）构造等价的系统矩阵。将上述单模阵$\boldsymbol{U}(s)$、$\boldsymbol{V}(s)$代入式(5-41)计算

$$\begin{bmatrix}\boldsymbol{U}(s) & \\ & \boldsymbol{I}_p\end{bmatrix}\left[\begin{array}{cc:c}\boldsymbol{I}_{n-l} & & \\ & \boldsymbol{P}(s) & \boldsymbol{Q}(s)\\ \hdashline & -\boldsymbol{R}(s) & \boldsymbol{W}(s)\end{array}\right]\begin{bmatrix}\boldsymbol{V}(s) & \\ & \boldsymbol{I}_m\end{bmatrix}=\left[\begin{array}{cc:c}\boldsymbol{I}_{n-\bar{l}} & & \hat{\boldsymbol{Q}}(s)\\ & \bar{\boldsymbol{P}}(s) & \tilde{\boldsymbol{Q}}(s)\\ \hdashline -\hat{\boldsymbol{R}}(s) & -\tilde{\boldsymbol{R}}(s) & \boldsymbol{W}(s)\end{array}\right] \tag{5-41}$$

展开可得等价系统的输入矩阵、输出矩阵分别为

$$\begin{bmatrix}\hat{\boldsymbol{Q}}(s)\\ \tilde{\boldsymbol{Q}}(s)\end{bmatrix}=\boldsymbol{U}(s)\begin{bmatrix}\boldsymbol{0}\\ \boldsymbol{Q}(s)\end{bmatrix},\quad[-\hat{\boldsymbol{R}}(s),-\tilde{\boldsymbol{R}}(s)]=[\boldsymbol{0},-\boldsymbol{R}(s)]\boldsymbol{V}(s)$$

3）约减输入矩阵、输出矩阵的阶次。显见，式(5-41)中$\hat{\boldsymbol{Q}}(s)$的阶次高过$\boldsymbol{I}_{n-\bar{l}}$；$\hat{\boldsymbol{R}}(s)$的阶次也高过$\boldsymbol{I}_{n-\bar{l}}$。因此，可通过矩阵除法降低其阶次，得到满足式(5-38)等价要求的输入矩阵与输出矩阵$\bar{\boldsymbol{Q}}(s)$、$\bar{\boldsymbol{R}}(s)$。

由$\begin{bmatrix}\hat{\boldsymbol{Q}}(s)\\ \tilde{\boldsymbol{Q}}(s)\end{bmatrix}$左除以$\begin{bmatrix}\boldsymbol{I}_{n-\bar{l}} & \\ & \bar{\boldsymbol{P}}(s)\end{bmatrix}$可得

$$\begin{bmatrix}\hat{\boldsymbol{Q}}(s)\\ \tilde{\boldsymbol{Q}}(s)\end{bmatrix}=\begin{bmatrix}\boldsymbol{I}_{n-\bar{l}} & \\ & \bar{\boldsymbol{P}}(s)\end{bmatrix}\bar{\boldsymbol{Y}}(s)+\begin{bmatrix}\boldsymbol{Q}_y(s)\\ \bar{\boldsymbol{Q}}(s)\end{bmatrix}$$

根据矩阵除法知，$\begin{bmatrix}\boldsymbol{I}_{n-\bar{l}} & \\ & \bar{\boldsymbol{P}}(s)\end{bmatrix}^{-1}\begin{bmatrix}\boldsymbol{Q}_y(s)\\ \bar{\boldsymbol{Q}}(s)\end{bmatrix}=\begin{bmatrix}\boldsymbol{Q}_y(s)\\ \bar{\boldsymbol{P}}^{-1}(s)\bar{\boldsymbol{Q}}(s)\end{bmatrix}$是严格真，故$\boldsymbol{Q}_y(s)=\boldsymbol{0}$，那么

$$\begin{bmatrix}\hat{\boldsymbol{Q}}(s)\\ \tilde{\boldsymbol{Q}}(s)\end{bmatrix}=\begin{bmatrix}\boldsymbol{I}_{n-\bar{l}} & \\ & \bar{\boldsymbol{P}}(s)\end{bmatrix}\bar{\boldsymbol{Y}}(s)+\begin{bmatrix}\boldsymbol{0}\\ \bar{\boldsymbol{Q}}(s)\end{bmatrix} \tag{5-42a}$$

式(5-42a)中的$\bar{\boldsymbol{Q}}(s)$就是降阶后的输入矩阵。

同理，由$[-\hat{\boldsymbol{R}}(s),-\tilde{\boldsymbol{R}}(s)]$右除以$\begin{bmatrix}\boldsymbol{I}_{n-\bar{l}} & \\ & \bar{\boldsymbol{P}}(s)\end{bmatrix}$可得

$$[-\hat{\boldsymbol{R}}(s)\quad -\tilde{\boldsymbol{R}}(s)]=\bar{\boldsymbol{X}}(s)\begin{bmatrix}\boldsymbol{I}_{n-\bar{l}} & \\ & \bar{\boldsymbol{P}}(s)\end{bmatrix}+[\boldsymbol{0}\quad -\bar{\boldsymbol{R}}(s)] \tag{5-42b}$$

式(5-42b)中的$\bar{\boldsymbol{R}}(s)$就是降阶后的输出矩阵。

再将式(5-42)代入式(5-41)有

$$\begin{bmatrix}\boldsymbol{U}(s) & \\ & \boldsymbol{I}_p\end{bmatrix}\left[\begin{array}{cc:c}\boldsymbol{I}_{n-l} & & \\ & \boldsymbol{P}(s) & \boldsymbol{Q}(s)\\ \hdashline & -\boldsymbol{R}(s) & \boldsymbol{W}(s)\end{array}\right]\begin{bmatrix}\boldsymbol{V}(s) & \\ & \boldsymbol{I}_m\end{bmatrix}=$$

$$\begin{bmatrix} I_n & \\ \bar{X}(s) & I_p \end{bmatrix} \left[\begin{array}{c|c} I_{n-\bar{l}} & \\ \bar{P}(s) & \bar{Q}(s) \\ \hline -\bar{R}(s) & \bar{W}(s) \end{array}\right] \begin{bmatrix} I_n & \bar{Y}(s) \\ & I_m \end{bmatrix} \tag{5-43}$$

$$\begin{bmatrix} U(s) & \\ X(s) & I_p \end{bmatrix} \left[\begin{array}{c|c} I_{n-l} & \\ P(s) & Q(s) \\ \hline -R(s) & W(s) \end{array}\right] \begin{bmatrix} V(s) & Y(s) \\ & I_m \end{bmatrix} = \left[\begin{array}{c|c} I_{n-\bar{l}} & \\ \bar{P}(s) & \bar{Q}(s) \\ \hline -\bar{R}(s) & \bar{W}(s) \end{array}\right] \tag{5-44}$$

式中，$X(s)=-\bar{X}(s)U(s)$，$Y(s)=-V(s)\bar{Y}(s)$，

$$\bar{W}(s)=[X(s),I_p]\left[\begin{array}{c|c} I_{n-l} & \\ P(s) & Q(s) \\ \hline -R(s) & W(s) \end{array}\right]\begin{bmatrix} Y(s) \\ I_m \end{bmatrix} \tag{5-45}$$

可见，经过矩阵除法不但降低了输入矩阵与输出矩阵的阶次，而且降低后的输入矩阵与输出矩阵仍满足等价系统关系，因而，上述步骤得到的$\{\bar{Q}(s),\bar{R}(s),\bar{W}(s)\}$再加上$\bar{P}(s)$，便是新构造的等价系统。

前面三个步骤给出了已知一个系统，构造另一个系统与之等价的方法。该方法的关键是建立两个部分状态矩阵$P(s)$与$\bar{P}(s)$的(准)等价关系，参见式(5-40)，得到单模阵$U(s)$、$V(s)$。特别是，若取$\bar{P}(s)=sI_n-A$，则一定能将多项式矩阵描述$\{P(s),Q(s),R(s),W(s)\}$等价地变换到状态空间描述$\{A,B,C,D(s)\}$上。

例 5-4 对如下多项式矩阵描述$\{P(s),Q(s),R(s),W(s)\}$

$$P(s)=\begin{bmatrix} 1 & s+3 \\ 0 & (s+2)(s+1)^2 \end{bmatrix},\quad Q(s)=\begin{bmatrix} 1 \\ s \end{bmatrix}$$

$$R(s)=[s-3,0],\quad W(s)=1$$

寻找一个与其等价的状态空间描述。

1）化$P(s)$为史密斯形。取行列初等变换为$U_1(s)=\begin{bmatrix} 1 & \\ & 1 \end{bmatrix}$，$V_1(s)=\begin{bmatrix} 1 & -(s+3) \\ & 1 \end{bmatrix}$，则有

$$U_1(s)P(s)V_1(s)=\begin{bmatrix} 1 & \\ & 1 \end{bmatrix}\begin{bmatrix} 1 & s+3 \\ 0 & (s+2)(s+1)^2 \end{bmatrix}\begin{bmatrix} 1 & -(s+3) \\ & 1 \end{bmatrix}$$
$$=\begin{bmatrix} 1 & \\ & (s+2)(s+1)^2 \end{bmatrix}$$

2）求状态矩阵A，即寻找$\bar{P}(s)=sI_n-A\sim P(s)$。由于准等价矩阵一定有相同的初等因子，$(s-\lambda_1)^{n_1}=s+2$、$(s-\lambda_2)^{n_2}=(s+1)^2$，$n=n_1+n_2=3$，因此可取$A=\begin{bmatrix} -2 & & \\ & -1 & 1 \\ & & -1 \end{bmatrix}$。

$$\bar{P}(s)=sI_n-A=\begin{bmatrix} s+2 & & \\ & s+1 & -1 \\ & & s+1 \end{bmatrix}$$

$$=\begin{bmatrix} s+2 & 0 & 1 \\ 0 & 1 & 0 \\ -(s+1)^2 & -(s+1) & -s \end{bmatrix}\begin{bmatrix} 1 & & \\ & 1 & s+3 \\ & 0 & (s+2)(s+1)^2 \end{bmatrix}\begin{bmatrix} 1-(s+1)^2 & -(s+1)^2 & 0 \\ -(s+3) & -2 & -1 \\ 1 & 1 & 0 \end{bmatrix}$$

$$=U_2(s)\begin{bmatrix}1 & \\ & P(s)\end{bmatrix}V_2(s)$$

3）构造满足 $\bar{P}(s)=sI_n-A\sim P(s)$ 的系统矩阵（$n=\bar{l}=3,l=2$）。

$$\begin{bmatrix}\bar{P}(s) & \tilde{Q}(s)\\ -\tilde{R}(s) & W(s)\end{bmatrix}=\begin{bmatrix}U_2(s) & \\ & I_p\end{bmatrix}\begin{bmatrix}I_{n-l} & & \\ & P(s) & Q(s)\\ & -R(s) & W(s)\end{bmatrix}\begin{bmatrix}V_2(s) & \\ & I_m\end{bmatrix}$$

$$=\left[\begin{array}{ccc|c}s+2 & 0 & 1 & \\ 0 & 1 & 0 & \\ -(s+1)^2 & -(s+1) & -s & \\ \hline & & & 1\end{array}\right]\left[\begin{array}{ccc|c}1 & & & \\ & 1 & s+3 & 1\\ & 0 & (s+2)(s+1)^2 & s\\ \hline 0 & -(s-3) & 0 & 1\end{array}\right]\left[\begin{array}{ccc|c}1-(s+1)^2 & -(s+1)^2 & 0 & \\ -(s+3) & -2 & -1 & \\ 1 & 1 & 0 & \\ \hline & & & 1\end{array}\right]$$

$$=\left[\begin{array}{ccc|c}s+2 & & & s\\ & s+1 & -1 & 1\\ & & s+1 & -s^2-s-1\\ \hline (s^2-9) & 2(s-3) & (s-3) & 1\end{array}\right]$$

4）用矩阵除法求矩阵输入矩阵 B 与输出矩阵 C。根据式(5-42a)有，$\tilde{Q}(s)=\bar{P}(s)\bar{Y}(s)+\bar{Q}(s)$，$\bar{Q}(s)=B$，即

$$\begin{bmatrix}s\\ 1\\ -s^2-s-1\end{bmatrix}=\begin{bmatrix}s+2 & & \\ & s+1 & -1\\ & & s+1\end{bmatrix}\begin{bmatrix}1\\ -1\\ -s\end{bmatrix}+\begin{bmatrix}-2\\ 2\\ -1\end{bmatrix}$$

同样，根据式(5-42b)有，$-\tilde{R}(s)=\bar{X}(s)\bar{P}(s)-\bar{R}(s)$，$\bar{R}(s)=C$，即

$$[(s^2-9),2(s-3),(s-3)]=[(s-2),2,1]\begin{bmatrix}s+2 & & \\ & s+1 & -1\\ & & s+1\end{bmatrix}-[5,8,2]$$

得到

$$B=\begin{bmatrix}-2\\ 2\\ -1\end{bmatrix},\ C=[5,8,2],\ \bar{X}(s)=[s-2,2,1],\ \bar{Y}(s)=\begin{bmatrix}1\\ -1\\ -s\end{bmatrix}$$

5）求直通矩阵 $D(s)$。$X(s)=-\bar{X}(s)U_2(s)$，$Y(s)=-V_2(s)\bar{Y}(s)$，再根据式(5-45)有

$$D(s)=[X(s),I_p]\begin{bmatrix}I_{n-l} & & \\ & P(s) & Q(s)\\ & -R(s) & W(s)\end{bmatrix}\begin{bmatrix}Y(s)\\ I_m\end{bmatrix}=s-3$$

最后得到等价的状态空间描述$\{A,B,C,D(s)\}$为

$$A=\begin{bmatrix}-2 & & \\ & -1 & 1\\ & & -1\end{bmatrix},\ B=\begin{bmatrix}-2\\ 2\\ -1\end{bmatrix},\ C=[5,8,2],\ D(s)=s-3$$

6）多项式矩阵描述的传递函数矩阵与状态空间描述的传递函数矩阵

$$G(s)=R(s)P^{-1}(s)Q(s)+W(s)$$

$$=[s-3,0]\begin{bmatrix}1 & s+3\\ 0 & (s+2)(s+1)^2\end{bmatrix}^{-1}\begin{bmatrix}1\\ s\end{bmatrix}+1$$

$$=[s-3,0]\begin{bmatrix}1 & \dfrac{-(s+3)}{(s+2)(s+1)^2}\\ 0 & \dfrac{1}{(s+2)(s+1)^2}\end{bmatrix}\begin{bmatrix}1\\ s\end{bmatrix}+1$$

$$=(s-3)-\frac{s(s-3)(s+3)}{(s+2)(s+1)^2}+1=(s-3)+\frac{4s^2+14s+2}{(s+2)(s+1)^2}$$

或者

$$G(s)=C(sI_n-A)^{-1}B+D(s)$$

$$=[5,8,2]\begin{bmatrix}s+2 & & \\ & s+1 & -1\\ & & s+1\end{bmatrix}^{-1}\begin{bmatrix}-2\\ 2\\ -1\end{bmatrix}+(s-3)$$

$$=[5,8,2]\begin{bmatrix}\dfrac{1}{s+2} & & \\ & \dfrac{1}{s+1} & \dfrac{-1}{(s+1)^2}\\ & & \dfrac{1}{s+1}\end{bmatrix}\begin{bmatrix}-2\\ 2\\ -1\end{bmatrix}+(s-3)$$

$$=(s-3)+\frac{4s^2+14s+2}{(s+2)(s+1)^2}$$

可见，两个传递函数矩阵是一样的。注意 $\boldsymbol{D}(s)$ 不是常数矩阵，意味着系统传递函数矩阵不是真分式矩阵；反过来，若系统传递函数矩阵是真分式矩阵，那么 $\boldsymbol{D}(s)$ 一定是常数矩阵。

从式(5-40)到式(5-45)构造等价系统的推导和例 5-4 知，对于任何一个多项式矩阵描述 $\{\boldsymbol{P}(s),\boldsymbol{Q}(s),\boldsymbol{R}(s),\boldsymbol{W}(s)\}$，都可以通过等价变换和矩阵除法得到与它等价的状态空间描述 $\{\boldsymbol{A},\boldsymbol{B},\boldsymbol{C},\boldsymbol{D}(s)\}$。这样，就建立起了状态空间理论与多项式矩阵理论的桥梁。

3. 相似系统与等价系统

相似系统是状态空间理论一个重要的分析工具，相似系统之间具有同样的稳定性、能控性与能观性。下面，给出一个重要结论：

定理 5-3 系统 $\{\boldsymbol{A},\boldsymbol{B},\boldsymbol{C},\boldsymbol{D}(s)\}$ 与系统 $\{\bar{\boldsymbol{A}},\bar{\boldsymbol{B}},\bar{\boldsymbol{C}},\bar{\boldsymbol{D}}(s)\}$ 相似当且仅当它们等价。

证明：若系统 $\{\boldsymbol{A},\boldsymbol{B},\boldsymbol{C},\boldsymbol{D}(s)\}$ 与系统 $\{\bar{\boldsymbol{A}},\bar{\boldsymbol{B}},\bar{\boldsymbol{C}},\bar{\boldsymbol{D}}(s)\}$ 相似，即

$$\{\bar{\boldsymbol{A}},\bar{\boldsymbol{B}},\bar{\boldsymbol{C}},\bar{\boldsymbol{D}}(s)\}=\{\boldsymbol{T}^{-1}\boldsymbol{A}\boldsymbol{T},\boldsymbol{T}^{-1}\boldsymbol{B},\boldsymbol{C}\boldsymbol{T},\boldsymbol{D}(s)\} \tag{5-46a}$$

写成系统矩阵形式有

$$\begin{bmatrix}s\boldsymbol{I}_n-\bar{\boldsymbol{A}} & \bar{\boldsymbol{B}}\\ -\bar{\boldsymbol{C}} & \bar{\boldsymbol{D}}(s)\end{bmatrix}=\begin{bmatrix}\boldsymbol{T}^{-1} & \\ \boldsymbol{0} & \boldsymbol{I}_p\end{bmatrix}\begin{bmatrix}s\boldsymbol{I}_n-\boldsymbol{A} & \boldsymbol{B}\\ -\boldsymbol{C} & \boldsymbol{D}(s)\end{bmatrix}\begin{bmatrix}\boldsymbol{T} & \boldsymbol{0}\\ & \boldsymbol{I}_m\end{bmatrix} \tag{5-46b}$$

所以，两个系统是等价的。

若系统 $\{\boldsymbol{A},\boldsymbol{B},\boldsymbol{C},\boldsymbol{D}(s)\}$ 与系统 $\{\bar{\boldsymbol{A}},\bar{\boldsymbol{B}},\bar{\boldsymbol{C}},\bar{\boldsymbol{D}}(s)\}$ 等价，即

$$\begin{bmatrix}s\boldsymbol{I}_n-\bar{\boldsymbol{A}} & \bar{\boldsymbol{B}}\\ -\bar{\boldsymbol{C}} & \bar{\boldsymbol{D}}(s)\end{bmatrix}=\begin{bmatrix}\boldsymbol{U}(s) & \\ \boldsymbol{X}(s) & \boldsymbol{I}_p\end{bmatrix}\begin{bmatrix}s\boldsymbol{I}_n-\boldsymbol{A} & \boldsymbol{B}\\ -\boldsymbol{C} & \boldsymbol{D}(s)\end{bmatrix}\begin{bmatrix}\boldsymbol{V}(s) & \boldsymbol{Y}(s)\\ & \boldsymbol{I}_m\end{bmatrix} \tag{5-46c}$$

下面推证，一定可找到常数矩阵 $\boldsymbol{T}$ 使得式(5-46a)成立。

将式(5-46c)展开后有

$$\begin{cases}sI_n-\bar{A}=U(s)(sI_n-A)V(s) & (5\text{-}47a)\\ \bar{B}=U(s)B+U(s)(sI_n-A)Y(s) & (5\text{-}47b)\\ -\bar{C}=-CV(s)+X(s)(sI_n-A)V(s) & (5\text{-}47c)\\ \bar{D}(s)=D(s)+X(s)(sI_n-A)Y(s)+X(s)B-CY(s) & (5\text{-}47d)\end{cases}$$

1）根据式(5-47a)推导 A 与 $\bar{A}$ 的关系。可以想见，T 会与 $U(s)$、$V(s)$ 有关，将它们除以 $sI_n-\bar{A}$，可得到常数矩阵 U_0、V_0，即

$$\begin{cases}U(s)=(sI_n-\bar{A})E(s)+U_0\\ V(s)=F(s)(sI_n-\bar{A})+V_0\end{cases} \tag{5-48}$$

将式(5-48)中的 $V(s)$ 代入式(5-47a)有

$$sI_n-\bar{A}=U(s)(sI_n-A)[F(s)(sI_n-\bar{A})+V_0]$$

$$U^{-1}(s)(sI_n-\bar{A})=(sI_n-A)[F(s)(sI_n-\bar{A})+V_0]$$

$$[U^{-1}(s)-(sI_n-A)F(s)](sI_n-\bar{A})=(sI_n-A)V_0 \tag{5-49}$$

令 $T=U^{-1}(s)-(sI_n-A)F(s)$，则式(5-49)为

$$T(sI_n-\bar{A})=(sI_n-A)V_0 \tag{5-50}$$

比较式(5-50)两边的阶次与系数，T 一定是常数矩阵，而且

$$\begin{cases}T=V_0\\ T\bar{A}=AV_0=AT\end{cases} \tag{5-51}$$

下面需要证明 T 是非奇异矩阵。对 T 左乘 $U(s)$ 有

$$U(s)T=I_n-U(s)(sI_n-A)F(s) \tag{5-52}$$

将式(5-47a)代入式(5-52)，有

$$U(s)T=I_n-(sI_n-\bar{A})V^{-1}(s)F(s) \tag{5-53}$$

再将式(5-48)的 $U(s)$ 代入式(5-53)，有

$$[(sI_n-\bar{A})E(s)+U_0]T=I_n-(sI_n-\bar{A})V^{-1}(s)F(s)$$

整理后有

$$(sI_n-\bar{A})^{-1}(I_n-U_0T)=V^{-1}(s)F(s)+E(s)T \tag{5-54}$$

式(5-54)左边是严格真有理分式，右边是多项式矩阵，要两边相等，唯有

$$U_0T=I_n,\quad V^{-1}(s)F(s)+E(s)T=0$$

可见，$\det(T)\neq 0$，$T=U_0^{-1}=V_0$，由式(5-51)可得 $\bar{A}=T^{-1}AT$。另有

$$F(s)U_0+V(s)E(s)=0 \tag{5-55}$$

2）根据式(5-47b)推导 B 与 $\bar{B}$ 的关系。将式(5-47a)代入式(5-47b)可得

$$\bar{B}=U(s)B+(sI_n-\bar{A})V^{-1}(s)Y(s) \tag{5-56}$$

将式(5-48)中 $U(s)$ 代入式(5-56)，有

$$\bar{B}=[(sI_n-\bar{A})E(s)+U_0]B+(sI_n-\bar{A})V^{-1}(s)Y(s)$$

$$(sI_n-\bar{A})^{-1}(\bar{B}-U_0B)=E(s)B+V^{-1}(s)Y(s)$$

同理有，$\bar{B}=U_0B=T^{-1}B$，且

$$E(s)B+V^{-1}(s)Y(s)=0,\quad Y(s)=-V(s)E(s)B$$

3）根据式(5-47c)推导 C 与 $\bar{C}$ 的关系。与2)的推导类似，将式(5-47a)代入式(5-47c)，再代入式(5-48)中的 $V(s)$，可得 $\bar{C}=CV_0=CT$，且 $X(s)=-CF(s)U(s)$

4）根据式(5-47d)推导 $\boldsymbol{D}$ 与 $\bar{\boldsymbol{D}}$ 的关系。从式(5-47d)有

$$\bar{\boldsymbol{D}}(s)=\boldsymbol{D}(s)+\boldsymbol{X}(s)[(s\boldsymbol{I}_n-\boldsymbol{A})\boldsymbol{Y}(s)+\boldsymbol{B}]-\boldsymbol{C}\boldsymbol{Y}(s) \tag{5-57}$$

将式(5-47b)代入式(5-57)有

$$\bar{\boldsymbol{D}}(s)=\boldsymbol{D}(s)+\boldsymbol{X}(s)\boldsymbol{U}^{-1}(s)\bar{\boldsymbol{B}}-\boldsymbol{C}\boldsymbol{Y}(s) \tag{5-58}$$

再将 $\boldsymbol{X}(s)$、$\boldsymbol{Y}(s)$、$\bar{\boldsymbol{B}}$ 代入式(5-58)有

$$\bar{\boldsymbol{D}}(s)=\boldsymbol{D}(s)-\boldsymbol{C}\boldsymbol{F}(s)\boldsymbol{U}(s)\boldsymbol{U}^{-1}(s)\boldsymbol{U}_0\boldsymbol{B}+\boldsymbol{C}\boldsymbol{V}(s)\boldsymbol{E}(s)\boldsymbol{B}$$

$$\bar{\boldsymbol{D}}(s)=\boldsymbol{D}(s)-\boldsymbol{C}(\boldsymbol{F}(s)\boldsymbol{U}_0+\boldsymbol{V}(s)\boldsymbol{E}(s))\boldsymbol{B}$$

考虑式(5-55)有 $\bar{\boldsymbol{D}}(s)=\boldsymbol{D}(s)$。

综上，若系统 $\{\boldsymbol{A},\boldsymbol{B},\boldsymbol{C},\boldsymbol{D}(s)\}$ 与系统 $\{\bar{\boldsymbol{A}},\bar{\boldsymbol{B}},\bar{\boldsymbol{C}},\bar{\boldsymbol{D}}(s)\}$ 等价，则它们相似。

4. 等价系统的稳定性、能控性与能观性

前面的讨论表明，任何一个多项式矩阵描述 $\{\boldsymbol{P}(s),\boldsymbol{Q}(s),\boldsymbol{R}(s),\boldsymbol{W}(s)\}$ 都会与一个状态空间描述 $\{\boldsymbol{A},\boldsymbol{B},\boldsymbol{C},\boldsymbol{D}(s)\}$ 等价，即

$$\begin{bmatrix}\boldsymbol{I}_{n-l} & & \\ & \boldsymbol{P}(s) & \boldsymbol{Q}(s)\\ & -\boldsymbol{R}(s) & \boldsymbol{W}(s)\end{bmatrix}=\begin{bmatrix}\boldsymbol{U}(s) & \\ \boldsymbol{X}(s) & \boldsymbol{I}_p\end{bmatrix}\begin{bmatrix}s\boldsymbol{I}_n-\boldsymbol{A} & \boldsymbol{B}\\ -\boldsymbol{C} & \boldsymbol{D}(s)\end{bmatrix}\begin{bmatrix}\boldsymbol{V}(s) & \boldsymbol{Y}(s)\\ & \boldsymbol{I}_m\end{bmatrix} \tag{5-59}$$

那么，通过状态空间描述作为桥梁，可将系统稳定性、能控性、能观性等结论等价地转移到一般的多项式矩阵描述上。

1）稳定性。从式(5-39d)知，等价系统一定有相同的特征多项式，即

$$\det(\boldsymbol{P}(s))=0\Leftrightarrow\det(s\boldsymbol{I}_n-\boldsymbol{A})=0$$

注意，$\det(\boldsymbol{P}(s))$ 的阶次就是系统的阶次。因此

$$\begin{aligned}\text{系统稳定}&\Leftrightarrow \mathrm{Re}(s_i)<0,\ \det(s_i\boldsymbol{I}_n-\boldsymbol{A})=0\\ &\Leftrightarrow \mathrm{Re}(s_i)<0,\ \det(\boldsymbol{P}(s_i))=0\end{aligned} \tag{5-60}$$

2）能控性。根据式(2-116)和式(5-39b)有

$$\begin{aligned}\text{系统完全能控}&\Leftrightarrow \mathrm{rank}[s\boldsymbol{I}_n-\boldsymbol{A},\boldsymbol{B}]=n(\forall s)\Leftrightarrow s\boldsymbol{I}_n-\boldsymbol{A}\text{ 与 }\boldsymbol{B}\text{ 左互质}\\ &\Leftrightarrow \mathrm{rank}[\boldsymbol{P}(s),\boldsymbol{Q}(s)]=l(\forall s)\Leftrightarrow \boldsymbol{P}(s)\text{ 与 }\boldsymbol{Q}(s)\text{ 左互质}\end{aligned} \tag{5-61}$$

3）能观性。根据式(2-121)和式(5-39c)有

$$\begin{aligned}\text{系统完全能观}&\Leftrightarrow \mathrm{rank}\begin{bmatrix}s\boldsymbol{I}_n-\boldsymbol{A}\\ -\boldsymbol{C}\end{bmatrix}=n(\forall s)\Leftrightarrow s\boldsymbol{I}_n-\boldsymbol{A}\text{ 与 }\boldsymbol{C}\text{ 右互质}\\ &\Leftrightarrow \mathrm{rank}\begin{bmatrix}\boldsymbol{P}(s)\\ -\boldsymbol{R}(s)\end{bmatrix}=l(\forall s)\Leftrightarrow \boldsymbol{P}(s)\text{ 与 }\boldsymbol{R}(s)\text{ 右互质}\end{aligned} \tag{5-62}$$

这样，通过等价系统将状态空间理论中的稳定性、能控性与能观性很好地引入到了多项式矩阵描述上：

1）系统的稳定性与“分母”多项式矩阵 $\boldsymbol{P}(s)$ 有关；系统的能控性与输入矩阵对 $\{\boldsymbol{P}(s),\boldsymbol{Q}(s)\}$ 是否左互质有关；系统的能观性与输出矩阵对 $\{\boldsymbol{P}(s),\boldsymbol{R}(s)\}$ 是否右互质有关。

2）参见式(5-5b)，对于右分式描述系统 $\{\boldsymbol{D}_{\mathrm{R}}(s),\boldsymbol{N}_{\mathrm{R}}(s)\}=\{\boldsymbol{D}_{\mathrm{R}}(s),\boldsymbol{I}_m,\ \boldsymbol{N}_{\mathrm{R}}(s),\boldsymbol{0}\}$，由于 $\{\boldsymbol{D}_{\mathrm{R}}(s),\boldsymbol{I}_m\}$ 左互质，因此它一定是完全能控的，换句话说，只有完全能控的系统才能采用右分式描述。

相对应的，对于左分式描述系统 $\{\boldsymbol{D}_{\mathrm{L}}(s),\boldsymbol{N}_{\mathrm{L}}(s)\}=\{\boldsymbol{D}_{\mathrm{L}}(s),\boldsymbol{N}_{\mathrm{R}}(s),\boldsymbol{I}_p,\boldsymbol{0}\}$，同样由于 $\{\boldsymbol{D}_{\mathrm{L}}(s),\boldsymbol{I}_p\}$ 右互质，因此它一定是完全能观的，即只有完全能观的系统才能采用左分式描述。

3）若 $\{\boldsymbol{P}(s),\boldsymbol{Q}(s)\}$ 的（最大）左公因子 $\boldsymbol{P}_{\mathrm{L}}(s)$ 不是单模阵，则会发生（最大）左因子的对消，

对应 $\det(\boldsymbol{P}_{\mathrm{L}}(s_i))=0$ 的极点 s_i 是不能控的。

4) 若 $\{\boldsymbol{P}(s),\boldsymbol{R}(s)\}$ 的(最大)右公因子 $\boldsymbol{P}_{\mathrm{R}}(s)$ 不是单模阵，则会发生(最大)右因子的对消，对应 $\det(\boldsymbol{P}_{\mathrm{R}}(s_i))=0$ 的极点 s_i 是不能观的。

总之，状态空间描述中的对角形变换、能控判据与能控性变换、能观判据与能观性变换与多项式矩阵描述中的史密斯规范形、多项式矩阵左互质分析、多项式矩阵右互质分析密切关联。

5.2.2 传递函数矩阵与实现

如果将多项式矩阵描述(5-2)中的微分算子 s 看作拉普拉斯算子，容易得到系统输出与输入之间的传递函数矩阵 $\boldsymbol{G}(s)$，即

$$\boldsymbol{G}(s)=\boldsymbol{R}(s)\boldsymbol{P}^{-1}(s)\boldsymbol{Q}(s)+\boldsymbol{W}(s)=\{G_{ij}(s)\}$$

由于传递函数矩阵 $\boldsymbol{G}(s)$ 是一个以有理分式为元素的矩阵，在多项式矩阵描述中不能控的部分($\{\boldsymbol{P}(s),\boldsymbol{Q}(s)\}$ 的左公因子)或不能观的部分($\{\boldsymbol{P}(s),\boldsymbol{R}(s)\}$ 的右公因子)已被约掉，所以传递函数矩阵 $\boldsymbol{G}(s)$ 只反映了系统完全能控与完全能观的部分。

给定一个传递函数矩阵 $\boldsymbol{G}(s)$，反求满足式(5-2)的多项式矩阵描述 $\{\boldsymbol{P}(s),\boldsymbol{Q}(s),\boldsymbol{R}(s),\boldsymbol{W}(s)\}$，这个问题称为传递函数矩阵的实现问题。

1. 最小实现

从前面的讨论知，传递函数矩阵 $\boldsymbol{G}(s)$ 的实现问题是多解的，因为约掉公因子，传递函数矩阵不会发生变化。在传递函数矩阵 $\boldsymbol{G}(s)$ 的所有实现中，$\det(\boldsymbol{P}(s))$ 阶次最低的实现称为最小实现。

定理 5-4 如果系统 $\Sigma=\{\boldsymbol{P}(s),\boldsymbol{Q}(s),\boldsymbol{R}(s),\boldsymbol{W}(s)\}$ 与系统 $\bar{\Sigma}=\{\bar{\boldsymbol{P}}(s),\bar{\boldsymbol{Q}}(s),\bar{\boldsymbol{R}}(s),\bar{\boldsymbol{W}}(s)\}$ 都是完全能控且完全能观的，它们的传递函数矩阵分别为 $\boldsymbol{G}(s)$、$\bar{\boldsymbol{G}}(s)$，那么

$$\Sigma\sim\bar{\Sigma}\Leftrightarrow\boldsymbol{G}(s)=\bar{\boldsymbol{G}}(s)$$

证明：1) $\Sigma\sim\bar{\Sigma}\Rightarrow\boldsymbol{G}(s)=\bar{\boldsymbol{G}}(s)$，这个结论显然。

2) $\boldsymbol{G}(s)=\bar{\boldsymbol{G}}(s)\Rightarrow\Sigma\sim\bar{\Sigma}$。

不失一般性，设

$$\Sigma=\{\boldsymbol{P}(s),\boldsymbol{Q}(s),\boldsymbol{R}(s),\boldsymbol{W}(s)\}\sim\{\boldsymbol{D}_{\mathrm{L}}(s),\boldsymbol{N}_{\mathrm{L}}(s),\boldsymbol{I}_p,\boldsymbol{W}(s)\}$$
$$\bar{\Sigma}=\{\bar{\boldsymbol{P}}(s),\bar{\boldsymbol{Q}}(s),\bar{\boldsymbol{R}}(s),\bar{\boldsymbol{W}}(s)\}\sim\{\bar{\boldsymbol{D}}_{\mathrm{L}}(s),\bar{\boldsymbol{N}}_{\mathrm{L}}(s),\boldsymbol{I}_p,\bar{\boldsymbol{W}}(s)\}$$

则有

$$\boldsymbol{G}(s)=\boldsymbol{D}_{\mathrm{L}}^{-1}(s)\boldsymbol{N}_{\mathrm{L}}(s)+\boldsymbol{W}(s)=\bar{\boldsymbol{G}}(s)=\bar{\boldsymbol{D}}_{\mathrm{L}}^{-1}(s)\bar{\boldsymbol{N}}_{\mathrm{L}}(s)+\bar{\boldsymbol{W}}(s)$$

式中，$\{\boldsymbol{D}_{\mathrm{L}}(s),\boldsymbol{N}_{\mathrm{L}}(s)\}$ 左互质，$\boldsymbol{D}_{\mathrm{L}}^{-1}(s)\boldsymbol{N}_{\mathrm{L}}(s)$ 严格真；$\{\bar{\boldsymbol{D}}_{\mathrm{L}}(s),\bar{\boldsymbol{N}}_{\mathrm{L}}(s)\}$ 左互质，$\bar{\boldsymbol{D}}_{\mathrm{L}}^{-1}(s)\bar{\boldsymbol{N}}_{\mathrm{L}}(s)$ 严格真。故有

$$\boldsymbol{D}_{\mathrm{L}}^{-1}(s)\boldsymbol{N}_{\mathrm{L}}(s)=\bar{\boldsymbol{D}}_{\mathrm{L}}^{-1}(s)\bar{\boldsymbol{N}}_{\mathrm{L}}(s),\quad \boldsymbol{W}(s)=\bar{\boldsymbol{W}}(s) \tag{5-63}$$

若 $\boldsymbol{D}_{\mathrm{L}}(s)=\boldsymbol{L}(s)\bar{\boldsymbol{D}}_{\mathrm{L}}(s)$，代入式(5-63)有

$$\bar{\boldsymbol{D}}_{\mathrm{L}}^{-1}(s)\boldsymbol{L}^{-1}(s)\boldsymbol{N}_{\mathrm{L}}(s)=\bar{\boldsymbol{D}}_{\mathrm{L}}^{-1}(s)\bar{\boldsymbol{N}}_{\mathrm{L}}(s)$$
$$\boldsymbol{L}^{-1}(s)\boldsymbol{N}_{\mathrm{L}}(s)=\bar{\boldsymbol{N}}_{\mathrm{L}}(s),\quad \boldsymbol{N}_{\mathrm{L}}(s)=\boldsymbol{L}(s)\bar{\boldsymbol{N}}_{\mathrm{L}}(s)$$
$$[\boldsymbol{D}_{\mathrm{L}}(s),\boldsymbol{N}_{\mathrm{L}}(s)]=\boldsymbol{L}(s)[\bar{\boldsymbol{D}}_{\mathrm{L}}(s),\bar{\boldsymbol{N}}_{\mathrm{L}}(s)]$$

由于 $\{\boldsymbol{D}_{\mathrm{L}}(s),\boldsymbol{N}_{\mathrm{L}}(s)\}$ 左互质，所以 $\boldsymbol{L}(s)$ 一定是单模阵。从而有

$$\begin{bmatrix}\boldsymbol{D}_{\mathrm{L}}(s) & \boldsymbol{N}_{\mathrm{L}}(s)\\ -\boldsymbol{I}_p & \boldsymbol{W}(s)\end{bmatrix}=\begin{bmatrix}\boldsymbol{L}(s) & \\ & \boldsymbol{I}_p\end{bmatrix}\begin{bmatrix}\bar{\boldsymbol{D}}_{\mathrm{L}}(s) & \bar{\boldsymbol{N}}_{\mathrm{L}}(s)\\ -\boldsymbol{I}_p & \bar{\boldsymbol{W}}(s)\end{bmatrix}\begin{bmatrix}\boldsymbol{I}_p & \\ & \boldsymbol{I}_m\end{bmatrix}$$

故系统 Σ 与系统 $\bar{\Sigma}$ 等价。

定理 5-4 表明，对于完全能控且完全能观的系统，系统等价就是传递函数矩阵相等。因此，完全能控且完全能观的传递函数实现有重要的意义。

定理 5-5 系统$\Sigma=\{\boldsymbol{P}(s),\boldsymbol{Q}(s),\boldsymbol{R}(s),\boldsymbol{W}(s)\}$是传递函数矩阵$\boldsymbol{G}(s)$的最小实现当且仅当它是完全能控且完全能观的。

证明：先证必要性。用反证法，若系统$\{\boldsymbol{P}(s),\boldsymbol{Q}(s),\boldsymbol{R}(s),\boldsymbol{W}(s)\}$不完全能控，$\{\boldsymbol{P}(s),\boldsymbol{Q}(s)\}$的最大左公因子$\boldsymbol{P}_{\mathrm{L}}(s)$不是单模阵，即

$$\boldsymbol{P}(s)=\boldsymbol{P}_{\mathrm{L}}(s)\bar{\boldsymbol{P}}(s),\quad \boldsymbol{Q}(s)=\boldsymbol{P}_{\mathrm{L}}(s)\bar{\boldsymbol{Q}}(s)$$

那么，系统$\{\bar{\boldsymbol{P}}(s),\bar{\boldsymbol{Q}}(s),\boldsymbol{R}(s),\boldsymbol{W}(s)\}$也是传递函数矩阵$\boldsymbol{G}(s)$的一个实现，而

$$\deg(\det(\bar{\boldsymbol{P}}(s)))<\deg(\det(\boldsymbol{P}(s)))$$

导致矛盾。若系统$\{\boldsymbol{P}(s),\boldsymbol{Q}(s),\boldsymbol{R}(s),\boldsymbol{W}(s)\}$不完全能观，也有同样结果。

再证充分性。若系统$\Sigma=\{\boldsymbol{P}(s),\boldsymbol{Q}(s),\boldsymbol{R}(s),\boldsymbol{W}(s)\}$完全能控且完全能观，是传递函数矩阵$\boldsymbol{G}(s)$的一个实现；设$\bar{\Sigma}=\{\bar{\boldsymbol{P}}(s),\bar{\boldsymbol{Q}}(s),\bar{\boldsymbol{R}}(s),\bar{\boldsymbol{W}}(s)\}$是传递函数矩阵$\boldsymbol{G}(s)$的一个最小实现，根据必要性它应该完全能控且完全能观。再根据定理 5-4 有$\Sigma\sim\bar{\Sigma}$，那么

$$\deg(\det(\boldsymbol{P}(s)))=\deg(\det(\bar{\boldsymbol{P}}(s)))$$

即实现Σ的阶次与最小实现$\bar{\Sigma}$的阶次相等，也就是说实现Σ是一个最小实现。

从前面的讨论知，传递函数矩阵$\boldsymbol{G}(s)$的实现是多解的，传递函数矩阵$\boldsymbol{G}(s)$的最小实现也不是唯一的，但最小实现之间一定是等价的并且完全能控和完全能观。

求传递函数矩阵$\boldsymbol{G}(s)$的最小实现有多种方法，利用矩阵分式描述是一个常用的方法。令传递函数矩阵

$$\boldsymbol{G}(s)=\{G_{ij}(s)\}=\frac{\boldsymbol{N}(s)}{a(s)} \tag{5-64}$$

式中，$a(s)$是n阶多项式，为所有$G_{ij}(s)$分母的最小公倍式。

取$\boldsymbol{\Delta}_{\mathrm{L}}(s)=a(s)\boldsymbol{I}_p\in\mathbf{R}^{p\times p}$，则传递函数矩阵$\boldsymbol{G}(s)$的一个实现为

$$\begin{cases}\boldsymbol{\Delta}_{\mathrm{L}}(s)\boldsymbol{\xi}(t)=\boldsymbol{N}(s)\boldsymbol{u}(t)\\ \boldsymbol{y}(t)=\boldsymbol{\xi}(t)\end{cases}$$

可见，它不是一个最小实现，因为$\deg(\det(\boldsymbol{\Delta}_{\mathrm{L}}(s)))=p\times n$。

对$[\boldsymbol{\Delta}_{\mathrm{L}}(s),\boldsymbol{N}(s)]$用列初等变换求最大左公因子，即

$$[\boldsymbol{\Delta}_{\mathrm{L}}(s),\boldsymbol{N}(s)]\boldsymbol{V}(s)=[\boldsymbol{L}(s),\boldsymbol{0}] \tag{5-65}$$

式中，$\boldsymbol{V}(s)$是单模阵。式(5-65)两边乘以$\boldsymbol{V}^{-1}(s)$有

$$[\boldsymbol{\Delta}_{\mathrm{L}}(s),\boldsymbol{N}(s)]=[\boldsymbol{L}(s),\boldsymbol{0}]\boldsymbol{V}^{-1}(s)=[\boldsymbol{L}(s),\boldsymbol{0}]\begin{bmatrix}\bar{\boldsymbol{V}}_{11}(s) & \bar{\boldsymbol{V}}_{12}(s)\\ \bar{\boldsymbol{V}}_{21}(s) & \bar{\boldsymbol{V}}_{22}(s)\end{bmatrix}$$

$$=\boldsymbol{L}(s)[\bar{\boldsymbol{V}}_{11}(s),\bar{\boldsymbol{V}}_{12}(s)]$$

取$\boldsymbol{D}_{\mathrm{L}}(s)=\bar{\boldsymbol{V}}_{11}(s)$，$\boldsymbol{N}_{\mathrm{L}}(s)=\bar{\boldsymbol{V}}_{12}(s)$，$\{\bar{\boldsymbol{D}}_{\mathrm{L}}(s),\bar{\boldsymbol{N}}_{\mathrm{L}}(s)\}$左互质，如下实现一定是传递函数矩阵$\boldsymbol{G}(s)$的一个最小实现：

$$\begin{cases}\boldsymbol{D}_{\mathrm{L}}(s)\boldsymbol{\xi}(t)=\boldsymbol{N}_{\mathrm{L}}(s)\boldsymbol{u}(t)\\ \boldsymbol{y}(t)=\boldsymbol{\xi}(t)\end{cases} \tag{5-66}$$

有了式(5-66)的左互质的最小实现，再通过等价系统的构造，参见式(5-40)~式(5-45)，可以得到右互质的最小实现或者状态空间描述的最小实现。

2. 史密斯-麦克米兰规范形

与多项式矩阵的史密斯规范形一样，对于传递函数矩阵$\boldsymbol{G}(s)\in\mathbf{R}^{p\times m}$，若实施行与列的初等变

换，可将其变换为如下的史密斯-麦克米兰规范形：

$$U(s)G(s)V(s)=\begin{bmatrix} \dfrac{\varepsilon_1(s)}{\varphi_1(s)} & & & \\ & \ddots & & \\ & & \dfrac{\varepsilon_r(s)}{\varphi_r(s)} & \\ & & & \boldsymbol{0} \end{bmatrix} \tag{5-67}$$

式中，$r=\text{rank}(\boldsymbol{G}(s))$；$\boldsymbol{U}(s)$、$\boldsymbol{V}(s)$为单模阵；$\{\varepsilon_i(s)\}$、$\{\varphi_i(s)\}$是多项式，并满足$\varepsilon_i(s)\mid\varepsilon_{i+1}(s)$、$\varphi_{i+1}(s)\mid\varphi_i(s)$。

从式(5-64)有$a(s)\boldsymbol{G}(s)=\boldsymbol{N}(s)$，将多项式矩阵$\boldsymbol{N}(s)$化为史密斯规范形

$$U(s)N(s)V(s)=\begin{bmatrix} \lambda_1(s) & & & \\ & \ddots & & \\ & & \lambda_r(s) & \\ & & & \boldsymbol{0} \end{bmatrix}$$

故有

$$U(s)G(s)V(s)=\begin{bmatrix} \dfrac{\lambda_1(s)}{a(s)} & & & \\ & \ddots & & \\ & & \dfrac{\lambda_r(s)}{a(s)} & \\ & & & \boldsymbol{0} \end{bmatrix}=\begin{bmatrix} \dfrac{\varepsilon_1(s)}{\varphi_1(s)} & & & \\ & \ddots & & \\ & & \dfrac{\varepsilon_r(s)}{\varphi_r(s)} & \\ & & & \boldsymbol{0} \end{bmatrix}$$

式中，$\dfrac{\varepsilon_i(s)}{\varphi_i(s)}=\dfrac{\lambda_i(s)}{a(s)}$为约减后的分式。由于$\lambda_i(s)\mid\lambda_{i+1}(s)$，所以$\varepsilon_i(s)\mid\varepsilon_{i+1}(s)$、$\varphi_{i+1}(s)\mid\varphi_i(s)$，满足整除性。

例 5-5 求如下传递函数矩阵的史密斯-麦克米兰规范形：

$$G(s)=\begin{bmatrix} \dfrac{s^2+3s+3}{s(s+1)(s+2)^2} & \dfrac{1}{s(s+2)} & \dfrac{1}{(s+2)} & \dfrac{s+4}{s(s+2)} \\ \dfrac{1}{s(s+2)^2} & \dfrac{1}{s(s+2)^2} & \dfrac{1}{(s+2)^2} & \dfrac{4}{s(s+2)^2} \\ \dfrac{s+3}{s(s+2)^2} & \dfrac{s+3}{s(s+2)^2} & \dfrac{s^2+4s+1}{(s+2)^2} & \dfrac{(s+3)(s+4)}{s(s+2)^2} \end{bmatrix}$$

先将$\boldsymbol{G}(s)$化为式(5-64)，再对多项式矩阵$\boldsymbol{N}(s)$进行变换，有

$$a(s)=s(s+1)(s+2)^2$$

$$N(s)=\begin{bmatrix} s^2+3s+3 & (s+1)(s+2) & s(s+1)(s+2) & s(s+1)(s+4) \\ (s+1) & (s+1) & s(s+1) & (s+1)(s+4) \\ (s+1)(s+3) & (s+1)(s+3) & (s+1)(s^2+4s+1) & (s+1)(s+3)(s+4) \end{bmatrix}$$

$$=\begin{bmatrix} 1 & s+2 & 0 \\ 0 & 1 & 0 \\ 0 & s+3 & 1 \end{bmatrix}\begin{bmatrix} 1 & & & \\ & s+1 & & \\ & & (s+1)^2 & 0 \end{bmatrix}\begin{bmatrix} 1 & 0 & 0 & 0 \\ 1 & 1 & s & s+4 \\ 0 & 0 & 1 & 0 \\ 0 & 0 & 0 & 1 \end{bmatrix}$$

$$G(s)=\frac{N(s)}{a(s)}$$

$$=\begin{bmatrix}1 & s+2 & 0\\0 & 1 & 0\\0 & s+3 & 1\end{bmatrix}\begin{bmatrix}\frac{1}{s(s+1)(s+2)^2} & & & 0\\ & \frac{1}{s(s+2)^2} & & 0\\ & & \frac{s+1}{s(s+2)^2} & 0\end{bmatrix}\begin{bmatrix}1 & 0 & 0 & 0\\1 & 1 & s & s+4\\0 & 0 & 1 & 0\\0 & 0 & 0 & 1\end{bmatrix}$$

由式(5-67)的史密斯-麦克米兰规范形，可以得到一个传递函数矩阵的最小实现：

$$\boldsymbol{G}(s)=\boldsymbol{U}^{-1}(s)\begin{bmatrix}\frac{\varepsilon_1(s)}{\varphi_1(s)} & & \\ & \ddots & \\ & & \frac{\varepsilon_r(s)}{\varphi_r(s)}\\ & & & \boldsymbol{0}\end{bmatrix}\boldsymbol{V}^{-1}(s)$$

取

$$\boldsymbol{\Psi}(s)=\begin{bmatrix}\varphi_1(s) & & \\ & \ddots & \\ & & \varphi_r(s)\end{bmatrix},\quad \boldsymbol{\Sigma}(s)=\begin{bmatrix}\varepsilon_1(s) & & \\ & \ddots & \\ & & \varepsilon_r(s)\end{bmatrix}$$

$$\boldsymbol{D}_{\mathrm{L}}(s)=\begin{bmatrix}\boldsymbol{\Psi}(s) & \\ & \boldsymbol{I}_{p-r}\end{bmatrix}\boldsymbol{U}(s),\quad \boldsymbol{N}_{\mathrm{L}}(s)=\begin{bmatrix}\boldsymbol{\Sigma}(s) & \\ & \boldsymbol{0}\end{bmatrix}\boldsymbol{V}^{-1}(s)$$

或者

$$\boldsymbol{D}_{\mathrm{R}}(s)=\boldsymbol{V}(s)\begin{bmatrix}\boldsymbol{\Psi}(s) & \\ & \boldsymbol{I}_{m-r}\end{bmatrix},\quad \boldsymbol{N}_{\mathrm{R}}(s)=\boldsymbol{U}^{-1}(s)\begin{bmatrix}\boldsymbol{\Sigma}(s) & \\ & \boldsymbol{0}\end{bmatrix}$$

可得

$$\boldsymbol{G}(s)=\boldsymbol{D}_{\mathrm{L}}^{-1}(s)\boldsymbol{N}_{\mathrm{L}}(s)=\boldsymbol{N}_{\mathrm{R}}(s)\boldsymbol{D}_{\mathrm{R}}^{-1}(s)$$

而且

$$[\boldsymbol{D}_{\mathrm{L}}(s),\boldsymbol{N}_{\mathrm{L}}(s)]=\left[\begin{array}{cc|cc}\boldsymbol{\Psi}(s) & & \boldsymbol{\Sigma}(s) & \\ & \boldsymbol{I}_{p-r} & & \boldsymbol{0}\end{array}\right]\left[\begin{array}{c|c}\boldsymbol{U}(s) & \\ \hline & \boldsymbol{V}^{-1}(s)\end{array}\right] \tag{5-68a}$$

或者

$$\begin{bmatrix}\boldsymbol{D}_{\mathrm{R}}(s)\\ \boldsymbol{N}_{\mathrm{R}}(s)\end{bmatrix}=\left[\begin{array}{c|c}\boldsymbol{V}(s) & \\ \hline & \boldsymbol{U}^{-1}(s)\end{array}\right]\left[\begin{array}{cc}\boldsymbol{\Psi}(s) & \\ & \boldsymbol{I}_{m-r}\\ \hline \boldsymbol{\Sigma}(s) & \\ & \boldsymbol{0}\end{array}\right] \tag{5-68b}$$

由于$[\boldsymbol{\Psi}(s),\boldsymbol{\Sigma}(s)]$左互质，所以$[\boldsymbol{D}_{\mathrm{L}}(s),\boldsymbol{N}_{\mathrm{L}}(s)]$左互质。同理，$\begin{bmatrix}\boldsymbol{D}_{\mathrm{R}}(s)\\ \boldsymbol{N}_{\mathrm{R}}(s)\end{bmatrix}$右互质。

式(5-68a)或式(5-68b)是求传递函数矩阵最小实现的常用办法，关键是要得到传递函数矩阵的史密斯-麦克米兰规范形。若需要化为状态空间描述$\{\boldsymbol{A},\boldsymbol{B},\boldsymbol{C},\boldsymbol{D}(s)\}$，则需要选择状态矩阵$\boldsymbol{A}$满足

$$sI_n-A\sim\begin{bmatrix}\lambda_1(s)&&\\&\ddots&\\&&\lambda_n(s)\end{bmatrix}\sim\Psi(s)=\begin{bmatrix}\varphi_1(s)&&\\&\ddots&\\&&\varphi_r(s)\end{bmatrix}\tag{5-69a}$$

$$\lambda_i(s)=\begin{cases}1, & i=1,2,\cdots,n-r\\ \varphi_{n-r+1}(s), & i=n-r+1,\cdots,n\end{cases}\tag{5-69b}$$

注意，$\lambda_i(s)\mid\lambda_{i+1}(s)$，$\varphi_{i+1}(s)\mid\varphi_i(s)$，式中 sI_n-A 与 $\Psi(s)$ 维数不一样，它们是准等价。再根据式(5-40)~式(5-45)构造等价系统的方法便可得到$\{A,B,C,D(s)\}$。

3. 传递函数矩阵的零极点

任何一个传递函数矩阵 $G(s)$ 都可化为式(5-67)的史密斯-麦克米兰规范形，其中分子多项式 $\varepsilon_i(s)=0(i=1,2,\cdots,r)$ 的根称为传递函数矩阵 $G(s)$ 的(传递)零点；分母多项式 $\varphi_i(s)=0(i=1,2,\cdots,r)$ 的根称为传递函数矩阵 $G(s)$ 的(传递)极点。

可见，传递函数矩阵的零点是让传递函数矩阵 $G(s)$ 降秩的点，即

$$\varepsilon_i(s_k)=0(i=1,2,\cdots,r)\Leftrightarrow\operatorname{rank}(G(s_k))<r$$

值得注意的是，尽管 $\varepsilon_i(s)\mid\varphi_i(s)$ 是互质分式，但 $i\neq j$ 时，$\varepsilon_i(s)\mid\varphi_j(s)$ 不一定互质，即 $\varepsilon_i(s)=0$ 的零点与 $\varphi_j(s)=0$ 的极点会相同，由于不在同一条通道上，它们不会发生“零极点对消”，参见例 5-5 知，$\varepsilon_3(s)=s+1$，$\varphi_1(s)=s(s+1)(s+2)^2$，有一个共同的因子$(s+1)$，但二者不会发生对消。对于单变量系统，传递函数只有一个有理分式(只有一条通道)，有相同的零极点就一定会存在对消。

不失一般性，令$\Sigma_1=\{D_L(s),N_L(s)\}$，$\Sigma_2=\{D_R(s),N_R(s)\}$，$\Sigma_3=\{P(s),Q(s),R(s),W(s)\}$，$\Sigma_4=\{sI_n-A,B,C,D(s)\}$都是传递函数矩阵 $G(s)$ 的最小实现。从式(5-68)知，有

$$D_L(s)=\begin{bmatrix}\Psi(s)&\\&I_{p-r}\end{bmatrix}U(s)$$

$$\det(D_L(s))=\det\left(\begin{bmatrix}\Psi(s)&\\&I_{p-r}\end{bmatrix}\right)\det U(s)=\det(\Psi(s))\det U(s)$$

由于最小实现是相互等价的，有

s_k 是 $G(s)$ 的极点$\Leftrightarrow\varphi_i(s_k)=0(i=1,2,\cdots,r)\Leftrightarrow$

$$\det(D_L(s_k))=0,\ \det(D_R(s_k))=0,\ \det(P(s_k))=0,\ \det(s_kI_n-A)=0$$

再从式(5-68)知，有

$$N_L(s)=\begin{bmatrix}\Sigma(s)&\\&0\end{bmatrix}V^{-1}(s),\ N_L(s)\sim\Sigma(s)$$

$$S_1(s)=\begin{bmatrix}D_L(s)&N_L(s)\\-I_p&\end{bmatrix}\sim\begin{bmatrix}0&N_L(s)\\-I_p&\end{bmatrix}\sim\begin{bmatrix}0&\Sigma(s)\\-I_p&\end{bmatrix}$$

那么，$\varepsilon_i(s_k)=0(i=1,2,\cdots,r)\Leftrightarrow$系统矩阵 $S_1(s_k)$ 降秩。

由于最小实现的系统矩阵是等价的，即

$$S_1(s)=\begin{bmatrix}D_L(s)&N_L(s)\\-I_p&\end{bmatrix}\sim S_2(s)=\begin{bmatrix}D_R(s)&I_m\\-N_R(s)&\end{bmatrix}\sim S_3(s)=\begin{bmatrix}P(s)&Q(s)\\-R(s)&W(s)\end{bmatrix}\sim S_4(s)=\begin{bmatrix}sI_n-A&B\\-C&D(s)\end{bmatrix}$$

故有

$$s_k\text{ 是 }G(s)\text{ 的零点}\Leftrightarrow\varepsilon_i(s_k)=0(i=1,2,\cdots,r)$$

$$\Leftrightarrow\text{系统矩阵 }S_j(s_k)(j=1,2,3,4)\text{ 降秩}$$

所以，传递函数矩阵 $G(s)$ 的(传递)零点也称为系统矩阵 $S(s)$ 的(系统)零点。

综上所述，有如下结论：

1）多项式矩阵描述将状态空间描述、左分式描述、右分式描述归结到部分状态方程描述$\{\boldsymbol{P}(s),\boldsymbol{Q}(s),\boldsymbol{R}(s),\boldsymbol{W}(s)\}$中，建立了线性(定常)系统中一个统一的描述框架，并且通过多项式矩阵的等价变换，给出了它们之间等价转换的方法。

2）通过等价系统的引入，将状态空间理论中的稳定性、能控性、能观性、传递函数矩阵的零极点等结构特征分析统一到了系统矩阵之上。其中，能控性与能观性的判断转化为多项式矩阵的互质判断。

3）由于任何一个多项式矩阵描述$\{\boldsymbol{P}(s),\boldsymbol{Q}(s),\boldsymbol{R}(s),\boldsymbol{W}(s)\}$，都会与一个状态空间描述$\{\boldsymbol{A},\boldsymbol{B},\boldsymbol{C},\boldsymbol{D}(s)\}$等价，因此，基于状态空间理论的各种控制器设计方法都可沿用其上，下节还会展开讨论。

4）由于左(右)分式描述既能很好地呈现多变量系统的内部特征，又将传递函数矩阵显现为“分母”与“分子”形式，便于融合经典控制理论的方法，因而在多变量系统的理论分析中得到广泛应用。

5.3 线性系统的综合

多项式矩阵描述将线性系统纳入到了一个统一框架。在此基础上，进行线性系统的分析与设计，即线性系统的综合，可以给出更一般性的结论。

5.3.1 模型匹配与系统解耦

期望频率特性设计法是经典控制理论中一个常用方法。将单变量系统的性能，如超调量、瞬态过程时间等，转化为期望的极点与零点，得到期望的频率特性或传递函数，然后设计控制器达到这个期望频率特性或传递函数。这个设计过程实质上就是模型匹配。

下面，将这个思想延伸到多变量系统，给定一个期望传递函数矩阵，是否存在控制器使得闭环系统能够达到这个期望传递函数矩阵？如果这个期望传递函数矩阵是一个对角形矩阵，便可实现系统解耦。

1. 全馈控制器

状态空间理论指出状态变量反映了系统全部行为，状态反馈控制是一种最佳的控制方式，形成了图3-7的通用控制器结构。下面，以多项式矩阵描述重新构建这个通用结构。

令完全能控的被控对象为

$$\begin{cases}\boldsymbol{D}_{\mathrm{R}}(s)\boldsymbol{\xi}(t)=\boldsymbol{u}(t),\ \boldsymbol{\xi}(t)\in\mathbf{R}^{m}\\ \boldsymbol{y}(t)=\boldsymbol{N}_{\mathrm{R}}(s)\boldsymbol{\xi}(t)\end{cases}\tag{5-70}$$

控制器为

$$\begin{cases}\boldsymbol{\Delta}(s)\boldsymbol{\xi}_c(t)=\boldsymbol{N}_u(s)\boldsymbol{u}(t)+\boldsymbol{N}_y(s)\boldsymbol{y}(t),\ \boldsymbol{\xi}_c(t)\in\mathbf{R}^{m}\\ \boldsymbol{v}(t)=\boldsymbol{\xi}_c(t)\\ \boldsymbol{u}(t)=\boldsymbol{r}_u(t)-\boldsymbol{v}(t)\end{cases}\tag{5-71}$$

全馈控制器及其控制系统如图5-1所示。除了给定输入信号$\boldsymbol{r}_u$外，只有装有传感器的输出响应信号$\boldsymbol{y}$和自主计算的控制器输出信号$\boldsymbol{u}$可以作为控制器的输入信号，所以称式(5-71)的控制器为全馈控制器，参见图5-1的点画线部分。

将式(5-70)、式(5-71)与式(3-24)比较有

$$G(s)=N_R(s)D_R^{-1}(s)=C(sI_n-A)^{-1}B \tag{5-72a}$$

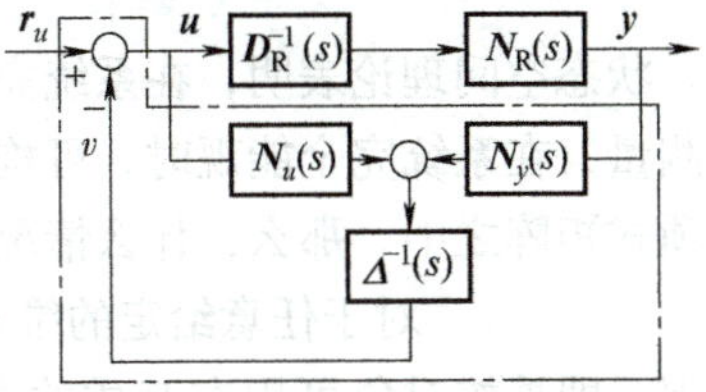

图 5-1　全馈控制器及其控制系统

$$\begin{cases}\Delta(s)=(sI_n-A+LC)\\ \Delta^{-1}(s)N_u(s)=K\hat{G}_u(s)=K(sI_n-A+LC)^{-1}B\\ \Delta^{-1}(s)N_y(s)=K\hat{G}_y(s)=K(sI_n-A+LC)^{-1}L\\ v(s)=\Delta^{-1}(s)N_u(s)u(s)+\Delta^{-1}(s)N_y(s)y(s)=K\hat{x}(s)\end{cases} \tag{5-72b}$$

从式(5-72b)知，基于状态观测器的状态比例反馈控制器是全馈控制器的一个特例。

联立式(5-70)、式(5-71)并消去 $u(t)$，可得到闭环系统的多项式矩阵描述

$$\begin{cases}\begin{bmatrix}I_m & D_R(s)\\ \Delta(s)+N_u(s) & -N_y(s)N_R(s)\end{bmatrix}\begin{bmatrix}\xi_c(t)\\ \xi(t)\end{bmatrix}=\begin{bmatrix}I_m\\ N_u(s)\end{bmatrix}r_u(t)\\ y(t)=[0,N_R(s)]\begin{bmatrix}\xi_c(t)\\ \xi(t)\end{bmatrix}\end{cases} \tag{5-73}$$

做如下等价变换

$$\begin{bmatrix}\xi_c(t)\\ \xi(t)\end{bmatrix}=\begin{bmatrix}I_m & -D_R(s)\\ & I_m\end{bmatrix}\begin{bmatrix}\hat{\xi}_c(t)\\ \hat{\xi}(t)\end{bmatrix}$$

式(5-73)将变换为

$$\begin{cases}\begin{bmatrix}I_m & 0\\ \Delta(s)+N_u(s) & -P(s)\end{bmatrix}\begin{bmatrix}\hat{\xi}_c(t)\\ \hat{\xi}(t)\end{bmatrix}=\begin{bmatrix}I_m\\ N_u(s)\end{bmatrix}r_u(t)\\ y(t)=[0,N_R(s)]\begin{bmatrix}\xi_c(t)\\ \xi(t)\end{bmatrix}\end{cases}$$

式中，

$$P(s)=[\Delta(s)+N_u(s)]D_R(s)+N_y(s)N_R(s) \tag{5-74}$$

闭环系统的传递函数矩阵

$$\begin{aligned}\Phi(s)&=[0,N_R(s)]\begin{bmatrix}I_m & 0\\ \Delta(s)+N_u(s) & -P(s)\end{bmatrix}^{-1}\begin{bmatrix}I_m\\ N_u(s)\end{bmatrix}\\ &=N_R(s)P^{-1}(s)\Delta(s)\end{aligned} \tag{5-75}$$

可见，采用多项式矩阵描述，特别是分式矩阵描述，其闭环传递函数矩阵形式简明。另外，由于全馈控制器 $\{\Delta(s),N_u(s),N_y(s)\}$ 利用了全部可用信息进行反馈控制，闭环系统能达到什么样的性能完全由式(5-75)所决定。所以。如果希望闭环系统达到某种性能，即 $\Phi(s)=\Phi^*(s)$，代入式(5-75)便可求出满足这些性能的全部控制器集合。这是采取多项式矩阵描述以及通用的全馈控制器带来的具有普适性意义的理论结果。

对式(5-75)进一步分析知，不是任意的 $\Phi^*(s)$ 都可实现，是受到被控对象 $\{D_R(s),N_R(s)\}$ 和控制器 $\{\Delta(s),N_u(s),N_y(s)\}$ 约束的。

1）闭环系统的极点由特征多项式矩阵 $P(s)$ 决定，是可以设计的，但受到式(5-74)的约束。对任意的 $P(s)$ 是否存在全馈控制器满足式(5-74)需要进一步讨论。

2）闭环系统的零点之一是被控对象的零点，位于它的分子多项式矩阵 $N_R(s)$ 之中，这一部分受到被控对象约束，是不可改变的，要引起高度的重视。

3）闭环系统的零点之二是全馈控制器的极点，位于它的分母多项式矩阵 $\Delta(s)$ 之中，这一部分是可以设计的，但受到期望闭环极点的约束，参见式(5-74)。

2. 任意配置闭环特征多项式矩阵

状态空间理论表明，在系统完全能控时，可通过状态比例反馈任意配置闭环极点；若状态不可测量，在系统完全能观时，可构造状态观测器实现闭环极点任意配置。闭环极点位于闭环特征多项式矩阵之中，那么，什么情况下可实现任意配置闭环特征多项式矩阵？

定理 5-6 对于任意给定的维数相容的闭环特征多项式矩阵 $\boldsymbol{P}(s)$，如果系统完全能控且完全能观，即被控对象可用右互质的右分式描述 $\{\boldsymbol{D}_{\rm R}(s),\boldsymbol{N}_{\rm R}(s)\}$，则一定存在全馈控制器 $\{\boldsymbol{\Delta}(s),\boldsymbol{N}_u(s),\boldsymbol{N}_y(s)\}$，使得式(5-74)成立。简言之，如果系统完全能控且完全能观，则可任意配置闭环特征多项式矩阵。

证明：由于 $\{\boldsymbol{D}_{\rm R}(s),\boldsymbol{N}_{\rm R}(s)\}$ 右互质，根据定理 5-1，存在左互质的多项式矩阵 $\{\boldsymbol{D}_{\rm L}(s),\boldsymbol{N}_{\rm L}(s)\}$、$\{\boldsymbol{X}_{\rm L}(s),\boldsymbol{Y}_{\rm L}(s)\}$ 满足

$$\boldsymbol{Y}_{\rm L}(s)\boldsymbol{N}_{\rm R}(s)+\boldsymbol{X}_{\rm L}(s)\boldsymbol{D}_{\rm R}(s)=\boldsymbol{I}_m \tag{5-76a}$$

$$\boldsymbol{D}_{\rm L}(s)\boldsymbol{N}_{\rm R}(s)-\boldsymbol{N}_{\rm L}(s)\boldsymbol{D}_{\rm R}(s)=\boldsymbol{0} \tag{5-76b}$$

另外，对式(5-74)移项可得

$$\boldsymbol{N}_y(s)\boldsymbol{N}_{\rm R}(s)+\boldsymbol{N}_u(s)\boldsymbol{D}_{\rm R}(s)=\boldsymbol{P}(s)-\boldsymbol{\Delta}(s)\boldsymbol{D}_{\rm R}(s) \tag{5-77}$$

1）设计 $\boldsymbol{\Delta}(s)$。一般希望控制器本身是稳定的，取 $\boldsymbol{\Delta}(s)$ 为稳定的多项式矩阵即可。

2）设计 $\{\boldsymbol{N}_u(s),\boldsymbol{N}_y(s)\}$，并满足式(5-77)。

令 $\boldsymbol{P}(s)$ 是任意的多项式矩阵，用 $\boldsymbol{P}(s)-\boldsymbol{\Delta}(s)\boldsymbol{D}_{\rm R}(s)$ 左乘式(5-76a)有

$$\hat{\boldsymbol{Y}}_{\rm L}(s)\boldsymbol{N}_{\rm R}(s)+\hat{\boldsymbol{X}}_{\rm L}(s)\boldsymbol{D}_{\rm R}(s)=\boldsymbol{P}(s)-\boldsymbol{\Delta}(s)\boldsymbol{D}_{\rm R}(s) \tag{5-78}$$

式中，$\hat{\boldsymbol{Y}}_{\rm L}(s)=[\boldsymbol{P}(s)-\boldsymbol{\Delta}(s)\boldsymbol{D}_{\rm R}(s)]\boldsymbol{Y}_{\rm L}(s)$；$\hat{\boldsymbol{X}}_{\rm L}(s)=[\boldsymbol{P}(s)-\boldsymbol{\Delta}(s)\boldsymbol{D}_{\rm R}(s)]\boldsymbol{X}_{\rm L}(s)$。

式(5-78)与式(5-77)是类似的，但 $[\hat{\boldsymbol{Y}}_{\rm L}(s),\hat{\boldsymbol{X}}_{\rm L}(s)]$ 阶次较高，将其除以 $[\boldsymbol{D}_{\rm L}(s),-\boldsymbol{N}_{\rm L}(s)]$ 可得

$$[\hat{\boldsymbol{Y}}_{\rm L}(s),\hat{\boldsymbol{X}}_{\rm L}(s)]=\boldsymbol{Q}(s)[\boldsymbol{D}_{\rm L}(s),-\boldsymbol{N}_{\rm L}(s)]+[\boldsymbol{N}_y(s),\boldsymbol{N}_u(s)] \tag{5-79}$$

将式(5-79)代入式(5-78)有

$$\begin{aligned}&[\boldsymbol{Q}(s)\boldsymbol{D}_{\rm L}(s)+\boldsymbol{N}_y(s)]\boldsymbol{N}_{\rm R}(s)+[-\boldsymbol{Q}(s)\boldsymbol{N}_{\rm L}(s)+\boldsymbol{N}_u(s)]\boldsymbol{D}_{\rm R}(s)=\\&\boldsymbol{N}_y(s)\boldsymbol{N}_{\rm R}(s)+\boldsymbol{N}_u(s)\boldsymbol{D}_{\rm R}(s)-\boldsymbol{Q}(s)[\boldsymbol{D}_{\rm L}(s)\boldsymbol{N}_{\rm R}(s)-\boldsymbol{N}_{\rm L}(s)\boldsymbol{D}_{\rm R}(s)]=\\&\boldsymbol{N}_y(s)\boldsymbol{N}_{\rm R}(s)+\boldsymbol{N}_u(s)\boldsymbol{D}_{\rm R}(s)=\boldsymbol{P}(s)-\boldsymbol{\Delta}(s)\boldsymbol{D}_{\rm R}(s)\end{aligned}$$

可见，按照式(5-79)设计的 $\{\boldsymbol{N}_u(s),\boldsymbol{N}_y(s)\}$ 一定满足式(5-77)。

定理 5-6 表明，只要系统完全能控且完全能观，可以任意配置闭环特征多项式矩阵。这与基于状态观测器的状态比例反馈控制的结论是等价的。

不失一般性，令被控对象 $\{\boldsymbol{D}_{\rm R}(s),\boldsymbol{N}_{\rm R}(s)\}$ 为

$$\boldsymbol{D}_{\rm R}(s)=\boldsymbol{D}_{\rm R0}s^{\mu}+\boldsymbol{D}_{\rm R1}s^{\mu-1}+\cdots+\boldsymbol{D}_{{\rm R}\mu}\in\mathbf{R}^{m\times m}$$

$$\boldsymbol{N}_{\rm R}(s)=\boldsymbol{N}_{\rm R0}s^{\mu}+\boldsymbol{N}_{\rm R1}s^{\mu-1}+\cdots+\boldsymbol{N}_{{\rm R}\mu}\in\mathbf{R}^{p\times m}$$

全馈控制器 $\{\boldsymbol{\Delta}(s),\boldsymbol{N}_u(s),\boldsymbol{N}_y(s)\}$ 为

$$\boldsymbol{N}_u(s)=\boldsymbol{N}_{u0}s^{\kappa}+\boldsymbol{N}_{u1}s^{\kappa-1}+\cdots+\boldsymbol{N}_{u\kappa}\in\mathbf{R}^{m\times m}$$

$$\boldsymbol{N}_y(s)=\boldsymbol{N}_{y0}s^{\kappa}+\boldsymbol{N}_{y1}s^{\kappa-1}+\cdots+\boldsymbol{N}_{y\kappa}\in\mathbf{R}^{m\times p}$$

$$\boldsymbol{\Delta}(s)=\boldsymbol{\Delta}_0s^{\kappa}+\boldsymbol{\Delta}_1s^{\kappa-1}+\cdots+\boldsymbol{\Delta}_{\kappa}\in\mathbf{R}^{m\times m}$$

期望闭环特征多项式矩阵为

$$\boldsymbol{P}(s)=\boldsymbol{P}_0s^{\kappa+\mu}+\boldsymbol{P}_1s^{\kappa+\mu-1}+\cdots+\boldsymbol{P}_{k+\mu}\in\mathbf{R}^{m\times m}$$

$$\boldsymbol{P}_{\Delta}(s)=\boldsymbol{P}(s)-\boldsymbol{\Delta}(s)\boldsymbol{D}_{\rm R}(s)=\boldsymbol{P}_{\Delta0}s^{\kappa+\mu}+\boldsymbol{P}_{\Delta1}s^{\kappa+\mu-1}+\cdots+\boldsymbol{P}_{\Delta(k+\mu)}\in\mathbf{R}^{m\times m}$$

为方便讨论，记如下分块矩阵为

$$\bar{N}_u=[N_{u0},N_{u1},\cdots,N_{u\kappa}]\in\mathbf{R}^{m\times(\kappa+1)m}$$
$$\bar{N}_y=[N_{y0},N_{y1},\cdots,N_{y\kappa}]\in\mathbf{R}^{m\times(\kappa+1)p}$$
$$\bar{P}_\Delta=[P_{\Delta0},P_{\Delta1},\cdots,P_{\Delta(\kappa+\mu)}]\in\mathbf{R}^{m\times(\kappa+\mu+1)m}$$
$$S_{D_R}=\begin{bmatrix}D_{R0} & D_{R1} & D_{R2} & \cdots & D_{R\mu} & & & \\ & D_{R0} & D_{R1} & D_{R2} & \cdots & D_{R\mu} & & \\ & & \ddots & \ddots & \ddots & & \ddots & \\ & & & D_{R0} & D_{R1} & D_{R2} & \cdots & D_{R\mu}\end{bmatrix}\in\mathbf{R}^{(\kappa+1)m\times(\kappa+\mu+1)m}$$
$$S_{N_R}=\begin{bmatrix}N_{R0} & N_{R1} & N_{R2} & \cdots & N_{R\mu} & & & \\ & N_{R0} & N_{R1} & N_{R2} & \cdots & N_{R\mu} & & \\ & & \ddots & \ddots & \ddots & & \ddots & \\ & & & N_{R0} & N_{R1} & N_{R2} & \cdots & N_{R\mu}\end{bmatrix}\in\mathbf{R}^{(\kappa+1)p\times(\kappa+\mu+1)m}$$

式中，$\{S_{D_R},S_{N_R}\}$为西尔维斯特(Sylvester)矩阵。

则满足式(5-77)的全馈控制器参数$\{\bar{N}_u,\bar{N}_y\}$可由式(5-80)求出。

$$\bar{P}_\Delta=[\bar{N}_u,\bar{N}_y]\begin{bmatrix}S_{D_R}\\ S_{N_R}\end{bmatrix} \tag{5-80}$$

若$\{D_R(s),N_R(s)\}$右互质，$\kappa\geq\dfrac{\mu m}{p}-1$，将有 $\operatorname{rank}\begin{bmatrix}S_{D_R}\\ S_{N_R}\end{bmatrix}=(\kappa+\mu+1)m$，即西尔维斯特矩阵列满秩，从而式(5-80)一定存在解$\{\bar{N}_u,\bar{N}_y\}$。特别是当$m=p$、$\kappa+1=\mu$或$(\kappa+1)p=\mu m$时，西尔维斯特矩阵$\begin{bmatrix}S_{D_R}\\ S_{N_R}\end{bmatrix}$是可逆方阵，将得到唯一解$\{\bar{N}_u,\bar{N}_y\}$。

3. 模型匹配

给定期望闭环传递函数矩阵$\boldsymbol{\Phi}^*(s)$，若能找到全馈控制器$\{\Delta(s),N_u(s),N_y(s)\}$予以实现，称之为模型匹配。从式(5-75)知，$\boldsymbol{\Phi}^*(s)$与3个多项式矩阵有关，其中$\Delta(s)$可以人为设计；$P(s)$在系统完全能控且完全能观时可以任意配置；被控对象的分子矩阵$N_R(s)$是不可设计的。因此，期望闭环传递函数矩阵$\boldsymbol{\Phi}^*(s)$需要考虑$N_R(s)$的约束，否则，不可通过全馈控制器实现。

被控对象右互质的右分式描述$\{D_R(s),N_R(s)\}$有多种，它们之间相差一个单模阵，即

$$\hat{D}_R(s)=D_R(s)U_R(s),\hat{N}_R(s)=N_R(s)U_R(s)$$
$$G(s)=\hat{N}_R(s)\hat{D}_R^{-1}(s)=[N_R(s)U_R(s)][D_R(s)U_R(s)]^{-1}=N_R(s)D_R^{-1}(s)$$

选择合适的单模阵，可将$N_R(s)$化为上三角形，即

$$\hat{N}_R(s)=N_R(s)U_R(s)=\begin{bmatrix}\varepsilon_1(s) & * & * & * \\ & \ddots & * & * \\ & & \varepsilon_r(s) & * \\ 0 & 0 & 0 & 0\end{bmatrix} \tag{5-81}$$

式中，$r=\operatorname{rank}(N_R(s))$。

同样，存在单模阵将$P(s)$、$\Delta(s)$化为对角形，即

$$U_P(s)P(s)V_P(s)=\begin{bmatrix}\varphi_1(s) & & & \\ & \varphi_2(s) & & \\ & & \ddots & \\ & & & \varphi_m(s)\end{bmatrix}$$

$$\boldsymbol{U}_{\Delta}(s)\boldsymbol{\Delta}(s)\boldsymbol{V}_{\Delta}(s)=\begin{bmatrix}\delta_1(s) & & & \\ & \delta_2(s) & & \\ & & \ddots & \\ & & & \delta_m(s)\end{bmatrix}$$

那么，闭环传递函数矩阵为

$$\boldsymbol{\Phi}(s)=\boldsymbol{N}_{\mathrm{R}}(s)\boldsymbol{P}^{-1}(s)\boldsymbol{\Delta}(s)=$$

$$\begin{bmatrix}\varepsilon_1(s) & * & * & * \\ & \ddots & * & * \\ & & \varepsilon_r(s) & * \\ \mathbf{0} & \mathbf{0} & \mathbf{0} & \mathbf{0}\end{bmatrix}\boldsymbol{U}(s)\begin{bmatrix}\varphi_1(s) & & \\ & \ddots & \\ & & \varphi_m(s)\end{bmatrix}^{-1}\boldsymbol{V}(s)\begin{bmatrix}\delta_1(s) & & \\ & \ddots & \\ & & \delta_m(s)\end{bmatrix}\boldsymbol{V}_{\Delta}^{-1}(s) \tag{5-82}$$

式中，$\boldsymbol{U}(s)=\boldsymbol{U}_{\mathrm{R}}^{-1}(s)\boldsymbol{V}_p(s)$、$\boldsymbol{V}(s)=\boldsymbol{U}_p(s)\boldsymbol{U}_{\Delta}^{-1}(s)$还是单模阵。

从式(5-82)看出：

1）$\varepsilon_i(s)=0$ 的根是被控对象的零点，一般是需要继续保持在闭环传递函数矩阵中，特别是不稳定的零点，以免发生不稳定的零极点对消。

2）$\varphi_i(s)=0$ 的根是闭环系统的极点，由于单模阵 $\boldsymbol{U}(s)$ 不一定是对角矩阵，因此，多变量系统中相同的零极点由于通道不同也可能不发生对消，这是与单变量系统不一样的地方。

3）$\delta_i(s)=0$ 的根是全馈控制器$\{\boldsymbol{\Delta}(s),\boldsymbol{N}_u(s),\boldsymbol{N}_y(s)\}$的极点，但转化为了闭环系统的零点，这一部分是可以人为设计的，可用于进一步改善系统的性能。

总之，只要期望闭环传递函数矩阵 $\boldsymbol{\Phi}^*(s)$ 包含了被控对象的零点结构($\hat{\boldsymbol{N}}_{\mathrm{R}}(s)$)，可找到全馈控制器$\{\boldsymbol{\Delta}(s),\boldsymbol{N}_u(s),\boldsymbol{N}_y(s)\}$实现 $\boldsymbol{\Phi}^*(s)$。

例 5-6 给定被控对象 $G(s)=\dfrac{s+1}{s^2+s+1}$，要求期望闭环传递函数 $\Phi^*(s)=\dfrac{s+10}{s^2+2s+2}$，试设计全馈控制器。

（1）将被控对象写成右分式描述

$$G(s)=N_{\mathrm{R}}(s)D_{\mathrm{R}}^{-1}(s),\ D_{\mathrm{R}}(s)=s^2+s+1,\ N_{\mathrm{R}}(s)=s+1$$

易验证，这个右分式描述是右互质的，是一个最小实现，即完全能控且完全能观。

（2）确定期望闭环特征多项式

根据要求，期望闭环传递函数应满足

$$\Phi^*(s)=N_{\mathrm{R}}(s)P^{-1}(s)\boldsymbol{\Delta}(s)=\frac{s+10}{s^2+2s+2}$$

因此，需要

$$P^{-1}(s)\boldsymbol{\Delta}(s)=\frac{1}{s+1}\frac{s+10}{s^2+2s+2}$$

可见，$P(s)$与$\boldsymbol{\Delta}(s)$有关，而$\boldsymbol{\Delta}(s)$可以有很多种选择。若希望全馈控制器的阶数低，可取

$$\boldsymbol{\Delta}(s)=s+10,\ P(s)=(s+1)(s^2+2s+2)$$

（3）设计全馈控制器$\{\boldsymbol{\Delta}(s),N_u(s),N_y(s)\}$

由式(5-77)可得

$$N_y(s)N_{\mathrm{R}}(s)+N_u(s)D_{\mathrm{R}}(s)=P(s)-\boldsymbol{\Delta}(s)D_{\mathrm{R}}(s)=P_{\Delta}(s) \tag{5-83}$$

式中，

$$D_R(s)=D_{R0}s^2+D_{R1}s+D_{R2}=s^2+s+1(\mu=2)$$
$$N_R(s)=N_{R0}s^2+N_{R1}s+N_{R2}=s+1$$
$$N_u(s)=N_{u0}s+N_{u1}(\kappa=1)$$
$$N_y(s)=N_{y0}s+N_{y1}$$
$$\begin{aligned}P_\Delta(s)&=P_{\Delta0}s^3+P_{\Delta1}s^2+P_{\Delta2}s+P_{\Delta3}=(s+1)(s^2+2s+2)-(s+10)(s^2+s+1)\\&=-8s^2-7s-8\end{aligned}$$

参照式(5-80)，比较式(5-83)两边的系数有

$$[P_{\Delta0},P_{\Delta1},P_{\Delta2},P_{\Delta3}]=[N_{u0},N_{u1},N_{y0},N_{y1}]\begin{bmatrix}D_{R0}&D_{R1}&D_{R2}&\\&D_{R0}&D_{R1}&D_{R2}\\N_{R0}&N_{R1}&N_{R2}&\\&N_{R0}&N_{R1}&N_{R2}\end{bmatrix}$$

$$[N_{u0},N_{u1},N_{y0},N_{y1}]=[P_{\Delta0},P_{\Delta1},P_{\Delta2},P_{\Delta3}]\begin{bmatrix}D_{R0}&D_{R1}&D_{R2}&\\&D_{R0}&D_{R1}&D_{R2}\\N_{R0}&N_{R1}&N_{R2}&\\&N_{R0}&N_{R1}&N_{R2}\end{bmatrix}^{-1}$$

$$=[0,-8,-7,-8]\begin{bmatrix}1&1&1&\\&1&1&1\\0&1&1&\\&0&1&1\end{bmatrix}^{-1}=[0,-9,1,1]$$

可得到全馈控制器$\{\boldsymbol{\Delta}(s),N_u(s),N_y(s)\}=\{s+10,-9,s+1\}$。

从例 5-6 看出，若能给出合理的期望闭环传递函数矩阵 $\boldsymbol{\Phi}^*(s)$，在被控对象完全能控且完全能观时，可设计全馈控制器实现模型匹配。但是，如何设计合理的 $\boldsymbol{\Phi}^*(s)$ 是需要工程经验的沉淀，下面几点值得注意：

1) 闭环系统每个输出通道上的超调量、瞬态过程时间等性能指标与 $\boldsymbol{\Phi}^*(s)$ 对应通道上的极点密切相关。但是，由于多变量系统存在耦合，参见式(5-82)，这就使得精细化设置 $\varphi_i(s)$ 是困难的，所以，只好让所有通道具有同样的极点，即 $\varphi_i(s)=\varphi_j(s)$。

2) $\boldsymbol{\Delta}(s)$ 的零点实际上是全馈控制器的极点，决定了全馈控制器响应的快慢。一般情况下，全馈控制器的物理意义在于对被控对象内部状态进行估计并以此实施反馈控制。所以，希望全馈控制器的瞬态过程时间要小于闭环系统的瞬态过程时间，即 $\boldsymbol{\Delta}(s)$ 的特征根实部应比 $\boldsymbol{P}(s)$ 的特征根实部要更远离 s-平面的虚轴。

3) 从 $\boldsymbol{\Phi}^*(s)=\boldsymbol{N}_R(s)\boldsymbol{P}^{-1}(s)\boldsymbol{\Delta}(s)$ 知，$\boldsymbol{\Delta}(s)$ 的零点是闭环系统的零点，也会影响闭环系统输出响应的性能。因此，$\boldsymbol{\Delta}(s)$ 的设计既要考虑全馈控制器本身响应的快速性等性能，也要顾及闭环系统输出响应的性能。

4) 被控对象的分子多项式矩阵 $\boldsymbol{N}_R(s)$ 也包含在闭环传递函数矩阵之中，若 $\boldsymbol{N}_R(s)$ 中存在一些性能不好的稳定零点，可通过 $\boldsymbol{P}(s)$ 的极点设置对消这部分零点，例 5-6 是这样处理的。但是，$\boldsymbol{N}_R(s)$ 中的不稳定零点是不能对消的，必须保留在期望闭环传递函数矩阵 $\boldsymbol{\Phi}^*(s)$ 之中。

4. 控制系统常规结构

将图 5-1 的控制系统结构进行等效变换，可得到图 5-2 所示的控制系统常规结构，其中

$$\boldsymbol{G}_0(s)=[\boldsymbol{I}_m+\boldsymbol{\Delta}^{-1}(s)\boldsymbol{N}_u(s)]^{-1} \tag{5-84a}$$
$$\boldsymbol{H}(s)=\boldsymbol{\Delta}^{-1}(s)\boldsymbol{N}_y(s) \tag{5-84b}$$

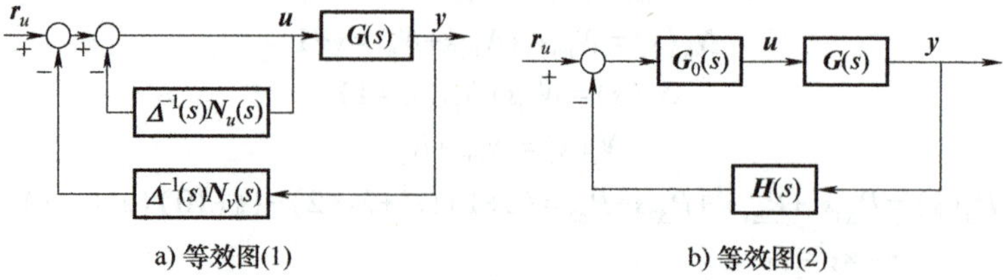

图 5-2　控制系统常规结构

依据反馈调节原理，经典控制理论提出了输出反馈控制结构，但未能从理论上表明怎样才能任意配置期望性能；状态空间理论认为输出变量未能完全反映系统全部性能，提出了状态比例反馈控制结构，并证实当系统完全能控时可任意配置闭环极点；多项式矩阵理论将状态空间理论融入其中，以更一般性的全馈控制器替代“状态观测器+状态比例反馈”控制器，又回到了常规的控制系统结构，即图 5-2b 的输出反馈控制结构。该结构在系统完全能控和完全能观时可以实现几乎任意的模型匹配，只要期望闭环传递函数矩阵 $\boldsymbol{\Phi}^*(s)$ 包含了被控对象的零点结构 $\boldsymbol{N}_{\mathrm{R}}(s)$ 即可。整个理论发展过程似乎形成了一个“否定之否定”“螺旋式发展”的路径。

5. 系统解耦

耦合是多变量系统的本质特征，也是处理多变量系统控制问题难点所在。系统解耦，就是试图让每一条输入-输出通道互不相干，使得对系统的操控变得简单明了。

不失一般性，令被控对象的输入维数与输出维数一样，$m=p$，它的分子多项式矩阵 $\boldsymbol{N}_{\mathrm{R}}(s)$ 列满秩，它的传递函数矩阵 $\boldsymbol{G}(s)$ 不是对角矩阵。若经过控制器使得闭环传递函数矩阵 $\boldsymbol{\Phi}(s)$ 为对角矩阵，则实现了系统解耦。全馈控制器 $\{\boldsymbol{\Delta}(s),\boldsymbol{N}_u(s),\boldsymbol{N}_y(s)\}$ 是最通用的控制结构，在什么条件下可实现系统解耦?

（1）$\boldsymbol{N}_{\mathrm{R}}(s)$ 是对角矩阵或可化为对角矩阵

参见式(5-81)、式(5-82)，若被控对象的分子多项式矩阵是对角矩阵，或经列初等变换可化为对角矩阵，即

$$\hat{\boldsymbol{N}}_{\mathrm{R}}(s)=\mathrm{diag}\{\varepsilon_i(s)\},\quad r=\mathrm{rank}(\boldsymbol{N}_{\mathrm{R}}(s))=m=p$$

若取

$$\boldsymbol{U}_{\mathrm{R}}^{-1}(s)\boldsymbol{V}_p(s)=\boldsymbol{I}_m,\quad \boldsymbol{U}_p(s)\boldsymbol{U}_{\Delta}^{-1}(s)=\boldsymbol{I}_m,\quad \boldsymbol{V}_{\Delta}^{-1}(s)=\boldsymbol{I}_m$$

$$\boldsymbol{P}(s)=\boldsymbol{U}_p^{-1}(s)\,\mathrm{diag}\{\varphi_i(s)\}\,\boldsymbol{V}_p^{-1}(s)=\boldsymbol{V}_{\mathrm{R}}^{-1}(s)\,\mathrm{diag}\{\varphi_i(s)\}\,\boldsymbol{U}_{\Delta}^{-1}(s)$$

$$\boldsymbol{\Delta}(s)=\boldsymbol{U}_{\Delta}^{-1}(s)\,\mathrm{diag}\{\delta_i(s)\}\,\boldsymbol{V}_{\Delta}^{-1}(s)=\boldsymbol{U}_{\Delta}^{-1}(s)\,\mathrm{diag}\{\delta_i(s)\}$$

则从式(5-82)可得

$$\begin{aligned}\boldsymbol{\Phi}(s)&=\boldsymbol{N}_{\mathrm{R}}(s)\boldsymbol{P}^{-1}(s)\boldsymbol{\Delta}(s)=\mathrm{diag}\{\varepsilon_i(s)\}\,\mathrm{diag}\{\varphi_i^{-1}(s)\}\,\mathrm{diag}\{\delta_i(s)\}\\&=\mathrm{diag}\left\{\frac{\varepsilon_i(s)\delta_i(s)}{\varphi_i(s)}\right\}\end{aligned}$$

（2）$\boldsymbol{N}_{\mathrm{R}}(s)$ 是稳定阵

若被控对象的分子多项式矩阵的零点都是稳定的，取

$$\boldsymbol{P}(s)=\mathrm{diag}\{\bar{\varphi}_i(s)\}\,\boldsymbol{N}_{\mathrm{R}}(s),\quad \boldsymbol{\Delta}(s)=\mathrm{diag}\{\delta_i(s)\}$$

则

$$\begin{aligned}\boldsymbol{\Phi}(s)&=\boldsymbol{N}_{\mathrm{R}}(s)\boldsymbol{P}^{-1}(s)\boldsymbol{\Delta}(s)=\boldsymbol{N}_{\mathrm{R}}(s)\boldsymbol{N}_{\mathrm{R}}^{-1}(s)\,\mathrm{diag}\{\bar{\varphi}_i^{-1}(s)\}\,\mathrm{diag}\{\delta_i(s)\}\\&=\mathrm{diag}\left\{\frac{\delta_i(s)}{\bar{\varphi}_i(s)}\right\}\end{aligned}$$

(3) $N_R(s)$不是稳定阵

将被控对象的分子多项式矩阵分成两个部分，不稳定的零点都在$N_{R1}(s)$中，若$N_{R1}(s)$是对角矩阵，即

$$N_R(s)=N_{R1}(s)N_{R0}(s)=\mathrm{diag}\{\bar{\varepsilon}_i(s)\}N_{R0}(s)$$

取

$$P(s)=\mathrm{diag}\{\bar{\varphi}_i(s)\}N_{R0}(s),\ \Delta(s)=\mathrm{diag}\{\delta_i(s)\}$$

则

$$\begin{aligned}\Phi(s)=N_R(s)P^{-1}(s)\Delta(s)&=\mathrm{diag}\{\bar{\varepsilon}_i(s)\}N_{R0}(s)N_{R0}^{-1}(s)\,\mathrm{diag}\{\bar{\varphi}_i^{-1}(s)\}\,\mathrm{diag}\{\delta_i(s)\}\\&=\mathrm{diag}\left\{\frac{\bar{\varepsilon}_i(s)\delta_i(s)}{\bar{\varphi}_i(s)}\right\}\end{aligned}$$

综上所述，可通过全馈控制器$\{\Delta(s),N_u(s),N_y(s)\}$实现系统解耦的条件是，被控对象的分子多项式矩阵中含不稳定零点的部分可化为对角矩阵，即$N_R(s)=N_{R1}(s)N_{R0}(s)$，$N_{R1}(s)$包含全部不稳定的零点且是对角矩阵。

(4) 静态解耦

前面均试图使闭环传递函数矩阵$\Phi(s)$为对角矩阵，这是动态解耦，常常受制于被控对象的分子多项式矩阵$N_R(s)$。在实际工程中，常常退而求其次，能做到静态解耦，即$\Phi(0)$为对角矩阵，就已经满意了。这时有

$$\Phi(0)=N_R(0)P^{-1}(0)\Delta(0)=\mathrm{diag}\{\phi_i(0)\} \tag{5-85}$$

取$P(0)=\Delta(0)\,\mathrm{diag}\{\phi_i^{-1}(0)\}N_R(0)$即可。可见，静态解耦是相对容易实现的。

要注意的是，实现静态解耦，除了$P(0)$满足式(5-85)外，$P(s)$应该是稳定阵，确保闭环系统稳定。

例 5-7 给定被控对象$G(s)=\begin{bmatrix}\dfrac{s+1}{s^2} & \dfrac{s+1}{s^2}\\ \dfrac{1}{s^2} & \dfrac{2}{s^2}\end{bmatrix}$，试设计全馈控制器实现系统解耦。

(1) 将被控对象写成右分式描述

$$G(s)=N_R(s)D_R^{-1}(s),\ D_R(s)=\begin{bmatrix}s^2 & \\ & s^2\end{bmatrix},\ N_R(s)=\begin{bmatrix}s+1 & s+1\\ 1 & 2\end{bmatrix}$$

易验证，这个右分式描述是右互质的，是一个最小实现，即完全能控且完全能观。

(2) 确定期望闭环特征多项式

由于$N_R(s)$的零点是稳定零点，取

$$P(s)=\mathrm{diag}\{\alpha_i(s)\}N_R(s)=\begin{bmatrix}s^2+2s+2 & \\ & s^2+2s+2\end{bmatrix}\begin{bmatrix}s+1 & s+1\\ 1 & 2\end{bmatrix}$$

$$\Delta(s)=\mathrm{diag}\{\delta_i(s)\}=\begin{bmatrix}s+10 & \\ & s+10\end{bmatrix}$$

则期望闭环传递函数矩阵为

$$\Phi^*(s)=N_R(s)P^{-1}(s)\Delta(s)=\mathrm{diag}\left\{\frac{\delta_i(s)}{\alpha_i(s)}\right\}=\begin{bmatrix}\dfrac{s+10}{s^2+2s+2} & \\ & \dfrac{s+10}{s^2+2s+2}\end{bmatrix}$$

(3) 设计$\{N_u(s),N_y(s)\}$

由式(5-77)可得

$$N_y(s)N_R(s)+N_u(s)D_R(s)=P(s)-\Delta(s)D_R(s)=P_\Delta(s)$$

式中，

$$D_R(s)=D_{R0}s^2+D_{R1}s+D_{R2}=\begin{bmatrix}1 & \\ & 1\end{bmatrix}s^2(\mu=2)$$

$$N_R(s)=N_{R0}s^2+N_{R1}s+N_{R2}=\begin{bmatrix}1 & 1\\0 & 0\end{bmatrix}s+\begin{bmatrix}1 & 1\\1 & 2\end{bmatrix}$$

$$N_u(s)=N_{u0}s+N_{u1}(\kappa=1),\ N_y(s)=N_{y0}s+N_{y1}$$

$$\begin{aligned}P_\Delta(s)&=P_{\Delta0}s^3+P_{\Delta1}s^2+P_{\Delta2}s+P_{\Delta3}\\&=\begin{bmatrix}s^2+2s+2 & \\ & s^2+2s+2\end{bmatrix}\begin{bmatrix}s+1 & s+1\\1 & 2\end{bmatrix}-\begin{bmatrix}s+10 & \\ & s+10\end{bmatrix}\begin{bmatrix}s^2 & \\ & s^2\end{bmatrix}\\&=\begin{bmatrix}-7s^2+4s+2 & s^3+3s^2+4s+2\\s^2+2s+2 & -s^3-8s^2+4s+4\end{bmatrix}\\&=\begin{bmatrix}0 & 1\\0 & 1\end{bmatrix}s^3+\begin{bmatrix}-7 & 3\\2 & -8\end{bmatrix}s^2+\begin{bmatrix}4 & 4\\2 & 4\end{bmatrix}s+\begin{bmatrix}2 & 2\\2 & 4\end{bmatrix}\end{aligned}$$

参照式(5-80)，构造s_{D_R}，s_{N_R}，可求出

$$[N_{u0},N_{u1},N_{y0},N_{y1}]=\begin{bmatrix}0 & 1 & -9 & 1 & -2 & 0 & 2 & 0\\0 & 1 & 0 & -8 & 0 & 2 & 0 & 2\end{bmatrix}$$

可得到$\{N_u(s),N_y(s)\}$为

$$N_u(s)=N_{u0}s+N_{u1}=\begin{bmatrix}0 & 1\\0 & 1\end{bmatrix}s+\begin{bmatrix}-9 & 1\\0 & -8\end{bmatrix}=\begin{bmatrix}-9 & s+1\\0 & s-8\end{bmatrix}$$

$$N_y(s)=N_{y0}s+N_{y1}=\begin{bmatrix}-2 & 0\\0 & 2\end{bmatrix}s+\begin{bmatrix}2 & 0\\0 & 2\end{bmatrix}=\begin{bmatrix}-2s+2 & 0\\0 & 2s+2\end{bmatrix}$$

5.3.2 模态嵌入与伺服控制

模型匹配是一个理想的设计图景，全馈控制器使用了系统全部可用信息，可配置闭环特征多项式矩阵，使得模型匹配成为可能。然而，如何构造期望的闭环传递函数矩阵$\Phi^*(s)$办法不多，也受制于被控对象的零点结构，特别是存在不稳定零点时。在实际工程系统中，并不需要追求极致的$\Phi^*(s)$，只是希望每一路系统输出能在对应的给定输入下实现伺服控制，做到动态稳定，稳态解耦，即使存在扰动也能如此，便可很好地在实际中运用。

第3章讨论了基于状态空间描述的稳态解耦伺服控制问题，下面从多项式矩阵描述来讨论，可给出简明且严密的结论。

1. 问题描述

令被控对象为

$$\begin{cases}D_L(s)\xi(t)=N_L(s)u(t)+N_d(s)d(t)\\y(t)=\xi(t)\end{cases}\tag{5-86}$$

式中，系统输出$y(t)\in\mathbf{R}^p$；控制输入$u(t)\in\mathbf{R}^m$；扰动输入$d(t)\in\mathbf{R}^l$；给定输入(期望输出)$r(t)\in\mathbf{R}^p$；偏差$e(t)=r(t)-y(t)\in\mathbf{R}^p$。

给定输入、扰动输入是系统的外部输入信号，假定它们由下面微分方程组产生，即

$$\boldsymbol{\Delta}_r(s)\boldsymbol{r}(t)=\mathbf{0}(\mathrm{rank}(\boldsymbol{\Delta}_r(s))=p) \tag{5-87a}$$

$$\boldsymbol{\Delta}_d(s)\boldsymbol{d}(t)=\mathbf{0}(\mathrm{rank}(\boldsymbol{\Delta}_d(s))=l) \tag{5-87b}$$

令$\boldsymbol{\Delta}_r(s)$、$\boldsymbol{\Delta}_d(s)$史密斯规范形为

$$\boldsymbol{U}_r(s)\boldsymbol{\Delta}_r(s)\boldsymbol{V}_r(s)=\begin{bmatrix}\boldsymbol{\lambda}_{r1}(s) & & \\ & \ddots & \\ & & \boldsymbol{\lambda}_{rp}(s)\end{bmatrix} \tag{5-88a}$$

$$\boldsymbol{U}_d(s)\boldsymbol{\Delta}_d(s)\boldsymbol{V}_d(s)=\begin{bmatrix}\boldsymbol{\lambda}_{d1}(s) & & \\ & \ddots & \\ & & \boldsymbol{\lambda}_{dl}(s)\end{bmatrix} \tag{5-88b}$$

式中，$\boldsymbol{\lambda}_{ri}(s)\mid\boldsymbol{\lambda}_{r(i+1)}(s)$；$\boldsymbol{\lambda}_{di}(s)\mid\boldsymbol{\lambda}_{d(i+1)}(s)$。它们的不变因子和初等因子如下：

$$\boldsymbol{\lambda}_{ri}(s)=\prod_j(s-p_{rji})^{k_j} \tag{5-89a}$$

$$\boldsymbol{\lambda}_{di}(s)=\prod_j(s-p_{dji})^{k_j} \tag{5-89b}$$

从前面推导可见：

1）激发式(5-87)产生出外部信号是因为它的初始条件不为$\mathbf{0}$。将式(5-87)两边取拉普拉斯变换有

$$\begin{cases}\boldsymbol{\Delta}_r(s)\boldsymbol{r}(s)-\boldsymbol{r}_0=\mathbf{0}\\ \boldsymbol{r}(s)=\boldsymbol{\Delta}_r^{-1}(s)\boldsymbol{r}_0\end{cases} \tag{5-90a}$$

$$\begin{cases}\boldsymbol{d}(s)=\boldsymbol{\Delta}_d^{-1}(s)\boldsymbol{d}_0\\ \boldsymbol{\Delta}_d(s)\boldsymbol{d}(s)-\boldsymbol{d}_0=\mathbf{0}\end{cases} \tag{5-90b}$$

再求拉普拉斯反变换便可得到外部信号$\boldsymbol{r}(t)$、$\boldsymbol{d}(t)$。

2）外部信号具体形式由初等因子$\{(s-p_{rji})^{k_j}\}$、$\{(s-p_{dji})^{k_j}\}$对应的模态决定。从第2章系统响应模态知，对于k_j重的特征值（极点）p_{rji}，其响应模态为$t^{k_j-1}\mathrm{e}^{p_{rji}t}$。

式(5-89)中每个初等因子对应一种模态，这种模态称为外模态。对于稳定的外模态，无须施加控制自己就会衰减消失，不具备研究的意义。因此，通常假定外模态都是临界稳定或不稳定的模态。

3）若$p_{rji}=0$，$k_j=1$，则$(s-p_{rji})^{k_j}$对应的模态是阶跃信号$I(t)$；若$p_{rji}=0$，$k_j=2$，则$(s-p_{rji})^{k_j}$对应的模态是斜坡信号t；若$p_{rji}=\pm j\omega$，$k_j=1$，则$(s-p_{rji})^{k_j}$对应的模态是正弦信号$\sin\omega t$。因此，式(5-87)给出了更通用的外部信号的描述。

系统的伺服输出跟踪问题，就是设计控制器$\boldsymbol{u}(t)$，使得

1）闭环系统稳定。

2）$\boldsymbol{e}_s=\lim\limits_{t\to\infty}\boldsymbol{e}(t)=\lim\limits_{t\to\infty}[\boldsymbol{r}(t)-\boldsymbol{y}(t)]=\mathbf{0}$。 (5-91)

若闭环系统能实现稳态无静差，意味着每个通道上的稳态输出与对应的给定输入相等，即$\boldsymbol{y}_s(t)=\boldsymbol{r}(t)$，闭环系统实现了稳态解耦。

2. 模态嵌入原理

如图5-3所示，将控制器分成两个部分，$\boldsymbol{u}(t)=\boldsymbol{v}_1(t)-\boldsymbol{v}_2(t)$，$\boldsymbol{v}_1(t)$部分用于使得闭环系统稳态误差为$\mathbf{0}$，称为稳态伺服器；$\boldsymbol{v}_2(t)$部分确保闭环系统稳定，称为镇定控制器。

令稳态伺服器为

$$\begin{cases}\boldsymbol{\Delta}_1(s)\boldsymbol{\xi}_1(t)=\boldsymbol{r}(t)-\boldsymbol{y}(t)\\ \boldsymbol{v}_1(t)=\boldsymbol{N}_1(s)\boldsymbol{\xi}_1(t)\\ \boldsymbol{u}(t)=\boldsymbol{v}_1(t)-\boldsymbol{v}_2(t)\end{cases} \tag{5-92}$$

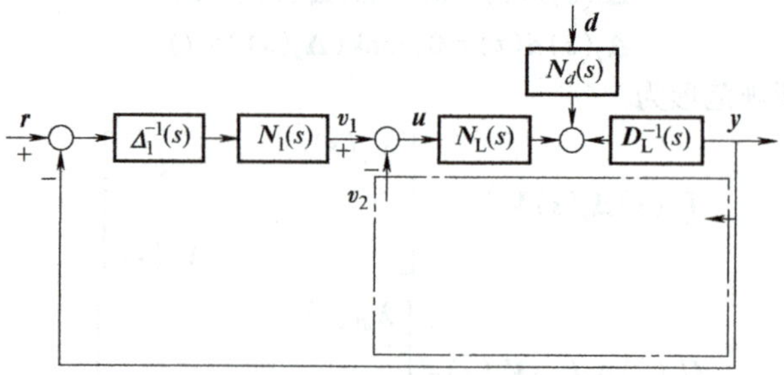

图 5-3　模态嵌入原理与稳态性

联立式(5-92)和式(5-86)并消去 $\boldsymbol{u}(t)$，有如下闭环系统：

$$\begin{cases}\begin{bmatrix}\boldsymbol{D}_L(s) & -\boldsymbol{N}_L(s)\boldsymbol{N}_1(s)\\ \boldsymbol{I}_p & \boldsymbol{\Delta}_1(s)\end{bmatrix}\begin{bmatrix}\boldsymbol{\xi}(t)\\ \boldsymbol{\xi}_1(t)\end{bmatrix}=\begin{bmatrix}\boldsymbol{0}\\ \boldsymbol{I}_p\end{bmatrix}\boldsymbol{r}(t)+\begin{bmatrix}\boldsymbol{N}_d(s)\\ \boldsymbol{0}\end{bmatrix}\boldsymbol{d}(t)-\begin{bmatrix}\boldsymbol{N}_L(s)\\ \boldsymbol{0}\end{bmatrix}\boldsymbol{v}_2(t)\\ \boldsymbol{e}(t)=\boldsymbol{r}(t)-\boldsymbol{y}(t)=[\boldsymbol{0},\boldsymbol{\Delta}_1(s)]\begin{bmatrix}\boldsymbol{\xi}(t)\\ \boldsymbol{\xi}_1(t)\end{bmatrix}\end{cases} \tag{5-93}$$

其中闭环特征多项式矩阵可化为

$$\begin{bmatrix}\boldsymbol{D}_L(s) & -\boldsymbol{N}_L(s)\boldsymbol{N}_1(s)\\ \boldsymbol{I}_p & \boldsymbol{\Delta}_1(s)\end{bmatrix}=\begin{bmatrix} & \boldsymbol{I}_p\\ \boldsymbol{I}_p & \end{bmatrix}\begin{bmatrix}\boldsymbol{I}_p & \\ \boldsymbol{D}_L(s) & \boldsymbol{I}_p\end{bmatrix}\begin{bmatrix}\boldsymbol{I}_p & \\ & -\boldsymbol{P}_1(s)\end{bmatrix}\begin{bmatrix}\boldsymbol{I}_p & \boldsymbol{\Delta}_1(s)\\ & \boldsymbol{I}_p\end{bmatrix}$$

式中，

$$\boldsymbol{P}_1(s)=\boldsymbol{D}_L(s)\boldsymbol{\Delta}_1(s)+\boldsymbol{N}_L(s)\boldsymbol{N}_1(s)$$

若 $\boldsymbol{P}_1(s)$ 是稳定阵，则此时的闭环系统式(5-93)是稳定的，可取 $\boldsymbol{v}_2(t)=\boldsymbol{0}$。不失一般性，下面先假定 $\boldsymbol{P}_1(s)$ 是稳定阵来讨论系统的稳态性。

(1) 给定输入 $\boldsymbol{r}$ 下的误差 $\boldsymbol{e}_r(s)$

令 $\boldsymbol{d}=\boldsymbol{0}$，对式(5-93)两边取拉普拉斯变换，代入式(5-90a)，有

$$\begin{aligned}\boldsymbol{e}_r(s)&=[\boldsymbol{0},\boldsymbol{\Delta}_1(s)]\begin{bmatrix}\boldsymbol{D}_L(s) & -\boldsymbol{N}_L(s)\boldsymbol{N}_1(s)\\ \boldsymbol{I}_p & \boldsymbol{\Delta}_1(s)\end{bmatrix}^{-1}\begin{bmatrix}\boldsymbol{0}\\ \boldsymbol{I}_p\end{bmatrix}\boldsymbol{\Delta}_r^{-1}(s)\boldsymbol{r}_0\\ &=[\boldsymbol{0},\boldsymbol{\Delta}_1(s)]\begin{bmatrix}\boldsymbol{I}_p & -\boldsymbol{\Delta}_1(s)\\ & \boldsymbol{I}_p\end{bmatrix}\begin{bmatrix}\boldsymbol{I}_p & \\ & -\boldsymbol{P}_1^{-1}(s)\end{bmatrix}\begin{bmatrix}\boldsymbol{I}_p & \\ -\boldsymbol{D}_L(s) & \boldsymbol{I}_p\end{bmatrix}\begin{bmatrix} & \boldsymbol{I}_p\\ \boldsymbol{I}_p & \end{bmatrix}\begin{bmatrix}\boldsymbol{0}\\ \boldsymbol{I}_p\end{bmatrix}\boldsymbol{\Delta}_r^{-1}(s)\boldsymbol{r}_0\\ &=\boldsymbol{\Delta}_1(s)\boldsymbol{P}_1^{-1}(s)\boldsymbol{D}_L(s)\boldsymbol{\Delta}_r^{-1}(s)\boldsymbol{r}_0\end{aligned}$$

(2) 扰动输入 $\boldsymbol{d}$ 下的误差 $\boldsymbol{e}_d(s)$

令 $\boldsymbol{r}=\boldsymbol{0}$，同理可得

$$\begin{aligned}\boldsymbol{e}_d(s)&=[\boldsymbol{0},\boldsymbol{\Delta}_1(s)]\begin{bmatrix}\boldsymbol{D}_L(s) & -\boldsymbol{N}_L(s)\boldsymbol{N}_1(s)\\ \boldsymbol{I}_p & \boldsymbol{\Delta}_1(s)\end{bmatrix}^{-1}\begin{bmatrix}\boldsymbol{N}_d(s)\\ \boldsymbol{0}\end{bmatrix}\boldsymbol{\Delta}_d^{-1}\boldsymbol{d}_0\\ &=-\boldsymbol{\Delta}_1(s)\boldsymbol{P}_1^{-1}(s)\boldsymbol{N}_d(s)\boldsymbol{\Delta}_d^{-1}(s)\boldsymbol{d}_0\end{aligned}$$

(3) 两种输入同时作用时的误差 $\boldsymbol{e}(s)$

$$\begin{aligned}\boldsymbol{e}(s)&=\boldsymbol{e}_r(s)+\boldsymbol{e}_d(s)\\ &=\boldsymbol{\Delta}_1(s)\boldsymbol{P}_1^{-1}(s)\boldsymbol{D}_L(s)\boldsymbol{\Delta}_r^{-1}(s)\boldsymbol{r}_0-\boldsymbol{\Delta}_1(s)\boldsymbol{P}_1^{-1}(s)\boldsymbol{N}_d(s)\boldsymbol{\Delta}_d^{-1}(s)\boldsymbol{d}_0\end{aligned} \tag{5-94}$$

从式(5-88)知，$\boldsymbol{\Delta}_r(s)$、$\boldsymbol{\Delta}_d(s)$ 中的外模态对应最大不变因子 $\lambda_{rp}(s)=0$、$\lambda_{dl}(s)=0$ 的根，都是临界稳定或不稳定的。要确保式(5-94)的稳态误差趋于0，需要通过控制器 $\boldsymbol{\Delta}_1(s)$ 中的模态去对消这些外模态。

另外，由于多变量系统存在耦合，即 $P_1^{-1}(s)D_L(s)$、$P_1^{-1}(s)N_d(s)$ 不一定是对角矩阵，用 $\Delta_1(s)$ 的模态去对消 $\Delta_r(s)$、$\Delta_d(s)$ 中的模态，需要精细地配置。但是，若以 $\Delta_r(s)$、$\Delta_d(s)$ 中的最大不变因子 $\lambda_{rp}(s)$、$\lambda_{dl}(s)$ 来构造 $\Delta_1(s)$，即

$$\Delta_1(s)=\mathrm{diag}\{\lambda_{rp}(s)\lambda_{dl}(s)\} \tag{5-95}$$

则 $\Delta_1(s)\Delta_r^{-1}(s)=\bar{\Delta}_r(s)$、$\Delta_1(s)\Delta_d^{-1}(s)=\bar{\Delta}_d(s)$ 一定是多项式矩阵。此时，式(5-93)可变为

$$\begin{aligned}e(s)&=P_1^{-1}(s)D_L(s)\Delta_1(s)\Delta_r^{-1}(s)r_0-P_1^{-1}(s)N_d(s)\Delta_1(s)\Delta_d^{-1}(s)d_0\\&=P_1^{-1}(s)D_L(s)\bar{\Delta}_r(s)r_0-P_1^{-1}(s)N_d(s)\bar{\Delta}_d(s)d_0\end{aligned}$$

$e(s)$ 中的极点只剩下 $P_1(s)$ 的稳定极点，根据拉普拉斯变换终值性质有

$$e(s)\big|_{s=0}=P_1^{-1}(0)D_L(0)\bar{\Delta}_r(0)r_0-P_1^{-1}(0)N_d(0)\bar{\Delta}_d(0)d_0=c$$

$$e_s=\lim_{s\to 0}se(s)=\lim_{s\to 0}sc=0 \tag{5-96}$$

可见，控制器 $\{\Delta_1(s),N_1(s)\}$ 中的 $\Delta_1(s)$ 按式(5-95)选取，可实现闭环系统对给定输入、扰动输入无静差。综上有如下的定理：

定理 5-7(模态嵌入原理) 给定被控对象为式(5-86)，稳态伺服器为式(5-92)，外部给定输入和扰动输入由式(5-87)产生，$\lambda_{rp}(s)$、$\lambda_{dl}(s)$ 分别是它们的最大不变因子，若

1) $\Delta_1(s)=\mathrm{diag}\{\lambda_{rp}(s)\lambda_{dl}(s)\}$。

2) 闭环系统稳定。

则闭环系统一定能以无静差实现输出伺服控制，即式(5-91)成立。

从上面的推导可看出：

1) $\Delta_1(s)$ 位于系统的内部，它的模态称为内模态。式(5-96)能成立的关键，就是让 $\Delta_1(s)$ 包含全部的外模态，即外模态嵌入了系统内部。

2) 模态嵌入原理实际上就是用内模态去对消外模态，由于对消的是外部的不稳定极点，不会影响内部的不能控和不稳定。这一点要仔细琢磨、高度重视。

3) 模态嵌入原理实际上是经典控制理论在前向通道引入积分器消除静差的推广。经典控制理论常研究的典型外部信号是阶跃、斜坡、加速度等信号，其外模态对应的初等因子是 $(s-0)$、$(s-0)^2$、$(s-0)^3$，因此，在前向通道嵌入外模态就是嵌入 $1/s$、$1/s^2$、$1/s^3$ 等积分因子，因而可实现系统无静差。

4) 经典控制理论只讨论了针对阶跃、斜坡、加速度等给定输入信号的无静差问题。实际上，对于其他类型的给定输入信号，甚至扰动输入信号，模态嵌入原理表明只要在系统内部控制器的"分母"$\Delta_1(s)$ 嵌入这些外模态，同样可做到无静差，使得系统稳态解耦。因此，模态嵌入原理更具一般性。

值得注意的是，式(5-91)实现的稳态解耦是针对特定的外模信号，若外模与内嵌的不一样，则不能实现稳态解耦，严格来说，不能实现无静差输出跟踪。而按照式(5-85)实现的静态解耦，不针对特定的外模信号，但没有考虑外部干扰对稳态输出的影响，不保证稳态无静差。尽管有所差异，二者在实际工程中均有意义。

3. 伺服控制系统的镇定

如果只采用稳态伺服器 $(v_1(t))$ 不能使得闭环系统稳定，就需要考虑增加镇定控制器 $(v_2(t))$。此时，由式(5-93)可得到新的被控对象为

$$\begin{cases}\begin{bmatrix}D_L(s) & -N_L(s)N_1(s)\\ I_p & \Delta_1(s)\end{bmatrix}\begin{bmatrix}\xi(t)\\ \xi_1(t)\end{bmatrix}=-\begin{bmatrix}N_L(s)\\ 0\end{bmatrix}v_2(t)+\begin{bmatrix}0 & N_d(s)\\ I_p & 0\end{bmatrix}\begin{bmatrix}r(t)\\ d(t)\end{bmatrix}\\ y(t)=[I_p,0]\begin{bmatrix}\xi(t)\\ \xi_1(t)\end{bmatrix}\end{cases} \tag{5-97}$$

式中，$\boldsymbol{v}_2(t)$是控制输入；$\{\boldsymbol{r}(t),\boldsymbol{d}(t)\}$可看成外部扰动输入。

由于全馈控制器具有良好的性能，以它作为镇定控制器，即

$$\begin{cases}\boldsymbol{\Delta}_2(s)\boldsymbol{\xi}_2(t)=\boldsymbol{N}_u(s)\boldsymbol{u}(t)+\boldsymbol{N}_y(s)\boldsymbol{y}(t)\\ \boldsymbol{v}_2(t)=\boldsymbol{\xi}_2(t)\\ \boldsymbol{u}(t)=\boldsymbol{v}_1(t)-\boldsymbol{v}_2(t)\end{cases} \tag{5-98}$$

可得到图 5-4 所示的基于模态嵌入原理的镇定控制系统。

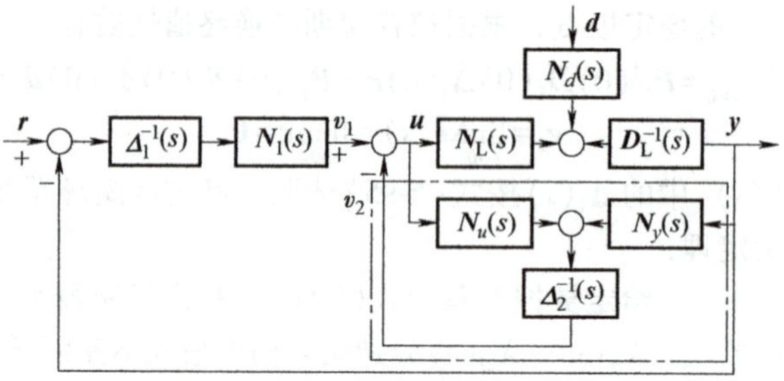

图 5-4　基于模态嵌入原理的镇定控制系统

(1) 新的被控对象的能控性

令式(5-86)的被控对象完全能控且完全能观，那么$\{\boldsymbol{D}_L(s),\boldsymbol{N}_L(s)\}$左互质；并令稳态伺服器$\{\boldsymbol{\Delta}_1(s),\boldsymbol{N}_1(s)\}$右互质。

对新的被控对象式(5-96)，有如下的等价关系，即

$$\begin{bmatrix}\boldsymbol{D}_L(s) & -\boldsymbol{N}_L(s)\boldsymbol{N}_1(s) & \boldsymbol{N}_L(s)\\ \boldsymbol{I}_p & \boldsymbol{\Delta}_1(s) & \boldsymbol{0}\end{bmatrix}\sim\begin{bmatrix}\boldsymbol{0} & -\boldsymbol{D}_L(s)\boldsymbol{\Delta}_1(s)-\boldsymbol{N}_L(s)\boldsymbol{N}_1(s) & \boldsymbol{N}_L(s)\\ \boldsymbol{I}_p & \boldsymbol{\Delta}_1(s) & \boldsymbol{0}\end{bmatrix}$$

$$\sim\begin{bmatrix}\boldsymbol{0} & -\boldsymbol{D}_L(s)\boldsymbol{\Delta}_1(s)-\boldsymbol{N}_L(s)\boldsymbol{N}_1(s) & \boldsymbol{N}_L(s)\\ \boldsymbol{I}_p & \boldsymbol{0} & \boldsymbol{0}\end{bmatrix}$$

$$\sim\begin{bmatrix}\boldsymbol{0} & -\boldsymbol{D}_L(s)\boldsymbol{\Delta}_1(s) & \boldsymbol{N}_L(s)\\ \boldsymbol{I}_p & \boldsymbol{0} & \boldsymbol{0}\end{bmatrix}$$

进一步有

式(5-97)完全能控$\Leftrightarrow \mathrm{rank}[-\boldsymbol{D}_L(s)\boldsymbol{\Delta}_1(s),\boldsymbol{N}_L(s)]=p(\forall s)$

$$\Leftrightarrow \mathrm{rank}[\boldsymbol{D}_L(s),\boldsymbol{N}_L(s)]\begin{bmatrix}-\boldsymbol{\Delta}_1(s) & \\ & \boldsymbol{I}_m\end{bmatrix}=p(\forall s)$$

$$\Leftrightarrow \mathrm{rank}[\boldsymbol{D}_L(s),\boldsymbol{N}_L(s)]\begin{bmatrix}-\mathrm{diag}\{\lambda_{rp}(s)\lambda_{dl}(s)\} & \\ & \boldsymbol{I}_m\end{bmatrix}=p(\forall s)$$

$$\Leftrightarrow \mathrm{rank}(\boldsymbol{N}_L(s_0))=p,\ \lambda_{rp}(s_0)=0 \text{ 或 } \lambda_{dl}(s_0)=0 \tag{5-99}$$

因此，若被控对象$\{\boldsymbol{D}_L(s),\boldsymbol{N}_L(s)\}$完全能控，且分子多项式矩阵$\boldsymbol{N}_L(s)$的零点不包含外模态，则新的被控对象式(5-97)继续完全能控。

(2) 新的被控对象的能观性

同理，对新的被控对象式(5-97)，有如下的等价关系，即

$$\begin{bmatrix}\boldsymbol{D}_L(s) & -\boldsymbol{N}_L(s)\boldsymbol{N}_1(s)\\ \boldsymbol{I}_p & \boldsymbol{\Delta}_1(s)\\ -\boldsymbol{I}_p & \boldsymbol{0}\end{bmatrix}\sim\begin{bmatrix}\boldsymbol{0} & -\boldsymbol{N}_L(s)\boldsymbol{N}_1(s)\\ \boldsymbol{0} & \boldsymbol{\Delta}_1(s)\\ \boldsymbol{I}_p & \boldsymbol{0}\end{bmatrix}$$

进一步有

$$\text{系统式(5-97)完全能观} \Leftrightarrow \mathrm{rank}\begin{bmatrix} -\boldsymbol{N}_{\mathrm{L}}(s)\boldsymbol{N}_1(s) \\ \boldsymbol{\Delta}_1(s) \end{bmatrix} = p(\forall s)$$

$$\Leftrightarrow \mathrm{rank}\begin{bmatrix} -\boldsymbol{N}_{\mathrm{L}}(s)\boldsymbol{N}_1(s) \\ \mathrm{diag}\{\lambda_{rp}(s)\lambda_{dl}(s)\} \end{bmatrix} = p(\forall s)$$

$$\Leftrightarrow \mathrm{rank}(\boldsymbol{N}_{\mathrm{L}}(s_0)) = p,\ \lambda_{rp}(s_0)=0 \text{ 或 } \lambda_{dl}(s_0)=0 \tag{5-100}$$

因此，若被控对象$\{\boldsymbol{D}_{\mathrm{L}}(s),\boldsymbol{N}_{\mathrm{L}}(s)\}$完全能观，且分子多项式矩阵$\boldsymbol{N}_{\mathrm{L}}(s)$的零点不包含外模态，则新的被控对象式(5-97)继续完全能观。

(3) 闭环特征多项式矩阵任意配置

根据定理5-6，由于新的被控对象式(5-97)完全能控且完全能观，因此一定存在式(5-98)的全馈控制器任意配置闭环特征多项式矩阵。要注意的是，定理5-6是以右分式矩阵描述被控对象，而新的被控对象不是右分式矩阵描述，但由于它完全能控且完全能观，根据等价系统的构造，一定可构造出与式(5-97)等价的右分式描述，再根据式(5-80)便可设计出全馈控制器$\{\boldsymbol{\Delta}_2(s),\boldsymbol{N}_u(s),\boldsymbol{N}_y(s)\}$。

下面，不将新的被控对象化为右分式矩阵描述，直接进行全馈控制器$\{\boldsymbol{\Delta}_2(s),\boldsymbol{N}_u(s),\boldsymbol{N}_y(s)\}$的设计。

联立式(5-97)、式(5-98)，可得到最终的闭环系统为

$$\begin{cases} \begin{bmatrix} \boldsymbol{D}_{\mathrm{L}}(s) & -\boldsymbol{N}_{\mathrm{L}}(s)\boldsymbol{N}_1(s) & \boldsymbol{N}_{\mathrm{L}}(s) \\ \boldsymbol{I}_p & \boldsymbol{\Delta}_1(s) & \boldsymbol{0} \\ -\boldsymbol{N}_y(s) & -\boldsymbol{N}_u(s)\boldsymbol{N}_1(s) & \boldsymbol{\Delta}_2(s)+\boldsymbol{N}_u(s) \end{bmatrix}\begin{bmatrix} \boldsymbol{\xi}(t) \\ \boldsymbol{\xi}_1(t) \\ \boldsymbol{\xi}_2(t) \end{bmatrix} = \begin{bmatrix} \boldsymbol{0} & \boldsymbol{N}_d(s) \\ \boldsymbol{I}_p & \boldsymbol{0} \\ \boldsymbol{0} & \boldsymbol{0} \end{bmatrix}\begin{bmatrix} \boldsymbol{r}(t) \\ \boldsymbol{d}(t) \end{bmatrix} \\ \boldsymbol{y}(t) = [\boldsymbol{I}_p, \boldsymbol{0} \quad \boldsymbol{0}]\begin{bmatrix} \boldsymbol{\xi}(t) \\ \boldsymbol{\xi}_1(t) \\ \boldsymbol{\xi}_2(t) \end{bmatrix} \end{cases} \tag{5-101}$$

其中，闭环特征矩阵有如下等价关系

$$\begin{aligned} &\begin{bmatrix} \boldsymbol{D}_{\mathrm{L}}(s) & -\boldsymbol{N}_{\mathrm{L}}(s)\boldsymbol{N}_1(s) & \boldsymbol{N}_{\mathrm{L}}(s) \\ \boldsymbol{I}_p & \boldsymbol{\Delta}_1(s) & \boldsymbol{0} \\ -\boldsymbol{N}_y(s) & -\boldsymbol{N}_u(s)\boldsymbol{N}_1(s) & \boldsymbol{\Delta}_2(s)+\boldsymbol{N}_u(s) \end{bmatrix} \sim \begin{bmatrix} \boldsymbol{0} & -\boldsymbol{D}_{\mathrm{L}}(s)\boldsymbol{\Delta}_1(s)-\boldsymbol{N}_{\mathrm{L}}(s)\boldsymbol{N}_1(s) & \boldsymbol{N}_{\mathrm{L}}(s) \\ \boldsymbol{I}_p & \boldsymbol{\Delta}_1(s) & \boldsymbol{0} \\ \boldsymbol{0} & \boldsymbol{N}_y(s)\boldsymbol{\Delta}_1(s)-\boldsymbol{N}_u(s)\boldsymbol{N}_1(s) & \boldsymbol{\Delta}_2(s)+\boldsymbol{N}_u(s) \end{bmatrix} \\ &\sim \begin{bmatrix} \boldsymbol{0} & -\boldsymbol{D}_{\mathrm{L}}(s)\boldsymbol{\Delta}_1(s) & \boldsymbol{N}_{\mathrm{L}}(s) \\ \boldsymbol{I}_p & \boldsymbol{0} & \boldsymbol{0} \\ \boldsymbol{0} & \boldsymbol{N}_y(s)\boldsymbol{\Delta}_1(s)+\boldsymbol{\Delta}_2(s)\boldsymbol{N}_1(s) & \boldsymbol{\Delta}_2(s)+\boldsymbol{N}_u(s) \end{bmatrix} \\ &\sim \begin{bmatrix} \boldsymbol{I}_p & \boldsymbol{0} & \boldsymbol{0} \\ \boldsymbol{0} & -\boldsymbol{D}_{\mathrm{L}}(s)\boldsymbol{\Delta}_1(s) & \boldsymbol{N}_{\mathrm{L}}(s) \\ \boldsymbol{0} & \boldsymbol{N}_y(s)\boldsymbol{\Delta}_1(s)+\boldsymbol{\Delta}_2(s)\boldsymbol{N}_1(s) & \boldsymbol{\Delta}_2(s)+\boldsymbol{N}_u(s) \end{bmatrix} \end{aligned} \tag{5-102}$$

参见式(5-99)的推导，$\mathrm{rank}[-\boldsymbol{D}_{\mathrm{L}}(s)\boldsymbol{\Delta}_1(s),\boldsymbol{N}_{\mathrm{L}}(s)]=p(\forall s)$，根据比照特恒等式(5-34)，存在右互质多项式矩阵$\{\bar{\boldsymbol{D}}_{\mathrm{R}}(s),\bar{\boldsymbol{N}}_{\mathrm{R}}(s)\}$、$\{\boldsymbol{X}_{\mathrm{R}}(s),\boldsymbol{Y}_{\mathrm{R}}(s)\}$，有

$$[-\boldsymbol{D}_{\mathrm{L}}(s)\boldsymbol{\Delta}_1(s),\boldsymbol{N}_{\mathrm{L}}(s)]\begin{bmatrix} \boldsymbol{X}_{\mathrm{R}}(s) & -\bar{\boldsymbol{N}}_{\mathrm{R}}(s) \\ \boldsymbol{Y}_{\mathrm{R}}(s) & \bar{\boldsymbol{D}}_{\mathrm{R}}(s) \end{bmatrix} = [\boldsymbol{I}_p,\boldsymbol{0}]$$

代入式(5-102)有

$$\begin{bmatrix} I_p & 0 & 0 \\ 0 & -D_L(s)\Delta_1(s) & N_L(s) \\ 0 & N_y(s)\Delta_1(s)+\Delta_2(s)N_1(s) & \Delta_2(s)+N_u(s) \end{bmatrix}\begin{bmatrix} I_p & & \\ & X_R(s) & -\bar{N}_R(s) \\ & Y_R(s) & \bar{D}_R(s) \end{bmatrix}$$

$$=\begin{bmatrix} I_p & 0 & 0 \\ 0 & I_p & 0 \\ 0 & M(s) & P(s) \end{bmatrix} \sim \begin{bmatrix} I_p & & \\ & I_p & \\ & & P(s) \end{bmatrix}$$

式中，

$$P(s)=[\Delta_2(s)+N_u(s)]\bar{D}_R(s)-[N_y(s)\Delta_1(s)+\Delta_2(s)N_1(s)]\bar{N}_R(s) \tag{5-103}$$

由于等价变换不改变系统稳定性，$P(s)$就是等价的闭环特征多项式矩阵。对于任意给定的稳定阵$P(s)$，将式(5-103)化为

$$N_u(s)\bar{D}_R(s)-N_y(s)\Delta_1(s)\bar{N}_R(s)=P(s)-\Delta_2(s)[\bar{D}_R(s)-N_1(s)\bar{N}_R(s)]$$

可见，与式(5-77)完全类似，从而可依据式(5-80)求出$\{N_u(s),N_y(s)\}$。

总结前面的内容，有如下定理：

定理 5-8 给定完全能控且完全能观的被控对象式(5-86)，外部给定输入和扰动输入由式(5-87)产生，$\lambda_{rp}(s)$、$\lambda_{dl}(s)$分别是它们的最大不变因子，其特征因子不是被控对象的零点，稳态伺服器为式(5-92)，镇定控制器为式(5-98)，则闭环系统稳定且式(5-91)成立。

设计步骤如下：

1）设计稳态伺服器。取$\Delta_1(s)=\mathrm{diag}\{\lambda_{rp}(s)\lambda_{dl}(s)\}$，设计$N_1(s)$使得$\{\Delta_1(s),N_1(s)\}$右互质。

2）设计右互质对$\{\bar{D}_R(s),\bar{N}_R(s)\}$，并满足$\bar{N}_R(s)\bar{D}_R^{-1}(s)=(-D_L(s)\Delta_1(s))^{-1}N_L(s)$。

3）设计镇定控制器。取期望稳定阵$P(s)$，设计$\Delta_2(s)$为稳定阵，计算

$$P_\Delta(s)=P(s)-\Delta_2(s)[\bar{D}_R(s)-N_1(s)\bar{N}_R(s)]$$

再按式(5-104)求出$\{N_u(s),N_y(s)\}$，即

$$N_u(s)\bar{D}_R(s)-N_y(s)\Delta_1(s)\bar{N}_R(s)=P_\Delta(s) \tag{5-104}$$

综上所述，多项式矩阵描述为线性系统的理论分析建立了一个统一的描述框架，在此基础上，给出了全馈控制器这种更一般性的控制器结构，使得模型匹配、伺服控制、系统镇定等问题有了通用的解决方案。前面的讨论更多注重理论分析的一般性，而且又是针对线性系统，因此，要特别注意在理论分析之后，还要进一步通过计算机仿真，在考虑各种模型残差、变量值域等工程限制因素下，对理论分析结果的适用范围进行修正。

5.4 有理分式矩阵描述与镇定控制器设计

传递函数矩阵是一种有理分式矩阵，是工程师们喜爱的一种数学模型。下面，简要地将多项式矩阵描述再拓广到有理分式矩阵描述，在此基础上，再讨论更一般形式下的控制器设计。

5.4.1 有理分式矩阵描述

1. 有理分式矩阵描述

对于任意的传递函数矩阵$G(s)\in \mathbf{R}^{p\times m}$，存在已既约的多项式矩阵对$\{D_L(s),N_L(s)\}$、$\{D_R(s),N_R(s)\}$，使得$G(s)=D_L^{-1}(s)N_L(s)=N_R(s)D_R^{-1}(s)$。若取多项式矩阵$\Delta_L(s)$、$\Delta_R(s)$为稳定多项式矩阵，阶次满足

$$\partial_{Li}(\Delta_L(s))\geqslant\partial_{Li}(D_L(s)),\quad \partial_{Ri}(\Delta_R(s))\geqslant\partial_{Ri}(D_R(s))$$

令

$$\widetilde{D}_L(s)=\Delta_L^{-1}(s)D_L(s),\ \widetilde{N}_L(s)=\Delta_L^{-1}(s)N_L(s)$$
$$\widetilde{D}_R(s)=D_R(s)\Delta_R^{-1}(s),\ \widetilde{N}_R(s)=N_R(s)\Delta_R^{-1}(s)$$

可见，$\widetilde{D}_L(s)$、$\widetilde{N}_L(s)$、$\widetilde{D}_R(s)$、$\widetilde{N}_R(s)$都是真分式的稳定传递函数矩阵。故有

$$G(s)=\widetilde{D}_L^{-1}(s)\widetilde{N}_L(s)=\widetilde{N}_R(s)\widetilde{D}_R^{-1}(s)$$

即任何一个传递函数矩阵总可以用两个稳定传递函数矩阵“之比”来描述。不失一般性，记

$$\mathcal{RH}_\infty=\{\text{所有真的稳定实有理分式传递函数矩阵}\} \tag{5-105}$$

在稳定传递函数矩阵空间 $\mathcal{RH}_\infty$ 上，同样可引入与式(5-8)类似的行、列初等变换，即

$$\begin{cases}\widetilde{E}_1(s)=\begin{bmatrix}I&&&&\\&0&\cdots&1&\\&\vdots&I&\vdots&\\&1&\cdots&0&\\&&&&I\end{bmatrix},\ \widetilde{E}_1^{-1}(s)=\begin{bmatrix}I&&&&\\&0&\cdots&1&\\&\vdots&I&\vdots&\\&1&\cdots&0&\\&&&&I\end{bmatrix}\\ \widetilde{E}_2(s)=\begin{bmatrix}I&&&&\\&I&&&\\&&k&&\\&&&I&\\&&&&I\end{bmatrix},\ \widetilde{E}_2^{-1}(s)=\begin{bmatrix}I&&&&\\&I&&&\\&&\dfrac{1}{k}&&\\&&&I&\\&&&&I\end{bmatrix}\\ \widetilde{E}_3(s)=\begin{bmatrix}I&&&&\\&1&&&\\&\vdots&I&&\\&g(s)&\cdots&1&\\&&&&I\end{bmatrix},\ \widetilde{E}_3^{-1}(s)=\begin{bmatrix}I&&&&\\&1&&&\\&\vdots&I&&\\&-g(s)&\cdots&1&\\&&&&I\end{bmatrix}\end{cases} \tag{5-106}$$

式中，$\det(\widetilde{E}_1(s))=-1$；$\det(\widetilde{E}_2(s))=k$；$\det(\widetilde{E}_3(s))=1$；$g(s)=\alpha(s)/\delta(s)$。它们均是稳定真有理分式。

若方阵 $E(s)\in\mathcal{RH}_\infty$，其逆阵 $E^{-1}(s)\in\mathcal{RH}_\infty$，称方阵 $E(s)$是 $\mathcal{RH}_\infty$ 上的单模阵。式(5-106)给出的 $\mathcal{RH}_\infty$ 上初等变换矩阵及其连乘矩阵都是 $\mathcal{RH}_\infty$ 上的单模阵。

若 $\widetilde{M}(s)\in\mathcal{RH}_\infty$，令 $\Delta(s)$为 $\widetilde{M}(s)$所有元素分母的最小公倍式，$\widetilde{M}(s)=M(s)/\Delta(s)$，$M(s)$将是多项式矩阵。这样，对 $\widetilde{M}(s)$分别施加式(5-106)的行初等变换，可等效转化为对 $M(s)$分别施加式(5-8)的行初等变换，再将各元素除以 $\Delta(s)$，即

$$\widetilde{E}_i(s)\widetilde{M}(s)=\frac{E_i(s)M(s)}{\Delta(s)}(i=1,2,3) \tag{5-107a}$$

对于行初等变换 $\widetilde{E}_1(s)$、$\widetilde{E}_2(s)$，式(5-107a)的结论是显然的。对于行初等变换 $\widetilde{E}_3(s)$，取 $\delta(s)=\Delta(s)$，有

$$\widetilde{E}_3(s)\widetilde{M}(s)=\begin{bmatrix}I&&&&\\&1&&&\\&\vdots&I&&\\&\dfrac{\alpha(s)}{\Delta(s)}&\cdots&1&\\&&&&I\end{bmatrix}\widetilde{M}(s)$$

$$
=\frac{\begin{bmatrix} I & & & & \\ & 1 & & & \\ & \vdots & I & & \\ & \alpha(s) & \cdots & 1 & \\ & & & & I \end{bmatrix} M(s)}{\Delta(s)}=\frac{E_3(s)M(s)}{\Delta(s)}
$$

也同样有式(5-107a)的结果。

对于列初等变换是右乘初等矩阵，同样有

$$
\tilde{M}(s)\tilde{E}_i(s)=\frac{M(s)E_i(s)}{\Delta(s)}(i=1,2,3) \tag{5-107b}
$$

当$\tilde{M}(s)$不是方阵时，要注意初等矩阵的维数要相容。

有了式(5-107)的结论，在多项式矩阵空间中的秩、行(列)埃米尔特规范形、史密斯规范形、左(右)因子、左(右)互质矩阵等概念都可以一一对应地推广过来。例如：

1) 对于 $\mathcal{RH}_\infty$ 上的矩阵 $\tilde{M}(s)\in \mathbf{R}^{p\times m}$，存在 $\mathcal{RH}_\infty$ 上的单模阵 $\tilde{U}(s)\in \mathbf{R}^{p\times p}$、$\tilde{V}(s)\in \mathbf{R}^{m\times m}$，将$\tilde{M}(s)$化为 $\mathcal{RH}_\infty$ 上的史密斯规范形，即

$$
\tilde{U}(s)\tilde{M}(s)\tilde{V}(s)=\begin{bmatrix} \frac{\varepsilon_1(s)}{\varphi_1(s)} & & & \\ & \ddots & & \\ & & \frac{\varepsilon_r(s)}{\varphi_r(s)} & \\ & & & \mathbf{0} \end{bmatrix}=\tilde{M}_s(s) \tag{5-108}
$$

式中，$r=\operatorname{rank}(\tilde{M}(s))$；$\varepsilon_i(s)\mid\varepsilon_{i+1}(s)$；$\varphi_{i+1}(s)\mid\varphi_i(s)$。不难想见，$\mathcal{RH}_\infty$ 上的史密斯规范形实际上就是多项式矩阵的史密斯-麦克米兰规范形。

2) $\{\tilde{D}_{\mathrm{L}}(s)\in \mathbf{R}^{p\times p},\tilde{N}_{\mathrm{L}}(s)\in \mathbf{R}^{p\times m}\}$为 $\mathcal{RH}_\infty$ 上的左互质矩阵

$$
\Leftrightarrow \operatorname{rank}[\tilde{D}_{\mathrm{L}}(s),\tilde{N}_{\mathrm{L}}(s)]=p(\forall s=\sigma+j\omega,\ \sigma>0)
$$

$\Leftrightarrow$存在有理分式矩阵 $\tilde{X}_{\mathrm{R}}(s)\in\mathcal{RH}_\infty$、$\tilde{Y}_{\mathrm{R}}(s)\in\mathcal{RH}_\infty$，使得

$$
\tilde{D}_{\mathrm{L}}(s)\tilde{X}_{\mathrm{R}}(s)+\tilde{N}_{\mathrm{L}}(s)\tilde{Y}_{\mathrm{R}}(s)=I_p
$$

同样，有

$\{\tilde{D}_{\mathrm{R}}(s)\in \mathbf{R}^{m\times m},\ \tilde{N}_{\mathrm{R}}(s)\in \mathbf{R}^{p\times m}\}$为 $\mathcal{RH}_\infty$ 上的右互质矩阵

$$
\Leftrightarrow \operatorname{rank}\begin{bmatrix}\tilde{D}_{\mathrm{R}}(s)\\ \tilde{N}_{\mathrm{R}}(s)\end{bmatrix}=m(\forall s=\sigma+j\omega,\sigma>0)
$$

$\Leftrightarrow$存在有理分式矩阵 $\tilde{X}_{\mathrm{L}}(s)\in\mathcal{RH}_\infty$、$\tilde{Y}_{\mathrm{L}}(s)\in\mathcal{RH}_\infty$，使得

$$
\tilde{X}_{\mathrm{L}}(s)\tilde{D}_{\mathrm{R}}(s)+\tilde{Y}_{\mathrm{L}}(s)\tilde{N}_{\mathrm{R}}(s)=I_m
$$

3) 进一步可得到与定理 5-1 的类似结果：

定理 5-9 若有理分式矩阵$\{\tilde{D}_{\mathrm{L}}(s)\in \mathbf{R}^{p\times p},\ \tilde{N}_{\mathrm{L}}(s)\in \mathbf{R}^{p\times m}\}$为 $\mathcal{RH}_\infty$ 上的左互质矩阵，$\{\tilde{D}_{\mathrm{R}}(s)\in \mathbf{R}^{m\times m},\ \tilde{N}_{\mathrm{R}}(s)\in \mathbf{R}^{p\times m}\}$为 $\mathcal{RH}_\infty$ 上的右互质矩阵，使得$\tilde{D}_{\mathrm{L}}^{-1}(s)\tilde{N}_{\mathrm{L}}(s)$、$\tilde{N}_{\mathrm{R}}(s)\tilde{D}_{\mathrm{R}}^{-1}(s)$相等的充要条件是存在有理分式矩阵 $\tilde{X}_{\mathrm{L}}(s)$、$\tilde{Y}_{\mathrm{L}}(s)$、$\tilde{X}_{\mathrm{R}}(s)$、$\tilde{Y}_{\mathrm{R}}(s)\in\mathcal{RH}_\infty$，使得如下广义比照特恒等式成立

$$\begin{bmatrix} -\widetilde{Y}_{\mathrm{L}}(s) & \widetilde{X}_{\mathrm{L}}(s) \\ \widetilde{D}_{\mathrm{L}}(s) & \widetilde{N}_{\mathrm{L}}(s) \end{bmatrix}\begin{bmatrix} -\widetilde{N}_{\mathrm{R}}(s) & \widetilde{X}_{\mathrm{R}}(s) \\ \widetilde{D}_{\mathrm{R}}(s) & \widetilde{Y}_{\mathrm{R}}(s) \end{bmatrix}=\begin{bmatrix} I_m & \\ & I_p \end{bmatrix} \tag{5-109}$$

2. 状态空间描述与有理分式矩阵描述

对于有理分式矩阵描述 $G(s)=\widetilde{N}_{\mathrm{R}}(s)\widetilde{D}_{\mathrm{R}}^{-1}(s)$ 或者 $G(s)=\widetilde{D}_{\mathrm{L}}^{-1}(s)\widetilde{N}_{\mathrm{L}}(s)$，关键是找到均是稳定的有理分式矩阵 $\{\widetilde{D}_{\mathrm{R}}(s),\widetilde{N}_{\mathrm{R}}(s)\}$ 或者 $\{\widetilde{D}_{\mathrm{L}}(s),\widetilde{N}_{\mathrm{L}}(s)\}$。下面讨论如何从状态空间描述建立起 $\mathcal{RH}_\infty$ 上的有理分式矩阵描述。

令 $\{A,B,C,D\}$ 是被控对象 $G(s)$ 的一个实现，记为

$$G(s)=C(sI_n-A)^{-1}B+D<\begin{bmatrix} A & B \\ C & D \end{bmatrix} \tag{5-110}$$

若 $\{A,B\}$ 能控，一定存在矩阵 F，使得 $A_F=A-BF$ 是稳定阵。如图 5-5a 所示，令

$$v=u+Fx,\quad C_F=C-DF$$

有如下状态空间描述

$$\dot{x}=Ax+Bu=A_Fx+Bv$$
$$u=-Fx+v$$
$$y=Cx+Du=C_Fx+Dv$$

式中，v 是输入，u、y 是输出。

这时，$u=\widetilde{D}_{\mathrm{R}}(s)v$，由 v 到 u 的传递函数矩阵为

$$\widetilde{D}_{\mathrm{R}}(s)=-F(sI_n-A_F)^{-1}B+I_m<\begin{bmatrix} A_F & B \\ -F & I_m \end{bmatrix}$$

而 $y=\widetilde{N}_{\mathrm{R}}(s)v$，由 v 到 y 的传递函数矩阵为

$$\widetilde{N}_{\mathrm{R}}(s)=C_F(sI_n-A_F)^{-1}B+D<\begin{bmatrix} A_F & B \\ C_F & D \end{bmatrix}$$

因为 $A_F=A-BF$ 是稳定阵，所以 $\widetilde{D}_{\mathrm{R}}(s)$、$\widetilde{N}_{\mathrm{R}}(s)\in\mathcal{RH}_\infty$，都是稳定传递函数矩阵。从而有

$$y=\widetilde{N}_{\mathrm{R}}(s)\widetilde{D}_{\mathrm{R}}^{-1}(s)u,\quad G(s)=\widetilde{N}_{\mathrm{R}}(s)\widetilde{D}_{\mathrm{R}}^{-1}(s)$$

下面，讨论矩阵对 $\{\widetilde{D}_{\mathrm{R}}(s),\widetilde{N}_{\mathrm{R}}(s)\}$ 的互质情况。不失一般性，令 $B\in\mathbf{R}^{n\times m}$ 列满秩，rank$(B)=m$，$C\in\mathbf{R}^{p\times n}$ 行满秩，rank$(C)=p$，有

$$\begin{bmatrix} \widetilde{D}_{\mathrm{R}}(s) \\ \widetilde{N}_{\mathrm{R}}(s) \end{bmatrix}=\begin{bmatrix} -F(sI_n-A_F)^{-1}B+I_m \\ C_F(sI_n-A_F)^{-1}B+D \end{bmatrix}=\begin{bmatrix} -F & I_m \\ C_F & D \end{bmatrix}\begin{bmatrix} (sI_n-A_F)^{-1}B \\ I_m \end{bmatrix}$$
$$=\begin{bmatrix} I_m & \\ D & I_p \end{bmatrix}\begin{bmatrix} -F & I_m \\ C & 0 \end{bmatrix}\begin{bmatrix} (sI_n-A_F)^{-1} & \\ & I_m \end{bmatrix}\begin{bmatrix} B \\ I_m \end{bmatrix}$$

因为 A_F 是稳定阵，rank$(sI_n-A_F)=n(\forall s=\sigma+j\omega,\sigma>0)$，进而 rank$\begin{bmatrix} \widetilde{D}_{\mathrm{R}}(s) \\ \widetilde{N}_{\mathrm{R}}(s) \end{bmatrix}=m(\forall s=\sigma+j\omega,\ \sigma>0)$，所以 $\{\widetilde{D}_{\mathrm{R}}(s),\ \widetilde{N}_{\mathrm{R}}(s)\}$ 为 $\mathcal{RH}_\infty$ 上的右互质矩阵。这样，巧妙地通过状态反馈阵 F 给出了被控对象 $G(s)$ 在 $\mathcal{RH}_\infty$ 上的一个右互质分式描述。

下面，再根据对偶系统给出被控对象 $G(s)$ 另一个有理分式矩阵描述。由于 $\{A^{\mathrm{T}},C^{\mathrm{T}},B^{\mathrm{T}},D^{\mathrm{T}}\}$ 是 $\{A,B,C,D\}$ 的对偶系统，即

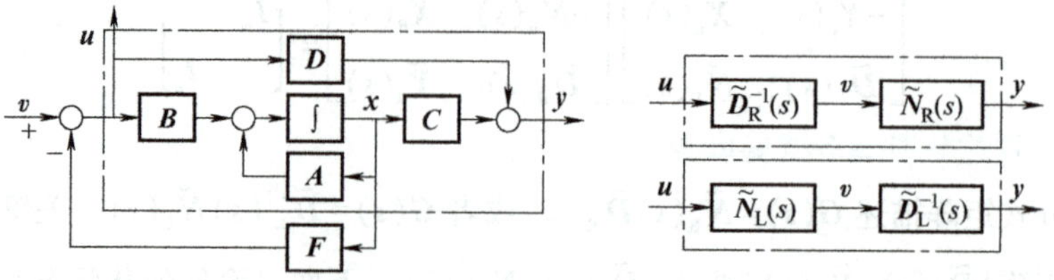

a) 状态空间描述　　b) 有理分式矩阵描述

图 5-5　状态空间描述与有理分式矩阵描述

$$G^{\mathrm{T}}(s)=B^{\mathrm{T}}(sI_n-A^{\mathrm{T}})^{-1}C^{\mathrm{T}}+D^{\mathrm{T}}<\begin{bmatrix}A^{\mathrm{T}} & C^{\mathrm{T}}\\ B^{\mathrm{T}} & D^{\mathrm{T}}\end{bmatrix}$$

根据对偶原理，若$\{A,C\}$能观，一定存在矩阵$F=H^{\mathrm{T}}$，使得$A_H^{\mathrm{T}}=A^{\mathrm{T}}-C^{\mathrm{T}}F=A^{\mathrm{T}}-C^{\mathrm{T}}H^{\mathrm{T}}$是稳定阵。再令

$$B_H^{\mathrm{T}}=B^{\mathrm{T}}+D^{\mathrm{T}}F=B^{\mathrm{T}}-D^{\mathrm{T}}H^{\mathrm{T}}$$

同样有

$$\tilde{D}_{\mathrm{L}}(s)y=v,\ \tilde{D}_{\mathrm{L}}(s)=-C(sI_n-A_H)^{-1}H+I_p<\begin{bmatrix}A_H & -H\\ C & I_p\end{bmatrix}$$

$$v=\tilde{N}_{\mathrm{L}}(s)u,\ \tilde{N}_{\mathrm{L}}(s)=C(sI_n-A_H)^{-1}B_H+D<\begin{bmatrix}A_H & B_H\\ C & D\end{bmatrix}$$

因为$A_H=A-HC$是稳定阵，所以$\tilde{D}_{\mathrm{L}}(s)$、$\tilde{N}_{\mathrm{L}}(s)\in\mathcal{RH}_\infty$，都是稳定传递函数矩阵。从而有

$$y=\tilde{D}_{\mathrm{L}}^{-1}(s)\tilde{N}_{\mathrm{L}}(s)u,\ G(s)=\tilde{D}_{\mathrm{L}}^{-1}(s)\tilde{N}_{\mathrm{L}}(s)$$

同样，有

$$\begin{aligned}[\tilde{D}_{\mathrm{L}}(s),\tilde{N}_{\mathrm{L}}(s)]&=[-C(sI_n-A_H)^{-1}H+I_p,C(sI_n-A_H)^{-1}B_H+D]\\&=[-C,I_p]\begin{bmatrix}(sI_n-A_H)^{-1} & \\ & I_p\end{bmatrix}\begin{bmatrix}I_p & H\\ & I_p\end{bmatrix}\begin{bmatrix}0 & -B\\ I_p & D\end{bmatrix}\end{aligned}$$

显见，$\mathrm{rank}[\tilde{D}_{\mathrm{L}}(s),\tilde{N}_{\mathrm{L}}(s)]=p(\forall s=\sigma+\mathrm{j}\omega,\sigma>0)$，所以$\{\tilde{D}_{\mathrm{L}}(s),\tilde{N}_{\mathrm{L}}(s)\}$为$\mathcal{RH}_\infty$上的左互质矩阵。这样，巧妙地通过状态观测阵$H$给出了被控对象$G(s)$在$\mathcal{RH}_\infty$上的一个左互质分式描述。

综上所述，有如下定理：

定理 5-10　若$\{A,B,C,D\}$是$G(s)$的一个实现，$\mathrm{rank}(B)=m$，$\mathrm{rank}(C)=p$，$\{A,B\}$能控，$\{A,C\}$能观，一定存在矩阵F和H，令$A_F=A-BF$，$A_H=A-HC$，$C_F=C-DF$，$B_H=B-HD$，以及

$$\begin{cases}\tilde{D}_{\mathrm{R}}(s)<\begin{bmatrix}A_F & B\\ -F & I_m\end{bmatrix},\ \tilde{N}_{\mathrm{R}}(s)<\begin{bmatrix}A_F & B\\ C_F & D\end{bmatrix}\\ \tilde{D}_{\mathrm{L}}(s)<\begin{bmatrix}A_H & -H\\ C & I_p\end{bmatrix},\ \tilde{N}_{\mathrm{L}}(s)<\begin{bmatrix}A_H & B_H\\ C & D\end{bmatrix}\\ \tilde{X}_{\mathrm{R}}(s)<\begin{bmatrix}A_F & H\\ C_F & I_p\end{bmatrix},\ \tilde{Y}_{\mathrm{R}}(s)<\begin{bmatrix}A_F & H\\ F & 0\end{bmatrix}\\ \tilde{X}_{\mathrm{L}}(s)<\begin{bmatrix}A_H & B_H\\ F & I_m\end{bmatrix},\ \tilde{Y}_{\mathrm{L}}(s)<\begin{bmatrix}A_H & H\\ F & 0\end{bmatrix}\end{cases}\tag{5-111}$$

则上述矩阵满足

1) $\widetilde{D}_R(s)$、$\widetilde{N}_R(s)$、$\widetilde{D}_L(s)$、$\widetilde{N}_L(s)$、$\widetilde{X}_R(s)$、$\widetilde{Y}_R(s)$、$\widetilde{X}_L(s)$、$\widetilde{Y}_L(s)\in\mathcal{RH}_\infty$。

2) $G(s)=\widetilde{D}_L^{-1}(s)\widetilde{N}_L(s)=\widetilde{N}_R(s)\widetilde{D}_R^{-1}(s)$。

3) $$\begin{bmatrix}-\widetilde{Y}_L(s) & \widetilde{X}_L(s)\\ \widetilde{D}_L(s) & \widetilde{N}_L(s)\end{bmatrix}\begin{bmatrix}-\widetilde{N}_R(s) & \widetilde{X}_R(s)\\ \widetilde{D}_R(s) & \widetilde{Y}_R(s)\end{bmatrix}=\begin{bmatrix}I_m & \\ & I_p\end{bmatrix}。\tag{5-112}$$

定理中结论1)、2)是显然的。将式(5-111)代入式(5-112)即可验证结论3)。在$\mathcal{RH}_\infty$上建立有理分式矩阵描述，关键是保证所有的有理分式矩阵都要是稳定的，式(5-111)给出了一种方法。对于能控能观的系统，A_F、A_H的特征值可以任意配置，确保了上述矩阵一定能成为稳定的有理分式矩阵，并且还同时给出了满足广义比照特恒等式的矩阵$\widetilde{X}_R(s)$、$\widetilde{Y}_R(s)$、$\widetilde{X}_L(s)$、$\widetilde{Y}_L(s)$，为后续控制器的分析与设计带来了方便。

5.4.2 镇定控制器设计

1. 镇定控制器及其参数化

对于图5-6中所示系统，$G(s)\in\mathbf{R}^{p\times m}$，$G_d(s)\in\mathbf{R}^{p\times l}$，$K(s)\in\mathbf{R}^{m\times p}$。不失一般性，令$G_d(s)\in\mathcal{RH}_\infty$，否则系统对扰动输入不会稳定。

从图5-6可知有如下方程

$$y=G(s)K(s)(r-y)+G_d(s)d$$
$$(I_p+G(s)K(s))y=G(s)K(s)r+G_d(s)d$$

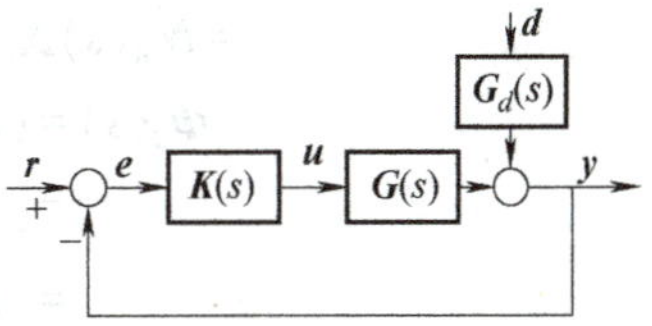

图5-6　闭环系统与内部稳定

那么，系统输出为

$$y=\Phi(s)r+\Phi_d(s)d\tag{5-113}$$

式中，

$$\Phi(s)=(I_p+G(s)K(s))^{-1}G(s)K(s)\in\mathbf{R}^{p\times p}$$
$$\Phi_d(s)=(I_p+G(s)K(s))^{-1}G_d(s)\in\mathbf{R}^{p\times p}$$

控制器输出为

$$\begin{aligned}u&=K(s)e=K(s)(r-y)=K(s)(r-\Phi(s)r-\Phi_d(s)d)\\&=K(s)(I_p-\Phi(s))r-K(s)\Phi_d(s)d=\Phi_{ur}(s)r+\Phi_{ud}(s)d\end{aligned}\tag{5-114}$$

式中，

$$\Phi_{ur}(s)=K(s)(I_p-\Phi(s))=K(s)(I_p+G(s)K(s))^{-1}$$
$$\Phi_{ud}(s)=-K(s)(I_p+G(s)K(s))^{-1}G_d(s)$$

注意式中用到$(I_p+G(s)K(s))^{-1}+(I_p+G(s)K(s))^{-1}G(s)K(s)=I_p$。

联立式(5-113)与式(5-114)有

$$\begin{bmatrix}u\\y\end{bmatrix}=\begin{bmatrix}\Phi_{ur}(s) & \Phi_{ud}(s)\\ \Phi(s) & \Phi_d(s)\end{bmatrix}\begin{bmatrix}r\\d\end{bmatrix}\tag{5-115}$$

若存在控制器$K(s)$，使得$\Phi(s)$、$\Phi_d(s)$、$\Phi_{ur}(s)$、$\Phi_{ud}(s)\in\mathcal{RH}_\infty$都是稳定传递函数矩阵，称闭环系统是内部稳定，$K(s)$称为镇定控制器。

令$G(s)$、$K(s)$分别在$\mathcal{RH}_\infty$上有如下的左右互质分解，即

$$G(s)=\widetilde{D}_L^{-1}(s)\widetilde{N}_L(s)=\widetilde{N}_R(s)\widetilde{D}_R^{-1}(s)$$
$$K(s)=\widetilde{D}_{KL}^{-1}(s)\widetilde{N}_{KL}(s)=\widetilde{N}_{KR}(s)\widetilde{D}_{KR}^{-1}(s)$$

注意如下矩阵恒等式

$$K(s)(I_p+G(s)K(s))^{-1}=(I_m+K(s)G(s))^{-1}K(s)$$

$$G(s)K(s)(I_p+G(s)K(s))^{-1}=G(s)(I_m+K(s)G(s))^{-1}K(s)$$
$$=(I_p+G(s)K(s))^{-1}G(s)K(s)$$

$$(I_p+G(s)K(s))^{-1}=I_p-G(s)(I_m+K(s)G(s))^{-1}K(s)$$

则有

$$\begin{aligned}\boldsymbol{\Phi}_{ur}(s)&=K(s)(I_p+G(s)K(s))^{-1}=(I_m+K(s)G(s))^{-1}K(s)\\&=(I_m+\tilde{D}_{KL}^{-1}(s)\tilde{N}_{KL}(s)\tilde{N}_R(s)\tilde{D}_R^{-1}(s))^{-1}\tilde{D}_{KL}^{-1}(s)\tilde{N}_{KL}(s)\\&=[\tilde{D}_{KL}^{-1}(s)(\tilde{D}_{KL}(s)\tilde{D}_R(s)+\tilde{N}_{KL}(s)\tilde{N}_R(s))\tilde{D}_R^{-1}(s)]^{-1}\tilde{D}_{KL}^{-1}(s)\tilde{N}_{KL}(s)\\&=\tilde{D}_R(s)(\tilde{D}_{KL}(s)\tilde{D}_R(s)+\tilde{N}_{KL}(s)\tilde{N}_R(s))^{-1}\tilde{N}_{KL}(s)\\&=\tilde{D}_R(s)\boldsymbol{\Delta}_L^{-1}(s)\tilde{N}_{KL}(s)\end{aligned}$$

$$\begin{aligned}\boldsymbol{\Phi}_{ud}(s)&=K(s)(I_p+G(s)K(s))^{-1}G_d(s)=(I_m+K(s)G(s))^{-1}K(s)G_d(s)\\&=\tilde{D}_R(s)\boldsymbol{\Delta}_L^{-1}(s)\tilde{N}_{KL}(s)G_d(s)\end{aligned}$$

$$\begin{aligned}\boldsymbol{\Phi}(s)&=(I_p+G(s)K(s))^{-1}G(s)K(s)=G(s)(I_m+K(s)G(s))^{-1}K(s)\\&=\tilde{N}_R(s)\tilde{D}_R^{-1}(s)\tilde{D}_R(s)\boldsymbol{\Delta}_L^{-1}(s)\tilde{N}_{KL}(s)\\&=\tilde{N}_R(s)\boldsymbol{\Delta}_L^{-1}(s)\tilde{N}_{KL}(s)\end{aligned}$$

$$\begin{aligned}\boldsymbol{\Phi}_d(s)&=(I_p+G(s)K(s))^{-1}G_d(s)\\&=[I_p-G(s)(I_m+K(s)G(s))^{-1}K(s)]G_d(s)\\&=(I_p-\tilde{N}_R(s)\boldsymbol{\Delta}_L^{-1}(s)\tilde{N}_{KL}(s))G_d(s)\end{aligned}$$

式中，

$$\boldsymbol{\Delta}_L(s)=\tilde{D}_{KL}(s)\tilde{D}_R(s)+\tilde{N}_{KL}(s)\tilde{N}_R(s) \tag{5-116}$$

由于 $\tilde{D}_R(s)$、$\tilde{N}_R(s)$、$\tilde{D}_L(s)$、$\tilde{N}_L(s)\in\mathcal{RH}_\infty$，$\tilde{D}_{KR}(s)$、$\tilde{N}_{KR}(s)$、$\tilde{D}_{KL}(s)$、$\tilde{N}_{KL}(s)\in\mathcal{RH}_\infty$，$G_d(s)\in\mathcal{RH}_\infty$，从前面的推导知，若 $\boldsymbol{\Delta}_L^{-1}(s)\in\mathcal{RH}_\infty$，则 $\boldsymbol{\Phi}_{ur}(s)$、$\boldsymbol{\Phi}_{ud}(s)$、$\boldsymbol{\Phi}(s)$、$\boldsymbol{\Phi}_d(s)\in\mathcal{RH}_\infty$，闭环系统一定内部稳定。换句话讲，闭环系统内部稳定当且仅当 $\boldsymbol{\Delta}_L(s)$ 是 $\mathcal{RH}_\infty$ 上的单模阵。

从式(5-109)知，若取 $\tilde{D}_{KL}(s)=\tilde{X}_L(s)$、$\tilde{N}_{KL}(s)=\tilde{Y}_L(s)$，则

$$K(s)=\tilde{X}_L^{-1}(s)\tilde{Y}_L(s) \tag{5-117a}$$

一定有 $\boldsymbol{\Delta}_L(s)=\tilde{D}_{KL}(s)\tilde{D}_R(s)+\tilde{N}_{KL}(s)\tilde{N}_R(s)=I_m$，即 $\boldsymbol{\Delta}_L^{-1}(s)\in\mathcal{RH}_\infty$，式(5-116a)是镇定控制器。

再从式(5-109)知

$$\tilde{X}_L(s)\tilde{Y}_R(s)-\tilde{Y}_L(s)\tilde{X}_R(s)=\mathbf{0},\ \tilde{X}_L^{-1}(s)\tilde{Y}_L(s)=\tilde{Y}_R(s)\tilde{X}_R^{-1}(s)$$

若取 $\tilde{D}_{KR}(s)=\tilde{X}_R(s)$、$\tilde{N}_{KR}(s)=\tilde{Y}_R(s)$，则

$$K(s)=\tilde{Y}_R(s)\tilde{X}_R^{-1}(s) \tag{5-117b}$$

一定有 $\boldsymbol{\Delta}_R(s)=\tilde{D}_L(s)\tilde{D}_{KR}(s)+\tilde{N}_L(s)\tilde{N}_{KR}(s)=I_p$，即 $\boldsymbol{\Delta}_R^{-1}(s)\in\mathcal{RH}_\infty$，式(5-117b)也是镇定控制器。

利用式(5-109)的广义比照特恒等式给出了左分式、右分式描述的镇定控制器各一个。在此基础上，讨论所有可能的镇定控制器集合，这将具有重要的理论意义。

对于一般性的镇定控制器 $K(s)=\tilde{D}_{KL}^{-1}(s)\tilde{N}_{KL}(s)$，令

$$\boldsymbol{\Delta}_L(s)=\tilde{D}_{KL}(s)\tilde{D}_R(s)+\tilde{N}_{KL}(s)\tilde{N}_R(s)$$

若闭环系统内部稳定，则 $\boldsymbol{\Delta}_L(s)$ 是 $\mathcal{RH}_\infty$ 上的单模阵，$\boldsymbol{\Delta}_L^{-1}(s)\in\mathcal{RH}_\infty$，有

$$\boldsymbol{\Delta}_L^{-1}(s)\tilde{D}_{KL}(s)\tilde{D}_R(s)+\boldsymbol{\Delta}_L^{-1}(s)\tilde{N}_{KL}(s)\tilde{N}_R(s)=I_m$$

$$[-\boldsymbol{\Delta}_{\mathrm{L}}^{-1}(s)\widetilde{\boldsymbol{N}}_{\mathrm{KL}}(s),\boldsymbol{\Delta}_{\mathrm{L}}^{-1}(s)\widetilde{\boldsymbol{D}}_{\mathrm{KL}}(s)]\begin{bmatrix}-\widetilde{\boldsymbol{N}}_{\mathrm{R}}(s) & \widetilde{\boldsymbol{X}}_{\mathrm{R}}(s)\\ \widetilde{\boldsymbol{D}}_{\mathrm{R}}(s) & \widetilde{\boldsymbol{Y}}_{\mathrm{R}}(s)\end{bmatrix}=[\boldsymbol{I}_m,\boldsymbol{Q}_{\mathrm{L}}(s)] \tag{5-118}$$

显见，自由参数矩阵 $\boldsymbol{Q}_{\mathrm{L}}(s)=\boldsymbol{\Delta}_{\mathrm{L}}^{-1}(s)\widetilde{\boldsymbol{D}}_{\mathrm{KL}}(s)\widetilde{\boldsymbol{Y}}_{\mathrm{R}}(s)-\boldsymbol{\Delta}_{\mathrm{L}}^{-1}(s)\widetilde{\boldsymbol{N}}_{\mathrm{KL}}(s)\widetilde{\boldsymbol{X}}_{\mathrm{R}}(s)\in\mathcal{RH}_{\infty}$。将式(5-118)化为

$$[-\boldsymbol{\Delta}_{\mathrm{L}}^{-1}(s)\widetilde{\boldsymbol{N}}_{\mathrm{KL}}(s),\boldsymbol{\Delta}_{\mathrm{L}}^{-1}(s)\widetilde{\boldsymbol{D}}_{\mathrm{KL}}(s)]=[\boldsymbol{I}_m,\boldsymbol{Q}_{\mathrm{L}}(s)]\begin{bmatrix}-\widetilde{\boldsymbol{N}}_{\mathrm{R}}(s) & \widetilde{\boldsymbol{X}}_{\mathrm{R}}(s)\\ \widetilde{\boldsymbol{D}}_{\mathrm{R}}(s) & \widetilde{\boldsymbol{Y}}_{\mathrm{R}}(s)\end{bmatrix}^{-1}$$

代入式(5-109)有

$$[-\boldsymbol{\Delta}_{\mathrm{L}}^{-1}(s)\widetilde{\boldsymbol{N}}_{\mathrm{KL}}(s),\boldsymbol{\Delta}_{\mathrm{L}}^{-1}(s)\widetilde{\boldsymbol{D}}_{\mathrm{KL}}(s)]=[\boldsymbol{I}_m,\boldsymbol{Q}_{\mathrm{L}}(s)]\begin{bmatrix}-\widetilde{\boldsymbol{Y}}_{\mathrm{L}}(s) & \widetilde{\boldsymbol{X}}_{\mathrm{L}}(s)\\ \widetilde{\boldsymbol{D}}_{\mathrm{L}}(s) & \widetilde{\boldsymbol{N}}_{\mathrm{L}}(s)\end{bmatrix}$$

$$\boldsymbol{\Delta}_{\mathrm{L}}^{-1}(s)\widetilde{\boldsymbol{N}}_{\mathrm{KL}}(s)=\widetilde{\boldsymbol{Y}}_{\mathrm{L}}(s)-\boldsymbol{Q}_{\mathrm{L}}(s)\widetilde{\boldsymbol{D}}_{\mathrm{L}}(s),\ \boldsymbol{\Delta}_{\mathrm{L}}^{-1}(s)\widetilde{\boldsymbol{D}}_{\mathrm{KL}}(s)=\widetilde{\boldsymbol{X}}_{\mathrm{L}}(s)+\boldsymbol{Q}_{\mathrm{L}}(s)\widetilde{\boldsymbol{N}}_{\mathrm{L}}(s)$$

那么，一般性的镇定控制器为

$$\begin{aligned}\boldsymbol{K}(s)&=\widetilde{\boldsymbol{D}}_{\mathrm{KL}}^{-1}(s)\widetilde{\boldsymbol{N}}_{\mathrm{KL}}(s)=(\boldsymbol{\Delta}_{\mathrm{L}}^{-1}(s)\widetilde{\boldsymbol{D}}_{\mathrm{KL}}(s))^{-1}(\boldsymbol{\Delta}_{\mathrm{L}}^{-1}(s)\widetilde{\boldsymbol{N}}_{\mathrm{KL}}(s))\\&=(\widetilde{\boldsymbol{X}}_{\mathrm{L}}(s)+\boldsymbol{Q}_{\mathrm{L}}(s)\widetilde{\boldsymbol{N}}_{\mathrm{L}}(s))^{-1}(\widetilde{\boldsymbol{Y}}_{\mathrm{L}}(s)-\boldsymbol{Q}_{\mathrm{L}}(s)\widetilde{\boldsymbol{D}}_{\mathrm{L}}(s))\end{aligned} \tag{5-119a}$$

同理，可推出另一种一般性的镇定控制器为

$$\begin{aligned}\boldsymbol{K}(s)&=\widetilde{\boldsymbol{N}}_{\mathrm{KR}}(s)\widetilde{\boldsymbol{D}}_{\mathrm{KR}}^{-1}(s)=(\widetilde{\boldsymbol{N}}_{\mathrm{KR}}(s)\boldsymbol{\Delta}_{\mathrm{R}}^{-1}(s))(\widetilde{\boldsymbol{D}}_{\mathrm{KR}}(s)\boldsymbol{\Delta}_{\mathrm{R}}^{-1}(s))^{-1}\\&=(\widetilde{\boldsymbol{Y}}_{\mathrm{R}}(s)+\widetilde{\boldsymbol{D}}_{\mathrm{R}}(s)\boldsymbol{Q}_{\mathrm{R}}(s))(\widetilde{\boldsymbol{X}}_{\mathrm{R}}(s)-\widetilde{\boldsymbol{N}}_{\mathrm{R}}(s)\boldsymbol{Q}_{\mathrm{R}}(s))^{-1}\end{aligned} \tag{5-119b}$$

式中，自由参数矩阵 $\boldsymbol{Q}_{\mathrm{R}}(s)=\widetilde{\boldsymbol{X}}_{\mathrm{L}}(s)\widetilde{\boldsymbol{N}}_{\mathrm{KR}}(s)\boldsymbol{\Delta}_{\mathrm{R}}^{-1}(s)-\widetilde{\boldsymbol{Y}}_{\mathrm{L}}(s)\widetilde{\boldsymbol{D}}_{\mathrm{KR}}(s)\boldsymbol{\Delta}_{\mathrm{R}}^{-1}(s)\in\mathcal{RH}_{\infty}$。

从式(5-119)知，若 $\boldsymbol{Q}_{\mathrm{L}}(s)=\boldsymbol{0}$ 或 $\boldsymbol{Q}_{\mathrm{R}}(s)=\boldsymbol{0}$，一般性的镇定控制器退化为式(5-117)的镇定控制器。

2. 镇定控制器的状态空间实现

不失一般性，令 $\boldsymbol{G}(s)$ 是严格真分式矩阵，其实现为 $\{\boldsymbol{A},\boldsymbol{B},\boldsymbol{C},\boldsymbol{0}\}$。若以"状态观测器+状态反馈"实现镇定控制，如图 5-7 所示，先不考虑图中虚线环节，即 $\boldsymbol{Q}(s)=\boldsymbol{0}$，有

$$\dot{\hat{\boldsymbol{x}}}=\boldsymbol{A}\hat{\boldsymbol{x}}+\boldsymbol{B}\boldsymbol{u}+\boldsymbol{H}(\boldsymbol{y}-\boldsymbol{C}\hat{\boldsymbol{x}}),\quad \boldsymbol{u}=-\boldsymbol{F}\hat{\boldsymbol{x}}$$

联立起来有

$$\begin{cases}\dot{\hat{\boldsymbol{x}}}=(\boldsymbol{A}-\boldsymbol{B}\boldsymbol{F}-\boldsymbol{H}\boldsymbol{C})\hat{\boldsymbol{x}}+\boldsymbol{H}\boldsymbol{y}=\boldsymbol{A}_K\hat{\boldsymbol{x}}+\boldsymbol{B}_K\boldsymbol{y}\\ \boldsymbol{u}=-\boldsymbol{F}\hat{\boldsymbol{x}}=\boldsymbol{C}_K\hat{\boldsymbol{x}}\end{cases} \tag{5-120}$$

对比图 5-6 的控制器，$\boldsymbol{u}=-\boldsymbol{K}(s)\boldsymbol{y}$，$\boldsymbol{r}=\boldsymbol{0}$，有如下等价系统的关系：

$$-\boldsymbol{K}(s)\sim\begin{bmatrix}\boldsymbol{A}_K & \boldsymbol{B}_K\\ \boldsymbol{C}_K & \boldsymbol{0}\end{bmatrix}=\begin{bmatrix}\boldsymbol{A}-\boldsymbol{B}\boldsymbol{F}-\boldsymbol{H}\boldsymbol{C} & \boldsymbol{H}\\ -\boldsymbol{F} & \boldsymbol{0}\end{bmatrix} \tag{5-121a}$$

$$\boldsymbol{K}(s)=\boldsymbol{F}(s\boldsymbol{I}_n-\boldsymbol{A}+\boldsymbol{B}\boldsymbol{F}+\boldsymbol{H}\boldsymbol{C})^{-1}\boldsymbol{H} \tag{5-121b}$$

下面验证以"状态观测器+状态反馈"构成的控制器式(5-121b)与式(5-117)的镇定控制器是一样的。从式(5-111)有

$$\begin{cases}\widetilde{\boldsymbol{X}}_{\mathrm{R}}(s)=\boldsymbol{C}(s\boldsymbol{I}_n-\boldsymbol{A}_F)^{-1}\boldsymbol{H}+\boldsymbol{I}_p, & \widetilde{\boldsymbol{Y}}_{\mathrm{R}}(s)=\boldsymbol{F}(s\boldsymbol{I}_n-\boldsymbol{A}_F)^{-1}\boldsymbol{H}\\ \widetilde{\boldsymbol{X}}_{\mathrm{L}}(s)=\boldsymbol{F}(s\boldsymbol{I}_n-\boldsymbol{A}_H)^{-1}\boldsymbol{B}+\boldsymbol{I}_m, & \widetilde{\boldsymbol{Y}}_{\mathrm{L}}(s)=\boldsymbol{F}(s\boldsymbol{I}_n-\boldsymbol{A}_H)^{-1}\boldsymbol{H}\end{cases}$$

可以验证

$$\begin{aligned}\tilde{Y}_R(s)\tilde{X}_R^{-1}(s)&=[F(sI_n-A_F)^{-1}H][C(sI_n-A_F)^{-1}H+I_p]^{-1}\\&=[F(sI_n-A_F)^{-1}H][I_p-C(sI_n-A_F+HC)^{-1}H]\\&=[F(sI_n-A_F)^{-1}H]-[F(sI_n-A_F)^{-1}H][C(sI_n-A_F+HC)^{-1}H]\\&=F[(sI_n-A_F)^{-1}(sI_n-A_F+HC)+(sI_n-A_F)^{-1}HC](sI_n-A_F+HC)^{-1}H\\&=F[I_n-(sI_n-A_F)^{-1}HC+(sI_n-A_F)^{-1}HC](sI_n-A_F+HC)^{-1}H\\&=F(sI_n-A+BF+HC)^{-1}H\end{aligned}\tag{5-122a}$$

式中推导用到矩阵恒等式$[I+C(sI-A)^{-1}B]^{-1}=I-C(sI-A+BC)^{-1}B$。

同理，可推出

$$\begin{aligned}\tilde{Y}_L(s)\tilde{X}_L^{-1}(s)&=[F(sI_n-A_H)^{-1}H][F(sI_n-A_H)^{-1}B+I_m]^{-1}\\&=F(sI_n-A+BF+HC)^{-1}H\end{aligned}\tag{5-122b}$$

与式(5-121b)比较可见

$$K(s)=\tilde{X}_L^{-1}(s)\tilde{Y}_L(s)=\tilde{Y}_R(s)\tilde{X}_R^{-1}(s)。$$

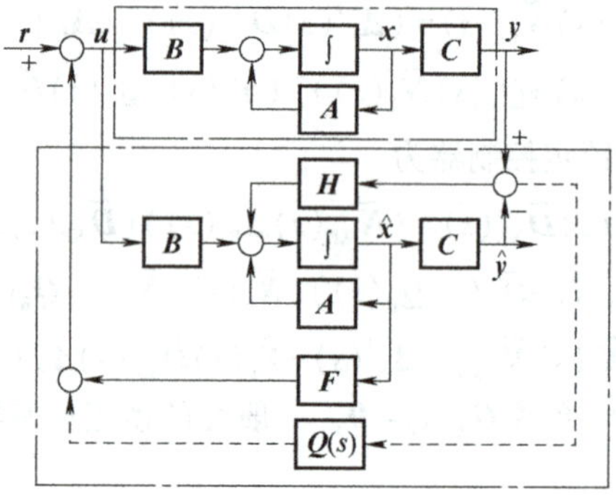

图 5-7　镇定控制器的状态空间实现

若考虑自由参数矩阵$Q(s)\in\mathcal{RH}_\infty$，增加图 5-7 中虚线环节，此时“状态观测器+状态反馈”构成的系统如下：

$$\begin{cases}\dot{\hat{x}}=(A-HC)\hat{x}+Bu+Hy=A_H\hat{x}+Bu+Hy\\u=-F\hat{x}-Q(s)(y-\hat{y})\end{cases}\tag{5-123a}$$

或者

$$\begin{cases}(sI_n-A_H)\hat{x}(s)=Bu(s)+Hy(s)\\u(s)=-F\hat{x}(s)-Q(s)[y(s)-\hat{y}(s)]\end{cases}\tag{5-123b}$$

考虑到式(5-111)，$\tilde{N}_L(s)=C(sI_n-A_H)^{-1}B$，$\tilde{D}_L(s)=-C(sI_n-A_H)^{-1}H+I_p$，有

$$\begin{aligned}\hat{y}(s)&=C\hat{x}(s)=C[(sI_n-A_H)^{-1}Bu(s)+(sI_n-A_H)^{-1}Hy(s)]\\&=\tilde{N}_L(s)u(s)+(I_p-\tilde{D}_L(s))y(s)\end{aligned}$$

将上面的$\hat{x}(s)$、$\hat{y}(s)$代入式(5-123b)，并考虑式(5-111)有

$$\begin{aligned}u&=-F[(sI_n-A_H)^{-1}Bu+(sI_n-A_H)^{-1}Hy]-Q(s)[y-\tilde{N}_L(s)u-(I_p-\tilde{D}_L(s))y]\\&=(I_m-\tilde{X}_L(s))u-\tilde{Y}_L(s)y+Q(s)[\tilde{N}_L(s)u-\tilde{D}_L(s)y]\end{aligned}$$

移项后有

$$(\tilde{X}_L(s)-Q(s)\tilde{N}_L(s))u=-(\tilde{Y}_L(s)+Q(s)\tilde{D}_L(s))y$$

取 $\boldsymbol{Q}_{\mathrm{L}}(s)=\boldsymbol{Q}(s)$，有 $\boldsymbol{u}=-\boldsymbol{K}(s)\boldsymbol{y}$，其中

$$\boldsymbol{K}(s)=(\tilde{\boldsymbol{X}}_{\mathrm{L}}(s)+\boldsymbol{Q}_{\mathrm{L}}(s)\tilde{\boldsymbol{N}}_{\mathrm{L}}(s))^{-1}(\tilde{\boldsymbol{Y}}_{\mathrm{L}}(s)-\boldsymbol{Q}_{\mathrm{L}}(s)\tilde{\boldsymbol{D}}_{\mathrm{L}}(s)) \tag{5-124}$$

与式(5-119a)一般性的镇定控制器一致。

从前面的讨论，有

1) 有理分式矩阵描述实际上是在多项式矩阵的基础上增加一个稳定的“分母”多项式矩阵，前两节的多项式矩阵描述与分析方法，都可以推广到有理分式矩阵描述中。

2) 可以将传递函数矩阵 $\boldsymbol{G}(s)$ 在 $\mathcal{RH}_\infty$ 上进行左右互质分解，并以此设计控制器 $\boldsymbol{K}(s)$，参见式(5-119)。也可以将 $\boldsymbol{G}(s)$ 以状态空间描述的形式实现，并以此设计控制器 $\boldsymbol{K}(s)$，参见式(5-120)、式(5-123)，这种形式十分便于运用计算机辅助设计。二者设计的控制器是等价的，且可给出所有可能的镇定控制器。

3) 控制器中自由参数矩阵 $\boldsymbol{Q}(s)$ 的存在，使得在保证闭环系统内部稳定的前提下，还可以进一步调整闭环系统的其他性能。

4) 图 5-6 所示的系统内部稳定，实际上取决于由 $\boldsymbol{G}(s)$ 和 $\boldsymbol{K}(s)$ 构成的环路是否稳定，即 $(\boldsymbol{I}_p+\boldsymbol{G}(s)\boldsymbol{K}(s))^{-1}$ 或 $(\boldsymbol{I}_m+\boldsymbol{K}(s)\boldsymbol{G}(s))^{-1}$ 的稳定性。实际上，许多控制问题都可等效转化到由两个传递函数矩阵 $\boldsymbol{G}(s)$ 和 $\boldsymbol{K}(s)$ 所构成的环路稳定性问题，因此有理分式矩阵理论给出了一个通用解决方案。

本章小结

多项式矩阵理论是在状态空间理论基础上发展起来的新理论，综合本章内容可见：

1) 多项式矩阵理论给出了线性定常系统一个统一的理论框架，将微分方程、状态空间描述、矩阵分式描述等归到了多项式矩阵描述；由于算子 s 既可以是微分算子也可以看成是拉普拉斯算子，使得多项式矩阵描述与传递函数矩阵描述紧密关联，并进一步拓广到稳定传递函数的有理分式矩阵描述。

2) 由于采取多项式矩阵描述，利用数学中的多项式分解与互质等理论工具，以(广义)比照特恒等式作为桥梁，从一个新的视角透视系统的内部结构特征，将系统能控(观)性与多项式矩阵的互质等价起来，并与传递函数矩阵的零极点以及零极点对消关联起来，引申了经典控制理论相关内容。

3) 多项式矩阵的等价变换是一个重要的理论工具，几乎贯穿了线性系统理论分析的全过程。等价变换的目的，就是将原系统的本质特征显露出来，便于理论分析。由于任何一个多项式矩阵描述都可等价变换到状态空间描述上，所以，基于状态空间理论的各种方法都可引用到多项式矩阵描述的系统上，或者以多项式矩阵理论得到的结果都可用状态空间描述的方式予以实现。

4) 采用多项式矩阵理论，构建了基于全馈控制器的通用控制器结构，可以得到闭环系统镇定的全部控制器的集合，从理论上很好地解决了模型匹配与解耦、模态嵌入与伺服控制等问题。值得注意的是，尽管从理论上给出了模型匹配，特别是动态解耦的解决方案，但往往需要对消被控对象性能不好的零点，这将导致闭环系统发生不能控或不能观的情况，也会需要较大的控制输入量，从而出现超限情况。因此，在实际工程系统，追求稳态(静态)解耦、再通过状态反馈实现镇定并改善动态性能更是一条优选路径。

5) 以多项式矩阵理论扩展出有理分式矩阵理论，与传递函数矩阵建立了更密切的关系，并将多项式矩阵理论的结论推广到了更一般情形，对于控制系统的分析与设计具有重要的理论意义，也为开创新的控制理论奠定了坚实的基础。

习题

5.1 试求下列多项式矩阵的不变因子和史密斯规范形：

1) $\begin{bmatrix} s+1 & s^2+3s+2 \\ s+2 & 0 \end{bmatrix}$；　2) $\begin{bmatrix} s^2-3s+4 & s+4 & s+7 \\ s+5 & s+1 & s^2+3s+5 \end{bmatrix}$；

3) $\begin{bmatrix} 2s^2+4s+7 & 3s+5 \\ s+6 & s^2+3s+4 \\ s+3 & 3s+1 \end{bmatrix}$；　4) $\begin{bmatrix} s+1 & 0 & 0 \\ 0 & s+1 & -1 \\ 0 & 0 & s+1 \end{bmatrix}$。

5.2 试证明 $M_1(s)=s^3+a_2s^2+a_1s+a_0$ 与 $\boldsymbol{M}_2(s)=s\boldsymbol{I}_3-\boldsymbol{A}$ 准等价，其中

$$\boldsymbol{A}=\begin{bmatrix} -a_2 & -a_1 & -a_0 \\ 1 & 0 & 0 \\ 0 & 1 & 0 \end{bmatrix}$$

5.3 试证明 $\boldsymbol{M}_i(s)=s\boldsymbol{I}_3-\boldsymbol{A}_i(i=1,2,3,4)$ 相互等价，其中

$$\boldsymbol{A}_1=\begin{bmatrix} -a_2 & -a_1 & -a_0 \\ 1 & 0 & 0 \\ 0 & 1 & 0 \end{bmatrix},\ \boldsymbol{A}_2=\begin{bmatrix} 0 & 1 & 0 \\ 0 & 0 & 1 \\ -a_0 & -a_1 & -a_2 \end{bmatrix}$$

$$\boldsymbol{A}_3=\begin{bmatrix} 0 & 0 & -a_0 \\ 1 & 0 & -a_1 \\ 0 & 1 & -a_2 \end{bmatrix},\ \boldsymbol{A}_4=\begin{bmatrix} -a_2 & 1 & 0 \\ -a_1 & 0 & 1 \\ -a_0 & 0 & 0 \end{bmatrix}$$

5.4 试判断如下分式描述是否真或严格真？并化为互质分式描述：

1) $\begin{bmatrix} (s+1)^2 & s+2 \\ s+4 & 0 \end{bmatrix}\begin{bmatrix} s+3 & 0 \\ s^3+5s^2+s+5 & s+5 \end{bmatrix}^{-1}$；

2) $\begin{bmatrix} s+1 & s+2 \\ s & 2s+1 \end{bmatrix}^{-1}\begin{bmatrix} s & 3s+2 & 5s+7 \\ 2s+1 & 4s+1 & 3s+5 \end{bmatrix}$。

5.5 试求解如下部分状态方程组：

1) $\begin{cases} \begin{bmatrix} s+1 & s^2+3s+2 \\ s+2 & 0 \end{bmatrix}\begin{bmatrix} \xi_1(t) \\ \xi_2(t) \end{bmatrix}=\begin{bmatrix} 0 \\ 1 \end{bmatrix}e^{2t}, \\ y(t)=[s+1,3]\begin{bmatrix} \xi_1(t) \\ \xi_2(t) \end{bmatrix}; \end{cases}$　2) $\begin{cases} \begin{bmatrix} s^2+s+3 & s+3 \\ s+1 & s^2+3s \end{bmatrix}\begin{bmatrix} \xi_1(t) \\ \xi_2(t) \end{bmatrix}=\begin{bmatrix} s+6 \\ 4 \end{bmatrix}e^{t}, \\ y(t)=[1,1]\begin{bmatrix} \xi_1(t) \\ \xi_2(t) \end{bmatrix}。 \end{cases}$

5.6 下述系统是否等价？为什么？

1) $\begin{bmatrix} (s+2)^2 & 1 \\ -(s+1) & 0 \end{bmatrix}$与$\begin{bmatrix} (s+2)^2 & s+1 \\ -1 & 0 \end{bmatrix}$；　2) $\begin{bmatrix} (s+4)^2 & s+4 \\ -1 & 0 \end{bmatrix}$与$\begin{bmatrix} (s+4)^2 & 1 \\ -(s+4) & 0 \end{bmatrix}$。

5.7 将下述部分状态方程组等价化为状态方程组：

1) $\begin{bmatrix} s+1 & s^2+3s+2 & 1 \\ s+2 & 0 & 0 \\ s+1 & 1 & 0 \end{bmatrix}$；　2) $\begin{bmatrix} s+1 & s+5 & s+2 \\ 4 & s^2+s & s+1 \\ s+6 & 0 & 0 \end{bmatrix}$。

5.8 对于系统$\Sigma=\{\boldsymbol{P}(s),\boldsymbol{Q}(s),\boldsymbol{R}(s),\boldsymbol{W}(s)\}$，存在多项式矩阵$\{\boldsymbol{D}(s),\boldsymbol{N}(s)\}$使得$\{\boldsymbol{D}(s),\boldsymbol{I},\boldsymbol{N}(s),\boldsymbol{W}(s)\}$与$\Sigma$等价的充要条件是$\boldsymbol{P}(s)$与$\boldsymbol{Q}(s)$左互质。试证明之。

5.9　给定如下系统：

$$\begin{cases}\dot{\boldsymbol{x}}=\begin{bmatrix}0 & 1 & 0\\-2 & -3 & 0\\1 & 0 & 3\end{bmatrix}\boldsymbol{x}+\begin{bmatrix}0 & 0\\1 & 1\\0 & 1\end{bmatrix}\boldsymbol{u}\\ \boldsymbol{y}=\begin{bmatrix}1 & 0 & 0\\0 & 1 & 0\end{bmatrix}\boldsymbol{x}\end{cases}$$

1）写出系统矩阵，求系统矩阵零点；

2）求传递函数矩阵的史密斯-麦克米兰规范形及其传递零点。

5.10　求如下传递函数矩阵的史密斯-麦克米兰规范形：

1) $\begin{bmatrix}\dfrac{3}{s-1} & \dfrac{3s+1}{s-1} & 0\\ \dfrac{-s}{s-1} & \dfrac{-s^2+1}{s-1} & 0\\ 0 & 0 & \dfrac{(s-1)^2(s-2)}{(s+3)^2}\end{bmatrix}$；　2) $\begin{bmatrix}\dfrac{-s}{(s+1)^2} & \dfrac{1}{(s+1)^2(s+3)}\\ \dfrac{s^2}{(s+1)(s+3)} & \dfrac{s}{(s+1)(s+3)}\end{bmatrix}$。

5.11　求如下传递函数矩阵的能控(观)规范形的实现：

1) $\boldsymbol{G}(s)=\begin{bmatrix}\dfrac{1}{(s-1)^2} & \dfrac{1}{(s-1)(s+3)}\\ \dfrac{-6}{(s-1)(s+3)^2} & \dfrac{s-2}{(s+3)^2}\end{bmatrix}$；　2) $\boldsymbol{G}(s)=\begin{bmatrix}\dfrac{1}{s+1} & \dfrac{2}{s+1}\\ \dfrac{-1}{(s+1)(s+2)} & \dfrac{1}{s+2}\end{bmatrix}$。

5.12　被控对象与期望传递函数分别为

$$G(s)=\frac{(s+2)(s-1)}{(s+1)(s-2)(s-3)},\quad \Phi^*(s)=\frac{(s+4)(s-1)}{(s+1)(s+2)(s+3)}$$

试设计全馈控制器。

5.13　设被控对象为

$$\boldsymbol{G}(s)=\begin{bmatrix}\dfrac{s+3}{(s+1)(s+2)} & \dfrac{1}{s+1}\\ \dfrac{1}{(s+1)(s+2)} & \dfrac{2}{s+1}\end{bmatrix}$$

可否通过全馈控制器使其解耦？若行，试设计全馈控制器。

5.14　闭环传递函数矩阵为 $\boldsymbol{\Phi}(s)$，若 $\boldsymbol{\Phi}(0)$ 是对角矩阵，称闭环系统静态解耦。试证明，被控对象 $\boldsymbol{G}(s)$ 可通过全馈控制器实现静态解耦的充要条件是 $\boldsymbol{G}(0)$ 非奇异。

5.15　试验证定理5-10中的式(5-112)。

第 6 章 现代控制理论进阶

状态空间理论、多项式矩阵理论（含有理分式矩阵理论）较完整地建立起了线性系统分析与设计的统一理论框架。然而，随着控制性能需求日益提高和控制领域日益拓广，系统的非线性、时变性、随机性、不确定性等因素越发成为控制系统设计的瓶颈。亟须发展针对这些问题的新的控制理论。

稳定性是控制理论的核心问题，与响应轨迹密切关联，但通过求解响应轨迹分析稳定性是相对困难的。对于线性定常系统，可转化为求取极点或特征值进行分析，但对于非线性系统或时变系统无法沿用。因此，需要给出一般性的稳定性分析方法，这就形成了李雅普诺夫稳定性理论。

随机性是实际系统不可避免会存在的，特别是传感测量的随机噪声。理论上讲，任何控制系统都是随机系统，因而常规确定性的控制理论都有局限性。处理随机性的数学工具常感深奥难懂，实际上其关键是将随机性转为确定性，这样过往的确定性数学工具与控制理论都可发挥作用。基于这个思想，解决了参数估计与状态滤波的随机噪声问题，形成了系统辨识理论。

理论设计与实际运行存在较大差距的主要原因是数学模型没有很好地刻画实际系统，受到模型不确定性的困扰。在理论设计阶段，不确定性是不可知的，因而，常规的控制理论只好忽视它的存在，冀望反馈机制抵消它的影响。尽管不确定性是不可知的，但它的“界”能得到估计，以此“界”来设计，便可主动抵消它的影响，这就形成了鲁棒控制原理与设计方法。

控制理论与技术发展了百余年，形成了众多的控制方法，得到了广泛的应用。然而，也发现有许多场合的控制效果总难以达到预期，这就引起了对系统可控能力的分析研究。对于一个被控对象，到底哪些性能可为之，哪些无法为之，是一个具有重要理论与应用价值的问题。能为之的，设法进行完美的设计；不可为的，则需改造被控对象。

上述每个专题内容都十分丰富，下面只进行概述，重点叙述方法的思路，为进一步深入学习引路。

6.1 李雅普诺夫稳定性理论

无论何种控制理论都不外乎以系统稳定性为核心。控制系统的分析与设计就是寻找到控制律，确保闭环系统稳定；在此前提下，利用控制律中还可自由选择的参数（范围）改善系统的其他性能。因此，建立最具一般意义的系统稳定性理论，并给出相应的分析与设计方法有着十分重要的理论意义。

6.1.1 一般系统的稳定性

稳定性是控制系统最重要的性质。它描述系统在不受外部干预下，系统状态变量由非平衡态自动返回到平衡态的能力。

1. 系统的平衡态

设系统的状态方程为

$$\dot{\boldsymbol{x}}=\boldsymbol{f}(\boldsymbol{x},t,\boldsymbol{u}) \tag{6-1}$$

式中，$\boldsymbol{x}\in\mathbf{R}^n$ 是系统状态变量；$\boldsymbol{u}\in\mathbf{R}^m$ 是系统输入；$\boldsymbol{f}(\cdot)$ 为 n 维向量函数。若式(6-1)显含时间 t，系统将是时变系统。线性定常系统是式(6-1)的特例，即

$$\dot{\boldsymbol{x}}=\boldsymbol{f}(\boldsymbol{x},t,\boldsymbol{u})=\boldsymbol{A}\boldsymbol{x}+\boldsymbol{B}\boldsymbol{u} \tag{6-2}$$

取 $\boldsymbol{u}=\boldsymbol{0}$，若状态 $\boldsymbol{x}_e$ 满足 $\dot{\boldsymbol{x}}_e=\boldsymbol{f}(\boldsymbol{x}_e,t,\boldsymbol{0})=\boldsymbol{0}$，称它为系统的平衡态。平衡态 $\boldsymbol{x}_e$ 是不再随时间变化的状态。

对于线性定常系统，平衡态方程为

$$\dot{\boldsymbol{x}}_e=\boldsymbol{f}(\boldsymbol{x}_e,t,\boldsymbol{0})=\boldsymbol{A}\boldsymbol{x}_e=\boldsymbol{0} \tag{6-3}$$

可见，若状态矩阵 $\boldsymbol{A}$ 非奇异，则只有唯一的平衡态 $\boldsymbol{x}_e=\boldsymbol{0}$；若状态矩阵 $\boldsymbol{A}$ 奇异，则平衡态有多解，但 $\boldsymbol{x}_e=\boldsymbol{0}$ 一定是它的平衡态。

一般情况下，满足方程 $\boldsymbol{f}(\boldsymbol{x}_e,t,\boldsymbol{0})=\boldsymbol{0}$ 的平衡态 $\boldsymbol{x}_e$ 会有多解，但 $\boldsymbol{x}_e=\boldsymbol{0}$ 常常是平衡态，称为零平衡态。另外，若 $\boldsymbol{x}_e\neq\boldsymbol{0}$，可取新变量 $\hat{\boldsymbol{x}}=\boldsymbol{x}-\boldsymbol{x}_e$ 重新列写状态方程，这样非零平衡态便转为零平衡态。因此，在系统稳定性研究中，不失一般性，常常只给出零平衡态的稳定性判据。

2. 一般系统的稳定性定义

系统状态轨迹直观反映系统的稳定性，下面以它给出稳定性的一般性定义。

设系统的初始状态 $\boldsymbol{x}(t_0)$ 在以平衡态 $\boldsymbol{x}_e$ 为球心、δ 为半径的开球域内，即

$$\|\boldsymbol{x}(t_0)-\boldsymbol{x}_e\|<\delta \tag{6-4}$$

取 $\boldsymbol{u}=\boldsymbol{0}$，系统(6-1)的解轨迹为 $\boldsymbol{x}(t)=\boldsymbol{x}(t;\boldsymbol{x}(t_0))\ (t\geqslant t_0)$。

1）若对任意给定的正数 $\varepsilon>0$，存在正数 $\delta>0$，使得当式(6-4)成立时，一定有

$$\|\boldsymbol{x}(t;\boldsymbol{x}(t_0))-\boldsymbol{x}_e\|<\varepsilon\ (t\geqslant t_0) \tag{6-5a}$$

即解轨迹 $\boldsymbol{x}(t;\boldsymbol{x}(t_0))$ 始终在以平衡态 $\boldsymbol{x}_e$ 为球心、ε 为半径的开球域内，就称平衡态 $\boldsymbol{x}_e$ 是(局部)稳定的，如图 6-1 所示；否则，就称为不稳定。

2）若平衡态 $\boldsymbol{x}_e$ 是稳定的，且解轨迹 $\boldsymbol{x}(t;\boldsymbol{x}(t_0))$ 满足

$$\lim_{t\to\infty}\|\boldsymbol{x}(t;\boldsymbol{x}(t_0))-\boldsymbol{x}_e\|=\boldsymbol{0} \tag{6-5b}$$

就称平衡态 $\boldsymbol{x}_e$ 是(局部)渐近稳定的。

3）若平衡态 $\boldsymbol{x}_e$ 是稳定的，且对任意的初始状态 $\boldsymbol{x}(t_0)$（扩大到整个状态空间取值）式(6-5b)都成立，就称平衡态 $\boldsymbol{x}_e$ 是全局渐近稳定的。

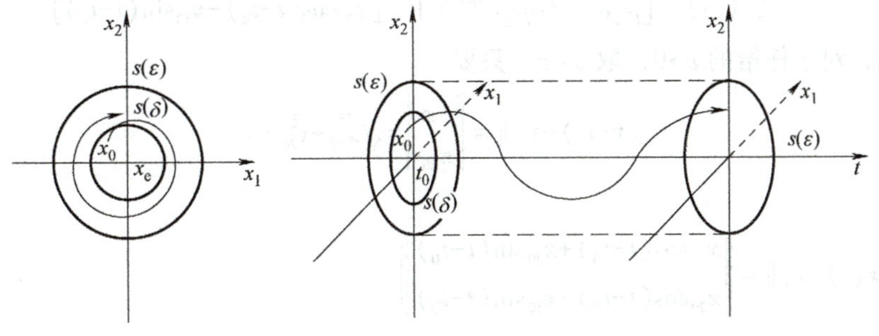

图 6-1　李雅普诺夫稳定性

前述的稳定性是最具一般意义的，也称为李雅普诺夫(Lyapunov)意义下的稳定性。从稳定性的定义可看出：

1）系统的稳定性实际上是指系统平衡态的稳定性；若系统有多个平衡态，应要分析每一个平衡态的稳定性；所有的平衡态都是稳定的，才能说系统是稳定的。

2）稳定性判断的关键是，若要后段的解轨迹($t\geqslant t_0$)都不超出 ε，能否反向找到初始状态的一个邻域(不超出 δ)？δ 可以大于 ε，也可以小于 ε。直观上看，δ 越小越容易做到，当 δ 非常小(初始时刻离平衡态非常近)都做不到的话，意味着系统会不稳定。

3）一个平衡态稳定，意味着轨迹 $\boldsymbol{x}(t)$ 不会发散但不一定趋近 $\boldsymbol{x}_e$，除非是渐近稳定。但是，若初始值 $\boldsymbol{x}(t_0)\to\boldsymbol{x}_e$，$\boldsymbol{x}(t)$ 一定要趋近 $\boldsymbol{x}_e$，即

$$\lim_{\boldsymbol{x}(t_0)\to\boldsymbol{x}_e}\|\boldsymbol{x}(t;\boldsymbol{x}(t_0))-\boldsymbol{x}_e\|=\boldsymbol{0}(t\geqslant t_0) \tag{6-5c}$$

从这个意义上讲，线性定常系统中的临界稳定(特征值实部为0)是李雅普诺夫意义下的稳定。

4）一个平衡态不稳定是指，$\exists\varepsilon>0$，对 $\forall\delta>0$，使得

$$\|\boldsymbol{x}(t_0)-\boldsymbol{x}_e\|<\delta\Rightarrow\|\boldsymbol{x}(t;\ \boldsymbol{x}(t_0))-\boldsymbol{x}_e\|>\varepsilon(\exists t\geqslant t_0) \tag{6-6}$$

总之，一个平衡态是否稳定，只需在平衡态的一个小邻域上考察即可。换句话说，若系统初始状态 $\boldsymbol{x}(t_0)$ 偏离 $\boldsymbol{x}_e$ 一点点，后续轨迹 $\boldsymbol{x}(t)$ 就不能回到这个平衡态(附近)甚至发散，这是一件可怕的事，所以必须要杜绝不稳定的平衡态。

3. 实例分析

例 6-1 分析如下系统的稳定性：

1）$\ddot{x}+x=0$。

2）$\ddot{x}+\dot{x}+x=0$。

3）$\dot{x}+x^2+2x=0$。

下面根据稳定性定义，分析系统的稳定性。

1）这是一个二阶系统，写成一阶微分方程组有

$$\dot{\boldsymbol{x}}=\begin{bmatrix}\dot{x}\\\ddot{x}\end{bmatrix}=\begin{bmatrix}0&1\\-1&0\end{bmatrix}\begin{bmatrix}x\\\dot{x}\end{bmatrix}=\boldsymbol{f}(\boldsymbol{x}),\quad \boldsymbol{x}=\begin{bmatrix}x\\\dot{x}\end{bmatrix}$$

系统平衡态方程为 $\boldsymbol{f}(\boldsymbol{x})=\begin{bmatrix}0&1\\-1&0\end{bmatrix}\begin{bmatrix}x\\\dot{x}\end{bmatrix}=\boldsymbol{0}$，只有唯一的平衡态 $\boldsymbol{x}_e=\begin{bmatrix}x_e\\\dot{x}_e\end{bmatrix}=\boldsymbol{0}$。

系统的特征方程为 $\lambda^2+1=0$，特征值为 $\lambda_{1,2}=\pm\mathrm{j}$，取初始值 $\boldsymbol{x}(t_0)=\begin{bmatrix}x_{10}\\x_{20}\end{bmatrix}$，则其解轨迹为

$$\boldsymbol{x}(t)=\begin{bmatrix}x(t)\\\dot{x}(t)\end{bmatrix}=\begin{bmatrix}c_1\mathrm{e}^{\mathrm{j}(t-t_0)}+c_2\mathrm{e}^{-\mathrm{j}(t-t_0)}\\jc_1\mathrm{e}^{\mathrm{j}(t-t_0)}-jc_2\mathrm{e}^{-\mathrm{j}(t-t_0)}\end{bmatrix}=\begin{bmatrix}x_{10}\cos(t-t_0)+x_{20}\sin(t-t_0)\\x_{20}\cos(t-t_0)-x_{10}\sin(t-t_0)\end{bmatrix}$$

不难看到，对于任给的 $\varepsilon>0$，取 $\delta=\varepsilon$，只要

$$\|\boldsymbol{x}(t_0)-\boldsymbol{x}_e\|=\left\|\begin{matrix}x_{10}\\x_{20}\end{matrix}\right\|=\sqrt{x_{10}^2+x_{20}^2}<\delta$$

就一定有

$$\begin{aligned}\|\boldsymbol{x}(t)-\boldsymbol{x}_e\|&=\left\|\begin{matrix}x_{10}\cos(t-t_0)+x_{20}\sin(t-t_0)\\x_{20}\cos(t-t_0)-x_{10}\sin(t-t_0)\end{matrix}\right\|\\&=\sqrt{[x_{10}\cos(t-t_0)+x_{20}\sin(t-t_0)]^2+[x_{20}\cos(t-t_0)-x_{10}\sin(t-t_0)]^2}\\&=\sqrt{x_{10}^2+x_{20}^2}<\delta=\varepsilon\end{aligned} \tag{6-7}$$

根据定义，唯一的零平衡态是(局部)稳定的。

从式(6-7)知，若初始值 $\boldsymbol{x}(t_0)\to\boldsymbol{0}$，则解轨迹 $\boldsymbol{x}(t)\to\boldsymbol{0}$。但是，若初始值 $\boldsymbol{x}(t_0)$ 取定后，只是让时间 $t\to\infty$，并不能让 $\boldsymbol{x}(t)$ 任意小，即

$$\lim_{t\to\infty}\|\boldsymbol{x}(t)-\boldsymbol{x}_e\|=\lim_{t\to\infty}\left\|\begin{matrix}x_{10}\cos(t-t_0)+x_{20}\sin(t-t_0)\\ x_{20}\cos(t-t_0)-x_{10}\sin(t-t_0)\end{matrix}\right\|\neq\boldsymbol{0}$$

所以，这个零平衡态不是渐近稳定的。

这个例子说明了，尽管 $t\to\infty$，$\boldsymbol{x}(t)$ 不趋近零平衡态而是一个等幅振荡，参见式(6-5c)，但是只要 $\boldsymbol{x}(t_0)\to\boldsymbol{x}_e=\boldsymbol{0}$，一定有 $\boldsymbol{x}(t)$ 趋近零平衡态，所以它是稳定的。这种稳定，在线性定常系统的时域分析中称之为临界稳定。

2）这也是一个二阶系统，写成一阶微分方程组有

$$\dot{\boldsymbol{x}}=\begin{bmatrix}\dot{x}\\ \ddot{x}\end{bmatrix}=\begin{bmatrix}0&1\\-1&-1\end{bmatrix}\begin{bmatrix}x\\ \dot{x}\end{bmatrix}=\boldsymbol{f}(\boldsymbol{x}),\quad \boldsymbol{x}=\begin{bmatrix}x\\ \dot{x}\end{bmatrix}$$

系统平衡态方程为 $\boldsymbol{f}(\boldsymbol{x})=\begin{bmatrix}0&1\\-1&-1\end{bmatrix}\begin{bmatrix}x\\ \dot{x}\end{bmatrix}=\boldsymbol{0}$，只有唯一的平衡态 $\boldsymbol{x}_e=\begin{bmatrix}x_e\\ \dot{x}_e\end{bmatrix}=\boldsymbol{0}$。

系统的特征方程为 $\lambda^2+\lambda+1=0$，特征值为 $\lambda_{1,2}=\sigma\pm j\omega=-\dfrac{1}{2}\pm j\dfrac{\sqrt{3}}{2}$，取初始值 $\boldsymbol{x}(t_0)=\begin{bmatrix}x_{10}\\ x_{20}\end{bmatrix}$，则其解轨迹为

$$\boldsymbol{x}(t)=\begin{bmatrix}x(t)\\ \dot{x}(t)\end{bmatrix}=\begin{bmatrix}c_1e^{\lambda_1(t-t_0)}+c_2e^{\lambda_2(t-t_0)}\\ \lambda_1c_1e^{\lambda_1(t-t_0)}+\lambda_2c_2e^{\lambda_2(t-t_0)}\end{bmatrix}$$

$$=e^{\sigma(t-t_0)}\begin{bmatrix}x_{10}\cos\omega(t-t_0)+\dfrac{(x_{20}-\sigma x_{10})}{\omega}\sin\omega(t-t_0)\\ x_{20}\cos\omega(t-t_0)+\dfrac{\sigma x_{20}-(\sigma^2+\omega^2)x_{10}}{\omega}\sin\omega(t-t_0)\end{bmatrix}$$

$$=e^{\sigma(t-t_0)}\begin{bmatrix}A\sin[\omega(t-t_0)+\theta]\\ A\sin[\omega(t-t_0)+\theta+\varphi]\end{bmatrix}$$

式中，$A=\sqrt{x_{10}^2+\left(\dfrac{x_{20}-\sigma x_{10}}{\omega}\right)^2}$；$\theta=\arctan\dfrac{\omega x_{10}}{x_{20}-\sigma x_{10}}$；$\varphi=\arctan\dfrac{\omega}{\sigma}$。

不难看到，对于任给的 $\varepsilon>0$，取 $\delta<0.5\varepsilon$，只要 $\|\boldsymbol{x}(t_0)-\boldsymbol{x}_e\|=\sqrt{x_{10}^2+x_{20}^2}<\delta$，就一定有

$$\|\boldsymbol{x}(t)-\boldsymbol{x}_e\|=e^{\sigma(t-t_0)}\left\|\begin{matrix}A\sin[\omega(t-t_0)+\theta]\\ A\sin[\omega(t-t_0)+\theta+\varphi]\end{matrix}\right\|$$

$$=e^{\sigma(t-t_0)}\sqrt{\{A\sin[\omega(t-t_0)+\theta]\}^2+\{A\sin[\omega(t-t_0)+\theta+\varphi]\}^2}$$

$$\leqslant e^{\sigma(t-t_0)}\sqrt{A^2+A^2}\leqslant\sqrt{2}A,\quad(t\geqslant t_0)$$

$$=\sqrt{2\left[x_{10}^2+\left(\frac{x_{20}-\sigma x_{10}}{\omega}\right)^2\right]}=2\sqrt{x_{10}^2+x_{20}^2}<2\delta<\varepsilon$$

根据定义，唯一的零平衡态是(局部)稳定的。

显见，若初始值 $\boldsymbol{x}(t_0)$ 取定后，由于 $\sigma=-\dfrac{1}{2}<0$，随着时间 $t\to\infty$，一定有

$$\lim_{t\to\infty}\|\boldsymbol{x}(t)-\boldsymbol{x}_e\|=\lim_{t\to\infty}e^{\sigma(t-t_0)}\left\|\begin{matrix}A\sin[\omega(t-t_0)+\theta]\\ A\sin[\omega(t-t_0)+\theta+\varphi]\end{matrix}\right\|=\boldsymbol{0}\tag{6-8}$$

所以，这个零平衡态是渐近稳定的。再进一步，式(6-8)对任意初始值 $\boldsymbol{x}(t_0)$ 都能成立，因此，该零平衡态还是全局渐近稳定的。

3）这是一个一阶的非线性系统，写成规范形式有

$$\dot{x}=-x^2-2x=-x(x+2) \tag{6-9a}$$

显见，有两个平衡态 $x_e=\{0,-2\}$。

非线性微分方程的求解没有通用方法，下面采取变量分离的方法进行求解。式(6-9a)可转化为

$$\frac{\mathrm{d}x}{x(x+2)}=-\mathrm{d}t$$

两边求不定积分有

$$\int\frac{\mathrm{d}x}{x(x+2)}=-\int\mathrm{d}t,\ \frac{1}{2}\int\left(\frac{1}{x}-\frac{1}{x+2}\right)\mathrm{d}x=-\int\mathrm{d}t$$

$$\ln x-\ln(x+2)=-2t+c_1,\ \frac{x}{x+2}=c_2\mathrm{e}^{-2t}$$

所以

$$x(t)=\frac{2}{c\mathrm{e}^{2t}-1},\ c=\frac{1}{c_2}=\frac{1}{\mathrm{e}^{c_1}}$$

考虑初始条件 $x(0)=x_0$，有

$$x_0=\frac{2}{c-1},\ c=\frac{2}{x_0}+1$$

得到式(6-9a)的解

$$x(t)=\frac{2x_0}{(2+x_0)\mathrm{e}^{2t}-x_0}=\frac{2x_0\mathrm{e}^{-2t}}{2+x_0-x_0\mathrm{e}^{-2t}} \tag{6-9b}$$

对于 $x_e=0$，对 $\forall\,0<\varepsilon<1$，若 $|x_0-x_e|=|x_0-0|\leqslant\delta=\varepsilon/2$，有

$$|x(t)-x_e|=|x(t)-0|=\left|\frac{2x_0\mathrm{e}^{-2t}}{2+x_0(1-\mathrm{e}^{-2t})}\right|\leqslant\frac{2\delta}{2-\delta}<\frac{2\delta}{2-1}\leqslant\varepsilon$$

且

$$\lim_{t\to\infty}\|x(t)-x_e\|=\lim_{t\to\infty}|x(t)|=\lim_{t\to\infty}\left|\frac{2x_0\mathrm{e}^{-2t}}{2+x_0-x_0\mathrm{e}^{-2t}}\right|=0$$

所以，这个零平衡态 $x_e=0$ 是局部渐近稳定的。

对于 $x_e=-2$，$\forall\,|x_0-x_e|=|x_0+2|<\delta$，不妨取 $|x_0-x_e|=|x_0+2|=\delta_\varepsilon<\delta$。

若 $x_0=-2+\delta_\varepsilon$，则对于 $\varepsilon=1$，有

$$|x(t)-x_e|=|x(t)+2|=\left|\frac{2x_0\mathrm{e}^{-2t}}{2+x_0-x_0\mathrm{e}^{-2t}}+2\right|=\left|\frac{2(2+x_0)}{2+x_0-x_0\mathrm{e}^{-2t}}\right|$$

$$=\frac{2\delta_\varepsilon}{\delta_\varepsilon+(2-\delta_\varepsilon)\mathrm{e}^{-2t}}>\varepsilon=1 \tag{6-10}$$

只需 $t>t_{01}=\frac{1}{2}\ln\frac{2-\delta_\varepsilon}{\delta_\varepsilon}$，式(6-10)即可满足。

同理，若 $x_0=-2-\delta_\varepsilon$，则对于 $\varepsilon=1$，有

$$
\begin{aligned}
|x(t)-x_e| = |x(t)+2| &= \left|\frac{2x_0 e^{-2t}}{2+x_0-x_0 e^{-2t}}+2\right| = \left|\frac{2(2+x_0)}{2+x_0-x_0 e^{-2t}}\right| \\
&= \left|\frac{-2\delta_\varepsilon}{-\delta_\varepsilon+(2+\delta_\varepsilon)e^{-2t}}\right| = \left|\frac{2\delta_\varepsilon}{\delta_\varepsilon-(2+\delta_\varepsilon)e^{-2t}}\right| \\
&= \left|\frac{2\delta_\varepsilon e^{2t}}{\delta_\varepsilon e^{2t}-(2+\delta_\varepsilon)}\right| > \frac{2\delta_\varepsilon e^{2t}}{\delta_\varepsilon e^{2t}} > \varepsilon = 1
\end{aligned} \tag{6-11}
$$

只需 $\delta_\varepsilon e^{2t}-(2+\delta_\varepsilon)>0$，$t>t_{02}=\frac{1}{2}\ln\frac{2+\delta_\varepsilon}{\delta_\varepsilon}$，式(6-11)即可满足。

综上，对 $\forall\ |x_0-x_e|=|x_0+2|<\delta$，$\exists\,\varepsilon=1$，取 $t>\max\{t_{01},t_{02}\}$，一定有 $|x(t)-x_e|>\varepsilon$，所以，非零平衡态 $x_e=-2$ 是不稳定的，一旦偏离就不能返回。

事实上，从式(6-9b)的解轨迹可看出，若 $x_0<-2$，会在某个时刻 $t>0$，使得分母 $2+x_0-x_0 e^{-2t}=0$，从而轨迹发散，这种现象也称为有限时间逃逸。

4. 李雅普诺夫稳定与特征值

从例 6-1 的讨论并结合第 2 章稳定性的内容知，对于线性定常系统，见式(6-2)，零平衡态的李雅普诺夫稳定与状态矩阵 $\boldsymbol{A}$ 的特征值有如下密切关系：

1）若 $\boldsymbol{A}$ 的所有特征值 $\mathrm{Re}(\lambda_i)<0(i=1,2,\cdots,n)$，解轨迹一定满足

$$\lim_{t\to\infty}\|\boldsymbol{x}(t)-\boldsymbol{x}_e\|=\lim_{t\to\infty}\|\boldsymbol{x}(t_0)e^{\boldsymbol{A}t}\|=\boldsymbol{0}$$

根据李雅普诺夫稳定性的定义，此时的零平衡态是渐近稳定且是全局渐近稳定的。

2）若 $\boldsymbol{A}$ 的特征值中有某个 $\mathrm{Re}(\lambda_i)=0$，其他的 $\mathrm{Re}(\lambda_j)\leqslant 0(j\neq i)$，解轨迹 $\boldsymbol{x}(t)$ 出现等幅振荡，其幅值随初始值趋于零而趋于零，根据李雅普诺夫稳定性的定义，此时的零平衡态是稳定的。

3）若有某个特征值 $\mathrm{Re}(\lambda_i)>0$，无论 $\boldsymbol{x}(t_0)$ 多小，解轨迹 $\boldsymbol{x}(t)$ 发散，根据李雅普诺夫稳定性的定义，此时的零平衡态一定是不稳定的。

4）进一步可推知，如果线性定常系统有多个平衡态，它们的稳定性一定是等价的，要么都是稳定的，要么都是不稳定的，因为它们共享同样的状态矩阵和特征值。因此，线性定常系统只需研究零平衡态的稳定性，它的稳定性也被泛指为系统的稳定性。

6.1.2 李雅普诺夫稳定判据

系统稳定性是通过状态轨迹 $\boldsymbol{x}(t)$ 来定义的，例 6-1 表明得到状态轨迹便可判断系统稳定性，但得到状态轨迹不是一件容易的事，特别是对于非线性系统、时变系统。那么，能否不求解状态轨迹来分析系统稳定性？对于线性定常系统，可以采用状态矩阵 $\boldsymbol{A}$ 的特征值进行便利的分析。但这个方法难以推广到非线性系统、时变系统，因为它们没有对应的特征值，这给它们的稳定性的分析带来了挑战，需要寻找新的更通用的理论判据。

1. 李雅普诺夫函数

系统稳定的表征体现在无外部输入的情况下，系统状态能自行回落到平衡态。从另一个角度来看，无外部输入意味着不给系统再增加外部的能量，这时若系统状态能自行回落到平衡态，意味着系统内部的能量在逐步衰减；反之，若系统状态略偏离平衡态，其响应就发散，意味着系统内部的能量会自动增加。这样，从系统内部的能量是衰减还是增加可等效反映系统的稳定性。

对于许多物理系统，能量有确切的定义。但是，对于微分方程描述的一般性系统，不一定对应有确切的能量概念。因此，能否以状态变量 $\boldsymbol{x}$ 构造虚拟的系统“能量”函数，通过研究虚拟的

“能量”函数的衰减或增长来等效反映状态轨迹的衰减或增长，从而推断出系统的稳定性，这就是李雅普诺夫稳定性分析法的基本思想。这个虚拟“能量”函数称为李雅普诺夫函数，记为 $V(\boldsymbol{x})$。另外，“能量”函数取负值没有物理意义，为此需要 $V(\boldsymbol{x})\geqslant 0$。

对于 $V(\boldsymbol{x})\geqslant 0$ 的函数，下面给出几个相关定义并讨论其性质。

定义 6-1 若 $\boldsymbol{x}\in\Omega\subset\mathbf{R}^n$，$V(\boldsymbol{x})$是其上的连续函数，那么

1）$V(\boldsymbol{x})\geqslant 0$（$V(\boldsymbol{x})\leqslant 0$），称 $V(\boldsymbol{x})$是 Ω 上的半正（半负）定函数。

2）$V(\boldsymbol{x})\geqslant 0$（$V(\boldsymbol{x})\leqslant 0$）并且仅当 $\boldsymbol{x}=\boldsymbol{0}$ 时 $V(\boldsymbol{x})=0$，称 $V(\boldsymbol{x})$是 Ω 上的正（负）定函数。

可见，正定函数不取负值且仅当 $\boldsymbol{x}=\boldsymbol{0}$ 时取值为 0，具有虚拟“能量”函数的特征，可以作为李雅普诺夫函数 $V(\boldsymbol{x})$。如果 $V(\boldsymbol{x})$是闭球 $\|\boldsymbol{x}\|\leqslant h$ 上的正定函数，从正定函数的定义知，它有如下性质：

1）等高线 $V(\boldsymbol{x})=c$ 一定是包含原点的“同心封闭曲面簇”，且

$$c\to 0\Rightarrow \boldsymbol{x}\to\boldsymbol{0} \tag{6-12a}$$

图 6-2a 是状态变量 $\boldsymbol{x}\in\mathbf{R}^2$ 为二维的情况下的示意图（三维以上很难画出等高线）。

2）对于任意正数 $\alpha<h$，一定存在正数 β，使得

$$h\geqslant\|\boldsymbol{x}\|\geqslant\alpha>0\Rightarrow V(\boldsymbol{x})\geqslant\beta>0 \tag{6-12b}$$

反之，对于任意正数 β，一定存在正数 α，使得

$$V(\boldsymbol{x})\geqslant\beta>0\Rightarrow h\geqslant\|\boldsymbol{x}\|\geqslant\alpha>0 \tag{6-12c}$$

注意，式(6-12b)和式(6-12c)中的 α、β 的取值不一定相等，也不是唯一的，图 6-2b 是状态变量 $\boldsymbol{x}\in\mathbf{R}^1$ 为一维的情况下的示意图。

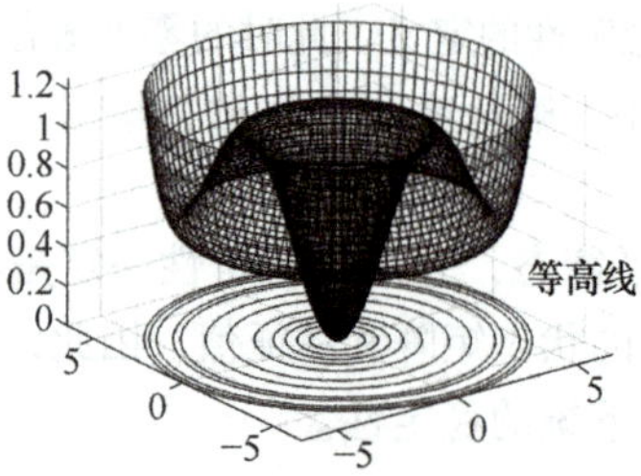

a)

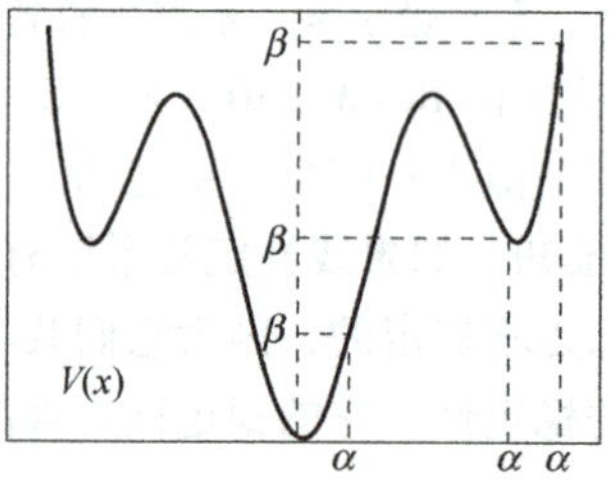

b)

图 6-2　正定函数的性质

前面两条性质表明，正定函数 $V(\boldsymbol{x})$与其自变量 $\boldsymbol{x}$ 有着某种等价性，即 $\boldsymbol{x}\to\boldsymbol{0}$，可推出 $V(\boldsymbol{x})\to 0$，反之亦然。这样，若正定的李雅普诺夫函数 $V(\boldsymbol{x})$ 的自变量 $\boldsymbol{x}$ 只在解轨迹上取值，即 $\boldsymbol{x}=\boldsymbol{x}(t;\boldsymbol{x}(t_0))$，当 $V(\boldsymbol{x})\to 0$ 时，将有 $\boldsymbol{x}=\boldsymbol{x}(t;\boldsymbol{x}(t_0))\to\boldsymbol{0}$。这就表明，通过函数 $V(\boldsymbol{x})$ 的衰减性可等价反映自变量 $\boldsymbol{x}$ 的衰减性（零平衡态的稳定性），从而避免了直接求取复杂的解轨迹来判断稳定性，这就是李雅普诺夫稳定性分析方法的核心，对于非线性系统或时变系统有着特别的意义。

2. 李雅普诺夫稳定判据

考虑如下一般的定常系统

$$\dot{\boldsymbol{x}}=\boldsymbol{f}(\boldsymbol{x}) \tag{6-13}$$

设 $\boldsymbol{x}_e=\boldsymbol{0}$ 是它的平衡态，$\boldsymbol{x}(t)=\boldsymbol{x}(t;\boldsymbol{x}(t_0))$是初始状态为 $\boldsymbol{x}(t_0)$的解轨迹，则有：

定理 6-1（李雅普诺夫稳定判据） 对于系统(6-13)，如果存在一个正定函数 $V(\boldsymbol{x})$，并且沿着解轨迹 $\boldsymbol{x}(t)$，$V(\boldsymbol{x})$对时间 t 的全导数为 $\dot{V}(\boldsymbol{x}(t))$，那么

1）$\dot{V}(\boldsymbol{x}(t))$是半负定函数，系统(6-13)的零平衡态是稳定的。

2) $\dot{V}(\boldsymbol{x}(t))$是负定函数，系统(6-13)的零平衡态是渐近稳定的。若随着$\|\boldsymbol{x}\|\to\infty$时仍成立，则零平衡态是全局渐近稳定的。

3) $\dot{V}(\boldsymbol{x}(t))$是正定函数，系统(6-13)的零平衡态是不稳定的。

可见，李雅普诺夫稳定判据给出了判断稳定性的一个新思路，将系统的解轨迹$\boldsymbol{x}(t)$代入正定的虚拟“能量”函数$V(\boldsymbol{x}(t))$中，若它对时间的导数$\dot{V}(\boldsymbol{x}(t))$半负定，意味着系统中的“能量”不会增加，只会减少或维持，从而系统解轨迹不会发散，零平衡态就一定会稳定。若$\dot{V}(\boldsymbol{x}(t))$负定，意味着系统中的“能量”一定会耗尽，从而系统的零平衡态一定会渐近稳定。若$\dot{V}(\boldsymbol{x}(t))$正定，意味着系统中的“能量”会不断增加，从而迫使系统的响应发散，系统的零平衡态不会稳定。

值得注意的是：

1) 尽管按照定义，需要将解轨迹$\boldsymbol{x}(t)$代入李雅普诺夫函数$V(\boldsymbol{x}(t))$并求它对时间的导数$\dot{V}(\boldsymbol{x}(t))$，实际上是不需要先解出轨迹$\boldsymbol{x}(t)$的。因为

$$\dot{V}(\boldsymbol{x}(t))=\frac{\partial V}{\partial \boldsymbol{x}^{\mathrm{T}}}\dot{\boldsymbol{x}}=\frac{\partial V}{\partial \boldsymbol{x}^{\mathrm{T}}}\boldsymbol{f}(\boldsymbol{x})=\sum_{i=1}^{n}\frac{\partial V}{\partial x_i}f_i(\boldsymbol{x}) \tag{6-14}$$

出现了$\dot{\boldsymbol{x}}$，只需将解轨迹要满足的系统方程(6-13)中$\boldsymbol{f}(\boldsymbol{x})=[f_1(\boldsymbol{x}),\cdots,f_n(\boldsymbol{x})]^{\mathrm{T}}$代入式(6-14)之中即可，这是李雅普诺夫稳定判据一个巧妙之处。

2) 李雅普诺夫稳定判据只是一个充分条件，当$\dot{V}(\boldsymbol{x}(t))$是(半)负定时，可以判定系统稳定；当$\dot{V}(\boldsymbol{x}(t))$是正定时，可以判定零平衡态不稳定。但是，当$\dot{V}(\boldsymbol{x}(t))$即不是(半)负定也不是正定时(某些时间小于0，某些时间大于0)，是不能判定零平衡态稳定性的。出现这种情况，说明虚拟“能量”函数$V(\boldsymbol{x})$没有构造好，需要重新构造。由于任意的正定函数都可以作为虚拟“能量”函数，这为虚拟“能量”函数的构造提供了选择空间，也带来了选择困扰。

3) 进一步，若

$$\dot{V}(\boldsymbol{x}(t))=\frac{\partial V}{\partial \boldsymbol{x}^{\mathrm{T}}}\dot{\boldsymbol{x}}=\left[\frac{\partial V}{\partial x_1},\cdots,\frac{\partial V}{\partial x_n}\right]\begin{bmatrix}\dot{x}_1(t)\\ \vdots\\ \dot{x}_n(t)\end{bmatrix}=0$$

$$\boldsymbol{n}=\left[\frac{\partial V}{\partial x_1},\cdots,\frac{\partial V}{\partial x_n}\right]^{\mathrm{T}},\quad \boldsymbol{l}=[\dot{x}_1(t),\cdots,\dot{x}_n(t)]^{\mathrm{T}}$$

从高等数学知，$\boldsymbol{n}$是$V(\boldsymbol{x})$的等高线的法向向量，$\boldsymbol{l}$是解轨迹$\boldsymbol{x}(t)$在时刻t的切线方向向量，$\dot{V}(\boldsymbol{x}(t))=0$意味着解轨迹$\boldsymbol{x}(t)$在时刻$t$与$V(\boldsymbol{x})$的等高线相切。因此，若能构造虚拟“能量”函数$V(\boldsymbol{x})$，使得它的等高线始终不与解轨迹$\boldsymbol{x}(t)$相切，那么$\dot{V}(\boldsymbol{x}(t))$要么始终小于0要么始终大于0，这样的$V(\boldsymbol{x})$是一个较好的李雅普诺夫函数。

4) 由于李雅普诺夫稳定判据是针对零平衡态的，若系统有多个平衡态，需分别通过状态变量的平移变换，将非零平衡态转换为零平衡态，再运用李雅普诺夫稳定判据。

例 6-2 用李雅普诺夫稳定判据分析例 6-1 中系统的稳定性。

1) 系统状态方程组为

$$\begin{bmatrix}\dot{x}_1\\ \dot{x}_2\end{bmatrix}=\begin{bmatrix}0 & 1\\ -1 & 0\end{bmatrix}\begin{bmatrix}x_1\\ x_2\end{bmatrix}$$

取李雅普诺夫函数为$V(\boldsymbol{x})=x_1^2+x_2^2$。显见，$V(\boldsymbol{x})$一定是正定函数，并且

$$\dot{V}(\boldsymbol{x})=2x_1\dot{x}_1+2x_2\dot{x}_2=2x_1x_2-2x_1x_2=0$$

由于$\dot{V}(\boldsymbol{x})\leqslant 0$是半负定的，所以系统的零平衡态是稳定的。

2）系统状态方程组为

$$\begin{bmatrix}\dot{x}_1\\ \dot{x}_2\end{bmatrix}=\begin{bmatrix}0 & 1\\ -1 & -1\end{bmatrix}\begin{bmatrix}x_1\\ x_2\end{bmatrix}$$

若取李雅普诺夫函数为 $V(\boldsymbol{x})=x_1^2+x_2^2$，$V(\boldsymbol{x})>0$ 是正定函数，并且

$$\dot{V}(\boldsymbol{x})=2x_1\dot{x}_1+2x_2\dot{x}_2=2x_1x_2+2x_2(-x_1-x_2)=-2x_2^2\leqslant 0$$

由于 $\dot{V}(\boldsymbol{x})\leqslant 0$ 是半负定的，所以系统的零平衡态是稳定的，但不能判定是渐近稳定的。

若取李雅普诺夫函数为 $V(\boldsymbol{x})=(x_1+x_2)^2+2x_1^2+x_2^2$，易验证，$V(\boldsymbol{x})>0$ 是正定函数，并且

$$\begin{aligned}\dot{V}(\boldsymbol{x})&=2(x_1+x_2)(\dot{x}_1+\dot{x}_2)+4x_1\dot{x}_1+2x_2\dot{x}_2\\&=2(x_1+x_2)(x_2-x_1-x_2)+4x_1x_2+2x_2(-x_1-x_2)=-2(x_1^2+x_2^2)\end{aligned}$$

显见，$\dot{V}(\boldsymbol{x})<0$ 是负定的，所以系统的零平衡态一定是渐近稳定的。

从这个例子看出，李雅普诺夫函数的选取是运用李雅普诺夫稳定判据的关键。不同的李雅普诺夫函数会有不同的判定结果，但不会矛盾。

3）由于 $\dot{x}=-x(x+2)$，系统有两个平衡态 $x_e=\{0,-2\}$。

对于 $x_e=0$，取 $V(x)=x^2>0$ 是正定函数，当 $|x|<2$ 时，一定有

$$\dot{V}(x)=2x\dot{x}=-2x^2(x+2)<0$$

所以，系统的零平衡态是局部渐近稳定的。

对于 $x_e=-2\neq 0$，先将平衡态移至原点，取 $\hat{x}=x+2$，有 $\dot{\hat{x}}=-(\hat{x}-2)\hat{x}$，则新的平衡态 $\hat{x}_e=0$ 的稳定性与原平衡态 $x_e=-2$ 的稳定性是一致的。

此时，取 $V(\hat{x})=\hat{x}^2$，当 $|\hat{x}|<2$ 时，一定有

$$\dot{V}(\hat{x})=2\hat{x}\dot{\hat{x}}=-2\hat{x}^2(\hat{x}-2)>0$$

所以，平衡态 $x_e=-2$ 是不稳定的。

若系统是时变系统

$$\dot{\boldsymbol{x}}=\boldsymbol{f}(\boldsymbol{x},t) \tag{6-15}$$

意味着原定常系统的系数会随时间而变，这使得解轨迹的求解更为困难，更需要采用李雅普诺夫稳定判据。

对于时变系统，李雅普诺夫函数也将是时变的，即 $V(\boldsymbol{x},t)$，如果存在正定函数 $W(\boldsymbol{x})$ 使得

$$V(\boldsymbol{x},t)>W(\boldsymbol{x}),\quad V(\boldsymbol{0},\ t)=0(\forall t)$$

就称 $V(\boldsymbol{x},t)$ 是正定的。如果 $-V(\boldsymbol{x},t)$ 是正定的，就称 $V(\boldsymbol{x},t)$ 是负定的。

若存在连续的非减标量函数 $\alpha(\|\boldsymbol{x}\|)$、$\beta(\|\boldsymbol{x}\|)$，使得 $V(\boldsymbol{x},t)$ 满足

$$\beta(\|\boldsymbol{x}\|)\geqslant V(\boldsymbol{x},t)\geqslant\alpha(\|\boldsymbol{x}\|)>0$$

就称 $V(\boldsymbol{x},t)$ 是有界的。

设 $\boldsymbol{x}_e=\boldsymbol{0}$ 是系统(6-15)的平衡态，可得如下时变系统的李雅普诺夫稳定判据。

定理 6-2 （时变系统李雅普诺夫稳定判据） 对于系统(6-15)，如果存在一个正定且有界的函数 $V(\boldsymbol{x},t)$，并且沿着解轨迹 $\boldsymbol{x}(t)=\boldsymbol{x}(t;\boldsymbol{x}(t_0))$，$V(\boldsymbol{x},t)$ 对时间 t 的全导数为 $\dot{V}(\boldsymbol{x}(t),t)$，那么

1）$\dot{V}(\boldsymbol{x}(t),t)$ 负定且有界，系统(6-15)的零平衡态是渐近稳定的。若随着 $\|\boldsymbol{x}\|\to\infty$ 时仍成立，则零平衡态是全局渐近稳定的。

2）$\dot{V}(\boldsymbol{x}(t),t)$ 正定且有界，系统(6-15)的零平衡态是不稳定的。

6.1.3 李雅普诺夫分析法

前面建立了一般性的系统稳定性的定义与判据，无须得到微分方程的解轨迹，也不需要求

解其特征值，通过构造一个“虚拟”能量函数就可进行判定。这就为研究更一般更复杂系统的控制开辟了一个新途径，近代许多控制理论都是基于此而发展起来。下面先讨论正定函数与正定矩阵，再给出几种常见情况下的应用分析。

1. 正定函数与正定矩阵

李雅普诺夫函数 $V(x)$ 需要是正定函数，正定函数常常通过矩阵来构造，如 $V(x)=\boldsymbol{x}^{\mathrm{T}}\boldsymbol{P}\boldsymbol{x}$。一般情况常取 $\boldsymbol{P}$ 为对称矩阵，$\boldsymbol{P}=\boldsymbol{P}^{\mathrm{T}}$。从线性代数知，存在矩阵 $\boldsymbol{M}$，将对称矩阵 $\boldsymbol{P}$ 分解为 $\boldsymbol{P}=\boldsymbol{M}^{\mathrm{T}}\boldsymbol{M}$。此时，$V(x)=\boldsymbol{x}^{\mathrm{T}}\boldsymbol{P}\boldsymbol{x}=(\boldsymbol{M}\boldsymbol{x})^{\mathrm{T}}\boldsymbol{M}\boldsymbol{x}\geqslant 0$。也就是说，对称矩阵一定是半正定矩阵。进一步可推知，若 $\boldsymbol{P}$ 是非奇异的对称矩阵，则 $\boldsymbol{P}$ 一定是正定矩阵。

另外，若 $\boldsymbol{P}$ 为复对称矩阵，$\boldsymbol{P}=\boldsymbol{P}^{\mathrm{H}}$（$H$ 为共轭转置），同样存在矩阵 $\boldsymbol{M}$，将复对称矩阵分解为 $\boldsymbol{P}=\boldsymbol{M}^{\mathrm{H}}\boldsymbol{M}$。此时，$V(x)=\boldsymbol{x}^{\mathrm{H}}\boldsymbol{P}\boldsymbol{x}=(\boldsymbol{M}\boldsymbol{x})^{\mathrm{H}}\boldsymbol{M}\boldsymbol{x}\geqslant 0$。也就是说，复对称矩阵也是半正定矩阵。进一步可推知，若 $\boldsymbol{P}$ 是非奇异的复对称矩阵，则 $\boldsymbol{P}$ 也是正定矩阵。

2. 线性定常系统的稳定性分析

对于线性定常系统式(6-2)，令输入 $\boldsymbol{u}=\boldsymbol{0}$，$\boldsymbol{x}_{\mathrm{e}}=\boldsymbol{0}$ 是它的平衡态，取李雅普诺夫函数为

$$V(\boldsymbol{x})=\boldsymbol{x}^{\mathrm{T}}\boldsymbol{P}\boldsymbol{x} \tag{6-16}$$

式中，$\boldsymbol{P}>0$ 为对称正定矩阵。易知，$V(\boldsymbol{x})$ 是正定函数当且仅当 $\boldsymbol{P}$ 是正定矩阵。

$$\dot{V}(\boldsymbol{x})=\dot{\boldsymbol{x}}^{\mathrm{T}}\boldsymbol{P}\boldsymbol{x}+\boldsymbol{x}^{\mathrm{T}}\boldsymbol{P}\dot{\boldsymbol{x}}=(\boldsymbol{A}\boldsymbol{x})^{\mathrm{T}}\boldsymbol{P}\boldsymbol{x}+\boldsymbol{x}^{\mathrm{T}}\boldsymbol{P}(\boldsymbol{A}\boldsymbol{x})=\boldsymbol{x}^{\mathrm{T}}(\boldsymbol{A}^{\mathrm{T}}\boldsymbol{P}+\boldsymbol{P}\boldsymbol{A})\boldsymbol{x}$$

若存在对称正定矩阵 $\boldsymbol{Q}>0$ 满足

$$\boldsymbol{A}^{\mathrm{T}}\boldsymbol{P}+\boldsymbol{P}\boldsymbol{A}=-\boldsymbol{Q} \tag{6-17}$$

那么，$\dot{V}(\boldsymbol{x})=-\boldsymbol{x}^{\mathrm{T}}\boldsymbol{Q}\boldsymbol{x}$ 一定是负定函数，系统式(6-2)渐近稳定。从而有如下定理。

定理 6-3 线性定常系统式(6-2)渐近稳定，即 $\boldsymbol{A}$ 为稳定阵，其充要条件是，对任意给定的对称正定矩阵 $\boldsymbol{Q}>0$，式(6-17)存在对称正定矩阵 $\boldsymbol{P}>0$ 的解。

定理的充分性前面已推导，即式(6-17)存在对称正定矩阵的解 $\boldsymbol{P}>0$，那么，

$$\dot{V}(\boldsymbol{x})=-\boldsymbol{x}^{\mathrm{T}}\boldsymbol{Q}\boldsymbol{x}<0$$

系统渐近稳定，$\boldsymbol{A}$ 为稳定阵。

下面讨论定理的必要性，若 $\boldsymbol{A}$ 为稳定阵，$\boldsymbol{Q}>0$ 为任意给定的对称正定矩阵，取

$$\boldsymbol{P}=\int_0^{\infty}\mathrm{e}^{\boldsymbol{A}^{\mathrm{T}}t}\boldsymbol{Q}\mathrm{e}^{\boldsymbol{A}t}\mathrm{d}t \tag{6-18}$$

显而易见，$\boldsymbol{P}$ 是对称正定矩阵。由于

$$(\mathrm{e}^{\boldsymbol{A}^{\mathrm{T}}t}\boldsymbol{Q}\mathrm{e}^{\boldsymbol{A}t})'=\boldsymbol{A}^{\mathrm{T}}\mathrm{e}^{\boldsymbol{A}^{\mathrm{T}}t}\boldsymbol{Q}\mathrm{e}^{\boldsymbol{A}t}+\mathrm{e}^{\boldsymbol{A}^{\mathrm{T}}t}\boldsymbol{Q}\mathrm{e}^{\boldsymbol{A}t}\boldsymbol{A}$$

那么，一定有

$$\begin{aligned}\boldsymbol{A}^{\mathrm{T}}\boldsymbol{P}+\boldsymbol{P}\boldsymbol{A}&=\boldsymbol{A}^{\mathrm{T}}\left[\int_0^{\infty}\mathrm{e}^{\boldsymbol{A}^{\mathrm{T}}t}\boldsymbol{Q}\mathrm{e}^{\boldsymbol{A}t}\mathrm{d}t\right]+\left[\int_0^{\infty}\mathrm{e}^{\boldsymbol{A}^{\mathrm{T}}t}\boldsymbol{Q}\mathrm{e}^{\boldsymbol{A}t}\mathrm{d}t\right]\boldsymbol{A}\\&=\int_0^{\infty}(\boldsymbol{A}^{\mathrm{T}}\mathrm{e}^{\boldsymbol{A}^{\mathrm{T}}t}\boldsymbol{Q}\mathrm{e}^{\boldsymbol{A}t}+\mathrm{e}^{\boldsymbol{A}^{\mathrm{T}}t}\boldsymbol{Q}\mathrm{e}^{\boldsymbol{A}t}\boldsymbol{A})\mathrm{d}t=\mathrm{e}^{\boldsymbol{A}^{\mathrm{T}}t}\boldsymbol{Q}\mathrm{e}^{\boldsymbol{A}t}\Big|_0^{\infty}=-\boldsymbol{Q}\end{aligned}$$

即，式(6-18)给出的 $\boldsymbol{P}>0$ 一定是式(6-17)的解。

该定理表明，李雅普诺夫稳定判据对于一般系统只是充分条件，但是对于线性定常系统是充要条件。式(6-17)也称为李雅普诺夫方程。

进一步，若将对称矩阵 $\boldsymbol{Q}$ 进行分解，$\boldsymbol{Q}=\boldsymbol{C}^{\mathrm{T}}\boldsymbol{C}$ 或 $\boldsymbol{Q}=\boldsymbol{B}\boldsymbol{B}^{\mathrm{T}}$，有如下定理：

定理 6-4 对于李雅普诺夫方程式(6-17)，$\boldsymbol{A}$ 为稳定阵当且仅当下述命题之一成立：

1）$\boldsymbol{Q}=\boldsymbol{C}^{\mathrm{T}}\boldsymbol{C}$，若 $\{\boldsymbol{A},\boldsymbol{C}\}$ 能观，式(6-17)存在对称正定矩阵 $\boldsymbol{P}>0$ 的解。

2）$\boldsymbol{Q}=\boldsymbol{B}\boldsymbol{B}^{\mathrm{T}}$，若 $\{\boldsymbol{A},\boldsymbol{B}\}$ 能控，式(6-17)存在对称正定矩阵 $\boldsymbol{P}>0$ 的解。

定理 6-3 表明，若 $Q>0$，$P>0$，则系统渐近稳定。定理 6-4 表明，若 $Q\geqslant 0$，$P>0$，但将 Q 分解为 $Q=C^{T}C$ 或 $Q=BB^{T}$，且 $\{A,C\}$ 能观或 $\{A,B\}$ 能控，同样保证系统渐近稳定。定理 6-4 的结论在最优控制和鲁棒控制中得到广泛应用。

代数里卡蒂方程是线性二次型最优控制的一个重要方程。取 $K=R^{-1}B^{T}P$，$A_f=A-BK$，式(4-48)的代数里卡蒂方程可化为

$$PA_f+A_f^{T}P=-Q$$

与李雅普诺夫方程式(6-17)比较，两者在形式上完全一致，从而建立起了求解控制器的代数里卡蒂方程与分析系统稳定性的李雅普诺夫方程之间的桥梁关系。

若代数里卡蒂方程中 $Q=Q_0Q_0^{T}$，$\{A,Q_0\}$ 完全能观，根据定理 4-4 知，代数里卡蒂方程存在唯一正定对称解 $P>0$。再根据定理 6-4 知，$A_f=A-BK$ 是稳定阵，最优闭环系统式(4-49b)一定渐近稳定，即定理 4-5 成立。

3. 非线性定常系统的稳定性分析

对于非线性定常系统

$$\dot{x}=f(x,u) \tag{6-19}$$

令输入 $u=0$，$x_e=0$ 是它的平衡态，$f(x_e,0)=f(0,0)=0$。若向量函数 $f(x,u)$ 光滑，可在 $f(0,0)$ 处展开为

$$\begin{aligned}f(x,u)&=f(0,0)+\left.\frac{\partial f}{\partial x^{T}}\right|_{(0,0)}x+\left.\frac{\partial f}{\partial u^{T}}\right|_{(0,0)}u+o(\|x\|,\|u\|)\\&=Ax+Bu+o(\|x\|,\|u\|)\end{aligned}$$

式中，$A=\left.\frac{\partial f}{\partial x^{T}}\right|_{(0;0)}$；$B=\left.\frac{\partial f}{\partial u^{T}}\right|_{(0,0)}$。

定理 6-5 如果 A 是稳定阵，$\mathrm{Re}(\lambda_i(A))<0$，则非线性定常系统(6-19)的零平衡态是渐近稳定的。如果 A 不是稳定阵，$\mathrm{Re}(\lambda_i(A))>0$，则非线性定常系统(6-19)的零平衡态也是不稳定的。

定理后一个结论是显然的。对于前一个结论，A 是稳定阵，根据定理 6-3，取 $Q=I_n$，存在对称正定矩阵 P 满足 $A^{T}P+PA=-I_n$。

对非线性定常系统，取李雅普诺夫函数为 $V(x)=x^{T}Px$，$u=0$，则

$$\begin{aligned}\dot{V}(x)&=\dot{x}^{T}Px+x^{T}P\dot{x}=f^{T}(x,0)Px+x^{T}Pf(x,0)\\&=[Ax+o(\|x\|)]^{T}Px+x^{T}P[Ax+o(\|x\|)]\\&=x^{T}(A^{T}P+PA)x+o^{T}(\|x\|)Px+x^{T}Po(\|x\|)\\&=-x^{T}x+o(\|x\|^{2})\end{aligned}$$

因此，在 $x=0$ 的邻域内，$\dot{V}(x)$ 是负定，从而非线性定常系统式(6-19)的零平衡态是渐近稳定的。

对于非线性系统采取线性化是处理非线性因素的一个常用手段，定理 6-5 表明这个手段是合理且有意义的。线性化后系统的零平衡态渐近稳定，原来的非线性系统的零平衡态也渐近稳定；线性化后系统的零平衡态不稳定，原来的非线性系统的零平衡态也不稳定。若线性化后系统的零平衡态是临界稳定，则非线性系统的零平衡态稳定性不确定，可能稳定也可能不稳定。另外，若非线性系统存在非零平衡态，先转换到零平衡态，再运用定理 6-5。

4. 线性时变系统的稳定性分析

对于线性时变系统

$$\dot{x}=A(t)x+B(t)u \tag{6-20}$$

令输入 $u=0$，$x_e=0$ 是它的平衡态，取李雅普诺夫函数为

$$V(x,t)=x^{T}P(t)x$$

式中，$\boldsymbol{P}(t)>\boldsymbol{0}$ 为对称正定矩阵。

$$\begin{aligned}\dot{V}(\boldsymbol{x},t)&=\dot{\boldsymbol{x}}^{\mathrm{T}}\boldsymbol{P}(t)\boldsymbol{x}+\boldsymbol{x}^{\mathrm{T}}\dot{\boldsymbol{P}}(t)\boldsymbol{x}+\boldsymbol{x}^{\mathrm{T}}\boldsymbol{P}(t)\dot{\boldsymbol{x}}\\&=[\boldsymbol{A}(t)\boldsymbol{x}]^{\mathrm{T}}\boldsymbol{P}(t)\boldsymbol{x}+\boldsymbol{x}^{\mathrm{T}}\dot{\boldsymbol{P}}(t)\boldsymbol{x}+\boldsymbol{x}^{\mathrm{T}}\boldsymbol{P}(t)[\boldsymbol{A}(t)\boldsymbol{x}]\\&=\boldsymbol{x}^{\mathrm{T}}[\dot{\boldsymbol{P}}(t)+\boldsymbol{A}^{\mathrm{T}}(t)\boldsymbol{P}(t)+\boldsymbol{P}(t)\boldsymbol{A}(t)]\boldsymbol{x}\end{aligned}$$

若存在对称正定矩阵 $\boldsymbol{Q}(t)$ 满足

$$\dot{\boldsymbol{P}}(t)+\boldsymbol{A}^{\mathrm{T}}(t)\boldsymbol{P}(t)+\boldsymbol{P}(t)\boldsymbol{A}(t)=-\boldsymbol{Q}(t) \tag{6-21a}$$

或者

$$\dot{\boldsymbol{P}}(t)=-[\boldsymbol{A}^{\mathrm{T}}(t)\boldsymbol{P}(t)+\boldsymbol{P}(t)\boldsymbol{A}(t)+\boldsymbol{Q}(t)] \tag{6-21b}$$

那么，$\dot{V}(\boldsymbol{x},t)=-\boldsymbol{x}^{\mathrm{T}}\boldsymbol{Q}(t)\boldsymbol{x}$ 一定是负定函数，系统(6-20)渐近稳定。从而有：

定理 6-6 线性时变系统式(6-20)渐近稳定的充要条件是，对任意给定的对称正定矩阵 $\boldsymbol{Q}(t)$，存在对称正定矩阵 $\boldsymbol{P}(t)$ 满足式(6-21)。

可以看出，李雅普诺夫分析法给出了时变系统稳定性分析一条可行路径。式(6-21)是时变的李雅普诺夫方程。

5. 基于李雅普诺夫稳定性分析的控制器设计

前面给出的李雅普诺夫稳定性分析方法，实际上开辟了一个控制器设计的新途径。对于式(6-1)的被控对象，构造李雅普诺夫函数 $V(\boldsymbol{x})$，则

$$\dot{V}(\boldsymbol{x}(t))=\frac{\partial V}{\partial \boldsymbol{x}^{\mathrm{T}}}\dot{\boldsymbol{x}}=\frac{\partial V}{\partial \boldsymbol{x}^{\mathrm{T}}}\boldsymbol{f}(\boldsymbol{x},t,\boldsymbol{u}) \tag{6-22}$$

若 $\dot{V}(\boldsymbol{x}(t))<0$，表明含有控制器 $\boldsymbol{u}$ 的闭环系统一定稳定。从而形成下面两条设计途径：

1) 直接求解不等式 $\dot{V}(\boldsymbol{x}(t))=\dfrac{\partial V}{\partial \boldsymbol{x}^{\mathrm{T}}}\boldsymbol{f}(\boldsymbol{x},t,\boldsymbol{u})<0$，从中解出 $\boldsymbol{u}=\boldsymbol{u}(\boldsymbol{x},t)$。

2) 先令控制器 $\boldsymbol{u}$ 满足某种结构但其中参数未知，即 $\boldsymbol{u}=\boldsymbol{u}(\boldsymbol{x},\boldsymbol{K},t)$（例如，状态比例控制 $\boldsymbol{u}=\boldsymbol{K}\boldsymbol{x}$），将其代入式(6-22)形成不等式 $\dot{V}(\boldsymbol{x}(t))=\dfrac{\partial V}{\partial \boldsymbol{x}^{\mathrm{T}}}\boldsymbol{f}(\boldsymbol{x},t,\boldsymbol{u}(\boldsymbol{x},\boldsymbol{K},t))<0$，从中求解出控制器参数 $\boldsymbol{K}$。

值得说明的是，上述设计方法可适用于线性的、非线性的、时变的被控对象，具有普适性；另外，由于是求解不等式，因此将得到的是一个控制器集合，该集合中的控制器均能保证闭环系统稳定，这一点具有重要的理论意义。下面，通过两个实例来进一步说明。

例 6-3 设被控对象为

$$\dot{\boldsymbol{x}}=\begin{bmatrix}0&1\\0&0\end{bmatrix}\boldsymbol{x}+\begin{bmatrix}0\\1\end{bmatrix}u,\ \ \boldsymbol{y}=\boldsymbol{x}$$

$$\boldsymbol{A}=\begin{bmatrix}0&1\\0&0\end{bmatrix},\ \boldsymbol{B}=\begin{bmatrix}0\\1\end{bmatrix},\ \boldsymbol{C}=\begin{bmatrix}1&0\\0&1\end{bmatrix}$$

取控制律为状态比例反馈 $\boldsymbol{u}=-\boldsymbol{K}\boldsymbol{x}+\boldsymbol{r}$。试用李雅普诺夫分析法设计 $\boldsymbol{K}$。

1) 镇定控制器集合。闭环系统为

$$\dot{\boldsymbol{x}}=(\boldsymbol{A}-\boldsymbol{B}\boldsymbol{K})\boldsymbol{x}+\boldsymbol{B}\boldsymbol{r}=\boldsymbol{A}_f\boldsymbol{x}+\boldsymbol{B}\boldsymbol{r}$$

取 $\boldsymbol{P}=\boldsymbol{P}^{\mathrm{T}}>\boldsymbol{0}$，构造李雅普诺夫函数 $V(\boldsymbol{x})=\boldsymbol{x}^{\mathrm{T}}\boldsymbol{P}\boldsymbol{x}$。根据定理 6-3 知，要使闭环系统稳定，对任意给定的对称正定矩阵 $\boldsymbol{Q}=\boldsymbol{Q}^{\mathrm{T}}>0$，李雅普诺夫方程式(6-17)成立，即

$$\boldsymbol{A}_f^{\mathrm{T}}\boldsymbol{P}+\boldsymbol{P}\boldsymbol{A}_f=(\boldsymbol{A}-\mathbf{BK})^{\mathrm{T}}\boldsymbol{P}+\boldsymbol{P}(\boldsymbol{A}-\mathbf{BK})=-\boldsymbol{Q}$$

$$\boldsymbol{A}^{\mathrm{T}}\boldsymbol{P}+\boldsymbol{P}\boldsymbol{A}+\boldsymbol{Q}-\boldsymbol{K}^{\mathrm{T}}\boldsymbol{B}^{\mathrm{T}}\boldsymbol{P}-\boldsymbol{P}\mathbf{BK}=\mathbf{0} \tag{6-23}$$

当被控对象 $\{\boldsymbol{A},\boldsymbol{B}\}$ 确定后，李雅普诺夫方程式(6-23)的解集合 $\boldsymbol{K}=\boldsymbol{K}(\boldsymbol{P},\boldsymbol{Q})$ 就是镇定控制器集合。

2）根据李雅普诺夫方程设计控制器。取 $Q=\begin{bmatrix}1 & b\\ b & a^2\end{bmatrix}>0$，$a>b\geqslant 0$；$K=[k_1,k_2]$。代入李雅普诺夫方程式(6-23)有

$$\begin{bmatrix}0 & 0\\ 1 & 0\end{bmatrix}\begin{bmatrix}p_{11} & p_{12}\\ p_{12} & p_{22}\end{bmatrix}+\begin{bmatrix}p_{11} & p_{12}\\ p_{12} & p_{22}\end{bmatrix}\begin{bmatrix}0 & 1\\ 0 & 0\end{bmatrix}+\begin{bmatrix}1 & b\\ b & a^2\end{bmatrix}-\begin{bmatrix}k_1\\ k_2\end{bmatrix}[0,1]\begin{bmatrix}p_{11} & p_{12}\\ p_{12} & p_{22}\end{bmatrix}-\begin{bmatrix}p_{11} & p_{12}\\ p_{12} & p_{22}\end{bmatrix}\begin{bmatrix}0\\ 1\end{bmatrix}[k_1,k_2]=0$$

展开后有

$$\begin{cases}1-2k_1p_{12}=0\\ 2p_{12}+a^2-2k_2p_{22}=0\\ p_{11}+b-k_1p_{22}-k_2p_{12}=0\end{cases}$$

解之有

$$p_{12}=\frac{1}{2k_1},\quad p_{22}=\frac{2p_{12}+a^2}{2k_2}=\frac{1+a^2k_1}{2k_2k_1}$$

$$p_{11}=k_1p_{22}-k_2p_{12}-b=\frac{1+a^2k_1}{2k_2}-\frac{k_2}{2k_1}-b$$

为了保证 $P=P^{\mathrm{T}}>0$，需要 $p_{11}p_{22}>p_{12}^2$。从而有，闭环系统稳定当且仅当

$$\left(\frac{1+a^2k_1}{2k_2}-\frac{k_2}{2k_1}-b\right)\left(\frac{1+a^2k_1}{2k_2k_1}\right)>\frac{1}{4k_1^2}\tag{6-24}$$

成立。可见，只要控制器参数 $K=[k_1,k_2]$满足式(6-24)，都可使得闭环系统稳定。注意的是，取不同的 Q，得到的镇定控制器集合是不一样的。

从例 6-3 看出，对于状态空间描述的系统，若采用李雅普诺分析法设计状态比例反馈控制器，可同时得到所有让闭环系统稳定的镇定控制器集合 $K=K(P,Q)$，这是采用李雅普诺夫分析法一个重要的理论优势。可以想见，只要$\{P,Q\}$是对称正定，就可保证闭环系统的稳定性，$\{P,Q\}$剩余的参数自由度就可用来优化闭环系统的扩展性能。

例 6-4 设被控对象为

$$\dot{x}+x^2+2x=(x^2+1)u\tag{6-25}$$

试用李雅普诺夫分析法设计控制器使得闭环系统稳定。

这是一个非线性系统。取 $V(x)=x^2$，则 $\dot{V}(x)=2x\dot{x}=2x[(x^2+1)u-x^2-2x]$。若取$(x^2+1)u-x^2-2x=-\alpha x(\alpha>0)$，即

$$u=\frac{x^2+(2-\alpha)x}{x^2+1}\tag{6-26}$$

一定有 $\dot{V}(x)=-2\alpha x^2<0$。因此，只要参数 $\alpha>0$，采取式(6-26)的非线性状态反馈就可实现闭环系统的稳定。

将控制器式(6-26)代入被控对象式(6-25)，有如下的闭环系统

$$\dot{x}=-x^2-2x+(x^2+1)u=-x^2-2x+x^2+(2-\alpha)x=-\alpha x\tag{6-27}$$

可见，闭环系统式(6-27)成了线性系统。若再选取不同的参数 $\alpha\in(0,\infty)$，还可以进一步改善闭环系统的扩展性能。

尽管例 6-4 简单，但体现了非线性控制系统设计的一个重要路径：

1）先选取李雅普诺夫函数 $V(\boldsymbol{x})$，那么 $\dot{V}(\boldsymbol{x})$将是状态变量 $\boldsymbol{x}$ 和控制量 $\boldsymbol{u}$ 的函数；再令 $\dot{V}(\boldsymbol{x})<0$，便可求出控制律 $\boldsymbol{u}=\boldsymbol{u}(\boldsymbol{x})$。选取不同的李雅普诺夫函数 $V(\boldsymbol{x})$，控制律 $\boldsymbol{u}=\boldsymbol{u}(\boldsymbol{x})$也不同，但都能保证闭环系统稳定。

2）按不等式 $\dot{V}(\boldsymbol{x})<0$ 求出的控制律 $\boldsymbol{u}=\boldsymbol{u}(\boldsymbol{x})$ 不是唯一解，一般会是一个带参数的集合，参见式(6-26)，若再优化集合中的参数，还可进一步改善闭环系统的扩展性能。所以，采用李雅普诺夫分析法，对控制器设计具有很好的理论指导意义。

3）从式(6-27)看出，若能设计出合适的李雅普诺夫函数，可以得到一个非线性的状态反馈控制律，使得闭环系统成为线性系统，这就是状态反馈线性化的思想。这种线性化是一种精确线性化，与第 3 章直驱系统的精确线性化是异曲同工的，与在某种标定工况下通过泰勒展开的近似线性化是不一样的。这也开辟了非线性系统控制的一条新路径：先将非线性系统进行状态反馈精确线性化，再采用前面所述的各种线性系统理论方法设计控制器。目前，李雅普诺夫分析法被广泛应用于各类非线性系统、时变系统中。

6. 李雅普诺夫稳定性分析与最优控制的结合

李雅普诺夫分析法在分析闭环系统稳定性的同时，可以给出所有镇定控制器的集合，但如何确定集合中的自由参数未给出方法。最优控制可以直接求出控制律，但最优控制律不能确保闭环系统稳定。镇定控制器或者最优控制律都是某种状态(或输出)反馈形式，既然如此，可事先假定控制器就是某种状态(或输出)反馈结构，但参数未知，这样可先通过李雅普诺夫分析法得到满足闭环稳定的参数约束；在此约束下，再联合最优性能指标 J 的优化确定一组最优参数，这种设计思想称为参数优化控制。下面，以线性二次型参数优化控制来说明。

不失一般性，设如下系统完全能控和完全能观

$$\begin{cases}\dot{\boldsymbol{x}}=\boldsymbol{A}\boldsymbol{x}+\boldsymbol{B}\boldsymbol{u}\\ \boldsymbol{y}=\boldsymbol{C}\boldsymbol{x}\end{cases}$$

令控制器为输出比例反馈，即

$$\boldsymbol{u}=-\boldsymbol{K}\boldsymbol{y}=-\boldsymbol{K}\boldsymbol{C}\boldsymbol{x}$$

若取 $\boldsymbol{C}=\boldsymbol{I}_n$，就是状态比例反馈。性能指标为

$$J=\frac{1}{2}\int_{t_0}^{\infty}[\boldsymbol{x}^{\mathrm{T}}\boldsymbol{Q}\boldsymbol{x}+\boldsymbol{u}^{\mathrm{T}}\boldsymbol{R}\boldsymbol{u}]\mathrm{d}t$$

式中，权系数矩阵 $\boldsymbol{Q}\geqslant 0$ 为对称半正定矩阵；$\boldsymbol{R}>0$ 为对称正定矩阵。

闭环系统状态方程为

$$\dot{\boldsymbol{x}}=(\boldsymbol{A}-\boldsymbol{B}\boldsymbol{K}\boldsymbol{C})\boldsymbol{x}=\bar{\boldsymbol{A}}\boldsymbol{x} \tag{6-28}$$

式中，$\bar{\boldsymbol{A}}=\boldsymbol{A}-\boldsymbol{B}\boldsymbol{K}\boldsymbol{C}$。设计参数 $\boldsymbol{K}$，使得闭环系统稳定且性能指标 J 最小。

1）闭环系统的性能指标。将控制器代入 J 中有

$$\begin{aligned}J&=\frac{1}{2}\int_{t_0}^{\infty}[\boldsymbol{x}^{\mathrm{T}}\boldsymbol{Q}\boldsymbol{x}+(-\boldsymbol{K}\boldsymbol{C}\boldsymbol{x})^{\mathrm{T}}\boldsymbol{R}(-\boldsymbol{K}\boldsymbol{C}\boldsymbol{x})]\mathrm{d}t\\&=\frac{1}{2}\int_{t_0}^{\infty}[\boldsymbol{x}^{\mathrm{T}}(\boldsymbol{Q}+\boldsymbol{C}^{\mathrm{T}}\boldsymbol{K}^{\mathrm{T}}\boldsymbol{R}\boldsymbol{K}\boldsymbol{C})\boldsymbol{x}]\mathrm{d}t=\frac{1}{2}\int_{t_0}^{\infty}\boldsymbol{x}^{\mathrm{T}}\bar{\boldsymbol{Q}}\boldsymbol{x}\mathrm{d}t\end{aligned} \tag{6-29}$$

式中，$\bar{\boldsymbol{Q}}=\boldsymbol{Q}+\boldsymbol{C}^{\mathrm{T}}\boldsymbol{K}^{\mathrm{T}}\boldsymbol{R}\boldsymbol{K}\boldsymbol{C}>0$。

2）采用李雅普诺夫分析法得到参数 $\boldsymbol{K}$ 的约束。为了保证闭环系统稳定，取李雅普诺夫函数 $V(\boldsymbol{x})=\boldsymbol{x}^{\mathrm{T}}\boldsymbol{P}\boldsymbol{x}$，求其对时间的导数并代入闭环系统状态方程式(6-28)有

$$\dot{V}(\boldsymbol{x})=\dot{\boldsymbol{x}}^{\mathrm{T}}\boldsymbol{P}\boldsymbol{x}+\boldsymbol{x}^{\mathrm{T}}\boldsymbol{P}\dot{\boldsymbol{x}}=\boldsymbol{x}^{\mathrm{T}}(\bar{\boldsymbol{A}}^{\mathrm{T}}\boldsymbol{P}+\boldsymbol{P}\bar{\boldsymbol{A}})\boldsymbol{x} \tag{6-30}$$

根据定理 6-3 知，若要闭环系统渐近稳定，则 $\boldsymbol{P}>0$ 满足如下李雅普诺夫方程，即

$$\bar{\boldsymbol{A}}^{\mathrm{T}}\boldsymbol{P}+\boldsymbol{P}\bar{\boldsymbol{A}}=-\bar{\boldsymbol{Q}} \tag{6-31a}$$

$$(\boldsymbol{A}-\boldsymbol{B}\boldsymbol{K}\boldsymbol{C})^{\mathrm{T}}\boldsymbol{P}+\boldsymbol{P}(\boldsymbol{A}-\boldsymbol{B}\boldsymbol{K}\boldsymbol{C})=-(\boldsymbol{Q}+\boldsymbol{C}^{\mathrm{T}}\boldsymbol{K}^{\mathrm{T}}\boldsymbol{R}\boldsymbol{K}\boldsymbol{C}) \tag{6-31b}$$

换句话说，参数 $\boldsymbol{K}$ 的取值需保证式(6-31b)的解 $\boldsymbol{P}=\boldsymbol{P}(\boldsymbol{K})>0$。式(6-31b)就是参数 $\boldsymbol{K}$ 的约束。

3）优化性能指标得到最优参数。将式(6-31a)代入式(6-30)有

$$\dot{V}(\boldsymbol{x})=-\boldsymbol{x}^{\mathrm{T}}\overline{\boldsymbol{Q}}\boldsymbol{x},\ \frac{\mathrm{d}}{\mathrm{d}t}(\boldsymbol{x}^{\mathrm{T}}\boldsymbol{P}\boldsymbol{x})=-\boldsymbol{x}^{\mathrm{T}}\overline{\boldsymbol{Q}}\boldsymbol{x}$$

再代入式(6-29)有

$$J=\frac{1}{2}\int_{t_0}^{\infty}\boldsymbol{x}^{\mathrm{T}}\overline{\boldsymbol{Q}}\boldsymbol{x}\mathrm{d}t=-\frac{1}{2}\boldsymbol{x}^{\mathrm{T}}\boldsymbol{P}\boldsymbol{x}\Big|_{t_0}^{\infty}=\frac{1}{2}\boldsymbol{x}^{\mathrm{T}}(t_0)\boldsymbol{P}\boldsymbol{x}(t_0) \tag{6-32}$$

因为闭环系统是渐近稳定的，$\boldsymbol{x}(\infty)=\boldsymbol{0}$。

综上，最优参数 $\boldsymbol{K}$ 的设计转化为，先从式(6-31b)得到 $\boldsymbol{P}=\boldsymbol{P}(\boldsymbol{K})$，再代入式(6-32)求最小的性能指标 J，便可得到参数 $\boldsymbol{K}$。

例 6-5 用参数优化的方法重做例 4-7。

1）取控制器为

$$\boldsymbol{u}=-\boldsymbol{K}\boldsymbol{y}=-\boldsymbol{K}\boldsymbol{C}\boldsymbol{x},\ \boldsymbol{K}=[k_1,k_2]$$

2）求解李雅普诺夫方程式(6-31)。

$$\overline{\boldsymbol{A}}=\boldsymbol{A}-\boldsymbol{B}\boldsymbol{K}\boldsymbol{C}=\begin{bmatrix}0 & 1\\ -k_1 & -k_2\end{bmatrix},\ \overline{\boldsymbol{Q}}=\boldsymbol{Q}+\boldsymbol{C}^{\mathrm{T}}\boldsymbol{K}^{\mathrm{T}}\boldsymbol{R}\boldsymbol{K}\boldsymbol{C}=\begin{bmatrix}1+k_1^2 & b+k_1k_2\\ b+k_1k_2 & a^2+k_2^2\end{bmatrix}$$

$$\begin{bmatrix}p_{11} & p_{12}\\ p_{21} & p_{22}\end{bmatrix}\begin{bmatrix}0 & 1\\ -k_1 & -k_2\end{bmatrix}+\begin{bmatrix}0 & -k_1\\ 1 & -k_2\end{bmatrix}\begin{bmatrix}p_{11} & p_{12}\\ p_{21} & p_{22}\end{bmatrix}=-\begin{bmatrix}1+k_1^2 & b+k_1k_2\\ b+k_1k_2 & a^2+k_2^2\end{bmatrix}$$

展开后可推出

$$\begin{cases}p_{12}=(1+k_1^2)/2k_1\\ p_{22}=(a^2+k_2^2+2p_{12})/(2k_2)\\ p_{11}=k_2p_{12}+k_1p_{22}-(b+k_1k_2)\end{cases} \tag{6-33}$$

3）求性能指标式(6-32)的最小值。令 $\boldsymbol{x}(t_0)=\begin{bmatrix}x_{10}\\ x_{20}\end{bmatrix}$，则

$$J=[x_{10},x_{20}]\begin{bmatrix}p_{11} & p_{12}\\ p_{21} & p_{22}\end{bmatrix}\begin{bmatrix}x_{10}\\ x_{20}\end{bmatrix}=p_{11}x_{10}^2+2p_{12}x_{10}x_{20}+p_{22}x_{20}^2$$

由式(6-33)可得

$$\begin{cases}\dfrac{\partial p_{12}}{\partial k_1}=\dfrac{4k_1^2-2(1+k_1^2)}{4k_1^2}, & \dfrac{\partial p_{12}}{\partial k_2}=0\\ \dfrac{\partial p_{22}}{\partial k_1}=\dfrac{1}{k_2}\dfrac{\partial p_{12}}{\partial k_1}=\dfrac{4k_1^2-2(1+k_1^2)}{4k_1^2k_2}, & \dfrac{\partial p_{22}}{\partial k_2}=\dfrac{4k_2^2-2(a^2+k_2^2+2p_{12})}{4k_2^2}\\ \dfrac{\partial p_{11}}{\partial k_1}=k_2\dfrac{\partial p_{12}}{\partial k_1}+p_{22}+k_1\dfrac{\partial p_{22}}{\partial k_1}-k_2, & \dfrac{\partial p_{11}}{\partial k_2}=p_{12}+k_2\dfrac{\partial p_{12}}{\partial k_2}+k_1\dfrac{\partial p_{22}}{\partial k_2}-k_1\end{cases} \tag{6-34}$$

那么

$$\begin{cases}\dfrac{\partial J}{\partial k_1}=x_{10}^2\dfrac{\partial p_{11}}{\partial k_1}+2x_{10}x_{20}\dfrac{\partial p_{12}}{\partial k_1}+x_{20}^2\dfrac{\partial p_{22}}{\partial k_1}=0\\ \dfrac{\partial J}{\partial k_2}=x_{10}^2\dfrac{\partial p_{11}}{\partial k_2}+2x_{10}x_{20}\dfrac{\partial p_{12}}{\partial k_2}+x_{20}^2\dfrac{\partial p_{22}}{\partial k_2}=0\end{cases} \tag{6-35}$$

由于最优参数 $\boldsymbol{K}$ 与初始状态无关，不失一般性，可令 $\boldsymbol{x}(t_0)=\begin{bmatrix}x_{10}\\ x_{20}\end{bmatrix}=\begin{bmatrix}0\\ 1\end{bmatrix}$，则式(6-35)化为

$$\begin{cases}\dfrac{\partial J}{\partial k_1}=\dfrac{\partial p_{22}}{\partial k_1}=\dfrac{4k_1^2-2(1+k_1^2)}{4k_1^2k_2}=0\\ \dfrac{\partial J}{\partial k_2}=\dfrac{\partial p_{22}}{\partial k_2}=\dfrac{4k_2^2-2(a^2+k_2^2+2p_{12})}{4k_2^2}=0\end{cases}\tag{6-36}$$

式(6-36)的推导代入了式(6-34)，解之有

$$\begin{cases}k_1=1,\ k_2=\sqrt{2+a^2}\\ p_{12}=\dfrac{(1+k_1^2)}{2k_1}=1,\ p_{22}=\sqrt{2+a^2},\ p_{11}=\sqrt{2+a^2}-b\end{cases}\tag{6-37}$$

或者

$$\boldsymbol{K}=[k_1,k_2]=[1\quad \sqrt{2+a^2}]$$

$$\boldsymbol{P}=\begin{bmatrix}p_{11} & p_{12}\\ p_{12} & p_{22}\end{bmatrix}=\begin{bmatrix}\sqrt{2+a^2}-b & 1\\ 1 & \sqrt{2+a^2}\end{bmatrix}>0$$

与例 4-7 的比例参数 $\boldsymbol{K}$ 和代数里卡蒂方程的解 $\boldsymbol{P}$ 是一致的。

另外，将式(6-37)中的 k_1、k_2 代回到式(6-34)和式(6-35)，可验证对任意的初始状态 $\boldsymbol{x}(t_0)$ 结论一样成立。

可见，将李雅普诺夫稳定性理论与最优控制理论结合到一起，形成了非常实用的参数优化控制的方法，李雅普诺夫稳定性理论保证闭环系统稳定，最优控制理论通过权系数矩阵 $\{\boldsymbol{Q},\boldsymbol{R}\}$ 优化系统的其他性能。另外，用于稳定性分析的李雅普诺夫方程与求解最优控制器的代数里卡蒂方程有着密切关系，这一点在许多新的控制理论方法中起到了桥梁作用。

6.2 随机过程与滤波估计

复杂系统除了存在通道间耦合、非线性、模型不确定性等不利因素之外，常常还存在一个不利因素，即随机性，如测量随机噪声、外部随机扰动。不确定性是事先未知，但事后同样条件时可以重现；随机性是事先未知，但事后同样条件时未必重现，只能得知其统计特征。因而，含有随机变量的系统模型，求其状态变量或输出变量在某时刻的确定值无实际意义，有意义的是其统计特征。下面，先简要介绍随机变量的基本理论，再在此基础上，讨论状态滤波与参数估计的问题。

6.2.1 随机过程概论

研究一个系统实际上是研究这个系统中的变量及其关系。若变量 $x(t)$ 在每个时刻的取值 $x(t_i)$ 是确定的，该变量称为确定性变量，简称为变量。若 $x(t_i)$ 是随机取值的，$x(t)$ 就不是确定性变量。由于某个时刻的 $x(t_i)$ 取值是随机的，本身就是一个随机变量，为了区分，称变量 $x(t)$ 为随机过程，即具体时刻是随机变量，一段时间就是随机过程，在不引起混淆时，也泛称 $x(t)$ 为随机变量。那么，如何描述、分析随机过程及其多个随机过程之间的关系？随机过程 $x(t)$ 由随机变量序列 $\{x(t_i)\}$ 构成，下面先讨论如何刻画分析随机变量，再推广到随机过程。

1. 随机变量及其分布

任何变量都需要事先确定取值范围，即值域。若它的值域为离散值 $\{x_1,x_2\cdots,x_M\}$，该变量是离散型变量；若它的值域为连续值 (a,b)，该变量是连续型变量。确定性变量如此，随机性变量

也如此。

对于确定性变量 x、y，若存在函数关系 $y=f(x)$，当我们说“已知 x，试求出 y”，意味着事先已确定知道了 $x=x_i$，将其直接代入函数关系进行运算便可得到结果。

但是，对于随机变量 X、Y，若存在函数关系 $Y=f(X)$，当我们说“已知 X，试求出 Y”就遇到了困难。因为随机变量 X 的取值是事先无法确定的，理论上讲，可取值域中的任意一个值，因而也就不知道该代入哪个值进行后续运算。换句话说，对于随机变量研究它取哪个具体值得到何种结果已无意义。那么，该怎样刻画“已知了随机变量 X”？这就需要从新的视角来看待随机变量，将随机性转为一种确定性的描述，才能实施后续的运算。

（1）离散分布律

令 X 是离散型随机变量，值域为 $\{x_1,x_2,\cdots,x_M\}$（M 可以为无穷），虽然每次取值是随机的，但存在统计规律，可用概率来描述，即值域中每个值都有一个取值概率：

$$P(X=x_i)=p_i\geqslant 0,\quad \sum_{i=1}^{M}p_i=1 \tag{6-38a}$$

$$\boldsymbol{P}_X=[p_1,p_2,\cdots,p_M]^{\mathrm{T}}$$

若每个取值是等概率的，则 $p_i=1/M$。

概率 $\{p_i\}$ 是确定值，若它已知，则离散型随机变量 X 的表现就被刻画了。如果两个离散型随机变量有相同的值域和取值概率，可认为它们是同样的随机变量，尽管每次具体取值二者可能并不一样。将所有概率值依序组成向量 $\boldsymbol{P}_X\in\mathbf{R}^M$，称其为离散型随机变量 X 的分布律。已知 $\boldsymbol{P}_X$ 就相当于刻画了 X，或者求解出 $\boldsymbol{P}_X$ 就等价于求解出 X。这样，离散型随机变量的运算就转为离散分布律的运算，而离散分布律的运算是一个确定性的运算，这样将随机性的研究转为了确定性的研究。

（2）连续分布函数

若随机变量 X 是在实数轴上取连续值，$X\in(-\infty,+\infty)$，给每一个取值赋以一个概率将无实质意义（若是等概率取值，其概率 $p_i=0$），而对一个取值范围赋以概率值是有意义的，即下述概率是有意义的。

$$P(x_1<X\leqslant x_2)=P(X\leqslant x_2)-P(X\leqslant x_1)=F(x_2)-F(x_1)$$

式中，$F(x_i)=P(X\leqslant x)\big|_{x=x_i}$。$F(x)=P(X\leqslant x)$ 称为随机变量 X 的分布函数。$F(x)$ 与 X 一一对应，这样，已知 $F(x)$ 就相当于刻画了连续型随机变量 X，从而对连续型随机变量的研究就可转为对确定性分布函数的研究。

分布函数有如下性质：

1）$F(x)$ 是不减函数，即 $F(x_2)\geqslant F(x_1)$（$x_2>x_1$）。

2）$0\leqslant F(x)\leqslant 1$。

3）$F(-\infty)=0$，$F(+\infty)=1$。

对于离散型随机变量，同样可按照 $F(x)=P(X\leqslant x)$ 求取它的分布函数。因此，分布函数具有一般性。

（3）概率密度函数

对于随机变量一般不直接用分布函数进行研究，而采用概率密度函数。若对分布函数 $F(x)$，存在一个非负函数 $f(x)\geqslant 0$，满足

$$F(x)=\int_{-\infty}^{x}f(t)\,\mathrm{d}t \tag{6-38b}$$

称 $f(x)$ 是 $F(x)$ 的概率密度函数，简称概率密度。同样，$f(x)$ 是确定性函数，与 $F(x)$ 有一一对应

关系，并有如下性质：

1) $\int_{-\infty}^{+\infty} f(x)\mathrm{d}x = F(+\infty) = 1$。

2) $\int_{x_1}^{x_2} f(x)\mathrm{d}x = F(x_2) - F(x_1) = P(x_1 < X \leqslant x_2)$。

3) $F'(x) = f(x)$。

概率密度函数$f(x)$的几何意义在于，随机变量 X 在区间(x_1,x_2)上取值的概率正好为$f(x)$在此区间上的面积。常见的几种概率密度函数如下：

1) 均匀分布。若概率密度函数为

$$f(x) = \begin{cases} \dfrac{1}{b-a}, & a<x<b \\ 0, & x \leqslant a,\ x \geqslant b \end{cases} \tag{6-39a}$$

称随机变量 X 在区间(a,b)上服从均匀分布。由于均匀分布的等间隔面积一样，所以是等概率均匀取值。

2) 指数分布。若概率密度函数为

$$f(x) = \begin{cases} \mathrm{e}^{-\lambda x}, & x>0 \\ 0, & x \leqslant 0 \end{cases} \tag{6-39b}$$

称随机变量 X 在区间$(-\infty,+\infty)$上服从参数为 λ 的指数分布。由于指数分布的等间隔面积不一样，所以是非均匀取值。

3) 正态分布。若概率密度函数为

$$f(x) = \frac{1}{\sqrt{2\pi}\sigma}\mathrm{e}^{-\frac{(x-\mu)^2}{2\sigma^2}} \tag{6-39c}$$

称随机变量 X 在区间$(-\infty,+\infty)$上服从参数为$\{\mu,\ \sigma^2\}$的正态分布，也记为 $X \sim N(\mu,\sigma^2)$。同样，正态分布是非均匀取值。

综上所述，任何一个随机变量与它的分布律、分布函数或者概率密度函数是一一对应的，而后者是一个确定性的描述，可以进行各种运算。因此，已知或求解一个随机变量，实际上转为了已知或求解它的分布律、分布函数或者概率密度函数。这就是处理随机变量的基本思想。

2. 一维随机变量函数

在实际工程系统中，研究孤立的变量意义不大，研究变量间的关系才是有意义的，对于随机变量也是如此。令 X、Y 是两个随机变量，满足函数关系 $Y=f(X)$，如

$$Y = f(X) = a_0 + a_1 X + a_2 X^2 \tag{6-40}$$

这是一个一维函数，系数$\{a_0,a_1,a_2\}$是确定的，意味着 X 与 Y 的关系是确定的，但 X 取值是随机的，同步导致了 Y 的取值也是随机的。若已知 X，即已知 X 的值域以及分布律或分布函数或概率密度函数，便可根据函数关系求出 Y，即 Y 的值域以及分布律或分布函数或概率密度函数。

例 6-6 若随机变量 $X \in \{0,2,4\}$，其分布律 $\boldsymbol{P}_X = [0.3,0.2,0.5]^{\mathrm{T}}$，试求 $Y=(X-2)^2$ 的分布律。

1) Y 的值域。将 $X \in \{0,2,4\}$ 分别代入关系式中，可得 $Y \in \{0,4\}$。

2) Y 的取值概率为

$$P(Y=0) = P(X=2) = 0.2,\quad P(Y=4) = P(X=0) + P(X=4) = 0.3+0.5 = 0.8$$

所以，Y 的分布律为 $\boldsymbol{P}_Y = [0.2,0.8]$。

例 6-7 若随机变量 X 的概率密度函数为

$$f_X(x)=\begin{cases}2x, & 0<x<1\\ 0, & 其他\end{cases}$$

求随机变量 $Y=1+4X$ 的概率密度函数。

1）先求 Y 的分布函数

$$F_Y(y)=P(Y\leqslant y)=P(1+4X\leqslant y)=P\left(X\leqslant\frac{y-1}{4}\right)=F_X\left(\frac{y-1}{4}\right)$$

2）再求 Y 的概率密度函数

$$f_Y(y)=\frac{\mathrm{d}}{\mathrm{d}y}F_Y(y)=\frac{\mathrm{d}}{\mathrm{d}y}F_X\left(\frac{y-1}{4}\right)=f_X\left(\frac{y-1}{4}\right)\left(\frac{y-1}{4}\right)'=\frac{1}{4}f_X\left(\frac{y-1}{4}\right)$$

$$=\frac{1}{4}\begin{cases}2\left(\frac{y-1}{4}\right), & 0<\left(\frac{y-1}{4}\right)<1\\ 0, & 其他\end{cases}=\begin{cases}\frac{y-1}{8}, & 1<y<5\\ 0, & 其他\end{cases}$$

值得注意的是，在随机变量函数 $Y=f(X)$ 中，仍然可取 $X=x_i$ 并代入函数关系中求取 $Y=y_i$，Y 的值域就是这样计算出来的，但不能下这样的结论：X 随机取值时 Y 的取值是 y_i。

另外，一维随机变量函数 $Y=f(X)$ 中系数是确定的，例如，式(6-40)中的系数 $\{a_0,a_1,a_2\}$。若系数也是随机变量，X 与 Y 的关系将是随机关系，这种情况下如何求解 Y 将变得复杂。当然，也可以将系数看成随机变量，此时将变为多维随机变量函数。

3. 多维随机变量函数

实际工程中更多情况是多维函数，如 $Z=f(X,Y)$ 是二维随机变量函数，这时，为了求解 Z，需要先给出二维随机变量 $\{X,Y\}$ 的联合分布。

（1）二维离散联合分布律

令随机变量 $X\in\{x_1,x_2,\cdots,x_{M_1}\}$、$Y\in\{y_1,y_2,\cdots,y_{M_2}\}$，若对每一对取值 $\{x_i,y_j\}$ 都赋予一个概率，有

$$\begin{matrix} & y_1 & y_2 & \cdots & y_{M_2}\\ \begin{matrix}x_1\\x_2\\\vdots\\x_{M_1}\end{matrix} & \multicolumn{4}{c}{\begin{bmatrix}p_{11} & p_{12} & \cdots & p_{1M_2}\\ p_{21} & p_{22} & \cdots & p_{2M_2}\\ \vdots & \vdots & & \vdots\\ p_{M_11} & p_{M_12} & \cdots & p_{M_1M_2}\end{bmatrix}}\end{matrix}=\boldsymbol{P}_{XY},\quad \sum_{i=1}^{M_1}\sum_{j=1}^{M_2}p_{ij}=1 \tag{6-41a}$$

称 $\boldsymbol{P}_{XY}\in\mathbf{R}^{M_1\times M_2}$ 是随机变量 $\{X,Y\}$ 的二维联合分布律。

例 6-8 若随机变量 $X\in\{0,2,4\}$，$Y\in\{0,3,6\}$，其联合分布律为

$$\boldsymbol{P}_{XY}=\begin{bmatrix}0.2 & 0.05 & 0.05\\ 0.05 & 0.2 & 0.1\\ 0.05 & 0.1 & 0.2\end{bmatrix}$$

试求 $Z=(X-Y)^2$ 的分布律。

1）Z 的值域，将 $\{X,Y\}$ 各种取值代入 $Z=(X-Y)^2$，可得 $Z\in\{0,1,4,9,16,36\}$。

2）Z 的取值概率为

$$P(Z=0)=P(X=0,Y=0)=0.2$$

$$P(Z=1)=P(X=2,Y=3)+P(X=4,Y=3)=0.2+0.1=0.3$$

$$P(Z=4)=P(X=2,Y=0)+P(X=4,Y=6)=0.05+0.2=0.25$$

$$P(Z=9)=P(X=0,Y=3)=0.05$$

$$P(Z=16)=P(X=4,Y=0)+P(X=2,Y=6)=0.05+0.1=0.15$$

$$P(Z=36)=P(X=0,Y=6)=0.05$$

所以，$Z=(X-Y)^2$ 的分布律为

$$\boldsymbol{P}_Z=[0.2,0.3,0.25,0.05,0.15,0.05]$$

（2）二维联合分布函数与二维联合概率密度函数

同样可将一维分布函数推广到二维随机变量$\{X,Y\}$上，令

$$F(x,y)=P(X\leqslant x,Y\leqslant y)$$

称$F(x,y)$为随机变量$\{X,Y\}$的二维联合分布函数。

若存在非负函数$f(x,y)\geqslant 0$，满足

$$F(x,y)=\int_{-\infty}^{y}\int_{-\infty}^{x}f(u,v)\,\mathrm{d}u\mathrm{d}v \tag{6-41b}$$

称$f(x,y)$为随机变量$\{X,Y\}$的二维联合概率密度函数。并有如下性质：

1）$\int_{-\infty}^{+\infty}\int_{-\infty}^{+\infty}f(x,\ y)\,\mathrm{d}x\mathrm{d}y=F(+\infty,+\infty)=1$。

2）令 G 是 x-y 平面上的一个区域。点(X,Y)落在区域 G 上的概率为

$$P[(X,Y)\in G]=\iint_G f(x,y)\,\mathrm{d}x\mathrm{d}y$$

3）若$f(x,y)$是连续函数，$\dfrac{\partial^2F(x,y)}{\partial x\,\partial y}=f(x,y)$。

例 6-9 若已知随机变量$\{X,Y\}$的二维联合概率密度函数$f(x,y)$，试求 $Z=X+Y$ 的概率密度函数$f_Z(z)$。

1）先求 Z 的分布函数

$$F_Z(z)=P(Z\leqslant z)=\iint_{x+y\leqslant z}f(x,y)\,\mathrm{d}x\mathrm{d}y$$

即$P(Z\leqslant z)$就是点(X,Y)落在直线 $x+y=z$ 下方区域，即图 6-3 所示斜线区域的概率。

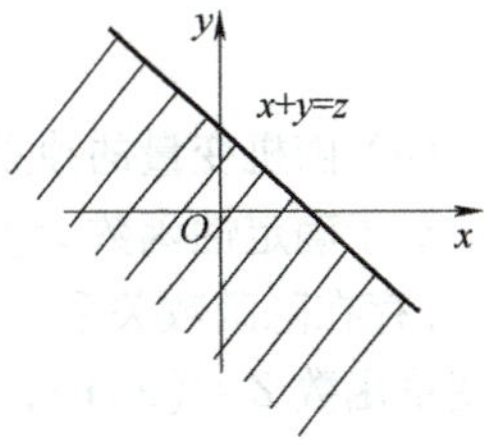

图 6-3 G：$x+y\leqslant z$

将上面重积分化为定积分有

$$\begin{aligned}F_Z(z)&=\int_{-\infty}^{+\infty}\left[\int_{-\infty}^{z-y}f(x,y)\,\mathrm{d}x\right]\mathrm{d}y=\int_{-\infty}^{+\infty}\left[\int_{-\infty}^{z}f(u-y,y)\,\mathrm{d}u\right]\mathrm{d}y\\&=\int_{-\infty}^{z}\left[\int_{-\infty}^{+\infty}f(u-y,y)\,\mathrm{d}y\right]\mathrm{d}u\end{aligned} \tag{6-42}$$

2）再求 Z 的概率密度函数。将式(6-42)与式(6-38b)对比，有

$$f_Z(z)=\int_{-\infty}^{+\infty}f(z-y,y)\,\mathrm{d}y \tag{6-43}$$

若有$f(x,y)$的具体表达式，代入式(6-43)便可求出$f_Z(z)$。

（3）边缘分布与条件分布

二维随机变量$\{X,Y\}$的全部统计信息都包含在其联合分布中，那么，作为随机变量的 X、Y，其各自的分布也可由联合分布得到，称为边缘分布，分别有

1）边缘分布律

$$\begin{cases}P(X=x_i)=\sum\limits_{j=1}^{M_2}P(X=x_i,Y=y_j)=\sum\limits_{j=1}^{M_2}p_{ij}\\P(Y=y_j)=\sum\limits_{i=1}^{M_1}P(X=x_i,Y=y_j)=\sum\limits_{i=1}^{M_1}p_{ij}\end{cases} \tag{6-44a}$$

2）边缘分布函数

$$\begin{cases}F_X(x)=P(X\leqslant x)=P(X\leqslant x,Y<+\infty)=F(x,\infty)\\F_Y(y)=P(Y\leqslant y)=P(X<+\infty,Y\leqslant y)=F(\infty,y)\end{cases}\tag{6-44b}$$

3）边缘概率密度函数

$$f_X(x)=\int_{-\infty}^{+\infty}f(x,y)\,\mathrm{d}y,\ f_Y(y)=\int_{-\infty}^{+\infty}f(x,y)\,\mathrm{d}x\tag{6-44c}$$

对于二维随机变量$\{X,Y\}$，有时需要知道当Y已确定的情况下X的随机情况，或者反过来，称为条件分布。

1）条件分布律

$$\begin{cases}P(X=x_i\mid Y=y_j)=\dfrac{P(X=x_i,\ Y=y_j)}{P(Y=y_j)}=\dfrac{p_{ij}}{\sum\limits_{i=1}^{M_1}p_{ij}}\\[2ex]P(Y=y_j\mid X=x_i)=\dfrac{P(X=x_i,\ Y=y_j)}{P(X=x_i)}=\dfrac{p_{ij}}{\sum\limits_{j=1}^{M_2}p_{ij}}\end{cases}\tag{6-45a}$$

2）条件概率密度函数与条件分布函数

$$\begin{cases}f_{X\mid Y}(x\mid y)=\dfrac{f(x,y)}{f_Y(y)}\\[2ex]f_{Y\mid X}(y\mid x)=\dfrac{f(x,y)}{f_X(x)}\end{cases}\tag{6-45b}$$

$$\begin{cases}F_{X\mid Y}(x\mid y)=\displaystyle\int_{-\infty}^{x}\frac{f(u,y)}{f_Y(y)}\mathrm{d}u\\[2ex]F_{Y\mid X}(y\mid x)=\displaystyle\int_{-\infty}^{y}\frac{f(x,v)}{f_X(x)}\mathrm{d}v\end{cases}\tag{6-45c}$$

（4）随机变量的独立性

对于确定性函数$z=f(x,y)$，一般自变量$\{x,y\}$都是独立取值。若$z=f(x,y(x))$，即自变量$\{x,y\}$存在隐函数关系，y的取值依赖于x，不再是独立取值，二者具有了相关性。那么，对于随机变量函数$Z=f(X,Y)$，在什么情况下其随机变量X、Y具有独立性？

若联合分布等于各自分布的乘积，即

$$F(x,y)=F_X(x)F_Y(y)\tag{6-46a}$$

称随机变量X、Y是相互独立的随机变量。

根据上面的定义可推出，相互独立的随机变量的概率密度函数满足

$$f(x,y)=f_X(x)f_Y(y)\tag{6-46b}$$

其离散分布律(对$\forall i$、$\forall j$)满足

$$P(X=x_i,Y=y_j)=P(X=x_i)P(Y=y_j)\tag{6-46c}$$

或者

$$F_{Y\mid X}(y\mid x)=\int_{-\infty}^{y}\frac{f(x,y)}{f_X(x)}\mathrm{d}y=\int_{-\infty}^{y}\frac{f_X(x)f_Y(y)}{f_X(x)}\mathrm{d}y=F_Y(y)\tag{6-46d}$$

$$P(Y=y_j\mid X=x_i)=\frac{P(X=x_i,Y=y_j)}{P(X=x_i)}=\frac{P(X=x_i)P(Y=y_j)}{P(X=x_i)}=P(Y=y_j)\tag{6-46e}$$

即条件分布(概率)与条件无关，则两个随机变量是独立的。

仔细观察知，条件分布（概率）实际上在刻画 Y 与 X 是否存在隐函数关系。通俗地讲，若式(6-46d)或式(6-46e)成立，意味着 Y 的取值与 X 无关，二者在概率意义上不存在隐函数关系。

前面的讨论都是针对二维随机变量函数，但所有内容都可推广到 n 元随机变量函数上

$$Y=f(X_1,X_2,\cdots,X_n)=f(\boldsymbol{X}),\boldsymbol{X}\in\mathbf{R}^n$$

在此不再赘述。只是下面几点需要高度重视。

1) 多维自变量 $\{X_1,X_2,\cdots,X_n\}$ 的联合分布函数 $F(x_1,x_2,\cdots,x_n)$，必须囊括它所有取值组合的概率信息。因此，准确得到联合分布函数是有难度的。

2) 求解多维随机变量函数 $Y=f(X_1,X_2,\cdots,X_n)$ 的分布函数，必须要事先知晓多维自变量 $\{X_1,X_2,\cdots,X_n\}$ 的联合分布函数，仅仅知晓各自的分布函数 $\{F_{X_i}(x_i)\}$ 是不够的。

3) 在实际工程系统中，多维自变量 $\{X_1,X_2,\cdots,X_n\}$ 的相关性往往可通过物理关系予以判定。许多情况下都可假定它们“独自取值”，这时将各自分布相乘便可得到联合分布，即 $F(x_1,x_2,\cdots,x_n)=\prod_{i=1}^{n}F_{X_i}(x_i)$；若它们不能“独自取值”，意味着它们之间有隐函数关系，这时其联合分布就不得不考虑所有取值组合的概率信息。

4) 联合分布反映了多维自变量全部概率信息，其他边缘分布、条件分布等都可由联合分布推出，参见式(6-44)、式(6-45)，但反之不然，除非它们相互独立。

4. 随机变量的数字特征

通过分布律、分布函数、概率密度函数等分布信息，完全刻画了随机变量，将随机性的研究转为确定性的研究，具有重大的理论意义。然而，在处理实际问题时，要准确得到这些分布信息是一件困难的事。这就提出，不直接使用分布信息，而提取随机变量的数字特征，以它代替分布信息来进行研究，可能会相对容易地解决实际问题。

在实际工程系统中，随机变量尽管取值随机，但一般大概率落在均值上，若再得到其他取值离开均值的距离，基本上就反映了这个随机变量的分布情况，这个均值与距离就是随机变量的数字特征。

(1) 数学期望或均值

对于离散型随机变量 $X\in\{x_1,x_2,\cdots,x_M\}$，$\{p_i\}$ 是取值概率，令

$$E(X)=\sum_{i=1}^{M}x_ip_i \tag{6-47a}$$

对于连续型随机变量 X，$f(x)$ 是其概率密度函数，令

$$E(X)=\int_{-\infty}^{+\infty}xf(x)\,\mathrm{d}x \tag{6-47b}$$

称 $E(X)$ 为随机变量 X 的数学期望，也称为均值。

数学期望或均值有如下性质：

1) 若 C 是常数，则 $E(C)=C$，$E(CX)=CE(X)$。

2) $E(X+Y)=E(X)+E(Y)$。

3) 若 X、Y 相互独立，则 $E(XY)=E(X)E(Y)$。

(2) 方差

对于离散型随机变量 $X\in\{x_1,x_2,\cdots,x_M\}$，令

$$D(x)=\mathrm{Var}(X)=E\{[X-E(X)]^2\}=\sum_{i=1}^{M}[x_i-E(X)]^2p_i \tag{6-48a}$$

对于连续型随机变量，令

$$D(x)=\mathrm{Var}(X)=E\{[X-E(X)]^2\}=\int_{-\infty}^{+\infty}[x-E(X)]^2f(x)\mathrm{d}x \tag{6-48b}$$

称 $D(X)$ 或 $\mathrm{Var}(X)$ 为随机变量 X 的方差。方差反映了随机变量取值离开均值的距离。取 $\sigma(X)=\sqrt{D(X)}$，称为随机变量 X 的标准差或均方差。

方差有如下性质：

1）若 C 是常数，则 $D(C)=0$，$D(CX)=C^2D(X)$，$D(C+X)=D(X)$。

2）$D(X)=E(X^2)-E^2(X)$。

3）若 X、Y 相互独立，则 $D(X+Y)=D(X)+D(Y)$。

（3）协方差与相关系数

对于二维随机变量 $\{X,Y\}$，除了各自的均值与方差外，还需反映相互间的关系。令

$$\mathrm{Cov}(X,Y)=E[X-E(X)]E[Y-E(Y)],\quad \rho_{XY}=\frac{\mathrm{Cov}(X,Y)}{\sqrt{D(X)}\sqrt{D(Y)}}$$

称 $\mathrm{Cov}(X,Y)$ 为随机变量 X、Y 的协方差，ρ_{XY} 为相关系数。

可见，若 $\mathrm{Cov}(X,Y)=0$ 或者 $\rho_{XY}=0$，则 X、Y 相互独立。

（4）多维随机变量的数字特征

若随机变量是多维的，即 $\boldsymbol{X}=[X_1,X_2,\cdots,X_n]^{\mathrm{T}}\in\mathbf{R}^n$。对应的期望均值向量、方差矩阵分别为

$$E(\boldsymbol{X})=[E(X_1),E(X_2),\cdots,E(X_n)]^{\mathrm{T}}$$

$$D(\boldsymbol{X})=E\{[\boldsymbol{X}-E(\boldsymbol{X})][\boldsymbol{X}-E(\boldsymbol{X})]^{\mathrm{T}}\}$$

式中，$D(\boldsymbol{X})$ 的主对角元是各分量 X_i 的方差，非对角元是分量之间 $\{X_i,X_j,i\neq j\}$ 的协方差。

（5）数学期望与样本平均值

前面给出了随机变量常用数字特征的定义。遗憾的是，所有定义还是依赖于分布律、分布函数、概率密度函数等分布信息，仍然未摆脱前面提及的困惑。确定随机变量 X 的分布函数相对困难，但得到它的样本数据集 $\{x(k),k=1,2,\cdots,N\}$ 相对容易。可否用样本数据集替代分布函数来求解数字特征？若可以，将为实际问题的解决提供极便利的工具。

1）将各种数字特征归为期望(均值)运算

仔细观察前面的定义可知，所有数字特征的定义都可以归为期望(均值)运算，如

$$\begin{aligned}E\{[X-E(X)]^2\}&=E[X^2-2XE(X)+E^2(X)]\\&=E(X^2)-E[2XE(X)]+E^2(X)\\&=E(X^2)-2E(X)E(X)+E^2(X)=E(X^2)-E^2(X)\end{aligned}$$

可见，只要得到随机变量 X、X^2 的期望(均值) $E(X)$、$E(X^2)$ 便可。

2）用样本数据集求解期望(均值)

当随机变量 X 的样本数量 N 足够大时，有

$$E(X)=\lim_{N\to\infty}\frac{1}{N}\sum_{k=1}^{N}x(k)\approx\frac{1}{N}\sum_{k=1}^{N}x(k) \tag{6-49}$$

这就是随机变量的大数定律，其严格表述与证明可参见有关概率论与数理统计的书籍。

$E(X)$ 可采用式(6-49)方法求取，$E(X^2)$ 等也同样可用，即

$$E(X^2)=\lim_{N\to\infty}\frac{1}{N}\sum_{k=1}^{N}x^2(k)\approx\frac{1}{N}\sum_{k=1}^{N}x^2(k)$$

因此，各种数字特征都可利用随机变量的样本集来求解，无须为得到各类分布而困惑了。

综上所述，研究随机变量，需要知道它的分布律、分布函数或概率密度函数等分布信息；得到准确的分布信息是困难的，所以退而求其次，研究它的期望、方差等数字特征；数字特征的定

义仍然依赖分布信息，但大数定律建立了采样数据与数字特征的桥梁关系；在实际工程系统中，可通过多种技术手段获取随机变量的采样数据，因而它的数字特征也在掌握之中。以数字特征进行理论推导，再以采样数据构造算法，成为处理随机系统问题的一个主要技术路径。

5. 随机过程及其数字特征

前面讨论了随机变量各种分布描述与数字特征，下面将其推广到随机过程中。

对随机过程 $X(t)$，若将时间 $t\in T$ 固定，则退化为随机变量。所以，描述随机变量的(联合)分布信息都可推广过来，如分布函数：

$$F(x,t)=P[X(t)\leqslant x],\ F(x,y,t)=P[X(t)\leqslant x,Y(t)\leqslant y],\ \cdots$$

只是这些分布函数中含有时间 t，表明不同时刻的分布函数可能不一样。若不显含时间 t，则意味着任何时刻的分布函数都是一样的。

分布律、概率密度函数可进行同样的推广。值得注意的是，一般随机过程不同时刻的分布函数或分布律、概率密度函数是不同的，除非是后面将要讨论的平稳随机过程。

通过分布函数或分布律、概率密度函数来研究随机过程同样是困难的，一般还是研究它的数字特征。

(1) 一维随机过程的数字特征

对一维随机过程 $X(t)$，令

$$\mu_X(t)=\overline{X}(t)=E[X(t)]$$

$$\sigma_X^2(t)=D_X(t)=\mathrm{Var}[X(t)]=E\{[X(t)-\mu_X(t)]^2\}$$

分别称为一维随机过程 $X(t)$ 的均值函数与方差函数。

随机过程与随机变量不同之处在于，不同时刻是不同的随机变量，因而自己存在相互关系，令

$$R_{XX}(t_i,t_j)=E[X(t_i)X(t_j)]$$

$$C_{XX}(t_i,t_j)=E\{[X(t_i)-\mu_X(t_i)][X(t_j)-\mu_X(t_j)]\}=R_{XX}(t_i,t_j)-\mu_X(t_i)\mu_X(t_j)$$

$R_{XX}(t_i,t_j)$ 称为 $X(t)$ 的自相关函数，$C_{XX}(t_i,t_j)$ 称为 $X(t)$ 的自协方差函数。

命 $t_i=t_j=t$，可推出

$$\sigma_X^2(t)=C_{XX}(t,t)=R_{XX}(t,t)-\mu_X^2(t)$$

(2) 二维随机过程的数字特征

对于二维随机过程 $\{X(t),Y(t)\}$，除了各自的均值函数、方差函数、自相关函数、自协方差函数外，还有如下的互相关函数、互协方差函数，分别为

$$R_{XY}(t_i,t_j)=E[X(t_i)Y(t_j)]$$

$$C_{XY}(t_i,t_j)=E\{[X(t_i)-\mu_X(t_i)][Y(t_j)-\mu_Y(t_j)]\}=R_{XY}(t_i,t_j)-\mu_X(t_i)\mu_Y(t_j)$$

若对任意的 t_i、t_j 都有 $C_{XY}(t_i,t_j)=0$，则称随机过程 $X(t)$、$Y(t)$ 是不相关的。

6. 平稳随机过程

一般来讲，不同时刻的随机过程统计特性都是不一样的。在实际工程系统中，有一类随机过程，其统计特性不随时间推移而变化，即对任意的 h，$\{X(t_1),X(t_2),\cdots,X(t_n)\}$ 与 $\{X(t_1+h),X(t_2+h),\cdots,X(t_n+h)\}$ 有相同的分布函数，满足这个特性的随机过程称为平稳随机过程。

(1) 平稳随机过程的数字特征

若 $X(t)$ 是平稳随机过程，取 $t_1=0$，则 $X(h)$ 与 $X(0)$ 有相同的分布函数，由于 h 的任意性，则平稳随机过程在任意时刻 t 的均值、方差都与 $X(0)$ 的一致，不再是时刻 t 的函数而是常数，即

$$\mu_X(t)=E[X(0)]=\mu_X,\ \sigma_X^2(t)=E\{[X(0)-\mu_X]^2\}=\sigma_X^2$$

另外，两个不同时刻 $\{t_1,t_2\}$ 的自相关函数、自协方差函数为

$$R_{XX}(t_1,\ t_2)=E[X(t_1)X(t_2)]=E[X(0)X(t_2-t_1)]=E[X(0)X(\tau)]=R_X(\tau)$$
$$C_{XX}(t_1,t_2)=R_{XX}(t_1,t_2)-\mu_X(t_1)\mu_X(t_2)=R_{XX}(\tau)-\mu_X^2=C_X(\tau)$$

式中，$\tau=t_2-t_1$。表明自相关函数、自协方差函数只与时间差 τ 有关，与具体时刻无关。

可见，平稳随机过程就是以均值为水平线上下波动且波动方差为常数的随机过程。在实际系统中，随机测量噪声常常就是这样的，且

$$\mu_X=0,\ R_X(\tau)\begin{cases}\neq 0, & \tau=0\\ =0, & \tau\neq 0\end{cases}$$

即独立、零均值、同方差，称这类过程为白噪声过程。

另外，当随机的动态系统进入稳态后，其稳态响应就是在稳态值上下波动，也可用平稳随机过程来描述，均值就是稳态值。

(2) 各态历经性

随机过程的数字特征同样依赖于分布函数，在实际应用中，同样希望对随机过程采样，以样本数据集来推算其数字特征。对于平稳随机过程，其均值函数、方差函数等数字特征在任何时刻都是一样的，所以只需采集某个时刻 $X(t_i)$ 的样本数据便可。为了得到 N 个 $t=t_i$ 时刻的采样数据 $\{x_k(t_i),k=1,2,\cdots,N\}$，需要做 N 次采样实验，得到 N 条随机过程的轨线，图 6-4 "纵向"的黑圈为采样数据 $\{x_k(t_i),k=1,2,\cdots,N\}$。可见，当 N 足够大时，实验工作量巨大，难以实现。

这就提出可否只做一次采样实验，采集 N 个不同时刻的数据 $\{x_1(t_i),i=1,2,\cdots,N\}$ 来代替，如图 6-4"横向"的黑点所示。若可以，平稳随机过程的均值可由式(6-50)计算。

$$\mu_X=\lim_{N\to\infty}\frac{1}{N}\sum_{k=1}^{N}x_k(t_i)=\lim_{N\to\infty}\frac{1}{N}\sum_{i=1}^{N}x_1(t_i)\approx\frac{1}{N}\sum_{i=1}^{N}x_1(t_i) \tag{6-50}$$

满足式(6-50)的平稳随机过程称为具有各态历经性，即"横向"的不同时刻历经了"纵向"的各种状况。实际工程系统中的平稳随机过程一般都可做这个假设，用式(6-50)计算平稳随机过程的数字特征就容易了，只需做一次采样实验。

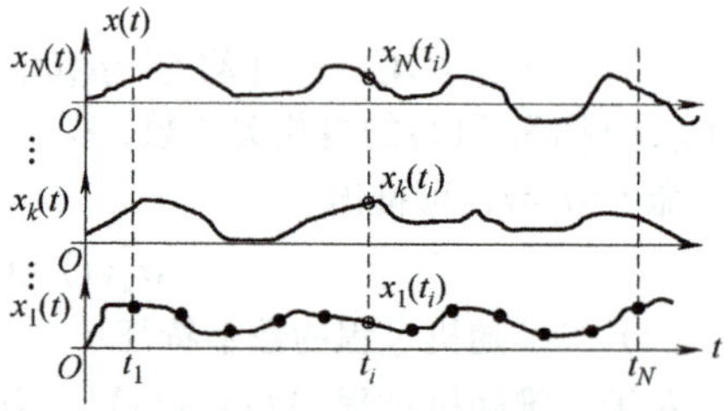

图 6-4　随机过程采样与各态历经性

值得注意的是，用"横向"的 N 个数据代替"纵向"的 N 个数据，对于平稳随机过程是可能的，因为平稳随机过程不同时刻的数字特征是相同的；对于非平稳随机过程是不行的，因为它在不同时刻的数字特征不同，用一组"横向"的 N 个数据不能同时反映不同时刻"纵向"的数字特征。

(3) 功率谱密度

在许多理论与应用的研究中，以时域的方式进行推导难以显露出特征，转入频域会有意想不到的结果。下面用傅里叶变换来研究平稳随机过程的频率结构——功率谱密度。

对平稳随机过程 $X(t)$，进行傅里叶变换有

$$F_X(\omega,T)=\int_{-T}^{T}X(t)\mathrm{e}^{-\mathrm{j}\omega t}\mathrm{d}t\quad (T\to\infty)$$

可得到如下帕塞瓦尔恒等式：

$$\frac{1}{2T}\int_{-T}^{T}X^2(t)\,\mathrm{d}t=\frac{1}{4\pi T}\int_{-\infty}^{+\infty}|F_X(\omega,T)|^2\mathrm{d}\omega(T\to\infty) \tag{6-51}$$

式(6-51)左边为 $X(t)$ 的平均功率，它的均值为

$$\lim_{T\to\infty}E\left\{\frac{1}{2T}\int_{-T}^{T}X^2(t)\,\mathrm{d}t\right\}=\lim_{T\to\infty}\frac{1}{2T}\int_{-T}^{T}E[X^2(t)]\,\mathrm{d}t=R_X(0)=\Psi_X^2$$

式中，自相关函数 $E[X^2(t)]=R_{XX}(t,t)=R_X(\tau)\big|_{\tau=0}=R_X(0)\geqslant 0$。

令 $S_X(\omega)=\lim_{T\to\infty}\frac{1}{2T}|F_X(\omega,\ T)|^2$ 为 $X(t)$ 的功率谱密度，从帕塞瓦尔恒等式有

$$\Psi_X^2=\frac{1}{2\pi}\int_{-\infty}^{+\infty}S_X(\omega)\,\mathrm{d}\omega \tag{6-52}$$

式(6-52)是平稳随机过程 $X(t)$ 的平均功率的频谱表示。可推出

$$\begin{cases}S_X(\omega)=\int_{-\infty}^{+\infty}R_X(\tau)\mathrm{e}^{-\mathrm{j}\omega\tau}\mathrm{d}\tau\\ R_X(\tau)=\frac{1}{2\pi}\int_{-\infty}^{+\infty}S_X(\omega)\mathrm{e}^{\mathrm{j}\omega t}\mathrm{d}\omega\end{cases} \tag{6-53}$$

平稳随机过程的自相关函数与功率谱密度正好是一对傅里叶变换，称为维纳-欣钦公式。

各态历经性是平稳随机过程 $X(t)$ 一个重要特性，可以证明，存在各态历经性的充要条件是其谱分布函数 $F_X(\omega)$（$F'_X(\omega)=S_X(\omega)$）在 $\omega=0$ 处连续。

线性系统常可用传递函数描述，即 $y(s)=G(s)u(s)$，若输入是随机过程，输出也将是随机过程。令输入、输出的谱密度函数分别为 $\Phi_u(\omega)$、$\Phi_y(\omega)$，则一定有

$$\Phi_y(\omega)=|G(\mathrm{j}\omega)|^2\Phi_u(\omega)$$

6.2.2 状态估计与卡尔曼滤波

状态空间理论表明，对系统实施控制最好的方式是状态反馈。像最优控制等许多现代控制方法得到的控制律都是状态反馈的形式。然而，在实际工程系统中，不是所有的状态变量都能测量，这就需要通过可测量的输入信息、输出信息来重构或估计状态，以实施状态反馈控制。

1. 全阶状态观测器

以离散系统为例：

$$\begin{cases}\boldsymbol{x}(k)=\boldsymbol{A}\boldsymbol{x}(k-1)+\boldsymbol{B}\boldsymbol{u}(k-1)+\boldsymbol{\xi}(k)\\ \boldsymbol{y}(k)=\boldsymbol{C}\boldsymbol{x}(k)+\boldsymbol{\eta}(k)\end{cases} \tag{6-54}$$

可构造如下全阶观测器：

$$\hat{\boldsymbol{x}}(k)=\boldsymbol{A}\hat{\boldsymbol{x}}(k-1)+\boldsymbol{B}\boldsymbol{u}(k-1)+\boldsymbol{L}[\boldsymbol{y}(k-1)-\boldsymbol{C}\hat{\boldsymbol{x}}(k-1)] \tag{6-55}$$

状态空间理论表明，当系统 $\{\boldsymbol{A},\boldsymbol{C}\}$ 完全能观，一定能配置增益矩阵 $\boldsymbol{L}$ 使得全阶观测器稳定，在不考虑随机扰动 $\boldsymbol{\xi}(k)$、测量噪声 $\boldsymbol{\eta}(k)$ 时，即 $\boldsymbol{\xi}(k)=\boldsymbol{0}$、$\boldsymbol{\eta}(k)=\boldsymbol{0}$，重构状态 $\hat{\boldsymbol{x}}(k)$ 可以收敛到实际状态 $\boldsymbol{x}(k)$。

然而，实际工程系统总会存在随机扰动 $\boldsymbol{\xi}(k)$ 和测量噪声 $\boldsymbol{\eta}(k)$，状态信息会被 $\boldsymbol{\xi}(k)$ 污染；输出信息含有状态信息和测量噪声，会被 $\boldsymbol{\xi}(k)$、$\boldsymbol{\eta}(k)$ 污染；式(6-55)中的重构状态 $\hat{\boldsymbol{x}}(k)$ 也就会被 $\boldsymbol{\xi}(k)$、$\boldsymbol{\eta}(k)$ 污染。若增益矩阵 $\boldsymbol{L}$ 是常数矩阵，则难以抑制 $\boldsymbol{\xi}(k)$、$\boldsymbol{\eta}(k)$ 的影响，从而使得以 $\hat{\boldsymbol{x}}(k)$ 实施的状态反馈效果大打折扣。另外，从式(6-55)看出，只利用了 $\{\boldsymbol{y}(k-1),\boldsymbol{u}(k-1)\}$ 的信息，当前测量信息 $\boldsymbol{y}(k)$ 未利用，浪费了有用信息。

2. 卡尔曼滤波器

若考虑随机扰动 $\boldsymbol{\xi}(k)$ 和测量噪声 $\boldsymbol{\eta}(k)$，不失一般性，令 $\boldsymbol{\xi}(k)$、$\boldsymbol{\eta}(k)$ 是相互独立正态分布的白噪声，即 $\boldsymbol{\xi}(k)\sim N(0,\boldsymbol{R}_\xi)$、$\boldsymbol{\eta}(k)\sim N(0,\boldsymbol{R}_\eta)$。这样的话，式(6-54)将成为随机系统，需要以各变量的期望、方差等数字特征来进行分析。

构造如下卡尔曼滤波（状态估计）器为

$$\begin{cases}\bar{\boldsymbol{x}}(k)=\boldsymbol{A}\hat{\boldsymbol{x}}(k-1)+\boldsymbol{B}\boldsymbol{u}(k-1)\\ \hat{\boldsymbol{x}}(k)=\bar{\boldsymbol{x}}(k)+\boldsymbol{L}[\boldsymbol{y}(k)-\boldsymbol{C}\bar{\boldsymbol{x}}(k)]\end{cases} \tag{6-56}$$

式中，$\bar{\boldsymbol{x}}(k)$是预报值；$\hat{\boldsymbol{x}}(k)$是最优估计值。其中，第1个式子是用以前信息$\{\hat{\boldsymbol{x}}(k-1),\boldsymbol{u}(k-1)\}$通过状态方程进行预报；第2个式子是用当前信息差$\{\boldsymbol{y}(k)-\boldsymbol{C}\bar{\boldsymbol{x}}(k)\}$，也称为新息，对预报进行修正。增益矩阵$\boldsymbol{L}$待定。式(6-56)的核心是状态估计，但希望滤除随机扰动$\boldsymbol{\xi}(k)$和测量噪声$\boldsymbol{\eta}(k)$的影响。

令预报误差、估计误差分别为

$$\begin{cases}\bar{\boldsymbol{e}}(k)=\boldsymbol{x}(k)-\bar{\boldsymbol{x}}(k)\\ \hat{\boldsymbol{e}}(k)=\boldsymbol{x}(k)-\hat{\boldsymbol{x}}(k)\end{cases} \tag{6-57a}$$

则各自的方差阵为

$$\begin{cases}\bar{\boldsymbol{P}}(k)=E[\boldsymbol{x}(k)-\bar{\boldsymbol{x}}(k)][\boldsymbol{x}(k)-\bar{\boldsymbol{x}}(k)]^{\mathrm{T}}=E[\bar{\boldsymbol{e}}(k)\bar{\boldsymbol{e}}^{\mathrm{T}}(k)]\geqslant 0\\ \hat{\boldsymbol{P}}(k)=E[\boldsymbol{x}(k)-\hat{\boldsymbol{x}}(k)][\boldsymbol{x}(k)-\hat{\boldsymbol{x}}(k)]^{\mathrm{T}}=E[\hat{\boldsymbol{e}}(k)\hat{\boldsymbol{e}}^{\mathrm{T}}(k)]\geqslant 0\end{cases} \tag{6-57b}$$

需要设计增益矩阵$\boldsymbol{L}$，使得估计方差阵$\hat{\boldsymbol{P}}(k)$最小。

将式(6-54)的第2个方程代入式(6-56)的第2个方程有

$$\hat{\boldsymbol{x}}(k)=\bar{\boldsymbol{x}}(k)+\boldsymbol{L}[\boldsymbol{y}(k)-\boldsymbol{C}\bar{\boldsymbol{x}}(k)]=\bar{\boldsymbol{x}}(k)+\boldsymbol{L}[\boldsymbol{C}\boldsymbol{x}(k)+\boldsymbol{\eta}(k)-\boldsymbol{C}\bar{\boldsymbol{x}}(k)]$$

$$\hat{\boldsymbol{x}}(k)-\boldsymbol{x}(k)=\bar{\boldsymbol{x}}(k)-\boldsymbol{x}(k)-\boldsymbol{L}\boldsymbol{C}[\bar{\boldsymbol{x}}(k)-\boldsymbol{x}(k)]+\boldsymbol{L}\boldsymbol{\eta}(k)$$

$$\hat{\boldsymbol{e}}(k)=(\boldsymbol{I}_n-\boldsymbol{L}\boldsymbol{C})\bar{\boldsymbol{e}}(k)-\boldsymbol{L}\boldsymbol{\eta}(k) \tag{6-58}$$

将式(6-58)代入式(6-57)的第2个方程有

$$\begin{aligned}\hat{\boldsymbol{P}}(k)=&(\boldsymbol{I}_n-\boldsymbol{L}\boldsymbol{C})E[\bar{\boldsymbol{e}}(k)\bar{\boldsymbol{e}}^{\mathrm{T}}(k)](\boldsymbol{I}_n-\boldsymbol{L}\boldsymbol{C})^{\mathrm{T}}+\boldsymbol{L}E[\boldsymbol{\eta}(k)\boldsymbol{\eta}^{\mathrm{T}}(k)]\boldsymbol{L}^{\mathrm{T}}-\\&\{(\boldsymbol{I}_n-\boldsymbol{L}\boldsymbol{C})E[\bar{\boldsymbol{e}}(k)\boldsymbol{\eta}^{\mathrm{T}}(k)]\boldsymbol{L}^{\mathrm{T}}+\boldsymbol{L}E[\boldsymbol{\eta}(k)\bar{\boldsymbol{e}}^{\mathrm{T}}(k)](\boldsymbol{I}_n-\boldsymbol{L}\boldsymbol{C})^{\mathrm{T}}\}\end{aligned} \tag{6-59}$$

再将式(6-54)的第1个方程和式(6-56)的第1个方程代入式(6-57a)第1个方程有

$$\bar{\boldsymbol{e}}(k)=\boldsymbol{x}(k)-\bar{\boldsymbol{x}}(k)=[\boldsymbol{A}\boldsymbol{x}(k-1)+\boldsymbol{B}\boldsymbol{u}(k-1)+\boldsymbol{\xi}(k)]-[\boldsymbol{A}\hat{\boldsymbol{x}}(k-1)+\boldsymbol{B}\boldsymbol{u}(k-1)] \tag{6-60}$$

式(6-60)中的$\boldsymbol{x}(k-1)$会含有$\boldsymbol{\xi}(k-1)$的信息，$\hat{\boldsymbol{x}}(k-1)$会含有$\boldsymbol{\eta}(k-1)$、$\boldsymbol{\xi}(k-1)$的信息，但$\boldsymbol{\xi}(k)$、$\boldsymbol{\eta}(k)$是白噪声且相互独立，即$\boldsymbol{\eta}(k-1)$与$\boldsymbol{\eta}(k)$相互独立，$\boldsymbol{\xi}(k-1)$与$\boldsymbol{\eta}(k)$相互独立，所以$\boldsymbol{x}(k-1)$、$\hat{\boldsymbol{x}}(k-1)$与$\boldsymbol{\eta}(k)$相互独立。式(6-60)中的$\boldsymbol{u}(k-1)$是控制输入，若是开环控制，则其取值与$\boldsymbol{\eta}(k)$无关，即与$\boldsymbol{\eta}(k)$相互独立；若是闭环控制（状态反馈），其取值只与$\boldsymbol{x}(k-1)$或$\hat{\boldsymbol{x}}(k-1)$有关，所以也与$\boldsymbol{\eta}(k)$相互独立。从而可推出$\bar{\boldsymbol{e}}(k)$与$\boldsymbol{\eta}(k)$相互独立。另外，$\boldsymbol{\eta}(k)\sim N(0,\boldsymbol{R}_\eta)$，其均值为0，故有

$$E[\bar{\boldsymbol{e}}(k)\boldsymbol{\eta}^{\mathrm{T}}(k)]=E[\boldsymbol{\eta}(k)\bar{\boldsymbol{e}}^{\mathrm{T}}(k)]=E[\boldsymbol{\eta}(k)]E[\bar{\boldsymbol{e}}(k)]=\boldsymbol{0} \tag{6-61}$$

值得注意的是，$\boldsymbol{x}(k)$、$\boldsymbol{\eta}(k)$以及$\boldsymbol{\xi}(k)$都是时间的函数，所以都是随机过程，要高度重视它们的相关性与时刻有关，同时刻相关，但不同时刻可能无关。

将式(6-61)代入式(6-59)有

$$\begin{aligned}\hat{\boldsymbol{P}}(k)&=(\boldsymbol{I}_n-\boldsymbol{L}\boldsymbol{C})\bar{\boldsymbol{P}}(k)(\boldsymbol{I}_n-\boldsymbol{L}\boldsymbol{C})^{\mathrm{T}}+\boldsymbol{L}\boldsymbol{R}_\eta\boldsymbol{L}^{\mathrm{T}}\\&=\bar{\boldsymbol{P}}(k)-\boldsymbol{L}\boldsymbol{C}\bar{\boldsymbol{P}}(k)-\bar{\boldsymbol{P}}(k)\boldsymbol{C}^{\mathrm{T}}\boldsymbol{L}^{\mathrm{T}}+\boldsymbol{L}[\boldsymbol{C}\bar{\boldsymbol{P}}(k)\boldsymbol{C}^{\mathrm{T}}+\boldsymbol{R}_\eta]\boldsymbol{L}^{\mathrm{T}}\end{aligned} \tag{6-62}$$

令

$$\boldsymbol{C}\bar{\boldsymbol{P}}(k)\boldsymbol{C}^{\mathrm{T}}+\boldsymbol{R}_\eta=\boldsymbol{\Phi}\boldsymbol{\Phi}^{\mathrm{T}},\quad \boldsymbol{C}\bar{\boldsymbol{P}}(k)=\boldsymbol{\Phi}\boldsymbol{\Gamma}^{\mathrm{T}}$$

代入式(6-62)并进行配方有

$$\hat{\boldsymbol{P}}(k)=\bar{\boldsymbol{P}}(k)-\boldsymbol{L}\boldsymbol{\Phi}\boldsymbol{\Gamma}^{\mathrm{T}}-\boldsymbol{\Gamma}\boldsymbol{\Phi}^{\mathrm{T}}\boldsymbol{L}^{\mathrm{T}}+\boldsymbol{L}\boldsymbol{\Phi}\boldsymbol{\Phi}^{\mathrm{T}}\boldsymbol{L}^{\mathrm{T}}$$

$$\hat{\boldsymbol{P}}(k)=\bar{\boldsymbol{P}}(k)-\boldsymbol{\Gamma}\boldsymbol{\Gamma}^{\mathrm{T}}+(\boldsymbol{L}\boldsymbol{\Phi}-\boldsymbol{\Gamma})(\boldsymbol{L}\boldsymbol{\Phi}-\boldsymbol{\Gamma})^{\mathrm{T}} \tag{6-63}$$

式(6-63)前两项与 L 无关，若要 $\hat{P}(k)$ 最小，可取

$$L\Phi-\Gamma=0,\ L\Phi=\Gamma,\ L\Phi\Phi^{T}=\Gamma\Phi^{T}$$

故增益矩阵 L 为

$$L=\Gamma\Phi^{T}(\Phi\Phi^{T})^{-1}=\bar{P}(k)C^{T}[C\bar{P}(k)C^{T}+R_{\eta}]^{-1} \tag{6-64}$$

此时有 $LC\bar{P}(k)=L\Phi\Gamma^{T}=\Gamma\Gamma^{T}$，代入式(6-63)得到最小方差阵为

$$\hat{P}(k)=\bar{P}(k)-\Gamma\Gamma^{T}=\bar{P}(k)-LC\bar{P}(k)=(I_{n}-LC)\bar{P}(k) \tag{6-65}$$

式(6-65)含有 $\bar{P}(k)$，为了迭代运算，需要给出 $\bar{P}(k+1)$。先计算 $\bar{e}(k+1)$，即

$$\begin{aligned}\bar{e}(k+1)&=x(k+1)-\bar{x}(k+1)=[Ax(k)+Bu(k)+\xi(k+1)]-[A\hat{x}(k)+Bu(k)]\\&=A\hat{e}(k)+\xi(k+1)\end{aligned}$$

再计算方差阵 $\bar{P}(k+1)$，即

$$\begin{aligned}\bar{P}(k+1)&=E[\bar{e}(k+1)\bar{e}^{T}(k+1)]=E\{[A\hat{e}(k)+\xi(k+1)][A\hat{e}(k)+\xi(k+1)]^{T}\}\\&=E\{A\hat{e}(k)[A\hat{e}(k)]^{T}\}+E[\xi(k+1)\xi^{T}(k+1)]+E\{A\hat{e}(k)\xi^{T}(k+1)\}+E\{\xi(k+1)\hat{e}^{T}(k)A^{T}\}\\&=A\hat{P}(k)A^{T}+R_{\xi}\end{aligned} \tag{6-66}$$

式(6-66)推导用到 $\xi(k)\sim N(0,R_{\xi})$，以及

$$E[\hat{e}(k)\xi^{T}(k+1)]=E[\xi(k+1)\hat{e}^{T}(k)]=E[\xi(k+1)]E[\hat{e}(k)]=0 \tag{6-67}$$

这与式(6-61)理由类似。

综上所述，得到如下卡尔曼滤波器的迭代公式：

$$\begin{cases}\bar{x}(k)=A\hat{x}(k-1)+Bu(k-1)\\\hat{x}(k)=\bar{x}(k)+L(k)[y(k)-C\bar{x}(k)]\\L(k)=\bar{P}(k)C^{T}[C\bar{P}(k)C^{T}+R_{\eta}]^{-1}\\\bar{P}(k)=A\hat{P}(k-1)A^{T}+R_{\xi}\\\hat{P}(k)=(I_{n}-LC)\bar{P}(k)\\\hat{P}(0)=\mathrm{Var}[x(0)]=P_{0}\end{cases} \tag{6-68}$$

仔细观察上面的推导，从形式上看与确定性系统的推导并无二致，这是缘于前面数学工具——随机过程的处理思想，将随机性转为了确定性进行求解。第一方面，式(6-57)将对随机误差$\{\bar{e}(k),\hat{e}(k)\}$的分析转化为对确定性的方差$\{\bar{P}(k),\hat{P}(k)\}$的分析；第二方面，式(6-61)、式(6-67)期望的运算，将随机因素 $\eta(k)$、$\xi(k)$ 过滤掉了；第三方面，都是通过数字特征（期望、方差）来搭桥，不是通过分布函数来搭桥；第四方面，每次迭代都补充新的采样数据（样本数量越来越多），意味着随机变量大数定律的条件逐渐满足，迭代将会收敛。这种处理手段广泛用于随机系统的控制问题中。

3. 卡尔曼滤波器与全阶观测器的比较

将全阶观测器式(6-55)分拆为两部分，即

$$\begin{cases}\bar{x}(k)=A\hat{x}(k-1)+Bu(k-1)\\\hat{x}(k)=\bar{x}(k)+L[y(k-1)-C\hat{x}(k-1)]\end{cases} \tag{6-69}$$

与卡尔曼滤波器式(6-56)比较知，二者在形式上是一致的，区别在于：

1）全阶观测器采用上一时刻的信息差 $[y(k-1)-C\hat{x}(k-1)]$ 对预估值 $\bar{x}(k)$ 进行修正；卡尔曼滤波器采用当前时刻的信息差 $[y(k)-C\bar{x}(k)]$ 对预估值 $\bar{x}(k)$ 进行修正。

2）全阶观测器的修正增益矩阵是常数矩阵 L；卡尔曼滤波器的修正增益矩阵是时变矩阵 $L(k)$。

全阶观测器结构简明，只要随机扰动和测量噪声不严重，可以较好地进行状态估计。卡尔曼滤波器利用了当前时刻信息以及采用时变的增益矩阵，有针对性地抑制随机扰动和测量噪声的影响，做到了估计方差最小，它的结构复杂了一些，却是一个理想的状态估计器，因此得到广泛应用。

全阶观测器的稳定性易于分析，只要系统完全能观，就可以通过增益矩阵 $\boldsymbol{L}$ 配置观测器的极点，确保全阶观测器的稳定。卡尔曼滤波器是一个随机系统，它的稳定性分析相对困难。不少学者深入研究了卡尔曼滤波器稳定性问题，给出了不少的稳定判据，其中一个充分判据是：若系统一致完全随机能控和一致完全随机能观，则卡尔曼滤波器一定渐近稳定。这个充分条件，许多工程系统都是可以满足的。

6.2.3 参数估计与最小二乘法

前面讨论的状态估计是已知 $\{\boldsymbol{A},\boldsymbol{B},\boldsymbol{C}\}$ 以及 $\{\boldsymbol{u},\boldsymbol{y}\}$ 估计 $\boldsymbol{x}$。在实际工程系统中，有时难以建立系统的模型 $\{\boldsymbol{A},\boldsymbol{B},\boldsymbol{C}\}$，这就提出可否依据 $\{\boldsymbol{u},\boldsymbol{y}\}$ 来估计 $\{\boldsymbol{A},\boldsymbol{B},\boldsymbol{C}\}$。这就是参数估计，也称为系统辨识。

1. 自回归滑动平均(ARMA)模型

直接估计系统参数 $\{\boldsymbol{A},\boldsymbol{B},\boldsymbol{C}\}$ 一般比较困难。由于已知的是输入输出信息 $\{\boldsymbol{u},\boldsymbol{y}\}$，它与传递函数矩阵模型最相关，若不考虑随机扰动和测量噪声，对式(6-54)两边取 z 变换可得如下传递函数矩阵，即

$$\boldsymbol{y}(z)=\boldsymbol{C}(z\boldsymbol{I}_n-\boldsymbol{A})\boldsymbol{B}\boldsymbol{u}(z)=\boldsymbol{G}(z)\boldsymbol{u}(z),\quad \boldsymbol{G}(z)=\begin{bmatrix} G_{11}(z) & \cdots & G_{1m}(z) \\ \vdots & & \vdots \\ G_{p1}(z) & \cdots & G_{pm}(z) \end{bmatrix}$$

若能通过 $\{u_j,y_i\}$ 的信息估计出 $G_{ij}(z)$ 中的参数，则这种估计法可应用到矩阵 $\boldsymbol{G}(z)$ 中所有的传递函数上，得到 $\boldsymbol{G}(z)$ 后可转化为状态空间描述 $\{\boldsymbol{A},\boldsymbol{B},\boldsymbol{C}\}$。

因此，针对单变量系统的参数估计是最基础的，其方法具有普适性。令离散单变量系统有如下模型：

$$a(z)y(k)=b(z)u(k-d)+c(z)\xi(k)\ (d\geqslant 1) \tag{6-70a}$$

或写为

$$a(z)y(k+d)=b(z)u(k)+c(z)\xi(k+d)\ (d\geqslant 1) \tag{6-70b}$$

式中，d 为延迟节拍；$\xi(k)$ 是独立的随机噪声。且

$$a(z)=1+a_1z^{-1}+\cdots+a_nz^{-n}$$
$$b(z)=b_0+b_1z^{-1}+\cdots+b_mz^{-m}\ (b_0\neq 0)$$
$$c(z)=1+c_1z^{-1}+\cdots+c_lz^{-l}$$

$$E\{\xi(i)\}=0(\forall i),\quad E\{\xi(i)\xi(j)\}=\begin{cases}\sigma^2, & i=j\\ 0, & i\neq j\end{cases}$$

式(6-70)称为自回归滑动平均(ARMA)模型，$n\geqslant m+d$，$n\geqslant l$。其中 $\{a(z),b(z)\}$ 构成回归方程，可用自身和之前的数据进行参数估计；$c(z)\xi(k+d)$ 通过对一段时间的白噪声加权求和，构成滑动平均方程，反映随机噪声的影响。

2. 最小二乘参数估计

为了聚焦参数估计方法的核心，先讨论 $c(z)=1$ 的情况。对于式(6-70a)的开环系统，若取数据向量、参数向量分别为

$$\boldsymbol{\varphi}(k-1)=[-y(k-1),\cdots,-y(k-n),u(k-d),\cdots,u(k-d-m)]^{\mathrm{T}} \tag{6-71a}$$

$$\boldsymbol{\theta}=[a_1,\cdots,a_n,b_0,\cdots,b_m]^{\mathrm{T}} \tag{6-71b}$$

则式(6-70a)可化成如下参数化的形式

$$y(k)=\boldsymbol{\varphi}^{\mathrm{T}}(k-1)\boldsymbol{\theta}+c(z)\xi(k)=\boldsymbol{\varphi}^{\mathrm{T}}(k-1)\boldsymbol{\theta}+v(k) \tag{6-72}$$

式中，$v(k)=c(z)\xi(k)=\xi(k)$；参数向量$\boldsymbol{\theta}$包含了$\{a(z),b(z)\}$的系数；数据向量$\boldsymbol{\varphi}(k-1)$由输出与输入的测量值构成。这就是用$\{a(z),b(z)\}$构成的自回归方程，是参数估计的目标式，即估计出来的参数向量应收敛到这个关系式。

令$\hat{\boldsymbol{\theta}}$是参数向量$\boldsymbol{\theta}$的估计，由于$v(k)$是随机噪声，要$\hat{\boldsymbol{\theta}}$满足式(6-72)比较困难，但可让如下性能指标最小，即

$$J=\sum_{i=1}^{N}[y(i)-\boldsymbol{\varphi}^{\mathrm{T}}(i-1)\hat{\boldsymbol{\theta}}]^2,\quad N\gg n+m+1 \tag{6-73}$$

式中，N为测量样本数。称$\hat{\boldsymbol{\theta}}$是参数$\boldsymbol{\theta}$在$J$下的一个最佳估计。由于$J$是一个二次型指标，也称为最小二乘估计。

若取

$$\boldsymbol{y}_N=\begin{bmatrix}y(1)\\ \vdots\\ y(N)\end{bmatrix},\quad \boldsymbol{\Phi}_N=\begin{bmatrix}\boldsymbol{\varphi}^{\mathrm{T}}(0)\\ \vdots\\ \boldsymbol{\varphi}^{\mathrm{T}}(N-1)\end{bmatrix},\quad \boldsymbol{v}_N=\begin{bmatrix}v(1)\\ \vdots\\ v(N)\end{bmatrix}$$

性能指标式(6-73)可写为

$$J=(\boldsymbol{y}_N-\boldsymbol{\Phi}_N\hat{\boldsymbol{\theta}})^{\mathrm{T}}(\boldsymbol{y}_N-\boldsymbol{\Phi}_N\hat{\boldsymbol{\theta}}) \tag{6-74}$$

将J展开并对$\hat{\boldsymbol{\theta}}$求偏导有

$$J=\boldsymbol{y}_N^{\mathrm{T}}\boldsymbol{y}_N-\hat{\boldsymbol{\theta}}^{\mathrm{T}}\boldsymbol{\Phi}_N^{\mathrm{T}}\boldsymbol{y}_N-\boldsymbol{y}_N^{\mathrm{T}}\boldsymbol{\Phi}_N\hat{\boldsymbol{\theta}}+\hat{\boldsymbol{\theta}}^{\mathrm{T}}\boldsymbol{\Phi}_N^{\mathrm{T}}\boldsymbol{\Phi}_N\hat{\boldsymbol{\theta}}$$

$$\frac{\partial J}{\partial\hat{\boldsymbol{\theta}}}=\mathbf{0}-\boldsymbol{\Phi}_N^{\mathrm{T}}\boldsymbol{y}_N-(\boldsymbol{y}_N^{\mathrm{T}}\boldsymbol{\Phi}_N)^{\mathrm{T}}+\boldsymbol{\Phi}_N^{\mathrm{T}}\boldsymbol{\Phi}_N\hat{\boldsymbol{\theta}}+(\hat{\boldsymbol{\theta}}^{\mathrm{T}}\boldsymbol{\Phi}_N^{\mathrm{T}}\boldsymbol{\Phi}_N)^{\mathrm{T}}=-2(\boldsymbol{\Phi}_N^{\mathrm{T}}\boldsymbol{y}_N-\boldsymbol{\Phi}_N^{\mathrm{T}}\boldsymbol{\Phi}_N\hat{\boldsymbol{\theta}}) \tag{6-75}$$

若$\dfrac{\partial J}{\partial\hat{\boldsymbol{\theta}}}=\mathbf{0}$，则存在极值，由式(6-75)可得最小二乘估计$\hat{\boldsymbol{\theta}}$为

$$\boldsymbol{\Phi}_N^{\mathrm{T}}\boldsymbol{y}_N-\boldsymbol{\Phi}_N^{\mathrm{T}}\boldsymbol{\Phi}_N\hat{\boldsymbol{\theta}}=\mathbf{0}$$

$$\hat{\boldsymbol{\theta}}=(\boldsymbol{\Phi}_N^{\mathrm{T}}\boldsymbol{\Phi}_N)^{-1}\boldsymbol{\Phi}_N^{\mathrm{T}}\boldsymbol{y}_N \tag{6-76}$$

3. 最小二乘估计的无偏性

式(6-76)是通过N个时刻的采样数据，给出系统参数一个估计$\hat{\boldsymbol{\theta}}$。这个估计是否接近系统参数的真值$\boldsymbol{\theta}$? 需要进一步研究它的数字特征。

取式(6-72)中$k=1,2,\cdots,N$，再写成向量与矩阵形式有

$$\boldsymbol{y}_N=\boldsymbol{\Phi}_N\boldsymbol{\theta}+\boldsymbol{v}_N$$

$$\boldsymbol{\Phi}_N^{\mathrm{T}}\boldsymbol{y}_N=\boldsymbol{\Phi}_N^{\mathrm{T}}\boldsymbol{\Phi}_N\boldsymbol{\theta}+\boldsymbol{\Phi}_N^{\mathrm{T}}\boldsymbol{v}_N$$

$$\boldsymbol{\theta}=(\boldsymbol{\Phi}_N^{\mathrm{T}}\boldsymbol{\Phi}_N)^{-1}\boldsymbol{\Phi}_N^{\mathrm{T}}\boldsymbol{y}_N-(\boldsymbol{\Phi}_N^{\mathrm{T}}\boldsymbol{\Phi}_N)^{-1}\boldsymbol{\Phi}_N^{\mathrm{T}}\boldsymbol{v}_N=\hat{\boldsymbol{\theta}}-(\boldsymbol{\Phi}_N^{\mathrm{T}}\boldsymbol{\Phi}_N)^{-1}\boldsymbol{\Phi}_N^{\mathrm{T}}\boldsymbol{v}_N$$

$$E\{\boldsymbol{\theta}\}=E\{\hat{\boldsymbol{\theta}}\}-E\{(\boldsymbol{\Phi}_N^{\mathrm{T}}\boldsymbol{\Phi}_N)^{-1}\boldsymbol{\Phi}_N^{\mathrm{T}}\boldsymbol{v}_N\}=E\{\hat{\boldsymbol{\theta}}\} \tag{6-77}$$

式中，$E\{(\boldsymbol{\Phi}_N^{\mathrm{T}}\boldsymbol{\Phi}_N)^{-1}\boldsymbol{\Phi}_N^{\mathrm{T}}\boldsymbol{v}_N\}=E\{(\boldsymbol{\Phi}_N^{\mathrm{T}}\boldsymbol{\Phi}_N)^{-1}\boldsymbol{\Phi}_N^{\mathrm{T}}\}E\{\boldsymbol{v}_N\}=\mathbf{0}$，是因为序列$\{v(k)\}=\{\xi(k)\}$是均值为0且自身独立的随机噪声，且它与$\boldsymbol{\Phi}_N$中的序列$\{y(k),u(k)\}$也是相互独立的：一是对于开环系统，从物理关系知，$u(k)$的取值与$v(k)$是无关的；二是，从式(6-72)知，$y(k)$的取值与$v(k)$有关，但$\{y(k-1),\cdots,y(k-n)\}$的取值与$v(k)$是无关的。

式(6-77)的结果表明，最小二乘估计$\hat{\boldsymbol{\theta}}$的期望$E\{\hat{\boldsymbol{\theta}}\}$与原参数$\boldsymbol{\theta}=E\{\boldsymbol{\theta}\}$相等，称$\hat{\boldsymbol{\theta}}$是$\boldsymbol{\theta}$的无偏估计。

4. 递推最小二乘估计

采用式(6-76)可以一次性得到参数估计 $\hat{\boldsymbol{\theta}}$，但在实际工程中往往不采用这个做法。一方面，求逆$(\boldsymbol{\Phi}_N^{\mathrm{T}}\boldsymbol{\Phi}_N)^{-1}$的运算量较大，在矩阵接近奇异时，容易引起计算不稳定；另一方面，为了得到较准确的估计，往往希望样本数 N 较大，导致参与运算的矩阵规模很大。

在实际工程中往往采用递推的算法，即当前的估计值 $\hat{\boldsymbol{\theta}}(k)$是在上一时刻估计值 $\hat{\boldsymbol{\theta}}(k-1)$上增加一个修正量。对于式(6-76)有如下的递推算法

$$\hat{\boldsymbol{\theta}}(k)=\hat{\boldsymbol{\theta}}(k-1)+\boldsymbol{K}(k)\left[y(k)-\boldsymbol{\varphi}(k-1)\hat{\boldsymbol{\theta}}(k-1)\right] \tag{6-78a}$$

$$\boldsymbol{K}(k)=\frac{\boldsymbol{P}(k-1)\boldsymbol{\varphi}(k-1)}{1+\boldsymbol{\varphi}^{\mathrm{T}}(k-1)\boldsymbol{P}(k-1)\boldsymbol{\varphi}(k-1)} \tag{6-78b}$$

$$\boldsymbol{P}(k)=\left[\boldsymbol{I}-\boldsymbol{K}(k)\boldsymbol{\varphi}^{\mathrm{T}}(k-1)\right]\boldsymbol{P}(k-1) \tag{6-78c}$$

式中，$y(k)-\boldsymbol{\varphi}(k-1)\hat{\boldsymbol{\theta}}(k-1)$为新息；$\boldsymbol{K}(k)$为修正系数向量。

下面简要地给递推算法一个推证。令

$$\boldsymbol{\Phi}_k=\begin{bmatrix}\boldsymbol{\Phi}_{k-1}\\ \boldsymbol{\varphi}^{\mathrm{T}}(k-1)\end{bmatrix},\quad \boldsymbol{y}_k=\begin{bmatrix}\boldsymbol{y}_{k-1}\\ y(k)\end{bmatrix},\quad \boldsymbol{P}(k)=(\boldsymbol{\Phi}_k^{\mathrm{T}}\boldsymbol{\Phi}_k)^{-1}$$

则

$$\begin{aligned}\boldsymbol{P}(k)&=(\boldsymbol{\Phi}_k^{\mathrm{T}}\boldsymbol{\Phi}_k)^{-1}=\left\{\left[\boldsymbol{\Phi}_{k-1}^{\mathrm{T}},\boldsymbol{\varphi}(k-1)\right]\begin{bmatrix}\boldsymbol{\Phi}_{k-1}\\ \boldsymbol{\varphi}^{\mathrm{T}}(k-1)\end{bmatrix}\right\}^{-1}\\&=\left[\boldsymbol{\Phi}_{k-1}^{\mathrm{T}}\boldsymbol{\Phi}_{k-1}+\boldsymbol{\varphi}(k-1)\boldsymbol{\varphi}^{\mathrm{T}}(k-1)\right]^{-1}\\&=\left[\boldsymbol{P}^{-1}(k-1)+\boldsymbol{\varphi}(k-1)\boldsymbol{\varphi}^{\mathrm{T}}(k-1)\right]^{-1}\end{aligned} \tag{6-79}$$

取 $\boldsymbol{A}=\boldsymbol{P}^{-1}(k-1)$，$\boldsymbol{B}=\boldsymbol{\varphi}(k-1)$，$\boldsymbol{C}=\boldsymbol{I}$，$\boldsymbol{D}=\boldsymbol{\varphi}^{\mathrm{T}}(k-1)$，考虑如下矩阵恒等式

$$(\boldsymbol{A}+\boldsymbol{BCD})^{-1}=\boldsymbol{A}^{-1}-\boldsymbol{A}^{-1}\boldsymbol{B}(\boldsymbol{C}^{-1}+\boldsymbol{DA}^{-1}\boldsymbol{B})^{-1}\boldsymbol{DA}^{-1} \tag{6-80}$$

则式(6-79)可化为

$$\begin{aligned}\boldsymbol{P}(k)&=\boldsymbol{P}(k-1)-\frac{\boldsymbol{P}(k-1)\boldsymbol{\varphi}(k-1)}{1+\boldsymbol{\varphi}^{\mathrm{T}}(k-1)\boldsymbol{P}(k-1)\boldsymbol{\varphi}(k-1)}\boldsymbol{\varphi}^{\mathrm{T}}(k-1)\boldsymbol{P}(k-1)\\&=\left[\boldsymbol{I}-\boldsymbol{K}(k)\boldsymbol{\varphi}^{\mathrm{T}}(k-1)\right]\boldsymbol{P}(k-1)\end{aligned}$$

因此，式(6-78b)、式(6-78c)成立。另外

$$\hat{\boldsymbol{\theta}}(k)=(\boldsymbol{\Phi}_k^{\mathrm{T}}\boldsymbol{\Phi}_k)^{-1}\boldsymbol{\Phi}_k^{\mathrm{T}}\boldsymbol{y}_k=\boldsymbol{P}(k)\left[\boldsymbol{\Phi}_{k-1}^{\mathrm{T}}\boldsymbol{y}_{k-1}+\boldsymbol{\varphi}(k-1)y(k)\right] \tag{6-81}$$

将 $\boldsymbol{P}(k)$代入式(6-81)，并考虑 $\hat{\boldsymbol{\theta}}(k-1)=(\boldsymbol{\Phi}_{k-1}^{\mathrm{T}}\boldsymbol{\Phi}_{k-1})^{-1}\boldsymbol{\Phi}_{k-1}^{\mathrm{T}}\boldsymbol{y}_{k-1}=\boldsymbol{P}(k-1)\boldsymbol{\Phi}_{k-1}^{\mathrm{T}}\boldsymbol{y}_{k-1}$，便可推出式(6-78a)。

采用递推算法，需要给出初始值 $\hat{\boldsymbol{\theta}}(0)$、$\boldsymbol{P}(0)$。从理论上讲，需要根据初始的输出与输入序列来构造 $\hat{\boldsymbol{\theta}}(0)$、$\boldsymbol{P}(0)$。但这样的构造是麻烦的，一般做法是令

$$\begin{cases}\hat{\boldsymbol{\theta}}(0)=\boldsymbol{0}\\ \boldsymbol{P}(0)=\beta\boldsymbol{I}\end{cases} \tag{6-82}$$

式中，β是很大的正数，一般取$\beta=10^6$。可以证明，按式(6-82)选择的初值与理论上真实初值得到的最终递推结果是十分接近的。

5. 带遗忘因子的最小二乘估计

对于递推算法，随着测量数据和递推次数的增加，会出现“数据饱和”的现象，即修正系数向量 $\boldsymbol{K}(k)$会越来越小，使得新息几乎没得到利用。另外，计算机字长有限，每次的截断误差不断积累，使得参数估计误差变大，失去应用的价值。

为了克服“数据饱和”现象，采取加权最小二乘法，即通过权系数，降低早期数据的作用，相对提高近期数据的作用，或称为渐消记忆法。对式(6-74)引入加权矩阵，即

$$J=(\boldsymbol{y}_N-\boldsymbol{\Phi}_N\hat{\boldsymbol{\theta}})^{\mathrm{T}}\boldsymbol{W}(\boldsymbol{y}_N-\boldsymbol{\Phi}_N\hat{\boldsymbol{\theta}}) \tag{6-83a}$$

式中，$\boldsymbol{W}=\mathrm{diag}\{\alpha^{N-i}\}(0<\alpha\leqslant 1)$，$\alpha$ 称为遗忘因子。也可写成如下的递推形式：

$$J(k,\hat{\boldsymbol{\theta}})=\alpha J(k-1,\hat{\boldsymbol{\theta}})+[y(k)-\boldsymbol{\varphi}^{\mathrm{T}}(k-1)\hat{\boldsymbol{\theta}}]^2 \tag{6-83b}$$

若 $\alpha=1$，则退化为通常的最小二乘法；若 α 越接近0，则早期数据的作用越早消失。

根据式(6-83)，采取前面同样的推导，可得到如下带遗忘因子的最小二乘估计的递推算法：

$$\hat{\boldsymbol{\theta}}(k)=\hat{\boldsymbol{\theta}}(k-1)+\boldsymbol{K}(k)[y(k)-\boldsymbol{\varphi}(k-1)\hat{\boldsymbol{\theta}}(k-1)] \tag{6-84a}$$

$$\boldsymbol{K}(k)=\frac{\boldsymbol{P}(k-1)\boldsymbol{\varphi}(k-1)}{\alpha+\boldsymbol{\varphi}^{\mathrm{T}}(k-1)\boldsymbol{P}(k-1)\boldsymbol{\varphi}(k-1)} \tag{6-84b}$$

$$\boldsymbol{P}(k)=\frac{1}{\alpha}[\boldsymbol{I}-\boldsymbol{K}(k)\boldsymbol{\varphi}^{\mathrm{T}}(k-1)]\boldsymbol{P}(k-1) \tag{6-84c}$$

6. 增广最小二乘估计

若被控对象式(6-70a)中 $c(z)\neq 1$，这时式(6-72)中 $v(k)=c(z)\xi(k)\neq\xi(k)$，序列 $\{v(k)\}$ 将不再是自身独立的随机序列，由于存在相关性，所以式(6-77)中

$$E\{(\boldsymbol{\Phi}_N^{\mathrm{T}}\boldsymbol{\Phi}_N)^{-1}\boldsymbol{\Phi}_N^{\mathrm{T}}\boldsymbol{v}_N\}\neq\boldsymbol{0}$$

前面的最小二乘估计将不再是无偏估计，若不加处理，得到的估计结果将存在较大的偏差。为此，给出如下的增广最小二乘估计，以缩小这个偏差。

依据式(6-70a)，将式(6-71)、式(6-72)改造为

$$\boldsymbol{\varphi}(k-1)=[-y(k-1),\cdots,-y(k-n),u(k-d),\cdots,u(k-d-m),\xi(k-1),\cdots,\xi(k-l)]^{\mathrm{T}} \tag{6-85a}$$

$$\boldsymbol{\theta}=[a_1,\cdots,a_n,b_0,\cdots,b_m,c_1,\cdots,c_l]^{\mathrm{T}} \tag{6-85b}$$

则式(6-70a)可化成如下参数化的形式：

$$y(k)=\boldsymbol{\varphi}^{\mathrm{T}}(k-1)\boldsymbol{\theta}+\xi(k) \tag{6-86}$$

可见，式(6-86)与式(6-72)在形式上完全一致，只是参数向量 $\boldsymbol{\theta}$ 增广了 l 维，包含了 $\{a(z),b(z),c(z)\}$ 全部系数；数据向量 $\boldsymbol{\varphi}(k-1)$ 也增广了 l 维，包含了 k 时刻之前的随机噪声数据 $[\xi(k-1),\cdots,\xi(k-l)]$。如果这些随机噪声数据是已知的，则完全可以采用前述的最小二乘法估计式(6-85b)的参数向量。

然而，随机噪声数据是未知的，但可以用 k 时刻之前的估计结果来逼近，依据式(6-86)取

$$\hat{\xi}(k-i)=y(k-i)-\hat{\boldsymbol{\varphi}}^{\mathrm{T}}(k-i-1)\hat{\boldsymbol{\theta}}(k-i-1) \tag{6-87}$$

用

$$\hat{\boldsymbol{\varphi}}(k-1)=[-y(k-1),\cdots,-y(k-n),u(k-d),\cdots,u(k-d-m),\hat{\xi}(k-1),\cdots,\hat{\xi}(k-l)]^{\mathrm{T}} \tag{6-88}$$

来替代式(6-85a)的 $\boldsymbol{\varphi}(k-1)$。这样，在式(6-84)的基础上增加式(6-87)的噪声预估公式，便可得到如下递推带遗忘因子的增广最小二乘估计：

$$\hat{\boldsymbol{\theta}}(k)=\hat{\boldsymbol{\theta}}(k-1)+\boldsymbol{K}(k)[y(k)-\hat{\boldsymbol{\varphi}}(k-1)\hat{\boldsymbol{\theta}}(k-1)] \tag{6-89a}$$

$$\boldsymbol{K}(k)=\frac{\boldsymbol{P}(k-1)\hat{\boldsymbol{\varphi}}(k-1)}{\alpha+\hat{\boldsymbol{\varphi}}^{\mathrm{T}}(k-1)\boldsymbol{P}(k-1)\hat{\boldsymbol{\varphi}}(k-1)} \tag{6-89b}$$

$$\boldsymbol{P}(k)=\frac{1}{\alpha}[\boldsymbol{I}-\boldsymbol{K}(k)\hat{\boldsymbol{\varphi}}^{\mathrm{T}}(k-1)]\boldsymbol{P}(k-1) \tag{6-89c}$$

$$\hat{\xi}(k)=y(k)-\hat{\boldsymbol{\varphi}}^{\mathrm{T}}(k-1)\hat{\boldsymbol{\theta}}(k-1) \tag{6-89d}$$

初始值为 $\hat{\boldsymbol{\theta}}(0)=\boldsymbol{0}$，$\boldsymbol{P}(0)=\beta\boldsymbol{I}(\beta=10^6)$，$[\hat{\xi}(0),\cdots,\hat{\xi}(-l+1)]=\boldsymbol{0}$。

若 $\alpha=1$，式(6-89)便退化为普通的递推增广最小二乘估计。尽管上述算法的估计不一定能做到无偏估计，但每一步都通过式(6-89d)预判了随机噪声的取值，相当于逐步抵消随机噪声的影响(若预判值准确，则随机噪声对参数预估的影响为0)，且式(6-89d)迭代预判常常是收敛的，

因而最终的估计偏差将会不大。另外，增广最小二乘估计可以将被控对象$\{a(z),b(z),c(z)\}$所有参数估计出来，因而在自适应控制等方面得到广泛应用。

7. 参数估计存在的条件

上述参数估计算法成立的前提是由系统中测量值构成的矩阵$\boldsymbol{\Phi}_N^{\mathrm{T}}\boldsymbol{\Phi}_N$可逆，即要求$\boldsymbol{\Phi}_N$列满秩。对于开环系统，只要输入$\boldsymbol{u}$是持续激励信号（含有足够多的频率成分，如伪随机信号等），则由输出$\boldsymbol{y}$与输入$\boldsymbol{u}$的测量值构成的矩阵$\boldsymbol{\Phi}_N^{\mathrm{T}}\boldsymbol{\Phi}_N$一定可逆。

但是，参数估计有时是在闭环系统上在线进行。此时，在闭环系统上提取的输入$\boldsymbol{u}$，受到了控制律的约束，即$\boldsymbol{u}=\boldsymbol{K}(z)\boldsymbol{y}$，使得$\boldsymbol{u}$与$\boldsymbol{y}$存在较强的相关性，从而导致$\boldsymbol{\Phi}_N$的列存在相关性，列满秩的条件不一定会满足。

因此，无论是开环系统或闭环系统，在进行参数估计时，一定要确保$\boldsymbol{\Phi}_N^{\mathrm{T}}\boldsymbol{\Phi}_N$可逆，对于闭环系统更要高度重视。

综上所述，参数估计的关键是形成式(6-72)或式(6-86)的参数估计关系式，其中$\{y(k),\boldsymbol{\varphi}(k-1)\}$由已知的（可测量的）数据构成，待估计的参数都在参数向量$\boldsymbol{\theta}$中。一旦形成这个关系式，便可采用各种最小二乘法进行参数估计。如果$\{y(k),\boldsymbol{\varphi}(k-1)\}$中存在未知的量，那么可利用前面时刻的估计予以重构。参数估计一般采取迭代算法，迭代的收敛性必须要保证。另外，参数估计的目的是为了下一步的控制，因此参数估计的收敛速度应该高于系统控制响应的速度，这一点应高度重视。

6.3 鲁棒控制原理

经典与现代控制理论大都是基于被控对象的线性化模型，分析它的结构特征，研判系统的各种性能并设计相应的控制器。然而，被控对象本身不完美，存在着模型残差、参数变化等一系列的不确定性，这些不确定性是导致实际工程系统控制性能下降的一个重要因素。由于不确定性表现复杂，分析困难，加上反馈调节结构可以隐忍被控对象的不准确，因此过去的许多理论方法都予以了忽略。鲁棒控制是直接面对不确定性的控制方法。下面，首先给出不确定性的描述；然后再探讨鲁棒稳定性等性能分析以及相关控制方法。

6.3.1 不确定性描述

实际工程系统的不确定性一般会体现在模型的结构与参数上。一方面，运行工况复杂变化，常会导致模型参数处在变化的不确定中；另一方面，为了分析与设计，其模型不宜复杂，一般会舍弃高阶（高频）动态的部分，或者有些情况其高阶（高频）动态无法建模，从而导致模型结构的不确定。

如何描述这些不确定？常有如下三种方式：

$$\begin{cases}\boldsymbol{G}_\Delta(s)=\boldsymbol{G}(s)+\boldsymbol{E}_a(s)\\\boldsymbol{G}_\Delta(s)=\boldsymbol{G}(s)(\boldsymbol{I}_m+\boldsymbol{E}_I(s))\\\boldsymbol{G}_\Delta(s)=(\boldsymbol{I}_p+\boldsymbol{E}_o(s))\boldsymbol{G}(s)\end{cases}\tag{6-90}$$

分别对应加性不确定$\boldsymbol{E}_a(s)$、乘性输入不确定$\boldsymbol{E}_I(s)$与乘性输出不确定$\boldsymbol{E}_o(s)$，如图6-5所示。

为了定量描述不确定性，常令

$$\begin{cases}\boldsymbol{E}_a(s)=\omega_a(s)\boldsymbol{\Delta}_a(s),\quad\|\boldsymbol{\Delta}_a(s)\|_\infty\leqslant1\\\boldsymbol{E}_I(s)=\omega_I(s)\boldsymbol{\Delta}_I(s),\quad\|\boldsymbol{\Delta}_I(s)\|_\infty\leqslant1\\\boldsymbol{E}_o(s)=\omega_o(s)\boldsymbol{\Delta}_o(s),\quad\|\boldsymbol{\Delta}_o(s)\|_\infty\leqslant1\end{cases}\tag{6-91}$$

式中，$\omega_a(s)$、$\omega_I(s)$、$\omega_o(s)$为有理分式权函数，是一个确定性函数；另外，使用了$\mathcal{H}_\infty$范数，定义如下：

$\|\boldsymbol{\Delta}(s)\|_\infty=\sup\limits_{\omega}\bar{\sigma}\{\boldsymbol{\Delta}(\mathrm{j}\omega)\}$，$\bar{\sigma}\{\boldsymbol{\Delta}(\mathrm{j}\omega)\}=\sqrt{\lambda_{\max}\{\boldsymbol{\Delta}^{\mathrm{H}}(\mathrm{j}\omega)\boldsymbol{\Delta}(\mathrm{j}\omega)\}}$是最大奇异值，再令

$$\begin{cases}l_a(\omega)=\max\limits_{E_a}\bar{\sigma}\{\boldsymbol{G}_\Delta(\mathrm{j}\omega)-\boldsymbol{G}(\mathrm{j}\omega)\}=\max\limits_{E_a}\bar{\sigma}\{\boldsymbol{E}_a(\mathrm{j}\omega)\}\\ l_I(\omega)=\max\limits_{E_I}\bar{\sigma}\{\boldsymbol{G}^{-1}(\mathrm{j}\omega)(\boldsymbol{G}_\Delta(\mathrm{j}\omega)-\boldsymbol{G}(\mathrm{j}\omega))\}=\max\limits_{E_I}\bar{\sigma}\{\boldsymbol{E}_I(\mathrm{j}\omega)\}\\ l_o(\omega)=\max\limits_{E_o}\bar{\sigma}\{(\boldsymbol{G}_\Delta(\mathrm{j}\omega)-\boldsymbol{G}(\mathrm{j}\omega))\boldsymbol{G}^{-1}(\mathrm{j}\omega)\}=\max\limits_{E_o}\bar{\sigma}\{\boldsymbol{E}_o(\mathrm{j}\omega)\}\end{cases}\tag{6-92}$$

可见，$l_a(\omega)$、$l_I(\omega)$、$l_o(\omega)$分别是相应不确定性的最大幅值，或者称之为不确定性的“边界”。

若采用式(6-91)描述不确定，有

$$\begin{cases}l_a(\omega)=|\omega_a(\mathrm{j}\omega)|\|\boldsymbol{\Delta}_a(s)\|_\infty\leqslant|\omega_a(\mathrm{j}\omega)|\\ l_I(\omega)=|\omega_I(\mathrm{j}\omega)|\|\boldsymbol{\Delta}_I(s)\|_\infty\leqslant|\omega_I(\mathrm{j}\omega)|\\ l_o(\omega)=|\omega_o(\mathrm{j}\omega)|\|\boldsymbol{\Delta}_o(s)\|_\infty\leqslant|\omega_o(\mathrm{j}\omega)|\end{cases}\tag{6-93}$$

一般情况下，准确得到$l_a(\omega)$、$l_I(\omega)$或$l_o(\omega)$比较难，常采用有理分式权函数$\omega_a(s)$、$\omega_I(s)$或$\omega_o(s)$去逼近这个“边界”。一方面可将不确定性的变化统一限制在$\|\boldsymbol{\Delta}(s)\|_\infty\leqslant1$；另一方面，采用有理分式权函数也便于理论分析与设计。因此，在后续的分析中，也将权函数$\omega_a(s)$、$\omega_I(s)$或$\omega_o(s)$视同为不确定性的“边界”。

值得注意的是，由于$|\omega_a(\mathrm{j}\omega)|$、$|\omega_I(\mathrm{j}\omega)|$或$|\omega_o(\mathrm{j}\omega)|$比$l_a(\omega)$、$l_I(\omega)$或$l_o(\omega)$大，以前者代替后者进行分析与设计往往带有保守性，因此找到逼近度高的有理分式权函数是不确定系统分析与设计的一个关键点。

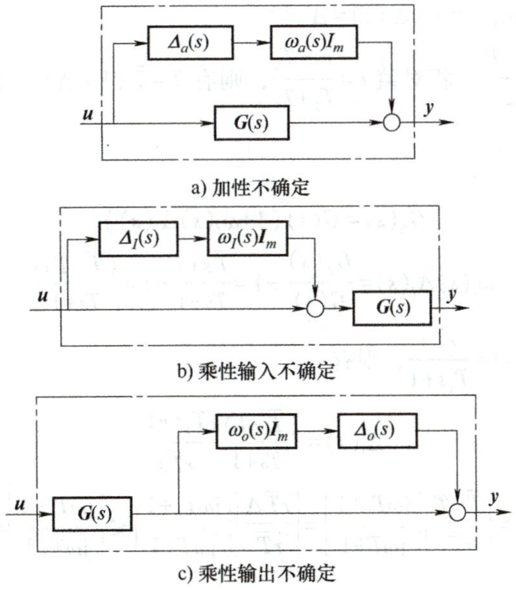

图 6-5　不确定性的描述

同一个被控对象三种不同描述下的不确定性，存在如下关系：

$$\boldsymbol{E}_a(s)=\boldsymbol{G}(s)\boldsymbol{E}_I(s)=\boldsymbol{E}_o(s)\boldsymbol{G}(s)\tag{6-94}$$

对于单变量系统，传递函数相乘可交换，乘性输入不确定描述与乘性输出不确定描述没差异。对于多变量系统，由于传递函数矩阵相乘不具交换性，二者描述是有差异的。由式(6-94)知 $\boldsymbol{E}_o(s)=\boldsymbol{G}(s)\boldsymbol{E}_I(s)\boldsymbol{G}^{-1}(s)$。由于 $\boldsymbol{G}(s)$ 与 $\boldsymbol{G}^{-1}(s)$ 不能相约，根据矩阵分析理论知，当模型的条件数 $\gamma(\boldsymbol{G}(s))$ 不大时，$\boldsymbol{E}_o(s)$ 与 $\boldsymbol{E}_I(s)$ 差异不大；当条件数 $\gamma(\boldsymbol{G}(s))$ 较大时（病态系统），$\boldsymbol{E}_o(s)$ 与 $\boldsymbol{E}_I(s)$ 差异明显。因此，对于不确定系统到底采用哪种方式来描述是需要斟酌的，特别是条件数 $\gamma(\boldsymbol{G}(s))$ 大的系统，要特别注意不确定性的产生原因与作用点（输入侧还是输出侧等），以此选择合适的描述方式。

下面，通过实例说明如何得到不确定性的权函数。

例 6-10 对于如下的单变量系统，采用乘性输入不确定描述，试度量它的不确定性。

1）$G_\Delta(s)=kG_0(s)$，$k_1\leqslant k\leqslant k_2$。

2）$G_\Delta(s)=\dfrac{1}{Ts+1}G_0(s)$，$T_1\leqslant T\leqslant T_2$。

3）$G_\Delta(s)=(\tau s+1)G_0(s)$，$\tau_1\leqslant\tau\leqslant\tau_2$。

4）$G_\Delta(s)=kG_0(s)\mathrm{e}^{-\tau s}$，$k_1\leqslant k\leqslant k_2$，$\tau_1\leqslant\tau\leqslant\tau_2$。

有理分式权函数是不确定性的一种度量。下面，先取标称参数（一般为参数变化的中间值），再得到标称传递函数和不确定性的有理分式权函数。

1）取标称参数 $\bar{k}=\dfrac{k_2+k_1}{2}$，相对值 $r=\dfrac{k_2-k_1}{k_2+k_1}$，则有

$$k=\bar{k}(1+r\Delta),\ |\Delta|\leqslant 1$$

取标称传递函数 $G(s)=\bar{k}G_0(s)$，令

$$G_\Delta(s)=G(s)(1+\omega_I(s)\Delta_I(s))$$

若要 $\|\Delta_I(s)\|_\infty<1$，则取 $\omega_I(s)=r$、$\Delta_I(s)=\Delta$ 即可。

2）取标称参数 $\bar{T}=\dfrac{T_2+T_1}{2}$，相对值 $r=\dfrac{T_2-T_1}{T_2+T_1}$，则有 $T=\bar{T}(1+r\Delta)$，$|\Delta|\leqslant 1$。取标称传递函数 $G(s)=\dfrac{1}{\bar{T}s+1}G_0(s)$，令

$$G_\Delta(s)=G(s)(1+\omega_I(s)\Delta_I(s))$$

$$\omega_I(s)\Delta_I(s)=\frac{G_\Delta(s)}{G(s)}-1=\frac{\bar{T}s+1}{Ts+1}-1=\frac{(\bar{T}-T)s}{Ts+1}$$

若要 $\|\Delta_I(s)\|_\infty<1$，取 $\omega_I(s)=\dfrac{r\bar{T}s}{T_1s+1}$，则有

$$\Delta_I(s)=\frac{(\bar{T}-T)s}{Ts+1}\frac{T_1s+1}{r\bar{T}s}$$

$$|\Delta_I(\mathrm{j}\omega)|=\left|\frac{\bar{T}-T}{r\bar{T}}\right|\left|\frac{\mathrm{j}\omega T_1+1}{\mathrm{j}\omega T+1}\right|=\left|\frac{r\bar{T}\Delta}{r\bar{T}}\right|\left|\frac{\mathrm{j}\omega T_1+1}{\mathrm{j}\omega T+1}\right|\leqslant\left|\frac{\mathrm{j}\omega T_1+1}{\mathrm{j}\omega T+1}\right|\leqslant 1(\forall\omega)$$

满足要求。

3）取标称参数 $\bar{\tau}=\dfrac{\tau_2+\tau_1}{2}$，相对值 $r=\dfrac{\tau_2-\tau_1}{\tau_2+\tau_1}$，则有 $\tau=\bar{\tau}(1+r\Delta)$，$|\Delta|\leqslant 1$。取标称传递函数 $G(s)=(\bar{\tau}s+1)G_0(s)$，令

$$G_\Delta(s)=G(s)(1+\omega_I(s)\Delta_I(s))$$

$$\omega_I(s)\Delta_I(s)=\frac{G_\Delta(s)}{G(s)}-1=\frac{\tau s+1}{\bar{\tau}s+1}-1=\frac{(\tau-\bar{\tau})s}{\tau s+1}$$

若要 $\|\Delta_I(s)\|_\infty<1$，取 $\omega_I(s)=\dfrac{r\bar{\tau}s}{\tau_1 s+1}$，则有

$$\Delta_I(s)=\frac{(\tau-\bar{\tau})s}{\tau s+1}\frac{\tau_1 s+1}{r\bar{\tau}s}$$

$$|\Delta_I(\mathrm{j}\omega)|=\left|\frac{\tau-\bar{\tau}}{r\bar{\tau}}\right|\left|\frac{\mathrm{j}\omega\tau_1+1}{\mathrm{j}\omega\tau+1}\right|=\left|\frac{r\bar{\tau}\Delta}{r\bar{\tau}}\right|\left|\frac{\mathrm{j}\omega\tau_1+1}{\mathrm{j}\omega\tau+1}\right|\leqslant\left|\frac{\mathrm{j}\omega\tau_1+1}{\mathrm{j}\omega\tau+1}\right|\leqslant 1(\forall\omega)$$

满足要求。

4）取标称参数 $\bar{k}=\dfrac{k_2+k_1}{2}$，相对值 $r=\dfrac{k_2-k_1}{k_2+k_1}$，则有 $k=\bar{k}(1+r\Delta)$，$|\Delta|\leqslant 1$。若忽略纯延迟 $\mathrm{e}^{-\tau s}$，取标称传递函数 $G(s)=\bar{k}G_0(s)$，令

$$G_\Delta(s)=G(s)(1+\omega_I(s)\Delta_I(s))$$

$$\omega_I(s)\Delta_I(s)=\frac{G_\Delta(s)}{G(s)}-1=\frac{k}{\bar{k}}\mathrm{e}^{-\tau s}-1$$

由于纯延迟 $\mathrm{e}^{-\tau s}$ 是无理函数，需要无穷阶的有理分式来逼近，忽略纯延迟 $\mathrm{e}^{-\tau s}$ 就舍弃了系统高阶(高频)动态的部分。按式(6-92)可推出它的最大相对不确定性幅值为

$$l_I(\omega)=\max_{k,\tau}\bar{\sigma}\left\{\frac{k}{\bar{k}}\mathrm{e}^{-\mathrm{j}\omega\tau}-1\right\}=\max_{k,\tau}\sqrt{\left(\frac{k}{\bar{k}}\mathrm{e}^{\mathrm{j}\omega\tau}-1\right)\left(\frac{k}{\bar{k}}\mathrm{e}^{-\mathrm{j}\omega\tau}-1\right)}$$

$$=\begin{cases}\sqrt{r^2+2(1+r)(1-\cos\omega\tau_2)}, & \omega<\pi/\tau_2\\ 2+r, & \omega>\pi/\tau_2\end{cases}\tag{6-95}$$

由于 $l_I(\omega)$ 是无理函数，不便作为权函数，需要寻找有理分式函数 $\omega_I(s)$ 逼近它。考虑最坏的情况，取

$$\omega_I(s)=\frac{k_2}{\bar{k}}\mathrm{e}^{-\tau_2 s}-1=\frac{k_2}{\bar{k}}\frac{\mathrm{e}^{-\frac{\tau_2 s}{2}}}{\mathrm{e}^{\frac{\tau_2 s}{2}}}-1\approx\frac{k_2}{\bar{k}}\frac{1-(\tau_2/2)s}{1+(\tau_2/2)s}-1=(1+r)\frac{1-(\tau_2/2)s}{1+(\tau_2/2)s}-1$$

$$=\frac{r-(1+r/2)\tau_2 s}{1+(\tau_2/2)s}\tag{6-96}$$

$l_I(\omega)$ 与 $|\omega_I(\mathrm{j}\omega)|$ 的特性图如图 6-6 所示，可见当频率 $\omega>\pi/\tau_2$ 时，$|\omega_I(\mathrm{j}\omega)|<l_I(\omega)$，意味着式(6-96)给出的权函数在高频 $\omega>\pi/\tau_2$ 范围上不能做到 $\|\Delta_I(s)\|_\infty\leqslant 1$。需要对式(6-96)的权函数做出修正，可取

$$\omega_I(s)=\frac{r-(1+r/2)\tau_2 s}{1+(\tau_2/2)s}\frac{s^2+2\xi_1\omega_n s+\omega_n^2}{s^2+2\xi_2\omega_n s+\omega_n^2}\tag{6-97}$$

式中，$\xi_1=0.8$；$\xi_2=0.5$；$\omega_n=0.75\pi/\tau_2$。从图 6-6 可见，式(6-97)的 $|\omega_I(\mathrm{j}\omega)|$ 作为权函数是合适的，几乎可做到 $\|\Delta_I(s)\|_\infty\leqslant 1$。

若保留纯延迟 $\mathrm{e}^{-\tau s}$，不忽略系统高阶(高频)动态的部分，取标称传递函数为

$$G(s)=\bar{k}G_0(s)\mathrm{e}^{-\tau_1 s}$$

此时

$$\omega_I(s)\Delta_I(s)=\frac{G_\Delta(s)}{G(s)}-1=\frac{k}{\bar{k}}\mathrm{e}^{-(\tau-\tau_1)s}-1(0\leqslant\tau-\tau_1\leqslant\tau_2-\tau_1)$$

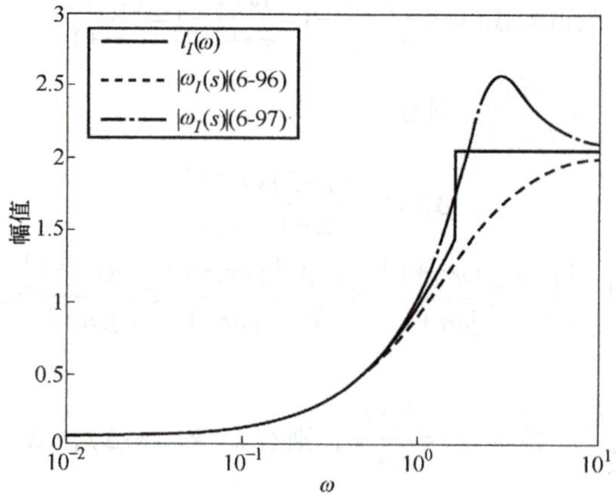

图 6-6　$l_I(\omega)$与$|\omega_I(j\omega)|$的特性图

采取同样的推导，可得到类似式(6-96)或式(6-97)的结果，只需将 τ_2 换为 $\tau_2-\tau_1$。

综上所述，不确定性描述被分成了两部分：一是有理分式权函数 $\omega_a(s)$、$\omega_I(s)$或 $\omega_o(s)$，它反映不确定性的“边界”，是一个已知的函数；二是$\boldsymbol{\Delta}_a(s)$、$\boldsymbol{\Delta}_I(s)$或$\boldsymbol{\Delta}_o(s)$，它是未知的函数，但其范数(幅值)被压缩到 1 以内。

6.3.2　鲁棒稳定与镇定设计

1. 鲁棒稳定性

如果被控对象存在不确定性，闭环系统的稳定性分析就变得复杂了。总体思路是：将不确定性剥离出来，留下确定性的部分；再通过确定性的部分来分析不确定性系统的稳定性。下面，以乘性输入不确定性来讨论，加性不确定性、乘性输出不确定性的结论是类似的。

(1) 广义(被控对象)模型

考虑图 6-7a 所示的闭环系统，先断开不确定性通道，将$\boldsymbol{\Delta}_I(s)$剥离在外，即令它的右侧为广义输入 $\boldsymbol{u}_\Delta$，实际上就是模型不确定性带给系统的扰动输入；它的左侧为广义输出 $\boldsymbol{y}_\Delta$，实际上就是控制器的输出。这样，可得到如下的广义(被控对象)模型：

$$\begin{cases}\begin{bmatrix}\boldsymbol{y}_\Delta\\ \boldsymbol{y}\end{bmatrix}=\begin{bmatrix}\boldsymbol{0} & \boldsymbol{I}_m\\ \omega_I(s)\boldsymbol{G}(s) & \boldsymbol{G}(s)\end{bmatrix}\begin{bmatrix}\boldsymbol{u}_\Delta\\ \boldsymbol{u}\end{bmatrix} & \text{(6-98a)}\\ \boldsymbol{u}=\boldsymbol{K}(s)(\boldsymbol{r}-\boldsymbol{y}) & \text{(6-98b)}\end{cases}$$

若记广义输入为 $\boldsymbol{w}=\boldsymbol{u}_\Delta$，广义输出为 $\boldsymbol{z}=\boldsymbol{y}_\Delta$(下同)，可写出一般形式的广义(被控对象)模型：

$$\begin{cases}\begin{bmatrix}\boldsymbol{z}\\ \boldsymbol{y}\end{bmatrix}=\begin{bmatrix}\boldsymbol{P}_{11}(s) & \boldsymbol{P}_{12}(s)\\ \boldsymbol{P}_{21}(s) & \boldsymbol{P}_{22}(s)\end{bmatrix}\begin{bmatrix}\boldsymbol{w}\\ \boldsymbol{u}\end{bmatrix}=\boldsymbol{P}(s)\begin{bmatrix}\boldsymbol{w}\\ \boldsymbol{u}\end{bmatrix} & \text{(6-99a)}\\ \boldsymbol{u}=\boldsymbol{K}(s)(\boldsymbol{r}-\boldsymbol{y}) & \text{(6-99b)}\end{cases}$$

对于式(6-98a)有

$$\begin{cases}\boldsymbol{P}_{11}(s)=\boldsymbol{0},\ \boldsymbol{P}_{21}(s)=\omega_I(s)\boldsymbol{G}(s)\\ \boldsymbol{P}_{12}(s)=\boldsymbol{I}_m,\ \boldsymbol{P}_{22}(s)=\boldsymbol{G}(s)\end{cases}\tag{6-100}$$

可见，通过引入广义输入 $\boldsymbol{w}$、广义输出 $\boldsymbol{z}$(不确定性环节两端的信号)，将系统的结构图分为了两部分，如图 6-7b 所示，下半部(实线)是已知的，即广义模型；上半部(虚线)是未知的，即不确定性部分。若能得到下半部的传递函数矩阵，有望分析出整个不确定性系统的稳定性。

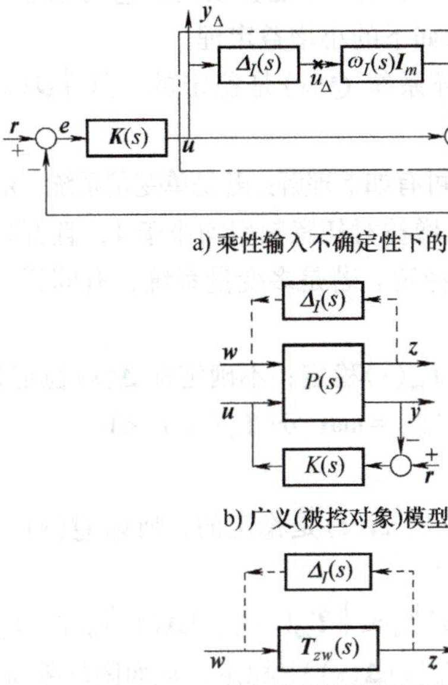

a) 乘性输入不确定性下的闭环系统

b) 广义(被控对象)模型

c) 广义模型的传递函数矩阵

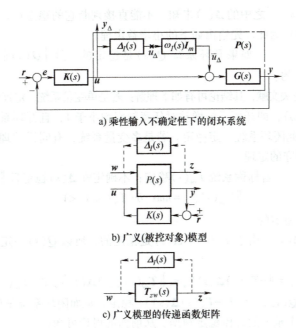

图 6-7 乘性输入不确定性下的鲁棒稳定性

(2) 广义传递函数矩阵

系统稳定性与给定输入无关，不失一般性，取 $\boldsymbol{r}=\boldsymbol{0}$，将式(6-99b)代入式(6-99a)，消除变量 $\boldsymbol{u}$、$\boldsymbol{y}$，可得到广义输入 $\boldsymbol{w}$ 到广义输出 z 的传递函数矩阵 $\boldsymbol{T}_{zw}(s)$，即

$$\boldsymbol{y}=\boldsymbol{P}_{21}(s)\boldsymbol{w}+\boldsymbol{P}_{22}(s)\boldsymbol{u}=\boldsymbol{P}_{21}(s)\boldsymbol{w}-\boldsymbol{P}_{22}(s)\boldsymbol{K}(s)\boldsymbol{y}$$

$$\boldsymbol{y}=(\boldsymbol{I}_p+\boldsymbol{P}_{22}(s)\boldsymbol{K}(s))^{-1}\boldsymbol{P}_{21}(s)\boldsymbol{w}$$

$$\begin{aligned}\boldsymbol{z}&=\boldsymbol{P}_{11}(s)\boldsymbol{w}+\boldsymbol{P}_{12}(s)\boldsymbol{u}=\boldsymbol{P}_{11}(s)\boldsymbol{w}-\boldsymbol{P}_{12}(s)\boldsymbol{K}(s)\boldsymbol{y}\\&=\boldsymbol{P}_{11}(s)\boldsymbol{w}-\boldsymbol{P}_{12}(s)\boldsymbol{K}(s)(\boldsymbol{I}_p+\boldsymbol{P}_{22}(s)\boldsymbol{K}(s))^{-1}\boldsymbol{P}_{21}(s)\boldsymbol{w}\end{aligned}$$

故有

$$\boldsymbol{T}_{zw}(s)=\boldsymbol{P}_{11}(s)-\boldsymbol{P}_{12}(s)\boldsymbol{K}(s)(\boldsymbol{I}_p+\boldsymbol{P}_{22}(s)\boldsymbol{K}(s))^{-1}\boldsymbol{P}_{21}(s) \tag{6-101}$$

式中，$\boldsymbol{T}_{zw}(s)=F_l(\boldsymbol{P},\boldsymbol{K})$ 是广义模型 $\boldsymbol{P}(s)$、控制器 $\boldsymbol{K}(s)$ 的函数，称之为广义传递函数矩阵。

对于乘性输入不确定性，将式(6-100)代入式(6-101)有

$$\begin{aligned}\boldsymbol{T}_{zw}(s)&=\boldsymbol{0}-\boldsymbol{K}(s)(\boldsymbol{I}_p+\boldsymbol{G}(s)\boldsymbol{K}(s))^{-1}\omega_I(s)\boldsymbol{G}(s)\\&=-\omega_I(s)\boldsymbol{K}(s)(\boldsymbol{I}_p+\boldsymbol{G}(s)\boldsymbol{K}(s))^{-1}\boldsymbol{G}(s)\end{aligned} \tag{6-102}$$

按照上述推导，可得到与图 6-7b 等效的图 6-7c，整个系统被化简成已知的广义传递函数矩阵 $\boldsymbol{T}_{zw}(s)$ 和未知的不确定性 $\boldsymbol{\Delta}_I(s)$。这是鲁棒控制方法精妙与关键之处。对于加性不确定性、乘性输出不确定性有同样的结果。下面的讨论，在不引起混淆的情况下，记不确定性为 $\boldsymbol{\Delta}(s)$，不再区分下标。

(3) 鲁棒稳定性判据

从图 6-7c 知，若不存在不确定性，即 $\boldsymbol{\Delta}(s)=\boldsymbol{0}$，$\boldsymbol{T}_{zw}(s)$ 的稳定性就是整个系统的稳定性，称为标称稳定。

若存在不确定性，即 $\boldsymbol{\Delta}(s)\neq\boldsymbol{0}$，则 $\boldsymbol{T}_{zw}(s)$、$\boldsymbol{\Delta}(s)$ 构成一个环路(正反馈的形式)，其环路传递函数矩阵为 $(\boldsymbol{I}_m-\boldsymbol{T}_{zw}(s)\boldsymbol{\Delta}(s))^{-1}$。若对任意的 $\|\boldsymbol{\Delta}(s)\|_\infty\leqslant 1$，都能使它稳定，整个系统称为鲁棒稳定。此时，$\boldsymbol{T}_{zw}(s)$ 中的控制器 $\boldsymbol{K}(s)$，称为鲁棒镇定控制器。

由于$(\boldsymbol{I}_m-\boldsymbol{T}_{zw}(s)\boldsymbol{\Delta}(s))^{-1}$之中的$\boldsymbol{\Delta}(s)$未知，不能直接判断它的稳定性，可否只根据$\boldsymbol{T}_{zw}(s)$来判断系统的鲁棒稳定性？为此，先给出如下的小增益定理。

定理 6-7（小增益定理） 如果开环系统$\boldsymbol{Q}(s)$是稳定的，且$\|\boldsymbol{Q}(s)\|_\infty<1$，那么闭环系统$(\boldsymbol{I}+\boldsymbol{Q}(s))^{-1}$一定是稳定的。

定理的证明可参阅有关文献，其结论可有如下理解：若是单变量系统，定理中的条件$\|Q(s)\|_\infty<1$，等价于$|Q(\mathrm{j}\omega)|<1(\forall\omega)$，即开环系统增益对任意频率均小于1，且开环系统还是稳定的，表明系统稳定裕量为∞，因此闭环系统一定稳定。若是多变量系统，有同样的理解。可以看出，小增益定理是一个条件很保守的定理。

定理 6-8（鲁棒稳定） 若标称系统$\boldsymbol{T}_{zw}(s)$稳定；不确定性$\boldsymbol{\Delta}(s)$稳定且$\|\boldsymbol{\Delta}(s)\|_\infty\leqslant1$，若

$$\|\boldsymbol{T}_{zw}(s)\|_\infty=\max_{\omega}\{\bar{\sigma}(\boldsymbol{T}_{zw}(\mathrm{j}\omega))\}<1$$

那么，闭环系统是鲁棒稳定的。

取$\boldsymbol{Q}(s)=-\boldsymbol{T}_{zw}(s)\boldsymbol{\Delta}(s)$，由于$\boldsymbol{T}_{zw}(s)$、$\boldsymbol{\Delta}(s)$是稳定的，所以$\boldsymbol{Q}(s)$一定是稳定的。另外，对$\forall\|\boldsymbol{\Delta}(s)\|_\infty\leqslant1$有

$$\|\boldsymbol{Q}(s)\|_\infty=\|-\boldsymbol{T}_{zw}(s)\boldsymbol{\Delta}(s)\|_\infty\leqslant\|\boldsymbol{T}_{zw}(s)\|_\infty\|\boldsymbol{\Delta}(s)\|_\infty\leqslant\|\boldsymbol{T}_{zw}(s)\|_\infty<1$$

根据定理 6-7 知，$(\boldsymbol{I}_m+\boldsymbol{Q}(s))^{-1}=(\boldsymbol{I}_m-\boldsymbol{T}_{zw}(s)\boldsymbol{\Delta}(s))^{-1}$稳定，从而闭环系统是鲁棒稳定的。

定理 6-8 给出了一个重要的鲁棒稳定判据。从前面的讨论可知：

1）对于乘性输入不确定性，其不确定性的信息，一方面位于$\boldsymbol{\Delta}_I(s)$中，另一方面位于有理分式权函数$\omega_I(s)$之中。前者是完全未知的，但幅值被压缩到$\|\Delta_I(s)\|_\infty\leqslant1$；后者描述了系统“最大”不确定性的信息，是一个已知的函数。由于$\omega_I(s)$包含在$\boldsymbol{T}_{zw}(s)$中，$\boldsymbol{T}_{zw}(s)$是在“最大”不确定性的“边界”上的传递函数矩阵，因此以$\boldsymbol{T}_{zw}(s)$分析出整个不确定性系统的稳定性便在情理之中。简言之，“最坏”情况是稳定的，其他情况也会稳定。

2）对于图 6-7c，$\boldsymbol{T}_{zw}(s)$是“开环”传递函数矩阵。但实际上，$\boldsymbol{T}_{zw}(s)$是含了控制器$\boldsymbol{K}(s)$的“闭环”传递函数矩阵，对应标称闭环系统，如图 6-7b 所示。闭环传递函数矩阵的增益一般在1附近或小于1。因此，小增益定理应用到$\boldsymbol{T}_{zw}(s)$上并不是太保守的。当然，含在$\boldsymbol{T}_{zw}(s)$中的“最大”不确定性的信息$\omega(s)\in\{\omega_a(s),\omega_I(s),\omega_o(s)\}$不能人为放大过多，否则会导致满足$\|\boldsymbol{T}_{zw}(s)\|_\infty=\|F_l(\boldsymbol{P},\boldsymbol{K})\|_\infty<1$的控制器$\boldsymbol{K}(s)$集合范围窄，甚至无解。

2. 鲁棒镇定控制器

根据前面的讨论知，鲁棒镇定控制器$\boldsymbol{K}(s)$需要完成两方面任务：

1）使系统标称稳定，即$\boldsymbol{T}_{zw}(s)\in\mathcal{RH}_\infty$是稳定的有理分式矩阵。

2）使系统鲁棒稳定，即$(\boldsymbol{I}_m-\boldsymbol{T}_{zw}(s)\boldsymbol{\Delta}(s))^{-1}\in\mathcal{RH}_\infty$也是稳定的有理分式矩阵。

尽管不确定性$\boldsymbol{\Delta}(s)$未知，但从定理 6-8 知，若能设计控制器$\boldsymbol{K}(s)$使得

$$\boldsymbol{T}_{zw}(s)\in\mathcal{RH}_\infty,\ \|\boldsymbol{T}_{zw}(s)\|_\infty=\max_{\omega}\{\bar{\sigma}(\boldsymbol{T}_{zw}(\mathrm{j}\omega))\}<1 \tag{6-103}$$

则控制器$\boldsymbol{K}(s)$可以完成上面两方面的任务，一定是鲁棒镇定控制器。

由于控制器$\boldsymbol{K}(s)$既在$\boldsymbol{T}_{zw}(s)$的“分子”又在其“分母”，参见式(6-101)，所以直接求解式(6-103)是困难的，需要进行分解处理。不失一般性，下面仍以乘性输入不确定情况来讨论。从式(6-101)和式(6-102)知

$$\begin{aligned}\boldsymbol{T}_{zw}(s)&=\boldsymbol{P}_{11}(s)-\boldsymbol{P}_{12}(s)\boldsymbol{K}(s)(\boldsymbol{I}_p+\boldsymbol{P}_{22}(s)\boldsymbol{K}(s))^{-1}\boldsymbol{P}_{21}(s)\\&=\boldsymbol{P}_{11}(s)-\boldsymbol{P}_{12}(s)(\boldsymbol{I}_m+\boldsymbol{K}(s)\boldsymbol{P}_{22}(s))^{-1}\boldsymbol{K}(s)\boldsymbol{P}_{21}(s)\\&=-\omega_I(s)(\boldsymbol{I}_m+\boldsymbol{K}(s)\boldsymbol{G}(s))^{-1}\boldsymbol{K}(s)\boldsymbol{G}(s)\end{aligned} \tag{6-104}$$

式中，$\boldsymbol{P}_{22}(s)=\boldsymbol{G}(s)$，并用到恒等式

$$K(s)(I_p+P_{22}(s)K(s))^{-1}=(I_m+K(s)P_{22}(s))^{-1}K(s)$$

第一步，如图 6-7a 所示，设计 $K(s)$ 使得由 $G(s)$ 和 $K(s)$ 构成的标称闭环系统稳定。在第 5 章有理分式矩阵描述的讨论知，若 $G(s)$ 按式(5-110)进行左右互质分解，则镇定控制器 $K(s)$ 一定为式(5-118)，即

$$\begin{aligned}K(s)&=(\tilde{Y}_R(s)+\tilde{D}_R(s)Q_R(s))(\tilde{X}_R(s)-\tilde{N}_R(s)Q_R(s))^{-1}\\&=(\tilde{X}_L(s)+Q_L(s)\tilde{N}_L(s))^{-1}(\tilde{Y}_L(s)-Q_L(s)\tilde{D}_L(s))\end{aligned}\tag{6-105}$$

可推出

$$\begin{aligned}(I_m+K(s)G(s))^{-1}&=[I_m+(\tilde{X}_L+Q_L\tilde{N}_L)^{-1}(\tilde{Y}_L-Q_L\tilde{D}_L)\tilde{D}_L^{-1}\tilde{N}_L]^{-1}\\&=\{(\tilde{X}_L+Q_L\tilde{N}_L)^{-1}[(\tilde{X}_L+Q_L\tilde{N}_L)+(\tilde{Y}_L-Q_L\tilde{D}_L)\tilde{D}_L^{-1}\tilde{N}_L]\}^{-1}\\&=(\tilde{X}_L+\tilde{Y}_L\tilde{D}_L^{-1}\tilde{N}_L)^{-1}(\tilde{X}_L+Q_L\tilde{N}_L)=(\tilde{X}_L+\tilde{Y}_L\tilde{N}_R\tilde{D}_R^{-1})^{-1}(\tilde{X}_L+Q_L\tilde{N}_L)\\&=\tilde{D}_R(\tilde{X}_L\tilde{D}_R+\tilde{Y}_L\tilde{N}_R)^{-1}(\tilde{X}_L+Q_L\tilde{N}_L)\\&=\tilde{D}_R(s)(\tilde{X}_L(s)+Q_L(s)\tilde{N}_L(s))\end{aligned}$$

式中，$\tilde{X}_L\tilde{D}_R+\tilde{Y}_L\tilde{N}_R=I_m$，参见式(5-111)。

$$\begin{aligned}(I_m+K(s)G(s))^{-1}K(s)&=\tilde{D}_R(\tilde{X}_L+Q_L\tilde{N}_L)(\tilde{X}_L+Q_L\tilde{N}_L)^{-1}(\tilde{Y}_L-Q_L\tilde{D}_L))\\&=\tilde{D}_R(s)(\tilde{Y}_L(s)-Q_L(s)\tilde{D}_L(s))\end{aligned}\tag{6-106}$$

第二步，计算 $T_{zw}(s)$ 并保证 $T_{zw}(s)\in\mathcal{RH}_\infty$，即 $T_{zw}(s)$ 标称稳定。将式(6-106)代入式(6-104)有

$$\begin{aligned}T_{zw}(s)&=P_{11}(s)-P_{12}(s)\tilde{D}_R(s)(\tilde{Y}_L(s)-Q_L(s)\tilde{D}_L(s))P_{21}(s)\\&=P_{11}(s)-P_{12}(s)\tilde{D}_R(s)\tilde{Y}_L(s)P_{21}(s)+P_{12}(s)\tilde{D}_R(s)Q_L(s)\tilde{D}_L(s)P_{21}(s)\end{aligned}$$

若取

$$\begin{cases}T_1(s)=P_{11}(s)+P_{12}(s)\tilde{D}_R(s)\tilde{Y}_L(s)P_{21}(s)\\T_2(s)=P_{12}(s)\tilde{D}_R(s)\\T_3(s)=\tilde{D}_L(s)P_{21}(s)\end{cases}\tag{6-107}$$

那么

$$T_{zw}(s)=T_1(s)-T_2(s)Q(s)T_3(s)$$

式中，$Q(s)=-Q_L(s)$。

对于乘性不确定，将式(6-100)代入式(6-107)并考虑式(5-111)有

$$\begin{cases}T_1(s)=\omega_I(s)\tilde{D}_R(s)\tilde{Y}_L(s)\tilde{N}_R(s)\tilde{D}_R^{-1}(s)=\omega_I(s)(I_m-\tilde{D}_R(s)\tilde{X}_L(s))\\T_2(s)=\tilde{D}_R(s)\\T_3(s)=\omega_I(s)\tilde{D}_L(s)\tilde{D}_L^{-1}(s)\tilde{N}_L(s)=\omega_I(s)\tilde{N}_L(s)\end{cases}$$

可见，若 $\omega_I(s)\in\mathcal{RH}_\infty$ 稳定，则 $T_1(s)$、$T_2(s)$、$T_3(s)\in\mathcal{RH}_\infty$ 都是稳定阵，且是确定性的矩阵。另外，若取自由参数矩阵 $Q_L(s)\in\mathcal{RH}_\infty$，则 $T_{zw}(s)\in\mathcal{RH}_\infty$。

第三步，设计自由参数矩阵 $Q_L(s)\in\mathcal{RH}_\infty$，满足

$$\|T_{zw}(s)\|_\infty=\|T_1(s)+T_2(s)Q_L(s)T_3(s)\|_\infty<1\tag{6-108}$$

便可使得式(6-105)的控制器成为鲁棒镇定控制器。显见，式(6-108)中未知量只有 $Q_L(s)$，它的求解要比式(6-103)的求解容易。

从前面的推导可看出，第 5 章通过有理分式矩阵描述建立的一般系统通用的镇定控制器集

合，参见式(5-118)，具有重要的理论意义。该集合中的控制器确保了标称系统的稳定性，自由参数用来改善系统的鲁棒稳定性。当然，式(6-108)是否有解，决定了鲁棒镇定控制器是否存在。

3. 标准 $\mathcal{H}_\infty$ 控制与模型匹配

从前面的讨论看出，处理不确定性问题的关键在于将它剥离在外，只对剩下的确定性部分进行分析设计即可。因此，可将上面讨论的问题进行如下的规范化。

(1) 标准 $\mathcal{H}_\infty$ 控制

图 6-8 是标准 $\mathcal{H}_\infty$ 控制问题基本框架，只留下系统确定性的部分。$\boldsymbol{P}(s)$是广义对象，$\boldsymbol{w}$ 是广义输入，$\boldsymbol{z}$ 是广义输出。不失一般性，取 $\boldsymbol{r}=\boldsymbol{0}$，可写出一般形式的广义模型，即

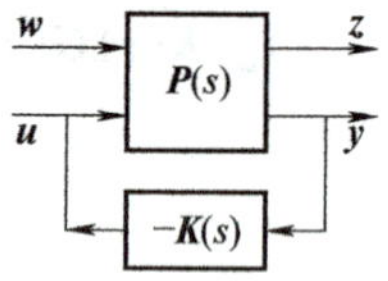

图 6-8　标准 $\mathcal{H}_\infty$ 控制

$$\begin{cases}\begin{bmatrix}\boldsymbol{z}\\\boldsymbol{y}\end{bmatrix}=\begin{bmatrix}\boldsymbol{P}_{11}(s) & \boldsymbol{P}_{12}(s)\\\boldsymbol{P}_{21}(s) & \boldsymbol{P}_{22}(s)\end{bmatrix}\begin{bmatrix}\boldsymbol{w}\\\boldsymbol{u}\end{bmatrix}=\boldsymbol{P}(s)\begin{bmatrix}\boldsymbol{w}\\\boldsymbol{u}\end{bmatrix} & (6\text{-}109\text{a})\\ \boldsymbol{u}=-\boldsymbol{K}(s)\boldsymbol{y} & (6\text{-}109\text{b})\end{cases}$$

广义传递函数矩阵 $\boldsymbol{T}_{zw}(s)$ 为

$$\boldsymbol{T}_{zw}(s)=F_l(\boldsymbol{P},\ \boldsymbol{K})=\boldsymbol{P}_{11}(s)-\boldsymbol{P}_{12}(s)\boldsymbol{K}(s)(\boldsymbol{I}_p+\boldsymbol{P}_{22}(s)\boldsymbol{K}(s))^{-1}\boldsymbol{P}_{21}(s) \tag{6-110}$$

标准 $\mathcal{H}_\infty$ 控制问题是：设计控制器 $\boldsymbol{K}(s)$，使得

1) 闭环系统标称稳定。

2) 最小化 $\|\boldsymbol{T}_{zw}(s)\|_\infty$，即使下述性能指标最小：

$$J=\|\boldsymbol{T}_{zw}(s)\|_\infty=\|F_l(\boldsymbol{P},\boldsymbol{K})\|_\infty \tag{6-111a}$$

若不追求最优解，式(6-111a)可化为

$$\|\boldsymbol{T}_{zw}(s)\|_\infty=\|F_l(\boldsymbol{P},\boldsymbol{K})\|_\infty<\gamma \tag{6-111b}$$

根据上述定义，前述的鲁棒镇定控制问题就是一个标准 $\mathcal{H}_\infty$ 控制问题。若 $\gamma\neq1$，式(6-111b)可化为 $\|\gamma^{-1}F_l(\boldsymbol{P},\boldsymbol{K})\|_\infty<1$，从式(6-104)看出，$\gamma^{-1}F_l(\boldsymbol{P},\boldsymbol{K})$ 相当于“最大”不确定性 $\omega(s)$ 被缩放了 γ^{-1}倍而已。因此，取 $\gamma=1$ 进行讨论不失一般性。

(2) 模型匹配问题

图 6-9 是模型匹配问题的基本框架。传递函数矩阵 $\boldsymbol{T}_1(s)\in\mathcal{RH}_\infty$ 是标准模型，传递函数矩阵 $\boldsymbol{T}_2(s)$、$\boldsymbol{T}_3(s)$、$\boldsymbol{Q}(s)\in\mathcal{RH}_\infty$ 的串联实现对标准模型 $\boldsymbol{T}_1(s)$ 的匹配。

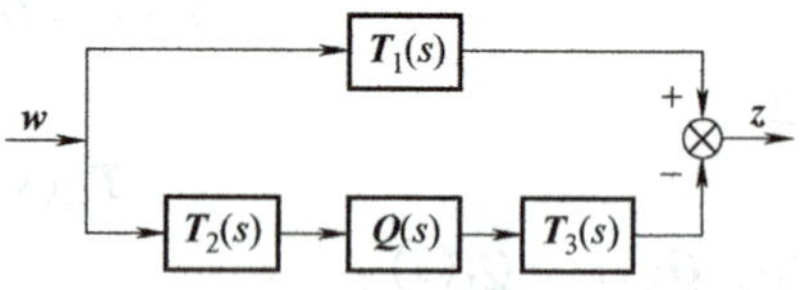

图 6-9　模型匹配问题

模型匹配问题是：对于传递函数矩阵 $\boldsymbol{T}_1(s)$、$\boldsymbol{T}_2(s)$、$\boldsymbol{T}_3(s)\in\mathcal{RH}_\infty$，设计自由参数矩阵 $\boldsymbol{Q}(s)\in\mathcal{RH}_\infty$，使得

1) $\boldsymbol{T}_{zw}(s)=\boldsymbol{T}_1(s)-\boldsymbol{T}_2(s)\boldsymbol{Q}(s)\boldsymbol{T}_3(s)\in\mathcal{RH}_\infty$。

2) 最小化 $\|\boldsymbol{T}_{zw}(s)\|_\infty$，即使下述性能指标最小：

$$J=\|\boldsymbol{T}_{zw}(s)\|_\infty=\|\boldsymbol{T}_1(s)-\boldsymbol{T}_2(s)\boldsymbol{Q}(s)\boldsymbol{T}_3(s)\|_\infty \tag{6-112a}$$

或者

$$\|\boldsymbol{T}_{zw}(s)\|_\infty=\|\boldsymbol{T}_1(s)-\boldsymbol{T}_2(s)\boldsymbol{Q}(s)\boldsymbol{T}_3(s)\|_\infty<\gamma \tag{6-112b}$$

从式(6-108)可知，若 $\boldsymbol{P}_{22}(s)$ 按式(5-110)在 $\mathcal{RH}_\infty$ 上进行左右互质分解，再按式(6-107)取 $\boldsymbol{T}_1(s)$、$\boldsymbol{T}_2(s)$、$\boldsymbol{T}_3(s)$，则标准 $\mathcal{H}_\infty$ 控制问题就转化为了模型匹配问题。因此，若存在解 $\boldsymbol{Q}(s)=-\boldsymbol{Q}_{\mathrm{L}}(s)\in\mathcal{RH}_\infty$ 满足式(6-112)，代入式(6-105)便得到标准 $\mathcal{H}_\infty$ 控制问题的解 $\boldsymbol{K}(s)$。

这就表明，无论何种不确定性问题，可先设法转化为标准 $\mathcal{H}_\infty$ 控制问题，然后就可以分解转化为模型匹配问题，最后便可得到相应的控制器。

总之，标准 $\mathcal{H}_\infty$ 控制或鲁棒控制的核心就是用确定性的广义模型 $\boldsymbol{P}(s)$ 去分析和设计不确定性

系统的控制。能做到这一点，是因为将所有不确定性都剥离到了广义模型之外。而“最大”不确定性，通过有理分式权函数嵌入到了广义模型之中。因此，标准 $\mathcal{H}_\infty$ 控制或鲁棒控制是在“最坏”情况下的最(次)优化，俗称最大最小控制。

6.4 系统可控能力分析

前面的各种控制理论，无论是经典控制理论还是现代控制理论，都在潜在地追求通过改进控制律实现更高的期望性能，而在工程的实践中时常事与愿违。在经典控制理论的期望频率特性方法和现代控制理论的模型匹配方法中，已指出闭环传递函数或闭环传递函数矩阵是不能任意设置的，至少其零点受制于被控对象。因此，一个系统能达到的性能是依赖于被控对象的。若能事先分析出被控对象可能达到的性能范围，谓之系统的可控能力，一定使得控制系统的设计更加精准和高效。

状态空间理论给出状态能控与能观的定义及其分析工具，实际上开启了系统可控能力分析的理论建构。然而，基于状态的可控能力分析还存在某种局限，基于频率特性的可控能力分析还有待发展，本节只是将已有的相关成果综述，其主要内容参考了文献[7]，希望给读者带来一些启迪。

6.4.1 系统性能的基本限制

前面的讨论基本上是建立在这样一个框架下，即给定被控对象 $G(s)$ 以及期望的闭环系统性能 Ω，找寻控制器 $K(s)$ 使其达到。可以看出，能否完成这样的任务取决于被控对象与期望性能的配合。什么情况可实现或不可实现？可实现的是不是已做到完美？这些理论问题对工程应用十分重要。

一般来说，控制器 $K(s)$ 依赖于被控对象以及期望的闭环系统性能，即

$$K(s)=F_k(G(s),\Omega) \tag{6-113a}$$

$F_k(\cdot)$ 实际上就是控制器的设计方法(步骤)，Ω 是期望性能的抽象表示，可以理解为是一系列(稳定性、稳态性、快速性、平稳性、抗扰性等)时域、频域指标的集合。

进一步观察，当被控对象确定后，可能达到的期望性能应该就被固化了。因此，最佳的期望性能 Ω 只取决于被控对象 $G(s)$，即

$$\Omega=F_\Omega(G(s)) \tag{6-113b}$$

$F_\Omega(\cdot)$ 反映的就是系统可控能力，若能知道，则代入式(6-113a)便可设计出控制器：

$$K(s)=F_k(G(s),F_\Omega(G(s))) \tag{6-113c}$$

遗憾的是，要给出 $F_\Omega(\cdot)$ 的具体表达式不是一件容易的事，若能根据不同情况给出一些约束规则，对实际工程也是有重要指导意义的。下面，先讨论状态能控性的局限，再讨论系统性能的基本限制。

1. 状态能控性的局限

系统性能很大程度上取决于闭环系统的极点。状态空间理论一个重要的拓展就是引入了状态的能控性与能观性，来研判系统可能达到的性能状况，并且证明了只要系统状态完全能控，闭环系统的极点可以任意配置。这就意味着，从理论上讲系统性能可以有极致的表现，然而，在实际应用中却呈现出了如下的局限：

1）系统状态能控只是表明存在能量有限的输入在有限时间可将系统状态控制到期望状态上，之后能否保持该状态是不一定的，若实际工程要求维持达到的状态不变，前面得到的控制律可

能无力维持。

2）虽然限制了输入能量有限，但不能保证每个时刻输入幅值不超限，特别是为了得到理想的性能，常把极点配置到极佳的位置，使得控制量或其他中间变量严重超限，第 3 章中例 3-1、例 3-2 均说明了这一点，这就使得控制律在工程中的实现会打折扣。

3）虽给出了状态能控，但未能反映能控的程度，使其指导意义也打了折扣。从状态空间的能控能观分解理论以及多项式矩阵理论知，状态的能控性反映在系统传递函数(矩阵)上就是“是否发生零极点对消”。从概率的角度看，若系统的参数在其取值范围中可以等概率随机选取的话，发生零极点对消的概率为 0(相当于在一个超空间内，等概率随机选取的点正好都在一个超平面上，这种可能性为 0)。从这个意义上讲，状态的能控性对一般的工程系统都是可以满足的。这样的话，能控系统的区分程度不大，仅仅以状态的能控性来研究系统的可控性能反而失去了意义。

4）状态反馈可以改变闭环系统的极点，但无法改变闭环系统的零点。零点也会影响系统性能，特别是存在不稳定的系统零点时。这样即使系统状态完全能控，系统性能仍然受到制约。

例 6-11　图 6-10 中四级串联水箱的每个水箱特性一致，传递函数均为

$$G_1(s)=G_2(s)=G_3(s)=G_4(s)=\frac{1}{100s+1}$$

希望在 $t_f=400\text{s}$ 时，系统状态(各水箱的温度) $T_1(t_f)=1$、$T_2(t_f)=-1$、$T_3(t_f)=1$、$T_4(t_f)=-1$。$t_0=0$ 时的系统初始状态为 0，试分析系统的可控性。

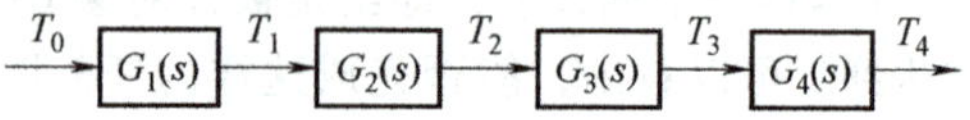

图 6-10　四级串联水箱

1）不难写出每个水箱的微分方程为

$$100\dot{T}_i+T_i=T_{i-1}(i=1,2,3,4)$$

联立可得到系统的状态方程为

$$\begin{bmatrix}\dot{T}_1\\ \dot{T}_2\\ \dot{T}_3\\ \dot{T}_4\end{bmatrix}=\frac{1}{100}\begin{bmatrix}-1 & & & \\ 1 & -1 & & \\ 0 & 1 & -1 & \\ 0 & 0 & 1 & -1\end{bmatrix}\begin{bmatrix}T_1\\ T_2\\ T_3\\ T_4\end{bmatrix}+\begin{bmatrix}1\\ 0\\ 0\\ 0\end{bmatrix}T_0 \tag{6-114a}$$

2）验证能控性

$$M_c=[\boldsymbol{b},\boldsymbol{Ab},\boldsymbol{A}^2\boldsymbol{b},\boldsymbol{A}^3\boldsymbol{b}]=\begin{bmatrix}1 & -\frac{1}{100} & \frac{1}{100^2} & -\frac{1}{100^3}\\ 0 & \frac{1}{100} & -\frac{2}{100^2} & \frac{3}{100^3}\\ 0 & 0 & \frac{1}{100^2} & -\frac{3}{100^3}\\ 0 & 0 & 0 & \frac{1}{100^3}\end{bmatrix}$$

显见，$\text{rank}(\boldsymbol{M}_c)=4$，系统状态完全能控。

3）由式(2-72)可知，若将四个水箱的温度由 $[0,0,0,0]^{\mathrm{T}}$ 转移到 $[1,-1,1,-1]^{\mathrm{T}}$，可取控制输

入 T_0 为

$$T_0(t)=\boldsymbol{b}^{\mathrm{T}}\mathrm{e}^{\boldsymbol{A}^{\mathrm{T}}(t_f-t)}\overline{\boldsymbol{W}}_c^{-1}\boldsymbol{x}(t_f),\ t\in[0,t_f] \tag{6-114b}$$

式中，$\overline{\boldsymbol{W}}_c=\int_{t_0}^{t_f}\mathrm{e}^{\boldsymbol{A}(t_f-\tau)}\boldsymbol{b}\boldsymbol{b}^{\mathrm{T}}\mathrm{e}^{\boldsymbol{A}^{\mathrm{T}}(t_f-\tau)}\mathrm{d}\tau$；$\boldsymbol{x}(t_f)=(1,-1,1,-1)^{\mathrm{T}}$。

4）将式(6-114b)代入式(6-114a)，可得到如图 6-11 所示的状态响应轨迹。

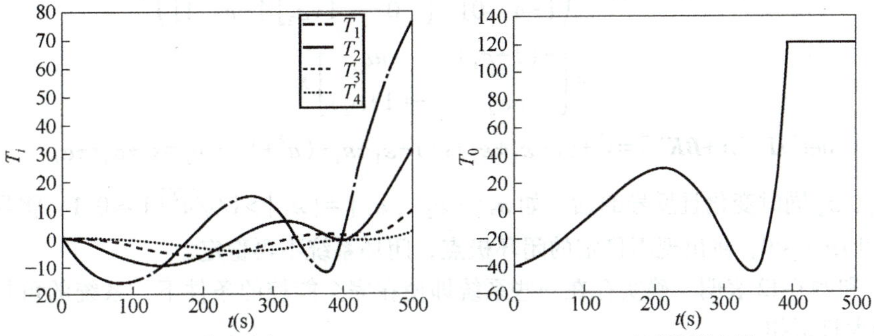

a) 状态响应　　b) 控制输入量

图 6-11　四级串联水箱的状态响应与能控分析

可见，水箱温度达到给定值后不能维持；控制输入 T_0 需要在−40℃～120℃之间变化，这在工程上很难实现。

例 6-12　卫星主轴旋转的角速度控制模型为

$$\boldsymbol{G}(s)=\frac{1}{s^2+a^2}\begin{bmatrix} s-a^2 & a(s+1) \\ -a(s+1) & s-a^2 \end{bmatrix}\ (a=10)$$

其最小实现为

$$\begin{cases} \dot{\boldsymbol{x}}=\boldsymbol{A}\boldsymbol{x}+\boldsymbol{B}\boldsymbol{u}=\begin{bmatrix} 0 & a \\ -a & 0 \end{bmatrix}\boldsymbol{x}+\begin{bmatrix} 1 & 0 \\ 0 & 1 \end{bmatrix}\boldsymbol{u} \\ \boldsymbol{y}=\boldsymbol{C}\boldsymbol{x}+\boldsymbol{D}\boldsymbol{u}=\begin{bmatrix} 1 & a \\ -a & 1 \end{bmatrix}\boldsymbol{x} \end{cases}$$

讨论它的稳定性与可控性。

1）显见，开环系统有两个虚轴上的极点，$s_{1,2}=\pm \mathrm{j}a$，需要通过反馈改变其位置，以使闭环系统稳定。

2）系统的能控性矩阵为

$$\boldsymbol{M}_c=[\boldsymbol{B},\boldsymbol{A}\boldsymbol{B}]=\begin{bmatrix} 1 & 0 & 0 & a \\ 0 & 1 & -a & 0 \end{bmatrix},\ \mathrm{rank}(\boldsymbol{M}_c)=2$$

系统完全能控，可以通过状态反馈任意配置极点。

3）若将闭环极点配置到 $s_{1,2}=-1$，可取状态反馈为

$$\boldsymbol{u}=-\boldsymbol{K}\boldsymbol{x},\ \boldsymbol{K}=-\begin{bmatrix} 1 & a \\ -a & 1 \end{bmatrix}$$

则闭环系统为

$$\dot{\boldsymbol{x}}=(\boldsymbol{A}+\boldsymbol{B}\boldsymbol{K})\boldsymbol{x}=\left(\begin{bmatrix} 0 & a \\ -a & 0 \end{bmatrix}-\begin{bmatrix} 1 & 0 \\ 0 & 1 \end{bmatrix}\begin{bmatrix} 1 & a \\ -a & 1 \end{bmatrix}\right)\boldsymbol{x}=\begin{bmatrix} -1 & 0 \\ 0 & -1 \end{bmatrix}\boldsymbol{x}$$

可见，在系统完全能控时，可通过状态反馈让闭环极点稳定并配置到期望的位置上。

4）若输入通道参数有微小摄动，即

$$B=\begin{bmatrix}1+\varepsilon_1 & 0\\ 0 & 1+\varepsilon_2\end{bmatrix}$$

在前述状态反馈下，闭环系统为

$$\dot{x}=(A+BK)x=\left(\begin{bmatrix}0 & a\\ -a & 0\end{bmatrix}-\begin{bmatrix}1+\varepsilon_1 & 0\\ 0 & 1+\varepsilon_2\end{bmatrix}\begin{bmatrix}1 & a\\ -a & 1\end{bmatrix}\right)x$$

$$=\begin{bmatrix}-(1+\varepsilon_1) & -a\varepsilon_1\\ a\varepsilon_2 & -(1+\varepsilon_2)\end{bmatrix}x$$

$$\det[sI-(A+BK)]=s^2+(2+\varepsilon_1+\varepsilon_2)s+1+\varepsilon_1+\varepsilon_2+(a^2+1)\varepsilon_1\varepsilon_2=s^2+\alpha_1 s+\alpha_0$$

可见，若 ε_1、ε_2 同时变化且反号的话，如 $\varepsilon_1=-\varepsilon_2$，$|\varepsilon_1|=|\varepsilon_2|>1/\sqrt{a^2+1}\approx 0.1$，将导致 $\alpha_0=1+\varepsilon_1+\varepsilon_2+(a^2+1)\varepsilon_1\varepsilon_2<0$，将出现不稳定的闭环极点，闭环系统不再稳定。

例 6-11 和例 6-12 表明，确实存在一些系统即使在完全能控的条件下，系统的可控性能在实际应用中会大打折扣。

2. 完美控制与增益约束

对于图 6-12 所示的单变量系统，传递函数包含了系统的极点与零点，完整地反映了系统性能。令被控对象为

$$y=G(s)u+G_d(s)d \tag{6-115}$$

若控制器取为 $u=K(s)(r-y)$，则闭环系统的输出为

$$y=\frac{G(s)K(s)}{1+G(s)K(s)}r+\frac{G_d(s)}{1+G(s)K(s)}d$$

闭环系统的传递函数为

$$\Phi(s)=\frac{G(s)K(s)}{1+G(s)K(s)}=G(s)K(s)S(s) \tag{6-116a}$$

$$\Phi_d(s)=\frac{G_d(s)}{1+G(s)K(s)}=S(s)G_d(s) \tag{6-116b}$$

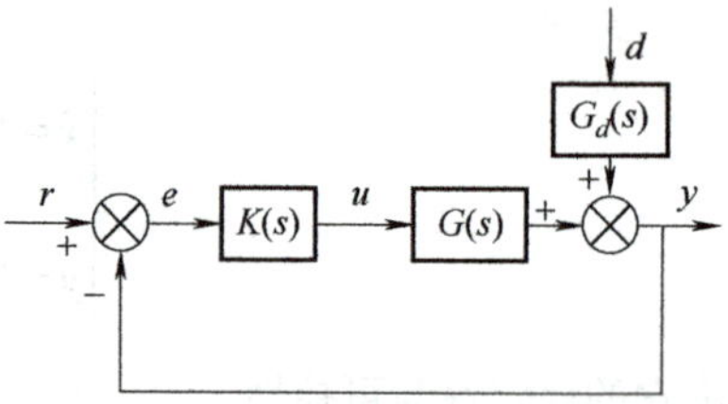

图 6-12　反馈与完美控制

令

$$S(s)=\frac{1}{1+G(s)K(s)} \tag{6-116c}$$

由于

$$\frac{\mathrm{d}\Phi}{\mathrm{d}G}=\frac{(1+GK)K-GKK}{(1+GK)^2}=\frac{K}{(1+GK)^2}=\frac{\Phi}{G}\frac{1}{1+GK}=\frac{\Phi}{G}S,\quad S=\frac{\mathrm{d}\Phi/\Phi}{\mathrm{d}G/G}$$

所以，$S=S(s)$ 被称为灵敏度函数。

r 为期望给定，$d=0$，若能实现 $y=r$，称其为完美控制，此时 $\Phi(s)=1$，或者

$$|\Phi(\mathrm{j}\omega)|=1(\forall\omega)$$

下面讨论，若追求完美控制，控制量会受到约束否？

从式(6-115)可得完美控制下的控制量应为

$$u^*=G^{-1}(s)r-G^{-1}(s)G_d(s)d \tag{6-117}$$

而实际系统的控制量为

$$u=K(s)(r-y)=K(s)(r-\Phi(s)r-\Phi_d(s)d)$$

$$=\frac{K(s)}{1+G(s)K(s)}r-\frac{K(s)G_d(s)}{1+G(s)K(s)}d$$

$$=G^{-1}(s)\Phi(s)r-G^{-1}(s)\Phi(s)G_d(s)d \tag{6-118}$$

可见，若实现完美控制 $\Phi(s)=1$，则式(6-118)与式(6-117)是一致的，相当于在反馈控制系统中内嵌了逆传递函数 $G^{-1}(s)$。

然而，控制器 $K(s)$ 并没有含 $G^{-1}(s)$，若要实际系统实现完美控制 $\Phi(s)=1$，从式(6-116a)知，需要前馈增益 $|G(j\omega)K(j\omega)|\to\infty$ 方可。这将导致控制量严重超限，不再具有实际工程意义。

总之，越追求极致的系统性能，闭环传递函数越靠近 $\Phi(s)=1$，开环增益必然要大，控制量甚至系统其他中间变量常常要超出规定范围，这就是系统性能常常遇到的一大限制。

3. 被控对象零极点与传递函数限制

即使不追求完美控制，闭环系统的性能仍然受到被控对象的制约。将式(6-116c)与式(6-116a)相加有

$$\Phi(s)+S(s)=1 \tag{6-119a}$$

式(6-119)表明，无论什么样的控制器，式(6-119)均要成立，这将隐含着闭环传递函数存在只与被控对象有关的限制。

若 z_j、p_i 是被控对象 $G(s)$ 的零点、极点，由式(6-116a)、式(6-116c)、式(6-119a)可得

$$\begin{cases}\Phi(z_j)=0,\ S(z_j)=1\\ \Phi(p_i)=1,\ S(p_i)=0\end{cases} \tag{6-119b}$$

可见，闭环传递函数 $\Phi(s)$ 或灵敏度函数 $S(s)$，在被控对象 $G(s)$ 的零极点处的取值完全被约束住了(例如，在零点处 $\Phi(s)$ 为 0，显著不为 1)，与控制器 $K(s)$ 无关。这是系统性能受到的另一大限制。

6.4.2 可控能力的几个重要结论

前面的讨论表明，反馈控制难以实现完美控制，只能在工程上追求满意控制，即 $\Phi(s)\neq 1$，但增益 $|\Phi(j\omega)|$ 尽量在更宽的频段上 $\omega\in[0,\omega_b]$ 接近 1，且尽量不要超过 1，如图 6-13a 所示。

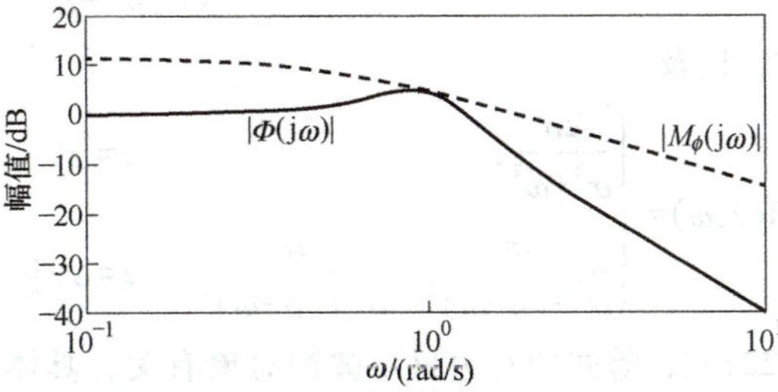

a) 闭环增益

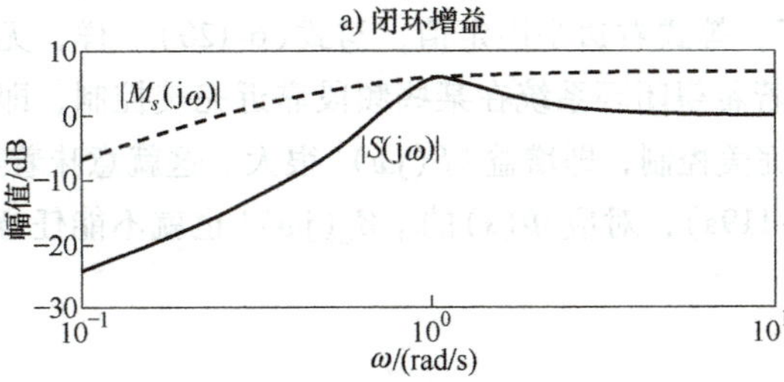

b) 灵敏度增益

图 6-13 满意控制的性能

图中虚线是期望的闭环频率特性 $|M_\phi(\mathrm{j}\omega)|$，希望实际的闭环频率特性满足

$$|\Phi(\mathrm{j}\omega)|\leqslant|M_\phi(\mathrm{j}\omega)|,\ |\alpha_\phi(\mathrm{j}\omega)\Phi(\mathrm{j}\omega)|\leqslant 1$$

式中，$\alpha_\phi(\mathrm{j}\omega)=1/M_\phi(\mathrm{j}\omega)$，称为闭环传递函数的权函数。

在实际分析中，常选灵敏度函数进行。从图 6-13b 有

$$|S(\mathrm{j}\omega)|\leqslant|M_s(\mathrm{j}\omega)|,\ |\alpha_s(\mathrm{j}\omega)S(\mathrm{j}\omega)|\leqslant 1$$

式中，$\alpha_s(\mathrm{j}\omega)=1/M_s(\mathrm{j}\omega)$，称为灵敏度函数的权函数。

对于满意控制，就是希望给出最佳且可实现的闭环期望性能 $|M_\phi(\mathrm{j}\omega)|$（$\alpha_\phi(\mathrm{j}\omega)$）或 $|M_s(\mathrm{j}\omega)|$（$\alpha_s(\mathrm{j}\omega)$）。但它们的选择也不可随意，同样受到被控对象 $G(s)$ 的制约。下面从它们的曲线形状、带宽、峰值来探讨。

1. 水床效应

对灵敏度函数的 $|S(\mathrm{j}\omega)|$ 在整个频域积分，有如下几个结论。

定理 6-9 若被控对象 $G(s)$ 稳定，为使闭环系统稳定，一定有

$$\int_0^\infty \ln|S(\mathrm{j}\omega)|\,\mathrm{d}\omega=0 \tag{6-120}$$

定理6-9 表明，若被控对象 $G(s)$ 稳定，在伯德图中 $\ln|S(\mathrm{j}\omega)|$“负面积”与“正面积”一样大，意味着 $|S(\mathrm{j}\omega)|$ 一定存在大于 1 的峰值，如图 6-13b 所示。而且，若试图把“负面积”往下压，则“正面积”一定会往上翘，好像一张水床，按下一点就会鼓起一点，俗称水床效应(曲线形状变化)。

若被控对象 $G(s)$ 有不稳定的极点或不稳定零点，上述定理需修改为如下两个定理。

定理 6-10 若被控对象 $G(s)$ 有 n_p 个不稳定极点 p_i，$G(s)$ 的相对阶(分母次数减分子次数)大于等于 2，为使闭环系统稳定，一定有

$$\int_0^\infty \ln|S(\mathrm{j}\omega)|\,\mathrm{d}\omega=\pi\times\sum_{i=1}^{n_p}\mathrm{Re}(p_i) \tag{6-121}$$

定理 6-11 若被控对象 $G(s)$ 有 n_p 个不稳定极点 p_i，同时有一个不稳定实零点 $z=\sigma$ 或一对不稳定共轭零点 $z=\sigma\pm\mathrm{j}\rho$，为使闭环系统稳定，一定有

$$\int_0^\infty \beta(z,\omega)\ln|S(\mathrm{j}\omega)|\,\mathrm{d}\omega=\pi\times\ln\prod_{i=1}^{n_p}\left|\frac{p_i+z}{p_i^*-z}\right| \tag{6-122}$$

式中，p_i^* 是 p_i 的共轭复数，以及

$$\beta(z,\omega)=\begin{cases}\dfrac{2\sigma}{\sigma^2+\omega^2}, & z=\sigma\\[2ex] \dfrac{\sigma}{\sigma^2+(\rho-\omega)^2}+\dfrac{\sigma}{\sigma^2+(\rho+\omega)^2}, & z=\sigma\pm\mathrm{j}\rho\end{cases}$$

由式(6-121)、式(6-122)知，等式的右边只与被控对象有关，具体讲与 $G(s)$ 的不稳定零极点有关。只要 $G(s)$ 确定了，等式右边是固定值，与式(6-120)一样，无论什么样的控制器，其 $S(s)$ 均表现为水床效应：若希望闭环系统在某些频段靠近完美控制，即增益 $|S(\mathrm{j}\omega)|$ 很小，一定在另一些频段就会远离完美控制，即增益 $|S(\mathrm{j}\omega)|$ 很大。这就意味着期望性能 $|M_s(\mathrm{j}\omega)|$ 不能任意给定，当然根据式(6-119a)，对应 $\Phi(s)$ 的 $|M_\phi(\mathrm{j}\omega)|$ 也就不能任意给定，一定受着被控对象的制约。

2. 频域峰值限制

不失一般性，设被控对象 $G(s)$ 有 n_p 个不稳定极点 $\{p_i, i=1,2,\cdots,n_p\}$，$n_z$ 个不稳定零点 $\{z_j, j=1,2,\cdots,n_z\}$，则 $G(s)$ 可分解为

$$G(s)=G_p(s)G_o(s)G_z(s)=\prod_i \frac{s+p_i^*}{s-p_i}\times G_o(s)\times\prod_j \frac{s-z_j}{s+z_j^*} \tag{6-123}$$

式中：

1) $G_o(s)$一定是最小相位的，它除了$G(s)$中的稳定零极点外，还将$G(s)$中不稳定极点$\{p_i\}$换成了稳定极点$\{-p_i^*\}$，不稳定零点$\{z_j\}$换成了稳定零点$\{-z_j^*\}$，*号表示共轭复数。

2) $G_p(s)=\prod_i \frac{s+p_i^*}{s-p_i}$，$G_z(s)=\prod_j \frac{s-z_j}{s+z_j^*}$，$G_p(s)$包含$G(s)$中全部不稳定的极点，$G_z(s)$包含$G(s)$中全部不稳定的零点，由于$|G_p(\mathrm{j}\omega)|=1$、$|G_z(\mathrm{j}\omega)|=1$，所以称$G_p(s)$、$G_z(s)$为直通传递函数。

若要闭环系统稳定，不能发生不稳定的零极点对消，对于灵敏度函数$S(s)$，被控对象$G(s)$中的n_p个不稳定极点$\{p_i\}$将成为它的零点，即

$$S(s)=\frac{1}{1+G(s)K(s)}=\frac{G_p^{-1}(s)}{G_p^{-1}(s)+G_o(s)G_z(s)K(s)}=G_p^{-1}(s)S_o(s) \tag{6-124}$$

式中，$S_o(s)$一定是最小相位的。

同理，对于闭环传递函数$\Phi(s)$，被控对象$G(s)$中的n_z个不稳定零点$\{z_j\}$将继续成为它的零点，即

$$\Phi(s)=\frac{G(s)K(s)}{1+G(s)K(s)}=\Phi_o(s)G_z(s) \tag{6-125}$$

式中，$\Phi_o(s)$一定是最小相位的。

下面给出闭环期望频率特性$|M_\phi(\mathrm{j}\omega)|$或$|M_s(\mathrm{j}\omega)|$的峰值限制定理。

定理 6-12（峰值限制） 设被控对象$G(s)$有n_p个不稳定极点$\{p_i,i=1,2,\cdots,n_p\}$，n_z个不稳定零点$\{z_j,j=1,2,\cdots,n_z\}$，若要闭环系统稳定，则必须有

$$\|\alpha_s(s)S(s)\|_\infty=\max_\omega\{|\alpha_s(\mathrm{j}\omega)S(\mathrm{j}\omega)|\}\geqslant\begin{cases}|\alpha_s(z_j)|\prod_{i=1}^{n_p}\frac{z_j+p_i^*}{z_j-p_i}, & n_p\geqslant 1\\ |\alpha_s(z_j)|, & n_p=0\end{cases} \tag{6-126}$$

$$\|\alpha_\phi(s)\Phi(s)\|_\infty=\max_\omega\{|\alpha_\phi(\mathrm{j}\omega)\Phi(\mathrm{j}\omega)|\}\geqslant\begin{cases}|\alpha_\phi(p_i)|\prod_{j=1}^{n_z}\frac{p_i+z_j^*}{p_i-z_j}, & n_z\geqslant 1\\ |\alpha_\phi(p_i)|, & n_z=0\end{cases} \tag{6-127}$$

可见，若被控对象存在不稳定的零极点，为了保证闭环系统稳定，其$|M_s(\mathrm{j}\omega)|$或$|M_\phi(\mathrm{j}\omega)|$频域峰值的下界受到式(6-126)、式(6-127)的制约。特别是当不稳定的零极点接近时，$z_j\approx p_i$，频域峰值将是巨大的，意味着满意控制都是勉强的。

若取$\alpha_s(s)=1$，$\alpha_\phi(s)=1$，$M_{s\min}$、$M_{\phi\min}$分别记$\|S(s)\|_\infty$、$\|\Phi(s)\|_\infty$所能达到的最小峰值界[式(6-126)、式(6-127)取等号]，若被控对象只有一个不稳定零点z，则有

$$M_{s\min}=M_{\phi\min}=\prod_{i=1}^{n_p}\frac{z+p_i^*}{z-p_i} \tag{6-128a}$$

若被控对象只有一个不稳定极点p，则有

$$M_{s\min}=M_{\phi\min}=\prod_{j=1}^{n_z}\frac{p+z_j^*}{p-z_j} \tag{6-128b}$$

综上所述，由于式(6-126)、式(6-127)、式(6-128)的右边只与被控对象有关，因此，无论

控制器怎样，其闭环频域峰值均要受到上述式子的约束。

3. 带宽的限制

为了简明地呈现带宽限制，不失一般性，取

$$\alpha_s(s)=\frac{s/M_s+\omega_{bs}}{s+\omega_{bs}A_s} \tag{6-129a}$$

$$M_s(s)=\frac{1}{\alpha_s(s)}=\frac{s+\omega_{bs}A_s}{s/M_s+\omega_{bs}} \tag{6-129b}$$

可见，权函数 $\alpha_s(s)$ 规定了一个期望的灵敏度函数 $S^*(s)=M_s(s)$，其中 A_s 为闭环稳态误差、带宽为 ω_{bs}、峰值为 M_s。

希望闭环系统达到期望性能，则要求

$$|S(j\omega)|<|S^*(j\omega)|=|M_s(j\omega)|(\forall\omega)\Leftrightarrow\|\alpha_s(s)S(s)\|_\infty<1$$

如果被控对象存在不稳定零点 z_j，从式(6-119b)知，$S(z_j)=1$，故有

$$\|\alpha_s(s)S(s)\|_\infty\geqslant|\alpha_s(z_j)S(z_j)|=|\alpha_s(z_j)| \tag{6-130}$$

因此，若要 $\|\alpha_s(s)S(s)\|_\infty<1$，至少要 $|\alpha_s(z_j)|<1$，故有

$$|\alpha_s(j\omega)|=\left|\frac{z_j/M_s+\omega_{bs}}{z_j+\omega_{bs}A_s}\right|<1 \tag{6-131}$$

若不稳定零点是实零点，$z_j=\sigma_j>0$，从式(6-131)可推得

$$\omega_{bs}<\sigma_j\frac{1-1/M_s}{1-A_s} \tag{6-132a}$$

若不稳定零点是复零点，$z_j=\sigma_j\pm j\rho_j(\sigma_j>0)$，从式(6-131)可推得

$$\omega_{bs}<\frac{-2(\sigma_j/M_s-A_s)+\sqrt{A_s(A_s-\sigma_j/M_s)+4[\sigma_j^2+(1-1/M_s^2)\rho_j^2]}}{2(1-A_s^2)} \tag{6-132b}$$

若取典型值 $A_s=0$，$M_s=2$，则有

$$\begin{cases}\omega_{bs}<0.5\sigma_j, & z_j=\sigma_j\\ \omega_{bs}<-\sigma_j/M_s+\sqrt{\sigma_j^2+(1-1/M_s^2)\rho_j^2}, & z_j=\sigma_j\pm j\rho_j\end{cases} \tag{6-132c}$$

式(6-132)的结论表明，若被控对象存在不稳定零点，期望的闭环频域带宽受到制约，即使峰值达到 200%，其带宽也只能在 $0.5\sigma_j$ 附近。

前面从频域的角度分析了单变量系统其闭环性能会受到的约束，即一旦被控对象(零极点)确定后，其闭环系统的频率特性一定受到式(6-120)、式(6-121)、式(6-122)、式(6-126)、式(6-127)、式(6-132)等的限制，与采取何种控制器无关。换句话说，受到限制的地方，无论何种控制器也无法改变，这就从某种程度上反映了系统的可控能力。

4. 反馈调节能力的限制

闭环传递函数或灵敏度函数蕴含着闭环系统的性能，前面以它们为桥梁，从频域的角度研究了闭环系统性能受限于被控对象零极点的情况。闭环系统通过反馈构建，反馈调节能力决定着闭环系统的性能，文献[6]从时域的角度给出了一个重要结论。

不失一般性，考察如下的一阶离散系统

$$y_{k+1}=f(y_k)+u_k+w_{k+1},\quad k\geqslant0,\quad y_0\in\mathbf{R} \tag{6-133}$$

式中，$\{y_k\}$ 和 $\{u_k\}$ 分别为系统被控输出和控制输入；$\{w_k\}$ 为未知但有界的噪声，即存在 $w>0$，有 $|w_k|\leqslant w(\forall k\geqslant0)$，其中界 w 未知；非线性函数 $f(\cdot):\mathbf{R}\to\mathbf{R}$ 为完全未知但属于如下函数集合

$$\mathcal{F}(L)=\{f:|f(x_1)-f(x_2)|\leqslant L|x_1-x_2|,\forall x_1,x_2\in R\}=\{f:\|f\|\leqslant L\}$$

式中，$L>0$；$\|\cdot\|$称为广义利普希茨(Lipschitz)范数。

定理 6-13 系统(6-133)存在镇定反馈控制律的充分必要条件是$L=\frac{3}{2}+\sqrt{2}$。即，如果$L<\frac{3}{2}+\sqrt{2}$，则存在反馈控制律使得对任意的$f\in\mathcal{F}(L)$，相应的闭环系统稳定；如果$L\geqslant\frac{3}{2}+\sqrt{2}$，则对任意的反馈控制律和任意$y_0\in\mathbf{R}$，总存在某个$f\in\mathcal{F}(L)$使得相应的闭环系统不稳定。

定理 6-13 表明：

1) 如果被控对象$f(\cdot)$没有任何可用的信息，只是通过测量输出$\{y_k\}$实施反馈控制，则只有在这个集合中的被控对象$f\in\mathcal{F}(L)\left(L<\frac{3}{2}+\sqrt{2}\right)$，才能够找到使闭环系统稳定的控制律$\{u_k\}$。这种情况下的稳定，完全是反馈机制在起作用，反映了纯粹的反馈机制的可控能力。

2) 定理 6-13 处理不确定性，采用利普希茨范数来度量，这是时域上的一种度量，而前面鲁棒控制通过$\mathcal{H}_\infty$范数来度量，实际上是频域上的一种度量。

3) 当然，在实际工程系统中被控对象中的函数$f(\cdot)$总存在一些可用的信息提供给控制器设计。可以想见，这种信息越多，可控函数集合$f\in\mathcal{F}(L)$会越大。例如，若已知$f(\cdot)$为偶函数，则系统(6-133)存在镇定反馈控制律的条件可放宽到$L=4$。

4) 定理 6-13 给出的是充要条件，从理论上严格证实了经典的反馈控制是存在局限性的。尽管反馈调节可以忍受模型残差以及扰动影响，但超出一定的范围时，反馈调节也无能为力。这就提示我们，尽量利用被控对象的数学模型，增加可用信息，通过现代控制理论解决非线性、耦合等主干问题，相当于等效改造被控对象，减少它的不确定性，这样再结合经典的反馈调节或修正便是有效的，也印证了第 3 章和第 4 章给出的“分环控制”或“滚动优化”的合理性。

前面的讨论，都是针对单变量系统，有些结论也可推广到多变量系统。总之，频域与时域可控能力分析均表明，要整个系统达到高性能，只在控制器上下功夫是不够的，甚至是徒劳的。高性能的控制系统，需要有相对良好的被控对象，若不及，则需改造被控对象，可控能力分析将为如何改造被控对象给予指引。作为一个自动化领域的工程师应该始终明了，对于一个破旧的二手车，只想通过更换控制板就使其变成高性能车，一定是一种奢望而已。

另一条路径是发展先进的传感器与检测技术，不只是点状测量，包括线阵、面阵、空间场分布的测量，能实时高精度、低噪声测量出更多的内部变量与外部环境的信息，以降低被控对象的不确定性，实现高性能的控制。

本章小结

现代控制理论的内容十分浩瀚，本章只是摘取了几个分支。综合本章内容可见：

1) 无论何种控制理论其核心都是稳定性。李雅普诺夫稳定性理论给出了最一般控制系统(线性定常、时变、非线性)的稳定性的分析方法，该方法也开拓了一条控制器设计的新途径，即从$\dot{V}(\boldsymbol{x})<0$求控制律$\boldsymbol{u}=\boldsymbol{u}(\boldsymbol{x})$，既保证闭环稳定又得到控制器集合，其思想已在自适应控制、神经网络控制等先进控制中得到广泛应用。

2) 随机性是控制系统不可避免的因素，处理它的基本路径是将其转化为确定性描述来研究。现代控制方法离不开状态反馈，但状态变量常常不能全部测量，需要利用输入与输出信息估计状态；另外，现代控制方法离不开模型，当模型不能通过机理构建时，也需要利用输入与输出信息辨识系统。当系统存在随机扰动或噪声时，上述问题遇到巨大挑战。为此，与常规状态观测器结构相似的卡尔曼滤波估计器以及最小二乘法辨识方法应运而生并得到广泛应用。

3）不确定性的处理是高性能控制系统的一大瓶颈，鲁棒控制理论给出了一个解决方案。试图估计出各种不确定性的界，以有理分式权函数描述，将不确定性问题转化为确定性问题，从而可引入前述各种现代控制方法。当然，如何准确定位系统的不确定性并给出最小的上界，尚无通用的方法，这也是鲁棒控制理论在实际工程中应用的主要困难，还需进一步研究。

4）实际上，一个系统能达到的性能在被控对象确定后就已经被确定了。在控制系统设计时，未对系统的可控能力进行深入分析，而是期盼改进控制律试图达到期望性能，这样往往难奏其效。系统可控能力的分析说起来简单做起来难上加难，但这是一个非常值得探索的领域。一旦系统的可控能力不能及，就需要改造被控对象。可控能力分析将为被控对象的改造给予启迪和指引。

总而言之，经典控制理论倚重反馈调节机制，只要调节收敛便可完成控制任务，因而只需使用简单控制器，前馈通道上各种不确定性可通过反馈抑制；现代控制理论力图清晰描述多变量间的关系，引入状态反馈，依据模型可针对性地消除相互间的耦合影响，突破单变量控制的局限。现代控制理论挖掘模型信息处理主干问题、经典控制理论重视反馈机制的作用，将现代控制理论置于“内环”，辅之以经典控制理论的“外环”，形成“分环控制”，或者将依据模型得到优化控制律，只实施精确度高的前几步控制律，形成“滚动优化”，可充分发挥经典控制理论与现代控制理论各自的优势，成为当前主流的控制方案。然而，这一切都是有前提的，不是任意的期望特性都可达的，受到被控对象的限制。不可达时，要么改造被控对象，使其本身的品质提高；要么依托先进测量技术，得到全面准确的内外部数学模型。换句话说，一个高性能的控制系统，只盯住控制器(律)是不够的，需要同步关注被控对象。

习题

6.1　判断如下系统稳定性。

1) $\begin{cases}\dot{x}_1=-x_2+ax_1^3\\ \dot{x}_2=x_1+ax_2^3\end{cases}$　　2) $\begin{cases}\dot{x}_1=x_2\\ \dot{x}_2=-a_0\sin x_1-a_1x_2+b_0u\end{cases}$

6.2　给定系统

$$\ddot{x}+\dot{x}^3+f(x)=0$$

式中，$xf(x)>0$，$f(0)=0$。试在原点处线性化，并分析其稳定性。

6.3　设被控对象为

$$\dot{\boldsymbol{x}}=\begin{bmatrix}0 & 1\\ a_0 & a_1\end{bmatrix}\boldsymbol{x}+\begin{bmatrix}0\\ 1\end{bmatrix}u,\ \ \boldsymbol{y}=\boldsymbol{x}$$

取控制律为状态比例反馈 $\boldsymbol{u}=-\boldsymbol{K}\boldsymbol{x}+\boldsymbol{r}$。试给出镇定控制器集合。

6.4　随机变量 X、Y 的联合分布为：

1) $f(x,y)=\dfrac{1}{x^2y^2}(1\leqslant x,y<\infty)$；　2) $f(x,y)=\dfrac{1}{\pi}(x^2+y^2\leqslant 1)$。

分别求它们的边缘分布，并讨论它们是否相关。

6.5　给定系统

$$\begin{cases}x(k+1)=x(k)+u(k)+w(k)\\ y(k)=x(k)+v(k)\end{cases}$$

式中，$w(k)$、$v(k)$是正态白噪声且互不相关；$x(0)$具有零均值，方差为P_0。试求控制$u(k)$使得如下性能指标最小。

$$J=\frac{1}{2}E\left[\sum_{k=0}^{N-1}(x^2(k)+\rho u^2(k))\right]\quad(\rho>0)$$

6.6 给定如下被控对象，试用递推最小二乘算法进行参数估计

$$y(k)+y(k-1)+0.3y(k-2)=2u(k-2)-0.6u(k-3)+\xi(k)$$

式中，$\xi(k)$是白噪声，控制输入$u(k)$分别取

1）单位阶跃信号；2）单频率正弦信号；3）双频率正弦信号；4）白噪声信号。

观察参数估计能否做到无偏估计，为什么？

6.7 对于加性不确定、乘性输出不确定，试推导出与式(6-102)类似的广义传递函数矩阵。

参考文献

[1] BENNETT S. A brief history of automatic control[J]. IEEE Control Systems, 1996, 16(3): 17-25.

[2] SAMAD T. A survey on industry impact and challenges thereof[J]. IEEE Control Systems Magazine, 2017, 37(1): 17-18.

[3] 维纳. 控制论：或关于在动物和机器中控制和通信的科学[M]. 郝季仁，译. 北京：科学出版社，1985.

[4] 钱学森. 工程控制论[M]. 戴汝为，何善堉，译. 上海：上海交通大学出版社，2007.

[5] KAILATH T. Linear Systems[M]. Englewood Cliffs: Prentice-Hall, Inc., 1980.

[6] XIE L L, GUO L. How much uncertainty can be dealt with by feedback[J]. IEEE Transactions on Automatic Control, 2000, 45(12): 2203-2217.

[7] 斯科格斯特德，波斯尔思韦特. 多变量反馈控制分析与设计：第2版[M]. 韩崇昭，张爱民，刘晓凤，等译. 西安：西安交通大学出版社，2011.

[8] 周其节，李培豪，高国燊. 自动控制原理[M]. 广州：华南理工大学出版社，1989.

[9] DRIELS M. 线性控制系统工程[M]. 金爱娟，李少龙，李航天，译. 北京：清华大学出版社，2005.

[10] 彭永进，章云. 线性系统[M]. 长沙：湖南科学技术出版社，1992.

[11] 郭雷，程代展，冯德兴. 控制理论导论：从基本概念到研究前沿[M]. 北京：科学出版社，2005.

[12] 吴敏，何勇，佘锦华. 鲁棒控制理论[M]. 北京：高等教育出版社，2010.

[13] 柴天佑，岳恒. 自适应控制[M]. 北京：清华大学出版社，2016.